中国废弃生物质能源化利用碳减排潜力与管理政策

谢光辉　王晓玉　包维卿　杨　阳
李　蒙　傅童成　方艳茹　周圣坤　　等　编著

中国农业大学出版社
·北京·

内容简介

本书系统地完善了废弃生物质定义、分类和资源量计算方法，研究了2006—2015年中国废弃生物质产量及分布，主要包括作物秸秆、林业剩余物、畜禽粪便、餐饮垃圾、废弃油脂和污水污泥等内容；分析了各类废弃生物质生产燃料乙醇、航空燃油、生物柴油、成型燃料、沼气和发电等能源化利用的碳减排潜力和经济效益现状，比选出优化模式；探究了生物质能源产业面临的困境及成因，梳理了我国相关的法律、规定、规划和标准等管理制度，在借鉴国外管理政策的基础上，提出了针对我国情况的具体政策建议。

图书在版编目(CIP)数据

中国废弃生物质能源化利用碳减排潜力与管理政策 / 谢光辉等编著. —北京：中国农业大学出版社，2020.10

ISBN 978-7-5655-2457-8

Ⅰ.①中… Ⅱ.①谢… Ⅲ.①废弃物－生物能源－能源利用－研究－中国 Ⅳ.①TK6

中国版本图书馆CIP数据核字(2020)第214809号

书　　名 中国废弃生物质能源化利用碳减排潜力与管理政策

作　　者 谢光辉　王晓玉　包维卿　杨　阳　李　蒙　傅童成　方艳茹　周圣坤　等编著

策划编辑 田树君　　**责任编辑** 田树君

封面设计 郑　川

出版发行 中国农业大学出版社

社　　址 北京市海淀区圆明园西路2号　　**邮政编码** 100193

电　　话 发行部 010-62733489,1190　　读者服务部 010-62732336

编辑部 010-62732617,2618　　出　版　部 010-62733440

网　　址 http://www.caupress.cn　　**E-mail** cbsszs@cau.edu.cn

经　　销 新华书店

印　　刷 涿州市星河印刷有限公司

版　　次 2020年10月第1版　2020年10月第1次印刷

规　　格 889×1194　16开本　27.75印张　590千字

定　　价 110.00元

编 著 人 员

第一部分　概述

第一章　包维卿　李嵩博　谢光辉

第二章　包维卿　方艳茹　李嵩博　李　蒙　谢光辉

第三章　李　蒙　杜　甫　杨　阳　谢光辉

第四章　杨　阳　张祎旋　包维卿　石文君　谢光辉

第五章　张祎旋　周圣坤　傅童成　李　蒙　谢光辉

第六章　王晓玉　周圣坤　唐朝臣　傅童成　李　蒙　杨　阳　包维卿　张祎旋　方艳茹　李　莎　谢光辉

第二部分　作物秸秆

第七章　孙　磊　王晓玉　方艳茹　陈超玲　韦茂贵　郭利磊　谢光辉

第八章　方艳茹　王晓玉　徐艺源　刘艳芳　陈超玲　谢光辉

第九章　吴　怡　方艳茹　王晓玉　陈超玲　谢光辉

第十章　方艳茹　王晓玉　陈超玲　孙　磊　谢光辉

第十一章　包维卿　张祎旋　石文君　李　蒙　杨　阳　谢光辉

第十二章　王晓玉　杨　阳　陈超玲　李　莎　杨富淇　何思洋　张祎旋　孙　磊　方艳茹　谢光辉

第三部分　林业剩余物

第十三章　傅童成　包维卿　谢光辉

第十四章　傅童成　李　莎　谢光辉

第十五章　张祎旋　包维卿　杨　阳　李　蒙　傅童成　石文君　谢光辉

第十六章　李　莎　孙　磊　傅童成　王晓玉　刘艳芳　刘梦莹　谢光辉

第四部分　畜禽粪便

第十七章　包维卿　张祎旋　李嵩博　谢光辉

第十八章　包维卿　谢光辉

第十九章　张祎旋　包维卿　石文君　李　蒙　杨　阳　谢光辉

第二十章　何思洋　李　蒙　傅童成　王晓玉　包维卿　刘梦莹　谢光辉

第五部分　餐饮垃圾、废弃油脂和污水污泥

第二十一章　杨　阳　谢光辉

第二十二章　杨　阳　包维卿　方艳茹　吴　怡　谢光辉

第二十三章　杨　阳　包维卿　张祎旋　方艳茹　谢光辉

第二十四章　唐朝臣　孙　磊　许　依　周方圆　王晓玉　谢光辉

特别感谢：

国家出版基金项目

2014年国家发改委气候司中国清洁发展机制基金赠款项目(编号:2014083)

前　言

我从2009年开始研究作物秸秆资源到现在，从事了几乎包括所有可能源化利用的废弃生物质种类的研究，内容包括作物秸秆、林业剩余物、畜禽粪便、餐饮垃圾、废弃油脂和污水污泥的资源量、化学组分、收储运模式、可持续性的能源化利用潜力和管理政策，以及各类废弃生物质能源化工艺模式及其经济效益和碳减排潜力。在12年中，我多半工作时间在从事废弃生物质的教学和研究，对此付出了大量的努力。本书的出版可以说是我多年工作的总结，也是项目团队集体智慧的结晶。

本书是基于2014年国家发改委气候司中国清洁发展机制基金赠款项目“中国有机废弃物能源化利用的碳减排潜力与管理政策研究”(编号:2014083)总结报告起草的，涵盖了项目团队废弃生物质研究的几乎所有内容，仅未包括化学组分的研究。如需要关于生物质化学组分的研究内容，可在本书附录二和附录三中查找参阅。

虽然出版前有些章节内容已以学术论文的形式发表了，但是本书是全面系统的废弃生物质研究汇总，并根据最新进展对内容进行了更新。此外，项目团队最重要的研究成果在本书中首次发表，希望其能成为生物质研究理论体系的一部分。全书共24章分为5个部分。第一部分是废弃生物质的基本概念和分类，能源化利用的技术工艺模式，以及资源产量、能源利用经济和碳减排效益、管理政策的综合分析。第二部分至第四部分分别将作物秸秆、林业剩余物、畜禽粪便作为独立单元。第五部分将餐饮垃圾、废弃油脂和污水污泥合起来作为一个单元。每一个单元均包括基本概念和研究方法、资源量变化、现状和预测、碳减排潜力、管理政策现状和建议。最后是相关的附录。附录一是作者团队已发表的论文在本书中录用说明，附录二至附录四是作者团队近年发表的废弃生物质、能源作物的研究论文及行业标准清单，附录五是本项目研究过程中应用的所有调研问卷，附录六是书中所用计量单位符号。

需要说明两点：一、全书呈现的全国数据指大陆31个省份，不包括港、澳、台地区。二、本书中研究废弃生物质资源量及其能源化碳减排潜力现状是基于2015年或2013—2015年的平均值，相对于本书出版年份没有应用最新的数据。其理由一是国家统计数据往往是1～2年后发布，二是巨大的工作量和项目结题及研究生毕业时限要求确定一个合适的数据年份，三是项目结题后有大量的审核、写作和统稿编辑工作，四是新冠疫情使出版进程推后。但是，由于废弃生物质产量有一定的稳定性，这不影响研究所揭示规律的正确性。

全书编著者共26人，以我指导的研究生为主(共22人)。其中，博士生有王晓玉、韦茂贵、杨阳、李蒙、唐朝臣、傅童成、方艳茹、何思洋、孙磊、石文君，硕士生有郭利磊、陈超玲、李嵩博、杜甫、包维卿、张祎旋、李莎、吴怡、许依、周方圆、刘梦莹、杨富淇，还有本科生徐艺源。参加编著的研究生和本科生大多数是2014—2020年的在校生，他们是实施项目和编著本书的主要力量；实施项目时，王晓玉、韦茂贵和郭利磊已毕业离校，他们在校的研究成果被编写为本书的有关章节。此外，中国农业大学人文与发展学院周圣坤副教授和国家能源非粮生物质原料研发中心职员刘艳芳硕士参加了项目研究和本书的编写。本书由我对各章节反复修改后定稿，最后由我和王晓玉、包维卿、杨阳、李蒙、傅童成、方艳茹对全书进行统稿。

本书在相关项目研究和编著过程中，接受了许多科研单位及企业同行专家的有益指导和帮助。在召开研究项目立项论证会和项目启动会时，中国农业大学农学院程序教授、胡跃高教授和朱万斌副教授，中国农业科学院作物科学研究所李桂英研究员，吉林宏日新能源股份有限公司洪浩博士，Boeing (China) 航空生物燃料研究工程部孙磊博士，对项目总体设计、可行性和实施计划提出了宝贵建议，促进了项目的立项和顺利实施。项目调研设计及调研活动得到了北京林业大学校长助理马履一教授和段劼博士、北京市延庆区种植业服务中心路宝庆主任、上海市松江区生态环境局环境督察支队姚春云队长、浙江省杭州市农业农村局种植业和种业管理处叶安处长、山东省临沂市农业农村局慕国庆调研员、宁夏农林科学院农作物研究所沈强云研究员、中国农业科学院农业信息所王红彦助理研究员、中国农业大学动物科学技术学院刘继军教授和秦应和教授、重庆市肉类屠宰协会欧帮全会长、苏商发展智库张利勇执行长、杜邦中国集团有限公司业务发展部熊霆经理、国投生物科技投资有限公司谢琛副总监、河南天冠燃料乙醇有限公司张晓阳董事长、安徽金秸能生物科技有限公司邹启清副总经理、山东高速服务开发集团有限公司临沂分公司童向华副主任的大力支持，从他们那里作者团队获得了大量宝贵的第一手数据。美国阿贡国家实验室（Argonne National Laboratory）高级研究员 Michael Wang（王全录）博士、Jennifer B. Bunn 博士，四川大学建筑与环境学院王洪涛副教授和瑞士南极碳资产管理有限公司杜甫经理，应邀到中国农业大学给项目团队传授数据分析方法。在项目中期及最终总结验收时，项目团队邀请了农业农村部农业生态与资源保护总站李景明处长、国家林业和草原局应对气候变化工作办公室陆诗雷处长、中国石油化工股份有限公司乔映宾研究员、中国国际工程咨询公司乐有华高级工程师、中国农业科学院农业资源与农业区划研究所毕于运研究员、农业农村部规划设计院田宜水高级工程师、全国生物柴油行业协作组孙善林秘书长、北京师范大学梁赛教授和中国农业大学资源与环境学院张宝贵教授，他们对项目报告提出了中肯的意见和建议，我们据此对书稿做了认真修改。因为项目涉及面很宽，实施时间较长，帮助我们的专家还有很多，在此难以全部一一列出。本书还得到国家出版基金项目资助。在此，我谨代表全体作者向对本书作出宝贵贡献的专家和机构致以诚挚的谢忱！

回顾全书的撰写过程，由于研究内容较多，涉及的学科面较宽，作者团队能力和知识有限，书中难免有不足之处，恳请广大读者批评指正。

谢光辉

2020年8月28日

目 录

第一部分
概 述

第二部分 作物秸秆

第三部分 林业剩余物

第四部分
畜禽粪便

第五部分
餐饮垃圾、废弃油脂和污水污泥

图 目 录

表 目 录

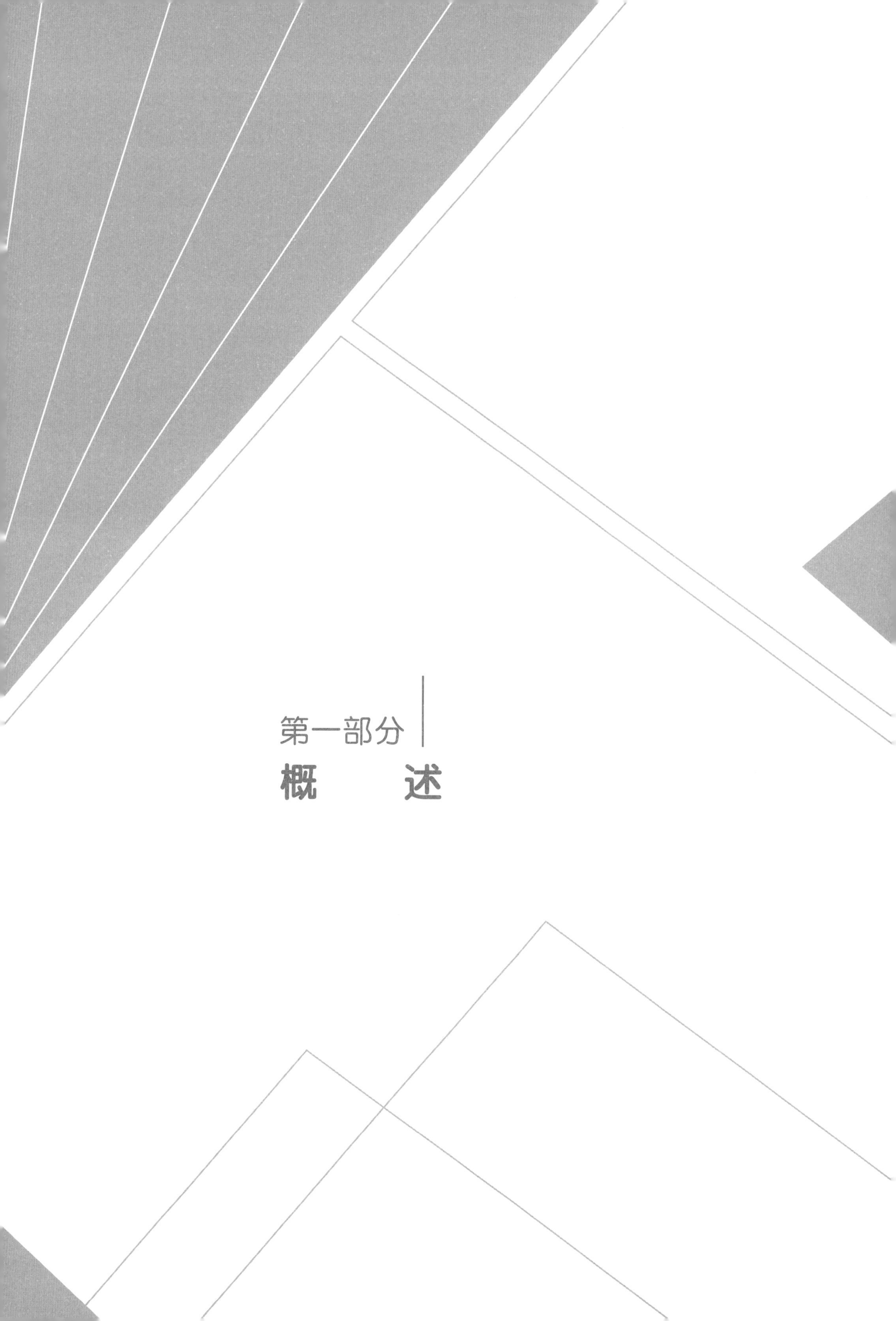

第一部分

概　述

第一章

废弃生物质概念及其能源化利用碳减排的意义

内容提要

本章梳理了2008—2019年已发表文献中的废弃生物质分类、相关术语及其定义、资源量评估方法和结果，将用于生物质原料的废弃物的各种术语确定统称为“废弃生物质”，明确其定义为植物、动物和微生物在其生产、加工、储藏和利用过程中产生的剩余残体、残留成分和排泄等代谢产生的废弃物，但不包括千百万年以前生物残体形成的化石能源相关废弃物。根据来源行业不同，将废弃生物质分为作物秸秆、林业剩余物、食用菌菌渣、畜禽和水产废弃物、工业有机废物及生活垃圾等一级分类，并分别确定二级和三级分类。热值是生物质能源化利用的重要参数，各类废弃生物质的热值范围为10 200～19 500 kJ/kg。地球每年经光合作用产生的生物质为1 730亿t，其蕴含的能量相当于全世界能源消耗总量的10～20倍，但目前利用率不到3%。因此，生物质能利用在很多国家得到迅速发展，部分替代化石能源从而大幅度减少碳排放。最后，本章提出了废弃生物质的能源化利用重点研究方向，包括全面系统地研究废弃生物质资源量及其分布，发展多元化利用技术模式，构建标准的技术经济和环境评价体系，以及完善政策支持和管理体系。

一、废弃生物质的基本概念和特点

(一)废弃生物质的定义、分类和特点

根据谢光辉等(2019)的研究,废弃生物质的定义为植物、动物和微生物在其生产、加工、储藏和利用过程中产生的剩余残体、残留成分和排泄等代谢产生的废弃物,但不包括化石能源废弃物。按照农、林、牧、工和生活等行业,将废弃生物质分为作物秸秆、林业剩余物、食用菌菌渣、畜禽和水产废弃物、工业有机废物、生活垃圾共6个一级分类、14个二级分类和若干个三级分类(表1-1)。

表1-1　按来源对废弃生物质的分类及定义

一级分类	二级分类	三级分类	定义
作物秸秆			收获作物主产品之后所有大田剩余物及主产品初加工过程产生的剩余物
	田间秸秆		收获作物主产品之后在田间的剩余物,主要包括作物的茎和叶
		大田作物田间秸秆	大田作物收获主产品之后在田间的剩余物,主要包括大田作物的茎和叶
		蔬菜瓜果田间秸秆	园艺作物中的蔬菜和瓜果收获主产品之后的剩余物,主要包括蔬菜和瓜果的茎和叶
	加工剩余物		大田作物和蔬菜初级加工过程中产生的剩余物,如玉米芯、稻壳、花生壳、棉籽皮、甘蔗渣、甜菜渣和木薯渣等,但不包括麦麸和谷糠等其他精细加工的副产物
		大田作物加工剩余物	大田作物初级加工过程中产生的剩余物,如玉米芯、稻壳、花生壳、棉籽皮、甘蔗渣、甜菜渣和木薯渣等
		蔬菜瓜果加工剩余物	蔬菜瓜果加工产生的果皮、果渣和废弃的蔬菜瓜果等
林业剩余物			林业育苗、管理、采伐、造材以及加工和利用的整个过程中产生的废弃物
	木材剩余物		木本植物在育苗、管理、采伐、造材以及加工和利用的整个过程中产生的废弃物
		林木苗圃剩余物	林木苗圃中死亡的苗木及苗木培育产生的树梢和截头等剩余物
		林木修枝剩余物	在林木抚育和管理过程中,人为除去枯枝和部分活枝得到的枝杈
		木材采伐剩余物	在林木主伐、抚育间伐和低产(效)林改造采伐和更新采伐等作业过程中产生的剩余物
		木材造材剩余物	原条锯截成一定规格原木的造材过程中产生的剩余物,包括树皮、截头和根部齐头
		木材加工剩余物	木材加工过程中产生的剩余边角料,包括板条、板皮、锯末、碎单板、木芯、刨花和废弃木块
		薪材	不符合《次加工原木》标准要求的圆材,在林业调查中指直立主干长度<2 m或径阶<8 cm的林木

续表 1-1

一级分类	二级分类	三级分类	定义
		废旧木材	木质建筑物在建设或改造过程中产生的木质废弃物，以及城市生活、工业生产、办公场所及各种建筑废弃的木质家具
	竹材剩余物		在竹子采伐、造材以及加工和利用的整个过程中产生的废弃物
		竹材加工剩余物	竹子砍伐后产生的竹叶以及加工后产生的竹梢、竹皮和竹屑等
		废旧竹材	竹材的建筑物在建造或改造过程中产生的竹材废弃物以及城乡生活、工业生产、办公场所及各种建筑废弃的竹材家具
	草本果树剩余物		在草本果树主产品收获后产生的废弃物，主要是地上部分剩余的植株残体
		香蕉和菠萝残体	香蕉和菠萝的果实成熟采摘后地上部分剩余的植株残体
食用菌菌渣	食用菌菌渣	食用菌菌渣	培养菌类产生的废弃培养料（如菌棒）和残余菌体
畜禽和水产废弃物			畜禽和水产动物养殖及加工过程中产生的各类废弃物
	畜禽粪便和圈舍废弃物	（按动物种类）	畜禽粪和尿为主，以及混合在其中的圈舍垫料、散落的饲料和羽毛等废弃物
	废弃动物尸体	（按动物种类）	动物养殖、运输和屠宰场的各类非正常屠宰死亡的废弃动物尸体
	屠宰废弃物	（按动物种类）	动物在屠宰过程中产生的废弃物
工业有机废物			工业生产过程中产生的有机废渣、废液和污泥等废弃物
	工业有机废渣	（按行业种类）	工业生产过程中排放出的各类有机废渣
	工业有机废水	（按行业种类）	工业生产过程中产生的有机废液，如造纸产生的黑液
生活垃圾			居民生活和各类办公环境产生的餐厨垃圾、市政下水道排污和其他有机废弃物
	餐厨垃圾		餐饮垃圾和厨余垃圾的总称
		餐饮垃圾	对外开放营业的饭店和各单位内部食堂等的饮食剩余物，以及这些单位和外卖食品生产单位的后厨果蔬、肉食、油脂和面点等加工、储藏过程产生的有机废弃物
		厨余垃圾	家庭日常生活中丢弃的果蔬及食物下脚料、剩菜剩饭、瓜果皮等易腐有机垃圾
	污水污泥	污水污泥	生活污水和工业有机废水处理过程产生的各类固体沉淀物质
	其他有机废弃物	其他有机废弃物	家庭和办公生产和废纸、废弃纺织物及城乡市场废弃农产品等

数据来源：谢光辉等（2019）。

中国废弃生物质品类繁多，只要存在动植物生产和人类生活就会源源不断地产出废弃生物质，在其资源利用和管理方面主要特点如下。

（1）资源量大而系统研究不足。2015 年中国可计算的固体类废弃生物质干重为 16.04 亿 t，液体类废弃生物质质量为 199.50 亿 t（谢光辉等，2019），是大力发展生物质产业原料的基础支撑。但是，除作物秸秆、林业剩余物、畜禽粪便、污水污泥和餐饮垃圾外，其他废弃生物质资源量在全国范围内的系统研究未见报道。而且，当前随着经济发展和人们生活水平的提高，各类废弃生物质产量均呈增长趋势。

(2)可生物降解而资源化利用比例低。废弃生物质是生物合成的可再生有机物质，属于可生物降解的资源，含有一定的热值。但是废弃生物质资源量的时空分布以分散为主，且体积大、密度小、含水量高、热值低，有的有恶臭气味，不易储藏和运输，可获得性较低。作物秸秆集中于大田，由于种植下茬作物秸秆收获期时间短。林业剩余物集中于林场，而林场主要分布在山区。畜禽粪便水分含量高不宜运输，而传统散养方式生产的畜禽粪便更不容易收集。餐饮垃圾也分散于各餐饮单位，目前几乎没有建立合法的完善的收储运体系。大田秸秆直接还田、畜禽粪便和餐饮垃圾生产堆肥等传统的资源化利用成本较高、效益较低，有的种类还易产生重金属、生物病原和抗生素残留等污染影响其加工利用。当前大气中温室气体浓度不断升高，气候变化对人类生存的负面影响越来越大，生物质能的开发在全球受到重视，为废弃生物质的循环再利用带来了机遇。

(3)污染范围大且严重。由于大部分废弃生物质无法及时有效地资源化利用，在城乡大范围内作为主要的环境污染源威胁着人民健康生活。作物秸秆直接焚烧导致空气污染严重；畜禽养殖废弃物中的氮和磷养分流失，已成为主要污染源；餐饮垃圾在各省份被非法用于饲料的比例范围为 15.3%～91.7%(Yang *et al.*, 2019a)，其余大部分弃置，其中挥发性的小分子酸、酯、醚和烷烃类、多环芳烃类、硫化物等造成了特殊恶臭气味；甚至有些不法商人在利益驱使下将地沟油经脱色、精炼后作为食用油销售到餐桌；还有大量的废弃生物质作为垃圾被填埋，需要占用越来越多的土地，还存在次生污染的潜在威胁。另外，大部分没有被循环利用的废弃生物质，在环境中降解必然排放大量的二氧化碳(CO_2)和甲烷(CH_4)等温室气体。

(二)废弃生物质的热值

热值是废弃生物质作为能源利用的重要参数，除甜菜秸秆外，各类废弃生物质的热值范围为 10 200～19 500 kJ/kg(表 1-2)。据现有报道，甜菜的热值较低，仅为 6 000 kJ/kg，有待进一步测定分析。

表 1-2　废弃生物质的低位热值

废弃生物质种类	热值/(kJ/kg)	废弃生物质种类	热值/(kJ/kg)
作物田间秸秆		棉籽皮	15 510
水稻秸秆	13 520	花生壳	16 980
小麦秸秆	15 950	甘蔗渣	14 050
玉米秸秆	16 190	甜菜渣	16 100
其他谷物	15 950	**林业剩余物**(Gao *et al.*, 2016;Posom *et al.*, 2017)	
薯类秸秆	12 640	苗圃剩余物、修枝剩余物、木材采伐剩余物	18 600
豆类秸秆	19 080	木材加工剩余物	19 500
棉花秸秆	18 290	薪材	16 747
花生秸秆	15 840	废旧木材	19 500
油菜秸秆	17 850	竹材加工剩余物	17 672
芝麻秸秆	15 480	废旧竹材	19 500
其他油料秸秆	17 090	香蕉和菠萝残体	14 577
黄红麻秸秆	17 560	**畜禽粪便**(国家统计局工业交通统计司,2013)	
其他麻类秸秆	15 980	猪粪便	12 545
甘蔗秸秆	14 460	役用牛、肉牛、奶牛粪便	13 799
甜菜秸秆	6 000	羊、马、驴、骡子、骆驼、兔粪便	15 472
烤烟秸秆	16 100	肉鸡、蛋鸡、鸭、鹅粪便	18 817
作物加工剩余物		**餐饮垃圾**	12 444
稻壳	13 170	**污水污泥**	10 200
玉米芯	15 220		

注:1. 基于风干废弃生物质。
2. 作物田间秸秆和加工副产物风干基低位热值为标准煤热值(29.27 MJ/kg)和转换系数的乘积,田间秸秆转换系数来自王晓玉(2014)对前人文献的总结,稻壳、玉米芯、花生壳的转换系数参考 Kumar 等(2002) 的取值,棉籽皮参考 Mustafa 等(2012),甘蔗渣和甜菜渣转换系数分别来自 Ryan 等(1991) 和姜文清等(2010)。
3. 餐饮垃圾含水率 80%时的低位热值为 2 928 kJ/kg(孔芹等,2015),风干餐饮垃圾按 15%的含水率计,因此,风干基餐饮垃圾低位热值 $= 2\,928 \div [(100-80) \div 100] \times [(100-15) \div 100] = 12\,444$(kJ/kg)。
4. 污泥按风干基含水量 15% ,绝干基热值为 12 MJ/kg(Manara *et al.*, 2012),因此,风干基污泥低位热值 $= 12 \times (100-15) \div 100 = 10.2$(MJ/kg) $= 10\,200$(kJ/kg)。

二、废弃生物质能源化利用的发展现状和目标

(一)全球生物质能源发展现状

地球每年经光合作用产生的生物质为 1 730 亿 t,蕴含的能量相当于全世界能源消耗总量的 10～20 倍,但目前利用率不到 3%(张为付等,2015)。生物质能是太阳能以生物质为储存介质的能量形式,直接或间接地来源于绿色植物的光合作用,是重要的可再生能源,已成为全球继石油、煤炭和天然气之后的第四大能源,在应对全球气候变化、能源供需矛盾、保护

生态环境等方面发挥着重要作用。

发达国家生物质能源产业发展较为成熟，主要利用作物籽粒生产液体能源，以及利用微生物厌氧发酵技术产生沼气和生物天然气，实现了城乡有机废弃物处理以及净化环境的目标。但在发展中国家，目前对生物质能源主要利用方式为废弃生物质直接燃烧，全球有40%以上的人群通过直接燃烧利用生物质能(张为付等，2015)。因此，加快生物质能提质开发利用，是推进能源生产和消费的重要内容，也是减少温室气体排放、改善环境质量、发展循环经济的重要任务。

生物质能多元化分布式应用在很多国家得到迅速发展。截至2015年，全球生物质发电装机容量约1亿kW，其中美国1 590万kW、巴西1 100万kW；全球生物质成型燃料产量约3 000万t，欧洲是世界最大的生物质成型燃料消费地区，年均约1 600万t；全球沼气产量约为570亿m^3，其中德国沼气年产量超过200亿m^3，瑞典生物天然气满足了全国30%车用燃气需求，全球生物液体燃料消费量约1亿t，其中燃料乙醇全球产量约8 000万t、生物柴油产量约2 000万t(国家能源局，2016)。

(二)中国生物质能源发展现状

开发利用生物质能是提高替代化石能源比重的重要领域，是促进农村发展和农民增收的重要措施，是培育和发展战略性新兴产业的重要任务。《“十二五”国家战略性新兴产业发展规划》明确提出了有序发展生物质直燃发电，积极推进生物质气化及发电、生物质成型燃料、沼气等分布式生物质能应用，加强下一代生物燃料技术开发，推进纤维素乙醇、微藻生物柴油产业化等是“十二五”期间产业发展的重点任务。

“十二五”以来，全国生物质能利用技术呈多元化发展模式，生物质发电、液体燃料、燃气、成型燃料等技术不断进步，开发利用规模不断扩大，产业发展成效显著。2015年，中国生物质年发电量达到527亿kW·h，生物液体燃料为324万t，生物质成型燃料年约600万t，沼气年供气量约155亿m^3，各类生物质能利用量约折合3 400万t标准煤，比2010年增长56%，减少CO_2排放约6 000万t(国家发展和改革委员会，2017)。

(三)中国生物质能源发展目标

“十三五”是实现能源转型升级的重要时期，生物质能面临产业化发展的重要机遇。建设重点包括加快发展沼气和生物天然气示范和产业化，积极发展生物质能供热，稳步发展生物质发电，推进生物液体燃料产业化发展，完善促进生物质能发展的政策体系。在2007年颁布的《可再生能源中长期发展规划》中明确提出了生物质能源的发展目标，到2020年，生物质能年利用量约5 800万t标准煤。其中，生物质发电总装机容量达到30 000 MW，生物质固体成型燃料利用量达到5 000万t，沼气利用量达到440亿m^3，生物燃料乙醇利用量达到 1 000 万 t，生物柴油利用量达到 200 万 t。预计到 2020 年，中国生物质能合计可替代化石能源总量约 5 800 万 t 标准煤，减排 CO_2 约 1.5 亿 t，减少粉尘排放约 5 200 万 t，减排二氧化硫排放约 140 万 t，减排氮氧化物约 44 万 t（国家能源局，2016）。

三、废弃生物质利用的碳减排意义

（一）温室气体碳排放的概念

碳排放是温室气体（GHG）排放的简称。温室气体是大气层中自然存在的和由于人类活动产生的能够吸收和散发由地球表面、大气层和云层所产生的波长在红外光谱内的辐射的气态成分（段茂盛等，2010）。根据《京都议定书》，温室气体包括二氧化碳（CO_2）、甲烷（CH_4）、氧化亚氮（N_2O）、氢氟碳化物（HFCs）、全氟化碳（PFCs）和六氟化硫（SF_6），由于 CO_2 是其中最主要的成分，所以通常将温室气体排放称为碳排放，其他 5 种温室气体可利用增温潜势折合成 CO_2 当量（CO_2-eq）。

碳排放评价是对国家、地区、城市、组织、项目、过程或产品等，在给定周期和范围内进行碳排放总量的计算与评估活动（国家认证认可监督管理委员会认证认可技术研究所，2014）。计算碳足迹是评价产品碳排放的途径，目前主要有 5 种方法：第 1 种是投入产出法，侧重反映生产活动与经济主体的关系；第 2 种是生命周期评价法（LCA），评估一种产品或服务在整个生命周期过程中所有投入及产出对环境造成的影响，计算过程较为详细而准确；第 3 种是结合投入产出模型和生命周期评价方法建立的经济投入产出—生命周期评价模型（EIO-LCA），用于评估工业部门、企业、家庭和政府组织等的碳足迹，因只能得到行业数据，核算结果具有局限性；第 4 种是 IPCC 计算方法，由联合国政府间气候变化专门委员会（IPCC）创立，将研究区域分为能源、工业、农林和土地利用变化、废弃物四大部分，用于不同尺度区域碳足迹的估算，由活动数据乘以排放因子获得碳排放量；第 5 种是利用碳足迹计算器法，方法简便，但准确性较低（张婷婷等，2014）。

依据碳排放评估可以计算碳减排。碳减排指通过采用先进技术或先进管理方法而导致碳排放减少的量，即基准情景（BAS）和项目情景（LCS）碳排放量的差值（韩文科等，2012）。

（二）全球碳排放现状和减排目标

由于人类活动，大气中温室气体的浓度发生了全球尺度的变化，其中 CO_2 的体积分数已从工业革命以前的 280×10^{-6}，上升到 1999 年的 367×10^{-6}，增加了 25%以上。2014 年联合国政府间气候变化专门委员会（IPCC）报告指出，1880—2012 年期间 CO_2 浓度达到 80 万年以来最高水平，地表平均温度上升了 0.85℃，全球海平面升高了约 19 cm。

面对气候变暖威胁日益严峻的形势，世界各国针对如何控制和减少碳排放量问题进行了深入研究和协商，积极采取措施不仅仅是各个国家刻不容缓的任务，更是不可推卸的责任，2015 年 12 月 12 日，《联合国气候变化框架公约》近 200 个缔约方国家签署了《巴黎气候变化协定》，一致同意努力限制碳排放、将全球升温控制在 2℃以内，力争在 21 世纪下半叶实现温室气体净零排放。

(三)中国碳排放现状和目标

2012 年不包括土地利用变化和林业的温室气体排放总量为 118.96 亿 t CO_2-eq，其中 CO_2 排放量最大，所占比重为 83.2%，其他气体类型占比依次为 CH_4 9.9%、N_2O 5.4%、HFCs 1.3%、PFCs 0.1% 和 SF_6 0.2%。土地利用变化和林业的温室气体吸收汇为 5.76 亿 t CO_2-eq，因此，温室气体净排放总量为 113.20 亿 t CO_2-eq(国家发展和改革委员会应对气候变化司，2016)。

2012 年中国能源活动排放量为 93.37 亿 t CO_2-eq，占温室气体总排放量(不包括土地利用变化和林业)的 78.5%(国家发展和改革委员会应对气候变化司，2017)。改革开放以来中国经济快速发展，自 2010 年以来中国经济总量仅次于美国，位居世界第 2。虽然目前经济增长从高速转向中高速，但是能源消耗也必然会继续增长，因此减少化石能源消耗对 CO_2 减排有着重要的意义(朱跃钊等，2011)。

“十二五”期间减缓气候变化的政策和行动卓有成效，作为一个发展中国家在主动控制温室气体排放方面付出了巨大努力。截至 2015 年，非化石能源占能源消费总量比重达到 12.0%，森林面积比 2005 年增加了 3 278 万 hm^2，森林蓄积量比 2005 年增加了 26.8 亿 m^3 左右，因此，单位国内生产总值 CO_2 排放比 2005 年下降了 38.6%，比 2010 年下降了 21.7%(国家发展和改革委员会应对气候变化司，2017)。

当前中国经济发展进入新常态发展方式，从规模速度型转向质量效率型，为实现“两个百年”的目标，中共中央、国务院先后发布了《加快推进生态文明建设的意见》《生态文明体制改革总体方案》等重要文件，明确把加快推进生态文明建设作为积极应对气候变化、维护全球生态安全的重大举措，把绿色发展、循环发展、低碳发展作为生态文明建设的基本途径。

“十三五”确定的控制温室气体排放目标与任务是主动控制碳排放，探索建立碳排放强度与碳排放总量“双控”制度，到 2020 年，单位国内生产总值 CO_2 排放在 2015 年基础上进一步降低 18%，推进能源生产和消费革命，非化石能源占一次能源消费比重达到 15%，能源消费总量控制在 50 亿 t 标准煤以内。支持优化开发区域和低碳试点城市率先实现碳排放达峰，为 2030 年全国碳排放达峰并尽可能提前达峰奠定坚实基础(国家发展和改革委员会应对气候变化司，2017)。

在 2015 年巴黎气候变化大会前夕，中国政府提出，2030 年左右 CO_2 排放达到峰值并争取尽早达峰，单位国内生产总值 CO_2 排放比 2005 年下降 60%～65%，非化石能源占一次能源消费比重达到 20%左右，森林蓄积量比 2005 年增加了 45 亿 m^3 左右（国家发展和改革委员会应对气候变化司，2017）。

（四）废弃生物质能源化利用的碳减排意义

废弃生物质是生物质能源产业最主要的原料。生物质能源产业在全世界各国受到重视，其首要原因是部分替代化石能源从而减少碳排放。大量研究已表明，不论是生物质发电（Nguyen *et al.*，2013；Restrepo *et al.*，2016；Singh *et al.*，2019）、生产固体成型燃料（王长波等 2017；Song *et al.*，2017）和沼气（Fernandez－Lopez *et al.*，2015；Holly *et al.*，2017；Koido *et al.*，2018；Yang *et al.*，2019b），还是秸秆生产乙醇（Spatari *et al.*，2005；Uihlein *et al.*，2009；Borrion *et al.*，2012；Wang *et al.*，2012）和生物航油（吕子婷，2017；陶炜等，2018），以及废弃油脂生产生物柴油（Chua *et al.*，2010；Pleanjai *et al.*，2009；Sheinbaum-Pardo *et al.*，2013；Yang *et al.*，2017），都有很突出的减排效果。中国废弃生物质产量大，能源化利用的碳减排潜力也大。因此，应用较为准确的方法评估资源量，基于生命周期分析，确定当前和中长期全国废弃生物质能源化利用的碳减排潜力，对于相关学术研究、产业发展和管理政策的制定都有重要的理论意义和实际价值。

四、废弃生物质的能源化利用重点研究方向

大量的废弃生物质资源是能源化利用产业发展的基础。因此，需要加强资源量及其可获得性、收储运体系、转化技术、碳排放及其相关的政策管理的研究。主要研究方向如下。

（1）全面系统地研究废弃生物质资源量及其分布。截至目前，废弃生物质资源及分布研究还不全面，今后应适当研究未被重视的废弃生物质类型，加强资源调查，获得普遍认可的资源量结果。对于产量大的种类，应重点研究废弃生物质资源丰富地区基于县级区域或更小尺度的资源量和利用方式，建立可获得利用的资源量及其时空分布的数据库，完善收储运体系，以减少资源化利用的盲目性。

（2）发展多元化利用技术模式。根据不同种类废弃生物质的特性，采用多元化的处理工艺和模式高效地利用废弃生物质。秸秆还田可以维持土壤肥力，但过度还田会造成农田污染，因此，应根据农业系统和产业现状因地制宜制定秸秆还田机制。利用畜禽粪便生产沼气，不仅可以提供生物质能源，也可以利用沼渣生产有机肥，应全面推广。

（3）构建标准的技术经济和环境评价体系。为保障多元化利用模式下资源利用的合理性和高效性，需构建标准化的废弃生物质能源化利用技术综合评价指标体系，通过评价、筛选和集成后，推广社会、经济及环境效益最佳的废弃生物质资源化利用技术。

(4)完善政策支持和管理体系。政府从市场引导、政策扶持等多方面支持废弃生物质资源化利用的产业发展。确保已有的政策法规得到落实执行，注意政策的时效性和适应性；建立健全财税补贴等管理政策，加强立法和财税政策扶持，帮扶资源化利用的科研及企业单位；通过减免税和低利融资等办法积极鼓励投资废弃生物质转化工程；重点推广高效低耗利用废弃生物质的新技术，不断推进废弃生物质规模化、专业化和多元化的低碳可持续发展。

第二章

中国废弃生物质资源量及其能源化可利用量

内容提要

本章研究结果表明,2007—2015 年全国大田作物秸秆、林业剩余物、畜禽粪便、餐饮垃圾和污水污泥 5 类废弃生物质每年总产量从 13.02 亿 t 增长到 15.32 亿 t。2015 年中国可计算的固体废弃生物质总产量达 16.04 亿 t,折合能源潜力可达 24 095.73 PJ,全国 31 个省份间废弃生物质总量及折算能值变化范围分别在 3.19～121.67 Mt 和 42.61～1 959.54 PJ 之间,各省份的能值分布密度总体上呈现出东南高、西北低的趋势。2015 年中国可用于能源化利用的废弃生物质资源总量为4.90 亿 t,占全部的 32.01%;能值为 7 269.40 PJ,占全部能值的 30.17%,其中,作物秸秆、林业剩余物和畜禽粪便是中国主要的可能源化利用废弃生物质种类,其折算能值超过总能值的 96.97%。各省份中,黑龙江和河南可用于能源化利用的废弃生物质资源量最为丰富,可用于能源的废弃生物质折算能值的密度分布与总废弃生物质能值分布相似,河南省密度最高,达到了4 745 GJ/km^2。通过对 2007—2015 年各类废弃生物质产量变化建立了二次回归模型,预测 2030 年中国废弃生物质总产量可达到 17.41 亿 t,折合能源潜力达 27 394.67 PJ,各省份间废弃生物质总量及折算能值变化范围分别在 3.78～136.77 Mt 和 50.78～2 120.75 PJ 之间。2030 年全国可用于能源化利用的废弃生物质资源总量为 797.11 Mt,折合能值为 12 089.72 PJ,分别占总量的 45.78%和 44.13%,其中,作物秸秆、林业剩余物和畜禽粪便折算能值占总能值的比重将增长到 97.69%,各省份中河南、山东可用于能源化利用的废弃生物质资源量最高。

一、2007—2015 年中国废弃生物质总产量变化

中国各类废弃生物质中，本研究能获得不同年份大田作物秸秆、畜禽粪便、林业剩余物、餐饮垃圾和污水污泥的全国总产量，因此，本节总产量只包括这 5 类。2007—2015 年全国这 5 类废弃生物质每年总产量是明显上升的趋势，从 13.02 亿 t 增长到 15.37 亿 t（图 2-1）。这期间分别在 2007—2008 年和 2010—2011 年两个时间段内急剧增长，涨幅分别为 6 175 万 t 和 4 898 万 t，在 2008—2010 年和 2011—2014 年间废弃生物质总产量稳步增长。

从年份变化来看，大田作物秸秆、畜禽粪便和林业剩余物是废弃生物质资源最主要的成分。这些年间这 3 类总量占比范围为 98.5%～98.7%，其中，大田作物秸秆占比 53.5%～55.0%，林业剩余物占比 15.9%～16.9%，畜禽粪便占比 27.2%～28.6%（图 2-1）。餐饮垃圾和污水污泥合计只占废弃生物质资源总量的 1.3%～1.5%。

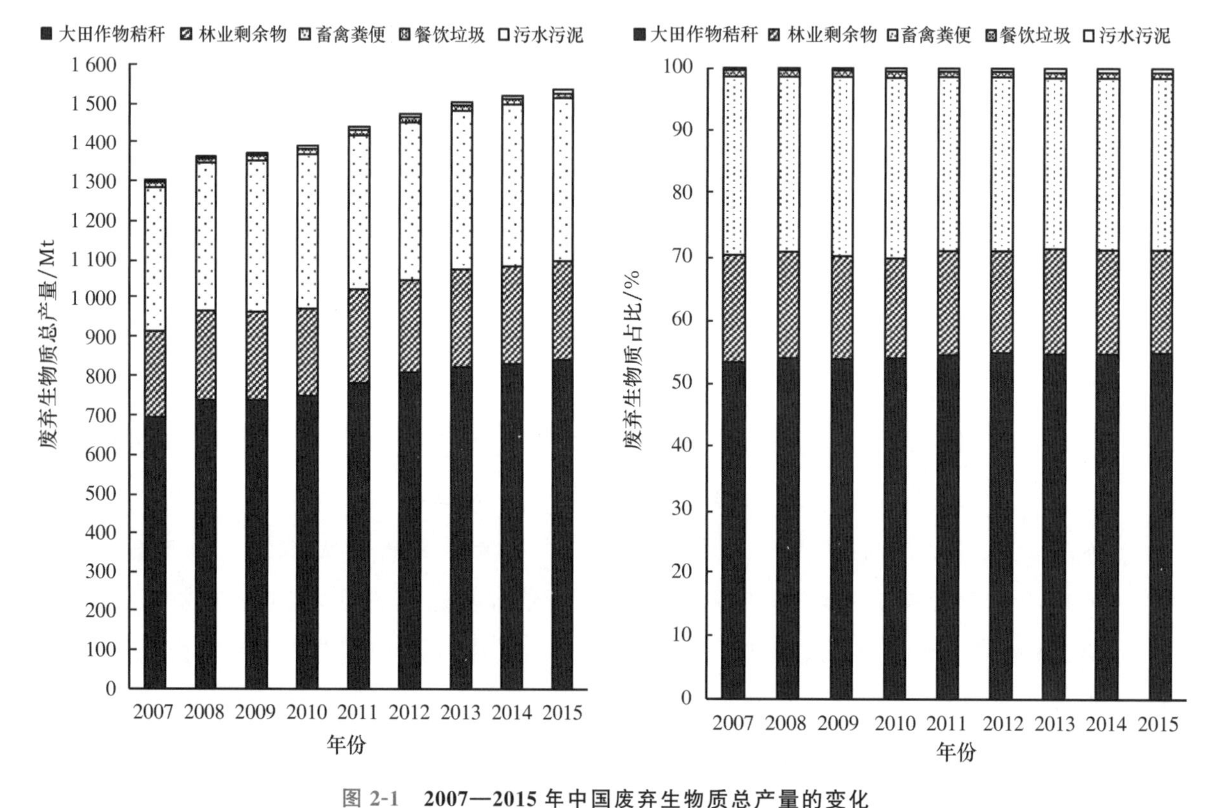

图 2-1　2007—2015 年中国废弃生物质总产量的变化

（基于风干重，总产量包括大田作物秸秆、畜禽粪便、林业剩余物、餐饮垃圾和污水污泥）

二、2015 年废弃生物质产量和可能源化利用量

(一)中国废弃生物质总产量

2015 年中国可计算的固体废弃生物质总风干重产量可达 16.04 亿 t(表 2-1)。其中,作物秸秆产量为 9.12 亿 t,占总产量的 56.86%;畜禽粪便和林业剩余物产量分别为 4.17 亿 t 和 2.51 亿 t,分别占总产量的 26.00%和 15.65%,生活垃圾(0.24 亿 t)占总产量的 1.50%。需要说明的是,总量中不包括食用菌菌渣(0.87 亿 t),因为食用菌培养基质是由其他种类的废弃生物质生产的。对于液体废弃生物质,中国环境统计年鉴统计了工业有机废水,2015 年产量为 199.50 亿 t(表 2-1)。本研究中,除特殊说明外,蔬菜瓜果田间秸秆、食用菌菌渣和液体废弃生物质仅在本节此处计入废弃生物质总产量中。以后各章节中仅研究固体废弃生物质总量,根据数据的可获得性,仅包括大田作物秸秆、畜禽粪便、林业剩余物、餐饮垃圾和污水污泥。

表 2-1　**2015 年中国可计算的废弃生物质资源量**

一级种类	二级种类	三级种类	固体		液体鲜重/Mt	文献
			鲜重/Mt	风干重/Mt		
作物秸秆				912.48		谢光辉等(2019)
	田间秸秆			813.56		
		大田作物田间秸秆		746.73		
	加工剩余物	蔬菜瓜果田间秸秆		66.83		
		大田作物加工剩余物		98.92		
				251.00		谢光辉等(2019)
林业剩余物	木材剩余物			225.47		
	竹材剩余物			21.68		
	草本果树剩余物			3.85		
食用菌菌渣	食用菌菌渣			86.90		谢光辉等(2019)
畜禽和水产废弃物	畜禽粪便		1 754.97	417.32		Bao 等(2019)
工业有机废物	工业有机废水				19 950	环境保护部(2017)
				23.52		
生活垃圾	餐厨垃圾	餐饮垃圾	44.06	12.96		Yang 等(2019a)
	污水污泥		30.16	10.56		谢光辉等(2019)
总量				1 604.32	19 950	

注:1. 风干重,含水量约为 15%。

2. 总量,不含食用菌菌渣,因为食用菌培养基质是由其他种类的废弃生物质生产的。

3. 污水污泥,国家统计局公布污水污泥资源量鲜重,含水量按 80%,本表按鲜重和风干重分别表达产量。

2015 年中国大田作物秸秆、畜禽粪便、林业剩余物、餐饮垃圾和污水污泥总量为 15.32 亿 t,能源潜力为 24 095.73 PJ(表 2-2)。其中,大田作物秸秆能值为 13 229.23 PJ,占总量的 54.90%;畜禽粪便能值为 6 252.99 PJ,占总量的 25.95%;林业剩余物能值 4 379.88 PJ,占总量的 18.18%;餐饮垃圾和污水污泥的能值分别为 161.25 PJ 和 72.38 PJ,分别占总量的 0.67%和 0.30%。

表 2-2 **2015 年中国不同种类废弃生物质产量和折算能值**

废弃生物质种类	产量		折算能值	
	风干重/Mt	占比/%	能值/PJ	占比/%
大田作物秸秆	845.65	55.20	13 229.23	54.90
林业剩余物	245.58	16.03	4 379.88	18.18
畜禽粪便	417.32	27.24	6 252.99	25.95
餐饮垃圾	12.96	0.85	161.25	0.67
污水污泥	10.56	0.69	72.38	0.30
合计	1 532.06	100.00	24 095.73	100.00

注:1.折算能值,按低位热值计算,折算系数见表 1-2。
2.占比,各种类废弃生物质的产量或能值占合计的百分比。

(二)各省份废弃生物质的产量分布

1. 产量分布

2015 年各省份(仅包括内地 31 个省级行政区,下同)间废弃生物质总产量及折算能值差异很大,总产量变化范围为 3.19～121.67 Mt,能值变化范围为 42.61～1 959.54 PJ(表 2-3)。

表 2-3 **2015 年中国各省份的废弃生物质产量和折算能值**

省份	产量		折算能值		省份	产量		折算能值	
	风干重/Mt	占比/%	能值/PJ	占比/%		风干重/Mt	占比/%	能值/PJ	占比/%
北京	3.85	0.25	58.66	0.24	湖北	63.34	4.13	979.39	4.06
天津	4.59	0.30	70.82	0.29	湖南	70.44	4.60	1 055.17	4.38
河北	76.28	4.98	1 218.36	5.06	广东	51.90	3.39	815.56	3.38
山西	24.84	1.62	401.09	1.66	广西	89.24	5.82	1 409.74	5.85
内蒙古	78.17	5.10	1 216.23	5.05	海南	11.91	0.78	195.98	0.81
辽宁	50.78	3.31	810.74	3.36	重庆	23.01	1.50	352.88	1.46
吉林	58.75	3.83	909.92	3.78	四川	85.03	5.55	1 313.38	5.45
黑龙江	95.19	6.21	1 438.13	5.97	贵州	29.90	1.95	458.38	1.90
上海	3.19	0.21	42.61	0.18	云南	63.57	4.15	1 006.58	4.18

续表 2-3

省份	产量		折算能值		省份	产量		折算能值	
	风干重/Mt	占比/%	能值/PJ	占比/%		风干重/Mt	占比/%	能值/PJ	占比/%
江苏	73.37	4.79	1 120.56	4.65	西藏	9.79	0.64	147.27	0.61
浙江	26.36	1.72	411.97	1.71	陕西	31.33	2.04	516.36	2.14
安徽	74.12	4.84	1 180.31	4.90	甘肃	30.23	1.97	482.73	2.00
福建	35.12	2.29	575.90	2.39	青海	7.33	0.48	112.36	0.47
江西	53.61	3.50	819.73	3.40	宁夏	9.74	0.64	152.25	0.63
山东	115.87	7.56	1 906.86	7.91	新疆	59.57	3.89	956.24	3.97
河南	121.67	7.94	1 959.54	8.13	合计	1 532.06	100.00	24 095.73	100.00

注：1. 折算能值，按低位热值计算，折算系数见表 1-2。
2. 占比，各省份的产量或能值占全国合计的百分比。
3. 废弃生物质，包括大田作物秸秆、畜禽粪便、林业剩余物、餐饮垃圾和污水污泥。

河南和山东两省废弃生物质资源最为丰富，年产量均超过 1 亿 t，分别占全国总量的 7.94% 和 7.56%，折算能值均超过 1 900 PJ，分别占总量的 8.13%和 7.91%。黑龙江、广西、四川等 15 个省份废弃生物质产量和能值分别在 5 078～9 519 万 t 和 810.74～1 438.13 PJ，其资源量总和占总资源量的 62.99%，能值总和占总能值的 62.39%。另外，有 14 个省份废弃生物质资源量和能值分别在 3 512 万 t 和 575.90 PJ 以下，其中天津、北京和上海 3 个直辖市废弃生物质资源量最少，其总和仅为 1 163 万 t，仅占全国总量的0.76%，能值为 172.09 PJ，仅占全国总量的 0.71%。

各省份不同种类的废弃生物质能值分布在 42.62(上海)～1 959.53 PJ(河南)(表 2-4)。在全国不同类型的废弃生物质中，大田作物秸秆的能值总量最高，达到了 13 229.23 PJ，占全部废弃生物质能值的 54.90%；其次是畜禽粪便和林业剩余物，能值分别达到了6 252.99 PJ 和 4 379.88 PJ，分别占全国总量的 25.95%和 18.18%；餐饮垃圾和污水污泥中包含的能值则相对较少，分别为 161.25 PJ 和 72.38 PJ，分别占全国总量的 0.67%和 0.30%。

表 2-4　2015 年中国各省份不同废弃生物质的折算能值

省份	大田作物秸秆		林业剩余物		畜禽粪便		餐饮垃圾		污水污泥	
	能值/PJ	占比/%	能值/PJ	占比/%	能值/PJ	占比/%	能值/PJ	占比/%	能值/PJ	占比/%
北京	10.84	18.48	19.18	32.69	22.48	38.32	3.43	5.85	2.73	4.65
天津	32.35	45.68	6.88	9.71	28.94	40.86	1.65	2.33	1.00	1.41
河北	656.82	53.91	145.67	11.96	404.33	33.19	6.88	0.56	4.66	0.38
山西	238.68	59.51	81.26	20.26	75.49	18.82	4.31	1.07	1.35	0.34
内蒙古	649.70	53.42	82.07	6.75	479.87	39.46	3.47	0.29	1.11	0.09

续表 2-4

省份	大田作物秸秆		林业剩余物		畜禽粪便		餐饮垃圾		污水污泥	
	能值/PJ	占比/%	能值/PJ	占比/%	能值/PJ	占比/%	能值/PJ	占比/%	能值/PJ	占比/%
辽宁	335.46	41.38	165.21	20.38	301.75	37.22	5.80	0.72	2.52	0.31
吉林	643.25	70.69	69.18	7.60	193.08	21.22	3.47	0.38	0.94	0.10
黑龙江	1 116.02	77.60	83.86	5.83	232.65	16.18	4.44	0.31	1.17	0.08
上海	23.06	54.10	3.15	7.40	10.28	24.11	2.86	6.70	3.27	7.68
江苏	808.21	72.13	75.74	6.76	220.18	19.65	8.75	0.78	7.69	0.69
浙江	148.28	35.99	193.32	46.93	54.63	13.26	7.48	1.82	8.26	2.00
安徽	761.14	64.49	159.42	13.51	252.08	21.36	5.50	0.47	2.18	0.18
福建	122.75	21.31	305.07	52.97	139.95	24.30	6.39	1.11	1.74	0.30
江西	425.68	51.93	213.49	26.04	174.03	21.23	5.59	0.68	0.94	0.12
山东	1 009.81	52.96	199.87	10.48	678.56	35.59	12.25	0.64	6.36	0.33
河南	1 352.40	69.02	122.77	6.27	469.66	23.97	10.28	0.52	4.42	0.23
湖北	646.34	65.99	134.23	13.71	191.28	19.53	5.72	0.58	1.82	0.19
湖南	608.76	57.69	222.29	21.07	215.98	20.47	6.31	0.60	1.83	0.17
广东	322.28	39.52	300.45	36.84	171.32	21.01	13.98	1.71	7.54	0.92
广西	565.32	40.10	584.72	41.48	252.95	17.94	5.96	0.42	0.79	0.06
海南	46.50	23.73	110.99	56.64	37.22	18.99	1.07	0.55	0.19	0.10
重庆	187.63	53.17	62.99	17.85	95.52	27.07	5.48	1.55	1.26	0.36
四川	674.95	51.39	181.62	13.83	447.78	34.09	6.92	0.53	2.10	0.16
贵州	236.74	51.65	87.74	19.14	127.92	27.91	5.24	1.14	0.74	0.16
云南	435.64	43.28	346.04	34.38	217.83	21.64	5.96	0.59	1.12	0.11
西藏	35.39	24.03	19.12	12.98	91.85	62.37	0.90	0.61	0.02	0.01
陕西	250.06	48.43	188.77	36.56	71.49	13.84	3.86	0.75	2.18	0.42
甘肃	237.58	49.22	92.54	19.17	149.36	30.94	2.35	0.49	0.91	0.19
青海	32.71	29.11	10.30	9.17	68.32	60.81	0.81	0.72	0.22	0.20
宁夏	72.48	47.61	26.38	17.33	51.65	33.92	1.40	0.92	0.34	0.22
新疆	542.39	56.72	85.57	8.95	324.56	33.94	2.74	0.29	0.99	0.10
全国	13 229.23	54.90	4 379.88	18.18	6 252.99	25.95	161.25	0.67	72.38	0.30

注：1. 折算能值，按低位热值计算，折算系数见表 1-2。

2. 占比，各省份或全国每种废弃生物质能值占该省份或全国废弃生物质能值合计的百分比。

在全国 31 个省份中，大田作物秸秆的能值分布在 10.84(北京)～1 352.40 PJ(河南)，而秸秆能值占该省份废弃生物质能值总量比例最高的是黑龙江，达到了 77.60%(表 2-4)；上海林业剩余物的能值最低，仅为 3.15 PJ，而广西则为各省份最高，达到了 584.72 PJ，海南的林业剩余物能值总量占该省废弃生物质能值总量的 56.64%，为全国最高；畜禽粪便的能值则分布在 10.28(上海)～678.56 PJ(山东)，在全国 31 个省份中，西藏的畜禽粪便占该区废弃生物质能值总量的 62.37%，为全国之最；2015 年，青海的餐饮垃圾的能值总量最低，仅为 0.81 PJ，广东则为最高，达到了 13.98 PJ，上海餐饮垃圾的能值在该市所有废弃生物质中占比为全国最高，达到了 6.70%；污水污泥能值最低的省份为西藏（0.02 PJ），最高的是浙江（8.26 PJ），在各省份中，上海污水污泥能值占该市废弃生物质总能值的 7.68%，为全国最高。

2. 废弃生物质分布密度

中国废弃生物质能值密度分布呈现中东部地区较高、西北地区较低的趋势（图 2-2）。能值密度最大的省份包括山东、河南和江苏（>10 000 GJ/km²），安徽、河北、广西、天津、海南、辽宁、湖北、上海和湖南（5 000～10 000 GJ/km²）次之，其他省份废弃生物质能值密度力均在 5 000 GJ/km² 以下。相对于上述省份，新疆、青海和西藏由于特殊的地理环境，人口较少，行政面积较大，废弃生物质能值密度最低，小于 600 GJ/km²。

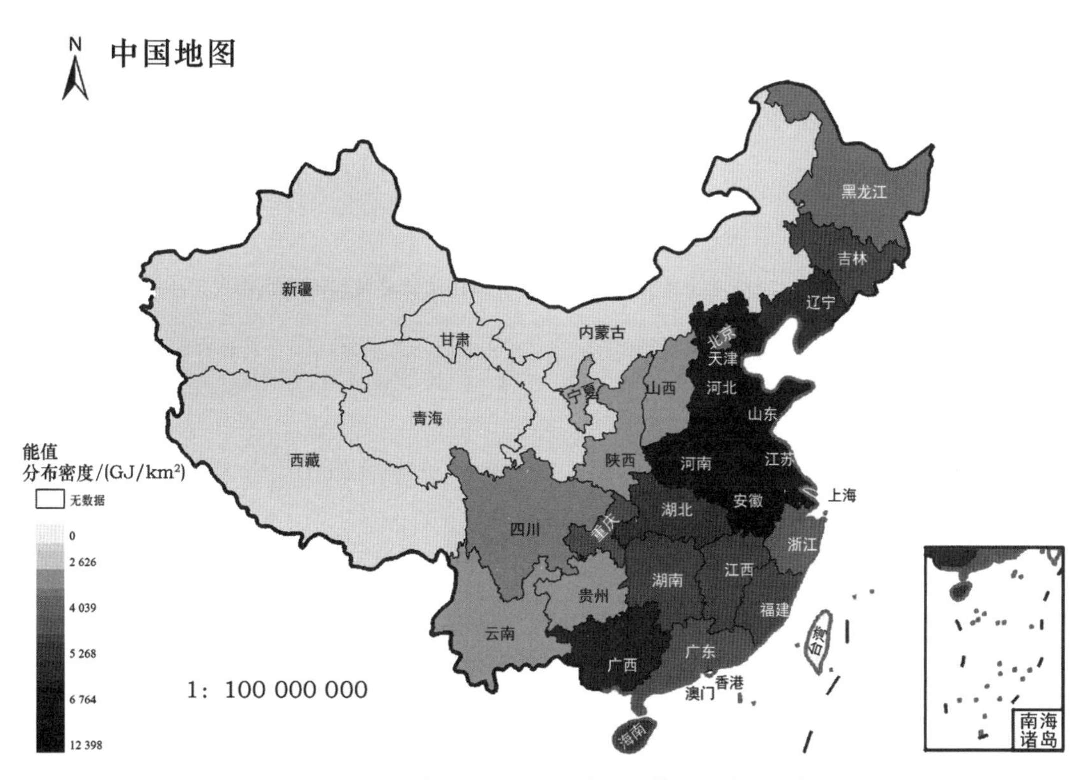

图 2-2　**2015 年中国废弃生物质产量折算能值的分布密度**

（折算能值按低位热值计算，折算系数见表 1-2；废弃生物质包括大田作物秸秆、畜禽粪便、林业剩余物、餐饮垃圾和污水污泥）

（三）可用于能源的废弃生物质产量

1. 可用于能源的废弃生物质总产量

作为可再生资源，不同种类废弃生物质有不同资源化利用途径。作物秸秆可用于饲料、造纸及直接还田保持土壤肥力（陈超玲等，2016）；林业剩余物可用于食用菌养殖、堆肥、造纸、人造板加工、化工生产及饲料（傅童成等，2018a；傅童成等，2018b；谢光辉等，2018b）；畜禽粪便可用于农家肥、饲料及食用菌养殖（包维卿等，2018；谢光辉等，2018a）；餐饮垃圾可用于制作蛋白质饲料和生物有机肥(Yang *et al.*，2017；殷小琴，2017)；污水污泥可用于堆肥和建筑材料制造等(孙光，2017)。为了计算中国可能源化利用的废弃生物质资源总量与能值，本研究根据对作物秸秆、畜禽粪便、林业剩余物、餐饮垃圾和污水污泥等废弃生物质资源利用情况的实地考察和文献总结，结合国家统计年鉴相关数据以及各类资源理论热值，计算获得 2015 年各省份各类型废弃生物质资源量和能值及空间分布。

2015 年中国可能源化利用的废弃生物质资源总量为 4.90 亿 t，占全部资源总量的 32.01%；能值为 7 269.40 PJ，占全部能值的 30.17%(表 2-5)。其中，可能源化利用的作物秸秆、林业剩余物和畜禽粪便分别为 3.02 亿 t、0.25 亿 t 和 1.42 亿 t，分别占其总资源量的 35.61%、10.04%和 33.92%。可能源化的餐饮垃圾和污水污泥均超过其总资源量的 90%，但其总产量分别仅有 1 190 万 t 和 1 056 万 t。根据各类废弃生物质的理论热值(表 1-2)换算得到废弃生物质资源的能值。作物秸秆能值为 4 411.60 PJ，占总量的60.69%(表 2-5)；林业剩余物能值 471.92 PJ，占总量的 6.49%；畜禽粪便能值为 2 165.38 PJ，占总量的 29.79%。同样，可能源化的餐饮垃圾和污水污泥的能值分别仅有 148.12 PJ 和 72.38 PJ，分别占总量的 2.04%和 1.00%。

表 2-5　2015 年中国可用于能源的废弃生物质总量和折算能值

种类	可用于能源的量			折算能值		
	占总产量比例/%	风干重/Mt	占比/%	能值/PJ	可能源利用比例/%	占比/%
大田作物秸秆	35.61	301.19	61.42	4 411.60	34.72	60.69
林业剩余物	10.04	25.19	5.14	471.92	10.34	6.49
畜禽粪便	33.92	141.54	28.86	2 165.38	33.92	29.79
餐饮垃圾	91.86	11.90	2.43	148.12	91.86	2.04
污水污泥	100.00	10.56	2.15	72.38	100.00	1.00
合计	32.01	490.38	100.00	7 269.40	30.17	100.00

注：1. 折算能值，按低位热值计算，折算系数见表 1-2。
2. 占总产量比例，每种类废弃生物质总产量中可用于生产能源的百分比。
3. 占比，各种类废弃生物质可用于能源的风干重或能值占表中 5 类废弃生物质可用于能源的风干重合计的百分比。

综上所述，可用于能源的作物秸秆、林业剩余物和畜禽粪便资源量总和超过总产量的 95.36%，其折算能值总和超过总能值的 96.97%，是中国主要的可能源化废弃生物质种类，餐饮垃圾和污水污泥属于次要种类。

2. 各省份用于能源的废弃生物质资源量分布

2015 年中国各省份的可能源化利用的废弃生物质产量及能值存在很大差异(表 2-6)。黑龙江和河南可用于能源的废弃生物质资源最为丰富，年产量分别为 5 372 万 t 和 5 105 万 t，分别占总量的 11.12% 和 10.57%，能值为 799.34 PJ 和 792.51 PJ，分别占总量的 11.00% 和 10.90%。此外，包括四川、湖南、吉林等 9 个省份可用于能源的废弃生物质产量和能值分别超过 2 000 万 t 和 300.00 PJ，其总和占总资源量的 48.72%，能值总和占总能值的48.97%。其他 20 个省份可用于能源的废弃生物质资源量和能值相对较小，其总和分别仅占总产量和能值的 29.59%和 29.12%。

表 2-6　**2015 年中国各省份废弃生物质可用于能源的产量和折算能值**

省份	产量		折算能值		省份	产量		折算能值	
	风干重/Mt	占比/%	能值/PJ	占比/%		风干重/Mt	占比/%	能值/PJ	占比/%
北京	1.53	0.32	19.96	0.27	湖北	25.58	5.30	387.84	5.34
天津	1.51	0.31	22.00	0.30	湖南	29.30	6.07	436.38	6.00
河北	18.36	3.80	279.34	3.84	广东	16.47	3.41	232.14	3.19
山西	5.78	1.20	89.32	1.23	广西	24.12	4.99	356.44	4.90
内蒙古	21.65	4.48	333.46	4.59	海南	2.63	0.55	39.13	0.54
辽宁	21.61	4.47	330.98	4.55	重庆	10.37	2.15	141.73	1.95
吉林	28.81	5.96	441.01	6.07	四川	34.51	7.15	511.36	7.03
黑龙江	53.72	11.12	799.34	11.00	贵州	11.92	2.47	172.07	2.37
上海	1.11	0.23	12.34	0.17	云南	23.96	4.96	355.24	4.89
江苏	12.18	2.52	183.81	2.53	西藏	2.45	0.51	36.98	0.51
浙江	5.37	1.11	73.02	1.00	陕西	5.67	1.17	85.52	1.18
安徽	12.37	2.56	197.30	2.71	甘肃	5.87	1.22	86.43	1.19
福建	6.56	1.36	103.75	1.43	青海	1.93	0.40	27.85	0.38
江西	8.93	1.85	138.31	1.90	宁夏	2.31	0.48	34.04	0.47
山东	25.80	5.34	407.27	5.60	新疆	9.50	1.97	142.51	1.96
河南	51.05	10.57	792.51	10.90	合计	482.97	100.00	7 269.41	100.00

注：1. 折算能值，按低位热值计算，折算系数见表 1-2。
2. 占比，各省份的产量或能值占全国合计的百分比。
3. 废弃生物质，包括大田作物秸秆、畜禽粪便、林业剩余物、餐饮垃圾和污水污泥。

全国不同类型可能源化的废弃生物质中，作物秸秆的能值总量最高，达到了 4 411.60 PJ，占全部废弃生物质能值的 60.69%（表 2-7）；其次是畜禽粪便，能值达到了 2 165.38 PJ，占全国总量的 29.79%；林业剩余物、餐饮垃圾和污水污泥中可用的能值则相对较少，分别为 471.92 PJ、148.12 PJ 和 72.38 PJ，占全国总量的 6.49%、2.04%和 1.00%。

在全国 31 个省份中，作物秸秆的可能源化利用的能值分布在 1.81（上海）～694.46 PJ（黑龙江），黑龙江是作物秸秆能值占废弃生物质可能源化资源能值总量比例最高的省份，达到了 86.88%（表 2-7）。上海林业剩余物的能值最低，仅为 0.45 PJ；而广西则为各省份最高，达到了 53.00 PJ。畜禽粪便可用于能源的潜力则分布为 4.50（上海）～272.45 PJ（山东），其中，青海的畜禽粪便占该区可用能值总量的 73.68%，为全国最高；但是，青海的餐饮垃圾的能值总量最低，仅为 0.73 PJ。广东可利用的餐饮垃圾能值为最高，达到了13.27 PJ。污水污泥中可能源化利用的能值最低的省份为西藏（0.02 PJ），最高的是浙江（8.26 PJ）。上海污水污泥可用于能源的能值占该市总能值的 26.50%，为全国最高。

表 2-7 **2015 年中国各省份不同种类废弃生物质资源量可用于能源的折算能值**

省份	大田作物秸秆		林业剩余物		畜禽粪便		餐饮垃圾		污水污泥	
	能值/PJ	占比/%	能值/PJ	占比/%	能值/PJ	占比/%	能值/PJ	占比/%	能值/PJ	占比/%
北京	2.15	10.77	1.82	9.13	10.06	50.41	3.20	16.02	2.73	13.68
天津	5.99	27.25	0.83	3.77	12.63	57.41	1.54	7.02	1.00	4.55
河北	99.62	35.66	19.31	6.91	149.39	53.48	6.37	2.28	4.66	1.67
山西	46.33	51.86	11.15	12.49	26.43	29.59	4.06	4.54	1.35	1.52
内蒙古	160.04	47.99	11.85	3.55	157.19	47.14	3.26	0.98	1.11	0.33
辽宁	193.68	58.52	18.56	5.61	110.92	33.51	5.30	1.60	2.52	0.76
吉林	358.52	81.29	11.19	2.54	67.19	15.24	3.18	0.72	0.94	0.21
黑龙江	694.46	86.88	11.02	1.38	88.64	11.09	4.06	0.51	1.17	0.15
上海	1.81	14.63	0.45	3.62	4.50	36.48	2.32	18.77	3.27	26.50
江苏	64.99	35.36	9.29	5.05	94.02	51.15	7.83	4.26	7.69	4.18
浙江	13.87	18.99	20.34	27.86	23.50	32.18	7.05	9.65	8.26	11.31
安徽	69.34	35.15	15.11	7.66	105.73	53.59	4.94	2.51	2.18	1.10
福建	10.02	9.66	27.30	26.31	58.91	56.78	5.78	5.57	1.74	1.68
江西	41.08	29.70	21.73	15.71	69.53	50.27	5.03	3.64	0.94	0.68
山东	91.95	22.58	25.45	6.25	272.45	66.90	11.06	2.72	6.36	1.56
河南	603.80	76.19	15.03	1.90	159.72	20.15	9.55	1.20	4.42	0.56
湖北	299.96	77.34	14.74	3.80	65.99	17.01	5.34	1.38	1.82	0.47
湖南	330.17	75.66	23.20	5.32	75.41	17.28	5.78	1.32	1.83	0.42
广东	114.26	49.22	28.74	12.38	68.33	29.44	13.27	5.72	7.54	3.25
广西	229.37	64.35	53.00	14.87	67.70	18.99	5.58	1.56	0.79	0.22
海南	16.40	41.91	9.17	23.44	12.36	31.60	1.00	2.56	0.19	0.49
重庆	95.78	67.58	7.09	5.00	32.52	22.94	5.08	3.58	1.26	0.89
四川	365.23	71.42	18.13	3.55	119.61	23.39	6.28	1.23	2.10	0.41
贵州	129.66	75.35	9.52	5.53	27.32	15.88	4.82	2.80	0.74	0.43
云南	256.26	72.14	29.77	8.38	62.56	17.61	5.53	1.56	1.12	0.32
西藏	13.53	36.59	1.53	4.13	21.07	56.97	0.84	2.27	0.02	0.04
陕西	28.61	33.45	25.40	29.70	25.85	30.23	3.49	4.08	2.18	2.55
甘肃	30.22	34.96	14.72	17.04	38.47	44.51	2.11	2.45	0.91	1.05
青海	4.65	16.70	1.72	6.19	20.52	73.68	0.73	2.63	0.22	0.81
宁夏	10.61	31.18	4.05	11.89	17.78	52.23	1.26	3.70	0.34	1.00
新疆	29.24	20.52	10.71	7.51	99.09	69.53	2.50	1.75	0.99	0.69
全国	4 411.60	60.69	471.92	6.49	2 165.38	29.79	148.12	2.04	72.38	1.00

注:1.折算能值,按低位热值计算,折算系数见表 1-2。

2.占比,各省份或全国每种废弃生物质能值占该省份或全国废弃生物质能值合计的百分比。

中国可用于能源的废弃生物质的折算能值分布与总废弃生物质能值分布相似,呈现中东部地区较高、西北部地区较低的趋势(图 2-3)。其中,河南可用于能源的废弃生物质能值分布密度显著高于其他省份，可达 4 745 GJ/km²。能源分布密度在 2 000～2 700 PJ 的省份有 5 个，包括山东、吉林、辽宁、湖北和湖南。北京、天津、上海、黑龙江、河北、安徽、江苏、四川、重庆、广东、广西和海南共 12 个省份废弃生物质能源分布密度均在 1 000～2 000 GJ/km²，还有 13 个省份废弃生物质能源分布密度不足 1 000 GJ/km²。其中，新疆、青海和西藏废弃生物质能值最低，单位面积能值分布密度不足 100 GJ/km²。

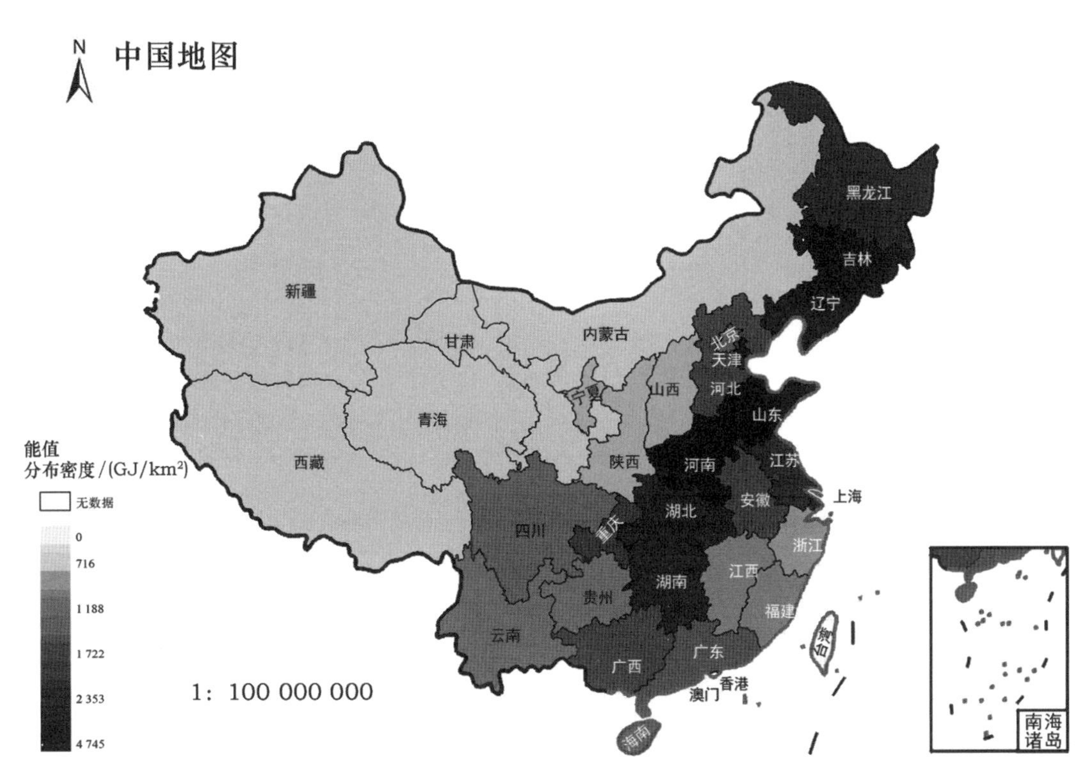

图 2-3　**2015 年中国可用于能源的废弃生物质产量折算能值的分布密度**

（折算能值按低位热值计算，折算系数见表 1-2；废弃生物质包括大田作物秸秆、畜禽粪便、林业剩余物、餐饮垃圾和污水污泥）

三、2030 年废弃生物质产量和可能源化利用量预测

（一）中国废弃生物质总产量预测

为了预测废弃生物质资源量增长趋势，以 2007—2015 年作物秸秆、畜禽粪便、林业剩余物、餐饮垃圾和污水污泥的产量变化分别进行回归分析。以废弃生物质资源总量为例，二次回归模型如下。

$$y = -1.242x^2 + 40.831x + 1267.6 \qquad (R^2 = 0.9757)$$

设定 2015—2030 年不同种类废弃生物质总产量按 2007—2015 年总产量的二次回归模型增长，预测 2030 年不同种类废弃生物质产量和折算能值见表 2-8。

经预测分析，大田作物秸秆、畜禽粪便、林业剩余物、餐饮垃圾和污水污泥的资源总量由2015年15.32亿t将增长到2030年的17.41亿t，能源潜力由24 095.73 PJ将增加到27 394.67 PJ(表2-2，表2-8)。其中，林业剩余物、畜禽粪便和污水污泥的能源潜力占总量比例会显著增加，分别由2015年的18.18%、25.95%和0.30%增加到2030年的20.13%、26.32%和0.48%，而大田作物秸秆和餐饮垃圾的能源潜力占总量比例有所下降，分别由2015年的54.90%和0.67%下降到2030年的52.48%和0.59%。

表2-8　2030年中国不同种类废弃生物质产量和折算能值预测

废弃生物质种类	产量		折算能值	
	风干重/Mt	占比/%	能值/PJ	占比/%
大田作物秸秆	919.07	52.78	14 377.79	52.48
林业剩余物	308.88	17.74	5 513.82	20.13
畜禽粪便	481.19	27.63	7 210.06	26.32
餐饮垃圾	12.96	0.74	161.25	0.59
污水污泥	19.21	1.10	131.75	0.48
合计	1 741.31	100.00	27 394.67	100.00

注：1. 折算能值，按低位热值计算，折算系数见表1-2。
2. 占比，为各种类废弃生物质的产量或能值占合计的百分比。

(二)废弃生物质在各省份的产量分布预测

2030年中国各省份废弃生物质总产量风干重及能源潜力预计分别可达17.41亿t和27 394.67 PJ，各省之间也存在很大差异(表2-9)。

表2-9　2030年中国各省份废弃生物质产量和折算能值的预测

省份	预测产量		折算能值		省份	预测产量		折算能值	
	风干重/Mt	占比/%	能值/PJ	占比/%		风干重/Mt	占比/%	能值/PJ	占比/%
北京	4.73	0.27	68.55	0.25	湖北	71.46	4.10	1 122.69	4.10
天津	5.30	0.30	79.66	0.29	湖南	80.32	4.61	1 273.87	4.65
河北	86.58	4.97	1 343.06	4.90	广东	60.99	3.50	971.31	3.55
山西	27.98	1.61	441.76	1.61	广西	104.18	5.98	1 702.79	6.22
内蒙古	87.83	5.04	1 360.41	4.97	海南	14.21	0.82	236.50	0.86
辽宁	58.46	3.36	918.61	3.35	重庆	26.24	1.51	410.66	1.50
吉林	66.16	3.80	1 035.56	3.78	四川	95.83	5.50	1 496.32	5.46
黑龙江	106.62	6.12	1 668.46	6.09	贵州	33.85	1.94	532.95	1.95
上海	3.78	0.22	50.78	0.19	云南	72.62	4.17	1 173.38	4.28
江苏	80.90	4.65	1 246.66	4.55	西藏	9.40	0.54	144.93	0.53
浙江	31.40	1.80	497.25	1.82	陕西	36.17	2.08	584.17	2.13

续表 2-9

省份	预测产量		折算能值		省份	预测产量		折算能值	
	风干重/Mt	占比/%	能值/PJ	占比/%		风干重/Mt	占比/%	能值/PJ	占比/%
安徽	83.90	4.82	1 319.39	4.82	甘肃	33.60	1.93	529.13	1.93
福建	41.91	2.41	691.73	2.53	青海	8.17	0.47	125.06	0.46
江西	61.52	3.53	983.34	3.59	宁夏	11.05	0.63	172.93	0.63
山东	132.02	7.58	2 045.09	7.47	新疆	67.35	3.87	1 046.93	3.82
河南	136.77	7.85	2 120.75	7.74	合计	1 741.31	100.00	27 394.68	100.00

注:1. 折算能值,按低位热值计算,折算系数见表 1-2。
2. 占比,各省份的产量或能值占全国合计的百分比。
3. 废弃生物质,包括大田作物秸秆、畜禽粪便、林业剩余物、餐饮垃圾和污水污泥。

首先,河南、山东、黑龙江和广西废弃生物质总产量将超过 1 亿 t,折算能值将超过 1 600 PJ。内蒙古、河北、安徽、湖南等 13 个省份废弃生物质产量和能值分别在 5 846 万~9 583 万 t 和 918.61~1 496.32 PJ,其资源量总和占总资源量的 55.92%,能值总和占总量的 55.82%。另外,共有 14 个省份废弃生物质资源量和能值预计分别在 5 000 万 t 和 700.00 PJ 以下。其中,天津、北京和上海废弃生物质预测产量分别为 530 万 t、473 万 t 和 378 万 t,能值分别为 79.66 PJ、68.55 PJ 和 50.78 PJ。

根据预测,到 2030 年各省份不同种类的废弃生物质能值分布在 50.78(上海)~2 120.75 PJ(河南)(表 2-9)。全国不同类型的废弃生物质中,大田作物秸秆的能值总量最高,达到了 14 377.79 PJ,占全部能值的 52.48%(表 2-10);其次是畜禽粪便和林业剩余物,能值分别达到了 7 210.06 PJ 和 5 513.82 PJ,分别占全国总量的 26.32%和 20.13%,其比例相较于 2015 年均有增长;餐饮垃圾和污水污泥的能值依旧相对较少,分别为 161.25 PJ 和 131.75 PJ,分别占全国总量的 0.59%和 0.48%。其中餐饮垃圾能值预测值与 2015 年相比变化很小,但所占比例有所下降。

2030 年不同类型废弃生物质能值在各省份的分布也不相同。大田作物秸秆的能值分布在 11.54(北京)~1 390.71 PJ(河南),而大田作物秸秆能值占该省份废弃生物质能值总量比例最高的黑龙江为 74.82%(表 2-10),相较于 2015 年略有下降。上海林业剩余物的能值依旧最低,仅为 3.81 PJ,而最高的广西达到了 724.39 PJ。畜禽粪便的能值分布在 11.91(上海)~737.74 PJ(山东)。餐饮垃圾能值总量最低的是青海,为 0.81 PJ;广东最高,达到了 13.98 PJ,与 2015 年相比二者均未发生变化。上海餐饮垃圾的能值在该市所有废弃生物质中占比为全国最高,为 5.63%。西藏污水污泥的能值最低,为 0.03 PJ;最高的是浙江,为 15.03 PJ。

表 2-10　2030 年中国各省份不同种类废弃生物质产量折算能值的预测

省份	大田作物秸秆		林业剩余物		畜禽粪便		餐饮垃圾		污水污泥	
	能值/PJ	占比/%	能值/PJ	占比/%	能值/PJ	占比/%	能值/PJ	占比/%	能值/PJ	占比/%
北京	11.54	16.84	23.37	34.09	25.24	36.81	3.43	5.01	4.97	7.25
天津	34.97	43.90	8.30	10.42	32.91	41.31	1.65	2.07	1.82	2.29
河北	679.77	50.61	177.90	13.25	470.02	35.00	6.88	0.51	8.48	0.63
山西	248.21	56.19	98.35	22.26	88.43	20.02	4.31	0.98	2.46	0.56
内蒙古	679.25	49.93	117.50	8.64	558.16	41.03	3.47	0.26	2.02	0.15
辽宁	366.82	39.93	209.99	22.86	331.41	36.08	5.80	0.63	4.58	0.50
吉林	700.87	67.68	108.44	10.47	221.08	21.35	3.47	0.34	1.70	0.16
黑龙江	1 248.42	74.82	134.61	8.07	278.88	16.71	4.44	0.27	2.12	0.13
上海	26.25	51.70	3.81	7.50	11.91	23.46	2.86	5.63	5.95	11.72
江苏	896.45	71.91	93.25	7.48	234.22	18.79	8.75	0.70	14.00	1.12
浙江	171.79	34.55	241.48	48.56	61.46	12.36	7.48	1.50	15.03	3.02
安徽	833.09	63.14	204.94	15.53	271.90	20.61	5.50	0.42	3.96	0.30
福建	145.19	20.99	389.99	56.38	147.00	21.25	6.39	0.92	3.16	0.46
江西	510.47	51.91	269.12	27.37	196.45	19.98	5.59	0.57	1.72	0.17
山东	1 038.98	50.80	244.54	11.96	737.74	36.07	12.25	0.60	11.58	0.57
河南	1 390.71	65.58	152.04	7.17	559.68	26.39	10.28	0.48	8.04	0.38
湖北	717.61	63.92	166.35	14.82	229.68	20.46	5.72	0.51	3.32	0.30
湖南	717.41	56.32	281.97	22.13	264.86	20.79	6.31	0.50	3.32	0.26
广东	369.80	38.07	379.62	39.08	194.19	19.99	13.98	1.44	13.72	1.41
广西	672.64	39.50	724.39	42.54	298.36	17.52	5.96	0.35	1.44	0.08
海南	55.28	23.37	136.67	57.79	43.14	18.24	1.07	0.45	0.35	0.15
重庆	214.21	52.16	76.05	18.52	112.62	27.43	5.48	1.34	2.29	0.56
四川	731.45	48.88	220.60	14.74	533.51	35.65	6.92	0.46	3.83	0.26
贵州	261.59	49.08	108.34	20.33	156.42	29.35	5.24	0.98	1.35	0.25
云南	475.00	40.48	428.52	36.52	261.86	22.32	5.96	0.51	2.04	0.17
西藏	8.52	5.88	24.43	16.85	111.06	76.63	0.90	0.62	0.03	0.02
陕西	262.86	45.00	228.21	39.07	85.27	14.60	3.86	0.66	3.97	0.68
甘肃	239.40	45.24	111.71	21.11	174.03	32.89	2.35	0.44	1.65	0.31
青海	30.52	24.40	12.59	10.07	80.74	64.56	0.81	0.64	0.41	0.33
宁夏	78.37	45.32	31.86	18.42	60.68	35.09	1.40	0.81	0.62	0.36
新疆	560.38	53.53	104.88	10.02	377.14	36.02	2.74	0.26	1.79	0.17
全国	14 377.79	52.48	5 513.82	20.13	7 210.06	26.32	161.25	0.59	131.75	0.48

注:1. 折算能值，按低位热值计算，折算系数见表 1-2。

2. 占比，各省份或全国每种废弃生物质能值占该省份或全国废弃生物质能值合计的百分比。

(三)可用于能源的废弃生物质资源量预测

根据2007—2015年可用于能源的废弃生物质总量及作物秸秆、畜禽粪便、林业剩余物、餐饮垃圾和污水污泥的产量分别进行了回归分析,根据理论热值和产量折算对各类型废弃生物质资源能值,获得2030年中国可能源的不同种类的废弃生物质产量和能值数据。如表2-11所示,预计中国2030年可能源化的废弃生物质资源总量为797.11 Mt,占全部资源总量的45.78%;能值为12 089.72 PJ,占全部能值的44.13%。

表2-11　2030年中国可用于能源的废弃生物质产量预测及其折算能值

种类	可能源化利用量预测			折算能值		
	风干重/Mt	占总产量比例/%	占比/%	能值/PJ	比例/%	占比/%
大田作物秸秆	364.50	39.66	45.73	5 702.24	39.66	47.17
林业剩余物	31.93	10.34	4.01	570.07	10.34	4.72
畜禽粪便	369.57	76.80	46.36	5 537.54	76.80	45.80
餐馆餐厨垃圾	11.90	91.86	1.49	148.12	91.86	1.23
污水污泥	19.21	100.00	2.41	131.75	100.00	1.09
合计	797.11	45.78	100.00	12 089.72	44.13	100.00

注:1.折算能值,按低位热值计算,折算系数见表1-2。
2.能源利用比例,每种类废弃生物质总产量中潜在可用于生产能源的百分比。
3.占比,各种类废弃生物质的产量或能值占合计的百分比。

2030年废弃生物质可能源化利用总量中,作物秸秆、林业剩余物和畜禽粪便分别为3.65亿t、0.32亿t和3.70亿t,能值分别为5 702.24 PJ、570.07 PJ和5 537.54 PJ。这3类废弃生物质可用于能源化利用产量之和占资源总量的96.10%,能值之和占总量的97.69%,是未来可能源化的主要废弃生物质资源。此外,可能源化的餐饮垃圾和污水污泥的产量分别仅有1 190万t和1 921万t,能值分别仅有148.12 PJ和131.75 PJ,是未来可利用的次要废弃生物质资源。

2030年可用于能源的废弃生物质总产量及能值在各省份之间差异较大(表2-12)。首先,可用于能源的废弃生物质产量和能值分别超过5 000万t和1 000.00 PJ的仅有河南、山东两省。四川、黑龙江、内蒙古和河北可用于能源的废弃生物质产量和能值分别在4 410万~4 823万t和663.83~732.76 PJ。预计包括江苏、安徽和广西等11个省份可用于能源的废弃生物质产量和能值分别将达到2 459万~3 794万t和364.35~572.47 PJ,资源量总和占总资源量的43.97%,能值之和占总量的44.18%。另外,共有14个省份可用于能源的废弃生物质产量和能值预计分别在1 700万t和250.00 PJ以下,其中,天津、北京和上海3个直辖市可用于能源的废弃生物质预测产量分别仅有301万t、270万t和235万t,相应预测能值分别仅有43.37 PJ、34.54 PJ和28.22 PJ。

表 2-12　2030 年中国各省份废弃生物质可用于能源的产量和折算能值预测

省份	产量预测		折算能值		省份	产量预测		折算能值	
	风干重/Mt	占比/%	能值/PJ	占比/%		风干重/Mt	占比/%	能值/PJ	占比/%
北京	2.70	0.34	34.54	0.29	湖北	31.84	3.99	486.86	4.03
天津	3.01	0.38	43.37	0.36	湖南	34.35	4.31	526.20	4.35
河北	44.10	5.53	663.83	5.49	广东	24.59	3.09	362.04	2.99
山西	12.08	1.52	183.05	1.51	广西	37.20	4.67	577.83	4.78
内蒙古	47.07	5.90	715.51	5.92	海南	4.54	0.57	70.54	0.58
辽宁	28.60	3.59	431.61	3.57	重庆	12.39	1.55	186.69	1.54
吉林	30.23	3.79	463.85	3.84	四川	48.23	6.05	732.76	6.06
黑龙江	47.36	5.94	729.41	6.03	贵州	15.86	1.99	241.26	2.00
上海	2.35	0.30	28.22	0.23	云南	28.69	3.60	441.37	3.65
江苏	37.94	4.76	566.88	4.69	西藏	6.12	0.77	92.07	0.76
浙江	11.66	1.46	162.39	1.34	陕西	13.22	1.66	200.79	1.66
安徽	37.22	4.67	569.32	4.71	甘肃	16.05	2.01	243.92	2.02
福建	14.40	1.81	219.75	1.82	青海	5.10	0.64	76.56	0.63
江西	25.22	3.16	387.90	3.21	宁夏	5.47	0.69	82.85	0.69
山东	68.15	8.55	1 026.59	8.49	新疆	34.61	4.34	527.03	4.36
河南	66.77	8.38	1 014.71	8.39	合计	797.12	100.00	12 089.72	100.00

注：1. 折算能值，按低位热值计算，折算系数见表 1-2。
　　2. 占比，各省份的产量或能值占全国合计的百分比。
　　3. 废弃生物质，包括大田作物秸秆、畜禽粪便、林业剩余物、餐饮垃圾和污水污泥。

2030 年全国可能源化利用的废弃生物质资源量和折算能值预测中，大田作物秸秆的折算能值总量最高，占全部废弃生物质能值的 47.17%（表 2-13）；畜禽粪便可利用的能值增长幅度较大，预测为 5 537.54 PJ，占全国总量的 45.80%，仅次于大田作物秸秆；林业剩余物、餐饮垃圾和污水污泥中可用于能源的潜力相对较少，共计 849.94 PJ，占全国总量的 7.03%。

在全国 31 个省份中，可能源化利用的大田作物秸秆能值分布在 3.38（西藏）～551.56 PJ（河南）（表 2-13）；上海林业剩余物可利用能值最低，仅为 0.39 PJ；而广西则为各省份最高，达到了 74.89 PJ；可用于能源的畜禽粪便能值则分布在 9.15（上海）～ 566.60 PJ（山东），均有所上升。在全国 31 个省份中，西藏的畜禽粪便占该区废弃生物质可用于能源的潜力总量的 92.65%，为全国最高；餐饮垃圾的可利用能值总量在 0.73（青海）～ 13.27 PJ（广东）；污水污泥可用于能源的潜力最低的省份为西藏（0.03 PJ），最高的是浙江（15.03 PJ）；在各省份中，上海可利用能源的污水污泥能值占该市总能值的 21.10%，为全国最高。

表 2-13　**2030 年中国各省份不同种类可用于能源的废弃生物质的能值预测**

省份	大田作物秸秆		林业剩余物		畜禽粪便		餐饮垃圾		污水污泥	
	能值/PJ	占比/%	能值/PJ	占比/%	能值/PJ	占比/%	能值/PJ	占比/%	能值/PJ	占比/%
北京	4.58	13.25	2.42	6.99	19.38	56.11	3.20	9.25	4.97	14.39
天津	13.87	31.98	0.86	1.98	25.28	58.28	1.54	3.56	1.82	4.20
河北	269.60	40.61	18.39	2.77	360.99	54.38	6.37	0.96	8.48	1.28
山西	98.44	53.78	10.17	5.55	67.92	37.10	4.06	2.22	2.46	1.35
内蒙古	269.39	37.65	12.15	1.70	428.68	59.91	3.26	0.46	2.02	0.28
辽宁	145.48	33.71	21.71	5.03	254.53	58.97	5.30	1.23	4.58	1.06
吉林	277.96	59.93	11.21	2.42	169.79	36.60	3.18	0.69	1.70	0.37
黑龙江	495.12	67.88	13.92	1.91	214.18	29.36	4.06	0.56	2.12	0.29
上海	10.41	36.89	0.39	1.39	9.15	32.41	2.32	8.21	5.95	21.10
江苏	355.53	62.72	9.64	1.70	179.89	31.73	7.83	1.38	14.00	2.47
浙江	68.13	41.96	24.97	15.37	47.21	29.07	7.05	4.34	15.03	9.26
安徽	330.40	58.03	21.19	3.72	208.83	36.68	4.94	0.87	3.96	0.70
福建	57.58	26.20	40.32	18.35	112.90	51.38	5.78	2.63	3.16	1.44
江西	202.45	52.19	27.82	7.17	150.88	38.90	5.03	1.30	1.72	0.44
山东	412.06	40.14	25.28	2.46	566.60	55.19	11.06	1.08	11.58	1.13
河南	551.56	54.36	15.72	1.55	429.85	42.36	9.55	0.94	8.04	0.79
湖北	284.61	58.46	17.20	3.53	176.40	36.23	5.34	1.10	3.32	0.68
湖南	284.52	54.07	29.15	5.54	203.42	38.66	5.78	1.10	3.32	0.63
广东	146.66	40.51	39.25	10.84	149.15	41.20	13.27	3.66	13.72	3.79
广西	266.77	46.17	74.89	12.96	229.15	39.66	5.58	0.96	1.44	0.25
海南	21.92	31.08	14.13	20.03	33.13	46.98	1.00	1.42	0.35	0.49
重庆	84.96	45.51	7.86	4.21	86.50	46.33	5.08	2.72	2.29	1.23
四川	290.09	39.59	22.81	3.11	409.75	55.92	6.28	0.86	3.83	0.52
贵州	103.75	43.00	11.20	4.64	120.13	49.79	4.82	2.00	1.35	0.56
云南	188.38	42.68	44.30	10.04	201.12	45.57	5.53	1.25	2.04	0.46
西藏	3.38	3.67	2.53	2.74	85.30	92.65	0.84	0.91	0.03	0.03
陕西	104.25	51.92	23.59	11.75	65.49	32.62	3.49	1.74	3.97	1.98
甘肃	94.94	38.92	11.55	4.73	133.66	54.80	2.11	0.87	1.65	0.68
青海	12.10	15.81	1.30	1.70	62.01	81.00	0.73	0.96	0.41	0.53
宁夏	31.08	37.51	3.29	3.98	46.60	56.25	1.26	1.52	0.62	0.75
新疆	222.25	42.17	10.84	2.06	289.65	54.96	2.50	0.47	1.79	0.34
全国	5 702.24	47.17	570.07	4.72	5 537.54	45.80	148.12	1.23	131.75	1.09

注：1. 折算能值，按低位热值计算，折算系数见表 1-2。

2. 占比，各省份或全国每种废弃生物质能值占该省份或全国废弃生物质能值合计的百分比。

第三章

废弃生物质转化能源的技术工艺模式

内容提要

本章着重介绍了不同类型的废弃生物质通过生物化学途径或热化学途径转化为固体生物燃料、液体生物燃料和气体生物燃料，以及电能、热能和蒸汽等衍生能源的技术原理、发展现状和工艺模式。第一类纤维素乙醇，包括蒸汽爆破技术、液态热水技术、稀酸蒸煮技术、综合生物处理技术、乙酸共发酵酯化加氢技术、生物质合成气化学催化合成技术和生物质合成气发酵技术；第二类生物油，包括生物质水相催化合成技术、生物质气化费托合成技术和生物质快速热裂解技术；第三类生物柴油，包括碱催化酯交换技术和酸催化酯交换技术；第四类固体成型燃料，包括为生物质湿压成型技术、热压成型技术和炭化成型技术；第五类沼气和生物天然气厌氧发酵与提纯技术；第六类生物质热电，包括生物质直燃发电技术、生物质混燃发电技术和生物质气化发电技术。

一、纤维素乙醇

(一)蒸汽爆破技术

蒸汽爆破技术指利用高温、高压水蒸气处理木质纤维素原料,通过瞬间泄压过程实现原料组分分离和结构变化的预处理技术。该技术为热化学过程,在反应器内通入高压蒸汽,加热至 160～260℃(0.69～4.83 MPa),维持几秒至几十分钟(岳国君,2014),木质纤维素内部半纤维素中的乙酰基糖醛酸基团水解形成大量乙酸等有机酸,进一步促进半纤维素水解为低聚糖和单糖(Ramos, 2003)。与此同时,由于高压、高温形成的液态水渗透至木质纤维素内部的空隙中,当迅速打开反应器突然减压,急剧降温并中断自身内部反应,内部空隙的高压液态水以气流的方式迅速撕裂木质纤维素,以爆破方式使原料发生机械解构(Zimbardi *et al.*, 2007)。

蒸汽爆破技术的优点是原料处理时间短,化学品用量少,污染和能耗也低;缺点是设备成本高,木质素分离不完全,原料损失率较高。原料结晶度和粒度对于处理效果影响大(Negro *et al.*, 2003),此外,影响蒸汽爆破技术的因素还有原料类别、反应温度、反应压力、反应时间、固液比以及催化剂类别和浓度等(Cara *et al.*, 2007)。该预处理技术可分为中性蒸汽爆破、酸性蒸汽爆破和碱性蒸汽爆破 3 个大类;结合商业化工艺模式可以分为蒸汽爆破-分步糖化共发酵技术(图 3-1)、蒸汽爆破-同步糖化发酵技术(图 3-2)和蒸汽爆破-同步糖化共发酵技术(图 3-3)。

蒸汽爆破技术于 1925 年由加拿大 Masonite 公司开发,用于生产木质纤维板(Shafizadeh *et al.*, 1979)。20 世纪 80 年代,加拿大的 Iotech 公司和 Stake Technology 公司分别开发了间歇式和连续式蒸汽爆破设备,用于加工农林废弃物生产饲料。在近 10 年来,作为最成熟的木质纤维素原料预处理技术,已被广泛地应用于纤维素燃料乙醇商业化生产(岳国君,2014)。

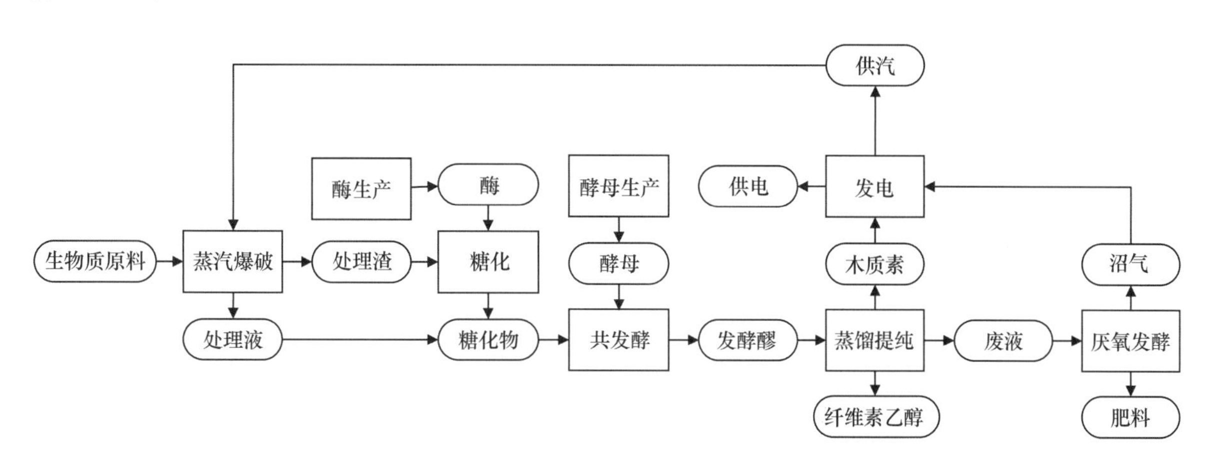

图 3-1 蒸汽爆破-分步糖化共发酵工艺模式

当前，应用蒸汽爆破-分步糖化共发酵技术生产乙醇的主要代表企业，国外有 Iogen（加拿大）、POET-DSM（美国）、Biogasol（丹麦）、Abengoa（美国和巴西）、M&G-Chemtex（意大利），国内有松原光禾能源有限公司和中国科学院过程工程研究所。国内两家单位合作开发了万吨级汽爆秸秆乙醇产业化技术，现有 2 条纤维素乙醇生产线和 5 条生物基材料生产线。秸秆和其他农业废弃物处理能力达到 15 万 t/年，设计产能达到 10 万 t/年乙醇和 1.5 万 t/年生物基材料。2014 年 4—8 月间，松原光禾能源有限公司启动了一条 2 万 t/年的纤维素乙醇示范生产线，产能可达 35 t/d（程序，2015；王岚，2015）。

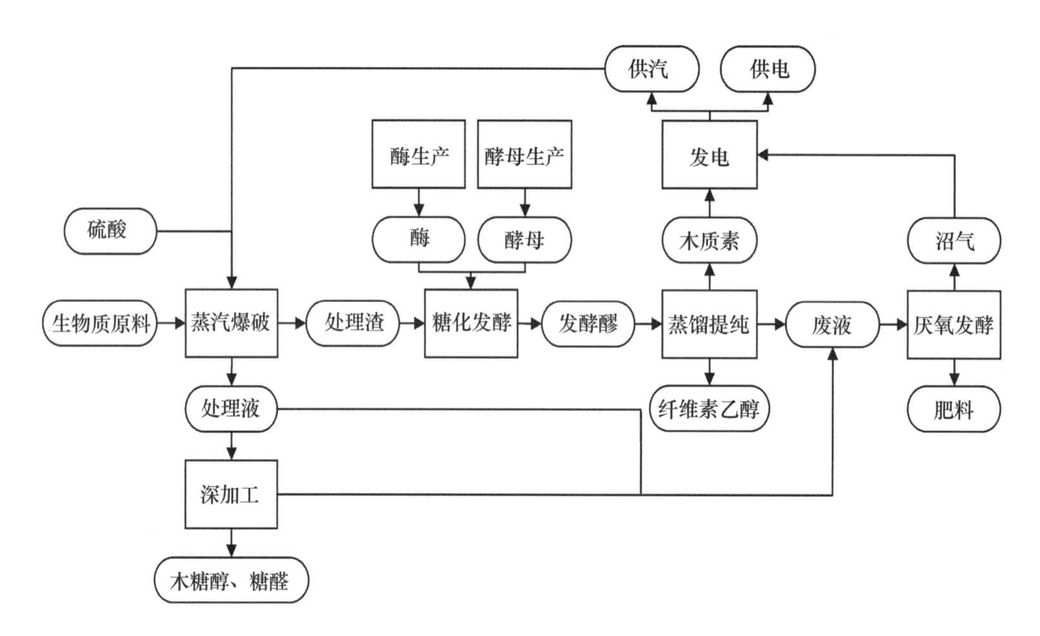

图 3-2　蒸汽爆破-同步糖化发酵工艺模式

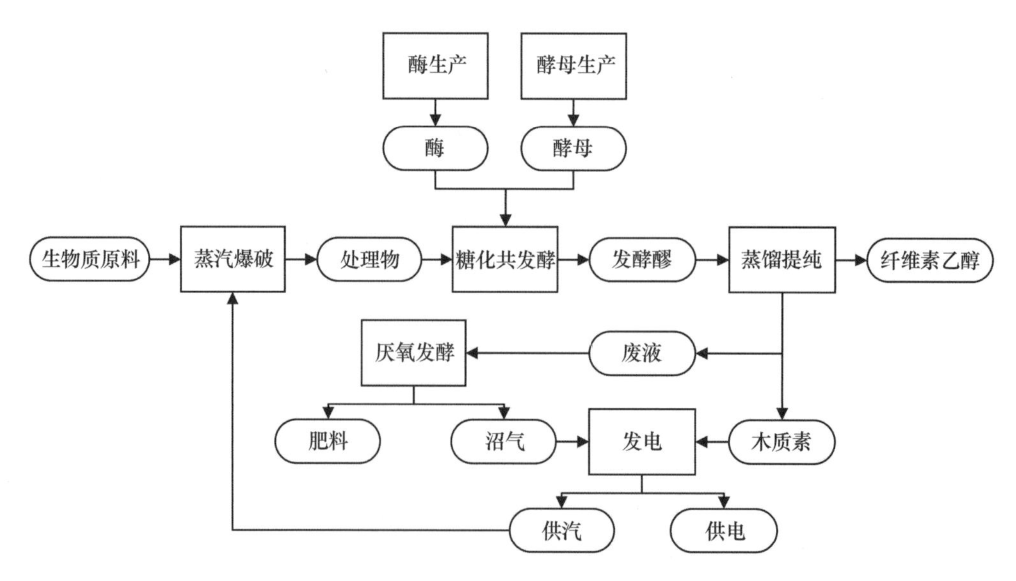

图 3-3　蒸汽爆破-同步糖化共发酵工艺模式

应用蒸汽爆破-同步糖化发酵技术的主要代表企业是山东龙力生物科技有限公司，自2005年起该公司开始研发利用玉米芯生产纤维素乙醇技术，2012年获国家发展和改革委员会核准建设了5万t纤维素乙醇厂（岳国君，2014）。河南天冠集团自2009年起在南阳市镇平县建立首个万吨级纤维素乙醇生产线，2011年经国家能源局验收后扩大生产规模（林海龙等，2011）。

蒸汽爆破-同步糖化共发酵技术在国外应用比国内普遍。国外企业主要有M&G-Chemtex集团（意大利）和Energochemica集团（斯洛伐克）。在国内，中粮生化能源（肇东）有限公司计划建设年产5万t纤维素燃料乙醇项目，以玉米秸秆为原料，年产燃料乙醇5万t、可燃性生物质废渣175万t和生物沼气1 500万m^3（林海龙等，2011）。

（二）液态热水技术

液态热水技术指在高温、高压条件下形成液态热水对木质纤维素原料进行预处理。原理是将木质纤维素原料与水按照一定比例混合后加热至160～240℃，在给定的压力下预处理一定时间。水分在整个预处理中保持液态，pH从7骤降至5.5左右成酸性（Mosier *et al.*，2005）。原料中的半纤维素在高温弱酸的环境下水解成单糖，部分单糖进一步水解生成有机酸，进一步降低环境pH又促进半纤维素水解（Laser *et al.*，2002）。

液态热水技术的优点是对原料粒径依赖程度低，污染和能耗都较低，五碳糖收率高；缺点是设备成本高，不易控制反应温度和时间，对于软木类（即隐花植物类）生物质处理效果较差（Mosier *et al.*，2005）。影响该技术的因素有原料类别、反应温度、反应时间等。根据预处理过程中反应介质是否流动，该技术分为流动法和固定法两类。流动法指预处理时原料始终保持在反应器中，液态热水不断从原料间流过，发生水解反应的同时将半纤维素和木质素降解物排出。固定法指原料和液态热水同时保持在反应器中，待预处理完毕再同时输送到下一个环节。

20世纪90年代末，丹麦DONG Energy集团开始研发液态热水技术。2003年，该集团建成首个纤维素乙醇试验工厂，理论产量为2.4 t/d。2005年，通过扩建与技术改进，燃料乙醇理论产量达到24 t/d。2009年末，根据欧盟第七框架计划（FP7），包括DONG Energy集团在内的6家机构共同启动实施卡伦堡木质纤维素乙醇计划，Inbicon生物质精炼示范厂在丹麦卡伦堡正式投产（Larsen *et al.*，2012；Green car congress，2014）。当前，该技术比蒸汽爆破技术的商业化程度低，主要代表企业包括丹麦DONG Energy集团和Maabjerg公司等国外企业，其技术工艺模式见图3-4。国内尚未见对该技术商业化应用的报道。

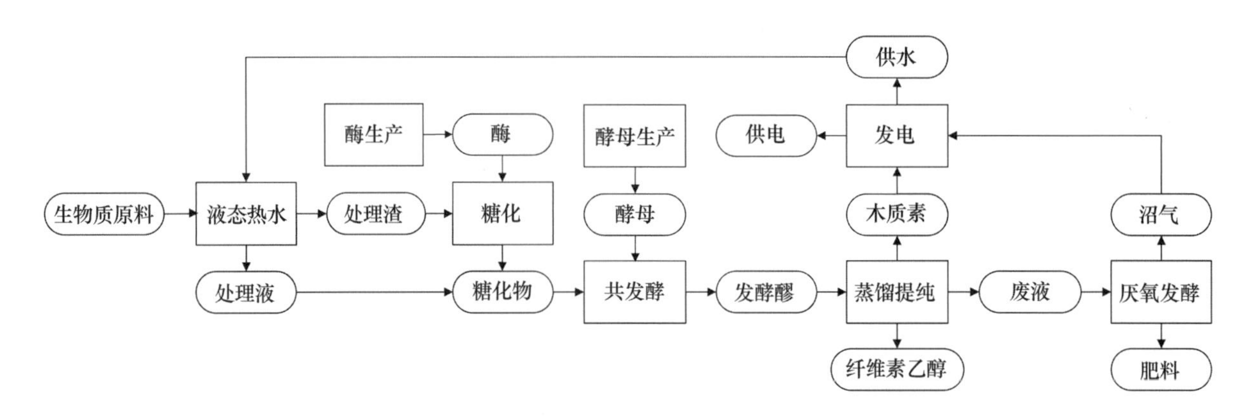

图 3-4　液态热水-同步糖化共发酵工艺模式

(三)稀酸蒸煮技术

稀酸蒸煮技术是指将低浓度的盐酸、硫酸等无机酸或马来酸、丁烯二酸等有机酸与原料充分混合,在一定压力和温度的条件下,经过一定时间对原料进行水解预处理的方法。该技术应用的原理是酸解离出的 H^+ 攻击半纤维素和非结晶纤维素,促进其水解形成单糖。由于半纤维素在植物细胞壁起连接纤维素和木质素的作用,其水解将导致木质纤维素原料孔隙增多,有利于破坏纤维素晶体结构,还有利于纤维素酶的附着,从而达到预处理目的(Herrera *et al.*, 2003)。

该技术的优点是可以降解原料中 90%左右的半纤维素,水解形成单糖效率较高;缺点是去除木质素的效果欠佳,剩余过多木质素既影响酶对纤维素的可及性,又容易产生纤维素酶解和乙醇发酵的抑制物。另外,酸处理在高温下对反应设备要求高,运行成本高于蒸汽爆破法和液态热水法(Esteghlalian *et al.*, 1997)。影响稀酸蒸煮法的因素有原料性质、反应温度和用酸类别等。稀酸蒸煮技术按照酸的类型可分为有机酸蒸煮和无机酸蒸煮两类,按照用酸的浓度又分为浓酸蒸煮和稀酸蒸煮两类,按照处理次数可以分为一步法和两步法两类(岳国君, 2014)。

利用酸处理生物质的历史可追溯至 1819 年,当时人们应用该技术糖化木材生产乙醇,后来已成功地应用于生产纤维素乙醇(Freudenberg, 1936)。稀酸蒸煮技术的商业化推广程度也比蒸汽爆破技术低,目前仅有美国可再生能源实验室(NREL)、Blue sugars 和 Verenium 等公司(林鑫等, 2015)建立了利用稀酸-分步糖化共发酵工艺生产纤维素乙醇的工厂(图 3-5)。在国内未见应用的报道。

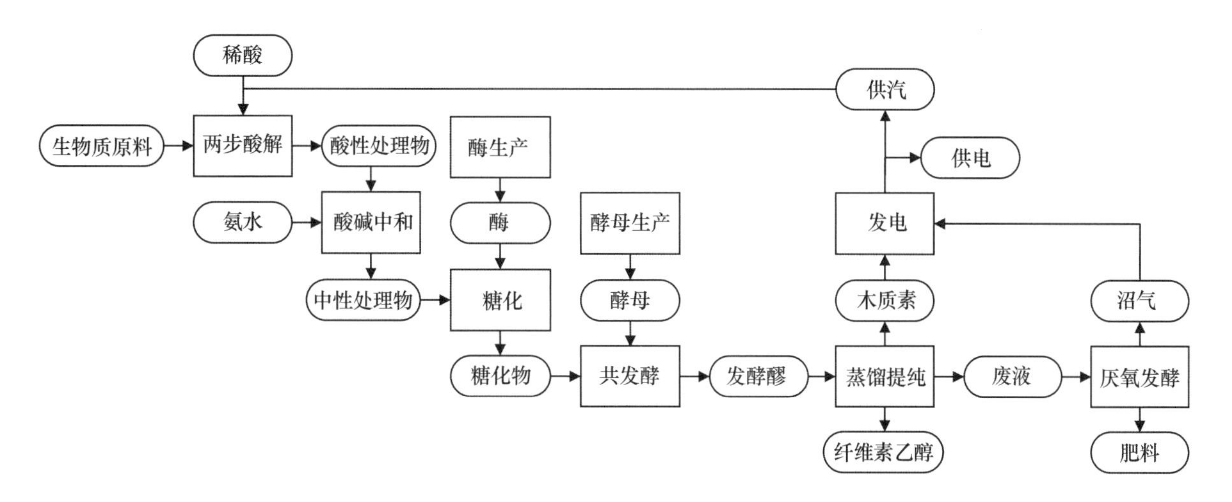

图 3-5　稀酸-分步糖化共发酵工艺模式

(四)综合生物处理技术

综合生物处理技术也叫作微生物直接转化技术,通过对理想底盘微生物的开发和利用实现一步转化木质纤维素为生物产品(李心利等,2016)。该技术最大的特点是没有专门的纤维素酶生产过程,关键是获得一个既能满足纤维素酶生产和木质纤维素原料水解,又同时能完成六碳糖和五碳糖共发酵的微生物菌种(Lynd *et al.*, 2008)。其优点是配合合适的预处理,可极大地降低纤维素乙醇生产成本;缺点是专用菌种的培育和筛选十分困难。

综合生物处理技术最早由 Lynd 等于 2002 年提出,将纤维素复合酶的生产、预处理后纤维素和半纤维素的水解、六碳糖和五碳糖的共发酵融入同一个生化过程中,被认为是生物质转化技术发展中的逻辑终点。2009 年,Mascoma 公司在纽约州 Rome 纤维素乙醇生产装置中首次应用了该技术(Lynd *et al.*, 2005)。综合生物处理法的商业化程度与稀酸蒸煮法、液态热水法均处于相似的示范水平上,其技术工艺模式见图 3-6,主要代表企业为 Mascoma (美国)(Lynd *et al.*, 2005)。

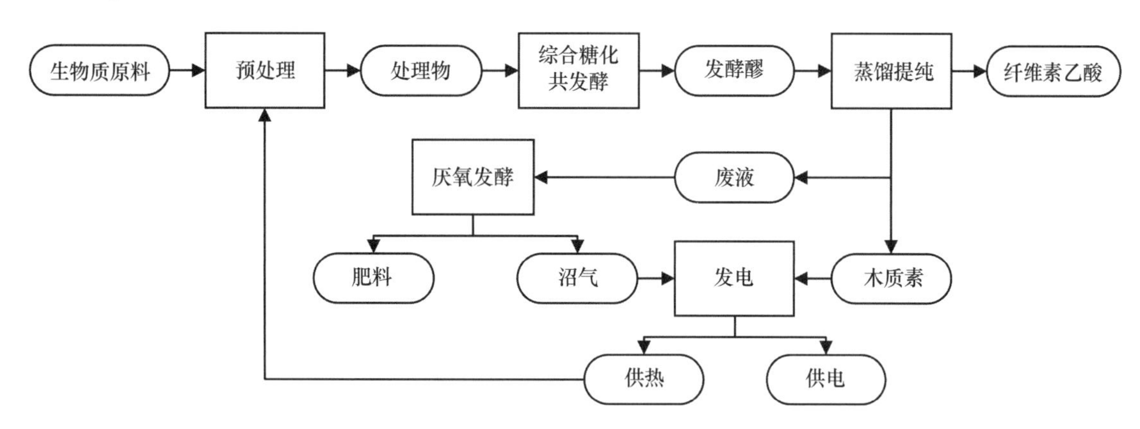

图 3-6　综合生物处理法工艺模式

(五)乙酸共发酵酯化加氢技术

乙酸共发酵酯化加氢技术指生物质原料水解后通过微生物降解和化学催化等工艺生产纤维素乙醇(姚国欣等,2010)。原理是通过预处理和酶解工艺将木质纤维素转化为六碳糖和五碳糖的混合糖液,再利用微生物将其发酵为乙酸,最后通过对乙酸的酯化加氢形成纤维素乙醇(Brown *et al.*, 2013; 钱伯章,2010)。该技术前段采用传统生化途径对生物质预处理和酶解获取糖液,也存在预处理难度大、酶解成本高等问题,但后段通过乙酸酯化加氢工程的效率远高于糖液直接发酵形成乙醇的效率(Lavarack *et al.*, 2004)。

自 2002 年以来,美国 ZeaChem 公司一直致力于将二碳和三碳等小分子有机物进行细菌发酵和生物基原料合成的研究。2013 年,由该公司研发的利用这项技术生产燃料乙醇的首个生物炼制厂正式投产(Bacovsky *et al.*, 2012;Brown *et al.*, 2013),其工艺模式见图 3-7。

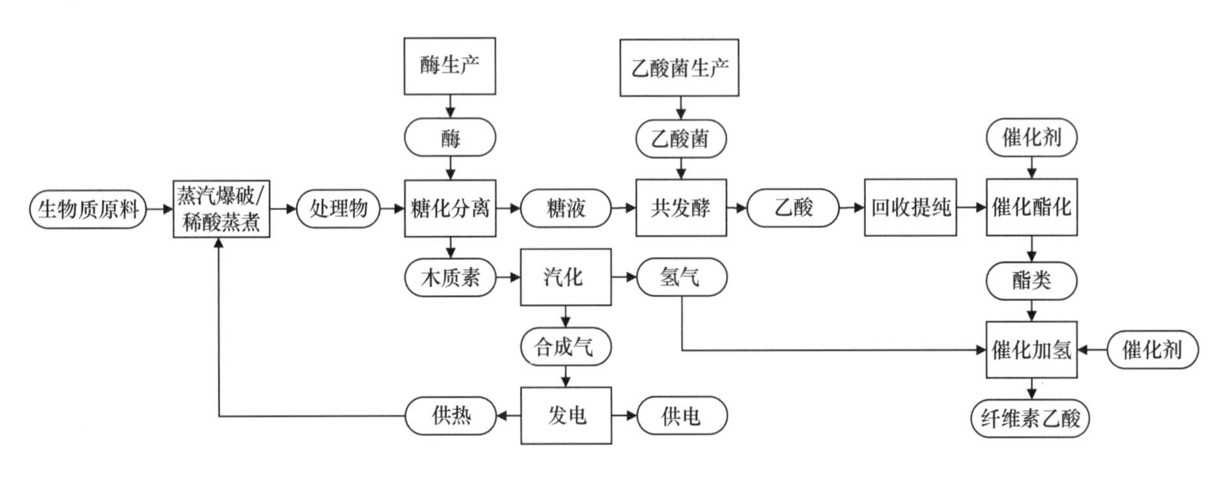

图 3-7　乙酸共发酵酯化加氢工艺模式

(六)生物质合成气化学催化合成技术

生物质合成气化学催化合成技术将生物质高温催化裂解形成合成气,再通过费托合成和催化加氢等技术生产纤维素乙醇(李东等,2006)。技术原理是在高温厌氧条件下将生物质气化后,生成包含 H_2、CO 和 CO_2 等物质的混合气体,经分离提纯和费托合成过程生成甲醇(图 3-8)。甲醇再经过一系列的脱水和催化过程生成纤维素乙醇(李东等,2006)。催化剂是合成气形成低碳醇的一个关键因素,大致可分为改进的甲醇合成催化剂、Mo 系催化剂、贵金属基催化剂、甲烷重整及 CO_2 加氢反应催化剂 4 类(陈元国,2012;张雯娜等,2012)。

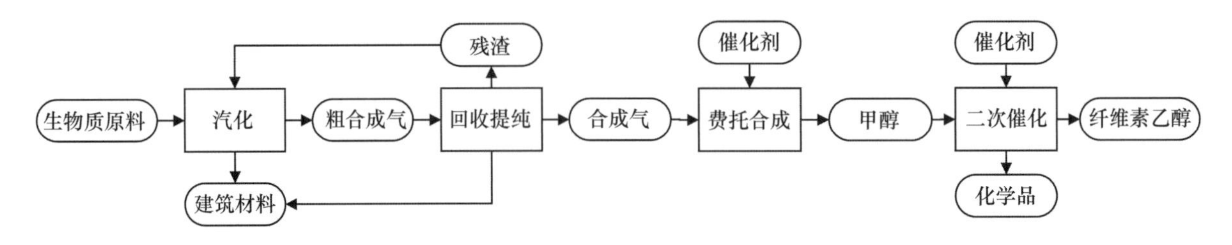

图 3-8　生物质合成气化学催化合成工艺模式

该技术采用热化学法解构生物质，极大地降低了对原料种类的依赖，同时避开了生化途径的原料预处理、水解和共发酵等难题；缺点是生产设备成本过高，催化剂昂贵且用量大（程序，2015；Enerkem Alberta Biofuels，2014）。总的看来，该技术的应用效果受生物质原料和反应条件等多种因素影响，还需要开发出具有高活性、高选择性、反应条件温和的专用催化剂才能实现工业化（常春等，2014）。

生物质合成气化学催化合成技术由加拿大 Enerkem 公司开发用于城市垃圾处理和燃料生产，首个示范工厂已于 2013 年竣工并生产，当时预计 2016 年达到设计产能，商业化工厂也在筹建中（程序，2015；钱伯章，2010）。该技术和蒸汽爆破技术的商业化程度相似，国外代表企业主要有 Enerkem（加拿大）和 Fulcrum Bioenergy（美国），未见国内应用该技术示范项目的报道。

（七）生物质合成气发酵技术

生物质合成气发酵技术利用木质纤维素原料，通过生物质气化结合细菌发酵生产纤维素乙醇（李东等，2006），集成了热化学和生物发酵的工艺过程（图 3-9）。首先通过气化反应装置把生物质转化成富含 CO、CO_2 和 H_2 的中间气体，即生物质合成气，然后再利用细菌发酵技术将合成气转化为乙醇。该技术的优点是可以极大地降低对原料的依赖，同时采用生物化学法将合成气转化为乙醇又解决了硫化物对催化剂的毒害；缺点是专用菌种的培育和筛选十分困难，当前使用的菌种性能较差。

该技术的商业化程度和蒸汽爆破法相似，商业化代表均是国外企业，主要有 INEOS Bio（美国）、Synata Bio（美国）、BRI（美国）、Coskata（美国）和 Lanzatech（新西兰）（程序，2015），所建立的技术工艺模式见图 3-9。2013 年 8 月，全球首个利用生物质合成气发酵法生产纤维素乙醇的示范装置在美国投产，该装置由 INEOS Bio 公司开发，美国能源部、美国农业部和佛罗里达州出资建设（INEOS Bio Technology，2016）。国内未见应用该技术示范项目的报道。

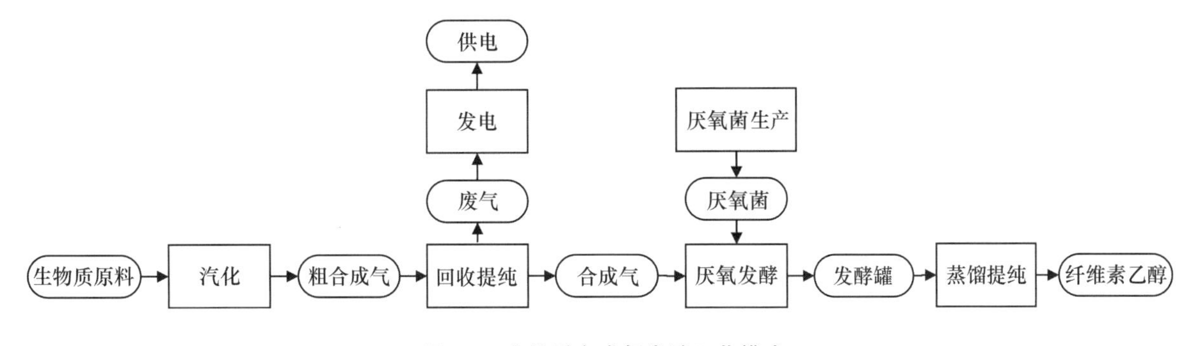

图 3-9　生物质合成气发酵工艺模式

二、生物油

（一）生物质水相催化合成技术

生物质水相催化合成技术将生物质原料水解为糖类及其衍生物，再通过水相催化加氢脱氧过程转化为 C_5/C_6 类烷烃或 C_8～C_{15} 长链液体烷烃（张琦等，2015）。该工艺优点较多：①反应在液相中进行，不需要气化碳水化合物原料，避免了大量加热能耗；②催化合成产物本身无毒，也不具可燃性，便于存储及预处理；③水相重整反应压力一般为 1.5～5.0 MPa，反应温度低（240～280℃），有效地避免了裂化和碳化等副反应的发生；④反应生成的烃类产物与水相自动分离，避免了产物蒸馏分离提纯的巨大能耗；⑤五碳糖和六碳糖均可高效转化为 C5、C6 烷烃（Coronado *et al.*，2016；江婷，2015）。但是，该工艺同生物化学工艺生产纤维素乙醇一样面临生物质预处理和糖化困难等问题（Coronado *et al.*，2016；江婷，2015）。

2004 年，Dumesic 小组利用新型催化剂，在 498～538 K 温度范围内将山梨醇水相重整合成了以戊烷和己烷为主的烷烃产物，烷烃选择性可以达到 58%～89%（Davda *et al.*，2003）。在中国，该技术最早由中国科学院广州能源研究所研发，包括水相催化合成生物汽油技术和水相催化合成航空燃油技术两个部分（马隆龙等，2016）。目前，技术路线已完成实验室技术论证，各类技术指标均优于国际同类研究，并计划完成糖类衍生物定向水相催化转化为生物汽油、柴油和航空煤油验证示范，形成系统的转化理论，逐步实现木质纤维素类生物质水相催化合成烃类燃料的商业化生产（齐会杰，2015）。水相催化合成生物汽油技术利用磷酸硼催化纤维素缓慢水解加氢逐渐转化为六碳糖醇，然后通过催化氢解过程将六碳糖醇直接或间接转化为己烷和戊烷（Liao *et al.*，2014）。水相催化合成航空燃油技术通过催化脱水缩合反应，将生物质水解液转化为呋喃类化合物及乙酰丙酸酯等中间产物，再经 C—C 耦合催化加氢的过程转化为航空燃油（齐会杰，2015；Shi *et al.*，2014；常轩等，2013）（图 3-10）。

目前，该技术模式还处于研发阶段，国外主要研发机构包括美国 Virent 公司、美国西北太平洋实验室，国内包括中国科学院广州能源研究所、中国科学院山西煤炭化学研究所以及中国科学技术大学等。另外，东南大学等已完成了年产万吨级生物质制备生物油的示范工程。

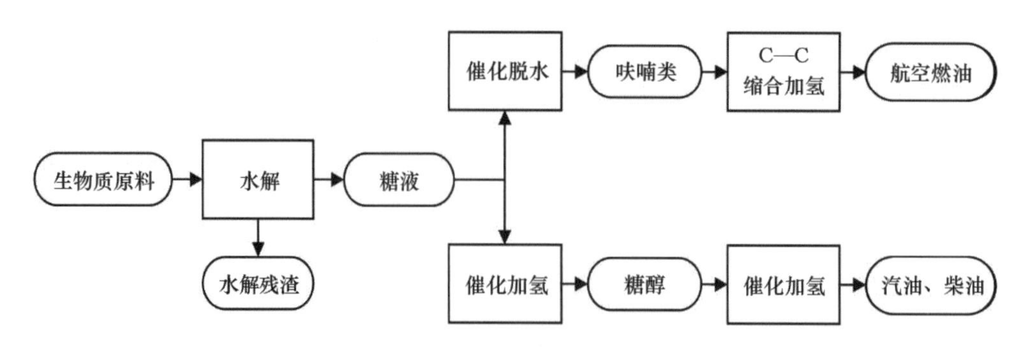

图 3-10　生物质水相催化合成工艺模式

(二)生物质气化费托合成技术

生物质气化费托合成技术是将生物质高温催化裂解成生物质合成气,再通过费托合成和催化加氢等过程生产合成烃。原理是在无氧的条件下通过高温使生物质转化形成生物质合成气,然后经调整碳氢比和净化处理,将其中的CO和H_2经费托催化合成为链长相近的碳氢化合物(涂军令等,2014)。

生物质气化费托合成技术可利用生物质原料类型广泛,且可将生物质内有机物转化为汽油、柴油和煤油等多种液态燃料;缺点是固定生产设备昂贵,对于催化剂要求高且消耗量大(李娟等,2013)。影响生物质合成气制备环节的主要因素为原料类型、备料方式、生物质气化剂供给率、反应器温度与压力、固液比等。费托合成只有在合适的催化剂作用下才能实现,开发出高活性及高选择性的催化剂是能否实现工业化的关键因素(涂军令等,2014)。该技术包括生物质合成气费托直接合成法(gas to gasoline)和生物质气化费托合成甲醇脱水催化法(methanol to gasoline)两条途径(常春等,2014)。这两条途径的前段工艺基本相同,不同在于后者费托合成过程主要催化产物为甲醇,然后通过催化甲醇脱水生成二甲醚,再进一步催化合成汽油、重油或煤气等烃类燃料(孙晓轩,2007;应浩等,2007)。

1923年,Fiseher与Tropsch首次利用煤气中CO和H_2化学合成液态燃料,这种技术被命名为"费托合成"(常春等,2014;董丽,2013)。20世纪70年代,美国Exxon Mobil公司基于原有技术开发出了新一代生物质气化费托合成工艺,即生物质气化费托合成甲醇脱水催化法。20世纪90年代,德国科林公司研发出Carbo-V气化技术,解决了传统气化工艺最大障碍——焦油和堵塞问题,并于2003年首次通过结合生物质气化技术和费托合成技术生产液态燃料(程序,2015)。21世纪初,世界首个商业化工厂于新西兰建成,主要原料为天然气(Yung *et al.*, 2009)。最近,生物质合成气费托直接合成法制烃技术已达到了较高商业化程度,国外主要代表企业有Rentech(美国)、Shell(美国)、Choren(德国)、Sasol(南非)、Chemrec(瑞典)、UPM Kymmene(芬兰)和Red Rock Biofuels(美国)公司等,国内主要为武汉阳光凯迪和广州迪森两家企业,该技术的工艺模式见图3-11。

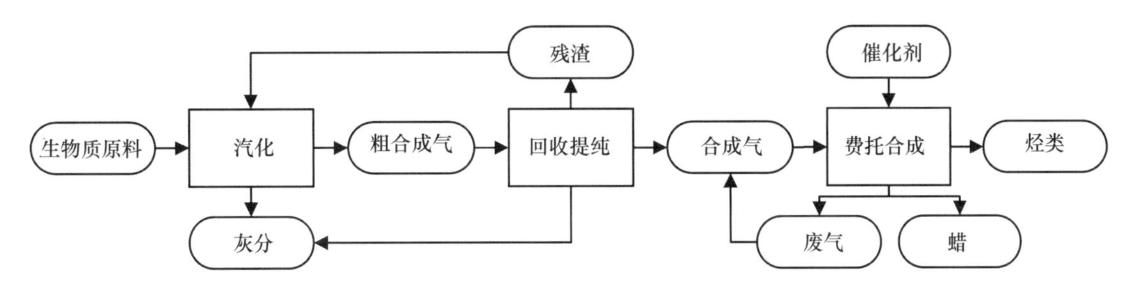

图3-11　生物质气化费托合成催化加氢工艺模式

生物质气化费托合成甲醇脱水催化技术的商业化程度仍处于示范阶段。主要代表企业均是国外企业，包括加拿大的 Enerkem 公司以及美国的 Fulcrum Bioenergy、Exxon Mobil 和 Sundrop Fuels 公司，其工艺模式见图 3-12。

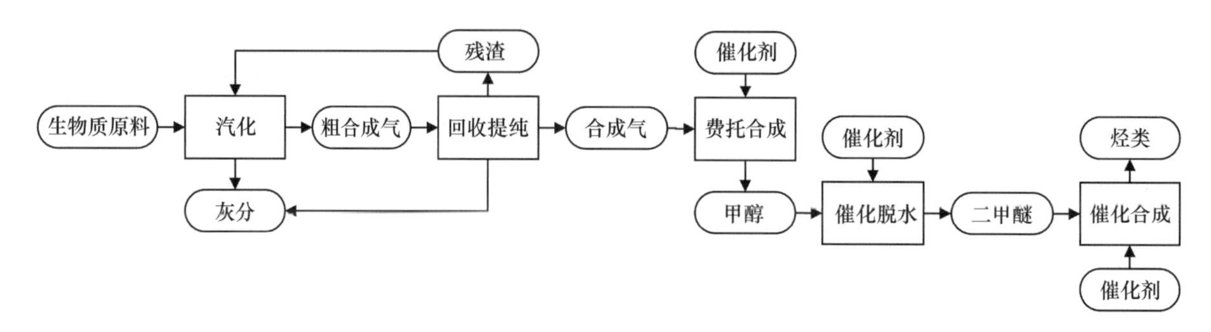

图 3-12　生物质气化费托合成甲醇脱水催化工艺模式

(三)生物质快速热裂解技术

生物质快速热裂解技术指生物质在无氧或有氧条件下，通过高温快速加热和短暂停留相间的处理过程，使生物质裂解为焦炭和气体，其中气体再经分离、冷凝后转化为生物油的过程(袁振宏等，2005)。

该技术可根据需要改变生物油的成分组成，减少硫和氮的氧化物排放，以及烟气中的灰分。生物油可以作为液体燃料使用，也可以作为原料生产其他化学品(李军等，2010)。然而，生物质快速热裂解过程易受热解温度、升温速率和反应时间等因素的影响，生产过程必须严格控制温度(500～600℃)、加热速率、热传递速率和停留时间，使生物质在短时间内快速热裂解为尽可能多的气体，然后进行快速和彻底的分离、冷凝以保证理想的产率。热裂解过程中需要注意避免由焦炭和灰分所引起的生物油二次催化，这将改变生物油组分组，甚至造成设备管道堵塞(张瑞霞，2008)。此外，原料的种类、粒径、含水量以及反应压力等因素也对热裂解反应过程和产量有一定的影响。根据生物质的受热方式不同，生物质快速热裂解技术可分为机械接触式反应工艺、间接式反应工艺和混合式反应工艺。根据反应方式，该技术又分为催化热解工艺和混合热解工艺(常春等，2014)。

生物质快速热裂解技术具有悠久的历史。以制备液体燃料为目标的热裂解研究最早始于 20 世纪 70 年代后期，加拿大、美国、意大利及芬兰等国在 1995 年已有 20 余套生物质热解试验装置，生物质处理最大能力达 100 t/d。欧洲在 1995 年和 2001 年分别成立了 PyNE 组织(Pyrolysis Network for Europe)和 GasNet 组织(European Biomass Gasification Network)，进行快速热解液化技术和生物油开发和利用等方面的工作(李军等，2010)。国内外众多研究机构和企业在该领域开展了大量研究，开发出不同种类的快速热解工艺和反应器，如荷兰 BTG、加拿大 Dynamotive Energy Systems 和中国科学技术大学等。当前，利用生物质快速热裂解技术生产生物油的商业化程度较高，国外主要代表企业有 Stora Enso(芬兰)、

Ensyn（美国）、KiOR（美国）、UOP（美国）等，国内企业包括安徽易能生物能源有限公司和安徽金秸能生物科技有限公司，该方法的工艺模式见图 3-13。

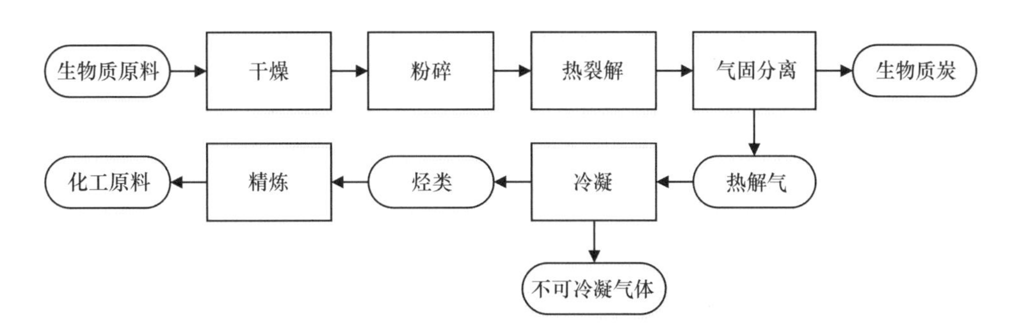

图 3-13 生物质快速热裂解工艺模式

三、生物柴油

（一）碱催化酯交换技术

碱催化酯交换技术主要通过酯基转移作用将高黏度的植物油或动物油脂转化为低黏度的脂肪酸酯（范航等，2000；王永红等，2003）。如图 3-14 所示，该技术的原理是将油脂进行脱色、脱酸和脱水等预处理，然后与适量的甲醇和 NaOH 等碱类物质混合，在 60℃和 40 min 的条件下通过酯基转移作用转化为生物柴油和甘油（彭荫来等，2001）。

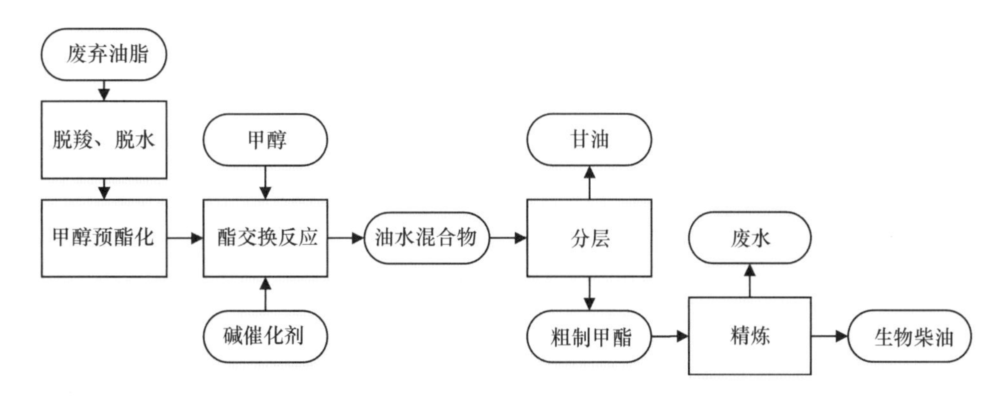

图 3-14 碱催化酯交换工艺模式

该技术对原料中游离脂肪酸和水含量有严格限制。因为游离脂肪酸和碱在反应体系中会产生乳化作用，使产物脂肪酸甲酯与甘油无法分离；水分的存在会引起酯类水解，进一步引起皂化反应，最终减弱催化剂活性。碱催化酯交换技术按照催化剂类型可分为均相碱催化酯交换法和固体碱催化酯交换法。均相碱催化法因为反应速度快、条件温和而得到广泛研究和应用，相关报道较多（Feuge *et al.*，1949；Wright *et al.*，1944；Mittelbach *et al.*，2010；Frohlich *et al.*，2000）。当前，最常用的液体碱催化剂有氢氧化钠、氢氧化钾、甲醇钠和甲醇钾。其中甲醇盐作催化剂操作容易、价格低、活性高、反应时间短、反应所需温度低、催化剂用量少，且反应后通过中和水洗易除去，因此应用最为广泛。该工艺的不足之处在于后续工序能耗较大，且产物分离困难，产生废水量大。目前，开发固体碱催化酯交换技术成为近年来的热点。但是固体碱催化剂制备复杂、成本昂贵、强度较差、极易被大气中的 CO_2 等杂质污染，而且比表面都比较小(魏彤等，2002)，因此固体碱催化酯交换法还处在积极研究开发阶段。

碱催化酯交换技术是由德国工程师 Dr. Rudolf Diesel 于 1859 年提出的，他在 1900 年巴黎博览会上展示了使用花生油作为燃料的柴油发动机。到 20 世纪 90 年代，随着环境污染和石油资源枯竭两大危机越来越被关注，生物柴油再次成为热门的研究课题(夏铭，2007)。目前，用碱催化酯交换技术生产生物柴油技术在国际上商业化程度处于较高水平，主要代表有德国 Lurgi、德国 SKET、法国 Diester Industrie、美国 Kreido Biofuels 等企业，国内暂无相关报道。

(二)酸催化酯交换技术

酸催化脂交换技术是以 H_2SO_4 或 H_3PO_4 作为催化剂，以甲醇等低碳醇作为酯交换剂，在一定的温度和压力条件下通过酯基转移作用将高黏度的植物油或动物油脂转化为低黏度的脂肪酸酯。如图 3-15 所示，酸催化酯交换技术首先通过预处理控制油脂中的水分和颜色，脱色、脱酸后与适量的甲醇和 H_2SO_4 均匀混合，在压力 170～180 kPa、温度 80℃、搅拌速度 400 r/min 的条件下，经过 240 min 完成反应得到生物柴油，转化率为 97%，副产物为甘油。

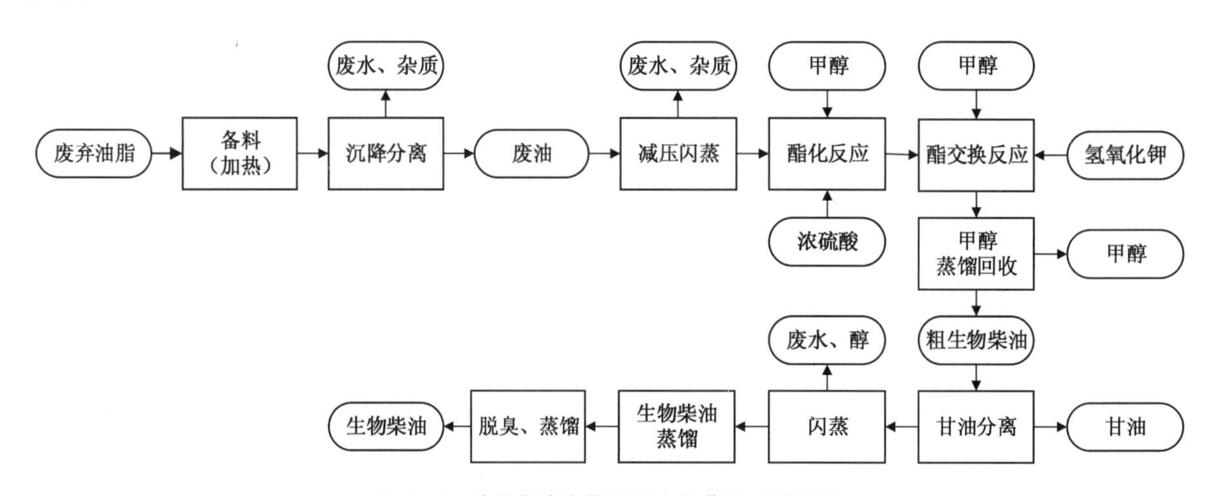

图 3-15 酸催化酯交换制取生物柴油工艺流程

该方法是可逆反应，反应温度高，且游离脂肪酸和少量水分的存在对反应影响较小，尤其适用于以废餐饮油为原料制备生物柴油。酸催化酯交换技术按照催化剂类型可分为均相酸催化酯交换技术和固体酸催化酯交换技术。与固体酸催化酯交换技术相比，均相酸催化技术要得到相同的得率所需的反应时间长、反应条件苛刻(Canakci *et al.*, 1999; Freedman *et al.*, 1984; Kildiran *et al.*, 1996; Siler-Marinkovic *et al.*, 1998)。而且,均相酸催化酯交换技术在生产中会造成生物柴油分离困难,并产生酸性废水(谢炜平等,2008;鞠庆华等,2004;孙世尧等,2005)。因此,固体酸催化酯交换技术是当前酸催化方法研发的热点。

1982年前后,德国和奥地利先后在柴油机引擎中使用菜籽油甲酯。1984年美国和德国的科学家研究采用动物或植物的脂肪酸甲脂或乙酯代替柴油。日本1995年开始研究生物柴油,1999年建立用煎炸废弃油为原料生产生物柴油的工业化试验装置。目前,通过酸催化酯交换技术生产生物柴油技术的商业化程度处于较高水平,国外主要代表企业有美国BioX,国内企业包括上海中器环保科技有限公司、海南正和生物能源有限公司、四川古杉油脂化学有限公司、福建龙岩卓越能源发展有限公司等。海南正和生物能源有限公司于2001年9月在河北邯郸建成年产1万t的生物柴油试验工厂。2002年8月,四川古杉油脂化学有限公司以植物油下脚料为原料生产生物柴油。2002年9月福建龙岩卓越能源发展有限公司采用新工艺利用废弃动植物油生产生物柴油。

四、固体成型燃料

生物质固体成型燃料技术是将农林废弃物等生物质原料,在一定的温度、湿度和压力下,将粉碎后的生物质压缩成棒状、粒状、块状及其他形状,形成密度大、热值高的固体成型燃料的物理化学方法。生物质主要由纤维素、半纤维素和木质素构成。其中,木质素由苯丙烷结构单体构成,属于非晶体,主要部分不溶于有机溶剂,没有熔点但有软化点,100℃开始软化,160℃熔融形成胶体物质,在热压成型工艺中发挥黏结剂功能,从而提高成型物结合强度和耐久性(朱锡锋等,2014)。半纤维素是由多聚糖组成,吸水性较强。纤维素是由葡萄糖组成的大分子多糖,一般不溶于水及有机溶剂(袁振宏等,2005)。由于植物生理方面的原因,生物质的结构通常都比较疏松,密度较小,在受到一定的外部压力后,原料颗粒先后经历重新排列、机械变形和塑性流变等阶段,体积大幅度减小,密度显著增大,燃烧性能显著提高(袁振宏等,2005)。

生物质颗粒具有体积小、热值高且方便使用等特点,在燃烧过程中产生的炉渣、烟尘和二氧化硫相对较少,易于进行商品化生产和销售(张百良等,2010)。生物质固体成型燃料体积为原有体积的1/8～1/6,密度为1.0～1.4 t/m^3,能源密度相当于中质烟煤(田宜水等,2010)。由于压缩密度较高,生物质的燃烧特性得到明显改善,挥发分逸出速度降低,需氧量变化较小,燃烧过程更加稳定。生物质原料的种类、物理特性和化学组成影响着整个工艺过程。对于木质素等黏弹性组分含量较高的原料,温度达到软化点后,木质素将通过塑性变形而将纤维紧密黏合成既定形状。对于木质素含量较低的原料,在压缩成型过程中,加入少量的诸如黏土、淀粉和废纸浆等黏结剂,也可以使成型块维持致密的结构和既定的形状(袁振宏等，2005）。

根据主要工艺特征，固体成型燃料技术可分为生物质湿压成型技术、热压成型技术和炭化成型技术。如图 3-16 所示，生物质湿压成型技术主要采用环模、平模、对辊、刮板和齿轮等挤压成型机，将含水量较高的原料与黏结剂按一定比例混合，在常温下压缩成型。该方法所需设备简单、容易操作，但机器部件磨损较快，并且生产的固体成型燃料块密度通常较低，多数产品燃烧性能差。如图 3-17 所示，生物质热压成型技术采用的成型机主要有螺旋挤压式成型机、活塞挤压成型机等，允许原料含水率高达 20%左右，所生产的固体成型燃料密度高，燃烧性能通常优于湿压成型法的产品。如图 3-18 所示，生物质炭化成型技术的原理是将生物质完全或局部炭化后，再加入一定黏结剂挤压形成固体成型燃料。该方法主要包括两种技术途径，即原料炭化后添加黏结剂挤压成型，以及生物质热压成型后进行炭化生成炭块。相比这两种方法，炭化成型技术对设备磨损程度和生产功耗大为降低，但产品维持既定形状能力较差，储存、运输和使用时容易破损。

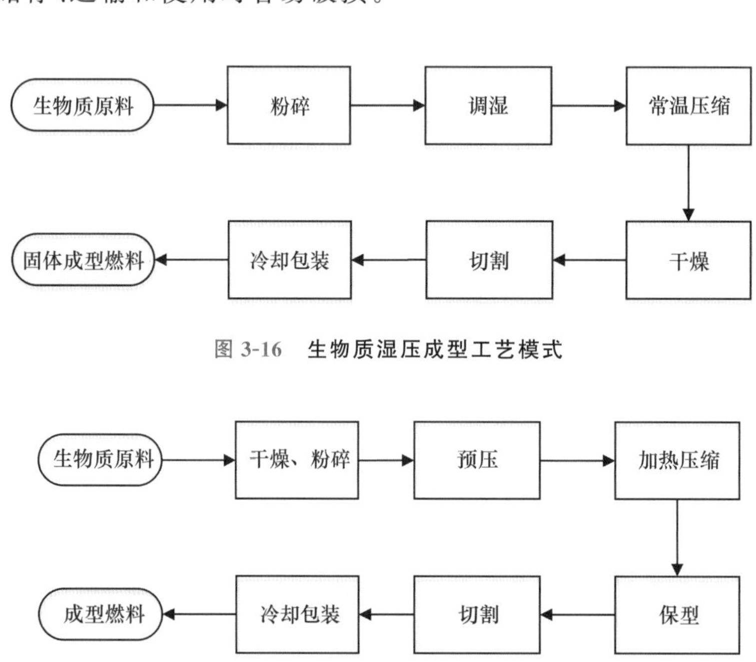

图 3-16　生物质湿压成型工艺模式

图 3-17　生物质热压成型工艺模式

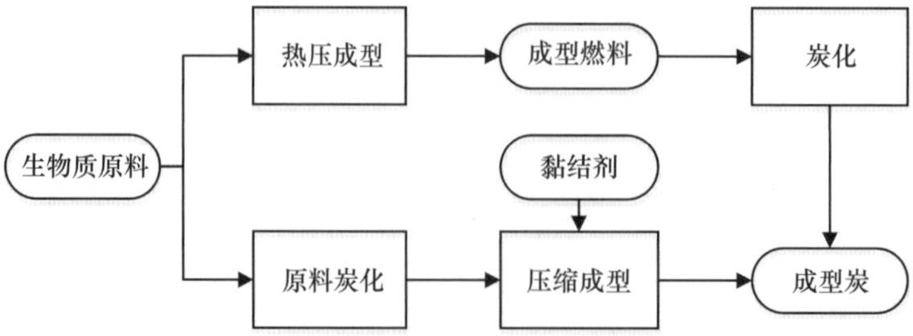

图 3-18　生物质炭化成型工艺模式

固体成型燃料已在瑞典、丹麦、意大利、德国、美国、英国等许多发达国家实现商业化生产，采用湿压成型法的主要代表企业有美国 CPM(California Pellet Mill) 公司、奥地利安德里茨(ANDRITZ) 集团，以及国内的江苏金梧实业股份有限公司和安徽环态生物能源科技开发有限公司等。采用生物质热压成型法的主要代表企业包括丹麦 C. F. Nielsen 公司、瑞典 Sweden Power Chippers AB 公司。中国对该技术的引进和研究始于 20 世纪 80 年代初，后来又因多种原因研究缓慢，使成型燃料应用落后了 20 多年(张百良等，2010)。目前以秸秆等农业生物质为原料的成型燃料技术加工技术已趋于成熟(黄逢龙等，2014)，代表性企业有三门峡富通新能源科技有限公司、合肥天焱绿色能源开发有限公司、吉林辉南宏日新能源有限责任公司、河北天太生物质能源开发有限公司。生物质炭化成型技术在生产上国外已达到了商业化规模，国内正处于示范阶段，主要代表企业有巩义市宇航机械厂、巩义市孝义润和机械厂、河南瑞光机械有限公司和郑州泰华重型机械制造有限公司。

五、沼气和生物天然气

沼气是生物质在厌氧及其他适宜条件下，先后通过发酵性细菌、产氢产乙酸菌、耗氢产乙酸菌、食氢产甲烷菌和食乙酸产甲烷菌等微生物的共同作用下，转化形成的混合气体，主要成分 CH_4 占总体积的 50%～70%，其次 CO_2 占 25%～45%，还有少量 H_2S、CO、H_2 和氮气(N_2)等，其中，CH_4、H_2S、CO 和 H_2 是可以燃烧的气体(袁振宏等，2005)。生物天然气是沼气提纯和净化后以甲烷成分为主的燃气(Sharma *et al.*，1989；程序等，2011)。

如图 3-19 所示，沼气的原料来源广泛，包括畜禽粪便、农作物秸秆及生活垃圾等多种废弃生物质，可采用高浓度中温混合发酵技术同时对多种原料底物进行混合发酵，燃气可广泛用于集中供暖和发电，提纯后作为车用燃料或输入天然气管网(李颖等，2014，刘晓风等，2013)。沼气发酵装置包括很多类型：全混式厌氧消化池适用于消化含有大量悬浮的固体原料；接触式厌氧池主要用于处理生活污水和工业废水；覆膜槽秸秆厌氧消化池由农业部(现农业农村部)规划设计研究院在“十一五”期间自主研发，实现了秸秆大规模干式发酵的工业化生产；厌氧生物滤池适宜于处理高浓度有机废水；上流式厌氧污泥床用来处理各种浓度的可溶性有机废水；折流式厌氧反应器兼有厌氧接触、厌氧生物滤池和流式厌氧污泥床 3 种消化器的特点；一体化两相厌氧消化装置有效解决了秸秆厌氧消化容易酸化的问题；膨胀颗粒污泥床用于处理低浓度有机废水；固定床反应器属于前沿技术，是当前研究热点。此外，按进料方式分为连续发酵(大中型沼气工程通常采用)和批量发酵；按原料形态分为湿式发酵(固液比＜15%，运用普遍)、干式发酵(20%＜固液比＜30%，实验示范阶段)、共发酵(两种以上原料混合在一起发酵，运用普遍)。

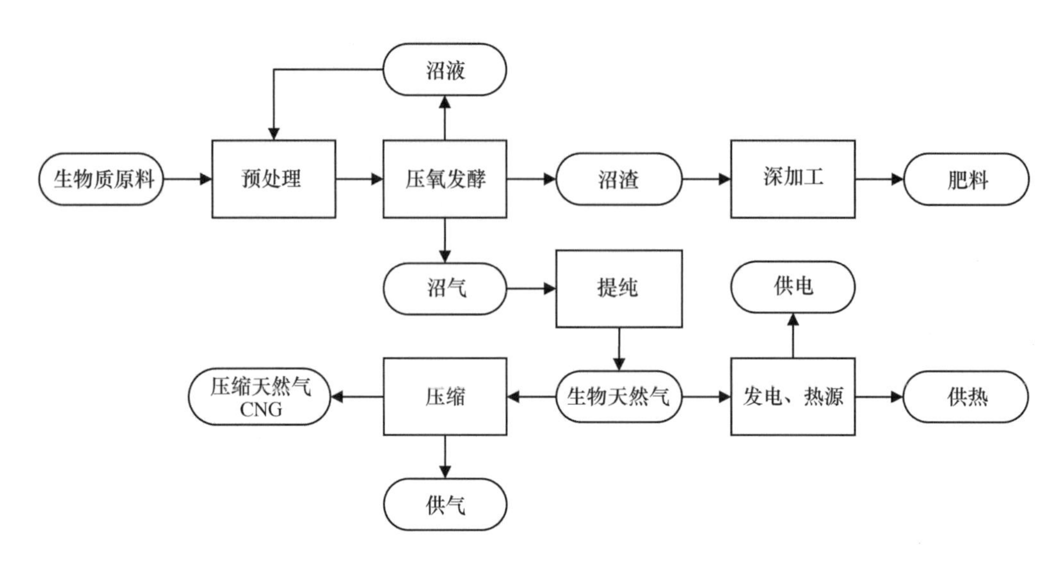

图 3-19 规模化沼气热电联产工艺模式

欧洲国家的沼气工程技术和产业发展都走在了世界前列，带来了很好的经济、环境和能源效益(程序等，2013b)。德国的沼气设计标准体系最为健全，瑞典制定了专门的车用甲烷标准(SS155438)，荷兰能快速按照标准化设计和建设规模化沼气工厂，西班牙的沼气工程设计与养殖场标准化设计相配套(孙振钧等，2006)。目前，中国以户用沼气为主逐步转变为户用沼气、联户集中供气和规模化沼气共同发展的格局。在农村经济落后的时代，户用沼气技术为农村提供能源做出了贡献(李颖等，2014)。随着技术的进步，目前国内涌现了一批大中型沼气工程项目。尽管与欧美国家相比还有一定差距，中国大中型沼气工程也迈入了商业化阶段，主要代表有北京合力清源科技有限公司、河北耿忠生物质能源开发公司沼气工程、吉林五棵树沼气发电及有机肥工程、河南省安阳市白壁镇秸秆沼气站、北京大兴薛营沼气工程和内蒙古杭棉后旗秸秆沼气示范工程等。

六、生物质热电

(一)生物质直燃发电技术

生物质直燃发电技术是将生物质直接送往锅炉中燃烧，产生的高温、高压蒸汽推动蒸汽轮机做功，带动发电机产生电能，余热回收用于供热(吕游等，2011)。生物质的燃烧过程包括预热、干燥(水分蒸发)、挥发分析出和焦炭(固定碳)燃烧等阶段。生物质预热后温度逐渐升高，水分首先蒸发，然后生物质受热分解并析出挥发分(当温度达到100～105℃开始析出)。当挥发分达到一定温度和浓度时，与空气混合并燃烧，挥发分析出燃烧约占燃烧时间的10%，但提供总热量的70%。随着挥发分的减少，氧气接触到焦炭燃烧。焦炭燃烧产生灰分覆盖在表面妨碍进一步燃烧，通过搅动或加强炉中通风可促进剩余焦炭燃烧。

传统生物质直燃技术在一定时期内满足了人类取暖和炊事的需要，虽然现在落后地区仍广泛应用，但存在能量利用率低、规模小等缺点。生物质直燃发电技术采用现代化燃烧工艺，提高燃烧效率，降低硫氧化合物（SO_x）、氮氧化合物（NO_x）等有害气体的排放，可广泛应用于工业过程、区域供热、发电及热电联产领域，具有良好的经济性和发展潜力。影响生物质直燃发电效率的因素较多，其中原料性质最为重要（崔宗均，2011）。生物质的物理性质（种类、密度、含水量和粒度等）、化学性质（C、H、O、S、N、P、K、Na、Cl 等元素的含量）以及工业性质（水分、挥发分、灰分和固定碳含量）均对生物质直燃发电工艺过程有着不同程度的影响。例如，生物质颗粒尺寸（粒径）越小越好燃烧，而密度小（能量密度也小）的原料，燃烧迅速而不稳定；原料含碳量少于 50%（煤炭≤90%），虽然热值较低，但含氧量多易于燃烧；原料含水量大，则排烟多并消耗大量热量；原料挥发分含量多，则燃烧短暂而不稳定；原料灰分含量高，则热值和燃烧温度低；原料含硫量低，则能够减少 SO_2 排放（Loo *et al.*，2008）。特别是生物质原料通常氯含量较高，在燃烧过程中容易对锅炉造成高温氯腐蚀。由于氯主要以游离离子的形态存在，收集原料时采用雨水冲刷后太阳晾干的生物质原料，在一定程度上可以缓解锅炉的高温氯腐蚀。此外，采用碱金属（K、Na）含量高的生物质原料，可降低灰分熔点引起锅炉的积灰、结渣和腐蚀。

生物质直燃发电技术按照燃烧锅炉的不同，可分为固定床燃烧炉、流化床燃烧炉和悬浮燃烧炉 3 类。每一种锅炉都因炉排的形状或摆放位置差异而有多种形式，如火山炉排、水平炉排、倾斜炉排和振动炉排等。

20 世纪 70 年代世界石油危机以来，丹麦推行能源多样化政策，现代生物质直燃发电技术应运而生。1988 年，丹麦建立了世界上第一座秸秆发电厂，被联合国列为重点推广项目。目前，生物质直燃发电技术已广泛用于商业化生产，工艺模式如图 3-20 所示，国外主要代表企业包括丹麦 BWE 公司、丹麦 DONG Energy 集团、丹麦 Babcock & Wilcox Vølund 公司和瑞典 Osby Parca 集团。国内主要代表企业有国能山东单县生物质发电厂、中节能宿迁生物质能发电有限公司、华能农安生物质发电厂、光大国际湖北沙洋生物质发电项目、广东长青集团、理昂新能源股份有限公司、宿迁市凯迪绿色能源开发有限公司、连云港协鑫生物质发电有限公司和江苏国信淮安生物质发电有限公司等。

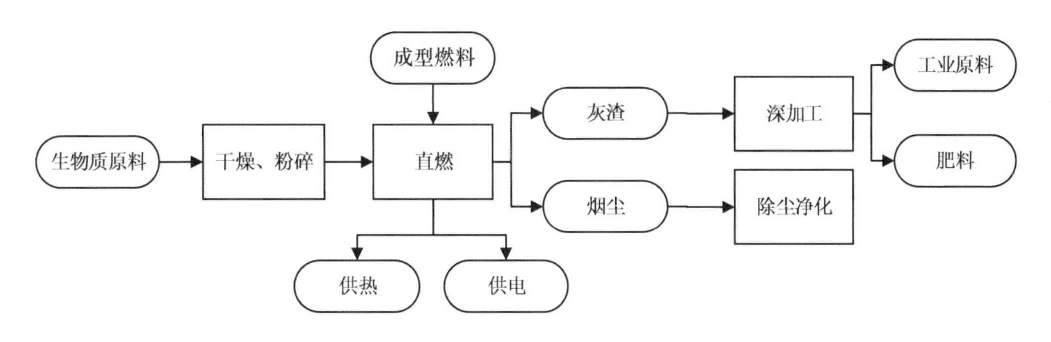

图 3-20　生物质直燃发电工艺模式

(二)生物质混燃发电技术

生物质混燃发电技术指将生物质掺入燃煤锅炉中与煤共燃进行热电联产。生物质氮和硫含量较低,在与煤共燃时可有效减少污染物(SO_x、NO_x 等)和温室气体(CO_2、CH_4等)排放(王春波等,2013)。与直燃发电技术相比,生物质混燃发电技术具有成本低、建设周期短、对原料价格控制能力强等优点,且符合削减温室气体、发展低碳经济的需要。原料的物理性质、化学性质和工业性质影响生物质混燃发电的效率,生物质中碱金属与磷酸盐含量是影响锅炉表面结垢的主要因素。欧洲的经验表明,混合燃料通过硫(主要来源于煤)与碱金属化合物(主要来自生物质)之间交互作用形成碱硫酸盐腐蚀情况较轻,结垢易于从表面脱离,减少了碱金属氯化物在传热表面的沉淀,从而减少潜在的腐蚀。研究表明,混合燃料中氯和碱含量限制在总硫含量的 1/5 之内才能避免腐蚀问题。

如图 3-21 所示,生物质混燃发电技术分为直接混合燃烧发电技术和间接混合燃烧发电技术两类,直接混合燃烧发电技术是在煤粉燃烧同时将生物质置于燃烧室上部的专门燃烧室中燃烧,间接混合燃烧发电技术是将生物质气化后的可燃气(包括沼气)输送至锅炉与煤混燃发电。生物质间接混合燃烧技术已在美国、芬兰、丹麦、德国、奥地利等西方国家得到广泛应用(李定凯,2010),直接混合燃烧发电技术有望成为未来生物质发电的主要技术工艺。目前,国外主要代表企业包括丹麦 BWE 公司、芬兰富腾(Fortum)集团、德国莱茵(RWE)集团、苏格兰南方能源公司(SSE)等。该技术在中国的应用刚刚开始,技术成熟度与发达国家相距较远(李静等,2011)。2017 年以前,国内主要在小型燃煤电厂改造中应用。2017 年 11 月 27 日,环保部和国家能源局下发了《关于开展燃煤耦合生物质发电技改试点工作的通知》(国能发电力〔2017〕75 号),标志着中国生物质混燃发电项目的正式启动,是煤电低碳清洁发展的新途径(冯为为,2018)。

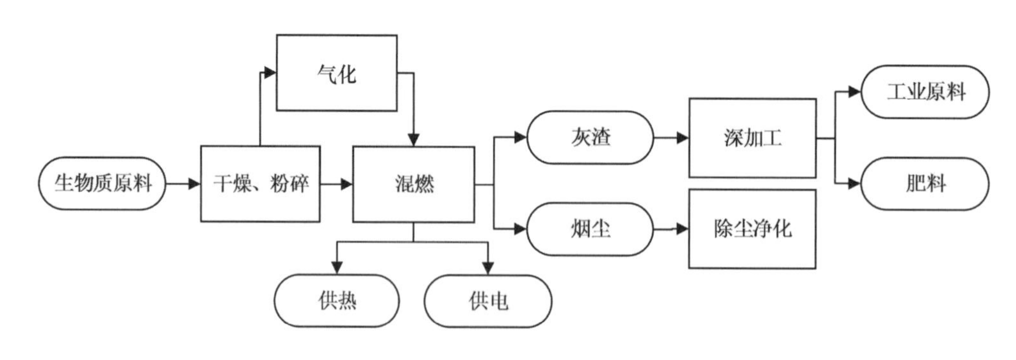

图 3-21　生物质混燃发电工艺模式

(三)生物质气化发电技术

生物质气化发电技术指在无氧或缺氧和高温条件下,在催化剂(空气、富氧、纯氧、水蒸气和 H_2等)的作用下,分解为 CO、H_2、CH_4等生物质合成气,再通过发电机组进行热电联产。

核心原理是生物质在气化炉的转化，包括物料干燥、热解反应、氧化反应和还原反应。生物质干燥过程中吸收热量，蒸发水分，干燥区温度为50～150℃。当温度约160℃时，生物质在非燃烧状态下开始受热分解生成气体、焦油和炭。随着温度的升高，气体产率增加，焦油及炭的产率下降，气体中H_2和碳氢化合物的产量增加，CO_2含量减少，气体热值升高。热解总体上为放热反应，当温度到达250～300℃时可燃挥发分先被点燃，焦油和炭随后发生不完全燃烧，放出大量热量。此时，反应器中氧化反应区最高温度可达1 000～1 200℃，而还原区没有氧气存在，CO_2和高温水蒸气与未完全氧化的炭发生还原反应，生成CO和H_2。随后，生物质合成气被输送到发电机组燃烧，完成热电联产过程(朱锡锋，2006)。

与生物质直燃发电和混燃发电相比，生物质气化发电技术能量转换效率更高，受地区和原料种类的限制较小，在中国具有广泛的应用前景。生物质气化发电效率主要受原料性质的影响，不同原料气化得到的合成气热值差异较大。例如，薪柴、玉米秆和大豆秆等合成气的热值可达5 000 kJ/m^3(标准状态下)以上，而树叶和麦秆等产出的燃气热值要小一些，稻草产出的燃气热值只有3 000 kJ/m^3(标准状态下)左右，并且气化炉底积聚的灰也要比其他原料多。此外，原料的含水量和粒度等性质也对发电效率有重要影响(袁振宏等，2005)。生物质气化发电技术通常可划分为固定床气化和流化床气化两大类(表3-1，图3-22)。其中，固定床气化炉通常产气量比较小，多用于小型气化站、小型热电联产或户用供气，不适合大规模的生产。流化床气化炉的气化效率高，适用于连续运转，适合大规模的商业应用(刘作龙等，2011)。

表3-1　生物质气化技术分类

分类条件	气化种类
气化剂吹入压力	常压(－0.1～0.1 MPa)、加压(0.5～2.5 MPa)
气化温度	低温(700℃以下)、高温(700℃以上)
气化剂	干馏(不使用气化剂)、非干馏(使用空气、富氧、纯氧、水蒸气、H_2和CO_2等气化剂)
加热方式	直接(氧化部分原料提供热量)、间接(外部加热提供热量)
气化炉类型	固定床(上吸式、下吸式和横吸式)、流化床(循环流化床、携带床、鼓泡床和双床)

数据来源：朱锡锋(2006)。

第二次世界大战期间，化石能源大量用于战争，民用燃料匮乏，导致生物质气化技术在欧美国家得到迅速发展，当前已处于商业化应用状态。生物质气化规模较大，自动化程度高、工艺较复杂，发电效率和综合热效率都较高。当前，国外代表企业主要包括荷兰皇家壳牌集团、美国InEnTec公司、美国通用电气(GE)公司、瑞典CHRISGAS公司、芬兰VIT公司、丹麦Carbona公司、美国Pearson公司、德国CHOREN公司、美国Silvagas公司、德国Uhde公司、加拿大Plasco公司等。中国生物质气化发电技术在20世纪80年代以后才得到较快发展，山东省科学院能源研究所在"七五"和"八五"期间成功研制出秸秆气化机和集中供气系统中的关键设备和成套技术，"九五"和"十五"期间率先在农村地区得到推广应用(马

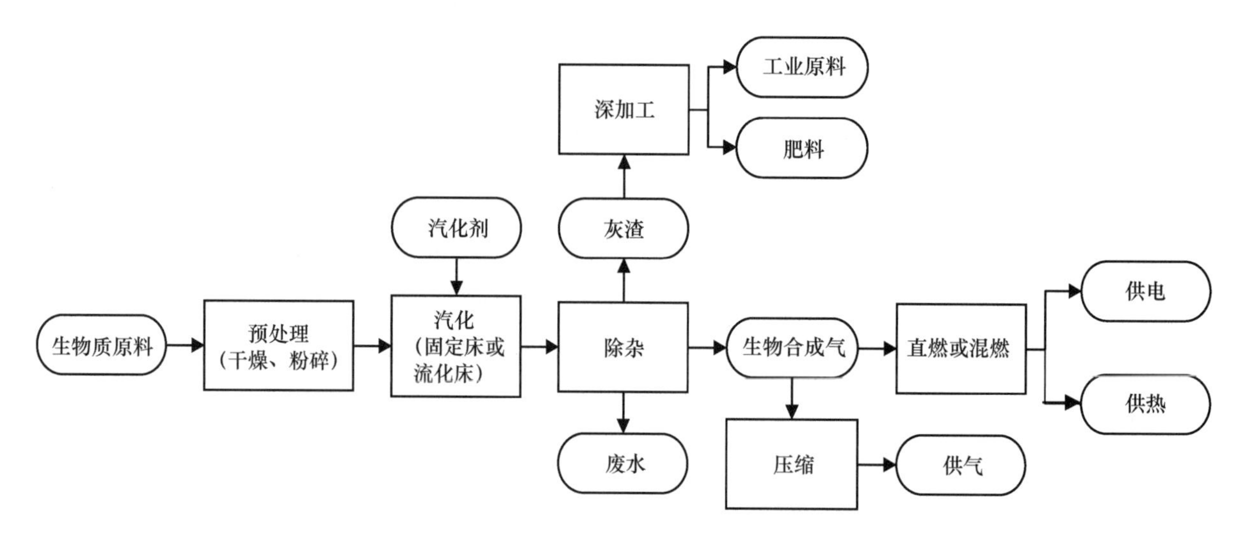

图 3-22　**生物质气化热电工艺模式**

隆龙等，2003）。但总体上，该技术还处于研发或生产示范阶段，主要参与研究单位包括中国科学院广州能源研究所、山东省科学院能源研究所、中国农业机械化科学研究院、中国林业科学研究院和武汉阳光凯迪新能源集团等。

第四章

废弃生物质能源化利用的碳减排潜力

内容提要

基于生命周期方法，本章将废弃生物质在基准情景和项目情景的碳排放量差值定义为废弃生物质能源化利用的碳减排率。项目情景的系统边界包括原料收集运输、产品生产、产品运输和产品利用，不包括作物种植阶段和工程建设阶段。根据本研究计算结果并参照他人文献筛选最合理的碳减排率取值，秸秆不同能源化利用碳减排率（以每千克秸秆对应的 CO_2-eq 计，后同）为 0.46～1.95 kg CO_2-eq/kg 秸秆，不同种类畜禽粪便生产沼气的碳减排率为 0.13～0.86 kg CO_2-eq/kg 粪便。废弃生物质能源化利用的碳减排潜力是碳减排率和废弃生物质可能源化利用资源量的乘积。2015 年中国各类废弃生物质能源化利用的碳减排潜力为 3.95 亿 t CO_2-eq，占当年全国碳排放总量的 3.71%。其中，秸秆碳减排潜力最大，为 3.48 亿 t CO_2-eq，占总量的 88.12%；畜禽粪便次之，碳减排潜力为 0.25 亿 t CO_2-eq，占总量的 6.22%；林业剩余物、餐饮垃圾和污水污泥的碳减排潜力最小，分别为 629.2 万 t CO_2-eq（1.59%）、532.1 万 t CO_2-eq（1.35%）和 1077.47 万 t CO_2-eq（2.73%）。从区域分布来看，中南和东北地区的碳减排潜力显著高于西北、华北、华东和西南地区。从省（自治区、直辖市）层面来看，黑龙江废弃生物质能源化利用的碳减排潜力最高，为 6 882.42 万 t CO_2-eq，占 17.44%。按基准情景、新政策情景、强化减排情景和竞争性利用情景，预测 2030 年秸秆、林业剩余物、畜禽粪便、餐饮垃圾和污水污泥的能源化利用碳减排总潜力在 5.19 亿～7.65 亿 t CO_2-eq，将占 2030 年全国碳排放总量的 4.87%～7.18%。

一、废弃生物质能源化利用碳减排的定义和计算方法

(一)碳减排的定义及边界与基准线的确定

碳减排指通过采用先进技术或先进管理方法而导致温室气体排放减少的量，即基准情景(BAS)和项目情景(LCS)碳排放量的差值(韩文科等，2012)。基准线情景指不存在项目活动情景下，废弃生物质传统处用方式和化石能源消耗所产生的碳排放量。项目情景指废弃生物质生产能源产品的项目活动所产生的碳排放量。温室气体主要包括 CO_2、CH_4 和 N_2O，全球变暖潜力系数分别按 1、25 和 298 倍数计算 CO_2 当量(CO_2-eq)(Eggleston *et al.*，2006)。

本研究利用生命周期方法，计算单位重量废弃生物质在基准情景和项目情景(即废弃生物质能源化不同产品)的碳排放量差值，即为废弃生物质能源化利用中的碳减排率。前人文献报道的碳减排率差异很大，除了地域、规模和原料等因素不同外，最主要的原因是基准线和研究边界选择的差异，因此，本研究首先要确定了各类废弃生物质的基准线和研究边界(表 4-1，表 4-2)。

在秸秆能源化利用的生命周期研究中，有报道将作物种植阶段纳入评价范围，如冯超等(2008)在秸秆直燃发电的生命周期评价中，计算了作物种植阶段的能耗和环境排放；霍丽丽等(2011)在生物质固化成型燃料生命周期评价中，计算了玉米种植阶段的能耗和环境排放。也有研究者认为，秸秆是粮食生产过程的废弃物，作物生长过程的能耗及环境排放不应计入能源生产系统生命周期边界内(王红彦等，2017)。本研究同意后者的观点，未将作物种植阶段划入项目研究范围。

同理，林业剩余物、畜禽粪便、餐饮垃圾、废弃油脂和污水污泥作为能源利用的原料均按废弃物处理，本研究不将其生产过程(如畜禽养殖)纳入系统边界之内。

表 4-1　秸秆能源化利用生命周期评价的基准线和系统边界

	环节	燃料乙醇	生物油	航空燃油	成型燃料	直燃发电	气化发电	沼气
基准线	秸秆处理	√	√	√	√	√	√	√
	能源利用	√	√	√	√	√	√	√
项目活动	原料运输	√	√	√	√	√	√	√
	产品生产	√	√	√	√	√	√	√
	产品运输	√	√	√	√	√		√
	产品利用	√		√	√	√		√

注：√，能源化利用中研究边界包含的环节。

关于生物质转化的工程建设单元是否纳入全生命周期研究范围，有学者认为工程建设部分的碳排放量数据难以获得，并且对最终结果影响较小，因此不纳入研究范围（霍丽丽等，2011；刘俊伟等，2009），但是王磊等（2017）将工程建设单元纳入生命周期评价边界范围。王红彦等（2017）认为工程建设单元的能耗与污染排放主要来自建材，将建材用量纳入研究范围。本研究采纳前者观点，即考虑到生物质能源和传统化石能源同样有工程建设环节，且从长期来看工程建设环节的环境影响较小，因此研究边界不包含工程建设单元。

表 4-2 林业剩余物、畜禽粪便、餐饮垃圾及废弃油脂能源化利用生命周期评价的基准线和系统边界

环节		林业剩余物生产成型燃料发电	畜禽粪便生产沼气	畜禽粪便+秸秆生产沼气	餐饮垃圾生产沼气	废弃油脂生产生物柴油
基准线	粪便管理		√	√		
	秸秆处理			√		
	能源利用	√	√	√		√
	直接填埋				√	
项目活动	原料收集运输	√	√	√	√	√
	产品生产	√	√	√	√	√
	产品运输	√				√
	产品利用	√	√			√

注：√，能源化利用边界包含的环节。

（二）碳减排率的概念和取值

与选定的基准线的情景相比，单位质量的废弃生物质或其能源化利用所生产的单位能源产品实现的碳减排量（kg CO_2-eq），叫作废弃生物质能源化利用的碳减排率，计算公式如下。

$$C_R = \frac{C_{BAS} - C_{LCS}}{M} \tag{4-1}$$

式中：C_{BAS}为不存在项目情景下，废弃生物质传统处用方式和化石能源消耗产生的碳排放量（kg CO_2-eq）；

C_R为废弃生物质能源化产品的碳减排率（kg CO_2-eq/kg）；

C_{LCS}为废弃生物质生产能源产品的项目活动产生的碳排放量（kg CO_2-eq）；

M为消耗的废弃生物质质量（kg）或产出的能源产品量（功能单位）。

碳减排率取值根据本实验室研究结果，并参照他人文献筛选最合理的取值。文献筛选原则是，首先符合本文研究原料种类和能源化转化路径，其次符合本研究的边界和基准线，最后文献中数据有较好的合理性和准确性。

（三）废弃生物质能源化利用的碳减排潜力计算

废弃生物质能源化利用的碳减排潜力是指可用于该项能源利用途径的废弃生物质的资

源量与对应的碳减排率的乘积，计算公式如下。

$$C_T = C_R \times Q \tag{4-2}$$

式中：C_R为基于原料的废弃生物质能源化利用后产生产品的碳减排率（kg CO_2-eq/kg）；

C_T为废弃生物质能源化利用的碳减排潜力（t CO_2-eq）；

Q为可用于该项利用途径的废弃生物质的资源量（t）。

（四）废弃生物质可能源化利用量预测的情景设置

本研究基于废弃生物质的利用现状，通过查阅国内外权威机构发布的政策、规划、报告等文献，提出了基准情景、新政策情景、强化减排情景和竞争性利用情景，对 2030 年中国废弃生物质的能源化利用情况做出预测。

（1）基准情景。假设在现有政策规划基础上没有新的碳减排强制性措施，废弃生物质能源化利用率维持原速率增长。

（2）新政策情景。基于中国在未来对环境保护以及碳减排的重视，假设在 2030 年实现单位国内生产值 CO_2排放量较 2015 年减少 45％，非化石能源供应占能源需求 15％，建立并完善碳交易市场体系等。

（3）强化减排情景。在新政策情景的基础上强化碳减排力度，并假设在未来碳交易市场中 CO_2出现更高价格，而且国家部门会强化对可再生能源的政策支持力度。

（4）竞争性利用情景。假设废弃生物质在未来有多种资源化利用方式共同发展，与能源化利用形成竞争局面，如小麦秸秆用作造纸原料、鸡粪用于堆肥，造成能源化利用未来增长速度放缓。

二、废弃生物质能源化利用的碳减排潜力及综合比选

（一）废弃生物质能源化利用的碳减排率

根据与本研究边界和基准线一致的文献，并结合原创研究结果，获得了不同废弃生物质不同能源化利用的碳减排率（表 4-3）。

以秸秆为原料生产 7 类能源化途径中，每利用 1 kg 秸秆生产沼气的碳减排率最高（1.95 kg CO_2-eq/kg），其次为直燃发电（1.24 kg CO_2-eq/kg）和生产固体成型燃料（1.14 kg CO_2-eq/kg），生产生物油和航空燃油的碳减排率最低，分别为 0.64 kg CO_2-eq/kg 和 0.46 kg CO_2-eq/kg。其他废弃生物质中，基于原料的碳减排率以废弃油脂生产生物柴油的碳减排率最高，为2.24 kg CO_2-eq/kg。不同种类畜禽粪便生产沼气的碳减排率差异较大，变化范围为 0.13～0.86 kg CO_2-eq/kg，加入秸秆混合发酵的碳减排率为 0.06 kg CO_2-eq/kg。

表 4-3　废弃生物质能源化利用的碳减排率及其排序

原料	含水率/%	能源产品	基于热值		基于产品			基于原料	
			碳减排率/($kg\ CO_2$-eq/MJ)	排序	碳减排率	单位	排序	碳减排率/($kg\ CO_2$-eq/kg)	排序
秸秆	15	燃料乙醇	0.10	12	2.61	kg CO_2-eq/kg	11	0.71	8
秸秆	25	生物油	0.04	16	1.81	kg CO_2-eq/kg	12	0.64	7
秸秆	9	航空燃油	0.13	11	5.47	kg CO_2-eq/kg	8	0.46	10
秸秆	15	固体成型燃料	0.09	13	1.37	kg CO_2-eq/kg	14	1.14	4
秸秆	15	直燃发电	0.47	2	1.69	kg CO_2-eq/(kW·h)	13	1.24	3
秸秆	15	气化发电	0.31	6	1.13	kg CO_2-eq/(kW·h)	15	0.84	6
秸秆	15	沼气	0.33	5	6.84	kg CO_2-eq/m^3	6	1.95	2
林业剩余物	38	固体成型燃料	0.15	10	0.54	kg CO_2-eq/(kW·h)	16	0.28	13
猪粪	84	沼气	0.59	1	12.49	kg CO_2-eq/m^3	1	0.44	11
牛粪	81	沼气	0.41	3	8.61	kg CO_2-eq/m^3	3	0.13	14
鸡粪	52	沼气	0.37	4	7.73	kg CO_2-eq/m^3	4	0.86	5
鸭粪	51	沼气	0.27	7	5.67	kg CO_2-eq/m^3	7	0.63	9
牛粪和秸秆	90/20	生物天然气	0.08	14	3.19	kg CO_2-eq/m^3	9	0.06	16
餐饮垃圾	85	生物天然气	0.25	8	9.68	kg CO_2-eq/m^3	2	0.13	14
废弃油脂	*	生物柴油	0.06	15	2.64	kg CO_2-eq/kg	10	2.24	1
污水污泥	80	生物天然气	0.19	9	7.50	kg CO2-eq/m^3	5	0.35	12

注：*，废弃油脂不含水。

(二)废弃生物质能源化利用的碳减排效益及综合比选

基于热值评价废弃生物质能源化利用的碳减排率，排名前 3 的途径分别为猪粪生产沼气、秸秆直燃发电、牛粪生产沼气的碳减排率为 0.41～0.59 kg CO_2-eq/MJ(表 4-3)。鸡粪生产沼气、秸秆生产沼气、秸秆气化发电、鸭粪生产沼气、餐饮垃圾生产天然气、污水污泥生产天然气、林业剩余物生产固体燃料的碳减排率为 0.15～0.37 kg CO_2-eq/MJ。秸秆生产航空燃油和燃料乙醇、秸秆成型燃料、牛粪和秸秆生产天然气、废弃油脂生产生物柴油和秸秆生物油的碳减排率范围为 0.04～0.13 kg CO_2-eq/MJ。

根据经济效益评估，排名前 5 的途径为秸秆生产成型燃料、秸秆气化发电、畜禽粪便生产沼气、秸秆直燃发电、林业剩余物生产成型燃料。碳减排率排名前五的途径中有 3 条都是以畜禽粪便(猪粪、牛粪和鸡粪)为原料生产沼气，而畜禽粪便生产沼气的利润排名第 3。秸秆直燃发电碳减排率排名第 2，其经济效益排名第 4，都处于前 5 之列。秸秆气化发电的碳减排率虽然排名第 9，但其经济效益排名第 2。

因此，综合碳减排率和经济效益，分析选出的 3 条环境和经济效益最优途径分别为畜禽粪便生产沼气、秸秆直燃发电和秸秆气化发电。另外，秸秆和林业剩余物生产成型燃料经济效益较高，但碳减排效益较低；秸秆生产沼气、餐饮垃圾和污泥生产生物天然气经济效益不高，但碳减排效益突出，也是当前有发展前景的转化途径；秸秆生产燃料乙醇、废弃油脂生产生物柴油经济和碳减排效益都较低。

（三）废弃生物质能源化利用的碳减排潜力及其预测

1. 2015 年废弃生物质能源化利用的碳减排潜力

2015 年中国各类废弃生物质能源化利用的碳减排潜力为 39 471.5 万 t CO_2-eq（表 4-4）。其中，作物秸秆能源化利用的碳减排潜力最大，达到 3.48 亿 t，占 88.12%；畜禽粪便和污水污泥生产沼气碳减排潜力分别为 2 456.6 万 t CO_2-eq 和 1 077.5 万 t CO_2-eq，分别占总碳减排潜力的 6.21%和 2.73%；林业剩余物生产成型燃料碳减排潜力为万 629.2 万 t CO_2-eq，占总潜力的 1.59%；餐饮垃圾生产沼气的碳减排潜力为 532.1 万 t CO_2-eq，占总潜力的 1.35%。根据最新研究，2015 年中国碳排放总量为 106.52 亿 t CO_2-eq（代如锋等，2017），因此，各类废弃生物质能源化利用的碳减排潜力占当年碳排放总量的 3.71%。

各省份中，黑龙江和河南废弃生物质可能源化利用的碳减排潜力最高，分别为 6 882.4 万和 5 399.7 万 t CO_2-eq，分别占全国的 17.44%和 13.68%。其次，吉林、四川和湖南的废弃生物质可能源化利用的碳减排潜力较高，范围为 2 711.97 万～3 660.01 万 t CO_2-eq，占全国总量的比例为 6.87%～9.27%。而青海、西藏、北京、上海、宁夏和天津废弃生物质可能源化利用的碳减排潜力较低，范围为 44.7 万～83.7 万 t CO_2-eq，其合计仅占全国总量的 1.01%。

全国 6 个地区能源化利用的碳减排潜力范围为 882.1 万～12 956.8 万 t CO_2-eq（表 4-4），中南和东北地区的碳减排潜力显著高于西北、华北、华东和西南地区。在华北地区，内蒙古和河北的废弃生物质能源化利用潜力最大，分别为 1 035.9 万和 815.8 万 t CO_2-eq，分别占该地区总量的 44.15%和 34.77%。在东北地区，秸秆是该地区废弃生物质能源化利用碳减排潜力的主要来源，达到 12 206.8 万 t CO_2-eq，占全国废弃生物质能源化利用碳减排总量的 30.93%。在华东地区，秸秆的能源化利用的碳减排潜力最大，为 2 337.3 万 t CO_2-eq，占该地区总量的 58.88%。除秸秆资源外，畜禽粪便的能源化利用碳减排潜力较大，为 809.6 万 t CO_2-eq，占该地区总量的 20.40%。在中南地区，秸秆是该地区废弃生物质能源化利用碳减排潜力的主要来源，达到 11 707.2 万 t CO_2-eq，占全国废弃生物质能源化利用碳减排总量的 29.66%。河南的废弃生物质能源化利用碳减排潜力最大，为 5 399.7 万 t CO_2-eq，占该地区总量的 41.67%。在西南地区，四川废弃生物质能源化利用碳减排潜力最大，为 3 144.1 万 t CO_2-eq，占该地区总量的 47.09%。而在西北地区，其废弃生物质能源化利用的碳减排潜力仅为 882.1 万 t CO_2-eq，仅为全国总量的 2.23%。

表 4-4　2015 年中国各省份废弃生物质能源化利用的碳减排潜力　　万 t CO_2-eq

省份	合计		秸秆	林业剩余物	畜禽粪便	餐饮垃圾	污水污泥
	质量/万 t CO_2-eq	占比/%					
华北	2 346.2	5.94	1 846.7	48.6	275.5	66.2	109.2
北京	59.9	0.15	14.2	2.7	13.3	11.5	18.3
天津	83.7	0.21	43.0	1.0	15.5	5.5	18.7
河北	815.8	2.07	582.5	20.3	144.6	22.9	45.5
山西	350.9	0.89	287.4	11.2	25.6	14.6	12.0
内蒙古	1 035.9	2.62	919.6	13.4	76.5	11.7	14.7
东北	12 640.2	32.02	12 206.8	51.7	284.3	45.1	52.3
辽宁	2 097.7	5.31	1 896.0	24.0	130.7	19.1	28.1
吉林	3 660.0	9.27	3 549.9	12.4	75.6	11.4	10.8
黑龙江	6 882.4	17.44	6 761.0	15.4	78.1	14.6	13.5
华东	3 969.4	10.06	2 337.3	165.1	809.6	158.1	499.2
上海	74.9	0.19	12.4	0.4	6.8	8.3	47.0
江苏	868.4	2.20	557.4	10.6	134.8	28.1	137.5
浙江	363.0	0.92	114.3	27.6	46.7	25.3	149.2
安徽	810.5	2.05	606.5	23.4	134.7	17.8	28.1
福建	241.7	0.61	63.4	44.5	77.5	20.8	35.5
江西	478.4	1.21	309.1	30.7	106.4	18.1	14.0
山东	1 132.5	2.87	674.2	27.9	302.7	39.7	88.0
中南	12 956.8	32.83	11 707.2	210.1	630.3	145.5	263.7
河南	5 399.7	13.68	5 121.6	17.4	177.0	34.3	49.3
湖北	2 499.0	6.33	2 327.6	19.0	100.6	19.2	32.6
湖南	2 712.0	6.87	2 510.0	32.2	120.4	20.7	28.7
广东	1 083.2	2.74	735.8	43.3	112.6	47.7	143.7
广西	1 120.1	2.84	906.9	82.7	101.9	20.0	8.8
海南	142.9	0.36	105.3	15.6	17.9	3.6	0.6
西南	6 676.8	16.92	6 068.7	97.9	341.4	81.0	87.8
重庆	889.0	2.25	781.5	8.7	49.9	18.2	30.7
四川	3 144.1	7.97	2 893.7	25.2	166.8	22.5	35.9
贵州	1062.0	2.69	985.0	12.4	38.2	17.3	9.2
云南	1 523.7	3.86	1 366.1	48.9	77.0	19.9	11.8
西藏	57.9	0.15	42.4	2.8	9.6	3.0	0.2
西北	882.1	2.23	609.3	55.8	115.4	36.2	65.3
陕西	309.8	0.78	200.4	26.0	27.8	12.5	43.0
甘肃	197.1	0.50	142.1	12.8	24.4	7.6	10.3
青海	44.7	0.11	28.2	1.4	9.7	2.6	2.7
宁夏	75.8	0.19	56.3	3.6	8.5	4.5	2.8
新疆	254.7	0.65	182.2	12.0	44.9	9.0	6.6
全国	39 471.5	100.00	34 776.1	629.2	2 456.6	532.1	1 077.5

注：占比，各地区或省份的碳减排量占全国总碳减排量的百分比。

2. 2030 年废弃生物质能源化利用的碳减排潜力预测

预测 2030 年在不同情景下，秸秆、林业剩余物、畜禽粪便、餐饮垃圾和污水污泥的能源化利用碳减排总潜力将达到 5.19 亿～7.65 亿 t CO_2-eq。有人认为在符合《中美气候变化联合声明》的条件下，全国 2030 年碳排放总量将达到 142.68 亿 t CO_2-eq(代如锋等，2017)，基于此，到 2030 年，废弃生物质能源化利用的碳减排潜力总量将达到全国碳排放总量的 4.87%～7.18%。因此，实现废弃生物质的能源化利用将为国家碳减排具有重要贡献。

首先，2030 年秸秆能源化利用的碳减排潜力依然是最高的，不同情景下范围为 4.23 亿～5.40 亿 t CO_2-eq(表 4-5)。其次，畜禽粪便能源化利用的碳减排潜力大幅度上升，将达到 0.63 亿～2.34 亿 t CO_2-eq。第三，林业剩余物能源化利用的碳减排潜力为 924 万～2 748 万 t CO_2-eq。第四，污水污泥能源化利用的碳减排潜力为 1 231 万～2 994 万 t CO_2-eq。最后，餐饮垃圾能源化利用的碳减排潜力为 532 万～579 万 t CO_2-eq(表 4-6)。

表 4-5　2030 年中国不同情景下作物秸秆、林业剩余物和畜禽粪便能源化利用的碳减排潜力

万 t CO_2-eq

情景种类	原料种类	合计	沼气	成型燃料	燃料乙醇	气化发电	直燃发电
基准情景	作物秸秆	43 834.6	6 848.0	8 818.3	4 062.0	2 354.0	21 752.3
	林业剩余物	924		924			
	畜禽粪便	6 281	6 281				
新政策情景	作物秸秆	44 206.2	6 906.1	8 893.1	4 096.4	2 374.0	21 936.6
	林业剩余物	1 725		1 725			
	畜禽粪便	11 398	11 398				
强化减排情景	作物秸秆	54 010.2	8 437.7	10 865.4	5 005.0	2 900.5	26 801.7
	林业剩余物	2 748		2 748			
	畜禽粪便	23 435	23 435				
竞争性利用情景	作物秸秆	42 320.5	6 611.5	8 513.7	3 921.7	2 272.7	21 000.9
	林业剩余物	1 277		1 277			
	畜禽粪便	8 500	8 500				

表 4-6　2030 年中国不同情景下餐饮垃圾和污水污泥生产沼气碳减排潜力　万 t CO_2-eq

餐饮垃圾		污水污泥		
基准情景	理想情景	基准情景	土地利用为主情景	焚烧和建筑材料为主情景
532	579	2 199	1 231	2 994

第五章

中国废弃生物质能源化利用的经济效益

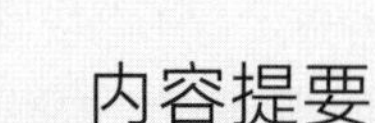

内容提要

本章采集了2010—2018年发表的中国废弃生物质能源化利用经济效益文献数据，分析了10种废弃生物质能源转化途径的成本、收入和利润。其中，6种转化途径表现盈利。作物秸秆生产固体成型燃料的成本利润率最高，达46.59%；其次为畜禽粪便生产沼气、秸秆直燃发电以及作物秸秆气化发电，成本利润率分别为41.88%、40.85%和38.89%；第三为林业剩余物生产固体成型燃料，成本利润率为17.84%；最后为废弃油脂制生物柴油略微盈利，成本利润率是6.01%。另外4种途径则亏损，作物秸秆、餐饮垃圾和污水污泥生产沼气亏损最严重，成本利润率分别为－41.50%，－39.63%和－35.90%；作物秸秆生产燃料乙醇亏损较少，成本利润率为18.17%。因此，建议国家优化配套政策，加强废弃生物质能源化技术研发和创新，促进生物质能源行业健康发展。

一、研究范围和有关定义

本研究针对作物秸秆、林业剩余物、畜禽粪便、餐饮垃圾、废弃油脂和污水污泥等废弃生物质，分析了10种能源化利用途径的经济效益，包括秸秆生产燃料乙醇、生产成型燃料、直燃发电、气化发电、生产沼气，以及林业剩余物加工成型燃料、畜禽粪便生产沼气、餐饮垃圾生产沼气和生物柴油、污水污泥生产沼气。经济效益参考技术经济学定义，成本包括原料成本和生产运营成本。原料成本为生产中购买废弃生物质原料及收储运成本，生产运营成本为能源转化过程中的生产费用和期间费用。期间费用是指与生产直接相关的固定资产折旧、管理费用、财务费用和销售费用(夏恩君，2016)，不考虑税收和贷款利息等。收入按照产品市场价格不含副产品收益，利润为收入和成本的差值，成本利润率为能源产品利润占成本的百分比。

通过文献查阅获得中国企业实例或模拟研究报道，主要从2010—2018年间发表和出版的原创性研究报道中采集原料成本、运营成本、收入和利润数据。为了保证数据的准确性和科学性，按以下规则筛选文献：①所报道的废弃生物质能源化利用研究范围符合本文的研究范围；②所用的技术经济学定义符合本文所述定义；③废弃生物质原料可收集性较好，能源产品已规模化或有规模化生产潜力，生产工艺有代表性；④经济分析数据完整且合理。

二、秸秆能源化利用的经济效益

(一)秸秆生产燃料乙醇的经济效益

目前，国内纤维素乙醇尚处于产业化前期研究阶段(朱开伟等，2016；姜芹等，2012)，较为成熟的技术是以玉米秸秆为原料应用稀酸预处理加酶解法，收入中均未计入国家对纤维素乙醇的补贴，但是经济效益表现差异较大(表5-1)。朱青(2017)和朱青等(2018)以模拟法，分析了生产规模为3.5万～7.5万t/年的项目，亏损达1 303～5 767元/t。姜芹等(2012)和任天宝(2010)采用模拟方法，研究了生产规模包括50 000 t/年的商业化生产线和300 t/a的中试项目，利润范围为－161～251元/t。这两组报道利润表现差异如此大的原因，一是原料成本相差较大，秸秆产出乙醇的比例在两组分别为7∶1和(5～6)∶1；二是运营成本不同，前者(5 236～8 100元/t)比后者(4 825～5 835元/t)平均高出23.3%。同时，利润为251元/t的案例中燃料乙醇价格比其他高1 500～2 000元/t，取值远高于市场价。总的来看，利用秸秆纤维素生产燃料乙醇在当前技术工艺下亏损严重。考虑生产运营的复杂多样性，将这两组研究结果取平均数，即亏损1 603元。原料价格是重要影响因素(姜芹等，

2012)，所需原料多导致收集半径大，将收集半径控制在合理范围内能降低原料成本(霍丽丽等，2016)。同时，纤维素酶成本较高，随着工艺的发展可以大幅降低(任天宝，2010；李科等，2008)。

表 5-1　玉米秸秆以酶解法生产燃料乙醇的经济效益

工艺和研究方法	生产规模/(t/年)	原料成本/(元/t)	运营成本/(元/t)	总成本/(元/t)	收入/(元/t)	利润/(元/t)	数据来源
稀酸-模拟	35 000	4 400	8 100	12 500	6 733	−5 767	朱青等(2018)
稀酸-模拟	75 000	2 800	5 236	8 036	6 733	−1 303	朱青(2017)
稀酸-模拟	37 000	2 800	6 734	9 534	6 733	−2 801	朱青(2017)
稀酸-模拟	50 000	3 600	4 825	8 425	8 676	251	姜芹等(2012)
稀酸-中试模拟	300	1 550	5 835	7 385	7 224	−161	任天宝(2010)
汽爆-中试模拟	300	1 445	5 620	7 065	7 224	159	任天宝(2010)
平均		2 765.83	6 058.33	8 824.17	7 220.50	−1 603.67	

注：1. 收入中未计入国家对纤维素乙醇的补贴。
　　2. 基于每吨燃料乙醇。

(二)秸秆生产成型燃料的经济效益

共查到具有数据的相关文献 7 篇(表 5-2)。对于年产 2 万 t 成型燃料来说，其年利润为 194 万元，约 3 年收回投资(王志伟等，2012)。对于京郊 5 万 t 规模的企业来说，约 8.2 年能够收回投资(蔡飞，2013)。对于小型生产规模企业来说，利润也较高，约 2 年就能收回全部投资(王明俊，2017)。所有案例中，运营成本及成型燃料产品收入值均相差不大，但有些原料成本显然设定太低(如 59 元/t)，导致利润相差较大，为 74.9～346 元/t。但是，各案例利润表现大体一致性，平均为 155.73 元/t。其他研究(李在峰等，2013；韩树明，2012)结果一致表明，利用秸秆生产成型燃料具有较好的经济可行性。

表 5-2　秸秆生产成型燃料的经济效益

原料	研究方法	生产规模/(t/年)	原料成本/(t/年)	运营成本/(t/年)	总成本/(t/年)	收入/(t/年)	利润/(t/年)	数据来源
玉米秸秆	模拟	2 500	59	95	154	500	346	王明俊(2017)
秸秆	模拟	50 000	136	154	290	400	110	蔡飞(2013)
秸秆	模拟	20 000	155	148	303	400	97	王志伟等(2012)
秸秆	模拟	1 015	111	143	254	n/a	n/a	田宜水等(2011)
玉米秸秆	模拟	10 000	100	223	323	480	157	李在峰等(2013)
玉米秸秆	模拟	10 000	135	215.5	350.5	500	149.5	李世密等(2009)
秸秆	实例＋模拟	9 000	325	260.1	585.1	660	74.9	韩树明(2012)
平均			151.67	182.60	334.27	490.00	155.73	

注：1. n/a，原文献中未见该数据，计算利润平均值未考虑该文献数据。
　　2. 基于每吨成型燃料。

(三)秸秆直燃发电的经济效益

秸秆直燃发电的利润范围为 0.07～0.36 元/(kW•h),平均利润为 0.19 元/(kW•h)(表 5-3)。其中,马秋颖(2017)研究实例显示,玉米秸秆价格约为 220 元/t,运输和储存成本为 70 元/t ,发电量为 6.5×10^7 kW•h,按国家补贴后的标杆上网电价 0.75 元/(kW•h)计算,每年实现利润约 427 万元。宋艳苹(2010)的研究中,设置秸秆收购价格为 200 元/t ,按当地一般上网电价 0.35 元/(kW•h)有所亏本,但若按现在补贴上网电价 0.75 元/(kW•h)计算,则有较好的经济效益。郝德海(2006)研究中原料秸秆价格分别为 156 元/t 和 170 元/t,模拟按电价 0.5 元/(kW•h)(当时尚没有国家补贴电价)来计算,仍有较高利润,两种发电系统投资回收期分别估算为 8～10 年。2017 年国家进一步推进秸秆发电并网运行和全额保障性收购,落实可再生能源电价政策(中共中央办公厅, 国务院办公厅,2017)。在获得国家上网电价补贴情况下,秸秆直燃发电可以盈利,平均成本和利润分别为 0.47 元/(kW•h)和 0.19 元/(kW•h)。

表 5-3 秸秆直燃发电的经济效益

原料	研究方法	装机容量/MW	原料成本/[元/(kW•h)]	运营成本/[元/(kW•h)]	总成本/[元/(kW•h)]	收入/[元/(kW•h)]	利润/[元/(kW•h)]	数据来源
玉米秸秆	实例	30	0.38	0.30	0.68	0.75	0.07	马秋颖(2017)
混合秸秆	模拟	24	0.27	0.21	0.48	0.75	0.27	宋艳苹(2010)
秸秆	模拟	6	0.24	0.12	0.36	0.50	0.14	郝德海(2006)
秸秆	模拟	24	0.20	0.12	0.32	0.50	0.18	郝德海(2006)
秸秆	模拟	30	0.29	0.10	0.39	0.75	0.36	张铁柱等(2013)
秸秆	模拟	30	0.37	0.24	0.61	0.75	0.14	赵贵玉等(2017)
平均			0.29	0.18	0.47	0.67	0.19	

(四)秸秆气化发电的经济效益

生物质气化发电企业规模以中小型为主,装机容量为 0.6～6 MW 的 6 例秸秆气化发电利润为 0.11～0.26 元/(kW•h),平均利润为 0.16 元/(kW•h)(表 5-4)。李蓓蓓等(2014)实例研究,原料单价为 250 元/t ,按国家政策补贴上网电价 0.75 元/(kW•h)计算实现了盈利,2 MW 系统投资回收期为 7.8 年,6 MW 为 5.6 年。郝德海(2006)以原料价格为 125 元/t 进行模拟分析,随着生产规模扩大,原料和运营成本降低,利润增加。

表 5-4　秸秆气化发电的经济效益

原料	工艺和研究方法	装机容量/MW	原料成本/[元/(kW·h)]	运营成本/[元/(kW·h)]	总成本/[元/(kW·h)]	收入/[元/(kW·h)]	利润/[元/(kW·h)]	数据来源
农林生物质	气化-内燃机-实例	2	0.38	0.20	0.58	0.75	0.17	李蓓蓓等(2014)
农林生物质	内燃机-蒸汽轮机联合循环系统-实例	6	0.31	0.18	0.49	0.75	0.26	李蓓蓓等(2014)
秸秆	联合循环系统-模拟	0.6	0.23	0.16	0.39	0.50	0.11	郝德海(2006)
秸秆	联合循环系统-模拟	1	0.23	0.15	0.38	0.50	0.12	郝德海(2006)
秸秆	联合循环系统-模拟	2	0.21	0.14	0.35	0.50	0.15	郝德海(2006)
秸秆	联合循环系统-模拟	3	0.21	0.12	0.33	0.50	0.17	郝德海(2006)
平均			0.26	0.16	0.42	0.58	0.16	

(五)秸秆生产沼气的经济效益

查得的 7 个实例研究显示利用秸秆生产沼气的利润全部为负值,即亏损 0.05～2.36 元/m^3,平均亏损 0.96 元/m^3(表 5-5)。朱利群等(2016)和闵师界(2012)报道中考虑了适当的政府补贴,尽管王红彦等(2014)报道未提及补贴,和这三个报道的盈利情况差异不大。朱利群等(2016)的研究中秸秆收储运价格230 元/t,结果显示成本略高于沼气售价收入。王红彦等(2014)研究了 5 个村级秸秆沼气工程,原料玉米秸秆或稻草价格为 200～300 元/t,年产气量达到 10 万～18 万 m^3,供应户数达 280～560 户,沼气收入约只达到年度成本(包括基础设施和设备折旧)的一半。闵师界等(2012)分析了一个年生产沼气 5 万 m^3 的村级示范工程,秸秆成本是 500 元/t,生产成本合计为 3.86 元/m^3,是沼气收入的 2.6 倍,严重亏损的主要原因在于原料成本价格过高,是其他研究案例(朱利群等,2016;王红彦等,2014)的 2 倍左右。

表 5-5　秸秆生产沼气的经济效益

原料	工艺和研究方法	生产规模/(万 m^3/年)	原料成本/(元/m^3)	运营成本/(元/m^3)	总成本/(元/m^3)	收入/(元/m^3)	利润/(元/m^3)	数据来源
混合秸秆	混合发酵-实例	n/a	0.92	0.63	1.55	1.50	−0.05	朱利群等(2016)
玉米秸秆	混合发酵-实例	10.20	0.60	1.40	2.00	1.50	−0.50	王红彦等(2014)
玉米秸秆	混合发酵-实例	18.40	0.60	1.50	2.10	1.50	−0.60	王红彦等(2014)
玉米秸秆	干发酵-实例	13.14	0.60	1.58	2.18	1.00	−1.18	王红彦等(2014)
玉米秸秆	横向推流-实例	10.95	1.00	0.84	1.84	1.00	−0.84	王红彦等(2014)
水稻秸秆	混合发酵-实例	15.33	0.75	1.96	2.71	1.50	−1.21	王红彦等(2014)
混合秸秆	竖向推流-实例	5.00	2.20	1.66	3.86	1.50	−2.36	闵师界(2012)
平均			0.95	1.37	2.32	1.36	−0.96	

注:1. n/a,原文献中未见数据。

2. 朱利群等(2016)和闵师界(2012)报道中考虑了适当的政府补贴,王红彦等(2014)报道未提及补贴。

3. 基于每立方米沼气。

三、其他废弃生物质能源化利用的经济效益

(一)林业剩余物生产固体成型燃料的经济效益

研究林业剩余物生产固体成型燃料经济效益的文献只包括2篇硕士论文,其生产规模差异较大,但成本构成和收入相似,利润也相似,平均为138.89元/t(表5-6)。其中,吕林(2017)模拟了一个年产30万t林木成型燃料企业,其建设期3年,生产经营期15年。周媛(2016)模拟设计了一座年产2.75万t的林木生物质成型燃料加工厂,建设期1年,运营期10年。模拟分析表明,利用林业剩余物生产成型燃料具有较好的经济效益。但对于林业剩余物生产成型燃料,目前最大的难点是林业剩余物可收集性较差(周媛,2016)。

表5-6 林业剩余物生产固体成型燃料的经济效益

原料	研究方法	生产规模/(t/年)	原料成本/(元/t)	运营成本/(元/t)	总成本/(元/t)	收入/(元/t)	利润/(元/t)	数据来源
锯末	模拟	300 000	550.00	215.95	765.95	900.00	134.05	吕林(2017)
林业剩余物	模拟	27 500	571.42	219.85	791.27	935.00	143.73	周媛(2016)
平均			560.71	217.90	778.61	917.50	138.89	

注:基于每吨成型燃料。

(二)畜禽粪便生产沼气的经济效益

实例或模拟研究畜禽粪便生产沼气经济效益的报道共3例,其利润范围是0.25～0.61元/m^3,平均利润为0.45元/m^3(表5-7)。其中2例原料成本为零,另1例为0.60元/m^3。由于很多工程配套建设在养殖场内,利用畜禽粪便生产沼气,因此多数情况不需支付原料成本(孔祥才,2018),或仅支付原料运输成本(王火根和李娜,2018);运营成本为0.43～1.18元/m^3。研究案例中沼气主要供应农户用气或发电,根据所在地区不同,出厂价格为0.68～2.20元/m^3,这与秸秆生产的沼气价格大体相似,结果显示利用畜禽粪便生产沼气具有较好的经济效益。

表5-7 畜禽粪便厌氧发酵生产沼气的经济效益

原料	研究方法	生产规模/(万m^3/年)	原料成本/(元/m^3)	运营成本/(元/m^3)	总成本/(元/m^3)	收入/(元/m^3)	利润/(元/m^3)	数据来源
畜禽粪便	模拟	912	0.60	0.89	1.59	2.20	0.61	王火根等(2018)
畜禽粪便	模拟	25	0.00	1.18	1.18	1.66	0.48	马立新等(2013)
猪粪便	实例	24.64	0.00	0.43	0.43	0.68	0.25	孙淼(2011)
平均			0.20	0.83	1.07	1.51	0.45	

注:基于每立方米沼气。

(三)废弃油脂生产生物柴油的经济效益

废弃油脂生产生物柴油的经济效益案例中,由于时间不同,3个案例的原料成本差异较大(表5-8),而运营成本差异不大,利润范围为－150～700元/t,平均盈利345.67元/t。这3个案例盈利的差异是由技术和经营水平不同引起的。技术水平低和经营不善导致亏损的企业不少,但是,行业专家认为亏损不是行业普遍现象,废弃油脂生产生物柴油产业总体是盈利的。有的企业每吨生物柴油亏损500～800元(梁光源,2017),主要原因是原料价格占成本比重过大,已经投产一些企业达不到预期产能,不少项目已暂停生产(胡化凯等,2014)。

表5-8　废弃油脂生产生物柴油的经济效益

工艺和研究方法	生产规模/(万t/年)	原料成本/(元/t)	运营成本/(元/t)	总成本/(元/t)	收入/(元/t)	利润/(元/t)	数据来源
超/近临界甲醇醇解-模拟	6	4 704.00	1 446.00	6 150.00	6 000.00	－150.00	乔凯(2016)
预酯化和酯交换-模拟	0.9	3 555.00	1 458.00	5 013.00	5 500.00	487.00	张扬健等(2009)
2019年先进工艺实例总结		4 900.00	1 200.00	6 100.00	6 800.00	700.00	行业专家
平均		4 386.33	1 368.00	5 754.33	6 100.00	345.67	

注:基于每吨生物柴油。

(四)餐饮垃圾生产沼气的经济效益

关于餐饮垃圾制沼气的经济分析研究较少,仅查得沈超青等(2010)估算了其成本为2.70元/m³,其中原料运输成本为1.29元/m³,生产运营成本为1.41元/m³。沼气市场价格1.63元/m³,利润为－1.07元/m³。张淑玲等(2014)对餐饮垃圾制沼气工程研究得出处理成本为0.56元/m³,该文献未提到国家补贴。餐饮垃圾由市政环境部门负责收集,原料成本仅需支付运输费用,因此建立合理的收储运物流体系可以保证原料供应(陈天安,2014),然而,即使如此,以餐饮垃圾生产沼气仍不能盈利。

(五)污水污泥生产沼气的经济效益

经查阅获得2个污水污泥能源化生产沼气实例。污水污泥属于污水处理厂的废料,其原料成本可忽略不计(张利军等,2014;韩春荣等,2012),沼气价格参照天然气2.28元/m³,考虑到沼气市场价格为1～1.5元/m³,本研究取最高值1.5元/m³。但是,沼气收入依然小于成本,亏损分别达到0.40元/m³和1.28元/m³,平均亏损为0.84元/m³(表5-9)。这两个项目工程设计日产气量分别为30 000 m³和25 200 m³,但由于设施和技术等问题致使实际日产气量最多只是设计产能的一半,提高了运营成本。

表 5-9　污水污泥生产沼气的经济效益

研究方法	生产规模/(m^3/d)	成本/(元/m^3)	收入/(元/m^3)	利润/(元/m^3)	数据来源
实例	15 000	1.90	1.50	−0.40	张利军等(2014)
实例	6 240	2.78	1.50	−1.28	韩春荣等(2012)
平均		2.34	1.50	−0.84	

注:1.基于每立方米沼气。
2.两文献报道中未提到国家补贴。

四、废弃生物质能源化利用的经济效益比较和展望

(一)不同转化途径经济效益的比较

从各类废弃生物质能源化利用的经济效益分析结果汇总来看,基于目前国家产业政策,秸秆生产成型燃料、秸秆直燃发电、秸秆气化发电、林业剩余物生产成型燃料、畜禽粪便生产沼气以及废弃油脂制生物柴油共6种能源化利用途径实现了盈利(表5-10)。秸秆生产成型燃料的平均成本利润率最高,达46.59%;其次为畜禽粪便生产沼气、秸秆直燃发电和秸秆气化发电,成本利润率均为分别为41.88%、40.85%和38.89%;林业剩余物生产成型燃料,利润率为17.84%;废弃油脂生产生物柴油途径略有盈利,利润率为6.01%。另外4种废弃生物质能源化利用途径全都亏损,其中,秸秆、餐饮垃圾和污水污泥生产沼气亏损最多,平均成本利润率分别为−41.50%、−39.63%和−35.90%;秸秆生产燃料乙醇亏损较少,利润率为−18.17%。

表 5-10　废弃生物质能源化利用的经济效益汇总

原料类型	能源化产品	平均成本	平均收入	利润		平均成本利润率/%
				范围	平均	
作物秸秆	燃料乙醇/(元/t)	8 824.17	7 220.50	−5 767.00～251.00	−1 603.67	−18.17
	成型燃料/(元/t)	334.27	490.00	74.90～346.00	155.73	46.59
	直燃发电/[元/(kW·h)]	0.47	0.67	0.07～0.36	0.19	40.85
	气化发电/[元/(kW·h)]	0.42	0.58	0.11～0.26	0.16	38.89
	沼气/(元/m^3)	2.32	1.36	−2.36～−0.05	−0.96	−41.50
林业剩余物	成型燃料/(元/t)	778.61	917.50	134.05～143.73	138.89	17.84
畜禽粪便	沼气/(元/m^3)	1.07	1.51	0.25～0.61	0.45	41.88
废弃油脂	生物柴油/(元/t)	5 754.33	6 100.00	−150.00～700.00	345.67	6.01
餐饮垃圾	沼气/(元/m^3)	2.70	1.63	−1.07	−1.07	−39.63
污水污泥	沼气/(元/m^3)	2.34	1.50	−1.28～−0.40	−0.84	−35.90

注:基于单位能源产品,未扣除国家补贴。

(二)国家财税补贴政策对实现盈利的作用

在可盈利的能源化利用的6条途径中，废弃油脂生产生物柴油、秸秆和林业剩余物生产成型燃料这3条途径获得国家财政补贴政策支持最少或者几乎没有，依靠市场发展已成了相对完整的体系。但是，因此存在扩大规模难、亏损风险大的问题，处理废弃物的量有限，给国家可再生能源贡献比例很小，远没有实现应有的潜力。另外3条途径依靠国家补贴才能盈利。在畜禽粪便生产沼气项目上，国家对工程建设进行了补贴，在秸秆直燃发电和秸秆气化发电工程上，国家统一执行标杆上网电价0.75元/(kW·h)。如果执行当地电价0.318元/(kW·h)，华北地区装机容量1～3 MW生物质气化发电项目与火电相比没有竞争力(樊京春等，2004)。

秸秆、餐饮垃圾和污水污泥生产沼气、秸秆生产燃料乙醇共4种途径均表现不同程度的亏损。餐饮垃圾和污水污泥生产沼气能源化途径已有研究很少，产业化发展还需要很多探索。秸秆生产沼气技术工艺还处于起步阶段，尽管政府有适当补贴，由于产气率较低，导致盈利较低或亏损(闵师界，2012；冯炘等，2016；朱利群等，2016)。

秸秆生产燃料乙醇产业途径一是受制于原料收储运费用高，二是生产所需降解酶的价格高，使其营利性很差。但是如果享受国家财政补贴1 659元/t，企业利润会大为提高(姜芹等，2012)。

(三)技术创新和优化原料收集对提升经济效益的作用

目前多数废弃生物质能源化途径技术成熟度不高，相比较看，秸秆直燃发电技术成熟度较好，是目前中国大规模利用秸秆的理想选择。但是，秸秆直燃发电技术工艺还面临一定的问题，如锅炉容易形成结焦等。与直燃发电相比，气化发电的工艺流程方案还很不成熟，燃气净化流程复杂，尤其是脱除烟气中焦油等杂质成分的成本高，尚缺乏工程经验，因而其大规模工业应用仍需时日(汤东明，2012)。另一方面，原料成本是非常重要的影响因素，在很大程度上直接影响经济效益，几乎所有相关研究都强调合理规划秸秆收集半径，以保证原料供应充足。需要强调的是，在当前国家政策支持下，技术和运营管理水平对废弃生物质能源化是否盈利有重要作用。例如，废弃油脂生产生物柴油几乎没有国家财政补贴，不少企业通过提高技术创新和管理水平能实现盈利；虽然多数畜禽粪便生产沼气在国家补贴下才能盈利，但是，有实例分析表明，一个存栏1 260头的养牛场建立的畜禽粪便沼气工程，沼气用来发电，沼液和沼渣作为肥料使用，即使不计国家补贴，内部收益率仍达7.92%(李生，2018)，高于火电行业的基准内部收益率6%(樊京春等，2004)。

第六章

废弃生物质资源管理及能源化利用政策现状和建议

内容提要

本章分析了欧盟、美国、日本为主的国外生物质能源和作物秸秆、畜禽粪便、林业剩余物、餐饮垃圾、地沟油和污水污泥管理政策的现状，然后从农业、生物质能源和环境治理方面，总结了我国国家层面和各省份废弃生物质资源管理及其能源化政策，包括立法、规划、财税和标准等。最后，重点在分析中国生物质能源产业现状基础上总结了当前的困境，一是生物质能源产业环境友好的绿色特性没有得到普遍承认和重视，二是生物质能源产品进入市场难普遍存在，三是作为顶层设计的国家生物质能产业规划不完善，四是生物质能产业的标准化体系建设不能满足发展需要，五是国家对生物质能产业管理政策内容不系统且执行力度不够，六是生物质能产业管理体系不协调。因此，建议国家顶层设计要立足于发挥废弃生物质能源化产业巨大的环境效益潜力而不是经济效益，监管体制上建立一个主管部门和多个协管部门的统一管理组织，将各类废弃生物质作为一个整体纳入能源化产业管理，基于全国废弃生物质资源和环境分区制定能源化产业发展整体规划，基于区域环境治理建立“生态能源农业示范区”，形成完整循环产业链，建立健全废弃生物质能源化行业标准体系等相关政策，建立生态补偿的废弃生物质能源化专项基金并征收环境保护税和保证金，建立绿证和配额制度为主体的生物质能源销售机制，尽快将废弃生物质能源纳入国家碳交易体系以减轻国家财政补贴压力。

一、国外发展和政策概况

（一）生物质能源产业现状和趋势

欧洲生物质协会发布的《2016年生物质能源统计报告》称，欧洲生物质能源占全球可再生能源消费量的61%，占总能源消费10%（新能源网，2016）。国际能源署（IEA）发布的《2018可再生能源年度报告》称，可再生能源在未来5年内会显著增长。但长期看来，在全球能源总量中的占比仍然偏低，不足以满足气候变化和可持续发展目标。该报告认为生物质能源是全球产量最高的可再生能源，生物燃料是汽油和柴油的替代品，生物质能源在绿色交通和供热领域具有尚未开发的巨大潜力。

燃料乙醇是全球范围发展最快、产量最大的液体生物质能源。2017年全球燃料乙醇总产量达到809.07亿t，其中美国和巴西产量合计占84.5%，分别为472.50亿t和211.17亿t（DOE，2017），主要以玉米淀粉和甘蔗糖分为原材料。一直以来，欧美国家非常重视以秸秆等农林废弃物和木质纤维素类能源作物为原料的第二代燃料乙醇研发，2013年已有多个商业化项目投入运行（Brown *et al.*，2013；Aditiya *et al.*，2016）。当前纤维素乙醇开发和商业化进程的速度有所减缓，这既有页岩气迅速发展带来负面影响的原因（张琪，2013），也和2017年以来美国新政府应对气候变化和生物质能源发展战略出现重大变化有一定关系。

2017年全球生物柴油产量达3 600万t，其中欧盟和美国的产量合计已超过2 000万t（仝晓波，2018a）。根据FAO报告预测，到2025年，全球生物柴油的总产量将由2015年的316亿L增加到400亿L（仝晓波，2016c）。当前，欧洲多家生物燃料企业对亚洲“地沟油”的进口量大增，预测未来“地沟油”市场很可能出现持续火热的景象。其原因主要是欧洲支持生物柴油生产的政策，欧盟决议在2030年将先进燃料比例提高到9%以上；而且，2017年底投票决议，将在2021年放弃使用棕榈油为生物燃料原料，2030年逐步淘汰植物油原料（李丽晏，2018）。

欧美发达国家从2008年起陆续开展了生物航空燃料的研发，2011年进行商业飞行，所用生物原料主要为椰子油、棕榈油、麻风子油、亚麻籽油、海藻油、餐饮废油和动物脂肪等（吴莉，2013）。

德国《可再生能源法》对生物天然气予以产品补贴，为了鼓励车用生物天然气的开发和利用，还在税费方面给予优惠，生物天然气的售价远低于汽油和柴油。瑞典也是利用沼气作为汽车燃料最普遍的国家之一（李玲，2018a）。

多年来，利用农林废弃资源等原料进行直燃发电项目倍受关注。2017年9月18日新闻报道称，日本正在推动生物质能发电，预计在2025年前，可将总发电能力提升1.5倍。据了解，日本国内生物质能发电总能力为310万kW，仅相当于太阳能的1/10。日本政府希望能在2025年左右，将生物质能发电能力增至480万kW，占到日本电力总需求的3%以上，预计需要投资超过7 000亿日元；到2030年，将生物质能发电量提升至602万～728万kW·h，达到当前水平的2～2.4倍（穆紫，2017）。

（二）废弃生物质有关的财税制度

开发利用生物质能源是促进能源替代的重要内容，对于缓解温室气体排放及改善环境质量有着积极的影响。因此，针对CO_2排放而征收的碳税应运而生，通过向燃煤和石化等行业实施价格干预，促进碳减排。新加坡财政部长在政府2017年度预算中，计划从2019年起向CO_2及其他5种温室气体排放征收碳税，税率为10～20新加坡元/t，相当于石油消费成本增加3.5～7.0美元/桶。加拿大根据《温室气体污染定价法》，从2019年1月1日起全面实施碳税，当年税率为20加元/t，意味着每加仑汽油的附加费为16.6加分。此后每年上涨10加元/t，2022年上涨至50加元/t后封顶，汽油上涨约42加分/加仑，上涨幅度约8%。

很多国家为了保护生态环境，会向有排放污染物可能的行为人或企业收取一定的保证金。如果行为人或企业确实向环境排放了污染物，政府将扣除全部或部分保证金，以补偿对环境污染带来的损失。污染物押金返还制度（deposit refund system）就是收取保证金的一种方式，该制度是在具有潜在污染可能性的产品价格之上预先征收押金，原则上押金的数量取决于产品非法处置导致的社会成本（杨晓萌，2013）。当这些产品或产品残留物返还到收集系统中从而避免污染环境时，该押金将被退还，以达到环境保护的目的。当产品可以再生循环利用并且能够盈利时，押金返还制度尤为有效。因此，近几年来，国际上已广泛运用押金返还制度，对生物质能源等清洁能源的生产具有间接促进作用。

配额制也是有效的行政制度，截至2015年，英国、澳大利亚、德国、日本等18个国家和美国部分州强制规定了可再生能源的市场份额，已实施了可再生能源配额制（成思思，2015）。

二、中国国家和各省份管理政策

（一）废弃生物质有关的立法

近年来，国家高度重视生物质能开发和利用。在“十一五”期间，国家陆续出台了有关节约能源、清洁生产、循环经济等一系列政策性法律文件，其中有关生物质能的特别规定在法律中得以体现（祁毓，2015）。在国家政策的引导和扶持下，中央和地方政府也通过增加资金投入、加大人才投入与技术科研开发力度、建立生物质能示范点等措施，促进了生物质能产业的发展。目前由全国人大常委会发布的关于发展生物质能源的农业、环境保护和可再生能源法律共有 10 部，可查到的省级相关政策法规有 8 部(表 6-1)。

生物质能源发展需要原料供给保证，农林有机废弃物和能源植物都可作为生物质原料，因此农业法规是保证生物质能源发展的基础。《农业法》第五十七条规定，发展农业和农村经济必须合理利用和保护土地、水、森林、草原、野生动植物等自然资源，合理开发和利用水能、沼气、太阳能、风能等可再生能源和清洁能源，发展生态农业，保护和改善生态环境，明确提出了农业发展和清洁能源发展是相辅相成的关系。其他涉及农业的法律主要以鼓励农业投入减量化和农业废弃物循环利用为主。例如，《循环经济促进法》和《清洁生产促进法》都鼓励对化肥、农药、农用薄膜和饲料添加剂减量投入，后者还鼓励对作物秸秆、畜禽粪便、农产品加工业副产品和废农用薄膜等进行综合利用，鼓励开发沼气等生物质能源。现行的《环境保护法》是综合的环境类法律，其总则第四条指出，保护环境是国家的基本国策。国家采取有利于节约和循环利用资源、保护和改善环境、促进人与自然和谐的经济、技术政策和措施，使经济社会发展与环境保护相协调。环境保护的法律条文的主要内容分两类：一类是对高污染行业进行限制，如《农业法》第六十六条规定，县级以上人民政府应当采取措施，督促有关单位进行治理，防治废水、废气和固体废弃物对农业生态环境的污染。排放废水、废气和固体废弃物造成农业生态环境污染事故的，由环境保护行政主管部门或者农业行政主管部门依法调查处理；给农民和农业生产经营组织造成损失的，有关责任者应当依法赔偿。另一类是鼓励无害化处理及利用污染物，如《水污染防治法》第五十二条指出，国家支持农村污水和垃圾处理设施的建设，推进农村污水、垃圾集中处理。又如《清洁生产促进法》第十二条规定，国家对浪费资源和严重污染环境的落后生产技术、工艺、设备和产品实行限期淘汰制度；国务院有关部门按照职责分工，制定并发布限期淘汰的生产技术、工艺、设备以及产品的名录。

表 6-1　中国农业、环境保护和可再生能源法律中关于发展生物质能源主要内容

类别	.法律名称	发布年份	关于生物质能源的内容
国家	大气污染防治法	1987(2018 修订)	第四十二、七十三、七十六条
	环境保护法	1989(2014 修订)	第四十九、五十条
	农业法	1993(2012 修订)	第五十七条
	固体废物污染环境防治法	1995(2016 修订)	第三、二十条
	清洁生产促进法	2002(2012 修订)	第十六、三十五条
	环境影响评价法	2002(2018 修订)	第八条
	可再生能源法	2005(2009 修订)	第二、十六、十八、三十二条
	水污染防治法	2008(2017 修订)	第五十六条
	循环经济促进法	2008(2018 修订)	第三十四条
	环境保护税法	2016(2018 修订)	第五、十、十二、二十五条

续表 6-1

类别	.法律名称	发布年份	关于生物质能源的内容
地方	上海市环境保护条例	1994(2018 修订)	第五十一条
	江苏省农业生态环境保护条例	1998(2004 修订)	第十五、二十九、三十七条
	云南省杞麓湖保护条例	2008	第十三、十五、二十一、二十二条
	陕西省循环经济促进条例	2011	第四十、四十四条
	贵州省赤水河流域保护条例	2011(2018 修订)	第二十八条
	贵州省生态文明建设促进条例	2014	第十七、十九条
	江西省农业生态环境保护条例	2017	第五、二十五、二十六、二十七、三十四、五十四条
	贵州省水污染防治条例	2017(2018 修订)	第五十一、五十三、五十四、八十四条

由于国家近年来一直积极推进清洁能源技术的开发和推广，涉及能源相关的法律都支持可再生能源的利用及生产。其中，明确提出利用有机废弃物生产生物质能源的法律有《农业法》、《环境保护法》和《循环经济促进法》；其他法律法规以鼓励优化能源结构，减少一次性能源使用为主，如《大气污染防治法》第三十二条规定，国务院有关部门和地方各级人民政府应当采取措施，调整能源结构，推广清洁能源的生产和使用；优化煤炭使用方式，推广煤炭清洁高效利用，逐步降低煤炭在一次性能源消费中的比重，减少煤炭生产、使用、转化过程中的大气污染物排放。

许多省级相关法律法规都涉及了能源和环境内容，有些地区针对当地重点环境保护对象，建立了特定保护对象的法律法规（表 6-1）。例如，贵州和云南分别针对赤水河和杞麓湖流域制定了环境生态法律，主要防治措施是减少流域附近养殖场数量，以及减少农田化肥和薄膜使用。

（二）废弃生物质能源化利用的规划和实施方案

自 1995 年以来，国家制定了多部关于生物质能源的发展规划和实施方案（表 6-2）。国家发改委最早于 1995 年发布了《新能源和可再生能源发展纲要》，2001 年国土资源部发布了《划拨用地目录》，对符合条件的新能源项目实行划拨供地的优惠政策。2006—2008 年有关部委连续发布了 3 份从农业、能源和环境角度的规划和工作意见的文件。从 2011 年开始，国家几乎每年发布多部和生物质能源有关的规划和实施方案。

表 6-2　中国国家有关生物质能源发展规划和实施方案

发布单位	发布年份	文件名称
国家发改委	1995	新能源和可再生能源发展纲要（1995—2010 年）
国家发改委	2007	可再生能源中长期发展规划
环境保护部、国家发改委、国家能源局	2008	关于进一步加强生物质发电项目环境影响评价管理工作的通知
国家发改委	2008	可再生能源发展“十一五”规划
农业部（现农业农村部）	2011	关于进一步加强农业和农村节能减排工作的意见
国家能源局	2011	国家能源科技“十二五”规划

续表 6-2

发布单位	发布年份	文件名称
国家科技部	2011	“十二五”科学和技术发展规划
国家发改委	2011	“十二五”资源综合利用指导意见
商务部、国家发改委、科技部	2011	关于促进战略性新兴产业国际化发展的指导意见
国家发改委	2011	大宗固体废物综合利用实施方案
国家能源局	2012	生物质能发展“十二五”规划
国务院	2012	中国的能源政策白皮书
国务院	2012	生物产业发展规划
国务院	2012	“十二五”国家战略性新兴产业发展规划
国家科技部	2012	生物质能源科技发展“十二五”重点专项规划
国务院	2013	能源发展“十二五”规划
国务院	2013	绿色建筑行动方案
国家发改委	2013	循环经济发展战略及近期行动计划
国家发改委	2015	可再生能源产业发展指导目录
国家能源局	2016	可再生能源发展“十三五”规划
国务院	2016	“十三五”国家科技创新规划
国务院	2016	全国农业现代化规划
国家能源局	2017	关于可再生能源发展“十三五”规划实施的指导意见
国家能源局等	2017	关于扩大生物燃料乙醇生产和推广使用车用乙醇汽油的实施方案
国家发改委	2017	战略性新兴产业重点产品和服务指导目录
国家发改委	2017	全国农村沼气发展“十三五”规划
国家能源局	2018	2018 年能源工作指导意见的通知
国家能源局	2018	关于减轻可再生能源领域企业负担有关事项的通知
农业农村部	2019	2019 年农业农村科教环能工作要点

2016 年，国务院发布《“十三五”国家科技创新规划》指出，发展安全生态的现代农业技术，促进农林生物质高效利用，鼓励研究农林废弃物（作物秸秆、畜禽粪便和林业剩余物等）和新型生物质资源，使农林生物质高效利用技术水平达到国际前列，农林废弃物利用率达到 80%以上。同年，国家能源局出台了《生物质能发展“十三五”规划》，阐述了生物质能发展的发展方针、目标和重点建设任务，提出了实施机制和保障措施，并对生物质能对环境和社会的影响做出了分析。2017 年，国家发改委印发了《“十三五”生物产业发展规划》。计划到 2020 年，生物质能源年替代化石能源量超过 5 600 万 t 标准煤，在发电、供气、供热、燃油等领域实现全面规模化应用，生物质能源利用技术和核心装备技术达到世界先进水平，形成较成熟的商业化市场。2017 年 9 月 13 日由国家发改委和国家能源局等 15 个部门联合印发《关于扩大生物燃料乙醇生产和推广使用车用乙醇汽油的实施方案》，指出以生物燃料乙醇为代表的生物质能源是国家战略性新兴产业，各有关单位要按照“严控总量，多元发展”“规范市场，有序流通”“依法推动、政策激励”的基本原则，适度发展粮食燃料乙醇。到 2020 年，在全国范围内推广车用乙醇汽油，基本实现全覆盖；到 2025 年，力争纤维素乙醇实现规模化

生产，先进生物液体燃料技术、装备和产业整体达到国际领先水平，形成更加完善的市场化运行机制（国家发改委等，2017a）。目前生物质能正处于稳定发展的过程中，近期国家能源局发布的《2018 年能源工作指导意见》指出，在生物质能领域 2018 年重点工作包括：积极推广生物质能，推进城镇生活垃圾、农村林业废弃物、工业有机废水等城乡废弃物能源化利用；加快推进县域生物质热电联产和生物质锅炉清洁供热项目建设；开展垃圾焚烧发电领跑者示范项目建设，计划建成生物质发电装机规模约 150 万 kW，将提前完成“十三五”规划相关目标（国家能源局，2018）。

近几年来，随着技术进步，可再生能源生产成本已出现大幅下降，但土地费用、税收以及融资等非技术成本下降缓慢。为此，2018 年国家能源局发布《关于减轻可再生能源领域企业负担有关事项的通知》，推动相关政府部门及企业，通过严格落实《可再生能源法》要求、优化投资环境、激发市场活力、完善行业管理等多个措施，多方面多维度降低可再生能源非技术成本。此外，国务院在制定其他与能源利用有关的行业规划时，也鼓励积极推广生物质能等清洁能源的利用。例如，2013 年发展改革委和住房城乡建设部发布了《绿色建筑行动方案》，积极推动太阳能和生物质能等可再生能源在建筑中的应用；农业农村部颁布了《2019 年农业农村科教环能工作要点》，其中第二十五条就是鼓励开发利用农村可再生能源，并计划研究生物天然气终端产品补贴、全额收购等政策，推动出台农村地区生物天然气发展的意见。

生物质规划相关政策几乎都涉及环境保护内容（表 6-2），但是目前关于生物质产业过程中的环境影响评估政策较少，目前可查的有 2008 年环境保护部、国家发改委、国家能源局三部委发布的《关于进一步加强生物质发电项目环境影响评价管理工作的通知》，提出“在生物质发电项目环境影响评价及审批工作中，要做好污染预防和厂址周边环境保护。应根据项目污染物排放情况，明确合理的防护距离要求，防止对周围环境敏感保护目标的不利影响。采用农林生物质、生活垃圾等作为原燃料的生物质发电项目，在环境影响评价中必须考虑原燃料收集、运输和贮存环节的环境影响”。只有全面对生物质能工厂的建厂和生产过程进行环境评估，才能保证生物质能行业健康发展。

中国也像多数发达国家一样，实施了可再生能源配额制。2015 年国家发改委和国家能源局联合发布电改“9 号文”首个配套文件《关于改善电力运行调节促进清洁能源多发满发的指导意见》，明确鼓励提高新能源发电的消纳比例，随后内蒙古、湖北陆续出台地方版可再生能源电力配额规定（成思思，2015）。2016 年初，国家能源局下发了《关于征求建立燃煤火电机组非水可再生能源发电配额考核制度有关要求的通知意见的函》，提出了发电侧考核的观点。很多业内人士认为发电侧考核操作比较简单，对于消费侧没有任何激励，不利于可再生能源成本的分摊和有效解决当前的可再生能源消纳难题，因此建议将消费侧作为可再生能源配额的考核主体（张洪，2017）。2018 年第二次可再生能源电力配额及考核办法征询意见，针对可再生能源电力配额指标核算办法进行了细化，并给出了具体测算公式(姚金楠，2018a)。在新一轮征求意见稿中，可再生能源电力配额义务主体被明确分为六大基本类型：第一类为国家电网公司、南方电网公司所属省级电力公司；第二类为各省级及以下地方人民政府所属地方电网企业；第三类为拥有配电网运营权的售电公司；第四类为独立售电公司；第五类为参与电力直接交易的电力用户；第六类为拥有自备电厂的企业。其中，第三类至第六类为独立考核的配额义务主体(姚金楠，2018a)。总之，只有建立合理的考核激励机制，生物质能源才能实现巨大的潜力和商业价值。

省级生物质能源规划多数都是对国家政策的响应。如《可再生能源发展"十三五"规划》发布后，西藏、江苏、青海、黑龙江、甘肃和江西等地都发布了相应具体实施政策(表 6-3)。农林生产大省，如黑龙江和吉林，制定生物质能源的发展规划政策时，鼓励秸秆回收利用和废弃地膜回收等。

表 6-3 中国部分省份生物质能源发展规划和实施方案

发布单位	发布年份	文件名称
山东省人民政府	2009	促进新能源产业加快发展的若干政策
广东省人民政府	2009	广东省"十二五"农村沼气工程建设规划纲要
黑龙江省人民政府	2010	黑龙江省新能源和可再生能源产业发展规划(2010—2020 年)
贵州省能源局	2011	贵州省农林生物质发电规划
吉林省人民政府	2012	吉林省发展生物质经济实施方案
吉林省人民政府	2012	吉林省能源发展和能源保障体系建设"十二五"规划
江西省人民政府	2012	江西省"十二五"新能源发展规划
青海省人民政府	2013	青海省"十三五"农村能源发展规划
湖南省人民政府	2014	湖南省循环经济发展战略及近期行动计划
甘肃省人民政府	2016	甘肃省"十三五"农业现代化规划
黑龙江省人民政府	2016	黑龙江省国民经济和社会发展第十三个五年规划纲要
江苏省人民政府	2017	江苏省"十三五"节能减排综合实施方案
西藏自治区人民政府	2017	西藏自治区"十三五"时期农牧业发展规划

(三)环境治理相关的发展规划

国家对于环境治理的重视程度逐年增加。1949—1971 年，国家的专门环境管理机构尚未成立，环保政策与规划主要由卫生、建设、农业等部门管理，该阶段环境治理政策与规划主要包括 1956 年由卫生部与国家建委联合颁布的《工业企业设计暂行卫生标准》，1957 年由国务院颁布的《中华人民共和国水土保持暂行纲要》，1963 年由国务院发布的《森林保护条例》和《矿产资源保护条例》等(祁毓，2015)。1973 年，国家召开了第一次全国环境保护会议，通过了建立国务院环境保护小组办公室的决议，发布了《关于保护和改善环境的若干规定》,是中国第一个全国性的环境治理政策与规划。1982 年,第五次全国人民代表大会第五次会议上,通过了《中华人民共和国国民经济和社会发展第六个五年计划》,首次将环境保护工作纳入国家“五年计划”,开始推行经济建设与环境保护同步发展政策。随后,1989 年《中华人民共和国环境保护法》的正式实施,标志着中国环境法制建设的重大进展,为下一步大规模的开展环境治理与规划奠定了重要的制度基石(李春娟,2010)。1990—2008 年,国家步入了具有中国特色的环境治理政策与法规体系的完善阶段,国务院先后发布了一系列政策,主要包括 1990 年《国务院关于进一步加强环境保护工作的决定》、1996 年《国务院关于环境保护若干问题的决定》和 2005 年《关于落实科学发展观加强环境保护的决定》。与此同时,还相继出台了一系列综合性环境治理规划,主要包括 1996 年《国家环境保护“九五”计划和 2010 年远景目标》、2001 年《国家环境保护“十五”计划》和 2007 年《环境保护“十一五”规划》《可再生能源发展“十一五”规划》等(岳丹萍,2017)。

近 10 年以来,国家环境治理规划工作进入全面深化阶段,工作目标也从原来的重点污染防治向以污染防治与推进废弃物资源化利用并重的方向转变,国务院和各部委密集发布了环境治理规划政策性文件(表 6-4)。其中,最具有代表性的包括国务院于 2011 年发布的《关于落实科学发展观加强环境保护的决定》《“十二五”节能环保产业发展规划》和《国家环境保护“十二五”规划》,2013 年发布的《节能减排“十二五”规划》,2015 年发布的《关于加快发展节能环保产业的意见》《关于改善农村人居环境的指导意见》《国务院关于加强环境保护重点工作的意见》《中国应对气候变化的政策与行动(2011)》和《水污染防治行动计划》。农业部(现农业农村部)于 2011 发布的《关于打好农业面源污染防治攻坚战的实施意见》《农业科技发展“十二五”规划(2011—2015 年)》和《关于推进农业废弃物资源化利用试点的方案》,2012 年发布的《到 2020 年化肥使用量零增长行动方案》。环境保护部于 2012 年发布的《重点区域大气污染防治“十二五”规划》、2015 年发布的《环境保护部印发关于加快推动生活方式绿色化的实施意见》等。2016 年,国家发改委发布了以《可再生能源发展“十三五”规划》为代表的一系列政策性规划,标志着中国污染防治与废弃物能源化利用相结合的进一步深化。2017 年国家发改委和国家能源局联合发布《关于促进生物质能供热发展指导意见的通知》,明确“将生物质能供热作为应对大气污染的重要措施,作为绿色低碳新型城镇化建设的重要内容”,并且提出了 2020 年和 2035 年生物质能利用的相关目标。

表 6-4 中国国家环境保护和农业相关的废弃生物质管理及其能源化利用的政策和规划

发布单位	发布年份	文件名称
国家计委等	2003	排污费征收标准管理办法
国务院	2005	关于落实科学发展观加强环境保护的决定
国家发改委等	2010	关于生物质发电项目建设管理的通知
国家发改委	2010	关于完善农林生物质发电价格政策的通知
国务院	2011	关于加强环境保护重点工作的意见
国务院	2011	中国应对气候变化的政策与行动(2011 年)
全国人民代表大会	2011	国民经济和社会发展第十二个五年规划纲要
农业部*	2011	农业科技发展“十二五”规划(2011—2015 年)
国务院	2012	节能减排“十二五”规划
国务院	2012	“十二五”节能环保产业发展规划
国务院	2013	关于加快发展节能环保产业的意见
国家发改委等	2014	能源行业加强大气污染防治工作方案
国务院	2014	国务院办公厅关于改善农村人居环境的指导意见
农业部*	2015	全国农业可持续发展规划(2015—2030 年)
农业部*	2015	关于打好农业面源污染防治攻坚战的实施意见
农业部*	2015	到 2020 年化肥使用量零增长行动方案
环境保护部	2015	关于加快推动生活方式绿色化的实施意见
国务院	2015	水污染防治行动计划
农业部*等	2016	关于推进农业废弃物资源化利用试点的方案
国家发改委	2016	可再生能源发展“十三五”规划
环境保护部	2017	高污染燃料目录
国家发改委等	2017	关于促进生物质能供热发展指导意见的通知

注：* 现农业农村部。

为了建立健全中央到地方环境治理规划政策体系，推进国家经济社会的新型工业化、城镇化、信息化、农业现代化和绿色化，实现全国范围的可持续发展，各地政府根据当地实际情况也出台了相应的环境治理规划政策文件(表 6-5)，保障了中央环保政策切实落实到地方，落实到基层。

表 6-5 中国各省份关于环境保护政策和规划

发布单位	发布年份	文件名称
北京市人民政府	2001	关于贯彻落实全国生态环境保护纲要的意见
北京市农委	2002	关于加快本市绿色养殖业发展意见
江苏省人大常委会	2009	江苏省太湖流域水环境综合治理实施方案
西藏自治区人民政府	2011	西藏自治区“十二五”时期国民经济和社会发展规划纲要
青海省人民政府	2011	青海省 2011 年农村环境连片整治示范总体实施方案
宁夏回族自治区人民政府	2012	宁夏回族自治区农业废弃物处理与利用办法
山西省人民政府	2012	山西省环境保护“十二五”规划
辽宁省人民政府	2014	辽宁省大气污染防治行动计划实施方案

续表 6-5

发布单位	发布年份	文件名称
青岛市人民政府	2015	青岛市环境保护行政处罚裁量基准规定
青海省人民政府	2015	青海省水污染防治工作方案
贵州省人民政府	2015	贵州省水污染防治行动计划工作方案
四川省人民政府	2015	四川省灰霾污染防治办法
海南省人民政府	2016	海南省大气污染防治实施方案(2016—2018 年)
吉林市人民政府	2016	吉林市国民经济和社会发展第十三个五年规划纲要
贵州省人民政府	2016	贵州省土壤污染防治工作方案
甘肃省人民政府	2016	甘肃省“十三五”农业现代化规划
青海省人民政府	2017	青海省耕地草原河湖休养生息实施方案(2016－2030 年)
山西省人民政府	2017	山西省土壤污染防治 2017 年行动计划
西藏自治区人民政府	2017	西藏自治区土壤污染防治行动计划工作方案
山东省人民政府	2017	山东省生态环境保护“十三五”规划
贵州省人民政府	2017	贵州省打好农业面源污染防治攻坚战实施方案
海南省人民政府	2017	海南省 2017 年度水污染防治工作计划
湖南省人民政府	2017	关于加快推进畜禽养殖废弃物资源化利用的实施意见
内蒙古自治区人民政府	2018	内蒙古自治区水污染防治三年攻坚计划
新疆维吾尔自治区人民政府	2018	自治区打赢蓝天保卫战三年行动计划(2018—2020 年)
吉林市人民政府	2018	吉林市黑臭水体治理三年攻坚作战方案
江西省工信委	2018	江西省工业企业技术改造三年行动计划(2018—2020 年)
江西省农业厅	2018	江西省推进长江经济带“共抓大保护”攻坚行动农业重点任务工作方案
山东省人民政府	2018	山东省打好农业农村污染治理攻坚战作战方案
山东省环境保护厅	2018	山东省南水北调工程沿线区域水污染防治条例(修正)
四川省人民政府	2019	四川省打赢蓝天保卫战等九个实施方案

(四)废弃生物质相关的财税政策

财税政策是国家协调经济运行和社会各方面利益分配关系的经济杠杆，是发挥财政分配机制作用的特定手段，也是最直接促进行业发展的重要措施。近年来，国家层面出台了多项关于废弃生物质综合利用的财税补贴政策(表 6-6)。2006—2012 年间，国家发改委为促进农林生物质发电产业健康发展，促进资源节约和环境保护，完善了农林生物质发电价格政策。根据“十二五”规划纲要和《国务院关于加快培育和发展战略性新兴产业的决定》(国发〔2010〕32 号)的部署和要求，重点发展餐厨废弃物、农林废弃物等资源化利用，推进资源税费改革，逐步完善生物燃料发展、农林废弃物能源化利用的激励政策及市场流通机制(国务院，2010)。2011 年发布的《关于调整完善资源综合利用产品及劳务增值税政策的通知》，决定调整、完善农林剩余物资源综合利用产品增值税政策，增加部分资源综合利用产品及劳务适用增值税优惠政策。此外，2012 年财政部连续下发 3 个关于可再生能源电价附加补助资金的文件，极大地促进了生物质能源行业发展。

表 6-6　中国国家和地方农业、环保和能源行业的有关废弃生物质能源化利用的补贴政策

级别	发布单位	发布年份	补贴名称
国家	国家发改委	2006	可再生能源发电价格和费用分摊管理试行办法
	财政部、税务总局	2008	国家税务总局关于有机肥产品免征增值税的通知
	国务院	2009	关于实行"以奖促治"加快解决突出的农村环境问题实施方案的通知
	国家发改委	2010	完善农林生物质发电价格政策
	财政部、税务总局	2011	关于调整完善资源综合利用产品及劳务增值税政策的通知
	国务院	2012	"十二五"国家战略性新兴产业发展规划
	国家发改委	2012	关于完善垃圾焚烧发电价格政策的通知
	财政部	2012	2012 年可再生能源电价附加补助资金分省表
	财政部	2012	关于预拨 2012 年可再生能源电价附加补助资金的通知
	财政部	2012	2012 年可再生能源电价附加补助资金预拨汇总表
	财政部、国家发改委	2012	循环经济发展专项资金管理暂行办法
	财政部	2012	可再生能源电价附加有关会计处理规定
	财政部、国家发改委、国家能源局	2012	可再生能源电价附加资金补助目录(第三批)
	发改委、电监会	2012	2010 年 10 月—2011 年 4 月可再生能源发电项目补贴表
	国家发改委、电监会	2012	2010 年 10 月—2011 年 4 月公共可再生能源独立电力系统补贴表
	国家发改委、电监会	2012	2010 年 10 月—2011 年 4 月可再生能源发电接网工程补贴表
	国家发改委、电监会	2012	2010 年 10 月—2011 年 4 月可再生能源电价附加配额交易方案
	国务院	2013	关于加快发展节能环保产业的意见
	国家发改委、国家能源局、环境保护部	2014	能源行业加强大气污染防治工作方案
	国家能源局	2017	关于可再生能源发展"十三五"规划实施的指导意见
	农业农村部、财政部	2018	2018 年财政重点强农惠农政策
地方	广东省人民政府	2009	广东省"十二五"农村沼气工程建设规划纲要
	山东省人民政府	2009	促进新能源产业加快发展的若干政策
	江西省人民政府	2012	江西省"十二五"新能源发展规划
	吉林省人民政府	2014	吉林省发展生物质经济实施方案
	甘肃省人民政府	2016	关于印发甘肃省"十三五"农业现代化规划

2013 年国务院印发关于加快发展节能环保产业的意见指出，加大中央预算内投资和中央财政节能减排专项资金对节能环保产业的投入。2017 年国家能源局发布《关于可再生能源发展"十三五"规划实施的指导意见》表明，要深入贯彻能源生产和消费革命战略，有效解决可再生能源发展中出现的弃水弃风弃光和补贴资金不足等问题，实现可再生能源产业持续健康有序发展。2018 年农业农村部和财政部共同实施的财政重点为实施强农惠农政策，针对作物秸秆总量大的省份和环京津地区开展秸秆综合利用试点，支持约 150 个重点县实行整县推进，坚持多元利用、农用优先策略；关于畜禽粪污资源化处理，支持有条件的地区开展整市、整省推进治理。

在地方层面上，共有 5 个省份发布了政策文件(表 6-6)，细化了国家相关的财税政策的

实施方案，确保国家和地方双轮驱动，将政策落实到位。2009 年，广东编制了“十二五”农村沼气工程建设规划纲要，指出要运用政策导向和资金扶持手段，充分调动农户、养殖场的积极性，发展循环经济，改善农村生态环境，促进农业和农村经济可持续发展。同年，山东出台了关于“促进新能源产业加快发展的若干政策”的通知，内容包含了价格扶持政策，明确对利用农林废弃物直接燃烧和气化发电项目电价补贴办法参照风电价格水平。2012 年吉林发布实施了《吉林省发展生物质经济实施方案》，研究制定了支持生物质经济发展的地方政策，在规划期内设立生物质产业发展专项资金，重点支持生物基化工和生物质能源生产、关键技术研发与工程化，以及重要生物质资源生产和收储运配套装备制造等方面。2012 年江西发布了《江西省“十二五”新能源发展规划》，提出有计划、有步骤地开展能源价格、财税、资源和流通体制等改革，积极培育多元化市场主体，形成统一开放、竞争有序的现代能源市场体系。2016 年甘肃发布了《甘肃省“十三五”农业现代化规划》，提出实施农村沼气、农村太阳能、秸秆能源化、农村能源综合配套及农村能源支撑能力体系建设等工程，并实施配套的政策扶持和资金补贴。

三、中国生物质能源产业现状和困境

（一）产业现状

1. 燃料乙醇

当前中国燃料乙醇年消费量达到约 260 万 t，产业规模居世界前三名，乙醇汽油消费量约占同期全国汽油消费总量的 20%（仝晓波，2017b）。据中国产业信息网不完全统计，2017 年全国已有和新筹建的燃料乙醇产能达到 279 万 t，目前全国仍存在 800 万 t 以上的产能缺口，未来将会快速扩张产能，成为相关企业业绩增长的重要推动力（李玲，2018b）。中国市场对燃料乙醇的需求量会持续增长，短期内增长量或达到目前的 5 倍（常潆木，2018）。

2017 年，国家发改委、国家能源局、财政部等十五部门联合印发了《关于扩大燃料乙醇生产和推广使用车用乙醇汽油的实施方案》，提出 2020 年将在全国范围内推广使用车用乙醇汽油，基本实现全覆盖，在 2025 年力争纤维素乙醇实现规模化生产。2018 年 8 月 22 日，国务院总理李克强主持召开的国务院常务会议确定了燃料乙醇产业的总体布局，决定有序扩大车用乙醇汽油推广使用，在原有 11 个试点省份基础上再增加 15 个（仝晓波，2018b）。

10 多年试点经验已经表明，燃料乙醇是处理陈化粮的最佳渠道（仝晓波，2017b）。由于第一代燃料乙醇以粮食为主，存在着与民争地、与粮争地等问题（张墨思，2013），国家重视利用秸秆等木质纤维素生产二代燃料乙醇的研发和示范。但是，由于原料收集成本过高和生产能耗偏高等原因尚不能商业化生产，国家加强对以秸秆为原料的纤维素乙醇行业的研发投入，以降低秸秆收储运的成本和能耗。

2. 生物柴油

自2004年生物柴油产业快速发展，生物柴油生产企业一度超过300家，巅峰产能达350万t/年。但是，目前可以正常生产的企业已不足30家，近九成企业已经或濒临倒闭停产，产量一直递减，现在实际年产量不足60万t/年(仝晓波，2016b)。

限制生物柴油发展的首要因素是原料供给不足。据估计，全国每年"地沟油"产量400万～500万t，其他废弃油脂为680万t。但是，"地沟油"收集利用量240万～300万t中，只有70万t用于生物柴油，还有部分用于皮革加工和日化洗涤行业，其余部分流向不明(仝晓波，2016b；李倩，2017)。目前，"地沟油"在原料市场需求旺盛，餐饮业可以通过其他途径卖到5 000元/t。必须关注的是，"地沟油"往往非法地流向食用油生产单位，通过过滤、去色及调和等一系列处理后，成为普通消费者难以辨认的食用油(谢屹，2014)。因此，当前发展生物柴油的重要意义首先是立足解决"地沟油"重返餐桌问题，建立健全原料收集体制，确保"地沟油"应收尽收(李倩，2017)。

生物柴油的市场机制也是阻碍发展的重要因素。在近年来，国内市场上柴油供过于求，虽然有法律政策明文规定支持生物柴油进入市场，但现行政策并没有强制性推行的约束机制，也没有可操作性的具体措施，生物柴油依法进入石油销售渠道依然困难重重(仝晓波，2016b)。作为国内石油系统首例反垄断案，云南盈鼎生物质能源股份有限公司状告中石化拒按相关规定接纳其生产的生物柴油一案，历经3年半的一审和二审判决，云南盈鼎的全部诉讼请求被驳回(仝晓波，2017c)。值得庆幸的是，2016年12月20日，八部委联合发布的《关于全国全面供应符合第五阶段国家强制性标准车用油品的公告》，明确将国Ⅴ标准B5生物柴油与传统石化柴油并行纳入强制推广的清洁油品之列，为缺乏销路而深陷生存困境的生物柴油行业注入了一针"强心剂"(仝晓波，2017a)。位于上海奉贤区和浦东新区的两个中石化加油站开放供应由"地沟油"炼制的B5生物柴油，价格是普通柴油的95折。这是全国首次餐厨废弃油脂生产的生物柴油进入油品终端销售市场，意味着"地沟油"资源化利用迈出了关键一步(李倩，2017)。

因此，很有必要尽快出台强制添加生物柴油的具体政策措施。在具备条件的区域建立生物柴油产业发展统一协调机制，明确统一协调主管部门，在示范区内实施"三专封闭强制掺混政策"，即"地沟油"封闭专供生物柴油厂、生物柴油厂封闭专制车用生物柴油、封闭区域专销车用生物柴油。只有建全对"地沟油"限价监管的机制，才能保障封闭区正常运营(仝晓波等，2017；吕勃，2017)。

建立适合国情的生物柴油混配体系也有重要的促进作用。生物柴油企业生产规模普遍较小，产能多在5万t/年以下。按现行政策规定这些企业很难申请到成品油批发销售资质，自行掺混销售是行不通的。因此，应尽快建立行之有效的生物柴油国家级协调机制，启动生物柴油试点示范工作，如在封闭示范区尝试建立国企与民企合作混配中心（吕勃，2016；仝晓波，2016b；仝晓波，2017a）。

3. 生物航油

2006 年中国石化启动了生物航油研发工作，2009 年成功开发出具有自主知识产权的生物航油生产技术，2011 年 12 月成功生产出生物航油（吴莉，2017）。2013 年 4 月 24 日，中国自主研发生物航油首飞成功（吴莉，2013），成为国际上少数几个拥有生物航油自主研发生产技术的国家（吴莉，2017）。2014 年 2 月 12 日，中国第一张生物航油生产许可证落户中国石化，中国民用航空局向中国石化颁发了 1 号生物航油技术标准规定项目批准书，这标志着国产生物航油正式取得适航批准，可投入商业使用。2014 年中国石化 1 号生物航油的年生产能力是 3 000 t（林红梅等，2014）。2017 年 11 月 22 日，中国自主研发生物航油首次跨洋商业飞行成功（吴莉，2017）。生物航油市场前景广阔，2013 年中国已经成为年消费量近 2 000 万 t 的航空燃料消费大国，根据国际航运协会预测，2020 年生物航油将达到航油总量的 30%（吴莉，2013）。但是，生物航油生产成本很高，以国际标准测算，生物航油的生产成本是石油基航空煤油的 2～3 倍（林红梅等，2014）。

4. 固体成型燃料和供热

自 2006 年中国固体成型燃料产业已有 10 多年的发展历程，可归结为起步期（2006—2008 年）、发展期（2009—2013 年）和徘徊期（2014—2016 年）（李定凯，2016）。2016 年国内利用林业剩余物生产的成型燃料产量达 48.51 万 t，同比增长 30.97%。林业剩余物颗粒规模化生产的企业主要分布在北京、河北、河南、吉林和黑龙江等地，吉林宏日新能源股份有限公司作为中国首家利用林业剩余物生产生物质成型燃料的企业，建立了年产 1.5 万 t 标准化成型颗粒的生产线，并在长春等地建立生物质替代燃油冬季供暖示范区。

成型燃料作为替代煤炭燃料的可再生能源，用于民用供暖比燃煤取暖略贵一点，但比电采暖和天然气采暖便宜得多。与国家支持煤改电、煤改气的补贴相比，对成型燃料补贴是最少的。《生物质能发展“十三五”规划》提出，要加快大型先进低排放生物质成型燃料锅炉供热项目建设，发挥成型燃料含硫量低的特点，在工业园区大力推进 20 t/h 以上低排放成型燃料锅炉供热项目建设（姚金楠，2017b）。但是，截至 2016 年底，北方地区生物质能清洁供暖面积仅 2 亿 m²，这与国家发改委等十部委联合发布的《北方地区冬季清洁取暖规划（2017—2021）》中提出的“到 2021 年，生物质能清洁供暖面积达到 21 亿 m^2”的目标显然差距过大。

究其原因，除规模化生产的原料供应能力有待提高外，还需要建立成型燃料工业化标准体系，包括燃料、燃烧设备、工业技术和专用的污染物排放控制设备等相关标准（卢奇秀，2016；别凡，2018）。更重要的是，有的地方政府仍将成型燃料视为高污染燃料是最大的发展障碍（别凡，2018）。生物质成型燃料经过专业锅炉的燃烧处理，其排放完全可以达到甚至优于天然气锅炉排放水平，即烟尘、二氧化硫、氮氧化物排放量分别不高于 20 mg/m^3、

50 mg/m³ 和 200 mg/m³(姚金楠,2017b)。2017 年 4 月,环保部印发了《高污染燃料目录》,固体成型燃料不再纳入高污染范畴。同年,启动了申报生物质热电联产供热示范项目,国家能源局综合司发布了《关于开展生物质热电联产县域清洁供热示范项目建设的通知》,要求对示范新建项目优先核准,保障示范项目享受各地清洁供热支持政策,建成后优先获得国家可再生能源发电补贴(姚金楠,2017c)。

5. 生物质发电

国家《生物质能发展"十二五"规划》要求,2015 年生物质发电装机容量达到 1 300 万 kW、年发电量约 780 亿 kW·h 时。截至 2017 年,全国生物质发电累计装机 1 488 万 kW,主要为农林生物质发电和垃圾焚烧发电,并有少量沼气发电(卢彬,2018)。2017 年,生物质发电消纳农林剩余物约 7 000 万 t,农民收入约 150 亿元(姚金楠,2018b)。

生物质发电面临的障碍是总成本不具备大幅下降空间,而且,原料成本约占项目总成本的 60%～70%。生物质资源的总量是固定的,多元化利用导致市场竞争程度非常高(姚金楠,2018b)。因此,生物质发电污染控制的标准与实践脱节也是亟待解决的问题。农林废弃物发电行业参照燃煤电厂执行氮氧化物排放标准,忽视了生物质燃料的特性,存在普遍达标困难的现象。还有些地方要求垃圾焚烧发电厂和农林生物质发电厂执行超低排放标准,然而,废弃物发电行业的标准意识十分淡薄(吕银玲,2018b)。因此,建议尽快出台针对生物质发电项目的环保排放标准,更有利于产业的长远持续发展(张子瑞,2018)。

补贴拖欠是生物质发电行业发展面临的最大阻力。按照 2010 年国家发改委下发的《关于完善农林生物质发电价格政策的通知》,统一执行标杆上网电价 0.75 元/(kW·h)。这个价格由两部分组成,一是当地燃煤脱硫标杆电价,大约占 1/3,由国家电网支付给企业;二是高出当地燃煤脱硫标杆电价的部分,大约占 2/3,由国家作为电价补贴支付给企业(姚金楠,2018c)。截至 2017 年,生物质发电项目未列入可再生能源电价附加资金目录的补助资金和未发放补助资金共计 143.64 亿元,未纳入可再生能源电价附加资金支持目录的总装机规模已达 122.8 万 kW,约占生物质发电总装机的 8%(姚金楠,2018b)。

补贴拖欠的主要原因是可再生能源附加费征收困难,全国每年应收取的可再生能源附加资金超过 1 200 亿元,但实际上只收到 700 多亿元,再生能源发电补贴缺口已超过 1 200 亿元(吕银玲,2018a;姚金楠,2018c)。2015 年 12 月 30 日,国家发改委下发《关于降低燃煤发电上网电价和一般工商业用电价格的通知》,决定对除居民生活和农业生产以外其他用电征收的可再生能源电价附加征收标准提高到 1.9 分/(kW·h),比原来的标准 1.5 分/(kW·h)只增加了 0.4 分,增长幅度远低于行业预期的 2.5～3 分/(kW·h)(钟银燕,2016)。目前,随着可再生能源装机规模快速扩大,补贴缺口只会越来越大,解决补贴拖欠的问题"宜早不宜迟"(范必,2013;吕银玲,2018a;姚金楠,2018c)。

目前,补贴发放虽然有拖欠现象,但发放 20 年是有保证的。国家提供补贴就是为了让行业壮大规模,降低新项目成本,逐渐脱离补贴,其速度比预计快些(吕银玲,2018a)。为此,生物质发电项目企业自身必须审时应变,行业主管部门也要做好相应的产业结构调整方案。首先,要降低成本。一是加大原料收购力度、优化收储运模式;二是建设原料基地,生产低成本优质原料;三是研发技术,如应用近红外技术优化原料配比,提高能源转换效率。其次,变发电为热电联产,大力拓展供热市场,提高能源利用率。当前大部分地区缺热不缺电,居民供暖和工业供热的需求远大于用电的需求。提高生物质供热业务的比例,有助于减轻电价对国家财政补贴的依赖(张子瑞,2018)。在秸秆和林业剩余物资源丰富的地区,优先采用热电联产方式,在发电同时解决当地居民的供暖问题(洪博文等,2017)。再次,为解决可再生能源严重的"弃电"问题,可利用生物质发电扮演调峰角色。这几年出现了全国范围内大规模弃风、弃光、弃水、弃核的怪圈,能源结构调整和电力市场转型进入"爬坡过坎"的深水期(张子瑞,2017)。生物质发电能扮演调峰角色,有利于解决清洁能源消纳难的问题。第四,大力发展燃煤耦合生物质发电。现阶段农林生物质发电装机大多为纯生物质,装机容量小而效率低,燃煤耦合生物质发电能实现高效发电,可有效破解秸秆在田间直接燃烧造成环境污染及资源浪费问题(卢彬,2018;李爱民,2018)。2017 年国家能源局和环境保护部发布了《关于开展燃煤耦合生物质发电技改试点工作的通知》(国能发电力〔2017〕75 号),2018 年《关于燃煤耦合生物质发电技改试点项目建设的通知》(国能发电力〔2018〕53 号)确定技改试点项目共 84 个,涉及 23 个省份。根据掺混生物质的比例和掺混方式等可以选择不同的燃料锅炉,提高燃烧效率。所以,国家针对耦合发电的相关政策很重要,如电价补贴影响技术选择,又涉及生物质电量的计量问题(卢彬,2018)。第五,积极完善国家碳交易政策和机制,将生物质能源纳入碳交易市场。企业参与国内外两个碳交易市场,从环境效益中增加企业收入。

6. 沼气和生物天然气

自 20 世纪 70 年代开始,国家立法和规划鼓励发展沼气产业,沼气产业迅猛发展(祝茜,2012)。目前,中国沼气已成为全球规模最大、水平最高、惠及人口最多的国家之一(李景明等,2018)。中国早期沼气产业的发展大多以农户为生产单位发展小型户用沼气,随着农业产业结构发生巨大变化和城镇化速度加快,几年前,国家政策从支持家庭户用沼气转向大中型生物天然气项目。据不完全统计,2016 年规模化沼气工程已发展到 10 多万处,其中包括一批规模超过 1 万 m^3 的特大型沼气工程,而且,大批生物天然气试点工程正在陆续建设中(贾柯华,2016)。

2016 年,中国石油经济技术研究院首次在北京发布《2050 年世界与中国能源展望》称,全球能源消费结构日趋清洁化,天然气将超越石油成为第一大能源,中国未来天然气高峰产量将达到 4 200 亿 m^3。以生物天然气为主的非常规天然气将逐渐成为增产主力,全国仅可利用废弃物生物质可年产沼气 2 330 亿 m^3 或生物天然气 1 560 亿 m^3(程序等,2013a),2050

年生物天然气产量将达到 2 350 亿 m^3（吴莉，2016）。据报道，2015 年全国规模化养殖场的畜禽粪便的沼气潜力为 606 亿 m^3，通过 4 个情景预测分析，2030 年将达到 860 亿～1 110 亿 m^3（Bao *et al.*，2019）。然而，目前全国巨大的沼气潜力没有得到开发（李玲，2018a），2015 年产沼气产量仅 190 亿 m^3，而且主要以户用沼气为主，发展状况与消费需求相差大（姚金楠，2016）。其原因和对应建议总结如下。

首先，废弃生物质具有季节和空间分散性的问题，原料收储运成本过高，占整个沼气工程的运营成本比例超过 50%（李玲，2018a）。而另一方面，由于规模畜禽养殖场发展迅速，养殖污水给环境造成了很大压力。因此，应当逐步加大特大型、大中型沼气工程的国家投入，强制要求规模畜禽养殖场处理生产污水，切实保护生态环境（曾宋美，2013）。餐厨垃圾含水量高不宜焚烧处理，利用厌氧处理技术生产沼气或沼气发电是主要方向。但是，全国餐厨垃圾物处理厂遇到了种种困难，能正常运行的只占 20%（卢炳根，2017）。难点既包括相关政策不够完善，影响投资者积极性；还有处理技术工艺要求高、单个处理项目规模小、运营模式不成熟等技术障碍（卢炳根，2017）。

其次，政策的稳定性、延续性和统一性差。国家当前拉动市场消纳沼气的政策支持明显不足，缺乏具体配套细则和落地政策，导致一些沼气工程建成后面临运行艰难的风险（姚金楠，2016）。这是因为不同相关部门（农业、城市、工业、商业和交通等）的管理思路和方式迥异，对待农业废弃物处理重要性的理解也有很大差异（李玲，2018a）。因此，应理顺沼气行业主管部门的责、权、利，强化其管理职能和责任义务，负责沼气规划编制、标准制定、宣传培训、安全监管和技术指导等。不管哪个部门、机构和个人，凡是投资建设沼气，都应向当地沼气行业主管部门进行备案，接受技术审核，各地沼气主管部门应切实负起安全生产和使用的监管责任，帮助沼气业主做好原料和产品的协调对接工作，真正发挥沼气在种养结合、清洁生产和循环发展中的作用（李景明等，2018）。

再次，政策激励机制有待完善。当前政策仅对沼气工程建设进行补贴，应当改革补贴机制，加强对前端原料和终端产品的价格补贴力度（李毅中，2015；李玲，2018a）。

最后，废弃物发电污染控制的标准与实践脱节。填埋气发电的主要目的不是为了发电，而是为了处理垃圾填埋场产生的臭气（即沼气），提高人民生产和生活的环境质量。垃圾填埋气发电、瓦斯发电和沼气发电均是通过内燃机直接燃烧甲烷气，本身都是处理废气的环保项目，其原料与燃煤的火力发电差异太大，均不适宜参考火电排放标准（张子瑞，2018）。建议尽快出台针对垃圾填埋气发电等生物质发电项目的环保排放标准，更有利于产业的长远持续发展。

（二）面临困境

2015 年，中国可再生能源消费比例达到 11.64%，但是，生物质能源仅占全部可再生能源利用量的 8%(别凡,2016)。根据国家发改委印发的《"十三五"生物产业发展规划》,到 2020 年,生物质能源年替代化石能源量超过 5 600 万 t 标准煤,在发电、供气、供热、燃油等领域实现全面规模化应用,生物质能源利用技术和核心装备技术达到世界先进水平,形成较成熟的商业化市场(姚金楠,2017a)。因此,国家正在合力推进生物质能的利用,经过 10 多年的发展已经取得显著成绩。与水电、风电和光伏等可再生能源相比,生物质能产业具有良好的基础,国际化程度甚至远高于其他可再生能源,部分技术已达国际领先水平(别凡,2016)。

一方面,中国废弃生物质资源产量巨大,2015 年固体类废弃生物质风干重产量为 16.04 亿 t,液体类工业有机废水为 199.50 亿 t,而且呈增长趋势,到 2030 年固体类废弃生物质产量将达到 17.41 亿 t。如此巨量的废弃物严重地威胁着我们生存的环境,长期大量秸秆直接露天焚烧导致严重的大气污染,越来越多的畜禽粪便散发的恶臭气体污染农村大气环境,液体和固体有害物质影响水体质量;大量餐饮垃圾被非法用作猪饲料或生产成"地沟油"危害人民群众健康。另一方面,废弃生物质能源化利用能减少污染,促进碳减排,2015 年中国废弃生物质能源化利用碳减排潜力为 3.95 亿 t CO_2-eq,占全国碳排放总量的 3.68%。基于不同情景预测 2030 年碳减排潜力为 5.19 亿~7.65 亿 t CO_2-eq(详见第四章)。但是,生物质能生产成本过高导致产能规模较小,发展速度很慢。造成这种困境的主要原因是国家生物质能源产业政策支持不足,具体表现如下。

1. 生物质能源产业对环境友好的绿色特性没有得到普遍承认和重视

生物质能源产业有 3 个基本的功能:一是环境功能,促进废弃物循环再利用,减少环境污染和碳排放;二是能源功能,提高可再生能源比例,部分替代石化能源;三是社会经济功能,增加社会就业,提高农民经济收入。纵观国外生物质能源政策现状,最重视的是其环境功能,但是,中国没有重视废弃生物质能源产业的环境功能,仍然以追求经济效益为主导的市场机制管理产业发展。目前,可再生能源绿证对象只有风电和光伏发电,生物质能源的环境友好型身份未得到市场认可。

2. 生物质能源产品进入市场难

国家可再生能源法等相关法规中,虽然鼓励和支持生物质能的推广与应用,但没有配套的具体执行细则,纤维素乙醇、成型燃料及生物质供热、沼气及生物天然气、生物柴油等进入市场销售渠道阻力很大,有些产品至今无法进入市场。

3. 生物质能产业的标准化体系建设不能满足发展需要

在整个生物质能源产业中,从原料质量到生产过程中的污染控制的标准不健全。一方面企业的标准意识十分淡薄,真正了解标准并以标准分析、处理问题的企业很少(张子瑞,2018)。另一方面,导致管理部门对企业应用不适宜的标准,从而影响行业发展。例如,生物质能源原料本身就是污染源，生产过程的污染控制参照相应传统行业排放标准显然不合适（吕银玲，2018b；张子瑞，2018）。同时，需要制定废弃生物质能源化后的残渣用于农田的标准，例如，沼气生产形成的沼渣和沼液、生物质热化学工艺形成的生物碳、发电形成的飞灰，往往直接或再加工后作为有机肥或改良剂施用于土壤，必须对其中的有害和有益成分含量做出规范。只有符合规范的才能用于农田，以保证农业生产可持续发展。

4. 作为顶层设计的国家生物质能产业规划不完善

生物质能产业发展亟须完善的顶层设计。现有规划对原料资源特点分析不足，低估了收储运的困难，原料供应路线图不清晰，工业体系和产业链不完备。例如，生物质发电在区域、种类、技术、改造等方面不平衡，布局发电、热联产和热负荷不匹配（别凡，2016）。而且，产业规划对该领域的研究开发能力没有给予足够的重视，导致技术创新不足。

5. 国家对生物质能产业管理政策内容不系统且执行力度不够

已有的政策设计没有将所有废弃生物质资源种类纳入统一分析，没有形成能源化利用及副产品开发的整体产业链。例如，生物质供热还没有纳入国家激励政策范围，项目投资开发难度大，其经济性也很难与传统能源竞争（别凡，2016）。由于执行力度不足，生物质能源拖欠补贴现象严重，截至 2016 年行业内部估算全国可再生能源补贴拖欠总计在 700 多亿元，且通常情况下拖欠期限达 2～3 年之久（钟银燕，2016）。

6. 国家对生物质能产业管理体系不协调

目前，各类废弃生物质资源由多个部门管理，秸秆和畜禽粪便由农业农村部门管理，林业剩余物由国家林业部门管理，餐饮垃圾、废弃油脂和污水污泥由住建部门管理。同时，这些原料都属于废弃的污染源，似乎也由生态环境部门管理。在能源利用上，燃料乙醇、航空燃油和生物发电由能源部门管理，而沼气和生物天然气主要归农业农村部门管理。首先，原料和产品管理部门不统一，导致生产资源的部门没有足够条件支持能源化生产，即便生产出来产品却不容易进入能源消费市场，例如，所有垃圾场产生的填埋气绝大部分是处于不收集的浪费状态。另外，多部门原料资源管理机制，既容易出现都不管的情况，也不能整合资源进行规模化的利用，更不利于系统化的政策设计。

四、管理政策建议

（一）顶层设计要立足于发挥废弃生物质能源化产业巨大的环境效益潜力

废弃生物质能源化既以环境友好的方式处理了废弃物，又能产出一定量的可再生能源产品部分替代化石能源，同时带来巨大的碳减排效益。而且，当前只有能源化利用才是循环处理废弃生物质最有效的途径，发达国家大量事实已经证明，由于作物种植业效益低，传统以生产有机肥的途径处理废弃生物质的能力较小。因此，国家各级政府要以环境治理为出发点，高度重视废弃生物质能源化利用，进一步完善政策废弃生物质能源研发和产业政策，加大财税扶持力度。在环保政策上，打击非法利用的同时，要着重促进废弃生物质原料向能源化利用方向引导。如果像传统能源行业一样以追求经济效益为出发点，由于废弃生物质具有密度大、含水多、能值低、分布广和污染重等固有禀赋，其能源化利用成本远超出企业的承受范围(张祎旋等，2020)。只有国家通过政策扶持，抵消一部分本应由财政支付的环境治理成本，生物质能源产业在市场上才有平等的竞争力。同时，通过网站、公众号和视频等媒体途径，加强废弃生物质能源化利用的环境效益宣传，提高公众的认知水平和支持力度，促进生物质能源产业健康发展，有效发挥其巨大的环境效益潜力。

(二)政府监管体制上建立一个主管部门和多个协管部门的统一管理组织

建立全国废弃生物质能源化领导小组，负责全面协调管理作物秸秆、林业剩余物、畜禽和水产废弃物、工业有机废物及生活垃圾资源，以及燃料乙醇、生物柴油、生物航油、成型燃料和供热、生物质发电和热电联产、沼气和生物天然气等能源化产业。对于废弃生物质原料来说，由于其能源化利用的环境效益最为重要，建议由生态环境部门牵头，全面负责各类废弃生物质资源的利用及管理。统一的规范管理，能降低部门之间的重复劳动从而提高管理效率。

(三)将各类废弃生物质作为一个整体纳入能源化产业管理

由于来源的多样性，废弃生物质种类较多，包括秸秆、林业剩余物、食用菌菌渣、畜禽和水产废弃物、工业有机废物及生活垃圾等 6 个一级分类。但是，所有种类都属于植物、动物和微生物在其生产、加工、储藏和利用过程中产生的剩余残体、残留成分和排泄等代谢产生的废弃物，产量很大且分布广泛，难以收集，有的种类如秸秆还有季节分布的特性，主要来源于农村和林区。另外，各种能源化利用都需要原料多元化，多元化原料供应才能满足规模化和高效率的需求。例如，生物质发电以秸秆和林业剩余物为主要原料，相互补充以平衡季节分布不均一的情况，适当比例的餐饮垃圾、畜禽粪便和秸秆共同发酵能显著提高产气率。因此，从原料特性和能源化需求两个方面，都需要将各类废弃生物质作为一个整体纳入管理。这样，有利于设计高效废弃物处理和能源生产的产业链，实现工业化规模梯度转化，既能将废弃生物质“吃干榨净”，又能形成多元化产品提高企业效益。而且，由于规模大、生产区域集中，有利于能源产品接入国家能源网络，也有利于副产品进入营销市场。

(四)基于全国废弃生物质资源和环境分区，制定能源化产业发展整体规划

首先，要建立国家废弃生物质产量和利用量的资源管理台账。为保证数据准确性并减

少协调成本，可单独设立废弃生物质资源调查项目组，赋予其调查组较多的职责和权力，以提高影响力和资源动员能力。整合先进测绘调查技术、开发专业统一的台账数据收集系统，从源头上保证数据的一致性，降低数据整合难度。尽量缩短资源调查周期，提高数据时效性和实用价值，提高政策制定的准确度。当前，要充分利用互联网和大数据技术，整合管理废弃生物质资源，实现最大范围、最高效率的数据共享。其次，以资源分布特点及环境敏感程度将全国分为不同的废弃生物质区域，根据各地区不同的废弃生物质种类及资源量时空分布特点，结合社会经济条件，把全国划分不同特色的废弃生物质利用区域。再次，根据区域特点规划不同的能源利用方向，合理布局产业，结合环境治理，建立完整的循环产业链。最后，建立疏堵结合的原料监管机制，引导最大量用于能源化生产。既要加强环保的强制政策的实施，如坚持秸秆焚烧令；又要加强环境激励杠杆的作用，延长"绿色认证"的范围，如餐饮企业的餐饮垃圾和废弃油脂等应该得到"生物柴油绿色标签"，以保证合法的排放权(谢屹，2014)。更重要的是，要将只补贴产品改变为原料和产品双补贴，或者给原料端其他财税方面的激励政策，才能促进原料收集并最大量地用于能源生产。

(五)基于区域环境治理建立"生态能源农业示范区"，形成完整循环产业链

依据全国废弃生物质分区，结合各区域的农业发展，建立国家级和省级"生态能源农业示范区"。把环境、能源和农业结合起来，利用废弃生物质能源化生的废渣生产有机肥，将产业链向有机农业生产延伸。以餐饮垃圾、"地沟油"和污水污泥为主建立"大型城市周边生态能源示范区"，主要生产沼气和生物柴油；以作物秸秆、畜禽粪便、餐饮垃圾、废弃油脂和污水污泥综合原料为主建立"中小城市周边生态能源示范区"，生产燃料乙醇、生物油、航空燃油、成型燃料、电力、沼气和生物柴油；在秸秆集产地，建立"秸秆生态能源农业示范区"，生产燃料乙醇、生物油、航空燃油、成型燃料、电力、沼气和生物柴油；在畜禽粪便集中区建立"畜禽粪便生态能源农业示范区"生产沼气；在林业剩余物集中区建立"林业剩余物生态能源农业示范区"生产成型燃料和供热。由于不同区域环境敏感度不同，可实施差异化管理和扶持政策。在示范项目管理上，采用企业、高校和政府三方联合合作形式，借鉴"科技小院"的思路，支持高校学生在企业开展研发活动，理论结合实际发现产业具体问题，进而探索具有可操作性的解决方案，加强产学研合作技术体系建设，促进科技研发和成果转化。

(六)重视废弃生物质能源化利用科学研究，促进技术创新

生物质能产业作为一种新兴产业，亟待加强科学研究及技术创新。虽然原料资源量大，但是很分散，政府和行业协会应该组织研究，形成完善的生物质原料收储运体系。生物质能生产技术不成熟、生产成本高、能源转换率低等，成为产业发展的瓶颈。为实现大规模商业化，需要加强生物质能转化工艺技术创新，研发适合中国国情的技术和设备。废弃生物质能

源化利用产业链的可持续性研究也很重要，要研究从原料到产品及三废处理各环节对生态环境和社会发展的影响。专业技术人才的引进和专业技术的培训是提高产业发展的重要举措，整合高校和科研院所资源，实行产学研联合，加强重点实验室和研发中心建设，打造生物质技术创新联盟。同时，科技创新和人才培养要加强国际间合作，积极引进和学习国外先进技术和经验。

（七）成立一个废弃生物质行业协会，或在现有协会下成立分会

废弃生物质能源化利用产业涉及面很广。原料端包括农业、林业、畜牧业、菌类养殖业、工业、服务业、市政，加工和产品端包括乙醇、发电、航油、天然气、供热和成型燃料各种能源，两者都离不开设备制造、交通、环境和信息等行业。对于如此宽广的领域，目前仍没有统一的行业协会，不能全面收集发展中存在的问题，不能准确地传达和实施各级政府发布的产业政策，也不利于行业内信息交流和业务合作。由于行业需要，先后自发成立了全国生物柴油行业协作组、国家秸秆产业技术创新战略联盟、中国餐厨废弃物资源化利用产业联盟和污泥处理处置产业技术创新战略联盟等，在地方上还成立了如广东省污泥产业协会、广东省循环经济和资源综合利用协会等产业联合组织。但是，这些组织较为分散，各自独立，影响力相对低。

为加强废弃生物质资源及能源化利用产业的统一和规范管理，需要建立由国家主管部委直接管辖的废弃生物质能源化产业协会，或者在相关协会下成立分会。其宗旨是秉承“绿水青山就是金山银山”的发展理念，贯彻节约资源和环境保护的基本国策，依靠广大会员，联系各方力量，发挥桥梁纽带作用，成为政府的助手和企业的代言人。其主要职责包括传达和实施各级政府发布的产业政策，收集并研究发展中存在的问题，为政府制定和完善政策机制及产业规划提供切实可行的建议，支持科学研究和产业开发，制定行业技术标准，开展示范项目，促进行业内信息交流和业务合作，提供政策、管理、技术和市场需求等咨询服务。

（八）建立健全废弃生物质能源化标准体系

由行业协会牵头组织，建立健全废弃生物质能源化标准体系。首先要建立基础标准，包括术语和检验方法。其次是原料标准，包括秸秆、林业剩余物、食用菌菌渣、畜禽和水产废弃物、工业有机废物及生活垃圾原料及收储运标准。再次是能源转化工艺和产品标准。最后是废弃生物质能源化过程中从原料到最终三废处理相关生态环境标准。

（九）优化财税调节机制，建立专项基金促进生态补偿

污染物的生产者应该承担应有的责任。环境保护税可以迫使企业等行为主体避免排放污染物，减少使用化石能源，促进清洁可再生的能源消费，从而推动废弃生物质各种资源化

利用。该项制度对一些大型污染物产生单位具有较强的约束力，如以煤炭为主的火力发电厂，由于化石燃料的大量使用将会带来多种污染物，发电厂将为此缴纳税金。而如果以废弃生物质能源替代化石燃料的消耗，将节约这项税金支出。同时对排放废弃生物质成为污染源的行为主体也征收环境保护税或生态保证金，引导废弃生物质走向能源化利用途径。生态保证金制度是目前很多国家为保护生态环境而向有污染或破坏生态环境可能的行为人收取一定水平的押金，如果行为人确定污染或破坏了生态环境，政府将扣除部分或全部保证金，以补偿生态环境。目前比较普遍的是污染物押金返还制度(杨晓萌，2013)，例如，对养殖场主收取一定的畜禽粪便污染押金，如果养殖场主未能对其产生的污染物加以合法处理对生态环境造成了污染，该项资金将被扣除。

在此基础上，建立废弃生物质资源及能源化利用产业基金，以国家环境保护税收投入和地方财政统筹为主，社会参与为补充，多层次、多渠道筹集资金。根据国家废弃生物质能源化发展政策，制定专项基金的具体使用和管理制度，以低息或者无息贷款提供给废弃生物质能源化利用产业及相关项目。

(十)建立绿证和配额制度为主体的生物质能源促销机制

建立绿证和配额制度有助于分摊生物质能源成本。首先，紧紧围绕中国不同阶段非石化能源占一次能源消费比例的发展战略目标，制定全国统一的生物质能源配额标准，这样既可以体现各省份对战略目标的共同责任，又可以避免政策制定部门和各省份陷入配额目标的博弈造成相关政策的延迟出台，实现可再生能源成本在各省份更公平合理的分摊(张洪，2017)。第二，考虑到各地区对于价格的承受能力不同，可以在经济发达地区制定更高的生物质能源配额目标，让这些地区分摊更多的可再生能源成本，为可再生能源事业发展提供更多的资金支持。最后，建立可再生能源跨省份消纳机制，鼓励可再生能源电力与绿色证书打捆购买(张洪，2017)。

同时，应该结合城镇化发展探索生物质能源在农村社区提供局部能源网服务功能。当前农村家庭能源消费效率低下，城乡用能的品种结构差异大，各区域用能状况不尽相同，能源贫困与低效浪费现象共存(黄紫婷等，2016)。2013 年，全国一个普通农村家庭的能源消费总量约为 1.12 t 标准煤，人均消费 384 kg 标准煤，其中以沼气和秸秆薪柴等生物质能为主，占 61%，其次是煤炭占 15%、电力占 11%和液化石油气占 7%。在能源用途上，室内取暖和炊事用能需求各占 44%，家电需求只占 6%(仝晓波，2016a)。但是，农村多数使用原始形态生物质和散烧煤，效率低和不卫生的问题普遍存在(佚名，2018；齐琛冏，2018)。因地制宜构建农村生物质能源试验基地，推动传统生物质能源利用向高效清洁现代商业能源转型，促进农村能源消费结构调整。在秸秆和畜禽粪便资源丰富的地区，优先采用生物天然气利用方式，与有机肥等相结合，既提高生物质资源的综合利用效率，又能避免燃烧发电等对生态环境的破坏。在林业资源丰富地区，优先采用热电联供方式利用树皮等生物质资源，在发电同时解决当地居民的供暖问题（洪博文等，2017）。构建农村分布式能源系统将成为保障农村供能服务水平、实现绿色能源发展的有效途径，是未来农村电网建设和绿色发展的重要内容。

（十一）将生物质能源纳入碳交易体系，减轻国家财政补贴压力

因为可再生能源电价附加无法足额征收，已征收资金与实际需求之间存在着较大缺口，国家面临涨电价与拖欠生物质发电补贴的双重压力（范必，2013；姚金楠，2018c）。尽快将废弃生物质能源纳入国家碳交易体系中，能有效减轻国家财政补贴压力。2009—2013 年间，全球碳交易市场规模达每年 500 亿欧元，预计到 2020 年有望达到 3.5 万亿美元，将超过石油市场，成为世界第一大交易市场（陈柳钦，2013）。自 20 世纪 90 年代以来，中国的生态补偿实践逐步发展到关乎生态环境的各个方面。2011 年，北京、上海、深圳和广州开展了碳排放权交易试点工作，2016 年国家发改委印发《关于切实做好全国碳排放权交易市场启动重点工作的通知》，在石化、化工、建材、钢铁、有色金属、造纸、电力和航空等重点排放行业领域试点开展碳交易。到 2017 年，已经建立北京、福建、广东、湖北、上海、深圳、天津和重庆 8 个碳交易所，共成交碳 18 524 万 t，成交额达到 37.3 亿元（中国碳交易网，2018）。可见，国家碳交易发展迅速，废弃生物质能源纳入碳交易体系的条件逐渐成熟。

参考文献

包维卿，刘继军，安捷，等. 中国畜禽粪便资源量评估的排泄系数取值[J]. 中国农业大学学报，2018，23(05)：1-14.

包维卿. 中国秸秆等废弃生物质资源量及能源化利用的碳减排潜力[D]. 北京：中国农业大学，2019.

别凡. 生物质清洁取暖潜力待挖[N]. 中国能源报，2018-11-5(2).

别凡."十三五"生物质能发展将提速[N]. 中国能源报，2016-10-24(4).

蔡飞. 京郊农村地区生物质固体燃料开发潜力与项目推广模式研究[D]. 北京：北京林业大学，2013：62-68.

常春，孙培勤，孙绍晖，等. 我国生物质能源现代化应用前景展望(二)——生物质制备液体燃料的转化途径[J]. 中外能源，2014，19(7)：16-24.

常轩，齐永锋，张冬冬，等. 生物质气化技术研究现状及其发展[J]. 现代化工，2013，33(6)：36-40.

常潆木. 政策和技术是中国燃料乙醇破局关键[N]. 中国能源报，2018-10-8(10).

曹维金，招辉，陈娜. 油脂密度检测方法的探讨[J]. 现代食品科技，2011，27(5)：584-586.

陈超玲，杨阳，谢光辉. 我国秸秆资源管理政策发展研究[J]. 中国农业大学学报，2016，21(8)：1-11.

陈柳钦. 碳排放交易市场渐行渐近. 中国能源报，2013-12-30(4).

陈天安. 餐饮厨余垃圾堆肥特性及其农业高效利用对策[J]. 污染防治技术，2014，27(2)：33-35.

陈元国. 生物质基合成气合成低碳醇工艺研究[D]. 郑州：郑州大学，2012.

成思思. 可再生能源配额制呼之欲出[N]. 中国能源报，2015-4-2(3).

程序，崔宗均，朱万斌. 论另类非常规天然气——生物天然气的开发[J]. 天然气工业，2013b，33(1)：137-144.

程序，崔宗均，朱万斌. 治霾和减排呼唤生物天然气[N]. 科技日报，2013a-4-8(1).

程序. 国内外生物合成燃油和生物乙醇产业发展现状及趋势[J]. 中外能源，2015，20(9)：23-34.

程序，朱万斌. 产业沼气——我国可再生能源家族中的"奇兵"[J]. 中外能源，2011，16(1)：37-42.

崔宗均. 生物质能源与废弃物资源利用[M]. 北京：中国农业大学出版社，2011.

代如锋，丑洁明，董文杰，等. 中国碳排放的历史特征及未来趋势预测分析[J]. 北京师范大学学报(自然科学版)，2017，53(1)：80-86.

董丽. 生物质制芳烃技术进展与发展前景[J]. 化工进展，2013(7)：1526-1533.
段茂盛，周胜. 清洁发展机制方法学应用指南[M]. 北京：中国环境科学出版社，2010.
樊京春，王永刚，高虎. 生物质气化发电的经济效益分析[J]. 能源工程，2004(3)：20-23.
范必. 发展可再生能源应与补贴能力相适应[N]. 中国能源报，2013-6-17(1).
范航，张大年. 生物柴油的研究与应用[J]. 上海环境科学，2000，19(11)：516- 518.
冯超，马晓茜. 秸秆直燃发电的生命周期评价[J]. 太阳能学报，2008，29(6)：711-715.
冯为为. 燃煤耦合生物质发电煤电低碳清洁发展的新途径[J]. 产业，2018(4)：48-50.
冯炘，李玲，解玉红. 天津市农业固体废弃物秸秆能源化利用形式的比较与讨论[J]. 黑龙江科学，2016，7(1)：150-153.
傅童成，包维卿，谢光辉. 林业剩余物资源量评估方法[J]. 生物工程学报，2018a，34(9)：1500-1509.
傅童成，王红彦，谢光辉. 林业剩余物资源量评估所用系数的定义和取值[J]. 生物工程学报，2018b，34(10)：1693-1705.
Green car congress. 帝斯曼与 DONG 能源 Inbicon 公司以工业规模进行纤维素生物乙醇发酵[J]. 精细石油化工进展，2014，15(2)：48.
国家发展和改革委员会. 可再生能源发展"十三五"规划[EB/OL].(2018-12-03). http://www.ndrc.gov.cn/zcfb/zcfbtz/201612/t20161216_830264.html. 2016.
国家发展和改革委员会，国家能源局等. 关于扩大生物燃料乙醇生产和推广使用车用乙醇汽油的实施方案[EB/OL].(2018-09-04). http://www.gov.cn/xinwen/2017-09/13/content_5224735.htm. 2017a.
国家发展和改革委员会，国家能源局. 关于促进生物质能供热发展指导意见的通知[EB/OL].(2018-09-04). http://zfxxgk.nea.g ov.cn/auto87/201712/t20171228_3085.htm. 2017b.
国家发展和改革委员会."十二五"期间生物质能产业发展回顾[EB/OL].(2018-03-14). http://gjss.ndrc.gov.cn/zttp/xyqzlxxhg/201712/t20171221_871249.html. 2017.
国家能源局. 2018 年能源工作指导意见[EB/OL].(2019-06-13). http://zfxxgk.nea.gov.cn/auto82/201803/t20180307_ 3125.htm. 2018.
国家能源局. 生物质能发展"十三五"规划[EB/OL].(2018-04-26). http://ghs.ndrc.gov.cn/ghwb/gjjgh/201708/t20170809_857319.html. 2016.
国家认证认可监督管理委员会认证认可技术研究所. 碳排放和碳减排认证认可实施策略[M]. 北京：中国质检出版社，2014.
国家统计局工业交通统计司. 中国能源统计年鉴[M]. 北京：中国统计出版社，2013.
国家统计局环境保护部. 中国环境统计年鉴[M]. 北京：中国统计出版社，2016.
国土资源部. 划拨用地目录[EB/OL].(2018-09-04). https://wenku.baidu.com/view/fea5c10402768e9950e7381a.html. 2001.
国务院. 国务院关于加快培育和发展战略性新兴产业的决定[EB/OL].(2018-09-04). http://www.gov.cn/zwgk/2010-10/18/content_1724848.htm. 2010.
韩春荣，谢继荣，宋晓雅，等. 污水处理厂沼气利用的经济和能源性分析[J]. 给水排水，2012，38(12)：54-57.

韩树明. 秸秆固化成型技术及能源化利用的研究[J]. 农机化研究，2012(12)：201-205.

韩文科，康艳兵，刘强. 中国 2020 年温室气体控制目标的实现路径与对策[M]. 北京：中国发展出版社，2012.

郝德海. 生物质发电技术产业化研究[D]. 济南：山东大学，2006 ：39-42.

洪博文，李琼慧. 发力农村分布式能源系统[N]. 中国能源报，2017-11-13(8).

胡化凯，王乐天. 生物质能源利用经济分析——基于安徽省企业调研数据[J]. 科技管理研究，2014，34(19)：212-216.

黄逢龙，刘大椿，邓欲，等. 林业剩余物颗粒燃料成型工艺[J]. 林业科技开发，2014，28(3)：115-118.

黄紫婷，王丹. 农村能源消费应鼓励高效清洁化[N]. 中国能源报，2016-9-12(4).

霍丽丽，田宜水，孟海波，等. 生物质固体成型燃料全生命周期评价[J]. 太阳能学报，2011，32(12)：1875-1880.

霍丽丽，赵立欣，姚宗路，等. 秸秆能源化利用的供应模式研究[J]. 可再生能源，2016，34(7)：1072-1078.

贾柯华. 我国将力推农村沼气转型升级[N]. 中国能源报，2016-2-22(2).

姜芹，孙亚琴，滕虎，等. 纤维素燃料乙醇技术经济分析[J]. 过程工程学报，2012，12(1)：97-104.

江婷. 生物质多元醇水相催化合成烃类燃料的研究进展[J]. 新能源进展，2015，3(2)：111-115.

姜文清，周志宇，秦彧，等. 西藏牧草和作物秸秆热值研究[J]. 草业科学，2010(7)：147-153.

鞠庆华，曾昌凤，郭卫军，等. 酯交换法制备生物柴油的研究进展[J]. 化工进展，2004，23(10)：1053-1057.

孔芹，孙伟伟，蒲文鹏，等. 江苏省某市餐厨垃圾组分及成分调查分析[C]//2015 年中国环境科学学会学术年会论文集. 北京：中国环境科学出版社，2015：322-325.

孔祥才. 基于成本收益视角的生猪养殖粪便处理方式选择分析[J]. 黑龙江畜牧兽医，2018(16)：59-62.

李爱民. 首个国家级燃煤耦合生物质项目开建[N]. 中国能源报，2018-5-21(11).

李蓓蓓，施威，朱涛. 山东省生物质资源及利用技术的系统评价[J]. 江苏农业科学，2014，42(12)：374-377.

李春娟. 改革开放以来中国环境政策及其实践走向[D]. 呼和浩特：内蒙古大学，2010.

李定凯. 对芬兰和英国生物质-煤混燃发电情况的考察[J]. 电力技术，2010，19(2)：2-8.

李定凯. 生物质成型燃料供热的回顾与前瞻[N]. 中国能源报，2016-4-25(4).

李东，袁振宏，王忠铭，等. 生物质合成气发酵生产乙醇技术的研究进展[J]. 可再生能源，2006(2)：57-61.

李静，余美玲，方朝君，等. 基于中国国情的生物质混燃发电技术[J]. 可再生能源，2011，29(1)：124-128.

李景明，李冰峰，徐文勇. 中国沼气产业发展的政策影响分析[J]. 中国沼气，2018，36(5)：3-10.

李娟，吴梁鹏，邱勇，等. 费托合成催化剂的研究进展[J]. 化工进展，2013，32(S1)：100-109.

李军，魏海国，杨维军，等. 生物质热解液化制油技术进展[J]. 化工进展，2010，29(S1)：43-47.

李科，靳艳玲，甘明哲，等. 木质纤维素生产燃料乙醇的关键技术研究现状[J]. 应用与环境生物学报，2008，14(6)：877-884.

李丽萍. 生物柴油生产工艺的技术经济分析及综合评价模型[D]. 天津：天津大学，2012.
李丽晏. 亚洲“地沟油”涌入欧洲市场[N]. 中国能源报，2018-10-22(7).
李廉明，余春江，柏继松. 中国秸秆直燃发电技术现状[J]. 化工进展，2010，29(S1)：84-90.
李玲. 是什么卡住了沼气产业脖子[N]. 中国能源报，2018a-12-31(19).
李玲. 中粮生化大手笔布局燃料乙醇[N]. 中国能源报，2018b-10-29(8).
李倩. “地沟油”制生物柴油首入加油站[N]. 中国能源报，2017-11-13(13).
李生. 规模化养殖场大中型沼气工程效益分析[D]. 江西：江西师范大学，2018：39-47.
李世密，寇巍，张晓健. 生物质成型燃料生产应用技术及经济效益分析[J]. 环境保护与循环经济，2009(7)：47-49.
李心利，朱玉红，汪保卫，等. 一体化生物加工过程生产乙醇的研究进展[J]. 化工进展，2016，35(11)：3600-3610.
李毅中. 要重视生物质能源的开发利用[N]. 中国能源报，2015-11-9(4).
李颖，孙永明，李东，等. 中外沼气产业政策浅析[J]. 新能源进展，2014，2(6)：413-422.
李在峰，杨树华，王志伟，等. 秸秆成型燃料生产设备系统及经济性分析[J]. 可再生能源，2013，31(5)：120-123.
梁光源. 地沟油“变废为宝”的道路还有多远[J]. 环境，2017(7)：22-24.
林海龙，武国庆，罗虎，等. 我国纤维素燃料乙醇产业发展现状[J]. 粮食与饲料工业，2011(1)：30-33.
林红梅，安蓓，朱诸. 中国民航局颁发中国石油1号生物航煤适航证件：“地沟油”可以上天了[N]. 中国青年报，2014-2-13.
林鑫，闵剑. 纤维素乙醇产业发展及技术经济案例分析[J]. 当代石油石化，2015，23(6)：34-41.
刘俊伟，田秉晖，张培栋，等. 秸秆直燃发电系统的生命周期评价[J]. 可再生能源，2009，27(5)：102-106.
刘晓风，李东，孙永明. 我国生物燃气高效制备技术进展[J]. 新能源进展，2013，1(1)：38-44.
刘作龙，孙培勤，孙绍晖，等. 生物质气化技术和气化炉研究进展[J]. 河南化工，2011，28(1)：21-25.
卢彬. 生物质耦合发电亟待政策支持[N]. 中国能源报，2018-5-7(11).
卢炳根. 处置餐厨垃圾发电的政策建议[N]. 中国能源报，2017-1-23(9).
卢奇秀. 生物质成型燃料缘何徘徊难行？[N]. 中国能源报，2016-11-28(3).
罗钰翔. 中国主要生物质废物环境影响与污染治理策略研究[D]. 北京：清华大学，2010.
吕勃. 生物柴油：“国”“民”合作、强制封闭才有出路[N]. 中国能源报，2016-9-26(3).
吕勃. 应参照乙醇汽油政策推广生物柴油[N]. 中国能源报，2017-9-25(6).
吕林. 某生物质固体成型燃料加工基地项目经济评价研究[D]. 青岛：青岛大学，2017.
吕银玲. 废弃物发电污染控制：标准与实践脱节[N]. 中国能源报，2018b-10-29(12).
吕银玲. 生物质发电去补贴或快于预期[N]. 中国能源报，2018a-8-27(11).
吕游，蒋大龙，赵文杰，等. 生物质直燃发电技术与燃烧分析研究[J]. 电站系统工程，2011，27(4)：4-7.
吕子婷. 基于(火用)理论的生物质制取车用/航空燃料系统的生命周期评价研究[D]. 南京：东南大学，2017.
马立新，刘卫华，荆和平，等. 利用畜禽粪便生产沼气的技术装备研究与效益分析[J]. 江苏农机化，2013

(1)：32-34.

马隆龙，刘琪英. 糖类衍生物催化制液体烷烃燃料的基础研究[J]. 科技创新导报，2016，13(10)：163-164.

马隆龙，吴创之. 生物质气化技术及其应用[M]. 北京：化学工业出版社，2003.

马秋颖. 东北地区玉米秸秆主要利用方式成本效益分析研究[D]. 北京：中国农业科学院，2017.

闵师界，邱坤，吴进，等. 新津县秸秆沼气工程经济效益分析[J]. 中国沼气，2012，30(6)：40-42.

穆紫. 日本生物质能发电 2025 年或增 1.5 倍[N]. 中国能源报，2017-9-18(7).

农业农村部. 2019 年农业农村科教环能工作要点[EB/OL].(2019-06-13). http://www.moa.gov.cn/gov-public/KJJYS/201902/t20190226_6172840.htm? keywords = +2019%E5%B9%B4%E5%86%9C%E4%B8%9A%E5%86%9C%E6%9D%91%E7%A7%91%E6%95%99%E7%8E%AF%E8%83%BD%E5%B7%A5%E4%BD%9C%E8%A6%81%E7%82%B9. 2019.

彭荫来，扬帆. 利用餐饮业废油脂制造生物柴油[J]. 城市环境与城市生态，2001，14(4)：54-56.

齐琛冏. 兰考打响农村能源革命"第一枪"[N]. 中国能源报，2018-12-3(17).

齐会杰. 我国生物质能制取液体燃料研究现状及展望[J]. 广州化工，2015，43(21)：59-60+93.

祁毓. 中国环境污染变化与规制效应研究[D]. 武汉：武汉大学，2015.

钱伯章. 生物质能技术与应用[M]. 北京：科学出版社，2010.

乔凯. 生物柴油的综合利用与前景分析[D]. 北京：中国石油大学，2016：42-44.

任天宝. 秸秆纤维乙醇技术工程化及技术经济研究[D]. 郑州：河南农业大学，2010.

沈超青，马晓茜. 广州市餐厨垃圾不同处置方式的经济与环境效益比较[J]. 环境污染与防治，2010，32(11)：103-106.

石元春. 发展生物质产业[J]. 中国农业科技导报，2006，8(1)：1-5.

史宣明，徐廷丽，朱先龙，等. 生物柴油的工业化生产及技术经济分析[J]. 中国油脂，2005，30(11)：59-61.

宋艳苹. 生物质发电技术经济分析[D]. 郑州：河南农业大学，2010.

孙光. 城市污水处理厂污泥的处置与综合利用[J]. 建筑与预算，2017(1)：39-41.

孙淼. 江苏省规模化养殖场沼气工程效益实证分析[D]. 南京：南京农业大学，2011.

孙世尧，贺华阳，王连鸳，等. 超临界甲醇中制备生物柴油[J]. 精细化工，2005，22(12)：916-919.

孙晓轩. 生物质气化合成甲醇二甲醚技术现状及展望[J]. 中外能源，2007，12(4)：29-36.

孙振钧，孙永明. 我国农业废弃物资源化与农村生物质能源利用的现状与发展[J]. 中国农业科技导报，2006，8(1)：6-13.

汤东明. 直燃发电是当前我国秸秆规模化利用的理想方式[J]. 能源工程，2012(6)：40-44.

陶炜，肖军，杨凯. 生物质气化费托合成制航煤生命周期评价[J]. 中国环境科学，2018，38(1)：383-391.

田宜水，赵立欣，孟海波，等. 中国生物质固体成型燃料标准体系的研究[J]. 可再生能源，2010，28(1)：1-5.

田宜水，赵立欣，孟海波，等. 中国农村生物质能利用技术和经济评价[J]. 农业工程学报，2011，27(s1)：1-5.

仝晓波."变废为宝"的生物柴油缘何陷绝境[N]. 中国能源报，2016b-9-5(4).

仝晓波. 国务院部署扩大生物乙醇汽油推广使用[N]. 中国能源报，2018b-8-27(4).
仝晓波. 农村家庭能源消费结构优化空间巨大[N]. 中国能源报，2016a-5-23(3).
仝晓波. 三年内车用乙醇汽油覆盖全国[N]. 中国能源报，2017b-9-18(24).
仝晓波. 生物柴油："国""民"合作、强制封闭才有出路[N]. 中国能源报，2016c-9-26(3).
仝晓波. 生物柴油推广乏力[N]. 中国能源报，2018a-8-13(14).
仝晓波. 业内急盼生物柴油尽快试点 政府主导的国家级协调机制亟待建立[N]. 中国能源报，2017a-1-16(3).
仝晓波. 液体燃料绿色转型，乙醇汽油"带路"生物柴油——专家疾呼尽快启动生物柴油强制封闭试点[N]. 中国能源报，2017c-10-9(14).
仝晓波，钟银燕，武晓娟，等. 代表委员建言国家级生物柴油试点[N]. 中国能源报，2017-3-13(9).
涂军令，定明月，李宇萍，等. 生物质到生物燃料——费托合成催化剂的研究进展[J]. 新能源进展，2014，2(2)：94-103.
王长波，陈永生，张力小，等. 秸秆压块与燃煤供热系统生命周期环境排放对比研究[J]. 环境科学学报，2017，37(11)：4418-4426.
王春波，王金星，雷鸣. 恒温下煤粉/生物质混燃特性及NO释放规律[J]. 煤炭学报，2013，38(7)：1254-1259.
王红彦，毕于运，王道龙，等. 秸秆沼气集中供气工程经济可行性实证与模拟分析[J]. 中国沼气，2014，32(1)：75-78.
王红彦，王亚静，高春雨，等. 基于LCA的秸秆沼气集中供气工程环境影响评价[J]. 农业工程学报，2017，21(33)：237-243.
王火根，李娜. 沼气工程企业效益分析及政策建议[J]. 可再生能源，2018，36(6)：811-819.
王岚. 万吨级秸秆汽爆炼制生产液体燃料产业化技术与示范[J]. 高科技与产业化，2015(6)：73-75.
王磊，高春雨，毕于运，等. 大型秸秆沼气集中供气工程温室气体减排估算[J]. 农业工程学报，2017，14(33)：223-228.
王明俊. 关于我市秸秆压块燃料化利用的可行性分析[J]. 农民致富之友，2017(23)：248.
王晓玉. 以华东、中南、西南地区为重点的大田作物秸秆资源量及时空分布的研究[D]. 北京：中国农业大学，2014.
王永红，刘泉山. 国内外生物柴油的研究应用进展[J]. 润滑油与燃料，2003(1)：20-24.
王志伟，雷廷宙，岳峰，等. 秸秆成型燃料系统经济性分析[J]. 农机化研究，2012，5(34)：209-212.
魏彤，王谋华，魏伟，等. 固体碱催化剂[J]. 化学通报，2002(9)：594-600.
吴莉. 我国自主研发生物航煤首飞成功[N]. 中国能源报，2013-4-29(1).
吴莉. 中国自主研发生物航煤首次跨洋飞行成功[N]. 中国能源报，2017-11-27(13).
吴莉. 中石油经研院首次发布《2050年世界与中国能源展望》[N]. 中国能源报，2016-7-18(13).
夏恩君. 技术经济学[M]. 北京：中国人民大学出版社，2016.
夏铭. 固体碱催化酯交换反应合成生物柴油研究[D]. 南京：南京林业大学，2007.
谢光辉，包维卿，刘继军，等. 中国畜禽粪便资源研究现状述评[J]. 中国农业大学学报，2018a，23(4)：75-87.

谢光辉，方艳茹，李嵩博，等. 废弃生物质的定义、分类及其资源量研究述评[J]. 中国农业大学学报，2019，24(8)：1-9.

谢光辉，傅童成，马履一，等. 林业剩余物的定义和分类述评[J]. 中国农业大学学报，2018b，23(7)：147-155.

谢炜平，梁彦杰，何德文，等. 餐厨垃圾资源化技术现状及研究进展[J]. 环境卫生工程，2008，16(2)：43-46.

谢屹. 生物柴油原料难题亟待破解[N]. 中国能源报，2014-1-6(4).

新能源网. 欧洲生物质协会发布 2016 生物能源统计报告[EB/OL]. (2019-03-14). http://www.china-nengyuan.com/news/100282.html. 2016.

杨晓萌. 生态补偿机制的财政视角研究[M]. 大连：东北财经大学出版社，2013.

姚国欣，王建明. 第二代和第三代生物燃料发展现状及启示[J]. 中外能源，2010，15(9)：23-37.

姚金楠.《可再生能源电力配额及考核办法》再度征求意见[N]. 中国能源报，2018a-10-8(1).

姚金楠. 千亿元可再生能源补贴"打白条"[N]. 中国能源报，2018c-12-24(1).

姚金楠. 生物质成型燃料欲变身"固体天然气"[N]. 中国能源报，2017b-4-24(3).

姚金楠. 生物质发电成本下降空间有限[N]. 中国能源报，2018b-11-12(1).

姚金楠. 生物质热电联产县域供热示范申报启动[N]. 中国能源报，2017c-8-14(2).

姚金楠."十三五"生物能源将在多领域规模化应用[N]. 中国能源报，2017a-1-16(2).

姚金楠. 沼气工程转型升级难题待破:原料收、储、运问题丛生,政策难持久、难落地,终端市场培育明显不足[N]. 中国能源报，2016-1-18(3).

佚名. 农村清洁能源供暖出路何在？[N]. 中国能源报，2018-8-6(17).

殷小琴. 餐饮垃圾资源化利用——以绵阳市为例[J]. 中国战略新兴产业，2017(12)：78-79.

应浩，蒋剑春. 生物质能源转化技术与应用(Ⅳ)——生物质热解气化技术研究和应用[J]. 生物质化学工程，2007，41(6)：47-55.

袁振宏，吴创之，马隆龙. 生物质能利用原理与技术[M]. 北京：化学工业出版社，2005.

岳丹萍. 1980 年以来我国环境政策评价[D]. 西安：长安大学，2017.

岳国君. 纤维素乙醇工程概论[M]. 北京：化学工业出版社，2014.

曾宋美. 农村沼气工程项目支持政策亟待调整[N]. 中国能源报，2013-6-17(4).

张百良，任天宝，徐桂转，等. 中国固体生物质成型燃料标准体系[J]. 农业工程学报，2010，26(2)：257-262.

张洪，张粒子. 英国可再生能源补贴政策是什么样的？[N]. 中国能源报，2017-12-11(4).

张利军，谢继荣，马文瑾，等. 污泥厌氧消化沼气优化利用成本分析[J]. 给水排水，2014，50(S1)：145-148.

张墨思. 甜高粱秆乙醇燃料有望规模商业生产[N]. 中国能源报，2013-11-18.

张琦，马隆龙，张兴华. 生物质转化为高品位烃类燃料研究进展[J]. 农业机械学报，2015，46(1)：170-179.

张琪. 美乙醇燃料产业日趋边缘化[N]. 中国能源报，2013-3-18(9).

张庆分，任东明. 十二五期间生物质能产业发展回顾. http://gjss.ndrc.gov.cn/zttp/xyqzlxxhg/201712/

t20171221_871249.html.
张铁柱，李曙秋. 生物质发电项目技术经济分析[J]. 沈阳工程学院学报(自然科学版)，2013,9(1)：11-13.
张瑞霞，仲兆平，黄亚继. 生物质热解液化技术研究现状[J]. 节能，2008，27(06)：16-19.
张淑玲，岳峥，马东兵. 沼气利用技术在餐厨垃圾处理项目中的应用[J]. 环境卫生工程，2014，22(3)：64-66.
张婷婷，冯永忠，李昌珍，等. 2011 年我国秸秆沼气化的碳足迹分析[J]. 西北农林科技大学学报(自然科学版)，2014，42(3)：124-130.
张为付. 低碳经济与我国国际分工战略的调整[M]. 北京：商务印书馆，2015.
张雯娜，胡瑞生，杨延康，等. 生物质基合成气合成低碳醇工艺及催化材料[J]. 化工进展，2012(S1)：45-48.
张扬健，向威达，雷家骕. 我国生物柴油经济效益和发展前景分析[J]. 中国科技信息，2009(22)：18-21.
张祎旋，傅童成，周方圆，等. 中国废弃生物质能源化利用经济效益评价[J]. 电力与能源进展，2020,8(2)：38-47.
张子瑞. 生物质发电遭遇成长的烦恼[N]. 中国能源报，2018-12-3(3).
张子瑞. 问计清洁能源消纳难[N]. 中国能源报，2017-3-13(2).
赵丽丽，常世彦，张希良. 中国生物液体燃料技术经济与碳减排潜力研究[M]. 北京：清华大学出版社，2017.
中国碳交易网. 2017 年全国碳市场配额累计成交量数据概览[EB/OL]. (2019-03-14). http://www.tanjiaoyi.com/article-23835-1.html. 2018.
中华人民共和国. 中华人民共和国气候变化第一次两年更新报告[R]. 北京：国家发展和改革委员会应对气候变化司，2016.
中华人民共和国. 中华人民共和国气候变化第一次两年更新报告核心内容解读[R]. 北京：国家发展和改革委员会应对气候变化司，2017.
钟银燕. 发改委上调可再生能源电价补贴[N]. 中国能源报，2016-1-4(2).
周媛. 基于采伐剩余物的生物质固体燃料利用评价[D]. 福州：福建农林大学，2016.
朱开伟，刘贞，贺良萍，等. 中国主要农作物秸秆可新型能源化生态经济总量分析[J]. 中国农业科学，2016，49(19)：3769-3785.
朱利群，漆军，郭盼盼. 基于成本收益的秸秆资源不同利用方式的经济学分析[J]. 江西农业学报. 2016，28(2)：106-111.
朱青. 我国液体生物燃料的经济性研究[J]. 当代石油石化，2017，25(12)：5-10.
朱青，王庆申，赵书阳，等. 我国纤维素燃料乙醇工艺概况和经济性分析[J]. 石油石化绿色低碳，2018，3(3)：1-5.
祝茜. 我国促进沼气产业发展的法律制度研究[D]. 重庆：西南政法大学，2012.
朱锡锋. 生物质热解原理与技术[M]. 合肥：中国科学技术大学出版社，2006.
朱锡锋，陆强. 生物质热解原理与技术[M]. 北京：科学出版社，2014.
朱跃钊，廖传华，王重庆. 二氧化碳的减排与资源化利用[M]. 北京：化学工业出版社，2011.

Aditiya H B, Mahlia T M I, Chong W T, *et al*. Second generation bioethanol production: a critical review[J]. Renewable and Sustainable Energy Reviews, 2016, 66: 631-653.

Bacovsky D, Ludwiczek N, Ognissanto M, *et al*. Status of advanced biofuels demonstration facilities in 2012[J]. Bioenergy, 2013: 1-209.

Bao W, Yang Y, Fu T, *et al*. Estimation of livestock excrement and its biogas production potential in China[J]. Journal of Cleaner Production, 2019, 229: 1158-1166.

Borrion A L, McManus M C, Hammond G P. Environmental life cycle assessment of bioethanol production from wheat straw[J]. Biomass Bioenergy, 2012, 47: 9-19.

Brown T R, Brown R C. A review of cellulosic biofuel commercial-scale projects in the United States [J]. Biofuels, Bioproducts and Biorefining, 2013, 7(3): 235-245.

Canakci M, Van Gerpen J. Biodiesel production via acid catalysis[J]. Transactions of the Asae, 1999, 42(5): 1203-1210.

Cara C, Moya M, Ballesteros I, *et al*. Influence of solid loading on enzymatic hydrolysis of steam exploded or liquid hot water pretreated olive tree biomass[J]. Process Biochemistry, 2007, 42(6): 1003-1009.

Chua C, Lee H, Low J. Life cycle emissions and energy study of biodiesel derived from waste cooking oil and diesel in Singapore[J]. International Journal of Life Cycle Assessment. 2010, 15(4): 417-423.

Coronado I, Stekrova M, Reinikainen M, *et al*. A review of catalytic aqueous-phase reforming of oxygenated hydrocarbons derived from biorefinery water fractions[J]. International Journal of Hydrogen Energy, 2016, 41(26): 11003-11032.

Davda R R, Dumesic J A. Titelbild: Catalytic reforming of oxygenated hydrocarbons for hydrogen with low levels of carbon monoxide[J]. Angewandte Chemie, 2003, 42(34): 4068-4071.

Department of Energy. Renewable Energy Data Book[EB/OL]. (2018-03-28). https://www.nrel.gov/docs/fy1 9osti/72170.pdf. 2017.

Eggleston S, Buendia L, Miwa K, *et al*. IPCC guidelines for national greenhouse gas inventories[M]// National greenhouse gas inventories programme. Hayama, Japan: The Institute for Global Environmental Strategies(IGES), 2006.

Enerkem Alberta Biofuels [EB/OL]. (2018-05-15). http://enerkem.com/facilities/enerkemalbertabiofuels. 2014.

Esteghlalian A, Hashimoto A G, Fenske J J, *et al*. Modeling and optimization of the dilute-sulfuric-acid pretreatment of corn stover, poplar and switchgrass[J]. Bioresource Technology, 1997, 59(2): 129-136.

Fernandez-Lopez M, Puig-Gamero M, Lopez-Gonzalez D, *et al*. Life cycle assessment of swine and dairy manure: pyrolysis and combustion processes[J]. Bioresource Technology, 2015, 182: 184-192.

Feuge R O, Gros A T. Modification of vegetables oils. Ⅶ. Alkali catalyzed interestification of peanut oil with ethanol[J]. Journal of the American Chemical Society, 1949, 26(3): 97-102.

Freedman B , Pryde E H , Mounts T L. Variables affecting the yields of fatty esters from transesterified vegetable oils[J]. Journal of the American Oil Chemists' Society, 1984, 61(10): 1638-1643.

Freudenberg K. The kinetics of long chain disintegration applied to cellulose and starch[J]. Transactions of the Faraday Society, 1936, 32: 74-75.

Frohlich A, Rice B, Vicente G. The conversion of waste tallow into biodiesel grade methyl ester[C]// Proceedings of the Conference. Seville(Spain): 1st World Conference and Exhibition on Biomass for Energy and Industry, 2000: 695-697.

Gao J, Zhang A, Lam S K, *et al*. An integrated assessment of the potential of agricultural and forestry residues for energy production in China[J]. Global Change Biology Bioenergy, 2016, 8(5): 880-893.

Herrera A, Téllez-Luis S J, Ramírez J A, *et al*. Production of xylose from sorghum straw using hydrochloric acid[J]. Journal of Cereal Science, 2003, 37(3): 267-274.

Holly M A, Larson R A, Powell J M, *et al*. Greenhouse gas and ammonia emissions from digested and separated dairy manure during storage and after land application[J]. Agriculture, Ecosystems & Environment, 2017, 239: 410-419.

INEOS Bio Technology [EB/OL]. (2018-08-16). http://www.ineos.com/businesses/ineos-bio/technology. 2016.

Kildiran G, Yucel S O, Turkay S. *In-situ* alcoholysis of soybean oil[J]. Journal of the American Oil Chemists' Society, 1996, 73(2): 225-228.

Koido K, Takeuchi H, Hasegawa T. Life cycle environmental and economic analysis of regional-scale food-waste biogas production with digestate nutrient management for fig fertilization[J]. Journal of Cleaner Production, 2018, 190: 552-562.

Kumar A, Purohit P, Rana S, *et al*. An approach to the estimation of the value of agricultural residues used as biofuels[J]. Biomass and Bioenergy, 2002, 22(3): 195-203.

Larsen J, Haven M S, Thirup L. Inbicon makes lignocellulosic ethanol a commercial reality[J]. Biomass and Bioenergy, 2012, 46: 36-45.

Laser M, Schulman D, Allen S G, *et al*. A comparison of liquid hot water and steam pretreatments of sugar cane bagasse for bioconversion to ethanol[J]. Bioresource Technology, 2002, 81(1): 33-44.

Lavarack B P, Edye L A, Bullock G E, *et al*. Update on the ZeaChem technology for ethanol production from sugar process streams[C]//Conference of the Australian Society of Sugar Cane Technologists. Brisbane: PK Editorial Services Pty Ltd, 2004: 4-7.

Liao Y, Liu Q, Wang T, *et al*. Zirconium phosphate combined with Ru/C as a highly efficient catalyst for the direct transformation of cellulose to C_6 alditols[J]. Green Chemistry, 2014, 16(6): 3305-3312.

Loo S, Koppejan J. The handbook of biomass combustion and co-firing[M]. Earthscan, 2008.

Lynd L R, Laser M S, Bransby D, *et al*. How biotech can transform biofuels[J]. Nature Biotechnology, 2008, 26(2): 169-172.

Lynd L R, Zyl W H, McBride J E, *et al*. Consolidated bioprocessing of cellulosic biomass: an update [J]. Current Opinion in Biotechnology, 2005, 16(5): 577-583.

Manara P, Zabaniotou A. Towards sewage sludge based biofuels via thermochemical conversion: a review[J]. Renewable and Sustainable Energy Reviews, 2012, 16(5): 2566-2582.

Mittelbach M, Trathnigg B. Kinetics of alkaline catalyzed methanolysis of sunflower oil[J]. European Journal of Lipid Science & Technoloy, 2010, 92(4): 145-148.

Mosier N, Hendrickson R, Ho N, *et al*. Optimization of pH controlled liquid hot water pretreatment of corn stover[J]. Bioresource Technology, 2005, 96(18): 1986-1993.

Mustafa A, Hasan A. Biofuels energy sources and future of biofuels energy in Turkey[J]. Biomass and Bioenergy, 2012, 36: 69-76.

Negro M J, Manzanares P, Oliva J M, *et al*. Changes in various physical/chemical parameters of pinus pinaster wood after steam explosion pretreatment [J]. Biomass and Bioenergy, 2003, 25 (3): 301-308.

Nguyen T L T, Hermansen J E, Mogensen L. Environmental performance of crop residues as an energy source for electricity production: the case of wheat straw in Denmark[J]. Applied Energy, 2013, 104: 633-641.

Pleanjai S, Gheewala S H, Garivait S. Greenhouse gas emissions from production and use of used cooking oil methyl ester as transport fuel in Thailand[J]. Journal of Cleaner Production, 2009, 17(9): 873-876.

Posom J, Sirisomboon P. Evaluation of lower heating value and elemental composition of bamboo using near infrared spectroscopy[J]. Energy, 2017, 121: 147-158.

Ramos L P. The chemistry involved in the steam treatment of lignocellulosic materials[J]. Química Nova, 2003, 26(6), 863-871.

Restrepo Á, Bazzo E. Co-firing: An exergoenvironmental analysis applied to power plants modified for burning coal and rice straw[J]. Renewable Energy, 2016, 91: 107-119.

Ryan P, Openshaw K. Assessment of bioenergy resources: a discussion of its needs and methodology. Industry and energy development working paper, energy series paper no 48[M]. Washington DC: World Bank, 1991.

Shafizadeh F, Bradbury A G W. Thermal degradation of cellulose in air and nitrogen at low temperatures[J]. Journal of Applied Polymer Science, 1979, 23(5): 1431-1442.

Sharma S, Madan M, Vasudevan P. Biomethane production from fermented substrate[J]. Journal of Fermentation and Bioengineering, 1989, 68(4): 296-297.

Sheinbaum-Pardo C, Calderón-Irazoque A, Ramírez-Suárez M. Potential of biodiesel from waste cooking oil in Mexico[J]. Biomass Bioenergy, 2013, 56, 230-238.

Shi N, Liu Q, Wang T, *et al*. One-pot degradation of cellulose into furfural compounds in hot compressed steam with dihydric phosphates[J]. ACS Sustainable Chemistry & Engineering, 2014, 2(4): 637-642.

Siler-Marinkovic S, Tomasevic A. Transesterification of sunflower oil *in situ*[J]. Fuel, 1998, 77(12): 1389-1391.

Singh A, Basak P. Economic and environmental evaluation of rice straw processing technologies for energy generation: a case study of Punjab, India[J]. Journal of Cleaner Production, 2019, 212: 343-352.

Song S, Liu P, Xu J, *et al*. Life cycle assessment and economic evaluation of pellet fuel from corn straw in China: a case study in Jilin Province[J]. Energy, 2017, 130: 373-381.

Spatari S, Zhang Y, MacLean H L. Life cycle assessment of switchgrass-and corn stover-derived ethanol-fueled automobiles[J]. Environmental Science & Technology, 2005, 39(24): 9750-9758.

Uihlein A, Schebek L. Environmental impacts of a lignocellulose feedstock biorefinery system: an assessment[J]. Biomass Bioenergy, 2009, 33(5): 793-802.

Wang M, Han J, Dunn J B, *et al*. Well-to-wheels energy use and greenhouse gas emissions of ethanol from corn, sugarcane and cellulosic biomass for US use[J]. Environmental Research Letters, 2012,7: 045905.

Wright H J, Segur J B, Clark H V, *et al*. A report on ester interchange[J]. Oil Soap, 1944, 21(5): 145-148.

Yang Y, Bao W, Xie G H. Estimate of restaurant food waste and its biogas production potential in China[J]. Journal of Cleaner Production, 2019a, 211: 309-320.

Yang Y, Fu T, Bao W, *et al*. Life cycle analysis of greenhouse gas and PM2.5 emissions from restaurant waste oil used for biodiesel production in China[J]. BioEnergy Research, 2017, 10(1): 199-207.

Yang Y, Ni J Q, Zhu W, *et al*. Life cycle assessment of large-scale compressed bio-natural gas production in China: a case study on manure co-digestion with corn stover[J]. Energies, 2019, 12(3), 429.

Yung M M, Jablonski W S, Magrini-Bair K A. Review of catalytic conditioning of biomass-derived syngas[J]. Energy and Fuels, 2009, 23(4): 1874-1887.

Zimbardi F, Viola E, Nanna F, *et al*. Acid impregnation and steam explosion of corn stover in batch processes[J]. Industrial Crops and Products, 2007, 26(2):195-206.

第二部分
作物秸秆

第七章

作物秸秆概念及其资源量研究方法

内容提要

本章总结了作物秸秆的定义、分类及其资源量研究方法。根据生产环节将作物秸秆分为田间秸秆及加工剩余物，根据作物种类将秸秆分为大田作物秸秆和园艺作物秸秆，根据作物用途将秸秆分为粮食作物秸秆和经济作物秸秆，根据具体作物将秸秆分为水稻秸秆、棉花秸秆等。作物秸秆产量由经济产量乘以秸秆系数计算获得，因此分析了田间秸秆系数和加工剩余物系数取值的合理性，列出了迄今较为合理的也是本书应用的、按地区或省份的作物田间秸秆系数和加工剩余物系数取值。本章还阐述了本书秸秆利用的实地调研方法，论述了 2016—2017 年以综合农业区划确定调研地点后，在山西、吉林、安徽、湖南、广西、重庆、云南、宁夏和新疆进行面对面农户问卷调研，共获得 996 份有效问卷的情况。对于未调研的省份，采用同一地区内已调研省份的秸秆利用比例值或平均值。作物秸秆能源化利用潜力是秸秆资源总量减去用于还田、饲料、造纸等的秸秆量后的资源量。另外，本章还讨论了秸秆收获收集、运输、初加工和储存的成本分析方法，确定本书秸秆收储运成本研究采用 BLM 模型和蒙特卡洛敏感性分析法。

一、秸秆的定义和分类

作物秸秆是指收获作物主产品之后所有剩余的田间秸秆及主产品初加工过程产生的剩余物（谢光辉等，2010）。田间秸秆指收获作物主产品之后在田间的剩余物，主要包括作物的茎和叶，分为大田作物田间秸秆和蔬菜瓜果作物田间秸秆两大类。加工剩余物也叫加工副产物，是指大田作物和蔬菜瓜果作物的主产品进行初级加工时产生的剩余物，如玉米芯、稻壳、花生壳、棉籽皮、甘蔗渣、甜菜渣、木薯渣，以及果皮、果渣和废弃菜等，但不包括麦麸和谷糠等其他精细加工的剩余物。

作物秸秆的分类可以按照作物种类进行划分。凡是对作物分类的方法均可用于相应秸秆的分类。因此，作物秸秆包括大田作物秸秆和园艺作物秸秆。大田作物秸秆包括禾谷类作物秸秆、豆类作物秸秆和薯类作物秸秆等粮食作物秸秆，以及纤维类作物秸秆、油料类作物秸秆、糖料类作物秸秆和嗜好类作物秸秆等经济作物秸秆。进而，可继续划分为每一个具体作物的秸秆，如水稻秸秆和棉花秸秆等。蔬菜瓜果作物可分为叶菜类、根茎类和瓜果类 3 种类型（何可，2016；韩雪等，2015），其中叶菜类蔬菜包括芹菜、菠菜、大葱和大白菜等，根茎类蔬菜包括胡萝卜和大蒜等，瓜果类蔬菜包括番茄、茄子、豇豆和黄瓜等。

二、秸秆产量的评估方法

田间秸秆产量由作物经济产量乘以田间秸秆系数计算获得，一般情况下应用公式（7-1），国家统计部门发布的作物经济产量一般为风干重，计算的秸秆产量也为风干重。但是，有些作物有一定特殊性，如玉米芯既可包括在田间秸秆中也可作为加工剩余物，本研究按后者，在玉米秸秆系数中已扣除了玉米芯；又如对于棉花，棉籽不作为废弃物，皮棉秸秆系数已扣除了棉籽；再如国家统计数据中甘蔗和甜菜为鲜重，按公式（7-2）扣除水分后可求得秸秆风干重产量。加工剩余物产量的计算方法由作物经济产量乘以加工剩余物系数计算获得，一般情况下应用公式（7-3）。

$$\mathrm{FRW}=\mathrm{ACP}\times\mathrm{FRI} \tag{7-1}$$

$$\mathrm{FRW}=\mathrm{ACP}\times\frac{100-M}{100}\times\mathrm{FRI} \tag{7-2}$$

$$\mathrm{PRW}=\mathrm{ACP}\times\mathrm{PRI} \tag{7-3}$$

式中：ACP 为作物经济产量（t）；

FRI 为田间秸秆系数；

FRW 为田间秸秆产量（t）；

M 为含水量，甘蔗按 70%、甜菜按 80%；

PRI 为作物加工剩余物系数；

PRW 为作物加工剩余物产量(t)。

大田作物经济产量数据主要来源于《中国统计年鉴》和《中国农村统计年鉴》，包含水稻、小麦、玉米、其他禾谷类、豆类、薯类、棉花、花生、油菜、芝麻、其他油料类、黄红麻、其他麻类、甘蔗、甜菜和烟叶。蔬菜瓜果种植面积相对较小，但是种类较多，秸秆系数鲜有报道，准确计算其田间秸秆量有一定难度。近期已有学者研究一些种类的秸秆系数，评估不同蔬菜种类秸秆资源量(韩雪等，2015；何可，2016)，计算方法与大田作物秸秆类似。

三、田间秸秆系数的取值

秸秆系数曾叫草谷比，是作物生产每单位质量经济产量产出的秸秆质量，一般可由收获指数计算获得公式(7-4)。需要注意的是，这样获得的秸秆系数往往包括田间秸秆和加工剩余物。对于有加工剩余物的作物，在计算田间秸秆时要扣除加工剩余物。

$$FRI = \frac{1}{HI} - 1 \tag{7-4}$$

式中：FRI 为田间秸秆系数；

HI 为收获指数。

秸秆产量计算的准确性很大程度上取决于系数取值的准确性，每个作物的秸秆系数受到年份、品种和地区等因素的影响。在以前的研究结果中，不同学者对秸秆系数的取值差异较大，极大地影响了秸秆资源量估算的准确性。以水稻田间秸秆系数为例，有些研究学者取值为 0.6～0.7，而其他研究者取值却为 0.9～1.1，这就导致水稻田间秸秆量的估值相差 0.8 亿 t 以上(Wang *et al.*，2013)。为此，谢光辉等(2011a；2011b)根据 2006—2010 年间发表的田间实测数据，报道了不同作物主产地区常规种植条件下的收获指数和秸秆系数。王晓玉等(2012)通过数学模拟等方法研究确定了各省份大田作物较为准确的田间秸秆系数取值。Wang 等(2013) 系统地总结了不同省份及全国不同作物的田间秸秆系数取值(表 7-1，表 7-2)，即本研究采用的取值。

何可(2016)结合前人的文献，也研究了各种作物的田间秸秆系数取值，基本上和 Wang 等(2013)的取值相似。例如，其中水稻的秸秆系数确定为 0.927，小麦的秸秆系数为 1.381，玉米的秸秆系数为 1.174，这些结果均在 Wang 等(2013)的取值范围内。然而有些作物秸秆系数取值差异较大，如油菜和芝麻的田间秸秆系数分别为 2.279 和 3.673，而 Wang 等(2013)的取值分别为 2.90 和 1.89。但是，何可(2016)研究了更多作物种类的秸秆系数取值，填补了对有些小作物的秸秆系数研究空白，有利于更全面准确评估作物秸秆产量。

表 7-1　全国及华北、东北和华东各省份作物田间秸秆系数和加工剩余物系数取值

秸秆类型	全国	华北地区					东北地区			华东地区						
		北京	天津	河北	山西	内蒙古	辽宁	吉林	黑龙江	上海	江苏	浙江	安徽	福建	江西	山东
田间秸秆																
水稻	1.04	1.10	1.33	0.95	1.00	0.83	1.03	1.03	0.92	1.28	1.24	1.07	1.09	1.14	1.03	1.29
小麦	1.28	1.29	1.16	1.22	1.25	1.13	1.22	1.25	1.05	1.09	1.41	1.2	1.12	1.34	1.36	1.39
玉米	0.93	0.88	0.85	0.91	1.02	1.16	0.89	0.95	1.02	0.79	0.86	0.82	0.86	0.79	0.81	0.82
其他谷物	2.32	2.32	2.32	2.32	2.32	2.32	2.32	2.32	2.32	2.32	2.32	2.32	2.32	2.32	2.32	2.32
豆类	1.35	1.36	1.36	1.36	1.36	1.36	1.29	1.50	1.13	1.52	1.52	1.52	1.52	1.52	1.52	1.36
薯类	0.53	0.42	0.42	0.42	0.42	0.62	0.6	0.6	0.6	0.53	0.53	0.53	0.53	0.58	0.52	0.42
棉花	2.87	2.62	2.62	2.62	2.62	2.62	2.62	2.62	n/a	3.35	3.35	3.35	3.35	3.35	3.35	2.64
花生	0.99	0.86	0.86	0.86	0.86	0.86	0.86	0.86	0.86	1.26	1.26	1.26	1.26	1.08	1.26	0.89
油菜	2.90	n/a	n/a	2.57	2.57	2.57	2.57	n/a	2.57	2.98	2.98	2.98	2.98	2.98	2.98	2.57
芝麻	1.89	n/a	n/a	1.78	1.78	1.78	1.78	1.78	1.78	n/a	2.01	2.01	2.01	2.01	2.01	1.78
其他油料	2.63	2.63	2.63	2.63	2.63	2.63	2.63	2.63	2.63	2.63	2.63	n/a	2.63	2.63	2.63	2.63
黄麻和红麻	1.73	n/a	n/a	1.73	n/a	n/a	n/a	n/a	n/a	n/a	n/a	1.73	1.73	n/a	1.73	n/a
其他麻类	6.55	n/a	n/a	6.55	n/a	6.55	n/a	6.55	6.55	n/a	6.55	6.55	6.55	n/a	6.55	n/a
甘蔗	0.34	n/a	n/a	n/a	n/a	n/a	n/a	n/a	n/a	0.34	0.34	0.34	0.34	0.34	0.34	n/a
甜菜	0.37	n/a	n/a	0.37	0.37	0.37	0.37	0.37	0.37	n/a	n/a	n/a	n/a	n/a	n/a	0.37
烟草	0.66	n/a	n/a	0.71	0.71	0.71	0.71	0.71	0.71	n/a	0.71	0.71	0.72	0.71	0.71	0.71
加工剩余物																
稻壳	0.18	0.17	0.17	0.17	0.17	0.17	0.17	0.17	0.17	0.19	0.16	0.19	0.19	0.19	0.20	n/a
玉米芯	0.16	0.14	0.14	0.12	0.14	0.15	0.14	0.15	0.17	0.20	0.20	0.20	0.20	0.20	0.20	n/a
棉籽壳	0.47	0.47	0.47	0.47	0.47	0.47	0.47	0.47	n/a	0.47	0.47	0.47	0.47	0.47	0.47	n/a
花生壳	0.27	0.27	0.27	0.25	0.27	0.27	0.27	0.27	0.27	0.27	0.27	0.27	0.27	0.27	0.27	n/a
甘蔗渣	0.16	n/a	n/a	n/a	n/a	n/a	n/a	n/a	n/a	0.16	0.16	0.16	0.16	0.16	0.16	n/a
甜菜渣	0.05	n/a	n/a	n/a	n/a	n/a	0.05	0.05	0.05	n/a	n/a	n/a	n/a	n/a	n/a	n/a

注：1. 数据来源 Wang 等(2013)，郭利磊等(2012)。

2. n/a，根据《中国统计年鉴》，由于没有该作物产量的统计数据，所以没有采集该系数。

3. 玉米的秸秆系数中已扣除玉米芯。

4. 棉花的秸秆系数中已扣除棉籽。

表 7-2 中南、西南和西北各省份作物田间秸秆系数和加工剩余物系数取值

秸秆类型	中南地区						西南地区					西北地区				
	河南	湖北	湖南	广东	广西	海南	重庆	四川	贵州	云南	西藏	陕西	甘肃	青海	宁夏	新疆
田间秸秆																
水稻	0.97	0.96	0.98	1.07	1.10	1.2	0.91	0.9	1.14	1.14	1.07	0.94	0.84	n/a	0.99	0.74
小麦	1.29	1.39	1.38	1.27	1.22	n/a	1.08	1.12	1.29	1.2	1.22	1.27	1.26	1.31	1.08	1.36
玉米	0.93	0.84	0.82	0.79	0.8	0.8	0.82	0.84	0.8	0.79	0.81	0.96	0.97	0.96	1.07	1.01
其他谷物	2.32	2.32	2.32	2.32	2.32	2.32	2.32	2.32	2.32	2.32	2.32	2.32	2.32	2.32	2.32	2.32
豆类	1.36	1.52	1.52	1.52	1.52	1.52	1.52	1.52	1.52	1.52	1.36	1.36	1.36	1.36	1.36	1.33
薯类	0.42	0.52	0.52	0.58	0.58	0.58	0.49	0.49	0.49	0.49	0.75	0.62	0.62	0.75	0.62	0.62
棉花	2.41	3.35	3.35	n/a	3.35	n/a	n/a	3.35	3.35	n/a	n/a	2.62	2.62	n/a	n/a	2.85
花生	0.86	1.26	1.26	1.26	1.26	1.26	1.26	1.26	1.26	1.26	n/a	0.86	0.86	n/a	n/a	0.86
油菜	2.57	2.98	2.98	2.98	2.98	n/a	2.98	2.98	2.98	2.98	2.57	2.57	2.57	2.57	n/a	2.57
芝麻	1.78	2.01	2.01	2.01	2.01	2.01	2.01	2.01	n/a	n/a	n/a	1.78	n/a	n/a	n/a	1.78
其他油料	2.63	2.63	2.63	n/a	2.63	n/a	2.63	2.63	2.63	2.63	2.63	2.63	2.63	2.63	2.63	2.63
黄麻和红麻	1.73	1.73	1.73	1.73	1.73	1.73	n/a	1.73	n/a	n/a	n/a	n/a	n/a	n/a	n/a	n/a
其他麻类	6.55	6.55	6.55	n/a	6.55	6.55	6.55	6.55	6.55	6.55	n/a	6.55	6.55	n/a	n/a	6.55
甘蔗	0.34	0.34	0.34	0.34	0.34	0.34	0.34	0.34	0.34	0.34	n/a	0.34	n/a	n/a	n/a	n/a
甜菜	n/a	n/a	n/a	n/a	n/a	n/a	n/a	0.37	n/a	0.37	n/a	n/a	0.37	0.37	n/a	0.37
烟草	0.71	0.71	0.85	0.71	0.71	n/a	0.71	0.71	0.71	0.52	n/a	0.71	0.71	0.71	0.71	0.71
加工剩余物																
稻壳	0.17	0.20	0.18	0.20	0.19	0.20	0.19	0.19	0.19	0.19	0.19	0.17	0.17	n/a	0.17	0.17
玉米芯	0.12	0.20	0.20	0.20	0.20	0.20	0.20	0.19	0.22	0.19	0.14	0.14	0.14	0.14	0.14	0.14
棉籽壳	0.47	0.47	0.47	n/a	0.47	n/a	n/a	0.47	0.47	n/a	n/a	0.47	0.47	n/a	n/a	0.47
花生壳	0.27	0.27	0.27	0.30	0.27	0.27	0.27	0.27	0.27	0.27	n/a	0.27	0.27	n/a	n/a	0.27
甘蔗渣	0.16	0.16	0.16	0.16	0.16	0.16	0.16	0.16	0.16	0.16	n/a	0.16	n/a	n/a	n/a	n/a
甜菜渣	n/a	n/a	n/a	n/a	n/a	n/a	n/a	0.05	n/a	0.05	n/a	n/a	0.05	0.05	n/a	0.05

注：1. 数据来源 Wang 等(2013)，郭利磊等(2012)。

2. n/a，根据《中国统计年鉴》，由于没有该作物产量的统计数据，所以没有采集该系数。

3. 玉米秸秆系数：已扣除加工剩余物(玉米芯)系数。

何可(2016)还较系统地研究了蔬菜瓜果田间秸秆系数的取值(表 7-3),将韩雪等(2015)获得的叶菜类和根茎类蔬菜秸秆系数加权平均得到 0.068,然后又和其他文献的秸秆系数平均得到取值 0.074,最终将这两个值求平均确定了蔬菜类秸秆系数为 0.071。同时,通过文献获得西瓜、甜瓜和草莓的秸秆系数,经过求平均获得瓜果类的秸秆系数为0.112。由于种类较多,田间秸秆系数取值有难度,本研究没有评估中国蔬菜瓜果田间秸秆资源量,这里总结这些有益的成果,以促进今后更系统全面的研究。

表 7-3 前人报道对蔬菜瓜果田间秸秆系数的取值

参考文献	叶菜类	根茎类	瓜果类
刘厚诚等(1999);郭晓静(2012)	0.250		
刘正兴(2009)		0.864	
井大炜(2009)			0.112
郝旺林等(2011)	0.540		0.795
郭晓静(2012)	0.480	0.471	
郭晓静(2012);蔡军(2015)		0.741	
陆雪锦(2012)			1.326
张晓英等(2014)		0.447	
韩雪等(2015)	0.097	0.047	0.038
许清楷等(2015)	0.264		

注:文献来源,何可(2016)。

四、加工剩余物系数取值

加工剩余物系数是指作物产品初加工获得的剩余物占其经济产量的比值,郭利磊等(2012)总结了不同作物加工剩余物系数的计算方法[公式(7-5)至公式(7-10)]。

$$\mathrm{RHI}=\frac{100-\mathrm{GRR}}{100} \tag{7-5}$$

$$\mathrm{MCI}=\frac{100}{\mathrm{SPR}}-1 \tag{7-6}$$

$$\mathrm{PHI}=\frac{100-\mathrm{KR}}{100} \tag{7-7}$$

$$\mathrm{CSHI}=\frac{\mathrm{CSHR}}{100} \tag{7-8}$$

$$\mathrm{SBI}=\frac{100-\mathrm{SC}-M}{100} \tag{7-9}$$

$$\mathrm{BPI}=\frac{100-\mathrm{SC}-M}{100} \tag{7-10}$$

式中：BPI 为甜菜渣系数；

CSHI 为棉籽壳系数；

CSHR 为棉籽出壳率(%)；

GRR 为糙米率(%)；

KR 为出仁率(%)；

M 为含水量，甘蔗按 70%、甜菜按 80%；

MCI 为玉米芯系数；

PHI 为花生壳系数；

RHI 为稻壳系数；

SBI 为甘蔗渣系数；

SC 为含糖量(%)；

SPR 为出籽率(%)。

本研究采用郭利磊等(2012)对大田作物加工剩余物系数的取值(表 7-1，表 7-2)。郭利磊等(2012)确定取值时，选取 2009 年作物种植面积较大的省份并查阅其推广面积较大的品种，获得这些品种相应的水稻糙米率、玉米出籽率、花生出仁率、棉籽出壳率、甘蔗茎秆的水分和蔗糖分，以及甜菜块根的水分和含糖量。对多数作物，每个系数在该作物主产省份的样本数(品种数)一般为 3～6 个，通过加权平均获得各省数据求出该省的平均值。然后根据作物种植区划，以加权平均法求得每个种植区的平均值，未获得数据样本的省份则取其种植区的平均值。

何可(2016)通过总结前人研究得出稻壳产出比例为 0.25、玉米芯为 0.223、花生壳系数为 28%。毕于运(2010)认为甘蔗渣产量通常是甘蔗产量的 0.24 倍，何可(2016)认为甜菜渣的产量通常是甜菜产量的 0.04 倍。可见，何可(2016)的加工剩余物系数取值中，除甜菜渣系数略小外，稻壳、玉米芯和甘蔗渣系数比郭利磊等(2012)研究的取值大 35%～50%。加工剩余物系数的取值过高会导致加工剩余物资源量评估结果高于实际产量，本研究认为郭利磊等(2012)的取值可信度较高。

五、田间秸秆利用现状问卷调研方法

本研究于 2016—2017 年在山西、吉林、安徽、湖南、广西、重庆、云南、宁夏和新疆，对秸秆利用情况进行与农户面对面的实地调研(表 7-4)。调研地点的选取是根据行政区划和综合农业区划信息进行综合考量确定的，对中国六大区的各省份的调研共获得了 996 份有效问卷。对于未调研的省份，采用同一地区内已调研省份的秸秆利用比例值或平均值。

表 7-4　2016—2017 年中国部分省份田间秸秆利用现状调研有效问卷数量

地区	调研省份	作物	问卷数量/份	地区	调研省份	作物	问卷数量/份	地区	调研省份	作物	问卷数量/份
华北	山西		54	中南	湖南	玉米	14	西南	云南	玉米	106
		小麦	4			棉花	2			豆类	11
		玉米	54			油菜	9			薯类	10
		豆类	12		广西		144			油菜	10
		薯类	11			水稻	74			甘蔗	1
东北	吉林		120			玉米	29	西北	宁夏		46
		水稻	11			豆类	2			水稻	21
		玉米	113			薯类	32			小麦	23
		豆类	11			花生	1			玉米	41
		花生	3			甘蔗	19			薯类	10
华东	安徽		153	西南	重庆		72		新疆		147
		水稻	102			水稻	57			小麦	82
		小麦	124			玉米	65			玉米	86
		玉米	60			薯类	42			薯类	2
		豆类	21			油菜	2			棉花	30
		油菜	1		云南		153			油菜	2
中南	湖南		107			水稻	64			其他油料	1
		水稻	92			小麦	26	合计			996

注：1. 华东地区油菜秸秆，问卷仅 1 份，应用中南地区油菜秸秆（9 份）数据的平均值和本区问卷数据取平均作为华东地区油菜秸秆利用现状（不重新计算）。

2. 中南地区广西豆类和花生秸秆，问卷共 3 份，将 3 份问卷取平均作为豆类和花生秸秆利用现状。

3. 西南地区重庆油菜秸秆，重庆问卷 2 份数据平均值和云南问卷 10 份数据平均值取平均，作为重庆油菜秸秆利用现状。

4. 西南地区云南甘蔗秸秆，问卷仅 1 份，应用广西甘蔗秸秆（19 份）数据的平均值和本区问卷数据取平均作为云南甘蔗秸秆利用现状（不重新计算）。

5. 西北地区新疆薯类秸秆，问卷仅 2 份，应用本区宁夏薯类秸秆（10 份）数据的平均值和新疆问卷数据平均值取平均作为新疆薯类秸秆利用现状（不重新计算）。

6. 西北地区新疆薯类、油菜和其他油料秸秆，问卷共 5 份，将 5 份问卷取平均作为新疆薯类、油菜和其他油料秸秆利用现状。

本研究以县为最小单位计算秸秆利用比例，将同一地级市不同县的不同作物田间秸秆利用比例平均值作为该市的秸秆利用比例。同理，每个省份的田间秸秆利用比例是所调研地级市的利用比例的算术平均数，具体计算见公式(7-11)至公式(7-13)。

$$R_{\mathrm{cl}} = \frac{\sum x}{\sum y} \tag{7-11}$$

$$R_{\mathrm{pcl}} = \frac{\sum_{i=1}^{n_1} R_{\mathrm{cl}}}{n_1} \tag{7-12}$$

$$R_{\mathrm{pl}} = \frac{\sum_{i=1}^{n_2} R_{\mathrm{cl}}}{n_2} \tag{7-13}$$

式中：n_1 为某市调研乡镇的数量（个）；

n_2 为某省调研市的数量（个）；

R_{cl}为某县调研作物田间秸秆的利用比例（%）；

R_{pcl}为某市调研作物田间秸秆的利用比例（%）；

R_{pl}为某省（直辖市、自治区）调研作物田间秸秆的利用比例（%）；

x 为某种作物田间秸秆的某种利用方式的比例（%）；

y 为某作物田间秸秆的所有利用方式的比例（%）。

调研获得了玉米、水稻、小麦、豆类、薯类、油菜、花生、棉花和甘蔗的田间秸秆利用比例数据，其他未获得调研数据的作物，或者获得数据样本量较小的作物，参照同一地区调研得到的秸秆利用比例。其他谷物秸秆利用比例取玉米、水稻和小麦田间秸秆利用比例的平均值，芝麻秸秆数据取花生秸秆和油菜秸秆利用比例的平均值，其他油料作物秸秆数据取花生秸秆、油菜秸秆和芝麻秸秆利用比例的平均值，黄红麻秸秆和其他麻类秸秆数据取花生秸秆利用比例，甜菜秸秆数据取薯类秸秆利用比例，烤烟秸秆数据取甘蔗叶利用比例。

根据各种作物田间秸秆的利用方式比例，按作物秸秆产量加权平均计算获得各作物在每个省份的秸秆利用比例。根据全国各种作物的利用方式比例，按秸秆产量加权平均计算获得全国每个作物的田间秸秆利用比例。

六、秸秆可能源化利用潜力计算方法

秸秆的可能源化利用潜力是指秸秆资源总量中减去秸秆用于还田、饲料、造纸和其他利用方式的秸秆量，是秸秆可以用作能源化生产的最大资源量，也包括当前已用于能源生产的秸秆量。本研究中秸秆可能源化利用潜力的计算见公式（7-14）和公式（7-15）。

$$\mathrm{REUP}=\mathrm{CRQ}\times\mathrm{RREUR} \tag{7-14}$$

$$\mathrm{RREUR}=\mathrm{BR}+\mathrm{WR}+\mathrm{CHR}+\mathrm{EGR}+\mathrm{BPR} \tag{7-15}$$

式中：BPR 为生产生物油比例（%）；

BR 为焚烧比例（%）；

CHR 为做饭取暖比例（%）；

CRQ 为秸秆资源总量（t）；

EGR 为发电比例（%）；

REUP 为秸秆可能源化利用潜力（t）；

RREUR 为秸秆可能源化利用比例（%）；

WR 为丢弃比例（%）。

七、秸秆收储运成本分析方法

秸秆从田间收集运输至工厂过程的成本包括各环节人力和机械投入，可以划分为收获收集成本、运输成本、初加工成本及储存成本(曹秀荣，2013；于兴军等，2013；赵希强等，2008)。

国外秸秆收储运成本的分析多数是通过建立模型来实现的。Nilsson(1999)基于秸秆处理的基础设施和资源的地理分布特点，建立秸秆处理模型 SHAM(straw handling model)，除获得收储运成本数据外，还可以分析和优化秸秆物流系统的性能参数，如秸秆等待处理的排队时间和在收获季机械所能收获的最大秸秆量等。Arjona 等(2001)开发了一套离散事件模型，用来模拟墨西哥甘蔗收集和运输的物流过程，利用该模型在获得收储运成本的同时能够确定最优人力和机械配置方案。Sokhansanj 等(2006)建立了生物质供应动态物流模型 IBSAL(integrated biomass supply analysis and logistics)，在原料可收集量、含水率、原料处理设备性能和原料损失等数据基础上，基于 Extend 软件平台模拟收集、储存和运输等物流过程的成本，并以玉米秸秆的收集和运输系统为案例进行收储运优化。Rentizelas 等(2009)提出了生物质原料的决策支持系统，采用混合优化计算收储运成本，不仅能得到物流系统的最大收益成本，也能确定物流优化方案。

国内应用的秸秆收储运成本的分析方法不尽相同。郝德海等(2005)通过定积分微元分析法，假定理想状态下分析作物秸秆收储运成本，这种理想状态原料单一、具有周期性且资源量能够充分满足企业的需求，另外企业可以自主收集秸秆且不受外界因素(如道路和气候等)的限制。建立了各种假设条件下的秸秆收储运成本的数学模型，认为运输费用的增长是收集成本增长的主要原因。张展(2009)利用 ArcGIS 的 Model Builder 建立了最短路径分析模型，分析了即墨市原料运输成本。邢爱华(2008)通过对成本和能耗的计算，结合敏感性分析，认为运输费用、收购价格及运输距离是对成本影响比较敏感的参数。方艳茹等(2014)应用 BLM(biomass logistics model)模型，计算分析了河南省小麦秸秆收集的 4 种模式的成本，进行了敏感性分析，认为机械化程度是影响秸秆收储运成本的重要因素。还有研究认为在田间就地加工秸秆，能缩减作业环节而有效降低收储运成本，合理选择收集规模、收集量及运输路径也是降低收储运成本的方式(张艳丽，2009；王锋德，2009；崔晋波，2011)。

本研究应用 BLM 模型分析收储运成本，以蒙特卡洛分析方法，对影响成本不确定性因子进行敏感性分析。

第八章

作物秸秆产量

内容提要

本章主要研究了中国大田作物秸秆产量的变化。在2006—2015年间，全国秸秆产量呈现持续增长趋势，其中田间秸秆和加工剩余物分别增长了21.89%和24.66%。水稻、玉米和小麦秸秆是主要的秸秆来源，其总量由2006年的5.26亿t增长至2015年的6.68亿t，其中玉米秸秆增长最多，由1.64亿t增长至2.47亿t。这三类作物秸秆量总和占全部大田作物秸秆总量的比重由2006年的75.96%增加到2015年的78.98%，相应地，其他13种作物秸秆总和占比由2006年的24.04%减少到2015年的21.02%。在2013—2015年间，中国大田作物秸秆年均单产为5.04 t/hm^2，加工剩余物年均单产为1.27 t/hm^2，在各种作物中，单产最高的是甘蔗秸秆，为18.78 t/hm^2。根据这三年的平均量，全国秸秆资源量的分布密度呈现出东高西低的特征，以黄淮海平原地区的年均秸秆分布密度量最高。就大田作物秸秆年均产量最多的为中南地区，为2.26亿t，占全国的27.05%，包括田间秸秆1.90亿t与加工剩余物3 568万t。中南地区秸秆总产量最高的省份为河南，年均秸秆资源量为7 842万t，占中南地区秸秆总产量的34.75%，包括田间秸秆7 399万t和加工剩余物443万t。年均秸秆产量最低的地区为西北地区，占全国秸秆总产量的8.22%，包括6 332万t田间秸秆和524万t加工剩余物。

一、2006—2015 年大田作物秸秆产量变化

(一)秸秆产量的变化

2006—2015 年期间，中国大田作物秸秆资源总量呈明显增长态势(图 8-1，表 8-1)。2006 年秸秆总量为 6.92 亿 t，其中包括田间秸秆 6.13 亿 t 与加工剩余物 0.79 亿 t；至 2015 年，秸秆总量为 8.46 亿 t，共增长了 22.21%，其中田间秸秆 7.47 亿 t、加工剩余物 0.99 亿 t，分别增长了 21.89%和 24.66%。水稻、玉米和小麦是主要的秸秆来源，其总量由 5.26 亿 t 增长至 6.68 亿 t，其中，玉米秸秆增长最多，由 2006 年的 1.64 亿 t 增长至 2015 年的 2.47 亿 t。水稻秸秆由 2.23 亿 t 增长至 2.53 亿 t，小麦秸秆由 1.39 亿 t 增长至 1.68 亿 t，其他 13 种作物秸秆由 1.66 亿 t 增长至 1.78 亿 t，均呈略微增长态势。

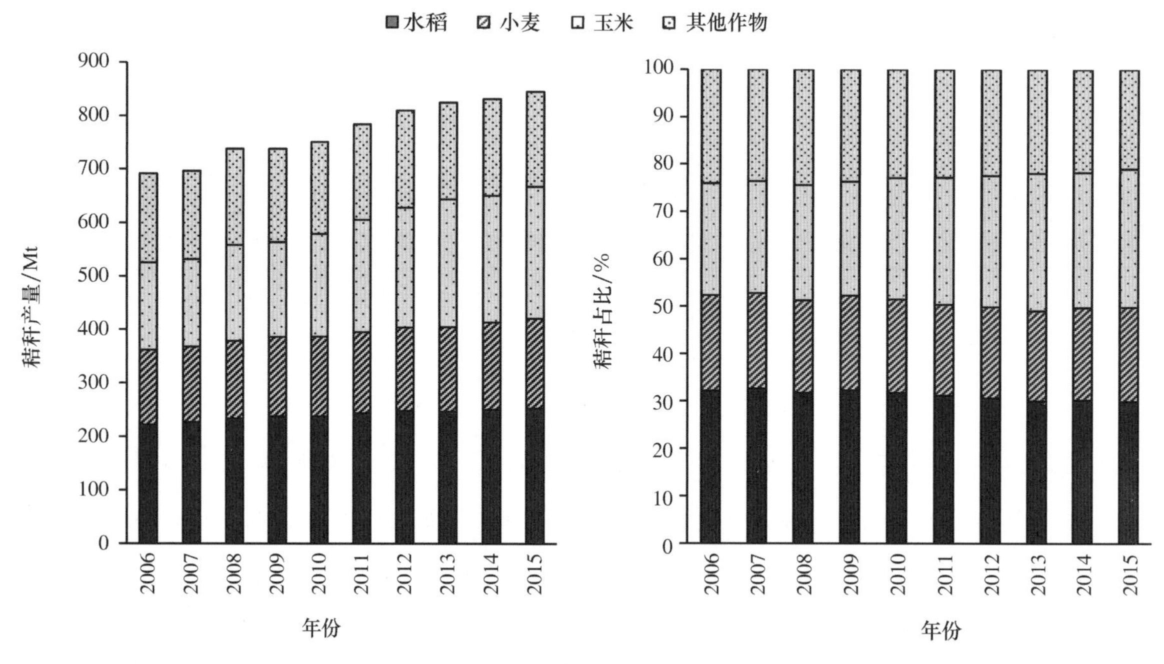

图 8-1 2006—2015 年秸秆产量及比例的变化

1. 秸秆产量增长的作物

2006—2015 年间，水稻、玉米、小麦、薯类、花生、甘蔗、烤烟、油菜及其他油料作物秸秆增长率大于 10%(表 8-1)。水稻秸秆产量最高，且呈上升趋势，仅在 2013 年略有下降。2015 年水稻秸秆总量最高为 2.53 亿 t，其中田间秸秆 2.15 亿 t、加工剩余物 0.38 亿 t；2006 年总量最低，为 2.23 亿 t，其中田间秸秆 1.89 亿 t、加工剩余物 0.34 亿 t。10 年间总量增长了 13.77%，其中，田间秸秆增长了 13.68%，加工剩余物增长了 14.30%。玉米秸秆总量水平仅次于水稻，2006 年最低为 1.64 亿 t，2015 年达到最大值 2.47 亿 t，同比增长了 50.70%，其

中田间秸秆增长了50.72%、加工剩余物增长了50.57%。小麦秸秆总量由2006年的1.39亿t增长到2015年的1.68亿t,增长率为20.48%。薯类以甘薯和马铃薯为主,2006年薯类秸秆总量最低为1 422万t,2014年达到最大值1 758万t,2015年略下降至1 749万t,与2006年相比增长了23.00%。

2006年花生秸秆量最低,为1 634万t,包括田间秸秆1 280万t和加工剩余物354万t,前期呈稳步上升趋势,后期趋势平稳(表8-1)。2013年花生秸秆达到最大秸秆量为2 153万t,然后略有下降,2015年为2 104万t,其中田间秸秆1 653万t、加工剩余物451万t。与2006年相比,秸秆产量增长了28.76%,田间秸秆和加工剩余物分别增长了29.14%和27.40%。油菜秸秆也呈现上升状态,历经了两次波动,2007年秸秆产量最低,为3 068万t,2015年上升到最高值4 343万t,与2006年产量3 182万t相比,增长了36.47%。这10年内其他油料作物秸秆产量经历两次先下降后上升的过程,2006年为492万t,2007年达到最低值398万t;2008年产量迅速增长到682万t,2009年轻微下降后,随后稳步回升,2015年秸秆达到最大值883万t,与2006年相比,增长了79.46%,在所有大田作物中秸秆产量涨幅最大。

甘蔗是中国南方主要的糖料作物,2006—2015年间秸秆产量变化呈M形,2006年低,为2 544万t,包含990万t田间秸秆与1 553万t加工剩余物,随后平稳上升(表8-1)。2009年和2010年秸秆产量略有下降,自2011年开始回升,2013年达到最高值3 359万t。随后又下降,2015年甘蔗秸秆产量为3 065万t,其中田间秸秆1 193万t、加工剩余物1 871万t,相较于2006年上升了20.47%,田间秸秆上升了31.24%,加工剩余物上升了20.48%。烤烟秸秆产量在波动中略有上升,2007年最低为142万t,2013年最高,为207万t,增长率为15.62%。

表8-1 2006—2015年中国大田作物秸秆产量 Mt

秸秆种类	2006年	2007年	2008年	2009年	2010年	2011年	2012年	2013年	2014年	2015年
田间秸秆	612.51	613.51	650.46	651.88	663.15	692.30	713.49	725.94	733.01	746.57
水稻	189.11	193.08	198.91	202.22	202.51	207.61	210.96	210.24	213.15	214.98
小麦	139.04	140.12	144.17	147.66	147.84	150.60	155.27	156.71	162.26	167.52
玉米	141.06	141.45	154.87	152.83	165.77	181.07	193.36	206.41	204.19	212.60
其他谷物	12.49	12.21	11.73	10.37	9.64	10.65	9.56	9.35	10.10	10.49
豆类	26.84	23.52	27.51	26.08	25.59	25.85	23.59	21.92	22.22	21.83
薯类	14.22	14.70	15.67	15.75	16.43	17.33	17.39	17.56	17.58	17.49
棉花	21.46	21.77	21.38	18.27	17.17	19.04	19.79	18.23	17.81	16.16
花生	12.80	12.88	14.19	14.64	15.56	15.98	16.61	16.87	16.52	16.53
油菜	31.82	30.68	35.09	39.68	37.99	39.05	40.71	42.04	42.96	43.43
芝麻	1.26	1.05	1.11	1.17	1.11	1.15	1.21	1.18	1.19	1.21
其他油料	4.92	3.98	6.82	6.72	7.86	7.86	7.97	8.20	8.39	8.83

续表 8-1

秸秆种类	2006 年	2007 年	2008 年	2009 年	2010 年	2011 年	2012 年	2013 年	2014 年	2015 年
黄麻和红麻	0.15	0.17	0.14	0.13	0.12	0.13	0.12	0.11	0.10	0.09
其他麻类	5.26	4.12	3.54	2.04	1.62	1.44	1.26	1.10	1.14	1.03
甘蔗	9.90	11.52	12.66	11.79	11.30	11.67	12.56	13.08	12.81	11.93
甜菜	0.69	0.83	0.93	0.66	0.86	0.99	1.09	0.86	0.74	0.74
烤烟	1.48	1.42	1.73	1.86	1.79	1.88	2.04	2.07	1.84	1.71
加工剩余物	79.35	82.93	88.30	86.79	88.32	92.56	96.97	99.28	98.88	98.92
稻壳	33.57	34.36	35.43	36.04	36.10	37.03	37.63	37.49	38.05	38.37
玉米芯	22.78	22.89	25.06	24.86	26.93	29.18	31.26	33.19	32.92	34.30
棉籽皮	3.54	3.58	3.52	3.00	2.80	3.10	3.21	2.96	2.90	2.63
花生壳	3.54	3.58	3.92	4.04	4.29	4.40	4.58	4.66	4.52	4.51
甘蔗渣	15.53	18.07	19.86	18.49	17.73	18.31	19.70	20.51	20.10	18.71
甜菜渣	0.37	0.45	0.50	0.36	0.46	0.54	0.59	0.46	0.40	0.40
合计	691.86	696.44	738.76	738.67	751.48	784.86	810.46	825.22	831.90	845.50

2. 秸秆产量下降的作物

2006—2015 年间豆类、棉花、其他谷物、黄麻和红麻及其他麻类秸秆产量下降 10%以上(表 8-1)。中国豆类种植面积由 2006 年的 1 215 万 hm^2 下降到 2015 年的 887 万 hm^2，导致了豆类秸秆产量的整体下降。2006 年豆类秸秆共 2 684 万 t，2007 年略微下降后，于 2008 年达到顶峰 2 751 万 t，而后又开始下降。尽管 2011 年和 2014 年有两次小幅回升，但秸秆产量整体的趋势仍是下降，2015 年到达最低为 2 183 万 t，与 2006 年相比下降了 18.67%。

10 年间全国棉花种植面积由 582 万 hm^2 下降到 380 万 hm^2，减少了 34.71%，秸秆也整体上呈现明显下降趋势。2006 年棉花秸秆产量为 2 500 万 t，其中田间秸秆 2 146 万 t、加工剩余物 354 万 t，并于 2007 年达到秸秆产量最高值。除 2011—2012 年间有小幅回升外，2015 年达到最低秸秆产量 1 879 万 t，包含田间秸秆 1 616 万 t、加工剩余物 26 万 t。相较于 2006 年，下降了 24.85%，田间秸秆和加工剩余物分别下降了 24.70%和 25.71%。

其他谷物秸秆变化趋势呈 W 形，于 2006 年出现最大值为 1 249 万 t，2013 年出现最小值 930 万 t。之后略有回升，2015 年秸秆产量达到 1 049 万 t，10 年间下降了 16.01%。黄麻和红麻秸秆量在整体下降的基础上，呈现 M 形波动。2015 年有最小秸秆量 9 万 t，与 2006 年 15 万 t 相比，10 年内下降了 40.00%。其他麻类秸秆量也呈下降趋势，2006 年产量最高为 526 万 t，2015 年最低为 103 万 t，下降了 80.40%。

3. 秸秆产量基本稳定的作物

2006—2015 年间只有芝麻与甜菜秸秆量增长或下降幅度小于 10%。芝麻秸秆产量波动次数最多，然而其波动幅度很小。2006 年秸秆量为 126 万 t，2015 年为 121 万 t，仅仅下降了 3.97%。甜菜秸秆量呈现 M 形变化，分别在 2008 年与 2012 年出现由升到降的转折，10 年间秸秆年产量增长了 7.14%。

(二)秸秆产量比例的变化

这10年里各作物秸秆所占的比例变化却不同(图8-1,表8-2)。水稻、玉米和小麦秸秆总和占比由75.96%增加到78.98%,其他13种作物秸秆总和占比由24.04%减少到21.02%。可见,由于水稻、玉米和小麦秸秆产量不断上升,推动了大田作物秸秆总产量增长。

但是,在这三大作物中,玉米秸秆(田间秸秆和玉米芯之和)占比增长幅度最大,由23.68%增加到29.20%;而水稻秸秆(田间秸秆和稻壳之和)占比由32.19%下降到29.96%,小麦秸秆占比由20.10%略微下降到19.81%。此外的13种作物中,除其他谷物、豆类、棉花、芝麻、麻类的秸秆占比明显下降、油菜和其他油料作物秸秆占比明显上升外,其他作物秸秆占比变化不明显(表8-2)。

表8-2　2006—2015年中国大田作物秸秆产量比例　　%

秸秆种类	2006年	2007年	2008年	2009年	2010年	2011年	2012年	2013年	2014年	2015年
田间秸秆	88.53	88.09	88.05	88.25	88.25	88.21	88.04	87.97	88.11	88.30
水稻	27.33	27.72	26.93	27.38	26.95	26.45	26.03	25.48	25.62	25.43
小麦	20.10	20.12	19.52	19.99	19.67	19.19	19.16	18.99	19.51	19.81
玉米	20.39	20.31	20.96	20.69	22.06	23.07	23.86	25.01	24.55	25.14
其他谷物	1.81	1.75	1.59	1.40	1.28	1.36	1.18	1.13	1.21	1.24
豆类	3.88	3.38	3.72	3.53	3.41	3.29	2.91	2.66	2.67	2.58
薯类	2.06	2.11	2.12	2.13	2.19	2.21	2.15	2.13	2.11	2.07
棉花	3.10	3.13	2.89	2.47	2.28	2.43	2.44	2.21	2.14	1.91
花生	1.85	1.85	1.92	1.98	2.07	2.04	2.05	2.04	1.99	1.96
油菜	4.60	4.40	4.75	5.37	5.05	4.98	5.02	5.09	5.16	5.14
芝麻	0.18	0.15	0.15	0.16	0.15	0.15	0.15	0.14	0.14	0.14
其他油料	0.71	0.57	0.92	0.91	1.05	1.00	0.98	0.99	1.01	1.04
黄麻和红麻	0.02	0.02	0.02	0.02	0.02	0.02	0.01	0.01	0.01	0.01
其他麻类	0.76	0.59	0.48	0.28	0.22	0.18	0.16	0.13	0.14	0.12
甘蔗	1.43	1.65	1.71	1.60	1.50	1.49	1.55	1.58	1.54	1.41
甜菜	0.10	0.12	0.13	0.09	0.11	0.13	0.13	0.10	0.09	0.09
烤烟	0.21	0.20	0.23	0.25	0.24	0.24	0.25	0.25	0.22	0.20
加工剩余物	11.47	11.91	11.95	11.75	11.75	11.79	11.96	12.03	11.89	11.70
稻壳	4.85	4.93	4.80	4.88	4.80	4.72	4.64	4.54	4.57	4.54
玉米芯	3.29	3.29	3.39	3.37	3.58	3.72	3.86	4.02	3.96	4.06
棉籽皮	0.51	0.51	0.48	0.41	0.37	0.40	0.40	0.36	0.35	0.31
花生壳	0.51	0.51	0.53	0.55	0.57	0.56	0.57	0.56	0.54	0.53
甘蔗渣	2.25	2.59	2.69	2.50	2.36	2.33	2.43	2.49	2.42	2.21
甜菜渣	0.05	0.06	0.07	0.05	0.06	0.07	0.07	0.06	0.05	0.05
合计	100.00	100.00	100.00	100.00	100.00	100.00	100.00	100.00	100.00	100.00

注:比例,同一年份每种作物秸秆产量占秸秆产量合计的百分比。

二、2013—2015年秸秆年均产量

2013—2015年,中国主要大田作物秸秆年平均总量为8.34亿t(表8-3),包括田间秸秆

7.35 亿 t 和加工剩余物 0.99 亿 t。秸秆资源主要由水稻、玉米和小麦秸秆构成,这 3 种主要粮食作物年均秸秆量之和为6.54 亿 t,占全国年均秸秆总量的 78.40%。这 3 年期间全国大田作物年均播种面积为 1.46 亿 hm^2,因此田间秸秆单产为 5.04 t/hm^2,加工剩余物单产为 1.27 t/hm^2,秸秆单产为 5.72 t/hm^2。而在各种大田作物中单产最高的是甘蔗秸秆,为 17.78 t/hm^2 含甘蔗,显著高于其他作物。水稻、小麦、玉米及麻类秸秆单产也较高,范围为 5.59~7.03 t/hm^2,其他油料作物秸秆单产最低,为 0.59 t/hm^2。

表 8-3 2013—2015 年中国主要作物秸秆的年均产量

秸秆种类	秸秆产量/Mt	比例/%	单产/(t/hm^2)	秸秆种类	秸秆产量/Mt	比例/%	单产/(t/hm^2)
田间秸秆	735.18	88.12	5.04	黄麻和红麻	0.10	0.01	6.53
水稻	212.79	25.51	7.03	其他麻类	1.09	0.13	6.54
小麦	162.17	19.44	6.73	甘蔗	12.61	1.51	7.31
玉米	207.74	24.90	5.59	甜菜	0.78	0.09	5.16
其他谷物	9.98	1.20	5.78	烤烟	1.87	0.22	1.36
豆类	21.99	2.64	2.42	加工剩余物	99.12	11.88	1.27
薯类	17.55	2.10	1.97	稻壳	37.97	4.55	1.25
棉花	17.40	2.09	4.22	玉米芯	33.43	4.01	0.90
花生	16.64	1.99	3.60	棉籽皮	2.83	0.34	0.69
油菜	42.81	5.13	5.67	花生壳	4.56	0.55	0.99
芝麻	1.19	0.14	2.82	甘蔗渣	19.91	2.39	11.47
其他油料	8.47	1.02	0.59	甜菜渣	0.42	0.05	2.79
				合计	834.30	100.00	5.72

注:比例,每种作物秸秆量占秸秆量合计的百分比。

三、2013—2015 年秸秆年均产量的密度分布

2013—2015 年中国秸秆量在空间密度分布整体上呈现出东多西少的特征(图 8-2),黄淮海平原地区是秸秆年均分布密度最高的区域。其中,最高的省份是江苏,共 518.14 t/km^2,最低的为西藏 1.76 t/km^2。从分区来看,分布密度由高到低依次是华东地区、中南地区、东北地区、华北地区、西南地区和西北地区。

华北地区行政面积共 156 万 km^2,华北地区平均秸秆分布密度为 62.31 t/km^2,其中田间秸秆为 57.36 t/km^2、加工剩余物为 4.95 t/km^2。该地区中,河北秸秆分布密度最高,为 211.78 t/km^2,内蒙古最低,为 32.88 t/km^2。

东北三省之间秸秆年均分布密度均处于全国中上水平,该区行政面积共 81 万 km^2,主要大田作物年均秸秆分布密度为 163.96 t/km^2,其中田间秸秆 141.94 t/km^2、加工剩余物 22.02 t/km^2。本区中,吉林秸秆分布密度最高,为 216.88 t/km^2;辽宁最低,为 145.89 t/km^2。

华东地区作为全国秸秆分布密度最高的地区,其中各省份的年均秸秆分布密度在 69.04(福建)~518.14 t/km^2(江苏)。全区行政面积共 80 万 km^2,大田作物年均秸秆分布密

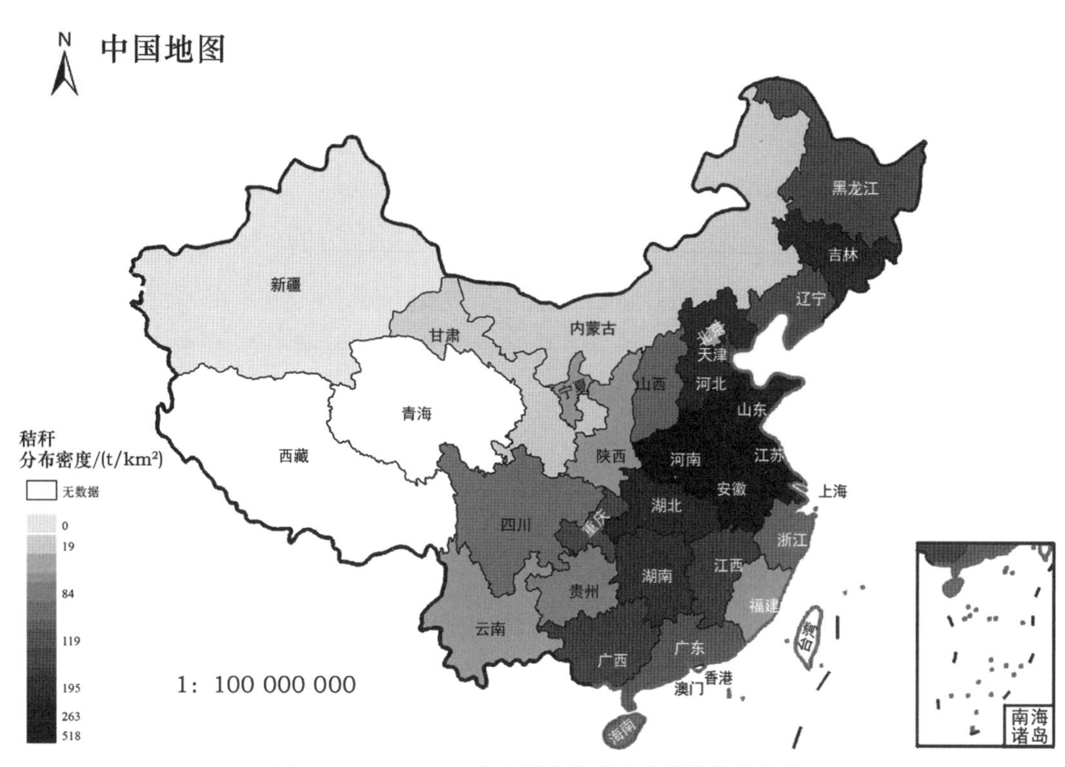

图 8-2　**2013—2015 年中国年均秸秆产量的分布密度**

度为 261.01 t/km^2，其中田间秸秆为 237.72 t/km^2、加工剩余物为 23.29 t/km^2。

中南地区主要大田作物年均秸秆分布密度为 222.12 t/km^2（行政面积 102 万 km^2），其中田间秸秆为 187.00 t/km^2、加工剩余物为 35.13 t/km^2。中南地区中河南秸秆分布密度最高为 469.58 t/km^2，包括田间秸秆 443.06 t/km^2、加工剩余物 26.52 t/km^2；海南在全区最低，为 104.40 t/km^2。

西南地区行政面积为 234 万 km^2，年均秸秆分布密度为 43.04 t/km^2，包括田间秸秆 37.07 t/km^2、加工剩余物 5.97 t/km^2。其中，重庆秸秆分布密度最高，为 149.89 t/km^2；西藏最低，为 1.76 t/km^2。

西北地区行政面积为 305 万 km^2，年均大田作物秸秆分布密度为 22.47 t/km^2，其中，田间秸秆为 20.75 t/km^2、加工剩余物为 1.72 t/km^2。该区各省份中，陕西秸秆分布密度最高为 74.80 t/km^2，而青海最低为 2.80 t/km^2。

四、2013—2015 年各地区秸秆年均产量分布

（一）华北地区

2013—2015 年华北地区年均主要大田作物秸秆量 9 702 万 t，占全国秸秆量的 11.63%，包括田间秸秆 8 932 万 t 和加工剩余物 770 万 t（表 8-4）。本区秸秆主要由玉米和小麦秸秆

表 8-4　2013—2015 年华北地区大田作物秸秆年均产量及其比例

秸秆种类	华北地区		北京		天津		河北		山西		内蒙古	
	秸秆产量/kt	比例/%	秸秆产量/kt	比例/%	秸秆产量/kt	比例/%	秸秆产量/kt	比例/%	秸秆产量/kt	比例/%	秸秆产量/kt	比例/%
田间秸秆	89 321.52	92.06	716.11	89.54	1 842.79	90.90	37 312.37	93.32	14 001.37	91.45	35 448.88	91.13
水稻	1 145.82	1.18	1.47	0.18	161.42	7.96	530.23	1.33	5.87	0.04	446.84	1.15
小麦	23 179.53	23.89	180.86	22.61	679.49	33.52	17 291.95	43.25	3 171.92	20.72	1 855.31	4.77
玉米	51 226.48	52.80	512.37	64.07	880.83	43.45	15 303.11	38.27	9 371.49	61.21	25 158.70	64.67
其他谷物	1 557.18	1.60	0.08	0.01	0.39	0.02	453.17	1.13	370.43	2.42	733.12	1.88
豆类	2 416.95	2.49	10.38	1.30	14.78	0.73	431.03	1.08	420.19	2.74	1 540.56	3.96
薯类	1658.51	1.71	3.22	0.40	2.17	0.11	443.53	1.11	156.62	1.02	1 052.97	2.71
棉花	1 262.61	1.30	0.31	0.04	98.00	4.83	1 101.47	2.75	59.99	0.39	2.83	0.01
花生	1 168.94	1.20	5.85	0.73	3.53	0.17	1 108.63	2.77	13.27	0.09	37.67	0.10
油菜	1 086.25	1.12	0.00	0.00	0.00	0.00	83.35	0.21	16.88	0.11	986.02	2.53
芝麻	22.37	0.02	0.00	0.00	0.00	0.00	15.25	0.04	4.75	0.03	2.37	0.01
其他油料	4 316.27	4.45	1.58	0.20	2.19	0.11	472.00	1.18	391.78	2.56	3 448.72	8.87
黄麻和红麻	1.04	0.00	0.00	0.00	0.00	0.00	1.04	0.00	0.00	0.00	0.00	0.00
其他麻类	0.22	0.00	0.00	0.00	0.00	0.00	0.22	0.00	0.00	0.00	0.00	0.00
甜菜	261.06	0.27	0.00	0.00	0.00	0.00	73.70	0.18	11.09	0.07	176.26	0.45
烤烟	18.29	0.02	0.00	0.00	0.00	0.00	3.69	0.01	7.10	0.05	7.50	0.02
加工剩余物	7 701.23	7.94	83.63	10.46	184.40	9.10	2 672.58	6.68	1 308.20	8.55	3 452.41	8.87
稻壳	208.26	0.21	0.23	0.03	20.63	1.02	94.88	0.24	1.00	0.01	91.52	0.24
玉米芯	6 784.14	6.99	81.51	10.19	145.08	7.16	2 017.99	5.05	1 286.28	8.40	3 253.28	8.36
棉籽皮	226.50	0.23	0.06	0.01	17.58	0.87	197.59	0.49	10.76	0.07	0.51	0.00
花生壳	341.21	0.35	1.84	0.23	1.11	0.05	322.28	0.81	4.17	0.03	11.83	0.03
甘蔗渣	141.11	0.15	0.00	0.00	0.00	0.00	39.84	0.10	6.00	0.04	95.28	0.24
合计	97 022.74	100.00	799.74	100.00	2 027.19	100.00	39 984.95	100.00	15 309.57	100.00	38 901.29	100.00

注：比例，每种作物秸秆产量占秸秆产量合计的百分比。

组成，合计占本区秸秆量的83.68%。其中玉米年均秸秆5 801万t，小麦秸秆2 318万t，两种作物秸秆都以内蒙古、河北与山西产量较多。

河北是华北地区秸秆分布的主要省份之一，年均秸秆量为3 998万t，占华北地区总量的41.21%，包括田间秸秆3 732万t和加工剩余物267万t。河北主要以玉米和小麦秸秆为主，其中玉米秸秆产量为1 530万t，小麦秸秆产量为1 729万t，分别占全省的43.32%和43.25%。

内蒙古秸秆量仅次于河北，年均3 890万t，占华北地区总量的40.09%，包括田间秸秆3 545万t和加工剩余物345万t。各种作物中玉米秸秆产量最高，年均2 841万t，占内蒙古总量的73.04%，包括田间秸秆2 516万t与加工剩余物325万t。其他油料作物位列第二，产量为345万t，占比为8.87%。

北京与天津地理面积小，城市化程度高而农业生产比例小，因此秸秆产量较少，年均量分别为80万t和203万t，只占华北地区总量的0.82%和2.09%。

2013—2015年华北地区大田作物年均播种面积为2 377万hm^2，全区平均秸秆单产为4.08 t/hm^2，其中田间秸秆为3.76 t/hm^2，加工剩余物为0.81 t/hm^2（表8-5）。华北地区5个省份的秸秆单产变化范围为3.50（内蒙古）～6.04 t/hm^2（北京）。

表8-5 2013—2015年华北地区大田作物秸秆年均单产 t/hm^2

秸秆种类	华北地区	北京	天津	河北	山西	内蒙古
田间秸秆	3.76	5.41	4.96	4.72	3.31	3.19
水稻	6.35	7.72	9.97	6.20	6.81	5.76
小麦	6.22	6.75	6.17	7.37	4.70	3.28
玉米	6.05	5.48	4.34	4.82	5.60	7.58
其他谷物	3.02	0.77	1.93	2.96	2.11	3.92
豆类	2.03	2.25	2.06	2.68	1.31	2.19
薯类	1.64	2.33	2.53	1.67	0.82	1.89
棉花	2.71	2.76	3.37	2.65	3.43	3.91
花生	3.07	2.49	2.98	3.16	1.82	1.95
油菜	3.29	0.00	0.00	4.21	3.91	3.21
芝麻	2.10	0.00	0.00	2.45	1.72	1.50
其他油料	0.58	0.43	0.72	0.53	0.34	0.64
黄麻和红麻	3.94	0.00	0.00	3.94	0.00	0.00
其他麻类	2.18	0.00	0.00	2.18	0.00	0.00
甜菜	4.09	0.00	0.00	4.54	4.35	3.89
烤烟	2.18	0.00	0.00	1.47	2.28	2.72
加工剩余物	0.81	0.87	0.74	0.66	0.77	1.00
稻壳	1.15	1.19	1.27	1.11	1.16	1.18
玉米芯	0.80	0.87	0.72	0.64	0.77	0.98
棉籽皮	0.49	0.49	0.60	0.48	0.62	0.70
花生壳	0.90	0.78	0.94	0.92	0.57	0.61
甘蔗渣	2.21	0.00	0.00	2.45	2.35	2.10
平均	4.08	6.04	5.46	5.06	3.61	3.50

（二）东北地区

2013—2015 年东北地区大田作物秸秆年均产量为 1.33 亿 t（表 8-6），占全国秸秆总量的 15.89%，其中田间秸秆为 1.15 亿 t，加工剩余物为 1 781 万 t。

东北地区秸秆组成结构较为简单，主要以玉米和水稻秸秆为主，分别占全区总量的 63.93%和 27.95%。其中，玉米田间秸秆量 7 296 万 t、加工剩余物量 1 181 万 t，共 8 477 万 t，主要产自于黑龙江和吉林。水稻田间秸秆量 3 147 万 t，加工剩余物量 5 594 万 t，共 3 706 万 t，主要产自于黑龙江。

黑龙江是东北地区秸秆最多的省份，年均产量为 7 090 万 t，占东北地区总量的 53.47%，其中田间秸秆 6 136 万 t、加工剩余物 954 万 t。玉米和水稻合计秸秆产量为 5 881 万 t，占全省的 90.71%。其次是豆类秸秆 492 万 t。

吉林秸秆年均产量为 4 006 万 t，其中田间秸秆 3 479 万 t、加工剩余物 527 万 t。玉米是其主要秸秆，包含田间秸秆 2 633 万 t 与加工剩余物 416 万 t，占秸秆总量的 76.11%。

辽宁秸秆年均产量为 2 165 万 t，由 1 866 万 t 田间秸秆与 299 万 t 加工剩余物构成。各种作物中主要是玉米秸秆（1 420 万 t）和水稻秸秆（576 万 t），分别占比 65.61%和 26.60%。

东北地区大田作物年均播种面积 2 206 万 hm^2，秸秆单产为 6.01 t/hm^2，其中田间秸秆单产为 5.20 t/hm^2，加工剩余物单产为 1.07 t/hm^2（表 8-7），是中国年均秸秆单产第二高的地区。该地区中吉林秸秆单产最高，为 6.62 t/hm^2；而黑龙江最低，为 5.70 t/hm^2。

表 8-6　2013—2015 年东北地区大田作物秸秆年均产量及其比例

秸秆种类	东北地区		辽宁		吉林		黑龙江	
	秸秆产量/kt	比例/%	秸秆产量/kt	比例/%	秸秆产量/kt	比例/%	秸秆产量/kt	比例/%
田间秸秆	114 800.82	86.57	18 655.10	86.17	34 790.03	86.85	61 355.69	86.54
水稻	31 469.60	23.73	4 896.24	22.62	6 114.73	15.26	20 458.62	28.86
小麦	409.76	0.31	33.35	0.15	1.00	0.00	375.41	0.53
玉米	72 957.90	55.02	12 273.63	56.69	26 330.74	65.73	34 353.53	48.45
其他谷物	119.09	0.09	101.31	0.47	0.77	0.00	17.01	0.02
豆类	6 099.70	4.60	361.97	1.67	814.35	2.03	4 923.37	6.94
薯类	1 245.94	0.94	286.16	1.32	328.90	0.82	630.88	0.89
棉花	6.81	0.01	1.09	0.01	5.72	0.01	0.00	0.00
花生	1 152.31	0.87	625.22	2.89	476.84	1.19	50.25	0.07
油菜	5.48	0.00	4.54	0.02	0.00	0.00	0.94	0.00
芝麻	14.60	0.01	0.89	0.00	12.16	0.03	1.54	0.00
其他油料	1 043.50	0.79	40.94	0.19	681.61	1.70	320.95	0.45
其他麻类	117.68	0.09	0.00	0.00	0.00	0.00	117.68	0.17
甜菜	67.17	0.05	10.01	0.05	4.27	0.01	52.89	0.07
烤烟	91.28	0.07	19.74	0.09	18.93	0.05	52.61	0.07

续表 8-6

秸秆种类	东北地区		辽宁		吉林		黑龙江	
	秸秆产量/kt	比例/%	秸秆产量/kt	比例/%	秸秆产量/kt	比例/%	秸秆产量/kt	比例/%
加工剩余物	17 807.28	13.43	2 994.29	13.83	5 268.09	13.15	9 544.90	13.46
稻壳	5 594.22	4.22	861.71	3.98	957.56	2.39	3 774.95	5.32
玉米芯	11 813.76	8.91	1 930.68	8.92	4 157.49	10.38	5 725.59	8.08
棉籽皮	1.22	0.00	0.20	0.00	1.03	0.00	0.00	0.00
花生壳	361.77	0.27	196.29	0.91	149.71	0.37	15.78	0.02
甘蔗渣	36.31	0.03	5.41	0.02	2.31	0.01	28.59	0.04
合计	132 608.11	100.00	21 649.39	100.00	40 058.12	100.00	70 900.60	100.00

注：比例，每种作物秸秆产量占秸秆产量合计的百分比。

表 8-7　2013—2015 年东北地区大田作物秸秆年均单产　　t/hm^2

秸秆种类	东北地区	辽宁	吉林	黑龙江	秸秆种类	东北地区	辽宁	吉林	黑龙江
田间秸秆	5.20	5.26	5.74	4.93	其他油料	0.55	0.49	0.63	0.44
水稻	6.98	8.39	8.20	6.44	其他麻类	6.55	0.00	0.00	6.55
小麦	3.35	5.90	0.00	3.22	甜菜	3.22	4.03	2.63	3.32
玉米	6.31	5.28	7.19	6.17	烤烟	1.87	2.02	1.84	1.83
其他谷物	6.10	6.19	0.00	7.28	加工剩余物	1.07	0.91	1.16	1.09
豆类	2.05	2.97	2.56	1.94	稻壳	1.24	1.38	1.35	1.19
薯类	3.13	3.46	4.42	2.63	玉米芯	1.02	0.83	1.14	1.03
棉花	4.74	3.96	3.06	0.00	棉籽皮	0.85	0.71	0.55	0.00
花生	2.37	1.98	3.04	2.54	花生壳	0.75	0.62	0.96	0.80
油菜	5.32	4.61	0.00	30.46	甘蔗渣	1.74	2.18	1.42	1.79
芝麻	2.46	3.41	2.49	2.34	平均	6.01	6.08	6.62	5.70

(三)华东地区

2013—2015 年华东地区大田作物年均秸秆量为 2.10 亿 t(表 8-8)，占全国总产量的 25.13%，包括田间秸秆 1.91 亿 t 和加工剩余物 1 871 万 t。秸秆主要由水稻和小麦组成，两种作物秸秆量占该区全部的 71.68%。其中，水稻年均秸秆产量为 8 646 万 t，包括田间秸秆 7 428 万 t、加工剩余物 1 217 万 t，主要产自江苏、江西和安徽。小麦秸秆产量为 6 386 万 t，主要产自山东、江苏及安徽。

山东是华东地区秸秆产量最高的省份之一，年均秸秆产量为 5 947 万 t，占该区总量的 28.35%，包括田间秸秆 5 542 万 t 与加工剩余物 402 万 t。不同于华东地区秸秆整体结构，山东主要以小麦和玉米秸秆为主，二者之和占全省总量 85.22%。花生是山东第三大秸秆来源，占总量的 6.59%。而水稻秸秆较少，仅为 2.46%。

表 8-8　2013—2015 年华东地区大田作物秸秆年均产量及其比例

秸秆种类	华东地区		上海		江苏		浙江		安徽		福建		江西		山东	
	秸秆产量/kt	比例/%	秸秆产量/kt	比例/%	秸秆产量/kt	比例/%	秸秆产量/kt	比例/%	秸秆产量/kt	比例/%	秸秆产量/kt	比例/%	秸秆产量/kt	比例/%	秸秆产量/kt	比例/%
田间秸秆	190 987.89	91.08	1 488.95	89.82	49 416.75	92.96	9 022.56	87.48	4 3049.15	91.51	7 422.25	86.70	25 163.54	85.26	55 424.70	93.24
水稻	74 283.48	35.42	1 088.13	65.64	23 918.57	44.99	6 236.00	60.46	15 318.82	32.56	5 639.62	65.88	20 793.47	70.46	1 288.88	2.17
小麦	63 856.69	30.45	204.19	12.32	16 148.03	30.38	375.64	3.64	15 443.12	32.83	8.80	0.10	34.77	0.12	31 642.15	53.23
玉米	22 944.26	10.94	19.12	1.15	2 028.40	3.82	240.31	2.33	3 978.27	8.46	160.77	1.88	99.95	0.34	16 417.44	27.62
其他谷物	2 334.69	1.11	115.23	6.95	1 728.40	3.25	289.23	2.80	136.88	0.29	33.25	0.39	16.24	0.06	15.47	0.03
豆类	4 893.86	2.33	16.42	0.99	1 095.21	2.06	534.28	5.18	1 875.63	3.99	339.47	3.97	484.73	1.64	548.13	0.92
薯类	2 534.60	1.21	3.75	0.23	184.83	0.35	301.18	2.92	184.58	0.39	720.57	8.42	358.64	1.22	781.05	1.31
棉花	3 493.66	1.67	6.25	0.38	542.37	1.02	81.19	0.79	835.36	1.78	0.27	0.00	424.09	1.44	1 604.13	2.70
花生	5 502.65	2.62	2.56	0.15	441.71	0.83	60.90	0.59	1 165.25	2.48	299.81	3.50	576.49	1.95	2 955.93	4.97
油菜	10 213.79	4.87	32.68	1.97	3 274.62	6.16	821.39	7.96	3 815.29	8.11	54.43	0.64	2 152.75	7.29	62.62	0.11
芝麻	266.16	0.13	0.00	0.00	34.64	0.07	17.49	0.17	135.61	0.29	3.28	0.04	73.37	0.25	1.78	0.00
其他油料	53.48	0.03	0.00	0.00	0.70	0.00	0.00	0.00	2.72	0.01	0.61	0.01	0.26	0.00	49.18	0.08
黄麻和红麻	23.70	0.01	0.00	0.00	0.00	0.00	0.35	0.00	22.26	0.05	0.00	0.00	1.10	0.00	0.00	0.00
其他麻类	138.21	0.07	0.00	0.00	9.39	0.02	0.44	0.00	84.50	0.18	0.00	0.00	43.89	0.15	0.00	0.00
甘蔗	214.24	0.10	0.63	0.04	9.89	0.02	64.17	0.62	20.47	0.04	52.81	0.62	66.28	0.22	0.00	0.00
烤烟	234.41	0.11	0.00	0.00	0.00	0.00	0.00	0.00	30.38	0.06	108.56	1.27	37.51	0.13	57.96	0.10
加工剩余物	18 707.57	8.92	168.77	10.18	3 744.25	7.04	1 291.04	12.52	3 994.44	8.49	1 138.46	13.30	4 349.25	14.74	4 021.37	6.76
稻壳	12 172.72	5.80	161.52	9.74	3 086.27	5.81	1 107.33	10.74	2 670.25	5.68	939.94	10.98	4 037.57	13.68	169.85	0.29
玉米芯	4 128.50	1.97	4.84	0.29	471.72	0.89	58.61	0.57	925.18	1.97	40.70	0.48	24.68	0.08	2 602.76	4.38
棉籽皮	550.68	0.26	0.88	0.05	76.09	0.14	11.39	0.11	117.20	0.25	0.04	0.00	59.50	0.20	285.58	0.48
花生壳	1519.60	0.72	0.55	0.03	94.65	0.18	13.05	0.13	249.70	0.53	74.95	0.88	123.53	0.42	963.17	1.62
甘蔗渣	336.06	0.16	0.99	0.06	15.51	0.03	100.66	0.98	32.11	0.07	82.83	0.97	103.97	0.35	0.00	0.00
合计	209 695.46	100.00	1 657.72	100.00	53 161.00	100.00	10 313.59	100.00	47 043.58	100.00	8 560.70	100.00	29 512.79	100.00	59 446.07	100.00

注：比例，每种作物秸秆产量占秸秆产量合计的百分比。

江苏秸秆年均产量为 5 316 万 t，其中田间秸秆 4 942 万 t、加工剩余物 374 万 t。水稻与小麦是其主要的秸秆来源，二者之和占全省总量的 81.17%。油菜则是其第三大秸秆资源。

安徽年均秸秆产量共 4 704 万 t，由田间秸秆 4 305 万 t 与加工剩余物 399 万 t 构成。除小麦与水稻秸秆外，玉米和油菜秸秆在全省总量中也占有一席之地。

江西秸秆年均产量为 2 951 万 t，其中田间秸秆 2 516 万 t、加工剩余物 435 万 t。水稻是其主要秸秆来源，产量为 2 079 万 t，占全省的 84.14%。上海、浙江与福建秸秆量较少，分别为 166 万 t、1 031 万 t 和 856 万 t。

华东地区大田作物年均播种面积为 3 016 hm^2，是中国秸秆单产最高的地区，为 6.95 t/hm^2，其中田间秸秆为 6.76 t/hm^2，加工剩余物为 1.78 t/hm^2（表 8-9）。本区各省年均秸秆单产变化范围为 6.09（安徽）～9.62 t/hm^2（上海）。

表 8-9　2013—2015 年华东地区大田作物秸秆年均单产　t/hm^2

秸秆种类	华东地区	上海	江苏	浙江	安徽	福建	江西	山东
田间秸秆	6.33	8.64	8.22	6.22	5.58	5.32	5.51	6.26
水稻	7.67	10.95	10.51	7.56	6.89	7.02	6.23	10.68
小麦	7.53	4.58	7.47	4.55	6.33	3.93	2.90	8.46
玉米	5.02	5.20	4.63	3.61	4.62	3.24	3.34	5.26
其他谷物	9.94	9.71	11.82	8.70	3.94	8.34	6.26	9.79
豆类	2.74	3.55	3.55	3.79	2.04	3.96	2.98	3.39
薯类	2.63	3.81	3.33	2.55	1.25	2.87	2.47	3.20
棉花	3.22	5.10	4.24	4.81	3.21	2.58	5.07	2.72
花生	4.15	3.40	4.79	3.59	6.14	7.72	3.53	3.90
油菜	6.17	6.55	8.28	6.05	6.93	4.37	3.94	6.58
芝麻	2.81	0.00	3.64	3.43	2.88	2.52	2.36	3.14
其他油料	0.73	0.00	0.77	0.00	0.61	0.58	0.88	0.75
黄麻和红麻	5.17	0.00	0.00	5.88	5.17	0.00	8.98	0.00
其他麻类	6.51	0.00	6.55	4.37	6.55	0.00	6.55	0.00
甘蔗	5.38	5.11	6.26	6.34	4.06	6.16	4.60	0.00
烤烟	1.62	0.00	0.00	0.00	1.84	1.52	1.48	1.84
加工剩余物	1.12	1.61	1.28	1.38	1.13	1.18	1.20	0.88
稻壳	1.26	1.63	1.36	1.34	1.20	1.17	1.21	1.41
玉米芯	0.90	1.32	1.08	0.88	1.08	0.82	0.83	0.83
棉籽皮	0.51	0.71	0.60	0.67	0.45	0.36	0.71	0.48
花生壳	1.15	0.73	1.03	0.77	1.32	0.73	0.76	1.27
甘蔗渣	8.44	8.02	9.82	9.94	6.36	9.66	7.22	0.00
平均	6.95	9.62	8.84	7.10	6.09	6.14	6.47	6.72

（四）中南地区

2013—2015 年中南地区大田作物年均秸秆产量为 2.26 亿 t（表 8-10），占全国的 27.05%，包括田间秸秆 1.90 亿 t 与加工剩余物 3 568 万 t。各作物中，水稻、小麦和玉米秸秆产量最高，分别占全区总量的 38.57%、21.82%和 12.14%。

表 8-10　2013—2015 年中南地区大田作物秸秆年均产量及其比例

秸秆种类	中南地区		河南		湖北		湖南		广东		广西		海南	
	秸秆产量/kt	比例/%	秸秆产量/kt	比例/%	秸秆产量/kt	比例/%	秸秆产量/kt	比例/%	秸秆产量/kt	比例/%	秸秆产量/kt	比例/%	秸秆产量/kt	比例/%
田间秸秆	189 968.41	84.19	73 991.43	94.35	36 502.51	89.06	35 916.00	87.05	16 381.97	76.52	24 583.76	61.40	2 592.74	73.26
水稻	73 328.29	32.50	4 998.47	6.37	16 693.82	40.73	25 611.78	62.08	11 502.71	53.73	12 687.22	31.69	1 834.28	51.83
小麦	49 227.92	21.82	43 242.69	55.14	5 834.90	14.24	140.99	0.34	3.89	0.02	5.45	0.01	0.00	0.00
玉米	23 557.20	10.44	16 684.82	21.28	2 512.41	6.13	1 537.31	3.73	622.34	2.91	2 168.08	5.41	32.24	0.91
其他谷物	634.91	0.28	228.91	0.29	216.53	0.53	103.63	0.25	48.72	0.23	36.35	0.09	0.77	0.02
豆类	2 617.86	1.16	868.50	1.11	490.76	1.20	537.88	1.30	322.19	1.50	363.99	0.91	34.55	0.98
薯类	3 168.89	1.40	464.28	0.59	499.75	1.22	642.41	1.56	964.31	4.50	436.04	1.09	162.09	4.58
棉花	2 153.98	0.95	371.91	0.47	1 247.10	3.04	526.65	1.28	0.00	0.00	8.33	0.02	0.00	0.00
花生	7 504.67	3.33	4 093.51	5.22	861.34	2.10	370.90	0.90	1 315.44	6.14	723.95	1.81	139.52	3.94
油菜	15 958.33	7.07	2 246.95	2.87	7 577.35	18.49	6 040.16	14.64	24.14	0.11	69.73	0.17	0.00	0.00
芝麻	816.44	0.36	475.14	0.61	285.69	0.70	29.75	0.07	8.04	0.04	14.27	0.04	3.55	0.10
其他油料	76.45	0.03	24.63	0.03	34.72	0.08	2.45	0.01	0.00	0.00	14.64	0.04	0.00	0.00
黄麻和红麻	70.35	0.03	53.05	0.07	0.17	0.00	1.10	0.00	0.63	0.00	14.01	0.03	1.38	0.04
其他麻类	278.81	0.12	3.93	0.01	159.38	0.39	103.71	0.25	0.00	0.00	11.79	0.03	0.00	0.00
甘蔗	10 057.01	4.46	27.17	0.03	30.98	0.08	69.87	0.17	1 533.66	7.16	8 011.00	20.01	384.34	10.86
烤烟	517.31	0.23	207.46	0.26	57.60	0.14	197.43	0.48	35.90	0.17	18.91	0.05	0.00	0.00
加工剩余物	35 684.66	15.81	4 429.22	5.65	4 484.21	10.94	5 342.12	12.95	5 026.53	23.48	15 456.02	38.60	946.56	26.74
稻壳	13 705.29	6.07	876.02	1.12	3 477.88	8.49	4 704.20	11.40	2 150.04	10.04	2 191.43	5.47	305.71	8.64
玉米芯	3 833.66	1.70	2 152.88	2.75	598.19	1.46	374.95	0.91	157.55	0.74	542.02	1.35	8.06	0.23
棉籽皮	322.55	0.14	72.53	0.09	174.97	0.43	73.89	0.18	0.00	0.00	1.17	0.00	0.00	0.00
花生壳	2 047.46	0.91	1 285.17	1.64	184.57	0.45	79.48	0.19	313.20	1.46	155.13	0.39	29.90	0.84
甘蔗渣	15 775.71	6.99	42.62	0.05	48.60	0.12	109.60	0.27	2 405.73	11.24	12 566.27	31.38	602.89	17.03
合计	225 653.08	100.00	78 420.65	100.00	40 986.71	100.00	41 258.13	100.00	21 408.50	100.00	40 039.78	100.00	3 539.30	100.00

注：比例，每种作物秸秆产量占秸秆产量合计的百分比。

河南作为农业大省是秸秆产量最高的省份，年均产量为 7 842 万 t，占全区的 34.75%，包括田间秸秆 7 399 万 t 和加工剩余物 443 万 t。该省秸秆主要来源于小麦与玉米，年均量分别为 4 324 万 t 和 1 884 万 t。水稻与花生秸秆也占有一定的比例，这两种作物秸秆之和为 1 125 万 t。以上 4 种作物秸秆总量占该省全部秸秆量的比例为 93.51%。

湖南年均秸秆产量为 4 126 万 t，占中南地区总量的 18.28%，包括田间秸秆 3 592 万 t 和加工剩余物 534 万 t。其中，水稻秸秆产量最高，占全省的 73.48%。;油菜秸秆次之。

湖北年均秸秆产量为 4 099 万 t，占全区的 18.16%，包括田间秸秆 3 650 万 t 与加工剩余物 448 万 t。各作物中，水稻与油菜秸秆产量最高，分别为 2017 万 t 和 758 万 t，占全省产量的 49.22%和 18.49%。

广西是中国甘蔗主产区，甘蔗秸秆产量最高，为 2 058 万 t，占全省总量的 51.39%。水稻秸秆次之，产量和占比分别为 1 488 万 t 和 37.16%。

本区中海南秸秆产量最小，为 3 539 万 t，只占全区的 1.60%，包括田间秸秆 2 593 万 t 与加工剩余物 947 万 t。各作物中，也是水稻秸秆产量最高，为 2 140 万 t，占全省 60.47%。

中南地区大田作物年均播种面积为 3 305 万 hm^2，是全国作物种植面积最大的地区。秸秆单产为 6.83 t/hm^2（表 8-11），其中田间秸秆单产为 5.75 t/hm^2，加工剩余物单产为 1.78 t/hm^2。各种作物中，甘蔗秸秆单产最高。不同省份中，广西秸秆单产最高，为 10.45 t/hm^2，包含田间秸秆单产 6.42 t/hm^2、加工剩余物单产 4.03 t/hm^2；湖南单产最低，仅为 6.18 t/hm^2。

表 8-11　2013—2015 年中南地区大田作物秸秆年均单产　t/hm^2

秸秆种类	中南地区	河南	湖北	湖南	广东	广西	海南
田间秸秆	5.75	6.13	5.74	5.41	5.35	5.57	5.24
水稻	6.59	7.70	7.78	6.24	6.07	6.28	5.96
小麦	7.55	8.01	5.37	4.58	4.22	1.86	0.00
玉米	4.67	5.09	3.96	4.44	3.50	3.63	1.16
其他谷物	6.98	8.57	8.33	6.08	7.91	2.46	3.87
豆类	2.55	1.89	3.05	3.25	4.02	2.32	4.58
薯类	1.96	1.40	1.61	2.30	2.80	1.61	2.24
棉花	3.41	2.43	3.65	3.91	0.00	3.64	0.00
花生	3.80	3.87	4.32	3.22	3.67	3.54	3.57
油菜	5.47	6.24	6.13	4.68	3.63	3.08	0.00
芝麻	2.92	2.74	3.29	2.88	2.91	2.74	2.96
其他油料	0.47	0.43	0.58	0.28	0.00	0.41	0.00
黄麻和红麻	7.49	10.43	2.84	5.30	4.55	3.86	9.79
其他麻类	6.55	2.18	6.55	6.55	0.00	6.55	0.00

续表 8-11

秸秆种类	中南地区	河南	湖北	湖南	广东	广西	海南
甘蔗	7.67	7.18	3.95	5.13	9.13	7.57	6.64
烤烟	1.69	1.75	1.31	1.85	1.71	1.17	0.00
加工剩余物	1.78	0.86	1.35	1.13	1.93	3.98	2.29
稻壳	1.23	1.35	1.62	1.15	1.13	1.09	0.99
玉米芯	0.76	0.66	0.94	1.08	0.89	0.91	0.00
棉籽皮	0.51	0.47	0.51	0.55	0.00	0.51	0.00
花生壳	1.04	1.22	0.93	0.69	0.87	0.76	0.76
甘蔗渣	12.04	11.26	6.20	8.05	14.32	11.87	10.42
平均	6.83	6.50	6.44	6.21	6.99	9.07	7.15

(五)西南地区

2013—2015 年西南地区大田作物秸秆量年平均为 1.01 亿 t(表 8-12),占全国总量的 12.08%,包括 0.87 亿 t 田间秸秆和 0.14 亿 t 加工剩余物。该区以水稻与玉米秸秆为主要资源,水稻年均秸秆产量共 3 650 万 t,主要产自四川。玉米年均秸秆 2 089 万 t,主要产自四川和云南。

四川在西南地区是秸秆最多的省份,秸秆量为 4 290 万 t,包括田间秸秆 3 825 万 t 和加工剩余物 466 万 t,占西南地区总量的 42.58%。水稻秸秆最多,占该省总量 39.20%,玉米和油菜秸秆次之,分别占 18.26%和 16.11%。

云南是西南地区秸秆第二多的省份,年均秸秆量为 2 865 万 t,其中,田间秸秆 2 254 万 t、加工剩余物 611 万 t,占全区总量的 28.43%。水稻与玉米是该省主要秸秆来源,年均量分别为 8 839 万 t 和 7 254 万 t,二者之和占全省总量的 56.17%。

贵州和重庆的秸秆资源组成相似,均以水稻与玉米秸秆为主,两种作物秸秆年均量分别占各省总量的 57.21%和 66.21%。西藏秸秆主要来源于以青稞为主的其他谷物,年均秸秆产量为 161 万 t,占自治区总量的 75.90%。

西南地区大田作物年均播种面积为 2 043 万 hm^2,秸秆单产为 4.93 t/hm^2(表 8-13),其中田间秸秆单产为 4.25 t/hm^2,加工剩余物单产为 1.47 t/hm^2。全区秸秆单产最高的是西藏,为 10.53 t/hm^2;贵州单产最低,为 3.73 t/hm^2。

表 8-12 2013—2015 年西南地区大田作物秸秆年均产量及其比例

秸秆种类	西南地区		重庆		四川		贵州		云南		西藏	
	秸秆产量/kt	比例/%	秸秆产量/kt	比例/%	秸秆产量/kt	比例/%	秸秆产量/kt	比例/%	秸秆产量/kt	比例/%	秸秆产量/kt	比例/%
田间秸秆	86 775.55	86.12	10 827.89	87.67	38 247.74	89.15	13 047.33	88.56	22 535.75	78.66	2 116.84	99.79
水稻	30 547.32	30.32	4 588.31	37.15	13 885.80	32.36	4 491.90	30.49	7 576.06	26.44	5.24	0.25
小麦	7 104.51	7.05	300.64	2.43	4 744.32	11.06	751.12	5.10	1 018.92	3.56	289.51	13.65
玉米	16 868.87	16.74	2 115.00	17.12	6 384.00	14.88	2 495.79	16.94	5 858.64	20.45	15.44	0.73
其他谷物	3 599.87	3.57	33.25	0.27	977.49	2.28	283.04	1.92	696.00	2.43	1 610.08	75.90
豆类	4 703.22	4.67	712.22	5.77	1 460.21	3.40	470.79	3.20	2 030.97	7.09	29.01	1.37
薯类	6 288.38	6.24	1 478.71	11.97	2 434.48	5.67	1 399.95	9.50	970.97	3.39	4.28	0.20
棉花	46.93	0.05	0.00	0.00	43.72	0.10	3.21	0.02	0.00	0.00	0.00	0.00
花生	1 209.26	1.20	148.01	1.20	839.50	1.96	119.53	0.81	102.23	0.36	0.00	0.00
油菜	12 536.95	12.44	1 299.28	10.52	6 910.52	16.11	2 557.83	17.36	1 606.12	5.61	163.20	7.69
芝麻	23.38	0.02	14.20	0.12	9.18	0.02	0.00	0.00	0.00	0.00	0.00	0.00
其他油料	119.93	0.12	15.69	0.13	16.13	0.04	42.26	0.29	45.76	0.16	0.09	0.00
黄麻和红麻	2.42	0.00	0.00	0.00	2.42	0.01	0.00	0.00	0.00	0.00	0.00	0.00
其他麻类	440.16	0.44	58.30	0.47	348.68	0.81	6.99	0.05	26.20	0.09	0.00	0.00
甘蔗	2 335.11	2.32	10.54	0.09	56.65	0.13	164.44	1.12	2 103.48	7.34	0.00	0.00
甜菜	0.16	0.00	0.00	0.00	0.16	0.00	0.00	0.00	0.00	0.00	0.00	0.00
烤烟	949.09	0.94	53.75	0.44	134.47	0.31	260.48	1.77	500.40	1.75	0.00	0.00
加工剩余物	13 983.28	13.88	1 523.38	12.33	4 656.62	10.85	1 685.30	11.44	6 113.56	21.34	4.42	0.21
稻壳	5 901.70	5.86	958.00	7.76	2 931.45	6.83	748.65	5.08	1 262.68	4.41	0.93	0.04
玉米芯	4 018.85	3.99	516.16	4.18	1 448.56	3.38	655.67	4.45	1 394.98	4.87	3.49	0.16
棉籽皮	6.03	0.01	0.00	0.00	5.53	0.01	0.51	0.00	0.00	0.00	0.00	0.00
花生壳	259.13	0.26	31.72	0.26	179.89	0.42	25.61	0.17	21.91	0.08	0.00	0.00
甘蔗渣	3 797.47	3.77	17.50	0.14	91.10	0.21	254.86	1.73	3 434.00	11.99	0.00	0.00
甜菜渣	0.09	0.00	0.00	0.00	0.09	0.00	0.00	0.00	0.00	0.00	0.00	0.00
合计	100 758.83	100.00	12 351.27	100.00	42 904.35	100.00	14 732.63	100.00	28 649.31	100.00	2 121.26	100.00

注：比例，每种作物秸秆产量占秸秆产量合计的百分比。

表 8-13　2013—2015 年西南地区大田作物秸秆年均单产　t/hm²

秸秆种类	西南地区	重庆	四川	贵州	云南	西藏
田间秸秆	4.25	4.16	4.85	3.30	3.89	10.51
水稻	6.78	6.66	6.97	6.60	6.62	5.47
小麦	3.59	3.42	4.07	3.00	2.34	7.82
玉米	4.06	4.51	4.60	3.22	3.86	3.61
其他谷物	7.69	4.58	9.74	4.79	4.04	12.55
豆类	2.92	2.99	3.02	1.45	3.64	5.25
薯类	1.75	2.03	1.93	1.49	1.45	4.48
棉花	3.03	0.00	3.19	2.21	0.00	0.00
花生	2.91	2.61	3.21	2.49	2.06	0.00
油菜	6.02	5.64	6.81	4.93	5.45	6.77
芝麻	2.13	2.06	2.62	0.00	0.00	0.00
其他油料	0.38	0.42	0.38	0.39	0.35	0.00
黄麻和红麻	3.27	0.00	3.60	0.00	0.00	0.00
其他麻类	6.55	6.55	6.55	6.55	6.55	0.00
甘蔗	6.23	3.97	4.13	5.98	6.35	0.00
甜菜	1.57	0.00	1.82	0.00	0.00	0.00
烤烟	1.14	1.31	1.48	1.20	1.04	0.00
加工剩余物	1.47	1.25	1.27	1.12	1.97	0.66
稻壳	1.31	1.39	1.47	1.10	1.10	0.97
玉米芯	0.98	1.10	1.04	0.88	0.93	0.62
棉籽皮	0.43	0.00	0.45	0.31	0.00	0.00
花生壳	0.62	0.56	0.69	0.53	0.44	0.00
甘蔗渣	9.77	6.22	6.48	9.37	9.96	0.00
甜菜渣	0.85	0.00	0.99	0.00	0.00	0.00
平均	4.93	4.74	5.44	3.73	4.93	10.53

(六)西北地区

2013—2015 年西北地区大田作物年均秸秆产量共 6 856 万 t(表 8-14),占全国总量的 8.22%,包括田间秸秆 6 332 万 t、加工剩余物 524 万 t。其中,玉米秸秆年均 2 303 万 t,占全区总量的 33.59%,包含田间秸秆 2018 万 t 和加工剩余物 285 万 t,主要产自新疆、甘肃及陕西。小麦秸秆年均产量为 1 839 万 t,占全区总量的 26.82%,主要产自新疆与陕西。另外,西北地区是全国棉花的主要产区,全区年均棉花秸秆共 1 216 万 t,包括田间秸秆 1 044 万 t、加工剩余物 173 万 t,占全国棉花秸秆总量的 60.11%。

新疆秸秆产量是西北地区最高的,秸秆产量为 3 183 万 t,包括田间秸秆 2 886 万 t 和加工剩余物 297 万 t,占西北地区总量的 46.42%。新疆以棉花秸秆为主,年均产量共 1 184 万 t,其中田间秸秆 1 016 万 t、加工剩余物 168 万 t,占全自治区总量的 37.20%。其次是小麦与玉米秸秆,分别占总量的 27.67%和 24.27%。

表 8-14 **2013—2015 年西北地区大田作物秸秆年均产量及其比例**

秸秆种类	西北地区		陕西		甘肃		青海		宁夏		新疆	
	秸秆产量/kt	比例/%	秸秆产量/kt	比例/%	秸秆产量/kt	比例/%	秸秆产量/kt	比例/%	秸秆产量/kt	比例/%	秸秆产量/kt	比例/%
田间秸秆	63 323.54	92.36	14 397.14	93.61	13 806.97	94.23	1 998.06	98.76	4 260.94	91.12	28 860.42	90.67
水稻	2 014.67	2.94	857.50	5.58	29.32	0.20	0.00	0.00	631.88	13.51	495.97	1.56
小麦	18 387.59	26.82	5 355.76	34.82	3 311.70	22.60	458.24	22.65	455.44	9.74	8 806.45	27.67
玉米	20 181.39	29.44	5 342.02	34.73	5 539.12	37.80	171.87	8.50	2 344.01	50.13	6 784.37	21.32
其他谷物	1 731.49	2.53	348.00	2.26	928.00	6.33	214.21	10.59	112.91	2.41	128.37	0.40
豆类	1 257.85	1.83	372.50	2.42	486.47	3.32	76.79	3.80	40.03	0.86	282.05	0.89
薯类	2 649.76	3.86	542.09	3.52	1 462.75	9.98	266.53	13.17	254.84	5.45	123.57	0.39
棉花	10 438.97	15.23	121.11	0.79	155.04	1.06	0.00	0.00	0.00	0.00	10 162.81	31.93
花生	105.46	0.15	84.62	0.55	3.84	0.03	0.00	0.00	0.00	0.00	17.00	0.05
油菜	3 011.18	4.39	1 065.86	6.93	870.89	5.94	796.96	39.39	0.00	0.00	277.47	0.87
芝麻	50.49	0.07	39.10	0.25	0.00	0.00	0.00	0.00	0.00	0.00	11.39	0.04
其他油料	2 863.63	4.18	209.96	1.37	969.77	6.62	13.41	0.66	420.36	8.99	1 250.13	3.93
其他麻类	116.37	0.17	4.15	0.03	22.05	0.15	0.00	0.00	0.00	0.00	90.17	0.28
甘蔗	0.15	0.00	0.15	0.00	0.00	0.00	0.00	0.00	0.00	0.00	0.00	0.00
甜菜	451.42	0.66	0.00	0.00	20.71	0.14	0.05	0.00	0.00	0.00	430.66	1.35
烤烟	63.10	0.09	54.32	0.35	7.31	0.05	0.00	0.00	1.47	0.03	0.00	0.00
加工剩余物	5 237.00	7.64	982.65	6.39	845.61	5.77	25.09	1.24	415.20	8.88	2 968.45	9.33
稻壳	383.46	0.56	155.08	1.01	5.93	0.04	0.00	0.00	108.51	2.32	113.94	0.36
玉米芯	2 850.67	4.16	779.04	5.07	799.46	5.46	25.06	1.24	306.69	6.56	940.41	2.95
棉籽皮	1 725.51	2.52	21.73	0.14	27.81	0.19	0.00	0.00	0.00	0.00	1 675.97	5.27
花生壳	33.11	0.05	26.57	0.17	1.21	0.01	0.00	0.00	0.00	0.00	5.34	0.02
甘蔗渣	0.23	0.00	0.23	0.00	0.00	0.00	0.00	0.00	0.00	0.00	0.00	0.00
甜菜渣	244.01	0.36	0.00	0.00	11.20	0.08	0.03	0.00	0.00	0.00	232.79	0.73
合计	68 560.53	100.00	15 379.79	100.00	14 652.58	100.00	2 023.15	100.00	4 676.14	100.00	31 828.87	100.00

注:比例,每种作物秸秆产量占秸秆产量合计的百分比。

陕西年均秸秆产量为1538万t，包括田间秸秆1 440万t和加工剩余物98万t，占西北地区总量的22.43%。陕西秸秆主要由玉米和小麦秸秆构成，二者之和占全省的74.62%。

甘肃年均秸秆量为1 465万t，包括田间秸秆1 381万t、加工剩余物85万t，占西北地区总量的21.37%。

宁夏与青海秸秆年均量分别为468万t和201万t，秸秆资源结构与西北地区整体类似。

西北地区大田作物年均播种面积为1 640万hm^2，秸秆单产为4.18 t/hm^2，其中田间秸秆3.86 t/hm^2、加工剩余物0.92 t/hm^2（表8-15）。新疆秸秆单产最高，为5.38 t hm^2，包含田间秸秆4.88 t/hm^2以及加工剩余物1.01 t/hm^2；宁夏单产最低，为3.00 t/hm^2，包括田间秸秆单产2.73 t/hm^2和加工剩余物单产1.15 t/hm^2。

表8-15　2013—2015年西北地区大田作物秸秆年均单产 t/hm^2

秸秆种类	西北地区	陕西	甘肃	青海	宁夏	新疆
田间秸秆	3.86	3.77	2.97	4.35	2.73	4.88
水稻	7.30	6.95	5.91	0.00	8.08	7.12
小麦	5.61	4.92	4.14	5.05	3.43	7.54
玉米	5.94	4.62	5.56	6.64	8.26	7.28
其他谷物	4.35	3.07	5.59	4.96	1.83	9.95
豆类	2.51	1.89	2.74	2.85	1.41	3.88
薯类	2.00	1.63	2.14	2.89	1.36	3.86
棉花	5.42	3.79	4.44	0.00	0.00	5.48
花生	2.78	2.56	3.24	0.00	0.00	4.63
油菜	5.33	5.22	5.23	5.38	0.00	6.15
芝麻	2.41	2.97	0.00	0.00	0.00	1.85
其他油料	0.63	0.43	0.60	0.42	0.54	0.77
其他麻类	6.55	6.55	6.55	0.00	0.00	6.55
甘蔗	3.45	3.47	0.00	0.00	0.00	0.00
甜菜	6.67	0.00	4.90	2.31	0.00	6.80
烤烟	1.70	1.63	2.27	0.00	3.49	0.00
加工剩余物	0.92	0.73	0.81	0.97	1.15	1.01
稻壳	1.39	1.26	1.20	0.00	1.39	1.64
玉米芯	0.84	0.67	0.80	0.97	1.08	1.01
棉籽皮	0.90	0.68	0.80	0.00	0.00	0.90
花生壳	0.87	0.80	1.02	0.00	0.00	1.46
甘蔗渣	5.42	5.44	0.00	0.00	0.00	0.00
甜菜渣	3.61	0.00	2.65	1.25	0.00	3.68
平均	4.18	4.03	3.15	4.40	3.00	5.38

第九章

秸秆利用状况和能源化可利用潜力

内容提要

本章从全国6个地区共9个省份调研样点获得有效问卷996份，确定作物秸秆主要利用方式为还田、焚烧、丢弃、用作饲料、家庭做饭取暖、用于造纸、发电、生产生物油以及其他利用。2015年全国秸秆总量中还田比例为37.23%、焚烧为28.25%、用作饲料为22.39%，用于家庭做饭取暖和丢弃的秸秆占比分别为5.03%和4.75%，发电和生产生物油的比例合计仅为0.76%。分地区来看，华北地区和华东地区还田比例最高，分别为41.37%和80.43%；东北地区、中南地区和西南地区以焚烧为主，分别为60.14%、40.84%和42.40%；而西北地区秸秆用作饲料比例最高(43.99%)。将焚烧、丢弃、做饭取暖、发电和生产生物油的秸秆资源量定义为秸秆可能源化利用潜力。2015年全国秸秆可利用潜力总量为3.01亿t，玉米秸秆最多(1.09亿t)，黄红麻秸秆最少(2.42万t)。根据地区分布，华北秸秆可能源化利用潜力为1 793.88万t，东北为9 643.85万t，华东为2 282.38万t，中南为9 902.45万t，西南为5 764.19万t，西北为731.74万t。华北地区和东北地区玉米秸秆可能源化利用潜力最高(分别为1 327.07和5 928.04万t)，华东、中南和西南地区潜力最高的为水稻秸秆(分别为451.60、3 143.71和1 803.99万t)，西北地区潜力最高的为小麦秸秆(135.93万t)。

一、2015 年秸秆利用状况

通过对 6 个地区 9 个省份选点面对面问卷调研(方法详见第七章)获得的 996 份有效问卷分析得出,2015 年全国秸秆总量中还田比例为 37.23%、焚烧为 28.25%、用作饲料为 22.39%(表 9-1),这 3 项合计达到 87.87%。用于家庭做饭取暖和丢弃的秸秆占比较小,分别为 5.03%和 4.75%,发电和生产生物油的比例合计仅为 0.76%。

表 9-1 2015 年中国作物秸秆不同途径利用的比例 %

秸秆类型	还田	焚烧	丢弃	饲料	做饭取暖	造纸	发电	生产生物油	其他
水稻	43.66	34.68	3.49	12.85	3.01	0.99	0.16	0.12	1.02
小麦	40.49	18.27	2.47	32.41	3.44	1.06	0.53	1.08	0.26
玉米	30.23	30.93	4.77	25.68	6.89	0.34	0.58	0.00	0.57
其他谷物	38.13	27.96	3.58	23.65	4.45	0.80	0.42	0.40	0.62
豆类	39.12	19.75	1.82	26.14	10.51	0.43	1.74	0.05	0.42
薯类	42.48	18.89	10.29	20.14	6.82	0.38	0.59	0.04	0.36
棉花	31.30	31.38	11.23	17.48	6.99	0.40	0.46	0.06	0.70
花生	30.15	22.03	12.09	20.79	4.39	0.24	0.38	0.03	9.91
油菜	30.62	32.80	9.38	18.10	7.72	0.38	0.59	0.04	0.36
芝麻	30.39	27.42	10.74	19.44	6.05	0.31	0.49	0.03	5.14
其他油料	30.39	27.42	10.74	19.44	6.05	0.31	0.49	0.03	5.14
黄麻和红麻	30.15	22.03	12.09	20.79	4.39	0.24	0.38	0.03	9.91
其他麻类	30.15	22.03	12.09	20.79	4.39	0.24	0.38	0.03	9.91
甘蔗	36.63	24.37	13.89	18.20	5.76	0.31	0.49	0.03	0.30
甜菜	42.48	18.89	10.29	20.14	6.82	0.38	0.59	0.04	0.36
烤烟	36.63	24.37	13.89	18.20	5.76	0.31	0.49	0.03	0.30
合计	37.23	28.25	4.75	22.39	5.03	0.70	0.47	0.29	0.89

注:合计,基于各作物秸秆总产量的加权平均数。

水稻秸秆还田占 43.66%、焚烧占 34.68%(表 9-1),还田和焚烧之和占全部水稻秸秆的 78.34%。另外,用作饲料的水稻秸秆占比为 12.85%,用于做饭取暖的比例为 3.01%,丢弃占 3.49%。而用于造纸、发电、生产生物油和其他利用方式的水稻秸秆比例更低,在 0.12%~1.02%,其合计为 2.29%。

小麦秸秆还田和用作饲料的比例较高,分别为 40.49%和 32.41%。焚烧占比为 18.27%,丢弃为 2.47%,这两项加和作为浪费秸秆比例达到 20.74%。在其余利用方式中,做饭取暖占 3.44%,造纸和生产生物油的比例分别为 1.06%和 1.08%,而用于发电的比例仅有 0.53%。

玉米秸秆以焚烧为主,还田次之,用作饲料第三,分别占玉米秸秆资源总量的 30.93%、30.23%和 25.68%。其他利用方式中,做饭取暖占 6.89%,丢弃占 4.77%,用于造纸、发电等所占比例为 0.34%～0.58%。

其他谷物秸秆利用方式中还田比例最高，为 38.13%；焚烧次之，为 27.96%；用作饲料为 23.65%（表 9-1）。其余利用方式中，做饭取暖和丢弃的比例分别为 4.45%和 3.58%，用于造纸的比例为 0.80%，用于发电和生产生物油的比例分别是 0.42%和 0.40%。

豆类秸秆还田占比最大，为 39.12%（表 9-1）。豆类作物由于根瘤菌的固氮作用，其秸秆蛋白质含量高，用作饲料的比例也较高，达到 26.14%。此外 19.75%的豆类秸秆被焚烧，10.51%用于做饭取暖。豆类秸秆用于造纸、发电、生产生物油的比例分别为 0.43%、1.74% 和 0.05%，仅有 1.82%被丢弃。

薯类秸秆还田占 42.48%；浪费秸秆占 29.18%，其中焚烧占 18.89%、丢弃占 10.29%（表 9-1）。用作饲料的比例为 20.14%，用于做饭取暖为 6.82%。用于造纸、发电、生产生物油以及其他利用方式的比例均较低，为 0.04%～0.59%。

棉花秸秆的主要利用方式为还田和焚烧，比例分别为 31.30%和 31.38%（表 9-1）。用作饲料的比例为 17.48%，丢弃的比例为 11.23%，做饭取暖的比例是 6.99%。造纸、发电和生产生物油的比例合计为 0.92%。

油料作物秸秆还田比例最高，为 30.15%（花生）～30.62%（油菜）（表 9-1）；其次为焚烧，油菜秸秆焚烧比例为 32.80%，芝麻和其他油料作物均为 27.42%，花生秸秆也有 22.03% 被焚烧。油料作物秸秆用作饲料的比例为 18.10%（油菜）～20.79%（花生），丢弃的比例为 9.38%（油菜）～12.09%（花生），用于做饭取暖的比例为 4.39%（花生）～7.72%（油菜）；用于造纸、发电和生产生物油的比例偏低，合计为 3.32%。

黄红麻和其他麻类作物秸秆还田占比均为 30.15%，用作饲料为 20.79%。浪费秸秆比例为 34.12%，其中焚烧 22.03%、丢弃 12.09%。做饭取暖比例是 4.39%，造纸、发电和生产生物油等利用比例共为 0.65%，其他利用方式的比例是 9.91%。

甘蔗秸秆还田占 36.63%（表 9-1），焚烧和丢弃合计占 38.26%，用作饲料为 18.20%，用于做饭取暖为 5.76%，用于发电为 0.49%，用于造纸为 0.31%，其他利用为 0.30%。

甜菜秸秆还田比例最高，为 42.48%；其次为用作饲料，为 20.14%。焚烧占 18.89%，丢弃占 10.29%，即浪费秸秆比例为 29.18%。另外，做饭取暖为 6.82%，发电占 0.59%，造纸为 0.38%，其他利用为 0.36%。

二、2015 年不同地区秸秆利用状况

（一）华北地区

华北地区秸秆利用以还田（41.37%）、焚烧（18.21%）和用作饲料（38.59%）为主，占秸

秆总量的98.17%(表9-2)。

薯类和甜菜秸秆还田比例最高,分别达到80.00%;豆类秸秆次之,为50%。其余作物依次为玉米和烤烟秸秆还田分别为48.87%和40.09%,花生和黄红麻秸秆还田35.38%,芝麻和其他油料作物秸秆还田34.75%,而水稻、小麦、其他谷物、棉花和油菜秸秆还田为25.00%~34.12%。

水稻秸秆的焚烧比例最高(34.90%),棉花秸秆次之(34.01%)(表9-2)。玉米、其他谷物、花生、油菜、芝麻和其他油料作物以及黄红麻秸秆的焚烧比例在20.23%(其他谷物)~26.72%(花生、黄红麻),烤烟秸秆焚烧比例为18.64%,薯类和甜菜秸秆焚烧比例较低(10.00%),而小麦和豆类秸秆没有被焚烧。

华北地区秸秆丢弃比例较低(0.85%),其中花生和黄红麻秸秆比例最高(13.79%),烤烟秸秆次之(12.97%)。其他依次为棉花秸秆12.22%,芝麻和其他油料作物秸秆7.89%,水稻、其他谷物和油菜秸秆分别是4.44%、1.48%和1.99%。

华北地区秸秆用作饲料的比例是38.59%(表9-2)。其中,小麦秸秆比例最高,为75.00%,豆类秸秆为50.00%,其他谷物秸秆用作饲料的比例为42.06%。水稻和玉米秸秆用作饲料的比例很接近,分别是25.83%和25.34%。棉花、花生、油菜、芝麻、其他油料、黄红麻和烤烟秸秆用作饲料的比例介于15.20%(棉花)~27.37%(油菜),薯类和甜菜秸秆分别为10.00%。

表9-2　2015年华北地区作物秸秆不同途径利用的比例　%

秸秆类型	还田	焚烧	丢弃	饲料	做饭取暖	造纸	发电	生产生物油	其他
水稻	25.26	34.90	4.44	25.83	8.00	0.19	0.67	0.00	0.71
小麦	25.00	0.00	0.00	75.00	0.00	0.00	0.00	0.00	0.00
玉米	48.87	25.79	0.00	25.34	0.00	0.00	0.00	0.00	0.00
其他谷物	33.04	20.23	1.48	42.06	2.67	0.06	0.22	0.00	0.24
豆类	50.00	0.00	0.00	50.00	0.00	0.00	0.00	0.00	0.00
薯类	80.00	10.00	0.00	10.00	0.00	0.00	0.00	0.00	0.00
棉花	30.06	34.01	12.22	15.20	7.35	0.32	0.50	0.04	0.31
花生	35.38	26.72	13.79	17.58	5.45	0.30	0.47	0.03	0.29
油菜	34.12	25.22	1.99	27.37	9.23	0.57	0.90	0.06	0.55
芝麻	34.75	25.97	7.89	22.47	7.34	0.43	0.68	0.05	0.42
其他油料	34.75	25.97	7.89	22.47	7.34	0.43	0.68	0.05	0.42
黄红麻	35.38	26.72	13.79	17.58	5.45	0.30	0.47	0.03	0.29
甜菜	80.00	10.00	0.00	10.00	0.00	0.00	0.00	0.00	0.00
烤烟	40.09	18.64	12.97	19.91	7.00	0.38	0.60	0.04	0.37
合计	41.37	18.21	0.85	38.59	0.82	0.04	0.07	0.00	0.05

注:合计,基于各作物秸秆总产量的加权平均数。

随着农村基础生活设施不断完善，秸秆作为家用燃料的比例大为降低，各类秸秆用于做饭取暖的比例最高的是油菜秸秆(9.23%)，水稻秸秆次之(8.00%)(表 9-2)，小麦、玉米、豆类、薯类和甜菜秸秆均不用于做饭取暖。秸秆用于造纸、发电和生产生物油的比例很低，合计只有 0.11%。

华北地区包括北京、天津、河北、山西和内蒙古，各省份秸秆利用比例结构相似，还田和用作饲料为主，占比范围分别为 36.47%～46.16%和 28.33%～48.38%，其次是焚烧，占比范围为 13.49%～23.06%，做饭取暖占比(0.08%～1.21%)明显大于造纸和发电(0.01%～0.11%)(表 9-3)。在这 5 个省份中，内蒙古秸秆还田和焚烧比例最高，而用作饲料却是最少的。河北秸秆用作饲料比例最高，焚烧的比例则最低。将焚烧和丢弃合计作为浪费秸秆的比例由高到低为内蒙古(24.05%)＞北京(19.28%)＞山西(18.54%)＞天津(17.72%)＞河北(14.42%)。

表 9-3　2015 年华北地区各省份作物秸秆不同途径利用的比例　　%

省份	还田	焚烧	丢弃	饲料	做饭取暖	造纸	发电	生产生物油	其他
北京	43.16	19.14	0.14	37.47	0.08	0.00	0.01	0.00	0.01
天津	37.33	16.89	0.83	43.84	0.93	0.03	0.07	0.00	0.07
河北	36.47	13.49	0.93	48.38	0.62	0.03	0.05	0.00	0.04
山西	42.40	18.24	0.30	38.69	0.31	0.01	0.03	0.00	0.02
内蒙古	46.16	23.06	0.99	28.33	1.21	0.07	0.11	0.01	0.07
合计	41.37	18.21	0.85	38.59	0.82	0.04	0.07	0.00	0.05

注：合计，基于各省份秸秆总产量的加权平均数。

(二)东北地区

东北地区秸秆以焚烧为主，为 60.14%，丢弃为 1.08%(表 9-4)，这两项之和为浪费秸秆，比例是 61.22%。秸秆用于做饭取暖的比例为 17.63%，还田和用作饲料分别是 9.08%和 8.16%，用于发电为 3.89%。水稻秸秆焚烧比例非常高，达到 92.32%，仅有 2.34%还田。其他作物秸秆焚烧的比例也较高，其中其他谷物秸秆为 58.91%，豆类秸秆也达到 50.00%，玉米和小麦秸秆的焚烧比例分别为 49.51%和 34.90%。焚烧比例较低的花生和其他麻类作物秸秆主要用作饲料和还田，比例分别是 68.33%和 16.67%。其他如小麦、薯类、棉花、油菜、甜菜和烤烟秸秆的还田比例高，占秸秆总量的 25.26%(小麦)～ 40.09%(烤烟)。用于做饭取暖的比例最高的是豆类秸秆(50.00%)，玉米秸秆次之(21.83%)，而其他作物秸秆用于做饭取暖比例较小，为 2.84%～9.23%。东北地区秸秆用于工业(包括造纸、发电和生产生物油)的比例更低，合计为 3.90%，其中以玉米秸秆发电比例最高，为 6.00%。

表 9-4　2015 年东北地区作物秸秆不同途径利用的比例　%

秸秆类型	还田	焚烧	丢弃	饲料	做饭取暖	造纸	发电	生产生物油	其他
水稻	2.34	92.32	0.00	2.50	2.84	0.00	0.00	0.00	0.00
小麦	25.26	34.90	4.44	25.83	8.00	0.19	0.67	0.00	0.71
玉米	11.80	49.51	1.39	9.47	21.83	0.00	6.00	0.00	0.00
其他谷物	13.13	58.91	1.94	12.60	10.89	0.06	2.22	0.00	0.24
豆类	0.00	50.00	0.00	0.00	50.00	0.00	0.00	0.00	0.00
薯类	34.12	25.22	1.99	27.37	9.23	0.57	0.90	0.06	0.55
棉花	30.06	34.01	12.22	15.20	7.35	0.32	0.50	0.04	0.31
花生	16.67	5.00	10.00	68.33	0.00	0.00	0.00	0.00	0.00
油菜	34.12	25.22	1.99	27.37	9.23	0.57	0.90	0.06	0.55
芝麻	25.39	15.11	6.00	47.85	4.61	0.28	0.45	0.03	0.28
其他油料	25.39	15.11	6.00	47.85	4.61	0.28	0.45	0.03	0.28
其他麻类	16.67	5.00	10.00	68.33	0.00	0.00	0.00	0.00	0.00
甜菜	34.12	25.22	1.99	27.37	9.23	0.57	0.90	0.06	0.55
烤烟	40.09	18.64	12.97	19.91	7.00	0.38	0.60	0.04	0.37
合计	9.08	60.14	1.08	8.16	17.63	0.01	3.89	0.00	0.01

注:合计,基于各作物秸秆总产量的加权平均数。

黑龙江秸秆焚烧比例最高,达到 62.73%;辽宁和吉林的焚烧比例分别为 59.27%和 55.99%(表 9-5)。浪费秸秆比例由高到低为黑龙江(63.64%)>辽宁(60.49%)>吉林(57.30%)。东北各省秸秆还田比例总体上较低,但其中吉林还田率最高,为 10.34%。秸秆作为家用做饭和取暖的燃料也是其重要的利用方式,吉林最高(18.22%),黑龙江次之(17.58%),辽宁最低(16.64%)。另外,秸秆发电在东北地区的利用比例达到 3.89%,其中吉林比例最高(4.55%),辽宁次之(4.07%),黑龙江最低(3.47%)。

表 9-5　2015 年东北地区各省份作物秸秆不同途径利用的比例　%

省份	还田	焚烧	丢弃	饲料	做饭取暖	造纸	发电	生产生物油	其他
辽宁	9.66	59.27	1.22	9.11	16.64	0.01	4.07	0.00	0.01
吉林	10.34	55.99	1.31	9.57	18.22	0.01	4.55	0.00	0.01
黑龙江	8.20	62.73	0.91	7.09	17.58	0.01	3.47	0.00	0.01
合计	9.08	60.14	1.08	8.16	17.63	0.01	3.89	0.00	0.01

注:合计,基于各省秸秆总产量的加权平均数。

(三)华东地区

华东地区秸秆还田比例很高,为 80.43%(表 9-6)。用作饲料和做饭取暖的比例分别是 7.07%和 2.58%。浪费秸秆比例较低,其中丢弃 4.96%、焚烧 3.52%。造纸、发电和生产生物油等工业利用比例仅为 1.40%。

表 9-6　2015 年华东地区作物秸秆不同途径利用的比例　%

秸秆类型	还田	焚烧	丢弃	饲料	做饭取暖	造纸	发电	生产生物油	其他
水稻	93.65	0.00	5.88	0.00	0.14	0.33	0.00	0.00	0.00
小麦	93.01	0.00	2.08	0.70	2.02	0.94	1.25	0.00	0.00
玉米	51.01	3.93	8.91	31.62	3.14	1.39	0.00	0.00	0.00
其他谷物	79.22	1.31	5.62	10.77	1.77	0.89	0.42	0.00	0.00
豆类	61.57	0.00	2.23	8.33	20.37	0.00	7.50	0.00	0.00
薯类	34.12	25.22	1.99	27.37	9.23	0.57	0.90	0.06	0.55
棉花	30.06	34.01	12.22	15.20	7.35	0.32	0.50	0.04	0.31
花生	35.38	26.72	13.79	17.58	5.45	0.30	0.47	0.03	0.29
油菜	34.12	25.22	1.99	27.37	9.23	0.57	0.90	0.06	0.55
芝麻	34.75	25.97	7.89	22.47	7.34	0.43	0.68	0.05	0.42
其他油料	34.75	25.97	7.89	22.47	7.34	0.43	0.68	0.05	0.42
黄红麻	35.38	26.72	13.79	17.58	5.45	0.30	0.47	0.03	0.29
其他麻类	35.38	26.72	13.79	17.58	5.45	0.30	0.47	0.03	0.29
甘蔗	40.09	18.64	12.97	19.91	7.00	0.38	0.60	0.04	0.37
烤烟	40.09	18.64	12.97	19.91	7.00	0.38	0.60	0.04	0.37
合计	80.43	3.52	4.96	7.07	2.58	0.68	0.71	0.01	0.05

注:合计,基于各作物秸秆总产量的加权平均数。

从全区来看,水稻和小麦秸秆还田比例较高,分别为 93.65%和 93.01%,没有焚烧(表 9-6)。棉花秸秆焚烧比例最高(34.01%),超过还田(30.06%)。另外,全区丢弃比例为 4.96%,其中花生、黄红麻和其他麻类作物秸秆的比例最高(13.79%),甘蔗和烤烟秸秆次之(12.97%)。秸秆用作饲料的比例是 7.07%,玉米最高(31.62%),小麦最低(0.70%)。秸秆用于家庭做饭取暖的比例较低,最高的是豆类(20.37%)。其余作物秸秆的利用比例在 0.14%(水稻)～9.23%(薯类、油菜)。用于造纸的比例是 0.68%,发电为 0.71%,而生产生物油的比例仅为 0.01%。

华东地区包括上海、江苏、浙江、安徽、福建、江西和山东。上海秸秆利用还田比例最高,为 90.28%,浪费秸秆比例最低,为 6.01%(表 9-7)。山东秸秆还田比例虽然在华东地区各省份中最低(74.77%),却是该省各利用方式中最高的;其用作饲料比例是各省份中最高的,为 11.61%。浙江和安徽的秸秆利用比例结构相似,均为还田比例最高,用作饲料次之,丢弃位于第三。

表 9-7 2015 年华东地区各省份作物秸秆不同途径利用的比例 %

省份	还田	焚烧	丢弃	饲料	做饭取暖	造纸	发电	生产生物油	其他
上海	90.28	0.77	5.24	1.95	0.96	0.47	0.30	0.00	0.01
江苏	85.32	2.43	4.53	4.29	2.12	0.61	0.66	0.00	0.04
浙江	81.49	3.81	5.26	5.46	2.84	0.41	0.65	0.01	0.07
安徽	79.44	4.11	4.66	7.01	3.15	0.66	0.90	0.01	0.06
福建	81.02	4.35	5.82	5.32	2.54	0.37	0.49	0.01	0.08
江西	83.97	3.92	5.75	3.90	1.77	0.35	0.27	0.01	0.07
山东	74.77	3.77	5.06	11.61	2.90	1.00	0.84	0.00	0.03
合计	80.43	3.52	4.96	7.07	2.58	0.68	0.71	0.01	0.05

注：合计，基于各省份秸秆总产量的加权平均数。

(四)中南地区

中南地区包括河南、湖北、湖南、广东、广西和海南。对于湖南，秸秆焚烧为 52.84%，丢弃为 1.16%(表 9-8)，即浪费秸秆比例为 54.00%。各作物中，甘蔗和烤烟秸秆焚烧比例最低(18.64%)，其余作物秸秆的焚烧比例在 25.22%(薯类)～100%(油菜)。湖南各作物秸秆还田比例是 42.75%，其中水稻秸秆还田最高，为 55.69%。各作物秸秆合计用于饲料的比例很少(1.75%)，但小麦和薯类秸秆用作饲料比例较高，分别是 25.83%和 27.37%。

表 9-8 2015 年湖南作物秸秆不同途径利用的比例 %

秸秆类型	还田	焚烧	丢弃	饲料	做饭取暖	造纸	发电	生产生物油	其他
水稻	55.69	42.51	0.00	0.52	0.00	0.00	0.00	1.28	0.00
小麦	25.26	34.90	4.44	25.83	8.00	0.19	0.67	0.00	0.71
玉米	14.59	71.12	14.29	0.00	0.00	0.00	0.00	0.00	0.00
其他谷物	31.85	49.51	6.24	8.78	2.67	0.06	0.22	0.43	0.24
豆类	36.37	40.07	3.09	14.49	3.17	1.28	0.15	0.14	1.24
薯类	34.12	25.22	1.99	27.37	9.23	0.57	0.90	0.06	0.55
棉花	30.06	34.01	12.22	15.20	7.35	0.32	0.50	0.04	0.31
花生	35.38	26.72	13.79	17.58	5.45	0.30	0.47	0.03	0.29
油菜	0.00	100.00	0.00	0.00	0.00	0.00	0.00	0.00	0.00
芝麻	17.69	63.36	6.89	8.79	2.72	0.15	0.23	0.02	0.14
其他油料	17.69	63.36	6.89	8.79	2.72	0.15	0.23	0.02	0.14
黄红麻	35.38	26.72	13.79	17.58	5.45	0.30	0.47	0.03	0.29
其他麻类	35.38	26.72	13.79	17.58	5.45	0.30	0.47	0.03	0.29
甘蔗	40.09	18.64	12.97	19.91	7.00	0.38	0.60	0.04	0.37
烤烟	40.09	18.64	12.97	19.91	7.00	0.38	0.60	0.04	0.37
合计	42.75	52.84	1.16	1.75	0.46	0.04	0.04	0.92	0.04

注：合计，基于各作物秸秆总产量的加权平均数。

对于广西，秸秆还田比例最高，为 37.15%，用作饲料比例为 14.18%（表 9-9）。焚烧和丢弃的比例分别是 28.75% 和 12.35%，即浪费比例为 41.10%。薯类秸秆还田比例最高（54.53%），豆类秸秆次之（50.00%），水稻秸秆位居第三（43.50%）。玉米秸秆浪费秸秆比例最高，为 62.50%。豆类秸秆还田和用作饲料各占 50.00%。

表 9-9 2015 年广西作物秸秆不同途径利用的比例 %

秸秆类型	还田	焚烧	丢弃	饲料	做饭取暖	造纸	发电	生产生物油	其他
水稻	43.50	37.72	2.23	12.46	0.00	0.00	0.00	0.00	4.09
小麦	25.26	34.90	4.44	25.83	8.00	0.19	0.67	0.00	0.71
玉米	7.78	62.50	0.00	8.89	17.36	0.00	0.00	0.00	3.47
其他谷物	25.51	45.04	2.22	15.73	8.45	0.06	0.22	0.00	2.76
豆类	50.00	0.00	0.00	50.00	0.00	0.00	0.00	0.00	0.00
薯类	54.53	5.12	32.71	1.52	6.12	0.00	0.00	0.00	0.00
棉花	30.06	34.01	12.22	15.20	7.35	0.32	0.50	0.04	0.31
花生	33.33	0.00	0.00	33.33	0.00	0.00	0.00	0.00	33.34
油菜	34.12	25.22	1.99	27.37	9.23	0.57	0.90	0.06	0.55
芝麻	17.06	12.61	1.00	13.68	4.61	0.28	0.45	0.03	50.28
其他油料	17.06	12.61	1.00	13.68	4.61	0.28	0.45	0.03	50.28
黄红麻	37.78	10.00	33.33	18.89	0.00	0.00	0.00	0.00	0.00
其他麻类	37.78	10.00	33.33	18.89	0.00	0.00	0.00	0.00	0.00
甘蔗	37.78	10.00	33.33	18.89	0.00	0.00	0.00	0.00	0.00
烤烟	37.78	10.00	33.33	18.89	0.00	0.00	0.00	0.00	0.00
合计	37.15	28.75	12.35	14.18	1.78	0.00	0.00	0.00	5.78

注：合计，基于各作物秸秆总产量的加权平均数。

中南地区其余 4 省不同作物秸秆利用比例如表 9-10 所示。水稻秸秆还田比例最高，为 49.60%，用作饲料为 6.49%，焚烧为 40.12%，丢弃为 1.12%，其他方式利用为 2.05%。玉米秸秆浪费即焚烧和丢弃之和比例最高，为 73.96%；还田比例最低，为 11.19%。用作饲料和做饭取暖的占比范围为 6.49%～33.83%；用于造纸、发电和生产生物油比例合计为 0.40%～0.86%。

表 9-10 2015 年河南、湖北、广东和海南作物秸秆不同途径利用的比例 %

秸秆类型	还田	焚烧	丢弃	饲料	做饭取暖	造纸	发电	生产生物油	其他
水稻	49.60	40.12	1.12	6.49	0.00	0.00	0.00	0.64	2.05
小麦	25.26	34.90	4.44	25.83	8.00	0.19	0.67	0.00	0.71
玉米	11.19	66.81	7.15	4.45	8.68	0.00	0.00	0.00	1.74
其他谷物	28.68	47.28	4.23	12.26	5.56	0.06	0.22	0.21	1.50
豆类	43.18	20.04	1.54	32.24	1.59	0.64	0.07	0.07	0.62
薯类	44.32	15.17	17.35	14.44	7.67	0.28	0.45	0.03	0.28
棉花	30.06	34.01	12.22	15.20	7.35	0.32	0.50	0.04	0.31

表 9-10

秸秆类型	还田	焚烧	丢弃	饲料	做饭取暖	造纸	发电	生产生物油	其他
花生	17.69	13.36	6.89	8.79	2.72	0.15	0.23	0.02	50.14
油菜	17.06	62.61	1.00	13.68	4.61	0.28	0.45	0.03	0.28
芝麻	17.37	37.98	3.95	11.24	3.67	0.22	0.34	0.02	25.21
其他油料	17.37	37.98	3.95	11.24	3.67	0.22	0.34	0.02	25.21
黄红麻	17.69	13.36	6.89	8.79	2.72	0.15	0.23	0.02	50.14
其他麻类	17.69	13.36	6.89	8.79	2.72	0.15	0.23	0.02	50.14
甘蔗	38.94	14.32	23.15	19.40	3.50	0.19	0.30	0.02	0.18
烤烟	38.94	14.32	23.15	19.40	3.50	0.19	0.30	0.02	0.18
合计	29.42	41.49	4.37	15.02	5.22	0.12	0.32	0.18	3.85

注:合计,基于各作物秸秆总产量的加权平均数。

总的来说,中南地区秸秆以焚烧和还田为主,其次是用作饲料,三者比例之和为87.25%。丢弃和用于做饭取暖的比例接近,分别为4.54%和4.15%(表9-11)。其中,海南秸秆还田比例最高(46.09%);湖南焚烧比例最高(52.84%),用作饲料(1.75%)和做饭取暖(0.46%)比例最低;河南用作饲料(18.20%)和做饭取暖(7.11%)比例最高,还田比例最低(23.38%)。

表 9-11 2015 年中南地区各省份作物秸秆不同途径利用的比例 %

省份	还田	焚烧	丢弃	饲料	做饭取暖	造纸	发电	生产生物油	其他
湖南	42.75	52.84	1.16	1.75	0.46	0.04	0.04	0.92	0.04
广西	37.15	28.75	12.35	14.18	1.78	0.00	0.00	0.00	5.78
河南	23.38	41.79	5.00	18.20	7.11	0.14	0.43	0.05	3.91
湖北	34.27	44.39	2.85	11.66	3.32	0.11	0.23	0.31	2.86
广东	43.97	34.70	4.82	8.81	1.38	0.06	0.08	0.46	5.74
海南	46.09	33.81	4.98	8.92	1.09	0.06	0.08	0.49	4.50
合计	33.12	40.84	4.54	13.29	4.15	0.11	0.26	0.25	3.45

注:合计,基于各省秸秆总产量的加权平均数。

(五)西南地区

西南地区包括重庆、四川、贵州、云南和西藏。在重庆,秸秆浪费比例高,为59.07%,其中丢弃占比30.00%,焚烧为29.07%(表9-12)。油菜秸秆浪费最多(焚烧48%、丢弃40%),豆类秸秆丢弃比例最低(3.09%);玉米秸秆焚烧比例最高(40.42%),丢弃比例为12.06%,还田比例最低(9.00%)。甘蔗和烤烟秸秆还田比例最高(40.09%),焚烧和丢弃之和即浪费秸秆比例最低(31.61%)。小麦秸秆焚烧比例最高(34.90%),用作饲料(25.83%)和还田比例次之(25.26%)。

表 9-12　2015 年重庆作物秸秆不同途径利用的比例　　%

秸秆类型	还田	焚烧	丢弃	饲料	做饭取暖	造纸	发电	生产生物油	其他
水稻	31.54	39.88	10.04	10.21	8.33	0.00	0.00	0.00	0.00
小麦	25.26	34.90	4.44	25.83	8.00	0.19	0.67	0.00	0.71
玉米	9.00	40.42	12.06	16.68	21.84	0.00	0.00	0.00	0.00
其他谷物	21.93	38.40	8.85	17.57	12.72	0.06	0.22	0.00	0.24
豆类	36.37	40.07	3.09	14.49	3.17	1.28	0.15	0.14	1.24
薯类	21.60	1.35	72.05	3.46	1.54	0.00	0.00	0.00	0.00
花生	35.38	26.72	13.79	17.58	5.45	0.30	0.47	0.03	0.29
油菜	0.00	48.00	40.00	0.00	12.00	0.00	0.00	0.00	0.00
芝麻	17.69	13.36	56.89	8.79	2.72	0.15	0.23	0.02	0.14
其他油料	17.69	13.36	56.89	8.79	2.72	0.15	0.23	0.02	0.14
其他麻类	35.38	26.72	13.79	17.58	5.45	0.30	0.47	0.03	0.29
甘蔗	40.09	18.64	12.97	19.91	7.00	0.38	0.60	0.04	0.37
烤烟	40.09	18.64	12.97	19.91	7.00	0.38	0.60	0.04	0.37
合计	22.02	29.07	30.00	10.10	8.55	0.10	0.04	0.01	0.11

注：合计，基于各作物秸秆总产量的加权平均数。

在云南，秸秆以焚烧为主，为 56.22%，用作饲料和还田分别是 26.58% 和 9.45%（表 9-13），二者合计为 36.03%。甘蔗和烤烟秸秆焚烧比例最高，为 100%；油菜秸秆焚烧比例达到 80.00%，剩余的用于做饭取暖为 20.00%；豆类秸秆焚烧比例最低（16.66%），用作饲料 80%，丢弃 3.34%。云南整体还田比例很低（9.45%），其中花生、其他麻类作物和薯类秸秆还田比例最高，范围为 34.12%～35.38%，而其他作物秸秆还田比例为 0%～17.69%。

表 9-13　2015 年云南作物秸秆不同途径利用的比例　　%

秸秆类型	还田	焚烧	丢弃	饲料	做饭取暖	造纸	发电	生产生物油	其他
水稻	9.34	56.58	0.77	26.40	1.25	0.00	0.00	0.00	5.66
小麦	11.11	51.39	0.28	23.89	0.00	0.00	0.00	13.33	0.00
玉米	14.30	51.74	0.47	27.41	6.08	0.00	0.00	0.00	0.00
其他谷物	11.58	53.24	0.51	25.90	2.44	0.00	0.00	4.44	1.89
豆类	0.00	16.66	3.34	80.00	0.00	0.00	0.00	0.00	0.00
薯类	34.12	25.22	1.99	27.37	9.23	0.57	0.90	0.06	0.55
花生	35.38	26.72	13.79	17.58	5.45	0.30	0.47	0.03	0.29
油菜	0.00	80.00	0.00	0.00	20.00	0.00	0.00	0.00	0.00
其他油料	17.69	53.36	6.89	8.79	12.72	0.15	0.23	0.02	0.14
其他麻类	35.38	26.72	13.79	17.58	5.45	0.30	0.47	0.03	0.29
甘蔗	0.00	100.00	0.00	0.00	0.00	0.00	0.00	0.00	0.00
烤烟	0.00	100.00	0.00	0.00	0.00	0.00	0.00	0.00	0.00
合计	9.45	56.22	0.87	26.58	3.99	0.03	0.04	0.85	1.97

注：合计，基于各作物秸秆总产量的加权平均数。

四川、贵州和西藏的秸秆也以浪费为主，还田和用作饲料次之。甘蔗和烤烟秸秆焚烧比例最高（59.32%），丢弃为 6.48%，还田为 20.05%，用作饲料为 9.95%（表 9-14）。水稻、小麦、玉米和其他谷物秸秆的焚烧比例在43.15%（小麦）～48.23%（水稻），丢弃占比为2.36%（小麦）～6.27%（玉米），浪费比例为45.51%～53.64%。油菜秸秆浪费比例为90.00%，用于做饭取暖10.00%。棉花秸秆焚烧和还田比例相似，分别是34.01%和30.06%。豆类秸秆用作饲料的比例最高（47.24%），还田为18.18%，浪费秸秆比例最低，为31.58%，焚烧和丢弃的比例分别是28.37%和3.21%。

表9-14　2015年四川、贵州和西藏作物秸秆不同途径利用的比例　%

秸秆类型	还田	焚烧	丢弃	饲料	做饭取暖	造纸	发电	生产生物油	其他
水稻	20.44	48.23	5.41	18.31	4.79	0.00	0.00	0.00	2.83
小麦	18.19	43.15	2.36	24.86	4.00	0.09	0.33	6.67	0.36
玉米	11.65	46.08	6.27	22.05	13.96	0.00	0.00	0.00	0.00
其他谷物	16.76	45.82	4.68	21.74	7.58	0.03	0.11	2.22	1.06
豆类	18.18	28.37	3.21	47.24	1.59	0.64	0.07	0.07	0.62
薯类	27.86	13.28	37.02	15.41	5.38	0.28	0.45	0.03	0.28
棉花	30.06	34.01	12.22	15.20	7.35	0.32	0.50	0.04	0.31
花生	35.38	26.72	13.79	17.58	5.45	0.30	0.47	0.03	0.29
油菜	0.00	40.00	50.00	0.00	10.00	0.00	0.00	0.00	0.00
芝麻	17.69	33.36	31.89	8.79	7.72	0.15	0.23	0.02	0.14
其他油料	17.69	33.36	31.89	8.79	7.72	0.15	0.23	0.02	0.14
黄红麻	35.38	26.72	13.79	17.58	5.45	0.30	0.47	0.03	0.29
其他麻类	35.38	26.72	13.79	17.58	5.45	0.30	0.47	0.03	0.29
甘蔗	20.05	59.32	6.48	9.95	3.50	0.19	0.30	0.02	0.18
甜菜	27.86	13.28	37.02	15.41	5.38	0.28	0.45	0.03	0.28
烤烟	20.05	59.32	6.48	9.95	3.50	0.19	0.30	0.02	0.18
合计	15.66	41.95	15.78	17.25	7.25	0.07	0.09	0.84	1.11

注：合计，基于各作物秸秆总产量的加权平均数。

西南地区各省份作物秸秆利用情况相似，浪费为主，占比范围为52.57%～59.07%；还田和用作饲料为辅，占比范围分别是9.45%～22.02%和10.10%～26.58%；做饭取暖占比为3.99%～8.55%（表9-15）。其中，重庆秸秆浪费比例最高（59.07%），用作饲料比例在各省份之间最低（10.10%）；云南秸秆用作饲料比例在各省份之间最高（26.58%），还田比例最低（9.45%）。

表9-15　2015年西南地区各省份作物秸秆不同途径利用的比例　%

省份	还田	焚烧	丢弃	饲料	做饭取暖	造纸	发电	生产生物油	其他
重庆	22.02	29.07	30.00	10.10	8.55	0.10	0.04	0.01	0.11
云南	9.45	56.22	0.87	26.58	3.99	0.03	0.04	0.85	1.97
四川	15.73	41.99	15.60	17.33	7.17	0.07	0.09	0.88	1.14
贵州	15.46	41.39	17.57	16.43	7.47	0.07	0.09	0.44	1.09
西藏	15.73	44.75	7.82	20.82	7.23	0.04	0.13	2.59	0.88
合计	16.08	42.40	14.27	18.09	7.23	0.08	0.09	0.65	1.13

注：合计，基于各省份秸秆总产量的加权平均数。

(六)西北地区

西北地区包括陕西、甘肃、青海、宁夏和新疆。宁夏秸秆利用以还田为主,比例为49.99%,用作饲料位居第二(30.49%),浪费比例为15.33%,其中焚烧为13.89%,丢弃为1.44%(表9-16)。在不同作物中,小麦秸秆还田比例最高(61.66%),玉米秸秆次之(54.40%),其他谷物秸秆第三(52.26%)。其他作物秸秆还田比例在34.12%~40.72%。玉米秸秆用作饲料比例最高(36.50%),薯类秸秆次之(27.37%),小麦秸秆用作饲料的比例最低,为13.75%。另外,有2.75%秸秆用于造纸,各作物秸秆占比范围为0.38%(烤烟)~10.82%(水稻)。豆类秸秆浪费比例最高(43.16%),玉米秸秆最低(9.10%)。

表9-16 2015年宁夏作物秸秆不同途径利用的比例 %

秸秆类型	还田	焚烧	丢弃	饲料	做饭取暖	造纸	发电	生产生物油	其他
水稻	40.72	21.82	0.00	26.64	0.00	10.82	0.00	0.00	0.00
小麦	61.66	13.75	1.25	13.75	0.00	9.59	0.00	0.00	0.00
玉米	54.40	8.38	0.72	36.50	0.00	0.00	0.00	0.00	0.00
其他谷物	52.26	14.65	0.66	25.63	0.00	6.80	0.00	0.00	0.00
豆类	36.37	40.07	3.09	14.49	3.17	1.28	0.15	0.14	1.24
薯类	34.12	25.22	1.99	27.37	9.23	0.57	0.90	0.06	0.55
其他油料	34.75	25.97	7.89	22.47	7.34	0.43	0.68	0.05	0.42
烤烟	40.09	18.64	12.97	19.91	7.00	0.38	0.60	0.04	0.37
合计	49.99	13.89	1.44	30.49	1.23	2.75	0.11	0.01	0.08

注:合计,基于各作物秸秆总产量的加权平均数。

新疆秸秆以用作饲料为主(64.63%),还田次之(25.30%)(表9-17)。浪费秸秆比例较低,焚烧和丢弃比例分别是3.05%和1.90%,合计为4.95%。其中,小麦秸秆用作饲料比例最高(93.47%),玉米秸秆次之(76.60%),其他谷物秸秆为65.30%。油菜秸秆用于还田为70.3%,其余作物秸秆还田比例为2.65%~67.69%,小麦秸秆最低。豆类秸秆的焚烧比例最高,为40.07%。花生和其他麻类作物秸秆丢弃比例最高,为13.79%。豆类秸秆浪费比例最高,其中以焚烧为主,占40.07%。

表9-17 2015年新疆作物秸秆不同途径利用的比例 %

秸秆类型	还田	焚烧	丢弃	饲料	做饭取暖	造纸	发电	生产生物油	其他
水稻	25.26	34.90	4.44	25.83	8.00	0.19	0.67	0.00	0.71
小麦	2.65	0.90	2.79	93.47	0.19	0.00	0.00	0.00	0.00
玉米	15.61	0.71	2.14	76.60	1.71	0.30	0.00	0.00	2.93
其他谷物	14.51	12.17	3.12	65.30	3.30	0.16	0.22	0.00	1.21
豆类	36.37	40.07	3.09	14.49	3.17	1.28	0.15	0.14	1.24

续表 9-17

秸秆类型	还田	焚烧	丢弃	饲料	做饭取暖	造纸	发电	生产生物油	其他
薯类	34.12	25.22	1.99	27.37	9.23	0.57	0.90	0.06	0.55
棉花	45.39	1.39	0.00	43.50	2.89	1.30	0.00	0.32	5.21
花生	35.38	26.72	13.79	17.58	5.45	0.30	0.47	0.03	0.29
油菜	70.03	1.67	0.00	15.82	5.19	2.34	0.00	0.57	4.37
芝麻	67.69	13.36	6.89	8.79	2.72	0.15	0.23	0.02	0.14
其他油料	67.69	13.36	6.89	8.79	2.72	0.15	0.23	0.02	0.14
其他麻类	35.38	26.72	13.79	17.58	5.45	0.30	0.47	0.03	0.29
甜菜	34.12	25.22	1.99	27.37	9.23	0.57	0.90	0.06	0.55
合计	25.30	3.05	1.90	64.63	1.92	0.54	0.04	0.11	2.50

注：合计，基于各作物秸秆总产量的加权平均数。

陕西、甘肃和青海的秸秆利用中，不同作物秸秆还田占比为32.16%～67.06%，用作饲料占比为13.68%～56.55%，浪费比例为5.98%～48.51%(表9-18)。其中，油菜秸秆还田比例最高(67.06%)，用作饲料比例最低(13.68%)；玉米秸秆用作饲料比例最高(56.55%)，浪费比例最低(5.98%)；花生和麻类作物秸秆浪费比例最高(40.51%)。

表 9-18　2015 年陕西、甘肃和青海作物秸秆不同途径利用的比例　　%

秸秆类型	还田	焚烧	丢弃	饲料	做饭取暖	造纸	发电	生产生物油	其他
水稻	32.99	28.36	2.22	26.24	4.00	5.50	0.33	0.00	0.36
小麦	32.16	7.33	2.02	53.61	0.10	4.80	0.00	0.00	0.00
玉米	35.01	4.55	1.43	56.55	0.86	0.15	0.00	0.00	1.47
其他谷物	33.38	13.41	1.89	45.47	1.65	3.48	0.11	0.00	0.61
豆类	36.37	40.07	3.09	14.49	3.17	1.28	0.15	0.14	1.24
薯类	34.12	25.22	1.99	27.37	9.23	0.57	0.90	0.06	0.55
棉花	37.73	17.70	6.11	29.35	5.12	0.81	0.25	0.18	2.76
花生	35.38	26.72	13.79	17.58	5.45	0.30	0.47	0.03	0.29
油菜	67.06	12.61	1.00	13.68	4.61	0.28	0.45	0.03	0.28
芝麻	51.22	19.66	7.39	15.63	5.03	0.29	0.46	0.03	0.28
其他油料	51.22	19.66	7.39	15.63	5.03	0.29	0.46	0.03	0.28
其他麻类	35.38	26.72	13.79	17.58	5.45	0.30	0.47	0.03	0.29
甘蔗	40.09	18.64	12.97	19.91	7.00	0.38	0.60	0.04	0.37
甜菜	34.12	25.22	1.99	27.37	9.23	0.57	0.90	0.06	0.55
烤烟	40.09	18.64	12.97	19.91	7.00	0.38	0.60	0.04	0.37
合计	37.50	10.58	2.05	45.00	1.98	2.04	0.15	0.01	0.69

注：合计，基于各作物秸秆总产量的加权平均数。

西北地区总的来说，秸秆以用作饲料为主(43.99%)，还田次之(36.70%)，浪费秸秆比例为13.93%，用于造纸的比例为1.98%，用于发电和生产生物油的比例分别是0.14%和0.04%(表9-19)。其中，在各省份之间，新疆秸秆用作饲料比例最高(64.63%)，还田比例最低(25.30%);宁夏用作饲料比例在西北地区最低(30.49%),但还田最多(49.99%)。

表 9-19　2015 年西北地区各省份作物秸秆不同途径利用的比例　　%

省份	还田	焚烧	丢弃	饲料	做饭取暖	造纸	发电	生产生物油	其他
宁夏	49.99	13.89	1.44	30.49	1.23	2.75	0.11	0.01	0.08
新疆	25.30	3.05	1.90	64.63	1.92	0.54	0.04	0.11	2.50
陕西	36.45	9.85	1.99	46.98	1.54	2.44	0.11	0.01	0.65
甘肃	37.28	10.94	2.18	44.75	2.22	1.67	0.17	0.02	0.79
青海	46.78	13.54	1.62	32.09	3.47	1.73	0.32	0.03	0.43
合计	36.70	11.19	2.74	43.99	2.23	1.98	0.14	0.04	1.01

注:合计,基于各省份秸秆总产量的加权平均数。

三、2015 年秸秆可能源化利用潜力

(一)秸秆可能源化利用潜力

秸秆可能源化利用潜力包括焚烧、丢弃、做饭取暖、发电和生产生物油的秸秆资源量。2015 年中国各作物秸秆可能源化利用比例及潜力如表 9-20 所示,秸秆可利用潜力总量为 3.01 亿 t,玉米秸秆最高(1.09 亿 t),水稻次之(8 521.96 万 t),黄红麻最少(2.42 万 t)。油菜秸秆可能源化利用潜力虽然不是最大的(3076.73 万 t),但其可能源化利用比例最高(50.53%),棉花秸秆可利用比例次之(50.12%)。除小麦秸秆较低(25.79%)外,其余作物秸秆可能源化利用比例在 33.87%～44.73%。

表 9-20　2015 年中国作物秸秆可能源化利用潜力

秸秆类型	可能源化利用潜力		焚烧	丢弃	做饭取暖	发电	生产生物油
	/%	/万 t	/%	/%	/%	/%	/%
水稻	41.46	8 521.96	34.68	3.49	3.01	0.16	0.12
小麦	25.79	3 369.29	18.27	2.47	3.44	0.53	1.08
玉米	43.17	10 884.54	30.93	4.77	6.89	0.58	0.00
其他谷物	36.81	384.14	27.96	3.58	4.45	0.42	0.40
豆类	33.87	1 014.92	19.75	1.82	10.51	1.74	0.05
薯类	36.63	754.62	18.89	10.29	6.82	0.59	0.04
棉花	50.12	374.83	31.38	11.23	6.99	0.46	0.06
花生	38.92	551.90	22.03	12.09	4.39	0.38	0.03
油菜	50.53	3 076.73	32.80	9.38	7.72	0.59	0.04
芝麻	44.73	54.44	27.42	10.74	6.05	0.49	0.03
其他油料	44.73	324.56	27.42	10.74	6.05	0.49	0.03
黄红麻	38.92	2.42	22.03	12.09	4.39	0.38	0.03

续表 9-20

秸秆类型	可能源化利用潜力		焚烧	丢弃	做饭取暖	发电	生产生物油
	/%	/万 t	/%	/%	/%	/%	/%
其他麻类	38.92	39.68	22.03	12.09	4.39	0.38	0.03
甘蔗	44.54	629.31	24.37	13.89	5.76	0.49	0.03
甜菜	36.63	19.56	18.89	10.29	6.82	0.59	0.04
烤烟	44.54	115.63	24.37	13.89	5.76	0.49	0.03
总计	38.79	30 118.53	28.25	4.75	5.03	0.47	0.29

注:1. 可能源化利用潜力是焚烧、丢弃、做饭取暖、发电和生产生物油所用秸秆之和。
2. %,占作物秸秆总量比例。
3. 总计%,基于各作物秸秆总产量的加权平均数。

(二)秸秆可能源化利用潜力的分布

1. 华北地区

华北地区棉花秸秆可能源化利用比例最高(54.12%),水稻秸秆次之(48.01%)。除小麦和豆类秸秆没有可利用潜力外,其余作物秸秆可利用比例在 10.00%～46.46%(表 9-21)。华北地区秸秆可利用潜力为 1 793.88 万 t,玉米秸秆最高(1 327.07 万 t),占全区秸秆可利用潜力的 73.98%;黄红麻秸秆可利用潜力最低(0.04 万 t)。

玉米秸秆在各省份中可利用潜力从小到大为北京(11.22 万 t)＜天津(23.53 万 t)＜山西(226.95 万 t)＜河北(392.02 万 t)＜内蒙古(673.35 万 t)。不同省份中,内蒙古秸秆可利用潜力最大(928.65 万 t),河北次之(562.59 万 t),分别占全区的 51.77%和 31.36%。

表 9-21　2015 年华北地区各省份作物秸秆可能源化利用潜力

秸秆类型	合计		北京	天津	河北	山西	内蒙古
	/%	/万 t	/万 t	/万 t	/万 t	/万 t	/万 t
水稻	48.01	53.60	0.07	7.25	24.87	0.23	21.18
小麦	0.00	0.00	0.00	0.00	0.00	0.00	0.00
玉米	25.79	1 327.07	11.22	23.53	392.02	226.95	673.35
其他谷物	24.60	37.99	0.01	0.03	10.56	9.42	17.98
豆类	0.00	0.00	0.00	0.00	0.00	0.00	0.00
薯类	10.00	15.09	0.04	0.03	4.37	1.54	9.11
棉花	54.12	58.66	0.01	3.63	52.95	2.05	0.02
花生	46.46	53.42	0.21	0.14	50.91	0.48	1.69
油菜	37.40	43.63	0.00	0.00	2.85	0.64	40.13
芝麻	41.93	0.87	0.00	0.00	0.63	0.15	0.09
其他油料	41.93	199.75	0.06	0.06	22.40	14.60	162.65
黄红麻	46.46	0.04	0.00	0.00	0.04	0.00	0.00
甜菜	10.00	3.00	0.00	0.00	0.82	0.05	2.13
烤烟	39.25	0.76	0.00	0.00	0.18	0.26	0.32
总计	19.95	1 793.88	11.61	34.66	562.59	256.37	928.65

注:1. %,作物秸秆可能源化利用潜力占该作物秸秆量的比例。
2. 总计%,基于各作物秸秆总产量的加权平均数。

2. 东北地区

东北地区棉花秸秆可能源化利用潜力比例为 54.12%,小麦秸秆为 48.01%,玉米和其他谷物秸秆分别为 78.73%和 73.96%,水稻秸秆比例高达 95.16%,豆类秸秆更是达到 100%(表 9-22)。从质量上看以玉米和水稻秸秆为主,玉米秸秆可利用潜力最大(5 928.04 万 t),占全区秸秆总量的 61.47%,水稻秸秆位居第二(3 001.76 万 t),棉花秸秆最小(0.02 万 t)。

从各省来看,黑龙江秸秆可利用量最多(5 314.21 万 t),占全区总量的 55.10%,辽宁为 1 504.68 万 t,仅占全区的 15.60%。各省谷类作物秸秆(水稻、玉米、小麦和其他谷物)可能源化利用潜力均最高,占比分别为 96.44%(辽宁)、96.15%(吉林)和 90.02%(黑龙江)。其次是薯类和豆类秸秆,在辽宁可利用潜力分别为 35.09 万 t 和 10.77 万 t,在黑龙江分别为 494.18 万 t 和 22.51 万 t,两种作物秸秆的可能源化利用潜力分别处于所在省的第三、四位。

表 9-22 2015 年东北地区各省份作物秸秆可能源化利用潜力

秸秆类型	合计		辽宁	吉林	黑龙江
	/%	/万 t	/万 t	/万 t	/万 t
水稻	95.16	3 001.76	458.42	617.59	1 925.76
小麦	48.01	12.61	1.57	0.06	10.98
玉米	78.73	5 928.04	983.43	2 098.50	2 846.11
其他谷物	73.96	8.58	7.72	0.00	0.86
豆类	100.00	602.23	35.09	72.96	494.18
薯类	37.40	46.63	10.77	13.35	22.51
棉花	54.12	0.02	0.02	0.00	0.00
花生	15.00	13.66	5.78	7.21	0.67
油菜	37.40	0.21	0.21	0.00	0.00
芝麻	26.20	0.34	0.02	0.29	0.02
其他油料	26.20	23.47	0.75	13.71	9.01
其他麻类	15.00	1.95	0.00	0.00	1.95
甜菜	37.40	0.48	0.18	0.04	0.25
烤烟	39.25	3.88	0.73	1.24	1.91
总计	82.74	9 643.85	1 504.68	2 824.96	5 314.21

注:1. %,作物秸秆可能源化利用潜力占该作物秸秆量的比例。
2. 总计%,基于各作物秸秆总产量的加权平均数。

3. 华东地区

华东地区棉花秸秆可能源化利用比例最高(54.12%),花生、黄红麻和其他麻类作物秸秆次之(46.46%),小麦、水稻和其他谷物秸秆可利用率较低,分别为 5.35%、6.02%和 9.12%(表 9-23)。其余作物秸秆比例在 15.98%~41.93%。

从绝对质量看，水稻秸秆可利用潜力最高(451.60 万 t)，占秸秆总量的 19.79%；玉米和油菜秸秆可利用量分别为 380.30 万 t 和 375.19 万 t，占比位于第二、三位。

各省份中，山东秸秆可利用潜力最高(709.28 万 t)，占全区的 31.08%。该省玉米秸秆可利用量最大(268.74 万 t)，其次是小麦秸秆(174.50 万 t)和花生秸秆(132.07 万 t)。安徽油菜秸秆可利用潜力最大(140.75 万 t)，水稻秸秆次之(95.76 万 t)，分别占该省可能源化利用秸秆总量的 24.75%和 16.84%。其余省份均是水稻秸秆可利用潜力最高，占秸秆总量的 29.89%(江苏)～ 60.85%(上海)。

表 9-23　2015 年华东地区各省份作物秸秆可能源化利用潜力

秸秆类型	合计		上海	江苏	浙江	安徽	福建	江西	山东
	/%	/万 t	/万 t	/万 t	/万 t	/万 t	/万 t	/万 t	/万 t
水稻	6.02	451.60	6.48	145.75	37.24	95.76	33.29	125.70	7.39
小麦	5.35	351.27	1.16	88.56	2.26	84.55	0.04	0.19	174.50
玉米	15.98	380.30	0.27	34.66	4.07	68.20	2.71	1.66	268.74
其他谷物	9.12	21.05	0.95	16.06	2.39	0.95	0.40	0.15	0.15
豆类	30.10	153.37	0.38	33.65	16.38	61.33	10.65	15.13	15.86
薯类	37.40	94.24	0.12	6.53	12.06	6.49	27.85	13.88	27.31
棉花	54.12	164.87	0.08	21.19	3.61	42.36	0.01	20.89	76.71
花生	46.46	252.62	0.12	20.53	3.10	55.28	14.35	27.17	132.07
油菜	37.40	375.19	1.07	118.52	28.00	140.75	2.10	82.41	2.35
芝麻	41.93	11.44	0.00	1.42	0.78	5.97	0.15	3.03	0.08
其他油料	41.93	2.46	0.00	0.01	0.00	0.06	0.01	0.01	2.37
黄红麻	46.46	1.11	0.00	0.00	0.02	1.04	0.00	0.05	0.00
其他麻类	46.46	6.24	0.00	0.30	0.03	4.05	0.00	1.86	0.00
甘蔗	39.25	8.08	0.02	0.38	2.49	0.81	1.74	2.64	0.00
烤烟	39.25	8.55	0.00	0.00	0.04	1.20	4.04	1.52	1.75
总计	11.78	2282.38	10.65	487.56	112.47	568.79	97.35	296.27	709.28

注：1. %，作物秸秆可能源化利用潜力占该作物秸秆量的比例。

2. 总计%，基于各作物秸秆总产量的加权平均数。

4. 中南地区

中南地区玉米秸秆可能源化利用比例最高(82.64%)，油菜秸秆次之(68.70%)，花生、黄红麻和其他麻类作物秸秆可能源化利用比例最低(23.22%)(表 9-24)。

水稻、小麦、玉米和油菜秸秆可能源化利用潜力最高(1 307.33 万～3 143.71 万 t)，占全区秸秆总量的 13.20%～31.75%；黄红麻、其他油料和其他麻类作物秸秆可能源化利用潜力最低(1.17 万～8.09 万 t)。小麦和玉米秸秆利用潜力主要在河南，该省可能源化小麦秸秆潜力为2 168.27 万 t，是全区可能源化利用潜力最高的种类，占中南地区秸秆可能源化利用总潜力的 21.89%；可能源化玉米秸秆潜力为 1 424.63 万 t，占全区秸秆可能源化利用总潜力的14.38%。水稻秸秆能源化利用潜力主要在湖南、湖北、广西和广东，这4省可能源化水稻秸秆潜力范围为487.74万～1 135.00万t，其总和(2 850.76万t)占全区秸秆可利用总潜力的28.78%。油菜秸秆利用潜力主要在湖南、湖北和河南，可利用潜力为152.02万～628.21万t，其总和(1 356.67万t)占全区秸秆可利用总潜力的13.70%。

各省份中河南秸秆可利用潜力最高(4 159.00万t)，占全区秸秆总量的42.00%。其中，小麦秸秆可利用潜力最高(2 168.27万t)，玉米秸秆次之(1 424.63万t)，二者之和为3 592.90万t，占全省总潜力的86.39%。广东和海南秸秆可能源化利用潜力较小，分别为685.66万t和99.21万t。在这两省，水稻秸秆可利用潜力最大，分别为487.74万t和77.04万t，分别占其全省总可利用潜力的71.13%和77.65%。

表9-24 2015年中南地区各省份作物秸秆可能源化利用潜力

秸秆类型	合计		河南	湖北	湖南	广东	广西	海南
	/%	/万t	/万t	/万t	/万t	/万t	/万t	/万t
水稻	41.88	3 143.71	215.92	728.00	1 135.00	487.74	500.02	77.04
小麦	48.01	2 456.07	2 168.27	280.90	6.20	0.18	0.52	0.00
玉米	82.64	2 018.11	1 424.63	231.08	132.25	50.82	179.32	0.00
其他谷物	57.50	38.79	14.41	13.34	6.03	2.80	2.08	0.13
豆类	23.31	59.92	17.04	10.18	24.32	7.65	0.00	0.73
薯类	40.67	129.33	18.92	21.03	23.10	39.57	19.98	6.73
棉花	54.12	97.12	16.48	53.96	26.22	0.00	0.46	0.00
花生	23.22	169.78	96.91	19.87	17.85	31.90	0.00	3.24
油菜	68.70	1 307.33	152.02	522.44	628.21	1.74	2.92	0.00
芝麻	45.96	38.79	22.37	13.40	2.16	0.42	0.28	0.16
其他油料	45.96	4.14	1.20	2.41	0.23	0.00	0.30	0.00
黄红麻	23.22	1.17	1.08	0.00	0.06	0.01	0.00	0.02
其他麻类	23.22	8.09	0.27	3.32	4.50	0.00	0.00	0.00
甘蔗	41.29	409.04	1.02	1.35	2.64	61.19	331.69	11.15
烤烟	41.29	21.06	8.46	2.54	7.57	1.63	0.85	0.00
总计	51.22	9 902.45	4 159.00	1 903.81	2 016.35	685.66	1 038.42	99.21

注：1. %，作物秸秆可能源化利用潜力占该作物秸秆量的比例。
2. 总计%，基于各作物秸秆总产量的加权平均数。

5. 西南地区

西南各省市油料作物秸秆可利用比例高，其中油菜为100%，芝麻和其他油料作物秸秆为73.22%(表9-25)。多数作物秸秆可能源化利用比例在46.46%～66.31%；而豆类秸秆可利用比例最低，为33.31%。该地区秸秆可能源化利用潜力总量为5 764.19万t。其中，水稻秸秆可利用潜力最高(1 803.99万t)，油菜(1 298.84万t)和玉米秸秆(1 101.28万t)次之。除黄红麻和甜菜秸秆外(0.01万t)，棉花和芝麻秸秆可利用潜力也很低，分别为1.99

万 t 和 1.66 万 t;其余作物秸秆在 8.95 万～413.41 万 t。

不同省份中,四川可利用秸秆总量最高(2 549.18 万 t),占全区秸秆总可利用潜力的 44.22%(表 9-25)。其中,水稻秸秆可利用潜力最大(816.47 万 t),油菜秸秆次之(710.82 万 t),占全省可利用潜力的 27.88%。四川是西南地区唯一拥有黄红麻和甜菜秸秆生产数据的省份,但其可利用量很少,仅有 0.01 万 t。云南秸秆可利用总量为 1419.10 万 t,占全区可利用潜力的 24.62%。该省水稻秸秆可利用潜力最高(440.71 万 t),玉米秸秆次之(344.12 万 t),其他麻类作物秸秆最低(0.15 万 t)。秸秆可能源化利用潜力位于贵州前三的分别是水稻(278.12 万 t)、油菜(265.31 万 t)和玉米秸秆(171.92 万 t)。

表 9-25　2015 年西南地区各省份作物秸秆可能源化利用潜力

秸秆类型	合计		重庆	四川	贵州	云南	西藏
	/%	/万 t	/万 t	/万 t	/万 t	/万 t	/万 t
水稻	58.43	1 803.99	268.41	816.47	278.12	440.71	0.28
小麦	56.51	413.41	11.85	269.81	44.96	70.67	16.13
玉米	66.31	1 101.28	158.29	426.50	171.92	344.12	0.45
其他谷物	60.41	247.74	2.09	58.58	18.08	66.25	102.73
豆类	33.31	144.34	33.97	50.58	17.41	41.47	0.91
薯类	56.16	374.21	112.66	142.08	83.61	35.58	0.28
棉花	54.12	1.99	0.00	1.78	0.21	0.00	0.00
花生	46.46	57.65	6.99	39.71	6.15	4.80	0.00
油菜	100.00	1 298.84	139.26	710.82	265.31	167.09	16.37
芝麻	73.22	1.66	1.00	0.66	0.00	0.00	0.00
其他油料	73.22	8.95	1.00	1.41	3.39	3.16	0.00
黄红麻	46.46	0.10	0.00	0.10	0.00	0.00	0.00
其他麻类	46.46	18.90	2.56	15.85	0.33	0.15	0.00
甘蔗	69.62	212.18	0.39	3.84	11.08	196.87	0.00
甜菜	56.16	0.01	0.00	0.01	0.00	0.00	0.00
烤烟	69.62	78.94	2.42	10.98	17.30	48.24	0.00
总计	65.11	5 764.19	740.88	2 549.18	917.88	1 419.10	137.15

注:1. %,作物秸秆可能源化利用潜力占该作物秸秆量的比例。
2. 总计%,基于各作物秸秆总产量的加权平均数。

6. 西北地区

西北地区所有作物秸秆可能源化利用比例为 11.33%。不同作物秸秆中,豆类、花生和其他麻类作物秸秆最高(46.46%～46.62%),其次为水稻、薯类、棉花、芝麻、甘蔗、甜菜和烤烟(29.36%～39.25%),再次为小麦(9.45%)和油菜(18.70%),玉米秸秆最低(6.84%)(表 9-26)。全区可能源化利用总潜力为 731.74 万 t,其中,小麦秸秆可利用潜力最高(135.93 万 t),占全区秸秆可利用总量的 18.58%;玉米秸秆次之(129.74 万 t),占全区秸秆可利用总量的17.73%;甘蔗秸秆可利用潜力最小(0.01万t)。

各省份秸秆可能源化利用潜力从高到低为甘肃>新疆>陕西>宁夏>青海。甘肃、新疆和陕西可利用潜力分别是217.63万t、208.81万t和197.49万t,三者总量占西北地区总潜力的85.27%。甘肃薯类秸秆可利用潜力最高(52.24万t),占全省可利用的24.00%。新疆棉花秸秆可利用潜力最高(45.92万t),占全省可利用的21.90%。陕西可利用潜力最高为小麦秸秆(54.98万t),占全省可利用的27.84%。宁夏作物秸秆可利用潜力是70.45万t,最高的是玉米秸秆(22.09万t)占全省可利用的31.36%。青海可能源化利用潜力在全区最低(37.36万t),其中油菜秸秆占比最大(14.45万t)。

表9-26　2015年西北地区各省份作物秸秆可能源化利用潜力

秸秆类型	合计		陕西	甘肃	青海	宁夏	新疆
	/%	/万t	/万t	/万t	/万t	/万t	/万t
水稻	34.91	67.30	30.14	0.91	0.00	13.12	23.12
小麦	9.45	135.93	54.98	33.46	4.22	6.42	36.85
玉米	6.84	129.74	35.66	38.29	1.22	22.09	32.47
其他谷物	17.06	29.99	5.66	16.31	3.80	1.39	2.84
豆类	46.62	55.06	13.47	22.96	3.56	2.16	12.92
薯类	37.40	95.12	19.87	52.24	9.75	8.63	4.63
棉花	29.36	52.17	2.97	3.27	0.00	0.00	45.92
花生	46.46	4.77	3.90	0.18	0.00	0.00	0.69
油菜	18.70	51.53	20.76	16.33	14.45	0.00	0.00
芝麻	32.57	1.34	0.96	0.00	0.00	0.00	0.38
其他油料	32.57	85.79	6.90	31.74	0.36	16.59	30.20
其他麻类	46.46	4.50	0.18	1.03	0.00	0.00	3.29
甘蔗	39.25	0.01	0.01	0.00	0.00	0.00	0.00
甜菜	37.40	16.07	0.00	0.56	0.00	0.00	15.51
烤烟	39.25	2.44	2.04	0.34	0.00	0.06	0.00
总计	11.33	731.74	197.49	217.63	37.36	70.45	208.81

注:1. %,作物秸秆可能源化利用潜力占该作物秸秆量的比例。
2. 总计%,基于各省作物秸秆总产量的加权平均数。

第十章

秸秆收储运模式

内容提要

本章通过问卷调研研究了中国主要作物秸秆的收储运现状，优化了其收储运模式以尽可能实现成本最小化。小麦秸秆的收集过程中需要经过机械打捆和中转站临时储存环节，水稻秸秆和玉米秸秆的收储运模式与小麦秸秆相似，均需经收储站中转，而棉花秸秆在收集前需要进行切碎处理。各类秸秆的收储运成本均大于 200 元/t，其中小麦秸秆的收储运总成本为 232.94 元/t、水稻秸秆为 279.99 元/t、玉米秸秆为 224.92 元/t、棉花秸秆为 223.12 元/t，各类作物收储运成本中占比最高的均为运输成本。对影响秸秆收储运成本的因子进行敏感性分析发现，生物质利用加工厂每年秸秆需求量对棉花秸秆收储运模式的成本影响最大，将需求量增加 20%后成本增加了 14.59%。油价、收割机的收获速率和可持续移走量对小麦秸秆收储运成本的影响较大，这 3 个因子的模拟成本与初始成本相比分别变化了 10.61%、4.54%和5.14%，其他参数的影响较小。从收储站到生物质厂运输距离和从田间到收储站距离，对水稻秸秆收储运的成本影响较大，当这两个因子分别增加为原来数值的 20%时，成本相应增加了 13.06%和 11.83%。玉米秸秆收储运模式中对成本最为敏感的因子为收获速率和油价，这两个因子增加 20%后成本分别降低了 16.50%和增加了 14.07%。

一、国外收储运模式概况

欧美等发达国家采用较为先进的集中型秸秆收储运模式，有完善的配套机械，目前正朝着高密度和规模化方向发展。以农场种植为主的现代农业体系发展相对健全，作物收获后将秸秆用打包机打捆后在田间地头堆放，由专业公司运输到相应企业。该模式通过秸秆利用企业和农场主签订供货合同来进行约束（吕风朝，2017），在丹麦得到了广泛的应用，可以保证秸秆的持续供应。生产者与企业之间的秸秆交易采用期货合同的形式，也可与承包商签订，合同通常会包括交货日期、供货数量、协议价格以及质量标准等内容，秸秆价格由供应商和购买商共同决定，以避免任何一方改变价格（田宜水，2010）。

徐亚云等（2014b）分析了国外小麦和玉米秸秆典型收储运模式（图 10-1）。小麦秸秆收获后采用打捆机打捆后装载、运输、堆垛，或者收获后散装、运输、堆垛。玉米秸秆收获后经揉切后打成方捆，然后运输、堆垛或是经揉搓后散装、运输、储存。

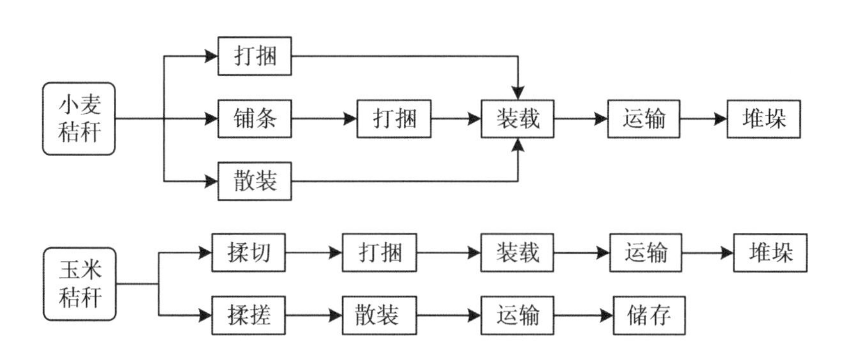

图 10-1　**国外小麦和玉米秸秆收储运模式**（徐亚云等，2014b）

美国秸秆收储运的主要方式称为 BioFeed 模式（图 10-2），主要特点是秸秆经打包后由专业的运输公司销售到秸秆利用企业。

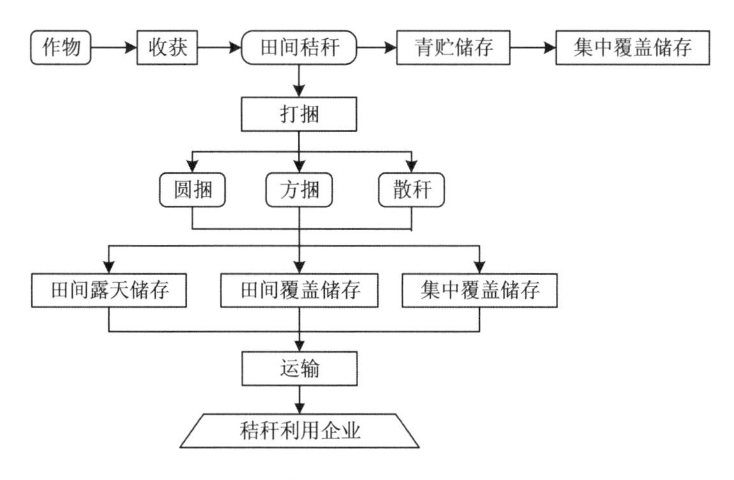

图 10-2　**美国作物秸秆收储运 BioFeed 模式**（Shastri *et al.*，2011）

二、中国收储运模式概况

(一)收储运面临的困境

生物质原料需求量较大,以年消耗秸秆量为20万t的生物质能生产厂为例,需要收集的作物面积为40万~60万亩(1亩≈666.67 m^2)。如果考虑秸秆的其他竞争性利用,收集作物秸秆面积会达到150万亩。但是,由于秸秆密度小、体积大和分布散等特点,其收集、运输和储存成本高成为限制秸秆利用的瓶颈,主要体现在以下几个方面。

(1)收集困难。当前中国作物以农户种植为主,机械化收获程度较低,收集效率也低,大量人力投入增加了收获和收集成本。而且,秸秆收集机械以后置式小机型为主,这种机械效率低,适于旱地而不宜在水田作业,收集秸秆时存在缠绕、堵塞工作部件、捆型不整和密度低等问题,只能收集小麦等矮秆作物秸秆,无法收集玉米或高粱等高而粗的秸秆。另外,以拖拉机牵引的打捆机不易转弯,适合在大空间范围内进行打捆,不适合南方丘陵区大量的小块地。

(2)运输困难。运输过程中的道路状况、车辆因素和秸秆形态(散秆、圆捆、方捆等)等都会影响秸秆的运输量和运输效率。秸秆运输机械相对落后,路况复杂,很多地区仍以运输散秆为主,导致运输成本和能耗较大(朱金陵等,2010)。

(3)储存困难。作物秸秆收获时含水量较高,在较短收获期内很难风干,容易导致在储存过程中霉变发热。大量的秸秆堆积不利于干燥,需要较大的占地面积,如20万t生物质秸秆需要的风干储存面积约为5 000亩(冯彦明,2009;谢海燕,2013),大量堆积干燥秸秆存在较大火灾隐患。当秸秆含水量超过50%时,只能选用窖储等湿存储方法,但影响湿存储效果的条件和因素目前还未明确,需要深入研究可以快速发酵产生乳酸菌以降低pH、消耗氧气形成厌氧环境的办法,保证储存期间含水量、pH及氧气浓度保持在最佳状态。

(二)已报道的主要收储运模式

秸秆的收储运模式呈多样化发展趋势,不同地区的不同作物类型秸秆收集模式都有所区别。于晓东等(2009)将秸秆的收储运模式分为分散型和集中型。分散型模式是假设在秸秆利用企业周围设置有8个收购站,假设收购站周围的收集地点都均匀地分布在以企业为圆心、半径为40 km的圆形区域上。秸秆由农户经人力或农用车运输到收购站,在收购站完成秸秆的破碎打捆工作,然后运输到秸秆利用企业。集中型是在秸秆利用企业周围设置一个大型的收购站,收集的秸秆都送到这个大型收购站,统一破碎打捆后运输到秸秆利用企业。刘华财等(2011)将秸秆收储运模式分为中心料场破碎模式、收储站破碎模式、中心料场直接收集散料模式、收储站打包模式和成型颗粒模式等。曹秀荣(2013)总结出了“工厂＋专业户”模式和“工厂＋基地”模式。“工厂＋专业户”模式是指农户用自己的运输车辆在农闲时收集秸秆，集中销售给秸秆利用企业，而相关企业会对这类农户进行登记以方便管理控制；“工厂＋基地”模式是指在离秸秆利用企业较远的地方，建立原料基地，秸秆收集、破碎和包装后，根据生产需求统一调配。

中国不同地区的秸秆收储运模式也有很大区别。徐亚云等(2014a)报道了中国华北平原主要有分散型和集中型。分散型收储运模式如图 10-3 中的模式 A 和模式 B，秸秆由农户收集后运输至收储站，在收储站直接储存或打捆后储存，最终运输至秸秆利用企业。集中型收储运模式(图 10-3 模式 C 和模式 D)，是将收集到的秸秆打捆后直接运输至企业，不经过收储站。

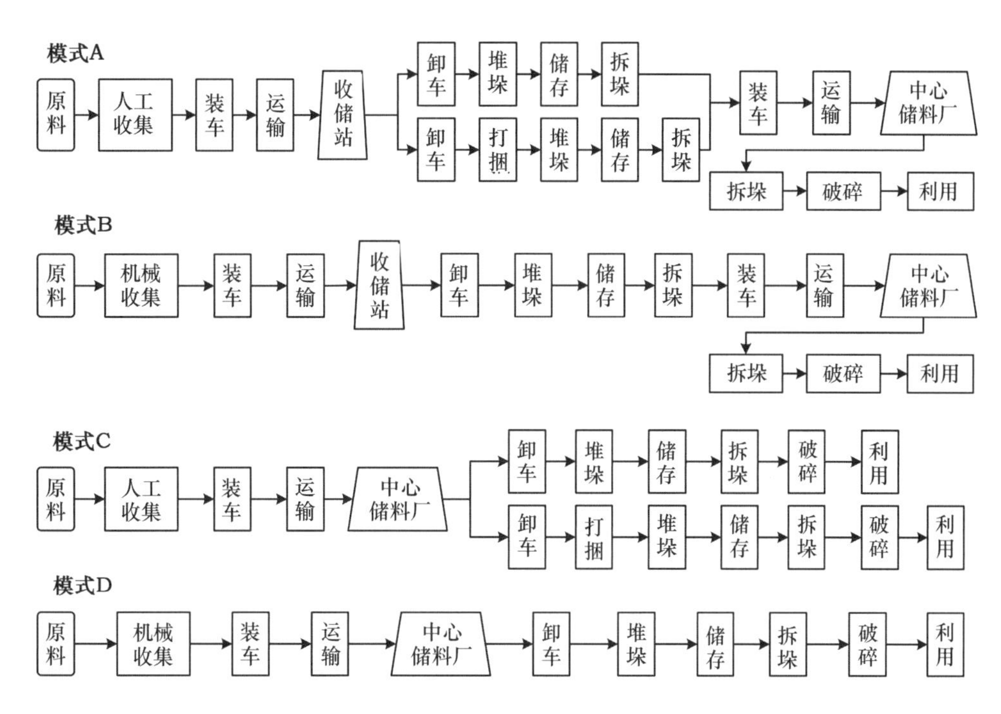

图 10-3　**华北平原秸秆收储运模式**(徐亚云等，2014a)

华东地区的江苏省秸秆收储运模式根据参与主体的不同，划分为 4 种(刘菊等，2013；平英华，2014；金筱杰等，2014)：①农户型，农户自行储存出售；②合作社型，秸秆利用企业与农业合作社签订秸秆收购合同，由农业合作社收集储存，并按要求运输至企业；③商贩型，由商贩向农户收集秸秆，经过简单预处理出售给企业；④自营型，秸秆利用企业建立收储站，秸秆收集经预处理后运输至企业。

于兴军等(2013)总结出 4 种玉米秸秆收储运模式：模式 1 是秸秆经简单捆扎后用人力、畜力或农用运输车从田间运送至秸秆存储点，经过揉切机切割后抛送到液压打捆机进行打捆作业，将大方捆秸秆运输至利用企业；模式 2 是玉米秸秆在田间经打捆机捡拾后打成小方捆，由人工将秸秆捆装到农用车上，运输至距离最近的收储站，采用传送带喂入方式的打捆机打成大方捆储存，根据企业原料需求运送；模式 3 是将地头的散秆用打捆机打成小方捆，然后通过农用车将小方捆运送至距离最近的收储站，采用传送带喂入方式用打捆机打成大方捆储存，根据企业需求运送；模式 4 是在玉米机械化收获同时在田间对秸秆进行初步切碎和晾晒后，由打捆机打成大方捆从田间运输到储料场。

三、当前秸秆收储运模式及优化

本研究在新疆、安徽、河南和吉林进行了实地问卷调研，获得了 2017—2018 年棉花秸秆、小麦秸秆、水稻秸秆及玉米秸秆的收储运模式和不同环节成本数据，通过 BLM（biomass logistics model）模型分析收储运成本，应用蒙特卡洛分析方法，对影响成本不确定性因子进行敏感性分析，各因子的随机模拟次数均为 1 000 次。

（一）当前收储运模式

棉花秸秆用于加工畜禽饲料和生产生物质颗粒，根据新疆调研，棉花在机械采摘后，由机械切碎秸秆，直接装车运输至秸秆利用企业，由机械卸车后进行室外存储（图 10-4）。

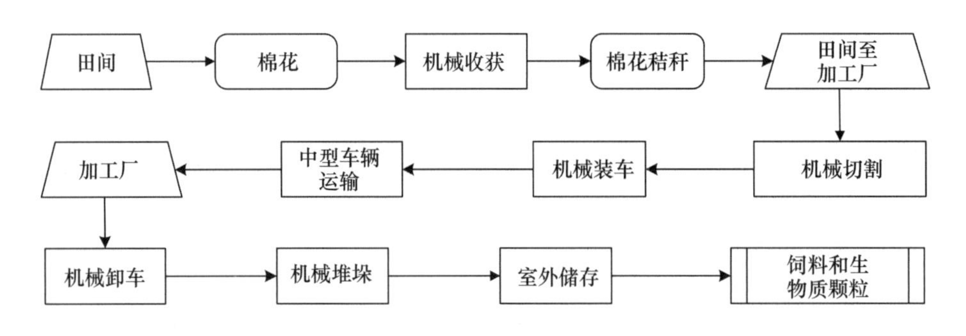

图 10-4　新疆棉花秸秆收储运模式

（基于本研究调研的 2017—2018 年数据）

小麦秸秆作为畜禽饲料进行收集，小麦用收割机收获后，其秸秆由机械打捆后运输至收储站，又经切割粉碎后由机械装到大型车辆上运输至企业，然后由机械卸车后进行室外存储。该模式的最大特点是秸秆经过了收储站临时存储的环节（图 10-5）。

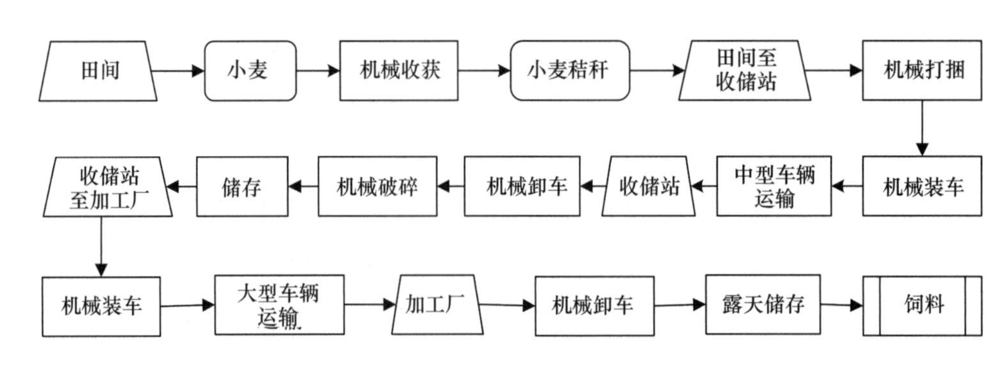

图 10-5　安徽小麦秸秆收储运模式

（基于本研究调研的 2017—2018 年数据）

水稻秸秆作为生物质压块的原料被收集运输，作物经机械收获后，其秸秆由机械打捆装到小型车辆上运输至收储站，进行临时室外储存。根据秸秆利用企业的原料需求运输至企业后，由机械卸车后进行室内储存待利用(图 10-6)。

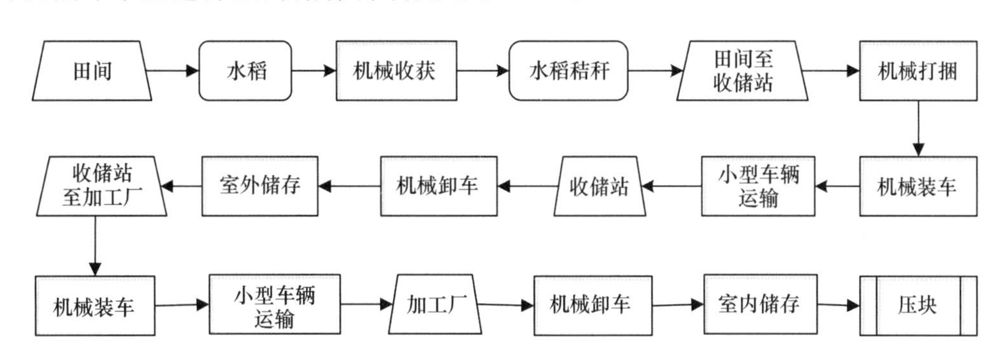

图 10-6　河南水稻秸秆收储运模式
(基于本研究调研的 2017—2018 年数据)

玉米秸秆作为发电燃料，在机械收获后，进行秸秆机械打捆，并将其从田间搬运到地头，再由机械装到大型车辆上运输至收储站，由机械卸车并在室外临时储存。有原料需求时则将秸秆包运输至企业，秸秆由机械卸车后进行室内储存待利用(图 10-7)。

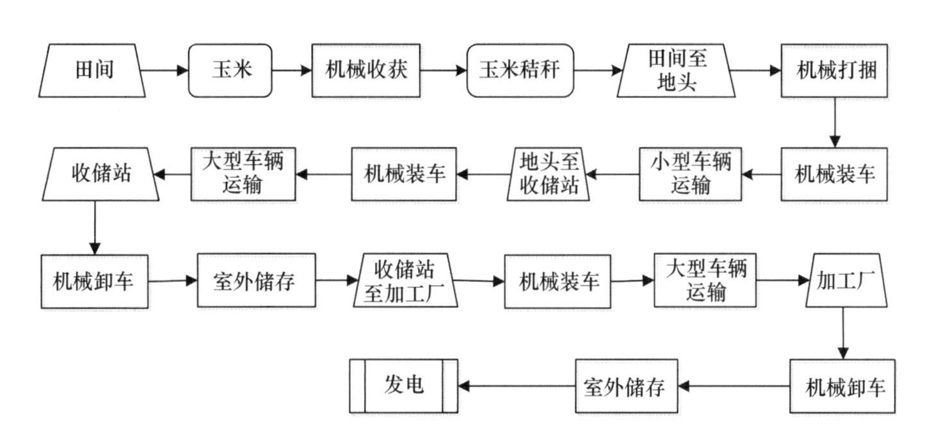

图 10-7　吉林玉米秸秆收储运模式
(基于本研究调研的 2017—2018 年数据)

(二)收储运成本及模式优化

1. 秸秆收储运成本

各类秸秆的收储运成本如表 10-1 所示。棉花秸秆收储运的总成本为 223.12 元/t，其中运输成本最高为 145.04 元/t，占比为 65.00%；收获和收集、储存费用分别是 60.26 元/t 和 17.83 元/t，分别占总成本的 27.01% 和 7.99%。小麦秸秆收储运总成本为 232.94 元/t。其中运输费用为 103.37 元/t，占总成本的 44.38%；收获和收集、预处理费用分别是 61.98 元/t 和 52.86 元/t，分别占 26.61% 和 22.69%；储存费用最低，为 14.72 元/t，只占总成本的 6.32%。水稻秸秆收储运的总成本为 279.99 元/t。其中，运输费用占 95.85%，为

268.38 元/t;收获和收集、储存费用较低,分别为 7.53 元/t 和 4.08 元/t,占总成本的 2.69%和 1.46%。玉米秸秆收储运总成本为 224.92 元/t。其中运输费用最高为 115.95 元/t,占总成本的 51.55%;其他 3 个环节中收获和收集最高,为 51.83 元/t,占总成本的 23.04%,储存和预处理的费用分别为 30.47 元/t 和 26.67 元/t,分别占总成本的 13.55%和 11.86%。

表 10-1　2017—2018 年各类秸秆的收储运成本及比例

秸秆种类	地点	收获和收集		运输		预处理		储存		合计
		成本/(元/t)	比例/%	成本/(元/t)	比例/%	成本/(元/t)	比例/%	成本/(元/t)	比例/%	成本/(元/t)
棉花	新疆	60.26	27.01	145.04	65.00	0.00	0.00	17.82	7.99	223.12
小麦	安徽	61.98	26.61	103.37	44.38	52.86	22.69	14.73	6.32	232.94
水稻	河南	7.53	2.69	268.38	95.85	0.00	0.00	4.08	1.46	279.99
玉米	吉林	51.83	23.04	115.95	51.55	26.67	11.86	30.47	13.55	224.92

2. 秸秆收储运模式优化

利用蒙特卡洛敏感性分析方法,按照给定模拟参数的最大值、最小值和最可能值生成随机数(Nobuo and Hisaho, 2001),将产生的 1 000 个随机数依次模拟,对收储运过程中的不确定性参数进行分析。本研究选择的参数包括生物质厂每年需求量、可持续移走量、油价、收获速率、田间打捆速率、田间打捆密度、地头到生物质厂距离、地头到收储站距离以及收储站到生物质厂距离。每个不确定性参数的模拟值分别比其原始参数值高 20%。各因子的最大值、最小值和最可能值如表 10-2 所示。

棉花秸秆收储运模式的敏感分析结果表明,生物质厂每年秸秆需求量对该模式成本影响最大,将需求量增加 20%,成本增加了 14.59%(图 10-8)。收割机的收获速率和油价对成本的影响也相对较大,提高 20%的收获速率使成本降低了 9.35%,而提高油价使成本增加了 6.05%。田间到生物质厂距离对棉花秸秆的收储运成本几乎没有影响,主要是由于运输距离相对较短(15 km 左右),改变运输距离对成本影响较小。根据敏感性分析结果,建议在当地可允许的条件下使用高收获速率的收割机,有效降低秸秆收储运的成本。

表 10-2　秸秆收储运敏感性分析选择的参数及其分布

秸秆类型	生物质需求量/(kt/年)	可持续移走量/(t/hm²)	油价/(元/L)	收获速率/(t/h)	田间打捆速率/(捆/h)	田间打捆密度/(kg/m³)	运出地头距离/km	运出收储站距离/km
棉花(新疆)								
最小	2	6.07	3.64	2.0	—	—	8.05	—
最大	12	42.49	10.92	8.4	—	—	32.19	—
中值	6	24.28	7.28	4.2	—	—	19.31	—
小麦(安徽)								
最小	30	6.07	3.64	1.0	20	16	3.22	160.93

续表 10-2

秸秆类型	生物质需求量/(kt/年)	可持续移走量/(t/hm^2)	油价/(元/L)	收获速率/(t/h)	田间打捆速率/(捆/h)	田间打捆密度/(kg/m^3)	运出地头距离/km	运出收储站距离/km
最大	80	42.49	10.92	10.0	50	64	16.09	643.74
中值	55	24.28	7.28	4.5	35	40	9.66	386.24
水稻(河南)								
最小	20	6.07	3.64	1	100	32	1.61	8.05
最大	140	42.49	10.92	6	1 000	224	4.83	32.19
中值	72	24.28	7.28	3	540	128	3.22	19.31
玉米(吉林)								
最小	50	6.07	3.64	2	10	80	32.19	32.19
最大	720	42.49	10.92	14	144	240	96.56	96.56
中值	360	24.28	7.28	8	72	154	59.55	59.55

注:基于本研究调研的 2017—2018 年数据。

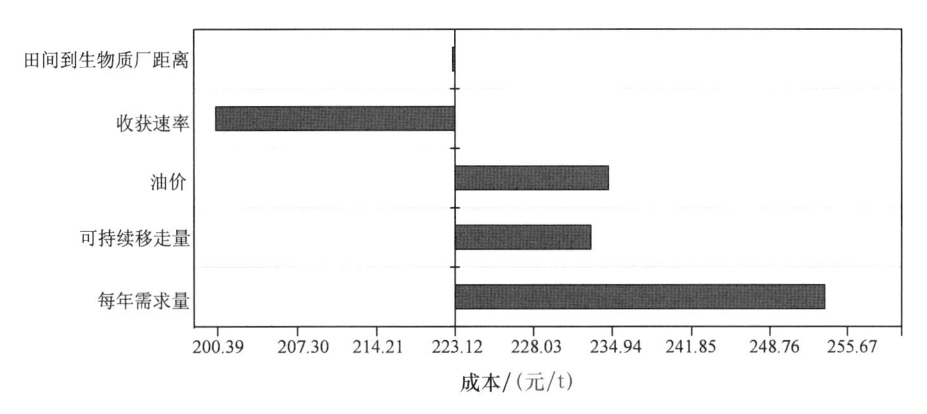

图 10-8 新疆棉花秸秆收储运模式不同因素对成本的影响
(基于本研究调研的 2017—2018 年数据)

对小麦秸秆收储运模式的敏感性分析发现,油价、收割机的收获速率和可持续移走量对成本的影响较大(图 10-9),3 个因子的模拟成本分别为 257.67 元/t、222.36 元/t 和 244.92

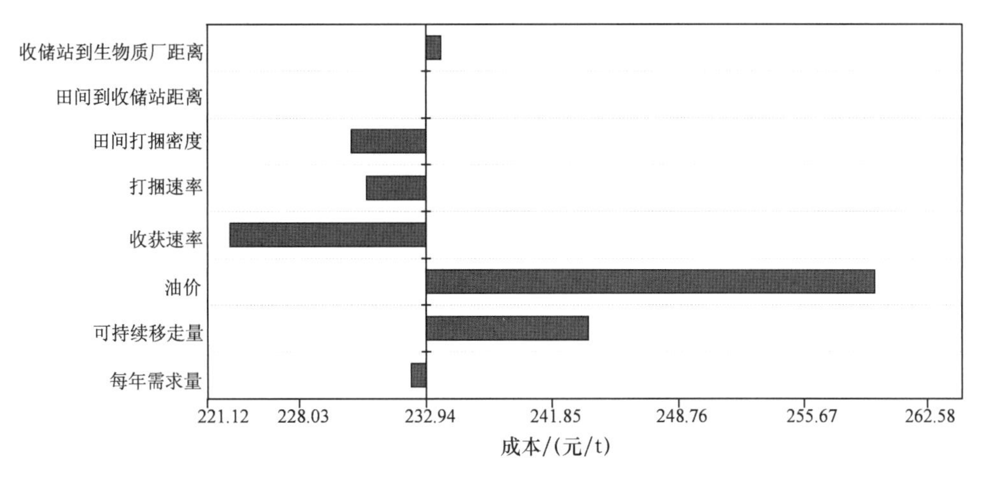

图 10-9 安徽小麦秸秆收储运模式不同因素对成本的影响
(基于本研究调研的 2017—2018 年数据)

元/t,较初始成本 232.94 元/t 分别增加了 10.61%、降低了 4.54%和增加了 5.14%,其他参数影响较小。因此,为了实现秸秆收储运成本的最低化,应该在可允许条件下使用高收获速率的收割机以及作业效率较高且打捆密度高的打捆机。

通过对水稻秸秆收储运模式中敏感性参数的蒙特卡洛分析,发现收储站到生物质厂运输距离和田间到收储站距离是对该模式成本影响较大的因子(图 10-10)。当这两个因子分别增加原来数值的 20%时,成本相应增加了 13.06%和 11.83%。因此,对水稻秸秆收储运模式的优化,需要在尽量小的收集范围内收集到足够生物质厂需要的原料。

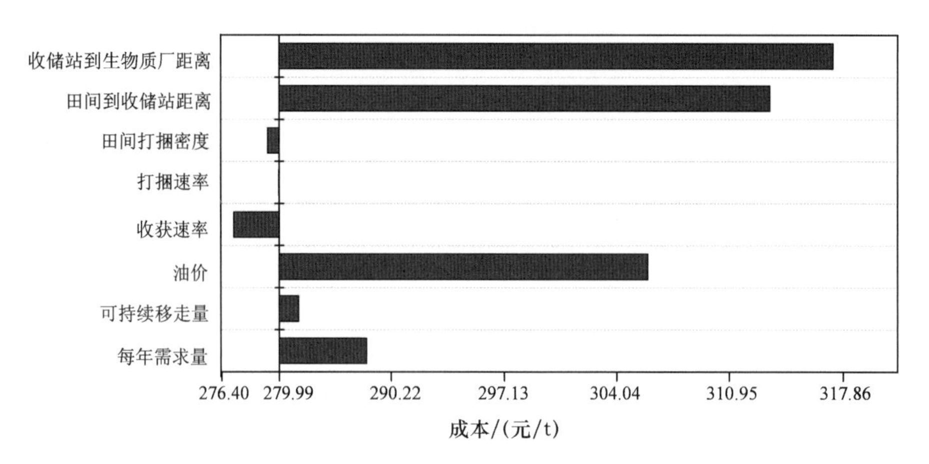

图 10-10　河南水稻秸秆收储运模式不同因素对成本的影响
(基于本研究调研的 2017—2018 年数据)

玉米秸秆收储运模式中最为敏感的因子为收获速率和油价(图 10-11),这两个因子增加20%后,使成本分别降低了 16.50%和增加了 14.07%。从田间到收储站及从收储站到生物质厂的运输距离对该模式的成本也有一定程度的影响。因此,优化收储运模式需要在当地现有条件下选择收获速率较大的收割机以及使用耗油量较少的机械,还要在最短收集距离内获得满足生物质厂加工需求的原料,即尽量缩短秸秆的收集运输距离。

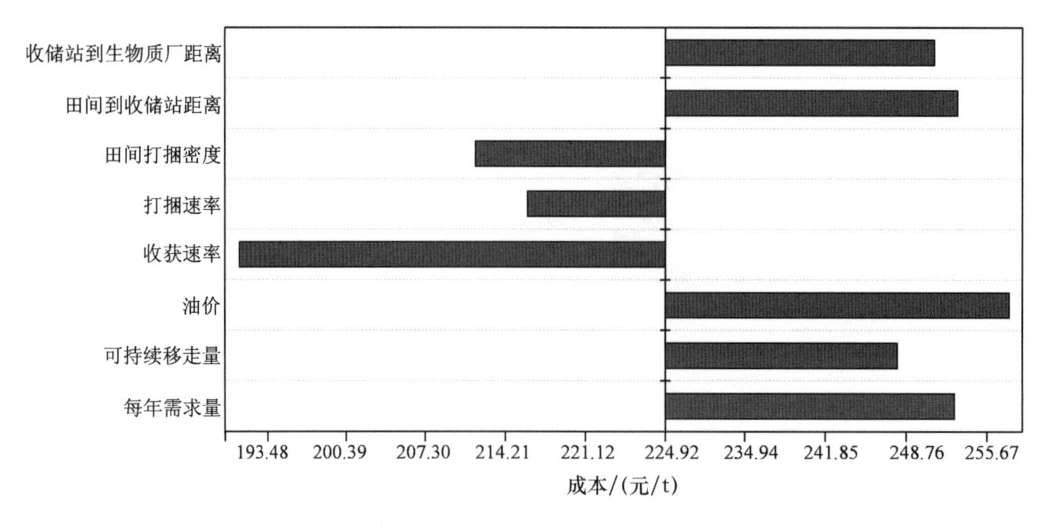

图 10-11　吉林玉米秸秆收储运模式不同因素对成本的影响
(基于本研究调研的 2017—2018 年数据)

第十一章

秸秆能源化利用的碳减排潜力

内容提要

本章通过梳理前人报道结合本项目研究，确定了秸秆用于生产生物质能源转化途径的项目边界和基准线，包括秸秆用于生产燃料乙醇、生物油、航空燃油、成型燃料、直燃发电、气化发电和沼气等7种不同的能源化利用途径。进而计算得到了各种途径的碳减排率，基于原料，秸秆生产燃料乙醇为0.71 kg CO_2-eq/kg，秸秆生产生物油为0.64 kg CO_2-eq/kg，秸秆生产航空燃油为0.46 kg CO_2-eq/kg，秸秆生产成型燃料为1.14 kg CO_2-eq/kg，秸秆直燃发电为1.24 kg CO_2-eq/kg，秸秆气化发电为0.84 kg CO_2-eq/kg，秸秆生产沼气为1.95 kg CO_2-eq/kg。基于以上结果和秸秆可能源化利用潜力，计算得到2015年中国秸秆能源化利用的碳减排潜力为3.48亿t CO_2-eq。其中，玉米和水稻秸秆的碳减排潜力最大，分别占据总量的39.20%和33.21%。在31个省份中，作物秸秆能源化利用的碳减排潜力范围在12.42万～6 760.95万t CO_2-eq之间，东北、中南和西南地区的碳减排潜力显著高于西北、华北和华东地区。然后，本章评价了中国主要大田作物秸秆不同方式能源化利用的适宜性，秸秆生产沼气的碳减排潜力最大，占碳减排总量的一半以上。最后，本章还设置了基准情景、新政策情景、强化减排情景和竞争性利用情景，对秸秆能源化利用的碳减排潜力进行了预测，结果表明，到2030年中国秸秆能源化利用的碳减排潜力为4.23亿～5.40亿t CO_2-eq。

一、秸秆能源化利用的碳减排率取值

(一)秸秆生产燃料乙醇的碳减排率取值

1. 研究边界和基准线的确定

秸秆为原料生产燃料乙醇的研究边界包括秸秆的收集、运输和预处理,燃料乙醇的生产、运输、利用和副产品生产(图 11-1)。基准线为秸秆不用于生产燃料乙醇的情景下,秸秆传统处理过程和汽油生产及使用过程中产生的碳排放。副产品采用替代法与主产品分摊温室气体排放。

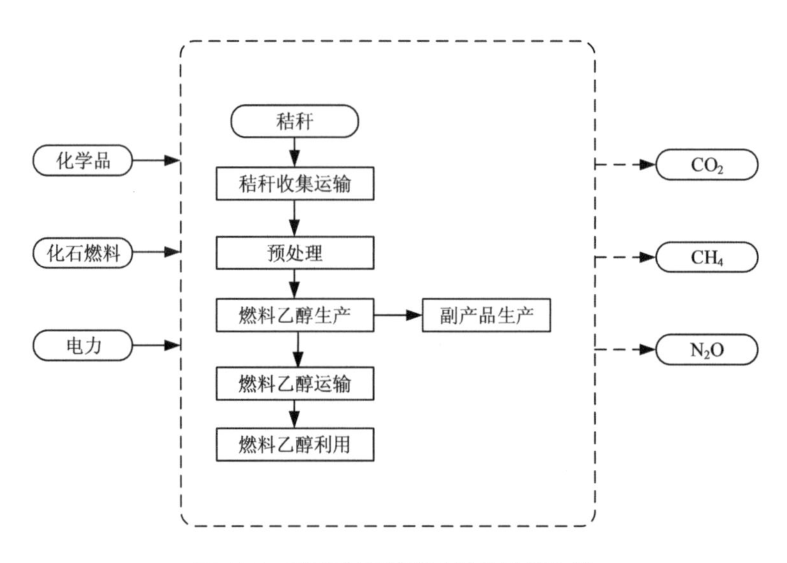

图 11-1　秸秆生产燃料乙醇的系统边界

2. 文献筛选和碳减排率的取值

基于本研究基准线对查获的秸秆生产燃料乙醇碳排放文献进行筛选(表 11-1)。燃料乙醇主要替代汽油,虽然有 3 个报道以汽油为基准线,但是只有 Yang 等(2019a)基准线包括秸秆传统处理的碳排放。再从研究边界看,只有李超等(2014)和 Yang 等(2019a)的报道包括原料预处理是合理的,但是李超等(2014)研究未包括副产品生产环节,Yang 等(2019a)虽包含种植阶段,但该阶段的碳排放可以扣除。因此,选取 Yang 等(2019a)文献来计算秸秆生产燃料乙醇的碳减排率。

根据 Yang 等(2019a)的玉米秸秆(含水率 15%)为原料生产燃料乙醇碳减排报道,与基准线相比,每生产 1 kg 燃料乙醇的碳减排率为 2.61 kg CO_2-eq,每利用 1 kg 玉米秸秆生产燃料乙醇碳减排率为 0.71 kg CO_2-eq。

表 11-1 前人报道的秸秆生产燃料乙醇碳排放的基准线及系统边界

情景	项目活动	排放源	李超等(2014)	冯文生(2013)	Yang 等(2019a)
基准线	能源利用	汽油生产和利用	√	√	√
	秸秆处理	露天焚烧			√
项目活动	作物种植	种植过程	√	√	√
	收集运输	秸秆收集运输	√	√	√
		产品运输	√	√	√
	产品生产	原料预处理	√		√
		纤维素乙醇生产	√	√	√
		副产品生产		√	√
	产品利用	纤维素乙醇利用	√	√	√

(二)秸秆生产生物油的碳减排率取值

1. 研究边界和基准线的确定

秸秆为原料生产生物油的研究边界包括秸秆收集运输、热裂解制生物油、生物油改性提质和生物油运输(图 11-2)。基准线是秸秆不用于生产生物油的情景下,秸秆传统处理过程和柴油生产过程中的碳排放。

2. 文献筛选及碳减排率的取值

在查阅获得秸秆生产生物油碳排放的文献中,鲁梨等(2015)和党琪(2014)的文献最接近本研究确定的基准线和研究边界(表 11-2)。仅两点不符合本研究要求,一是系统边界包括作物种植环节,但应用其文章中的数据可扣除作物种植环节的碳排放,计算得出基于产品的碳减排率为 1.48 kg CO_2-eq,基于原料的碳减排率为 0.51 kg CO_2-eq;二是基准线未包括秸秆传统处理带来的碳排放,对于秸秆传统处理带来的碳排放,基于碳中和原则,不考虑秸秆燃烧过程中排放的二氧化碳,仅计算秸秆直接燃烧排放甲烷(3.5 g/kg,王书肖等,2008)和一氧化二氮(0.14 g/kg,Li *et al.*, 2007),因此燃烧 1 kg 秸秆排放 0.129 kg CO_2-eq。将这个排放量加入所选文献的基准线中,修正后,计算得出每生产 1 kg 生物油的碳减排率为 1.81 kg CO_2-eq,每利用 1 kg 秸秆(含水率为 25%)生产生物油的碳减排率为 0.64 kg CO_2-eq(表 11-3)。

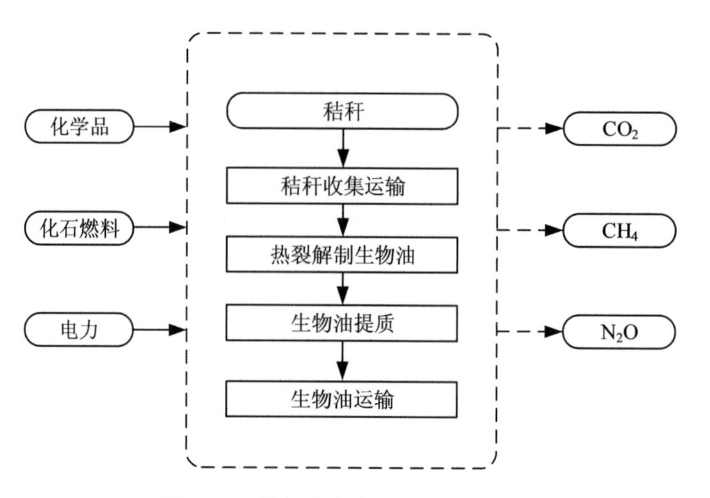

图 11-2　秸秆生产生物油的系统边界

表 11-2　前人报道的秸秆生产生物油碳排放研究的基准线及系统边界

情景	项目活动	排放源	鲁梨等(2015)	党琪(2014)
基准线	能源生产	柴油生产	√	√
	秸秆处理	露天焚烧		
项目活动	作物种植	种植过程	√	√
	收集运输	秸秆收集运输	√	√
		生物油运输	√	√
	产品生产	热裂解制生物油	√	√
		生物油提质	√	√

表 11-3　秸秆生产生物油碳排放研究的背景信息及碳减排率

文献	生产工艺	功能单位碳减排量		碳减排率	
		功能单位	碳减排量 /(kg CO_2-eq/MJ)	基于产品 /(kg CO_2-eq/kg)	基于原料 /(kg CO_2-eq/kg)
鲁梨等(2015)		1 MJ 生物油	0.078	1.65	0.79
党琪(2014)	方案一	1 MJ 生物油	0.082	1.75	0.49
	方案二	1 MJ 生物油	0.088	1.86	0.49
	方案三	1 MJ 生物油	0.032	0.68	0.26
本研究				1.81	0.64

注：1. 换算碳减排率时，生物油低位热值按 24 MJ/kg，秸秆低位热值按 21.2 MJ/kg，每 1 MJ 折生物油 0.047 kg。
2. 秸秆湿基含水率 25%。

(三)秸秆生产航空燃油的碳减排率取值

1. 研究边界和基准线的确定

秸秆为原料生产航空燃油的研究边界包括秸秆的收集运输、航空燃油生产、运输和利用(图 11-3)。基准线是在秸秆不用于生产航空燃油的情景下，秸秆传统处理过程和化石航空燃油生产中的碳排放。

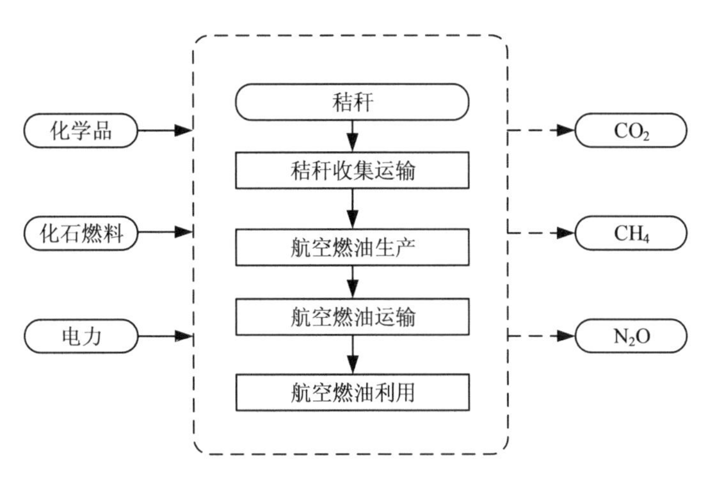

图 11-3　**秸秆生产航空燃油的系统边界**

2. 文献筛选及碳减排率的取值

查阅获得研究秸秆生产航空燃油碳排放的文献中，吕子婷(2017)和陶炜等(2018)两篇文献最接近本研究确定的基准线和研究边界。但这两篇研究的项目边界均包含种植阶段(表 11-4)，吕子婷(2017)文中的数据无法扣除种植阶段的数值，而陶炜等(2018)原文有数据可扣除此数值。陶炜等(2018)报道中项目边界还包括工程建设阶段，但该阶段温室气体排放可按项目排放的 10%扣除。扣除种植阶段和工程阶段之后，陶炜等(2018)的报道符合本研究边界。

表 11-4　**前人报道的秸秆生产航空燃油碳排放研究的基准线及系统边界**

情景	环节	排放源	吕子婷(2017)	陶炜等(2018)
基准线	能源生产	化石航空燃油生产	√	√
	秸秆处理	露天焚烧		
项目活动	工程建设	工程建设	√	√
	作物种植	种植过程	√	√
	收集运输	秸秆收集、运输和储藏	√	√
		航空燃油运输	√	√
	产品生产	航空燃油生产	√	√
	产品利用	航空燃油利用	√	√

同时，陶炜等(2018)文中秸秆能源化生产除主产品航空燃油外，其副产品汽油和柴油都具有工业应用价值，基于能值分摊主副产品对环境影响和资源消耗。分摊后，从主产品航空燃油的碳排放量扣除项目活动中种植过程和工程阶段的排放，得到基于产品的碳减排率为 3.95 kg CO_2-eq/kg，基于原料的碳减排率为 0.34 kg CO_2-eq/kg。但是，由于陶炜等(2018)文献中基准线不包括秸秆传统处理方式带来的碳排放，按本研究的基准线，需增加秸秆传统

处理产生的碳排放，即燃烧 1 kg 秸秆排放 0.129 kg CO_2-eq。修正后，每生产 1 kg 航空燃油的碳减排率为 5.47 kg CO_2-eq，每利用 1 kg 玉米秸秆生产航空燃油的碳减排率为 0.46 kg CO_2-eq（表 11-5）。

表 11-5 秸秆生产航空燃油碳排放研究的背景信息和碳减排率

文献	原料	产率/(g/kg)	功能单位碳减排量		碳减排率	
			功能单位	碳减排量/(g CO_2-eq)	基于产品/(kg CO_2-eq/kg)	基于原料/(kg CO_2-eq/kg)
吕子婷(2017)	稻壳	50	1 MJ 航空燃料	70.09	3.01	0.15
	水稻秸秆	39	1 MJ 航空燃料	60.76	2.61	0.10
	玉米秸秆	43	1 MJ 航空燃料	74.33	3.20	0.14
	小麦秸秆	40	1 MJ 航空燃料	67.71	2.91	0.12
陶炜等(2018)	玉米秸秆	85	1 t 航空燃料	3.94	3.95	0.34
本研究					5.47	0.46

注：基于产品碳减排率按航油低位热值 43 MJ/kg 计算。

（四）秸秆生产成型燃料的碳减排率取值

1. 研究边界和基准线的确定

秸秆为原料生产固体成型燃料研究边界包括秸秆的收集运输、加工成型、固体成型燃料运输和利用（图 11-4）。基准线是在秸秆不用于生产固体成型燃料的情景下，秸秆传统处理过程和煤炭生产及利用的碳排放。

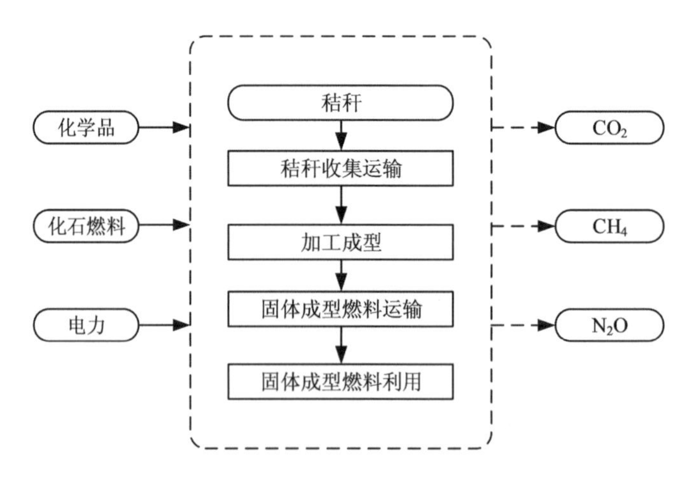

图 11-4 秸秆生产成型燃料的系统边界

2. 文献筛选及碳减排率的取值

基于本研究确定的基准线和系统边界进行文献筛选（表 11-6），仅有孙丽英等（2011）文中的基准线包含了秸秆传统处理和煤炭生产过程的碳排放，其余文献基准线仅包括能源生产和利用不符合本研究要求。同时，孙丽英等（2011）的报道符合系统边界，依该报道，生产并利用 1 kg 固体成型燃料的碳减排率为 1.37 kg CO_2-eq。再根据产率 0.83%(霍丽丽等，2011)，计算可得基于 1 kg 秸秆原料的碳减排率为 1.14 kg CO_2-eq(表 11-7)。

表 11-6　前人报道的秸秆生产成型燃料碳排放研究的基准线及系统边界

情景	环节	排放源	霍丽丽等(2011)	孙丽英等(2011)	王长波等(2017)	Song 等(2017)
基准线	能源利用	煤炭生产及利用	√	√	√	√
	秸秆处理	露天焚烧		√		
项目活动	作物种植	种植过程			√	
	收集运输	收集运输过程	√	√	√	√
		成型燃料运输	√	√	√	√
	产品生产	加工成型	√	√	√	√
	产品利用	固体成型燃料燃烧	√	√	√	√

表 11-7　秸秆生产成型燃料碳排放研究的背景信息和碳减排率

文献	原料			碳减排率	
	种类	含水率/%	产率/(kg/kg)	基于产品/(kg CO_2-eq/kg)	基于原料/(kg CO_2-eq/kg)
霍丽丽等(2011)	玉米秸秆	20	0.83	1.40	1.17
孙丽英等(2011)	玉米秸秆、花生壳和木屑等	n/a	0.83	1.37	1.14
王长波等(2017)	玉米秸秆	40	0.67	1.64	1.09
Song 等(2017)	玉米秸秆	n/a	0.83	1.33	1.10
本研究		15	0.83	1.37	1.14

注：n/a，原文献中未提供该数据。

(五)秸秆直燃发电的碳减排率取值

1. 研究边界和基准线的确定

秸秆为原料进行直燃发电的研究边界包括秸秆的收集运输、预处理、直燃发电、电力输送、使用和副产品生产(图 11-5)。基准线是在秸秆不用于直燃发电的情景下，秸秆传统处理过程和燃煤火力发电中的碳排放。副产品采用替代法与主产品分摊温室气体排放。

2. 文献筛选及碳减排率的取值

对查阅获得有关秸秆直燃发电的文献进行基准线和研究边界筛选(表 11-8)。林琳等(2008)和赵红颖(2010)的研究边界包含工程建设阶段，不符合本研究边界；王培刚(2017)和刘俊伟等(2009)不包括产品利用，也不符合本研究边界。而且前面这 4 篇文献的基准线均不包括秸秆传统处理的碳排放。只有 Yang 等(2019b)符合本研究边界，虽包含种植阶段，但该阶段的碳排放可以扣除，因此选取 Yang 等(2019b)的报道计算秸秆直燃发电的碳减排率。

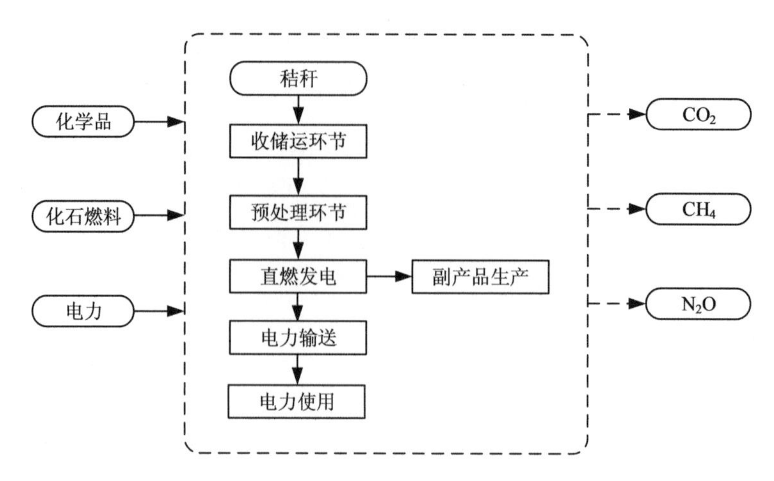

图 11-5 秸秆直燃发电的系统边界

根据 Yang 等(2019b)的玉米秸秆(含水率 15%)为原料直燃发电碳减排报道,与基准线相比,每生产 1 kW·h 电力的碳减排率为1.69 kg CO_2-eq,每利用 1 kg 秸秆碳减排率为 1.24 kg CO_2-eq。

表 11-8 前人报道的秸秆直燃发电碳排放研究的基准线及系统边界

情景	环节	排放源	林琳等(2008)	赵红颖(2010)	王培刚(2017)	刘俊伟等(2009)	Yang 等(2019b)
基准线	能源生产	燃煤火力发电	√	√	√	√	√
	秸秆处理	露天焚烧					√
项目活动	工程建设	工程建设	√	√			
	作物种植	种植过程				√	√
	收集运输	原料收集运输	√	√	√	√	√
		产品运输					√
	产品生产	预处理阶段	√	√	√	√	√
		直燃发电	√	√	√	√	√
		副产品生产					√
	产品利用	电力使用					√

注:1. 预处理阶段,林琳等(2008)、赵红颖(2010)为电厂自消耗电用本系统自发电。
2. 直燃发电,林琳等(2008)、赵红颖(2010)、王培刚(2017)为电厂自消耗电用本系统自发电。

(六)秸秆气化发电的碳减排率取值

1. 研究边界和基准线的确定

秸秆为原料进行气化发电的研究边界包括秸秆的收集运输、预处理和气化发电(图 11-6)。基准线是在秸秆不用于气化发电的情景下,秸秆传统处理过程和燃煤火力发电的碳排放。

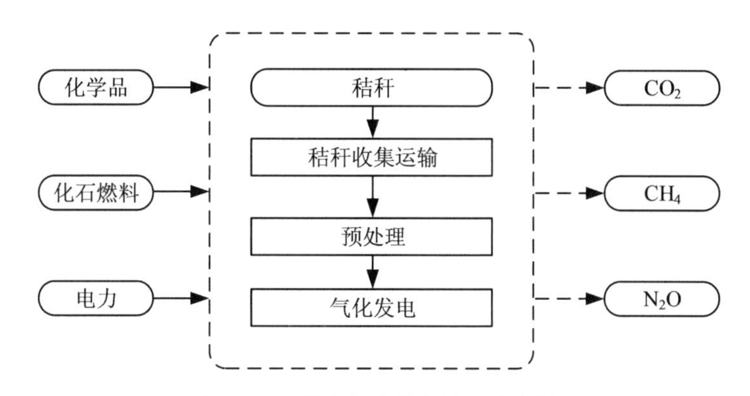

图 11-6　秸秆气化发电的系统边界

2. 文献筛选及碳减排率的取值

基于本研究边界对秸秆气化发电碳减排的文献筛选(表 11-9)。刘华财等(2015)的研究包括了作物种植和工程建设,工程建设无法扣除,不符合本研究边界。只有崔和瑞等(2010)报道符合本研究边界,虽包括工程建设,但该阶段温室气体排放可按项目排放的 10%扣除,符合本研究边界。

表 11-9　前人报道的秸秆气化发电的碳排放研究的基准线及系统边界

情景	环节	排放源	崔和瑞等(2010)	刘华财等(2015)
基准线	能源生产	燃煤火力发电	√	√
	秸秆处理	露天焚烧		
项目活动	工程建设	工程建设	√	√
	作物种植	种植过程		√
	收集运输	秸秆收集运输	√	√
	产品生产	预处理阶段	√	√
		秸秆气化	√	√
		燃气发电	√	√

注:产品生产,电厂自消耗电用本系统自发电。

因此,选取崔和瑞等(2010)的文献进行碳减排率的取值,基于电力碳减排率为 0.96 kg CO_2-eq/(kW·h)。按秸秆含水率为 15%和转化率 0.74 (kW·h)/kg 计算,基于原料的碳减排率为 0.71 kg CO_2-eq/kg。但是,由于崔和瑞等(2010)文中基准线未包括秸秆传统处理的碳排放,以燃烧 1 kg 秸秆排放 0.129 kg CO_2-eq 修正后,每生产 1 kW·h 电力的碳减排率为 1.13 kg CO_2-eq,每利用 1 kg 秸秆的碳减排率为 0.84 kg CO_2-eq(表 11-10)。

表 11-10　秸秆气化发电生命周期研究的背景信息和碳减排率

文献	原料	规模	产率 /(kW·h/kg)	碳减排率	
				基于产品 /[kg CO_2-eq/ (kW·h)]	基于原料 /(kg CO_2-eq/kg)
崔和瑞等(2010)	小麦秸秆	2 MW	0.74	0.96	0.71
本研究	秸秆			1.13	0.84

(七)秸秆生产沼气的碳减排率取值

1. 研究边界和基准线的确定

秸秆为原料生产沼气的研究边界包括秸秆的收集运输、预处理、发酵产气、沼气净化提纯、运输、利用和副产品生产(图 11-7)。基准线为在秸秆不用于生产沼气的情景下,秸秆传统处理过程和化石燃料生产及利用的碳排放。副产品采用替代法与主产品分摊温室气体排放。

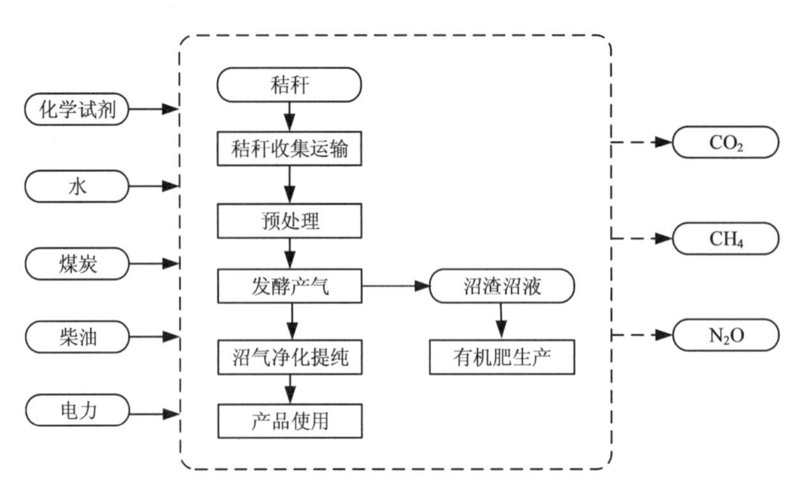

图 11-7 秸秆生产沼气的系统边界

2. 文献筛选及碳减排率的取值

基于本研究边界对秸秆生产沼气碳减排的文献筛选。陈恒杰(2013)的基准线仅包括了秸秆处理,Liu 等(2018)基准线仅包括了能源利用,张婷婷等(2014)包括了秸秆处理和能源利用但项目过程不全,这 3 个报道都与本研究的基准线不符(表 11-11)。仅有王磊等(2017)和 Yang 等(2019b)的基准线范围较全面,边界也符合本研究的要求。虽 Yang 等(2019b)包含种植阶段,但该阶段的碳排放可以扣除。

因此,选取王磊等(2017)和 Yang 等(2019b)文献数据均值来计算秸秆生产沼气的碳减排率,得到以秸秆(含水率为 15%)为原料生产沼气,每生产并利用 1 m^3 沼气的碳减排率为 6.84 kg CO_2-eq,每利用 1 kg 秸秆的碳减排率为 1.95 kg CO_2-eq(表 11-12)。

表 11-11 前人报道的秸秆生产沼气碳排放研究的基准线及系统边界

情景	环节	排放源	王磊等(2017)	张婷婷等(2014)	陈恒杰(2013)	Liu 等(2018)	Yang 等(2019b)
基准线	秸秆处理	露天焚烧	√	√	√		√
	能源利用	农户炊事用能	√				
		标准煤燃烧		√			
		汽油生产及使用				√	
		车用燃气生产及使用					√

续表 11-11

情景	环节	排放源	王磊等(2017)	张婷婷等(2014)	陈恒杰(2013)	Liu 等(2018)	Yang 等(2019b)
项目活动	工程建设	工程建设					
	作物种植	种植过程					√
	收集运输	秸秆运输	√		√	√	√
		产品运输		√			√
	产品生产	工程运行化石燃料消耗	√			√	√
		工程运行电力消耗	√		√	√	√
		副产品生产	√			√	√
	产品利用	沼气利用	√	√		√	√

注:沼气利用,王磊等(2017)为沼气集中供户用燃气;张婷婷等(2014)为沼气直接燃烧;Yang 等(2019b)为车用天然气。

表 11-12　秸秆生产沼气的碳减排率研究

文献	沼气生产规模 /(1 000 m^3/年)	沼气产率 /(m^3/t)	碳减排率	
			基于产品 /(kg CO_2-eq/m^3)	基于原料 /(kg CO_2-eq/kg)
王磊等(2017)	485.5	495	11.5	3.56
Yang 等(2019b)	6 034	121	2.17	0.34
本研究			6.84	1.95

注:基于原料,秸秆为风干基,含水率 15%。

二、能源化利用秸秆的适宜性评价及筛选

(一)秸秆生产燃料乙醇的适宜性

在各种秸秆中,目前玉米田间秸秆和玉米芯是研究生产纤维素乙醇及实际应用的主要种类(田望等,2011;王红彦等,2016)。

(二)秸秆生产成型燃料的适宜性

左旭(2015)从原料固型化程度(致密度)和风干难易程度进行评价,认为玉米、水稻、小麦和大豆秸秆均适宜生产成型燃料,油菜秸秆和棉花秸秆则属较适宜。在实际生产中,玉米秸秆由于其堆放密度大,种植分布广而运用更为广泛,较其他作物秸秆更适宜生产成型燃料(朱金陵等,2010;霍丽丽等,2011)。

(三)秸秆直燃发电的适宜性

应用秸秆直接燃烧发电技术要求能够实现大规模的原料收集运输等条件,适用于农场以及中国北方平原地区等粮食主产区,该技术目前已经广泛应用于商业化生产(国家发展和

改革委员会等，2009）。影响秸秆直燃发电的因素主要有秸秆的热值、耐燃性、结渣性、原料湿度以及不同燃烧技术的要求。秸秆的平均低位热值为 14.23 MJ/kg，本研究中所包括的玉米、水稻、小麦、大豆、油菜和棉花秸秆平均低位热值在 12.55～15.89 MJ/kg（毕于运，2010；国家统计局能源统计司，2014），约为标准煤的一半。而秸秆的耐燃性主要取决于其木质化程度，木质化含量越高则耐燃性越强，棉花秸秆的木质素含量最高，其次是玉米秸秆，最后是小麦和水稻秸秆（王亚静等，2010）。左旭（2015）通过秸秆的结渣性能等因素总结了各类秸秆直燃发电适宜性从高到低的排序为：稻壳、玉米芯、棉花、油菜、玉米、大豆、水稻和小麦秸秆。据此，本研究总结出各类作物秸秆直燃发电的适宜性（表 11-13）。

表 11-13　中国主要大田作物秸秆能源化利用适宜性评价

秸秆类型	燃料乙醇	成型燃料	直燃发电	气化发电	沼气
玉米秸秆	+++++	+++	++	+	+++++
玉米芯	++++	—	+++++	++++	++++
水稻秸秆	++	++	—	—	+++
稻壳	—	—	++++	+++	—
小麦秸秆	+++	++	—	+	++++
大豆秸秆	++	++++	++++	+++	++
油菜秸秆	+++	++	++++	+++	+++
棉花秸秆	+++	+++++	+++++	++++	—
棉籽壳	n/a	++++	n/a	n/a	+

注：+，适宜；—，不适宜；n/a，未获得相关资料。

（四）秸秆气化发电的适宜性

影响秸秆热解气化的主要因素为原料的湿度和固型化程度，在各类秸秆中以稻壳、玉米芯和棉花秸秆为最优，其次是大豆、油菜和玉米秸秆，最后是小麦和水稻秸秆（左旭，2015），此外，热值也是较重要的因素，因此，各类作物秸秆热解气化发电的适宜性不同（表 11-13）。

（五）秸秆生产沼气的适宜性

从理论上讲，小麦和水稻秸秆纤维素和半纤维素含量最高，更适宜沼气发酵，而油菜和玉米较适宜，棉花秸秆适应性最低（杜甫，2017）。但是从实际生产中看，截至 2013 年，中国共有秸秆沼气集中供气工程 434 处，主要发酵原料中一半以上为玉米秸秆（左旭等，2015）。孙宁（2017）从原料的碳氮比（C/N）、纤维素、半纤维素、木质素含量以及产气潜力等方面进行评价，确定在各类作物秸秆中按生产沼气适宜性排序依次为玉米、小麦、水稻、油菜、大豆和棉花秸秆（表 11-13）。

三、秸秆能源化利用的碳减排潜力

(一)2015年碳减排潜力

1. 不同利用途径的碳减排潜力

尽管理论上每个作物秸秆都有一定的可能源化利用量(详见第九章),以及上述适宜性评价及筛选,根据2015—2016年对全国9个省份秸秆利用现状调研结果,确定适宜性高的玉米、小麦、水稻、油菜、大豆和棉花秸秆适宜能源化利用。设定2015年秸秆不同途径的可能源化利用比例(表11-14),又依据秸秆可能源化利用的碳减排率(表11-7,表11-10,表11-12),2015年中国主要大田作物秸秆能源化利用的碳减排潜力可达到34 776.1万t CO_2-eq(表11-15)。其中,秸秆生产沼气的碳减排潜力最大,为17 627.0万t CO_2-eq,占比为50.69%;秸秆生产燃料乙醇、成型燃料及直燃、气化发电的碳减排潜力范围为1 712.1万～6 686.9万t CO_2-eq。从秸秆种类看,玉米和水稻秸秆的潜力最大,分别为13 632.87万t和11 549.65万t CO_2-eq,占总量的39.20%和33.21%。棉花和大豆秸秆的能源化利用碳减排潜力最小,分别为385.43万t和1 174.62万t CO_2-eq,占总量的1.11%和3.38%。

表11-14　2015年中国主要大田作物秸秆能源化利用比例　%

秸秆类型	合计	燃料乙醇	成型燃料	直燃发电	气化发电	沼气
玉米	43.17	13.49	8.09	5.40	2.70	13.49
水稻	41.46	11.52	11.52	0.58	0.58	17.28
小麦	25.79	7.66	5.11	0.26	2.55	10.21
大豆	33.87	4.52	9.03	9.03	6.77	4.52
油菜	50.53	10.11	6.74	13.47	10.11	10.11
棉花	50.12	8.79	14.65	14.65	11.72	0.29

表11-15　2015年中国主要大田作物秸秆能源化利用的碳减排潜力　万t CO_2-eq

秸秆种类	合计	燃料乙醇	成型燃料	直燃发电	气化发电	沼气
玉米	13 632.9	2 415.0	2 326.6	1 687.1	571.4	6 632.8
水稻	11 549.6	1 680.7	2 698.6	146.8	99.4	6 924.1
小麦	4 394.8	710.6	760.6	41.4	280.2	2 602.0
大豆	1 174.6	96.1	308.5	335.6	170.5	263.9
油菜	3 638.7	436.9	467.7	1 017.4	516.9	1 199.9
棉花	385.5	46.7	124.9	135.9	73.7	4.3
小计	34 776.1	5 385.9	6 686.9	3 364.1	1 712.1	17 627.0

2. 不同省份碳减排潜力的分布

中国6个地区作物秸秆能源化利用的碳减排潜力范围为609.31万～12 206.80万t

CO_2-eq(表 11-16)，东北、中南和西南地区的碳减排潜力显著高于西北、华北和华东地区。

各省份主要大田作物秸秆能源化利用的碳减排潜力范围在 12.42 万～6 760.95 万 t CO_2-eq 之间。黑龙江秸秆能源化利用的碳减排潜力最高，为 6 760.95 万 t CO_2-eq，占全国的 19.44%，其中玉米和水稻秸秆的能源化利用碳减排潜力最大，分别为 3 564.75 万和 2 609.94 万 t CO_2-eq，分别占全省总量的 52.73%和 38.60%。河南秸秆能源化利用的碳减排潜力为 5 121.63 万 t CO_2-eq，占全国的 14.73%，位居次位，其中小麦和玉米秸秆的碳减排潜力最大，分别为 2 828.20 万和 1 784.35 万 t CO_2-eq，占全省总量的 55.22%和 34.84%。而上海、北京、青海、西藏和天津的秸秆能源化利用碳减排潜力最低，范围在 12.42 万～43.03 万 t CO_2-eq，其合计仅占全国总量的 0.40%。

表 11-16 **2015 年中国不同地区和省份主要作物秸秆能源化利用的碳减排潜力** 万 t CO_2-eq

地区与省份	合计		玉米秸秆	水稻秸秆	小麦秸秆	大豆秸秆	油菜秸秆	棉花秸秆
	/万 t CO_2-eq	/%						
华北	1 846.71	5.31	1 662.16	72.64	0.00	0.00	51.59	60.32
北京	14.16	0.04	14.05	0.09	0.00	0.00	0.00	0.01
天津	43.03	0.12	29.47	9.83	0.00	0.00	0.00	3.73
河北	582.53	1.68	491.01	33.71	0.00	0.00	3.37	54.45
山西	287.43	0.83	284.25	0.31	0.00	0.00	0.76	2.11
内蒙古	919.56	2.64	843.37	28.70	0.00	0.00	47.46	0.02
东北	12 206.80	35.1	7 424.87	4 068.23	16.45	696.98	0.25	0.02
辽宁	1 895.96	5.45	1 231.75	621.29	2.05	40.61	0.25	0.02
吉林	3 549.89	10.21	2 628.37	837.01	0.08	84.44	0.00	0.00
黑龙江	6 760.95	19.44	3 564.75	2 609.94	14.32	571.93	0.00	0.00
华东	2 337.34	6.72	476.34	612.06	458.17	177.51	443.74	169.53
上海	12.42	0.04	0.34	8.78	1.51	0.44	1.27	0.08
江苏	557.36	1.60	43.41	197.53	115.51	38.94	140.17	21.79
浙江	114.30	0.33	5.10	50.47	2.95	18.96	33.11	3.71
安徽	606.49	1.74	85.42	129.78	110.28	70.98	166.46	43.56
福建	63.38	0.18	3.39	45.12	0.05	12.33	2.48	0.01
江西	309.14	0.89	2.08	170.36	0.25	17.51	97.46	21.48
山东	674.24	1.94	336.60	10.02	227.61	18.36	2.78	78.89
中南	11 707.23	33.66	2 527.67	4 260.61	3 203.59	69.35	1 546.14	99.87
河南	5 121.63	14.73	1 784.35	292.63	2 828.20	19.72	179.79	16.95
湖北	2 327.61	6.69	289.43	986.64	366.39	11.78	617.87	55.49
湖南	2 510.04	7.22	165.64	1 538.24	8.09	28.15	742.96	26.96
广东	735.82	2.12	63.65	661.02	0.23	8.85	2.06	0.00
广西	906.87	2.61	224.60	677.67	0.68	0.00	3.45	0.47
海南	105.26	0.30	0.00	104.41	0.00	0.84	0.00	0.00

续表 11-16

地区与省份	合计 /万 t CO_2-eq	合计 /%	玉米秸秆	水稻秸秆	小麦秸秆	大豆秸秆	油菜秸秆	棉花秸秆
西南	6 068.71	17.45	1 379.35	2 444.91	539.25	167.05	1 536.11	2.05
重庆	781.50	2.25	198.26	363.77	15.46	39.31	164.70	0.00
四川	2 893.69	8.32	534.19	1 106.54	351.93	58.54	840.66	1.83
贵州	985.04	2.83	215.33	376.93	58.64	20.15	313.77	0.22
云南	1 366.08	3.93	431.01	597.28	92.18	47.99	197.61	0.00
西藏	42.40	0.12	0.56	0.38	21.04	1.05	19.36	0.00
西北	609.31	1.75	162.49	91.20	177.30	63.73	60.95	53.64
陕西	200.42	0.58	44.66	40.85	71.71	15.59	24.55	3.05
甘肃	142.08	0.41	47.96	1.23	43.64	26.57	19.31	3.36
青海	28.24	0.08	1.53	0.00	5.50	4.12	17.09	0.00
宁夏	56.32	0.16	27.67	17.78	8.37	2.50	0.00	0.00
新疆	182.24	0.52	40.67	31.33	48.07	14.95	0.00	47.22
总计	34 776.10	100	13 632.87	11 549.65	4 394.76	1 174.62	3 638.77	385.43

注：%，碳减排潜力占全国的百分比。

在华北地区，玉米秸秆为该地区的能源化利用碳减排潜力的主要来源，为 1 662.16 万 t CO_2-eq，占该地区总量的 90.01%；内蒙古和河北的秸秆碳减排潜力最大，其合计占该地区总量的 81.34%。

在东北地区，玉米和水稻秸秆的能源化利用碳减排潜力最大，分别为 7 424.87 万 t 和 4 068.23万 t CO_2-eq，其合计占该地区总量的 94.15%；黑龙江的秸秆能源化利用潜力高达 6 760.95 万 t CO_2-eq，占该地区总量的 55.39%。

在华东地区，水稻、玉米、小麦及油菜秸秆为该地区秸秆能源化利用碳减排潜力的主要来源，范围在 443.74 万～612.06 万 t CO_2-eq，占该地区秸秆能源化利用碳减排潜力的比例为 18.98%～26.19%；山东、安徽和江苏的秸秆能源化利用碳减排潜力最大，其合计占该地区总量的 81.34%。

在中南地区，水稻、小麦、玉米及油菜秸秆为能源化利用的碳减排潜力较高，范围在 1 546.14 万～4 260.61 万 t CO_2-eq，占该地区碳减排总潜力的比例为 13.21%～36.39%；河南的秸秆能源化利用碳减排潜力最大，占该地区总量的 43.75%，湖北和湖南的秸秆能源化利用碳减排潜力相当，分别为 2 510.04 万和 2 327.61 万 t CO_2-eq，占该地区总量的 21.44% 和 19.88%。

在西南地区，水稻、油菜和玉米秸秆所贡献的秸秆能源化利用碳减排潜力最大，其合计占该地区总量的 88.33%；四川的秸秆能源化利用潜力最大，为 2 893.69 万 t CO_2-eq，占该地区总量的 47.68%。

西北地区的秸秆能源化利用碳减排潜力仅为 609.31 万 t CO_2-eq，仅占全国总量的 1.75%。

(二)2030 年能源潜力及其碳减排潜力预测

1. 情景设置

(1)基准情景

根据国际能源署在 World Energy Outlook(IEA,2014)中的预测,在基准情景中,2030 年,中国对生物质能源的需求量将比 2012 年增长9.72%。本研究将 2015 年作为基准年份,也取相同增长率,因此,2030 年中国对生物质能源的需求量的比例也会较 2015 年增长 9.72%。据此设置出每种作物的能源化利用比例(表 11-17)。

表 11-17　2030 年中国基准情景下主要作物秸秆能源化利用比例预测　%

秸秆类型	合计	燃料乙醇	成型燃料	直燃发电	气化发电	沼气
玉米	47.37	14.80	8.88	5.92	2.96	14.80
水稻	45.49	12.64	12.64	0.63	0.63	18.95
小麦	28.30	8.40	5.60	0.28	2.80	11.21
大豆	37.16	4.95	9.91	9.91	7.43	4.95
油菜	55.44	11.09	7.39	14.78	11.09	11.09
棉花	54.99	9.65	16.08	16.08	12.86	0.32
合计	42.48	11.83	9.42	3.82	3.12	14.30

注:合计,基于预测的 2030 年各类秸秆资源量加权平均得到。

玉米秸秆能源化利用的适宜性较广,能源化利用比例在各类作物秸秆中相对较高;棉花秸秆由于其良好的化学组成,具有广泛的能源化利用的适用性;大豆和油菜秸秆在农村地区长久以来都是炊事取暖的主要薪柴燃料,具有相对广阔的能源化利用空间;水稻秸秆多在田间进行焚烧,因此也具有广泛的能源化利用潜力。然而,小麦秸秆由于其纤维素含量较高,能量密度低,不易于生产生物质能源产品,因此能源化利用的程度较低。

(2)新政策情景

该情景主要是依据以下 5 点内容做出情景假设:①到 2030 年单位国内生产总值的 CO_2 排放量较 2015 年减少 45%;②在 2030 年之前建立完善的碳交易市场体系;③到 2030 年非化石能源供应占比达到 15%;④能源价格改革,完善石油天然气的定价机制;⑤制订并完善大气污染防控计划。

根据国际能源署预测,在新政策情景下,2030 年中国对生物质能源的需求量将会增长至 2.39 亿 t 石油当量,较 2012 年增长了 10.65%(IEA,2014)。本研究以 2015 年为基准,设定 2030 年秸秆的能源化利用比例将增长 10.65%,得出每种作物在 2030 年能源化利用的比例(表 11-18)。

表 11-18　2030 年中国新政策情景下主要作物秸秆能源化利用比例预测　　%

秸秆类型	合计	燃料乙醇	成型燃料	直燃发电	气化发电	沼气
玉米	47.77	14.93	8.96	5.97	2.99	14.93
水稻	45.88	12.74	12.74	0.64	0.64	19.11
小麦	28.54	8.48	5.65	0.28	2.83	11.30
大豆	37.48	5.00	9.99	9.99	7.50	5.00
油菜	55.91	11.18	7.45	14.91	11.18	11.18
棉花	55.46	9.73	16.22	16.22	12.97	0.32
合计	42.84	11.93	9.50	3.85	3.14	14.42

注:合计,基于预测的 2030 年各类秸秆资源量加权平均得到。

(3)强化减排情景

国家能源局 2016 年发布的《生物质能发展"十三五"规划》(国家能源局,2016)中则明确提出到 2020 年,要在全国各重点区域实现年产 3 000 万 t 生物成型燃料的目标。强化减排情景是在新政策情景的基础上强化碳排放力度,假设在碳市场交易中 CO_2 价格持续走高,并且中国政府将强化对可再生能源的政策支持力度。根据国际能源署预测,在该情景下,2030 年中国对生物质能源的需求量将会增长 35.19%,达到 2.92 亿 t 石油当量(IEA,2014),那么秸秆的能源化利用比例也会较 2015 年增长 35.19%(表 11-19)。

表 11-19　2030 年中国强化减排情景下主要作物秸秆能源化利用比例预测　　%

秸秆类型	合计	燃料乙醇	成型燃料	气化发电	直燃发电	沼气
玉米	58.36	18.24	10.94	7.30	3.65	18.24
水稻	56.05	15.57	15.57	0.78	0.78	23.35
小麦	34.87	10.36	6.90	0.35	3.45	13.81
大豆	45.79	6.11	12.21	12.21	9.16	6.11
油菜	68.31	13.66	9.11	18.22	13.66	13.66
棉花	67.76	11.89	19.81	19.81	15.85	0.40
合计	52.34	14.58	11.60	4.71	3.84	17.62

注:合计,基于预测的 2030 年各类秸秆资源量加权平均得到。

(4)竞争性利用情景

在竞争性利用情景中,本研究假设随着保护性耕作的发展,秸秆粉碎翻压还田及覆盖还田所占比例会进一步增长,使作物秸秆(尤其是小麦秸秆和大豆秸秆)的可移出量降低(周炜鹏,2016)。此外,随着畜牧业的绿色发展,秸秆饲料化尤其是青贮饲料的需求增加,日益增长的以秸秆为原料的工业也是一大竞争性利用途径。在一系列利用方式的竞争下,秸秆能源化利用的比例将呈现较低的增长率,2030 年相对于 2015 年的增长率为 5.93%(表 11-20)。

表 11-20　2030 年中国竞争性利用情景下主要作物秸秆能源化利用比例预测　%

秸秆类型	合计	燃料乙醇	成型燃料	直燃发电	气化发电	沼气
玉米	45.73	14.29	8.57	5.72	2.86	14.29
水稻	43.92	12.20	12.20	0.61	0.61	18.30
小麦	27.32	8.11	5.41	0.27	2.70	10.82
大豆	35.88	4.78	9.57	9.57	7.18	4.78
油菜	53.53	10.71	7.14	14.27	10.71	10.71
棉花	53.09	9.31	15.52	15.52	12.42	0.31
合计	41.01	11.42	9.09	3.69	3.01	13.80

注：合计，基于预测的 2030 年各类秸秆资源量加权平均得到。

2. 能源潜力预测

根据前文中对 2030 年秸秆资源量的预测值以及各类能源化利用途径的转化率，计算得出各类作物秸秆在不同情境下能源化产品的产量（表 11-21）。其中，在 4 类情景中，沼气产量在 333.86 亿～426.08 亿 m^3，固化成型燃料的产量则在 6 220.97 万～7 939.33 万 t，生物乙醇的产量为 1 704.09 万～2 174.79 万 t，气化发电和直燃发电产生的电力分别在 232.68 亿～296.95 亿 kW·h 和224.55 亿～286.57 亿 kW·h。

表 11-21　2030 年中国不同情景下主要作物秸秆转化能源产量预测

情景	秸秆种类	生物乙醇 /万 t	成型燃料 /万 t	直燃发电 /亿 kW·h	气化发电 /亿 kW·h	沼气 /亿 m^3
基准情景	玉米	728.55	1 989.76	113.06	68.48	123.41
	水稻	473.46	2 155.15	9.18	11.13	120.31
	小麦	396.31	1 202.65	5.13	62.08	89.51
	大豆	25.42	231.46	19.73	17.92	4.31
	油菜	45.60	138.37	23.59	21.43	7.72
	棉花	95.72	726.15	61.89	59.97	0.54
	小计	1 765.06	6 443.55	232.58	241.01	345.80
新政策情景	玉米	734.72	2 006.63	114.02	69.06	124.46
	水稻	477.47	2 173.42	9.26	11.22	121.33
	小麦	399.67	1 212.85	5.17	62.61	90.27
	大豆	25.64	233.43	19.90	18.07	4.34
	油菜	45.98	139.54	23.79	21.61	7.79
	棉花	96.53	732.30	62.42	60.48	0.55
	小计	1 780.02	6 498.16	234.55	243.05	348.74
强化减排情景	玉米	897.67	2 451.66	139.31	84.37	152.06
	水稻	583.37	2 655.44	11.32	13.71	148.23
	小麦	488.31	1 481.83	6.32	76.49	110.29
	大豆	31.33	285.20	24.31	22.08	5.31
	油菜	56.18	170.49	29.06	26.40	9.52
	棉花	117.93	894.71	76.26	73.90	0.67
	小计	2 174.79	7 939.33	286.57	296.95	426.08

续表 11-21

情景	秸秆种类	生物乙醇/万 t	成型燃料/万 t	直燃发电/亿 kW·h	气化发电/亿 kW·h	沼气/亿 m^3
竞争性利用情景	玉米	703.38	1 921.03	109.16	66.11	119.15
	水稻	457.11	2 080.71	8.87	10.74	116.15
	小麦	382.62	1 161.11	4.95	59.94	86.42
	大豆	24.55	223.47	19.05	17.30	4.16
	油菜	44.02	133.59	22.77	20.69	7.46
	棉花	92.41	701.06	59.75	57.90	0.52
	小计	1 704.09	6 220.97	224.55	232.68	333.86

3. 碳减排潜力预测

根据对 2030 年秸秆能源化利用比例的预测(表 11-17 至表 11-20),结合各类作物秸秆在不同能源化利用途径下的碳减排率(表 11-7,表 11-10,表 11-12),计算出各种作物秸秆在不同的情景下通过能源化利用为环境带来的碳减排潜力在 4.23 亿～5.40 亿 t CO_2-eq(表 11-22)。在基准情景下,各类作物秸秆通过不同能源化利用的途径,在 2030 年可为环境带来减排潜力 4.38 亿 t CO_2-eq;新政策情景与基准情景相差不大,碳减排潜力可达到 4.42 亿 t CO_2-eq;而在强化减排情景下,各类作物的碳减排量均有大幅度的增加,总计可为环境带来减排潜力 5.40 亿 t CO_2-eq;竞争性利用情景下的碳减排潜力最少,为 4.23 亿 t CO_2-eq。

表 11-22 **2030 年中国不同情景下作物秸秆能源化利用的碳减排潜力预测** 万 t CO_2-eq

情景和秸秆种类	合计	燃料乙醇	成型燃料	直燃发电	气化发电	沼气
基准情景						
玉米	15 956.3	2 826.6	2 723.1	1 974.6	668.8	7 763.2
水稻	12 623.0	1 836.9	2 949.4	160.4	108.7	7 567.6
小麦	9 510.1	1 537.6	1 645.9	89.5	606.4	5 630.7
大豆	1 206.0	98.6	316.8	344.6	175.1	270.9
油菜	1 473.4	176.9	189.4	412.0	209.3	485.9
棉花	3 065.9	371.4	993.8	1 080.9	585.8	34.0
小计	43 834.6	6 848.0	8 818.3	4 062.0	2 354.0	21 752.3
新政策情景						
玉米	16 091.6	2 850.6	2 746.2	1 991.4	674.5	7 829.0
水稻	12 730.0	1 852.5	2 974.4	161.8	109.6	7 631.8
小麦	9 590.7	1 550.6	1 659.8	90.3	611.5	5 678.4
大豆	1 216.2	99.5	319.5	347.5	176.5	273.2
油菜	1 485.9	178.4	191.0	415.5	211.1	490.0
棉花	3 091.8	374.5	1 002.2	1 090.1	590.8	34.3
小计	44 206.2	6 906.1	8 893.1	4 096.4	2 374.0	21 936.6

续表 11-22

情景和秸秆种类	合计	燃料乙醇	成型燃料	直燃发电	气化发电	沼气
强化减排情景						
玉米	19 660.4	3 482.8	3 355.2	2 433.0	824.1	9 565.3
水稻	15 553.3	2 263.3	3 634.1	197.6	133.9	9 324.3
小麦	11 717.7	1 894.5	2 028.0	110.3	747.1	6 937.8
大豆	1 485.9	121.5	390.3	424.5	215.7	333.8
油菜	1 815.4	218.0	233.3	507.6	257.9	598.7
棉花	3 777.6	457.6	1 224.5	1 331.9	721.8	41.9
小计	54 010.2	8 437.7	10 865.4	5 005.0	2 900.5	26 801.7
竞争性利用情景						
玉米	15 405.2	2 729.0	2 629.0	1 906.4	645.7	7 495.0
水稻	12 187.0	1 773.5	2 847.5	154.9	104.9	7 306.2
小麦	9 181.6	1 484.5	1 589.0	86.4	585.4	5 436.2
大豆	1 164.3	95.2	305.8	332.7	169.0	261.6
油菜	1 422.5	170.8	182.8	397.7	202.1	469.1
棉花	2 960.0	358.5	959.4	1 043.6	565.6	32.8
小计	42 320.5	6 611.5	8 513.7	3 921.7	2 272.7	21 000.9

第十二章

秸秆管理政策的现状及建议

内容提要

本章分析了以美国为主的国外作物秸秆焚烧的相关管理政策现状，从早期(1978年以前)、中期(1979—2007年)和近期(2008—2019年)三个阶段，总结了中国国家层面的秸秆管理相关政策，包括秸秆综合利用、秸秆用作饲料、秸秆制沼气、秸秆发电、秸秆还田及秸秆焚烧管理等方面，还对2003—2019年各省份发布秸秆管理政策做了详细的综述。基于国内外政策现状，分析了中国秸秆管理方面存在的问题。建议加强秸秆利用和禁烧的宣传教育，结合农业经营转型促进秸秆还田和综合利用，制定秸秆综合利用区划，完善秸秆综合利用的财税政策，加强科技开发和标准制订，健全相关法律法规和政府监管机制。

一、国外政策概况

在政策上，美国对秸秆焚烧有明确的定义，指为了生活便利或市场利益，土地所有者在作物收获后对残留秸秆在田间直接进行焚烧的行为。秸秆焚烧是为了减少作物残渣、提升作物产量、控制作物病虫害和杂草生长，以维持农业产量。从该定义可知，美国政策更倾向于强调秸秆焚烧行为对农业造成的影响，把秸秆焚烧作为一种能增加农业产量的有利行为（覃诚等，2018）。

但是，美国政策建议各州或各部落采用“烟雾管理计划”（SMP）（Saral，2005），减少秸秆焚烧以支持农业生产、保障公共健康和社会福利。农业焚烧管理者实施“烟雾管理计划”分为 2 个等级：第一等级是针对焚烧量较小的地区或者焚烧对空气质量造成影响较小的地区，实行自愿计划。第二等级是专门为违反颗粒物环境空气质量标准的地区或能见度减值的Ⅰ级联邦区设定的，这些地区的空气质量受到清洁空气法案最严格的保护（王艳分，2014）。

美国各州 SMP 中对秸秆焚烧授权都有着明确详细的规定，有效地控制秸秆焚烧规模，减少焚烧的负面影响。各州 SMP 的主要内容大同小异。首先，对公众进行公共教育宣传与培训，向公众宣传农业焚烧知识，对焚烧执行者进行焚烧操作培训。其次，农业焚烧申请者按规定要求填写焚烧计划书，提交给农业焚烧管理部门进行审核，审核通过后发放焚烧许可证，授权申请者方可进行秸秆焚烧。再次，实施焚烧的管理较为具体，包括焚烧公示与通告、烟雾减排措施、烟雾影响评价和空气质量检测等。第四，农业焚烧管理部门会同空气质量监管部门和行政执法部门等对焚烧行为进行监督，对违规焚烧行为进行行政处罚或提起诉讼。最后，农业焚烧管理部门会同相关机构与申请者和公众代表评估 SMP 实施效果，并定期修订 SMP（覃诚等，2018）。

在韩国，近年水稻和小麦秸秆用于还田的比例接近 20%，用于动物饲料占 80%以上。其成功经验在于引进、消化了秸秆收集处理及饲料化集成机械技术，探索并推广形成了“稻麦-肉牛”联营的种养业新模式，不仅解决了秸秆利用的问题，还促进了农区的畜牧业发展（周应恒等，2015）。

世界各国重视对秸秆利用的投资扶持和财政补贴，一是对科技研发与试点示范项目资金投入，二是对秸秆离田利用产业化示范项目的扶持与补贴，三是秸秆还田补贴。产业化示范项目包括产前（秸秆收储运）、产中（项目建设与设备购置）和产后（产品销售与消费）等环节，扶持政策主要集中在秸秆新型能源化利用方面，在秸秆覆盖保护性耕作方面也偶见报道，但在秸秆肥料化、饲料化和原料化利用方面尚无案可稽（王红彦等，2016）。

二、中国国家管理政策

(一)概况

秸秆作为重要的生物质资源,有广泛的潜在用途。秸秆有效利用涉及农业生态系统的良性发展,关系到生态环境安全,关系着农业、农村、农民的切实利益。因此,国家和地方政府十分重视秸秆综合利用,禁止秸秆焚烧,长期以来,出台了大量的政策文件。陈超玲等(2016)依据1949—2015年7月期间国务院和各相关部委发布的有关秸秆资源管理政策文件,按早期阶段(1949—1978年)、中期阶段(1979—2007年)和近期阶段(2008—2015年)进行了综合分析。本节在陈超玲等(2016)研究的基础上,重点增加了对2015年以后国家发布的相关政策的归纳总结,将近期阶段延长到2019年。

(二)早期阶段(1978年以前)

自1949年10月至1978年十一届三中全会召开,中国处于能源短缺时代,当时农村能源消费主要依靠当地获得的秸秆等可再生能源。因此,早期阶段的秸秆管理政策主要是促进秸秆还田、改善农村能源。这一阶段能查到的文件仅1份,即1965年中共中央、国务院发布的《关于解决农村烧柴问题的指示》,提出秸秆还田是种田养田增加有机肥料培养地力的重要措施之一,在烧柴或煤炭供应有保障时应当积极推广,但是,对于烧柴困难的地方不应当推广秸秆还田。由于这一时期没有秸秆田间粉碎的农机具,秸秆还田方式主要为秸秆过圈、秸秆沤肥、秸秆堆肥、秸秆浇粪以及秸秆烧灰(夏俊芳等,2002)等间接还田措施,而不是真正意义上的秸秆还田。

20世纪60年代末,中国秸秆等有机废弃物制沼气事业受到政府重视,大量的沼气相关政策促进了秸秆能源化利用,在农村出现了发展热潮,5年间沼气用户达600多万。1975年4月,由国家计委、中科院和农林部联合组织的全国沼气利用推广经验交流会在四川召开。1977年沼气办公室由农林部筹备成立。1978年国务院副总理谷牧在全国爱国卫生运动烟台地区现场经验交流会的报告中指出,要在有条件的地区积极推广沼气。20世纪70年代末,很多省份掀起了发展秸秆沼气的热潮,沼气用户累计达700多万户,但能持久运行的沼气用户至1983年底全国仅剩400万户(崔海兴等,2008)。

(三)中期阶段(1979—2007年)

从1979年开始,随着改革开放不断深化和中国经济的迅速发展,能源需求持续增长,政府十分重视新能源发展,秸秆成为开发生物质能源的主要原料。此阶段秸秆政策开始着重于促进其能源化、饲料化和基料化等综合利用。1995 年国家计委等四部委发布《新能源和可再生能源发展纲要(1996—2010)》,开展了秸秆转换为优质气体和液化燃料等新技术的研究和开发,并建立了一些示范工程,标志着秸秆能源化利用进入了新时期。2007 年国家发改委出台了《可再生能源中长期发展规划》,支持开展秸秆发电和生产成型燃料项目。1997 年,《联合国气候变化框架公约》缔约方第 3 次会议召开,《京都议定书》达成,使温室气体减排成为发达国家的法律义务。1999 年,在作物收获季节大量秸秆被焚烧,严重污染了空气,国家环境保护总局和农业部等部门发布了国家禁止秸秆焚烧的第一个文件《秸秆禁烧和综合利用管理办法》(表 12-1)。

1. 秸秆饲料

1992 年,国务院转发农业部《关于大力开发秸秆资源发展农区草食畜报告的通知》,鼓励在河南、山东、安徽、河北、四川、山西、陕西、吉林、辽宁和黑龙江 10 省办好国家确定的 10 个养牛示范县,积累经验,逐步普及秸秆青贮和氨化饲料利用。国家农业综合开发领导小组安排有偿和无偿相结合使用的资金达 1 000 万元,地方按项目管理安排相应资金匹配。到"八五"末期,这 10 个省青贮、氨化秸秆利用率由当时的 3.2%提高至 12%以上。该政策取得了良好的效果,至 1995 年末,秸秆养畜示范县占国内总县数的 5.4%,示范区牛肉产量占全国牛肉总产量的 25%。1992—1995 年连续 4 年全国生产的牛、羊肉量持续增长。1996 年,国务院发布了《1996—2000 年全国秸秆养畜过腹还田项目发展纲要》(表 12-1),给农田提供有机肥,积极推广秸秆过腹还田,提出秸秆饲用率由 25%提高到 40%,加快秸秆养畜示范基地建设,到 20 世纪末,累计建设全国秸秆养畜示范县 250 个,促进了农牧业生产良性循环。

表 12-1 **1949—2019 年中国国家颁布的秸秆还田、秸秆能源化利用和秸秆禁烧政策文件**

发布机关	文号或发布年份	文件名称
中共中央、国务院	1965 年	关于解决农村烧柴问题的指示
国务院	国办发〔1996〕43 号	1996—2000 年全国秸秆养畜过腹还田项目发展纲要
环境保护总局等	环发〔1999〕98 号	秸秆禁烧和综合利用管理办法
财政部	财农〔2005〕11 号	农业机械购置补贴专项资金使用管理暂行办法
财政部	财建〔2008〕735 号	秸秆能源化利用补助资金管理暂行办法
国务院	国办发〔2008〕105 号	关于加快推进农作物秸秆综合利用意见
国家发改委等	发改环资〔2009〕378 号	编制秸秆综合利用规划的指导意见
农业部*	农办财〔2009〕59 号	2009 年土壤有机质提升补贴项目实施指导意见
农业部*、财政部	农办财〔2010〕75 号	2010 年土壤有机质提升补贴项目实施指导意见
农业部*、财政部	农办财〔2011〕109 号	2011 年土壤有机质提升补贴项目实施指导意见
国家发改委、农业部*、财政部	发改环资〔2011〕2615 号	"十二五"农作物秸秆综合利用实施方案

续表 12-1

发布机关	文号或发布年份	文件名称
农业部*、财政部	农办财〔2012〕81 号	2012 年土壤有机质提升补贴项目实施指导意见
农业部*	农办财〔2013〕55 号	2013 年土壤有机质提升补贴项目实施指导意见
国家发改委	发改环资〔2013〕930 号	关于加强农作物秸秆综合利用和禁烧工作的通知
农业部*	农办财〔2014〕68 号	关于做好 2014 年耕地保护与质量提升工作的通知
国家发改委等	发改环资〔2014〕116 号	关于深入推进大气污染防治重点地区及粮棉主产区秸秆综合利用的通知
环境保护部	环办函〔2014〕1170 号	关于 2014 年夏季秸秆禁烧工作情况的通报
农业部*	农办财〔2015〕6 号	2015—2017 年农业机械购置补贴实施指导意见
财政部、农业部*	财办农〔2015〕150 号	关于开展农作物秸秆综合利用试点补助资金绩效评价工作的通知
国家发改委	发改环资〔2015〕2651 号	关于进一步加快推进农作物秸秆综合利用和禁烧工作的通知
国家发改委	发改办环资〔2016〕2504 号	关于编制“十三五”秸秆综合利用实施方案的指导意见
财政部	2017 年	2016 年中央财政农作物秸秆综合利用试点补助资金绩效评价情况
农业部*	农科教发〔2017〕9 号	东北地区秸秆处理行动方案
国家发改委、农业部*、国家能源局	发改办环资〔2017〕2143 号	关于开展秸秆气化清洁能源利用工程建设的指导意见
农业农村部	农办科〔2019〕3 号	关于做好农作物秸秆资源台账建设工作的通知

注：* 现农业农村部。

2. 秸秆还田

1979 年，《中共中央关于加快农业发展若干问题的决定》于十一届四中全会通过，决定提出要积极扩大秸秆还田。至 1996 年，秸秆还田推广有所成效，共约还田秸秆 1 亿 t，还田面积达 0.33 亿 hm^2（杨文钰等，1996），但是，还田形式仍为烧灰还田、堆沤腐解还田和过腹还田。自 1996 年开始，秸秆覆盖栽培、机械旋耕翻埋还田和机械粉碎还田等直接还田成为政府首次推广的真正意义上的秸秆还田技术（曾木祥等，1997；杨文钰等，1996）。2005 年财政部发布的《农业机械购置补贴专项资金使用管理暂行办法》中，支持推广应用秸秆还田机械（表 12-1）。截至 2006 年，在鼓励政策的大力推动下，秸秆还田比例大幅度提高（李文革等，2006）。

3. 秸秆发电

2005 年，国家发改委发布了《可再生能源产业发展指导目录》，将秸秆直燃发电与气化发电纳入其中。2006 年，生物质能源发展开始受到重视，国家部委在该年颁发了一系列政策文件，支持秸秆发电。例如，国家发改委发布了《可再生能源发电价格和费用分摊管理试行办法》，指出电价标准由各省份 2005 年脱硫燃煤机组标杆上网电价加补贴电价组成，其中补贴电价标准为 0.25 元/(kW·h)。

4. 秸秆禁烧管理

1999年，国家环境保护总局联合农业部等6个部门发布了《禁止秸秆焚烧和综合利用管理办法》(表12-1)，首次以正式文件的形式提出为保护环境禁止秸秆焚烧。文件提出在交通干线、机场、高压输电线路附近以及省辖市(地)级人民政府划定的区域内禁止焚烧秸秆。凡违反规定在秸秆禁烧区内焚烧秸秆的，由当地环境保护行政主管部门责令其立即停烧，并对直接责任人处以20元以下罚款。如若造成重大大气污染事故，导致公私财产重大损失或者人身伤亡严重后果的，将对有关责任人员依法追究刑事责任。2000年，全国人民代表大会通过《大气污染防治法》，将20元以下的罚款提高至200元以下。

(四)近期阶段(2008—2019年)

中国面临着能源短缺和环境污染的双重压力，而秸秆开发利用既能有效利用废弃物生产能源，又能减少因焚烧带来的环境污染问题。该阶段国家发布的秸秆政策最多(表12-1)，覆盖面广泛且实施效果显著，应用疏堵结合的方法，加大对秸秆焚烧监管力度，全面促进秸秆综合利用。国家各部门在研究制定鼓励政策时，一方面充分调动农民和企业的积极性，对现有的秸秆综合利用单项技术进行归纳和整理，使其尽可能简约化，引导农民自行开展秸秆综合利用，鼓励企业进行规模化生产，坚持秸秆还田利用与产业化开发相结合的发展模式。另一方面倡导推广秸秆综合利用技术需因地制宜，加大各方面的投入，大力开发和推广集约程度高、操作简便的新技术。

1. 秸秆综合利用

近期阶段的秸秆管理政策以促进秸秆饲料化、肥料化、食用菌基料化、燃料化及工业原料化等多元化利用为主要目标。2008年国务院印发了《关于加快推进农作物秸秆综合利用意见》(表12-1)，这是之后秸秆政策制定的纲领性文件。该文件要求建立秸秆收集体系，基本形成布局合理、多元利用的秸秆综合利用产业化格局。为了实施该项意见，国家发改委、农业部和财政部联合发布了《“十二五”农作物秸秆综合利用实施方案》(表12-1)，制定了2015年的发展目标：秸秆机械化还田面积达到4 000万hm^2；建设秸秆饲用处理设施达到6 000 m^3，年增加饲料化处理能力达到3 000万t；秸秆基料化利用率达到4%；秸秆原料化利用率达到4%；秸秆能源化利用率达到13%，重点提高秸秆肥料化、饲料化、基料化、原料化和燃料化利用。2008年，财政部安排资金支持秸秆产业化发展，开始执行《秸秆能源化利用补助资金管理暂行办法》(表12-1)，支持从事秸秆成型燃料、秸秆气化和秸秆干馏等秸秆能源化生产的企业。2008—2015年期间，《2009年节能减排工作安排的通知》等多个关于节能减排和农村建设的文件中，都要求加快作物秸秆综合利用。2015年，国家发改委发布了组织申报资源节约和环境保护中央预算内投资备选项目的通知，重点安排京津冀及周边大气污染防治重点地区秸秆利用项目。拟安排中央预算内投资10亿元，用于支持北京、天津、河北、内蒙古、山西、山东、黑龙江和西藏等地区的治理工作。资金分配按东、中、西部地区分别不超过 8%、10%、12%，单个项目最高补助上限为 1 000 万元进行控制。

2016 年国家发改委发布了《关于编制“十三五”秸秆综合利用实施方案的指导意见》(表 12-1)，指出力争到 2020 年，在全国建立较完善的秸秆还田、收集、储存和运输社会化服务体系，基本形成布局合理、多元利用和可持续运行的综合利用格局，目标是秸秆综合利用率达到 85%以上。2019 年农业农村部发布了《关于做好作物秸秆资源台账建设工作的通知》(表 12-1)，这是为摸清农业资源底数建立农业资源台账制度的重要环节。从制度设计入手到转变秸秆管理和综合利用思路，实现对秸秆资源数量、质量和分布的常态化、制度化、规范化监测评价管理，更清晰地评价秸秆变化及利用效率，有利于提高秸秆资源管理水平。

2. 秸秆制沼气

2008 年国家发改委颁布的《可再生能源发展“十一五”规划》提出，在适宜地区充分利用农村秸秆继续发展户用沼气，积极推动小型与大中型沼气工程及生物质气化供气工程建设。通过利用秸秆生产有机肥和沼气，从而推进农业生产从主要依靠化肥向增施有机肥转变，形成以沼气为纽带的农村循环经济基本模式。农村沼气建设主要采取国家补助与农户自筹相结合的建设模式，按照“一池三改”的建设标准，农户投资 3 000～3 500 元，其中国家补助 800～1 200 元，国家在这期间共将投资 1 317.5 亿元。随后，财政部联合农业部发布了农村沼气项目建设资金管理办法，对中央资金利用进行了规范式处理。2017 年国家发改委联合农业部和国家能源局综合司发布的《关于开展秸秆气化清洁能源利用工程建设的指导意见》(表 12-1)提出，实施秸秆气化是提高秸秆综合利用率的重要抓手，是农村清洁能源供给的重要方式，也是解决环境问题的有效手段。

3. 秸秆发电

2008 年国家发改委发布的《可再生能源发展“十一五”规划》中提出，在粮棉主产区以作物秸秆和蔗渣等为燃料，优化生物质发电项目布局。同年财政部颁布了《(面向企业)秸秆能源化利用补助资金管理暂行办法》，对从事秸秆能源化生产、且注册资金在 1 000 万元以上，年消耗秸秆量在 1 万 t 以上的企业，根据企业每年实际销售秸秆能源产品的种类及数量，折算出消耗的秸秆种类和数量，按中央财政按标准给予综合性补助。

2010 年，国家发改委等颁布《关于生物质发电项目建设管理的通知》(表 12-1)，对各地生物质发电情况进行全面总结，并提出已建项目存在问题较多的地方要暂缓核准，对自行核准的项目，不再纳入国家可再生能源基金补贴范围。同年，国家发改委又发布了《关于完善农林生物质发电价格政策的通知》(表 12-2)，对秸秆发电项目实行标杆上网电价政策，即 0.75 元/(kW·h)。2015 年 4 月 30 日，财政部又发布《可再生能源发展专项资金管理暂行办法》，明确废止了《财政部关于印发〈秸秆能源化利用补助资金暂行办法〉的通知》。在此情况下，秸秆能源化利用能否拿到补贴，能拿到多少补贴，便成了未知数。2017 年及以后国家又鼓励实施秸秆等生物质发电项目，各地核准一批项目建设和运行，但是未检索到具体政策文件。

表 12-2　中国国家对秸秆综合利用的补贴政策

补贴内容	补贴对象	补贴标准	实施期限	文件
秸秆发电	发电企业	上网电价 0.75 元/(kW·h)	2007—	国家发改委 发改价格〔2010〕1579 号
成型燃料	生产成型燃料企业	140 元/t	2008—2013	财政部 财建〔2008〕735 号
施用秸秆腐熟剂	农民	300 元/hm^2	2009—2011	农业部、财政部农办财〔2009〕59 号 农业部、财政部农办财〔2010〕75 号 农业部、财政部农办财〔2011〕109 号
施用秸秆腐熟剂	种植大户、家庭农场农民合作社等	225 元/hm^2	2012—	农业部、财政部农办财〔2012〕81 号 农业部、财政部农办财〔2013〕55 号
推广应用秸秆还田集成技术	农民合作社、种粮大户及农户	450 元/hm^2	2012—	农业部、财政部农办财〔2012〕81 号 农业部、财政部农办财〔2013〕55 号
农机补贴	农民、从事农机作业的农业生产经营组织	售价≤30%	2005—	财政部、农业部财农〔2005〕11 号 农业部、财政部农办财〔2013〕8 号

4. 秸秆还田

2009—2013 年，农业部与财政部连续发布了《土壤有机质提升补贴项目实施指导意见》(表 12-1)，鼓励实施秸秆还田，支持土壤有机质提升技术的推广，以改良土壤、培肥地力。其中 2009—2011 年，农业部开始大面积推广应用稻田秸秆快速还田腐熟技术，加大土壤有机质提升补贴力度，对应用秸秆还田腐熟技术、购买秸秆腐熟剂的农民给予补贴 300 元/hm^2(表 12-2)。2011 年，以南方稻作区为重点，同时还在西北地区、华北地区和东北地区推广应用秸秆还田腐熟技术。2012 年和 2013 年，农业部不仅对农民专业合作社、种粮大户及农户应用秸秆还田腐熟技术，购买秸秆腐熟剂补贴为 225 元/hm^2，还对推广应用秸秆还田综合集成技术，补贴资金为 450 元/hm^2。并且全国各地推广秸秆还田腐熟技术各有不同，在南方稻作区，推广应用秸秆还田腐熟技术模式。在华北地区，推广玉米秸秆还田腐熟技术，其中，机械化水平高的地区，以秸秆机械化粉碎施用腐熟剂翻压还田技术模式为主；机械化水平低的地区，则以秸秆堆沤腐熟还田技术模式为主。在西北地区，结合地膜覆盖推广应用秸秆还田腐熟技术。在东北地区，推广应用玉米秸秆机械粉碎还田腐熟、秸秆集中堆沤技术。通过此项目实施，在项目区秸秆还田率力争达到 95%以上，使土壤理化性状明显改善，土壤有机质含量稳步提高，田间地头焚烧秸秆现象杜绝。

2014 年，农业部发布《国家深化农村改革、支持粮食生产、促进农民增收政策措施 50 条》，中央财政安排 8 亿元专项资金，通过物化和资金补助等方式，调动种植大户、家庭农场和农民合作社等新型经营主体和农民的积极性，支持应用土壤改良和地力培肥技术，促进秸秆资源转化利用，提升耕地质量。2014 年继续在适宜地区推广秸秆还田腐熟技术，重点推广南方水稻产区酸化土壤改良培肥综合技术。同年，中共中央、国务院发布《关于全面深化农村改革加快推进农业现代化的若干意见》，大力推进秸秆还田和机械化深松整地等综合利用，加快实施土壤有机质提升补贴项目，促进生态友好型农业发展。

5. 秸秆禁烧管理

1999 年国家开始实施秸秆禁烧政策，但效果一直不显著，至 2014 年农村焚烧作物秸秆现象依然比较普遍。根据环境保护部发布的全国秸秆焚烧情况显示，2014 年 11 月 1—20 日，卫星遥感监测秸秆焚烧火点数较 2013 年同期增长 326 个。该阶段中国环境污染情况加重，温室气体排放增加，因此，国家提升了对秸秆禁烧的重视程度。2013—2015 年国家连续发布了多个禁烧文件（表 12-1）。2015 年人民代表大会表决通过《大气污染防治法》规定禁止在人口集中地区、机场周围、交通干线附近以及当地人民政府划定的区域内露天焚烧秸秆，否则由县级以上地方人民政府环境保护、住房城乡建设主管部门按照职责责令改正，处 200～2 000 元以下罚款。

三、中国各省份管理政策

陈超玲等（2017）对 2003—2015 年 7 月各省份发布秸秆管理政策进行了详细的综述，本节在该综述的基础上，重点增加了对 2015 年 7 月以后各省份发布的相关政策的归纳总结。

为了具体落实国家生物质及秸秆产业发展相关政策和规划，2003—2018 年共计 29 个省份陆续出台了秸秆利用总体规划、实施方案和其他相关政策，按华北地区（表 12-3）、东北地区（表 12-4）、华东地区（表 12-5）、中南地区（表 12-6）、西南地区（表 12-7）和西北地区（表 12-8）详列于表中，另将各省份的综合利用补贴政策汇总于表 12-9。其中华东地区出台的秸秆管理政策最多且内容较为全面，而西南地区最少，这个现象和作物生产面积不同导致的秸秆总产量不同、地形导致利用方向不同和焚烧是否严重都有着密切的关系。总体而言，这些地区实施国家秸秆综合利用的财政、税收、价格优惠激励政策，加大对作物收获及秸秆还田一体化农机的补贴力度，扩大秸秆养畜、保护性耕作、能源化等秸秆综合利用规模；加快研究秸秆收储运体系建设激励措施；增强秸秆综合利用能力建设，探索形成适合当地秸秆资源化利用的管理模式和技术路线，提高秸秆综合利用率，以推动秸秆综合利用的规模化和产业化发展。

（一）秸秆禁烧管理

因秸秆焚烧引起的环境问题日益突出，很多省份重视秸秆禁烧管理。根据检索，除广西、贵州和西藏 3 个省份外，其他省份均发出正式文件要求禁止秸秆焚烧。以 2000 年全国人民代表大会通过的《大气污染防治法》为宗旨，对焚烧责任人加以 200 元以下的处罚，对负责的政府单位则实施更严厉的财政处罚。

秸秆禁烧在一些省份取得了一定的效果，根据2014年环保部发布的秸秆禁烧情况显示，在上海、福建、湖北、广东、广西、海南、重庆、四川、贵州、云南和青海等11省份未发现秸秆焚烧火点。然而其他省份的秸秆焚烧火点数均增加，总体较2013年增幅达到138.3%。中国农村区域辽阔，秸秆禁烧工作实施存在困难，没有达到理想的目标。大部分农民缺乏环保意识，只图当时快捷省事，加之缺少有效的秸秆利用途径，导致田间焚烧情况屡见不鲜。深层原因是秸秆还田不能完全消纳秸秆，而收储运成本很高，导致能源化和其他利用产业发展很慢。

表12-3　2000—2018年华北地区各省份秸秆管理政策

省份	发布机关	文号或发布年份	文件名称
北京	市人民政府	京政办发〔2007〕43号	关于进一步加强秸秆禁烧工作的通知
	市农业局	2015年	关于做好农作物秸秆禁烧和春耕备耕工作的通知
	市农业局	京农发〔2015〕39号	综合施策杜绝农作物秸秆和园林绿化废弃物焚烧工作方案
	市农业局	京农发〔2015〕101号	农作物秸秆和园林绿化废弃物禁烧联合工作机制
	市农业局	京农发〔2015〕102号	关于推进农作物秸秆饲料化利用的通知
天津	市环境保护局	2012年	天津市生态市建设"十二五"规划
	市农业委员会、市财政局	津农委计财〔2014〕16号、津财农联〔2014〕41号	天津市秸秆生物质燃料加工中心2014—2015年扶持建设项目申报指南
	市人民代表大会	公告第13号(2017)	关于农作物秸秆综合利用和露天禁烧的决定
河北	省人民政府	办字〔2012〕67号	关于做好2012年秸秆禁烧和综合利用工作的通知
	省发改委 农业厅	冀发改环资〔2014〕410号	河北省2014—2015年秸秆综合利用实施方案
	任丘市人民政府	任政办字〔2014〕59号	任丘市2014年秸秆能源化利用项目实施方案
	省发改委、农业厅	冀发改环资〔2014〕410号	河北省2014—2015年秸秆综合利用实施方案
山西	省人民政府	晋政办发〔2000〕1号	关于加快机械化秸秆直接还田应用技术发展的通知
	省农机局 省财政厅	晋农机计字〔2012〕84号	2012年中央现代农业山西省玉米丰产方机收秸秆还田项目实施方案
	省农业厅	晋农业明电〔2013〕5号	关于加强秸秆禁烧工作的紧急通知
	省人民政府	晋政办发〔2014〕12号	关于进一步做好秸秆禁烧和综合利用工作的通知
	省农机局 省财政厅	晋农机财字〔2015〕38号	2015年中央现代农业山西省玉米丰产方机收秸秆还田项目实施方案
	省第十三届人大常委会第5次会议	2018年	关于促进农作物秸秆综合利用和禁止露天焚烧的决定
内蒙古	区农牧厅	内农牧饲发〔2014〕272号	2012年农业综合开发内蒙古自治区秸秆养畜项目验收情况通报
	区人民政府	内政办发电〔2015〕88号	关于切实加强秸秆禁烧工作的通知
	区发改委、区农牧厅	内发改环资字〔2017〕254号	内蒙古自治区"十三五"秸秆综合利用实施方案

(二)秸秆综合利用

1. 秸秆饲料化

北京、内蒙古、河南、贵州和甘肃重视秸秆饲料化利用，这5个省份发布了一系列关于秸秆饲料化的利用政策。2015年，北京发布了《关于推进农作物秸秆饲料化利用的通知》(表12-3)，按照"以养定种"的要求，积极发展饲用作物、黄贮作物等，促进粮、经、饲三元种植结构协调发展，全市青、黄贮玉米种植面积稳定在40万亩左右，全面满足北京市奶牛青(黄)贮饲料供应。2012年9月—2013年9月，内蒙古在全区包头市土右旗等8个旗共投入2 000余万元，对秸秆进行青贮氨化、粉碎、饲料化、氨化尿素处理，实施农业综合开发秸秆养畜示范项目。2014年河南畜牧局发布的《河南省农作物秸秆饲料化发展规划(2014—2020年)》(表12-6)提出到2017年，可饲用秸秆利用率达到37%；至2020年，可饲用秸秆利用率达到47%，为草食畜牧业发展提供饲草保障。2009年贵州发布了《关于开发利用农作物秸秆生物饲料推进我省生态畜牧业又好又快发展的意见》(表12-7)，指出各地政府要加大对作物秸秆生物饲料开发利用的财政投入，将秸秆还田、青贮、粉碎等相关机具纳入农机购置补贴范围，鼓励金融机构加大对农民合作专业组织、生物饲料企业、公司制养殖企业(大户、小区)购置相关机具、开拓市场和新上项目等的信贷支持。甘肃发布的《秸秆饲料化利用规划(2011—2015年)》(表12-8)指出，到2015年，扶持新建青贮窖、氨化池容量1 300万 m^3，建设秸秆饲料储备库50个，购置青贮氨化机械设备2万台，年生产青贮氨化秸秆饲料的能力达到1 100万 t。

表12-4　2009—2018年东北地区各省份秸秆管理政策

省份	发布机关	文号或发布年份	文件名称
辽宁	省人民政府	辽政办发〔2016〕112号	关于印发辽宁省秸秆焚烧防控责任追究暂行规定的通知
吉林	农安县委、县政府	农发〔2009〕10号	农安县关于扶持玉米秸秆颗粒加工企业发展的优惠政策
	省人民政府	吉政明电〔2013〕16号	关于禁止露天焚烧农作物秸秆的通告
	省人民政府	吉政办明电〔2014〕89号	关于进一步做好秋冬季秸秆禁烧工作的通知
	省人民政府	吉政办发〔2016〕25号	关于推进农作物秸秆综合利用工作的指导意见
	省人民政府	吉政办明电〔2018〕47号	关于印发吉林省2018年秋冬季秸秆禁烧工作方案的通知
黑龙江	省环境保护厅	黑政办明传〔2015〕26号	关于进一步做好秸秆禁烧工作的紧急通知
	省人民政府	黑政办发〔2016〕69号	关于实施耕地地力保护补贴的指导意见
	省人民政府	黑政办规〔2017〕8号	关于进一步强化全省秸秆禁烧管控工作的通知
	省农业委员	黑农委植发〔2017〕14号	关于加强秸秆焚烧联动管制工作的意见的通知
	省农业委员会、省财政厅	黑农委联发〔2017〕132号	黑龙江省开展农作物秸秆综合利用整县推进试点工作实施方案

2. 秸秆还田

山西、上海和安徽先后发布了政策文件支持秸秆还田。其中，山西分别于2000年、2012

年、2014 年和 2015 年发布了关于秸秆机械还田支持政策，尤其鼓励玉米丰产方机收和秸秆还田相结合。2010 年上海发布了《关于切实抓好秸秆还田管理确保水稻种植质量的通知》（表 12-5），要求切实加强秸秆还田工作的管理和配套技术措施的落实，减少对水稻产生的不利影响，确保种植质量。2014 年安徽发布了《农作物秸秆还田实施意见》（表 12-5），要求当年水稻、玉米、大豆等作物秸秆还田利用要达到秋季秸秆总量的 40%以上，到 2015 年全年秸秆还田利用达到秸秆总量的 50%以上，2016 年达到 60%以上。不同地区对秸秆还田补助力度在 150～675 元/ hm^2（表 12-9）。其中，山西实施 2012 年玉米机收秸秆还田作业补贴政策，在 11 个市补贴25 万 hm^2，共投入 1.125 亿元，极大地提高了广大农民应用机收技术的积极性。同时向项目区内达到玉米机收秸秆直接还田作业标准的农户给予直接补贴，补贴标准为450 元/ hm^2。

表 12-5　2003—2018 年华东地区各省份秸秆管理政策

省份	发布机关	文号或发布年份	文件名称
上海	市发改委	沪发改环资〔2009〕091 号	上海市秸秆综合利用规划（2010—2015 年）
	市农业技术推广服务中心	沪农技〔2010〕16 号	关于切实抓好秸秆还田管理确保水稻种植质量的通知
	市发改委、市财政局	沪发改环资〔2010〕30 号	上海市循环经济发展和资源综合利用专项扶持办法（修订）
	市发改委、市财政局	沪发改环资〔2015〕1 号	上海市循环经济发展和资源综合利用专项扶持办法（2014 年修订版）
	市人民政府	沪府办发〔2011〕4 号	关于本市推进农作物秸秆综合利用实施方案
	市农业委员会	沪农委〔2012〕357 号	关于做好本市 2012 年“三秋”水稻秸秆禁烧和综合利用工作的通知
	市发改委等	沪发改农经〔2013〕9 号	关于继续实施农作物秸秆综合利用扶持政策的通知
	市农业委员会	沪农委〔2016〕330 号	关于加快推进本市农作物秸秆综合利用试点工
	市环境保护局等	沪环保自〔2017〕181 号	关于做好 2017 年农作物秸秆等禁烧和综合利用工作的通知
	市农业委员会	沪农委〔2017〕458 号	关于进一步完善本市农作物秸秆综合利用工作的通知
江苏	省人民政府	苏政办发〔2009〕133 号	江苏省农作物秸秆综合利用规划（2010—2015 年）
	宿迁市秸秆禁烧与综合利用工作领导小组	宿秸秆综禁组发〔2012〕19 号	宿迁市 2012 年度秋季秸秆禁烧与综合利用工作考核奖惩办法
	省人民政府	苏政发〔2014〕126 号	关于全面推进农作物秸秆综合利用的意见
	省发改委	苏发改资环发〔2015〕139 号	关于编制农作物秸秆综合利用规划（2016—2020 年）的通知
	省农业委员会等	苏农财〔2016〕44 号	关于做好 2016 年中央农作物秸秆综合利用试点实施工作的通知
	省农业委员会等	苏农财〔2016〕62 号	江苏省中央农作物秸秆综合利用试点工作考评办法
	省农机局	苏农环〔2017〕3 号	2017 年农作物秸秆综合利用实施指导意见
	省第十三届人大常务委员会第六次会议	2018 年	关于促进农作物秸秆综合利用的决定
	省环境保护委员会	苏环委办〔2018〕11 号	关于做好 2018 年秸秆综合利用和禁烧工作的通知

续表 12-5

省份	发布机关	文号或发布年份	文件名称
浙江	省人民政府	浙政办发〔2014〕140 号	关于加快推进农作物秸秆综合利用的意见
	江山市农业局	江农发〔2017〕113 号	关于进一步加强秸秆禁烧工作的通知
安徽	省人民政府	皖政办〔2008〕44 号	关于做好秸秆禁烧工作的通知
	省人民政府	皖政办秘〔2014〕75 号	2014 年全省秸秆禁烧工作方案
	省财政厅、省发改委	财建〔2014〕958 号	关于对农作物秸秆发电实施财政奖补的意见
	省财政厅、省环境保护厅、省农委	财建〔2014〕584 号	安徽省农作物秸秆禁烧奖补办法
	省人民政府	皖政办秘〔2014〕174 号	农作物秸秆还田实施意见
	省人民政府	皖政办〔2015〕20 号	关于进一步做好秸秆禁烧和综合利用工作的通知
	省人民政府	皖政〔2017〕52 号	关于加快发展农作物秸秆发电的意见
	省人民政府	皖政〔2017〕29 号	关于大力发展以农作物秸秆资源利用为基础的现代环保产业的实施意见
	省人民政府	皖政办〔2018〕36 号	安徽省农作物秸秆综合利用三年行动计划(2018—2020 年)
福建	省环保局		关于加强农作物秸秆综合利用和禁烧工作的通知
	省环境保护厅	闽环保总队〔2012〕39 号	转发环保部关于做好 2012 年夏秋两季秸秆禁烧工作的通知
江西	省农业厅	2010 年	关于抓紧申报秸秆沼气储备项目的函
	省农业厅	赣农办字〔2017〕83 号	关于加强农作物秸秆综合利用工作的通知
	省人大常委会	2017 年	关于农作物秸秆露天禁烧和综合利用的决定
	省人民政府	赣府厅明〔2017〕105 号	关于切实做好秸秆禁烧和综合利用工作的紧急通知
	省农业厅	赣农字〔2018〕45 号	江西省农作物秸秆综合利用三年行动计划(2018—2020 年)
山东	省人民政府	鲁政办发〔2003〕73 号	关于加强农作物秸秆综合利用与禁烧工作的通知
	青岛市畜牧兽医局	青牧发〔2008〕19 号	关于加强玉米秸秆青贮利用工作的意见
	省人民政府	鲁政办发明电〔2008〕172 号	关于进一步加强秋季秸秆禁烧工作的通知
	省环境保护厅	鲁环函〔2011〕366 号	关于加强夏季秸秆禁烧工作确保空气质量的通知
	泰山市岱岳区政府	泰岱政发〔2011〕25 号	关于进一步做好秸秆禁烧及综合利用工作的通知
	省环境保护厅	鲁环办函〔2014〕122 号	关于加强秋季秸秆禁烧工作的通知
	济南市政府	济政办字〔2014〕25 号	关于切实做好秸秆综合利用与禁烧工作的通知
	省人民政府	鲁政办发〔2014〕48 号	山东省耕地质量提升规划(2014—2020 年)
	省农业农村厅	2016 年	加快推进秸秆综合利用实施方案(2016—2020 年)
	省人民政府	鲁政办字〔2016〕208 号	关于推进农村地区供暖工作的实施意见

3. 秸秆发电

自"七五"以来，秸秆发电技术的科学研究取得了明显进展。2017 年，安徽省人民政府颁布《关于加快发展农作物秸秆发电的意见》，指出秸秆发电奖补资金直接补给秸秆发电企业，由企业统筹用于秸秆收购、弥补发电成本等方面开支，同时，要求享受补贴的秸秆发电企业采取有效措施，不断提高作物秸秆在电厂燃料中的比重。该意见对水稻、小麦、其他作物秸秆分别给予每吨 50 元、40 元、30 元的补贴(表 12-5)。贵州不断提高农林生物质能源比重，促进能源结构调整，力争到 2015 年使农林生物质能源消费量达到能源消费总量的 2%，到2020年达到3%。

表12-6 2008—2018年中南地区各省份秸秆管理政策

省份	发布机关	文号或发布年份	文件名称
河南	省发改委、省农业厅	2013年	河南省“十二五”农作物秸秆综合利用规划
	省农业机械管理局、省财政厅	豫农机计文〔2014〕32号	河南省2014年农作物秸秆综合利用机械和农用航空器购置累加补贴方案
	省畜牧局	2014年	河南省农作物秸秆饲料化发展规划(2014—2020年)
	省人民政府	豫政办〔2015〕77号	关于加强秸秆禁烧和综合利用工作的通知
	省人民政府	豫政办〔2016〕79号	2016年河南省秸秆禁烧和综合利用工作实施方案
	郑州市财政局、市农机局	郑财农〔2017〕11号	郑州市农作物秸秆禁烧和综合利用工作资金使用管理办法
	省人民政府	豫政办〔2018〕14号	河南省2018年大气污染防治攻坚战实施方案
	省畜牧局		关于加强秸秆青黄贮饲料化利用工作的紧急通知
湖北	省环境保护厅	鄂环办〔2010〕87号	关于加强秸秆禁烧管理的通知
	省十二届人大会第三次会议	2015年	关于农作物秸秆露天禁烧和综合利用的决定
湖南	省环境保护厅	湘环函〔2014〕274号	关于做好2014年夏秋两季秸秆禁烧工作的通知
	省财政厅、省农业厅	湘农业联〔2014〕58号	关于全省土壤有机质提升补贴项目秸秆腐熟剂政府采购有关事项的通知
广东	省人民政府	粤府办〔2008〕59号	转发国务院办公厅关于加快推进农作物秸秆综合利用意见的通知
	省环境保护厅	粤环〔2014〕91号	关于切实做好秋冬季节露天焚烧和扬尘污染控制工作实施意见
	省农业厅	粤农函〔2014〕182号	2014年广东省种植业工作要点
	省农业农村厅	粤农〔2017〕28号	广东省农业现代化“十三五”规划的通知
海南	省农业厅	2017年	海南省“十三五”秸秆综合利用实施方案
	省农业厅	琼农字〔2018〕41号	关于进一步加强农作物综合利用和禁止秸秆焚烧工作的通知

表12-7 2009—2018年西南地区各省份秸秆管理政策

省份	发布机关	文号或发布年份	文件名称
重庆	市农业委员会、市财政局	渝农发〔2014〕221号	2014年耕地保护与质量提升项目实施方案
	市农业委员会	渝农发〔2016〕277号	关于加强露天焚烧秸秆管理的通告
四川	省环境保护厅	川环发〔2013〕51号	关于加强秸秆焚烧期间空气质量监测预警工作的通知
	绵阳市财政局等	绵财办〔2014〕73号	绵阳市秸秆禁烧和综合利用财政奖补资金管理办法
	省环境保护厅等	川环发〔2015〕27号	关于农作物秸秆禁烧和综合利用工作的意见
	省发改委	2017年	四川省“十三五”秸秆综合利用规划(2016—2020年)
	省发改委	川发改环资〔2017〕86号	四川省“十三五”秸秆综合利用规划(2016—2020年)
	省人民政府	川办发〔2018〕13号	四川省支持推进秸秆综合利用政策措施的通知
贵州	省人民政府	黔府办发〔2009〕148号	关于开发利用农作物秸秆生物饲料推进我省生态畜牧业又好又快发展的意见
云南	芒市人民政府	2018年	关于进一步加强秸秆禁烧管控工作的通告

表 12-8 2000—2018 年西北地区各省份秸秆管理政策

省份	发布机关	文号或发布年份	文件名称
陕西	省人民政府	陕政办发〔2000〕33 号	关于进一步做好秸秆禁烧和综合利用管理工作的通知
	西安市人民政府	市政告字〔2005〕8 号	关于进一步加强秸秆禁烧与综合利用工作的通告
	省环境保护局	陕环发〔2005〕178 号	关于进一步做好秋季秸秆禁烧和综合利用工作的紧急通知
	省环境保护局	陕环发〔2006〕114 号	关于切实做好秋季秸秆禁烧和综合利用工作的通知
	省环境保护局	陕环发〔2007〕55 号	关于进一步做好夏季秸秆禁烧和综合利用工作的通知
	省发改委、省农业厅、省财政厅	陕发改环资〔2013〕740 号	陕西省“十二五”农作物秸秆综合利用实施方案
	省发改委、省农业厅	陕发改环资〔2017〕176 号	陕西省“十三五”秸秆综合利用实施方案
甘肃	省人民政府	甘政办发〔2011〕114 号	甘肃省秸秆饲料化利用规划(2011—2015 年)
	省财政厅、省农牧厅	甘财农〔2012〕145 号	2012 年秸秆饲料化利用项目申报指南
	省发改委、省农牧厅	甘发改环资〔2015〕1336 号	关于开展农作物秸秆综合利用工作评估的通知
	省农牧厅	甘农牧发〔2016〕269 号	关于做好 2017 年秸秆饲料化利用项目实施工作的通知
青海	省环境保护厅	青环发〔2013〕314 号	关于做好 2013 年夏秋两季秸秆禁烧工作的通知
	省环境保护厅	青环发〔2014〕559 号	关于报送 2014 年度青海省秸秆禁烧工作情况总结的报告
宁夏	银川市生态环境局	银蓝天办发〔2018〕27 号	关于进一步加强秸秆等废弃物禁烧工作的通知
新疆	区环境保护厅	新环防发〔2011〕614 号	关于认真做好当前秸秆禁烧工作的紧急通知
	区环境保护厅	新环监发〔2012〕273 号	关于做好 2012 年夏秋两季秸秆禁烧工作的通知
	区发改委、区农业厅	2017 年	新疆“十三五”秸秆综合利用实施方案

4. 秸秆制沼气

生产沼气是最早的秸秆能源化利用技术，从 20 世纪 50 年代起在农村进行试点开发。根据《可再生能源中长期发展规划》和《可再生能源发展“十二五”规划》等国家政策，各地区发布了关于秸秆制沼气的管理政策。中央投资重点支持建设厌氧发酵池、沼气输送系统以及沼渣沼液利用系统。“十二五”新建农村户用沼气达到 10 万户，建设养殖小区和联户沼气工程 500 处、大中型沼气工程 800 处、乡村沼气服务网点 1 000 个、县级沼气服务站 50 个。2012 年，天津市环境保护局发布了《天津市生态市建设“十二五”规划》(表 12-3)，在蓟县实施沼气与秸秆气混合集中供热示范工程，在静海实施大型秸秆沼气集中供气示范工程，开辟了秸秆综合利用的新途径。2014 年，吉林省政协委员建议发展秸秆沼气提纯天然气，提出应大力发展秸秆饲料、燃气和肥料，形成循环经济的模式。将秸秆作为动物饲料，把过腹转化产生的畜禽粪便作为原料，积极发展沼气提纯生产生物天然气。2010 年，黑龙江和广东向农业部提交《关于呈报 2010 年户用沼气服务体系大型沼气工程和秸秆气化和秸秆固化项目可行性研究报告的请示》，申请承担 17 个大、中型沼气建设项目，工程符合节能减排相关规定，以确保沼气不排空、沼肥不直排。

表 12-9　中国部分省份秸秆综合利用补贴政策汇总表

省份	补贴内容	补贴对象	补贴标准	实施期限	文号
天津	成型燃料	作物秸秆固化成型燃料加工的企业	总投资的 30%	2014—	津财农联〔2014〕41号、津农委计财〔2014〕16 号
河北	成型燃料	配置秸秆成型燃料炉具用户	950 元/户	2014—	任政办字〔2014〕59 号
山西	秸秆还田	玉米机收秸秆直接还田达到作业标准农户	作业费 450 元/ hm^2	2012—	晋农机计字〔2012〕84 号
吉林	玉米秸秆颗粒	玉米秸秆颗粒加工企业	500 m 10 kV 线路，80 kV 安变压器收取标准执行 5 万元，三免三就低。收购粉碎后的秸秆 275 元/t，未粉碎 170 元/t	2012—	农安县农发〔2009〕10 号
上海	秸秆还田	实施秸秆机械化还田的	675 元/ hm^2	2010—2012	沪府办发〔2011〕4 号
	秸秆综合利用	农机户、农机服务组织及相关农业企业收购本市秸秆，并实施秸秆综合利用的单位	补贴固定资产投资额的 30%资金，对秸秆收购补贴 200 元/t	2010—	沪府办发〔2011〕4 号 沪发改环资〔2010〕30 号
安徽	秸秆发电	发电企业	水稻秸秆 50 元/t，小麦秸秆 40 元/t，其他作物秸秆 30 元/t	2014—	财建〔2014〕958 号
河南	购买秸秆还田机械	农民	20%的省级累加补贴	2014	豫农机计文〔2014〕32 号
重庆	应用秸秆还田腐熟技术	农民合作社、种粮大户及农户	一般补贴 180 元/hm^2，应用于酸化土壤补贴 450 元/hm^2	2014—	渝农发〔2014〕221 号
四川绵阳	秸秆还田	农户	150～600 元/hm^2	2014—	绵财办〔2014〕73 号
	秸秆综合利用	秸秆综合利用主体	225～900 元/hm^2	2015—	绵财办〔2014〕73 号
黑龙江	秸秆还田	拥有耕地承包权的种地农民	＞150 元/hm^2	2016—	黑政办发〔2016〕69 号

注：尚未检索到有秸秆利用补贴政策的省份未列入本表。

四、管理政策建议

(一)加强秸秆利用和禁烧的宣传教育

利用电视、报纸、广播和互联网等新闻媒体大力开展秸秆综合利用宣传活动，通过微博和微信等新媒体第一时间发布秸秆焚烧管控政策，加强农村基层宣传教育，引导农民提高对环境保护意识的认知，宣传秸秆机械还田所带来的生态和经济效益。从秸秆高效利用角度改变被动还田的局面，因地制宜、统筹兼顾宣传秸秆处理机具，加大推广应用适应性强、作业效率高和性价比高的先进作业机具。通过扩大宣传、普及教育与技术培训等方式，以循环经济理念指导秸秆综合利用，贯彻绿色发展新理念，让人民群众从根本上认识到废弃物再利用和可再生能源的重要性，增强农民秸秆综合利用的意识，提高农户对秸秆资源化利用参与度。

（二）提高秸秆还田管理和技术服务水平

秸秆还田是国内外普遍应用的一项培肥地力的增产措施，采取合理的秸秆还田方式能维持和提高土壤肥力。在秸秆机械还田时，应加强工作督查，及时上报秸秆机械化还田动态、存在问题和整改措施等情况，做好政策宣传、面积核实、汇总公示、示范推广、档案管理、绩效评价等工作，确保秸秆机械化还田工作取得实效。切实推进购买秸秆还田装备补贴的实施，大力发展家庭农场和农民专业合作社秸秆还田的技术培训，积极发展提供秸秆机械化还田服务的农机大户和农机合作组织等。同时各省份农机部门根据各地实际情况，结合当地农机技术推广站和作物栽培技术指导站联合发布的秸秆机械化还田技术指导意见，研究制定适合本地特点的技术路线和作业标准，推进良法良机配套。在研究制造适用于秸秆还耕于田的作业机械时，既要考虑机械对农户的劳力要求，也考虑农户耕作成本，在耕作时间不一致、秸秆种类有差异和农田交通不便等实际困难存在的情况下为农户提供更为便利的服务。

（三）结合农业经营转型，促进秸秆综合产业发展

秸秆综合利用是一个打通第一、二、三产业的问题，当前农业经营正处于转型过程中，需要完善产业政策支持秸秆综合利用。产业政策的关键在于建立完整的秸秆综合利用产业链，在全国落地一批技术领先、潜力巨大的重点项目，在政府、企业、资本间建立高效沟通交流平台，加快秸秆主产区的秸秆资源化利用。

积极推进秸秆产业化体系建设，继续坚持秸秆“五料化”即肥料化、饲料化、原料化、基料化和能源化和应用方向，引进新技术带动示范推广，提高秸秆综合利用收益。秸秆肥料化利用方法很多，如秸秆直接还田、沤肥还田、生产商品有机肥都是秸秆肥料化利用的重要手段。秸秆饲料化的利用主要在牧区、农牧交错区等畜牧业发达地区大力推广和实施，秸秆经过青贮、半干青贮以及物理和化学处理等方法保证秸秆作为牲畜饲料的适口性。秸秆基料化就是大力发展以秸秆为基料的食用菌生产，培育壮大秸秆生产食用菌基料龙头企业、专业合作组织和种植大户。秸秆原料化是以秸秆为原料生产非木浆纸、木糖醇、包装材料、降解膜、餐具、人造板材、复合材料等产品，尤其要大力发展以秸秆为原料的编织加工业，不断提高秸秆高值化、产业化利用水平。秸秆能源化利用需要全面考虑国家和各地区农业生产现状，积极推进试点布局，各地区应立足于当地农业种植结构和秸秆资源分布，积极推广秸秆生物气化、热解气化、固化成型、炭化和直燃发电等技术，改善农村能源结构。在有条件的地区可以

利用秸秆生产生物质乙醇，与汽油混合作为车用动力燃料使用。

秸秆产业化发展过程中，最大的问题就是收储运，需要政府、企业以及第三方组织共同努力建立健全秸秆收储运体系。一方面要推进秸秆收集机械化作业，降低人工成本；另一方面要根据秸秆利用企业的生产情况合理布局秸秆储存点，既能方便农户出售秸秆，又有利于企业收购降低秸秆进厂成本。在实际操作过程中，应积极探索"村企结合""劳务外包"等秸秆收储运服务模式，可按照运输半径 10 km 和大宗作物集中区域布局网点，每乡镇建点 2～3 个，每县(市、区)建 20～30 个点，建立户收集、村集中、镇储存转运的储转运网络体系。

(四)加强科技开发，制定分区秸秆综合利用规划

根据中国各地区生物质资源种类及资源量，在新建厂前应充分调研当地的生物质资源状况，统计各地秸秆资源种类，分区域分品种测算秸秆资源量，统筹规划各区域秸秆产业化发展方案，选择合理的秸秆收储运模式，保证秸秆供给，以不同类型农业区域为基础，因地制宜建立技术支撑体系。

加大科研力度、加强技术推广、完善服务信息网络建设。建立产学研合作和产学研技术体系工程建设，优化科技成果转化促进机制。制定和完善作物秸秆和种植能源综合利用标准和规范体系，制定覆盖全产业链的标准和规范，鼓励生物燃料技术国家重点实验室、大专院校、相关企业、协会、产业联盟投入标准、规范的制定和推广应用工作。围绕秸秆"五料化"领域加强超前研发，形成技术储备、技术规范和装备标准，完善技术体系，同时开展与上述内容有关的新型产业化项目示范。

(五)完善秸秆综合利用的财税政策

秸秆综合利用的财政政策主要包括秸秆禁烧补贴、秸秆综合利用的农机购置补贴、秸秆还田补贴和秸秆综合利用补贴。秸秆禁烧补贴的主要方式是直接补贴给农户，其效果有待商榷。农机购置补贴还有改进的空间，具体包括：①扩大农机购机补贴目录范围，对购买与秸秆还田相关的农业机械，全部予以补贴，同时提高购机补贴比例。如将农机秸秆粉碎还田作业补贴纳入其中，按照"谁还田，补给谁"的原则，将补贴资金直接发放到农户手中，确保应补尽补；②争取市级财政加大对农机购置补贴资金投入，在中央补贴资金的基础上进行叠加补贴，引导农民对秸秆综合利用机械的购机积极性。建议优化秸秆还田机制，具体补贴包括：①按秸秆机械化还田的作业量和作业效果进行分配补贴额，打卡发放给农机手，或者按面积进行秸秆机械化还田作业补贴；②加大对秸秆堆沤腐熟还田技术的支持力度，将秸秆堆沤腐熟还田技术扶持专项资金纳入财政预算，将使用秸秆堆沤腐熟肥的地块予以补贴，将生产腐熟肥的企业给予适当补贴；③对非平原地区农户，通过提高秸秆还田补贴标准来降低农户耕作成本，以提高农户采纳秸秆还田技术的积极性。政府应加大对秸秆综合利用产业建

设发展的支持补贴力度，为政策落实提供资金支持和技术保障，还可以设立秸秆综合利用专项资金制度，通过税收优惠鼓励社会资本投入。同时争取中央农业支持保护补贴资金和作物秸秆综合利用试点补助资金的支持，整合已有的涉农政策，废止一些重复和低效的补助形式，确保奖励补贴措施与惩罚机制交替执行。

秸秆综合利用补贴从对象上来说主要分为3个方面：①生产秸秆的农户，建议给农户更多的综合利用的补贴支持，尤其在秸秆收集过程中给予农户补贴能直接促进秸秆收集；②生产秸秆的家庭农场和专业合作社，这些经营转型形成的农业经营主体更有利于秸秆规模化收集；③秸秆利用企业，秸秆综合利用项目的主要技术和设备、重点投资环节给予财政补贴，对新建规模化秸秆利用项目按照资本金的30%～50%进行补贴（张晓阳等，2016）。对从事秸秆加工利用与处理的企业减免增值税和所得税，对为农民提供秸秆综合利用技术咨询和服务的公司免征营业税、教育附加税和印花税。

秸秆综合利用补贴对不同企业应区别对待。对秸秆发电企业，给予有关税费减免，对作物秸秆电能实行增值税即征即退的政策，甚至给予一定的价外补贴，使其能保证获取平均利润（鲍婷等，2015），对于新建的秸秆发电厂，应享受设备购置费的40%可抵免企业上交的所得税的优惠政策（朱榕，2014）。“十三五”期间上网生物质电能暂按0.25元/(kW·h)进行补贴，条件成熟时可逐步提高（张晓阳等，2016），不但要对上网电能给予补贴，也要对热能给予补贴，这样才能引导更多的企业投入到秸秆热电联产行业中（李彦普，2016）。对成型燃料企业，将生物质成型燃料纳入政府采购节能产品目录，引导政府投资的锅炉积极使用生物质成型燃料，并对用户每使用1 t成型燃料给予100元的奖励或补贴，对运送生物质成型燃料开通绿色通道（李善学，2013）。对燃料乙醇企业，秸秆生产酒精等产品，可免征消费税（张晓阳等，2016）。对于生物天然气企业，参照煤层气财政补贴办法和标准，对生物天然气按照销售和使用量进行补贴，“十三五”期间暂按0.30元/m^3执行，条件具备时逐步调整到0.50～1.00元/m^3（张晓阳等，2016）。对饲料化企业，年产量达1万t以上的补助15万元且每增加5 000 t再补助5万元，对秸秆年消耗量超过20万t的，予以增设转运点并发放交通运输补贴（绳思彤等，2018）。

除了财政补贴和减免税收外，还要通过完善金融信贷支持政策，拓宽融资渠道，稳定资金支持秸秆综合利用产业。鼓励银行和非银行金融机构积极向秸秆综合利用产业倾斜，大幅度提高信贷额度。在秸秆综合利用产业经营中，鼓励中央能源企业采取参股方式，允许非公经济控股或联合控股，以增强秸秆和种植能源综合利用产业发展活力。鼓励条件成熟的秸秆综合利用企业改制上市，将秸秆和种植能源综合利用与精准扶贫相结合，推动贫困地区秸秆综合利用提高经济收入。运用“互联网＋技术”，推动秸秆综合利用的商业模式开拓市场。同时，加强秸秆综合利用统计工作，建议把秸秆综合利用纳入国家统计局能源生产统计和能源消费统计中，纳入国家能源局日常管理工作。由于秸秆综合利用的环境效益，有关部门还需尽快研究秸秆资源化利用的产品纳入碳交易技术体系中。随着技术的发展和市场的完善,以补贴为主的财政支持政策终将退出,预测 2025 年可以取消政府对生物质发电的补贴(张世龙等,2013)。因此,必须优化设计财政支持政策,根据市场情况及时调整,并选择适当时机逐步减少直接干预。

(六)优化秸秆禁烧管理

目前,国家各级有关部门对于秸秆焚烧的管理措施和治理力度很大,到 2017 年秸秆田间焚烧现象得到有效遏制,但是秸秆禁烧产生的土地耕作困难和作物减产等系列问题日益突出。究其原因,实现秸秆禁烧的关键不在于"堵",而在于"疏",即加强秸秆资源化理念的宣传,拓宽秸秆综合利用的途径。为了进一步治理秸秆焚烧,促进资源可持续循环利用,各省份的配套政策是实施国家相关政策必要条件。奖"禁"罚"烧",对遵守禁烧的农户给予适当奖励,对焚烧秸秆的农户给予相应的经济处罚,对因焚烧秸秆造成严重危害的农户依法进行惩处。并将履行秸秆禁烧情况纳入农户的各类评比,强化农户的自我监督和自我约束的意识,增强禁烧自觉性。同时,要提升干部履职服务能力而不只是禁烧监管能力。

对于优化秸秆管理焚烧管理,把秸秆禁烧的相关规定由部门规章上升为国家法律,建立健全禁烧秸秆相关立法,加强公众参与禁烧秸秆相关立法和政策的制定。加大违反禁烧规定的惩罚力度,中国法律规定的惩罚力度较轻,应该健全这方面的行政惩罚方案。政府牵头多部门联动形成禁烧秸秆的综合防控体系,加强巡查力度,减少农户侥幸心理,设立焚烧污染监控区域坚持秸秆禁烧规制的常态化工作和时令性工作相结合。对于部分地区,建议参考美国烟雾管理计划,制定秸秆焚烧授权管理办法,在适宜气象条件下,依据烟雾扩散能力、风向、安全距离等多方面因素,有约束有监控的进行适度焚烧(覃诚等,2018)。

(七)完善法律法规和政府监管机制

一是以《可再生能源法》为上位法规,制定《生物质能条例》,并对秸秆等生物质发电、沼气、生物天然气、固体成型燃料、纤维素乙醇等主要利用方式做出具体的规定,明确其发展目标、技术要求、扶持重点、激励机制、强制性处罚、政策保障等有关要求。二是制定《全国土壤肥力保养条例》,对秸秆直接还田、秸秆养畜过腹还田等有关重要内容做出具体规定。三是对有关秸秆利用的某些基本法进行修订,如在《畜牧法》中增加秸秆养畜的有关规定,在《水土保持法》中针对风蚀地区增加保护性耕作的有关规定等。四是在总结地方秸秆综合利用条例或管理办法制定与实施效果的基础上,制定以秸秆"五料化"利用和秸秆收储运体系建设为主要内容的相关条例,对秸秆综合利用做出具体的规定。

政府机构应完善服务体系,加强后续管理。健全相关部门参与的秸秆综合利用协调机制,确立区域秸秆"收还结合"的利用策略,将本地区秸秆综合利用实施方案的主要目标和重点任务，按年度逐级分解到各级政府及相关部门，并与各地人民政府签署秸秆综合利用目标任务完成承诺书，加强督促检查。秸秆综合利用涉及农民、新型市场主体、利用企业等多方利益，工作也涉及多个部门，工作难度大，各级政府要承担秸秆综合利用的主体责任，切实加强规划和领导。同时，应寻求支持秸秆燃料化产业发展新模式，如 PPP 模式即政府和社会资本合作模式，鼓励私营企业、民营资本与政府财政投资合作，参与公共基础设施建设。

参考文献

鲍婷，卢辞. 农作物秸秆电能价格形成机制研究[J]. 铜陵学院学报，2015，14(4)：19-21.
毕于运. 秸秆资源评价与利用研究[D]. 北京：中国农业科学院，2010.
蔡军. 茄果类蔬菜废弃物资源养分研究[J]. 北方园艺，2015(7)：20-23.
曹秀荣. 生物质燃料厂原料收集及储存模式研究[J]. 节能与环保，2013(1)：57-59.
陈超玲，杨阳，谢光辉. 我国秸秆资源管理政策发展研究[J]. 中国农业大学学报，2016，8(21)：1-11.
陈恒杰. 稻草秸秆干发酵产沼气的生命周期评价[D]. 昆明：昆明理工大学，2013.
崔海兴，郑凤田，张彩虹. 中国生物质利用政策演变与展望[J]. 林业经济，2008，10：22-26.
崔和瑞，艾宁. 秸秆气化发电系统的生命周期评价研究[J]. 技术经济，2010，29(11)：70-74.
崔晋波. 秸秆成型行业装备及产业化发展现状与评价[J]. 南方农业，2011，5(3)：57-60.
党琪. 生物质热解油催化改性提质实验研究及全生命周期评价[D]. 杭州：浙江大学，2014.
杜甫. 我国作物秸秆的原料特性与能源化利用模式[D]. 北京：中国农业大学，2017.
方艳茹，廖树华，王林风，等. 小麦秸秆收储运模型的建立及成本分析研究[J]. 中国农业大学学报，2014，19(2)：28-35.
冯文生. 全株玉米燃料乙醇生命周期能量平衡及碳排放研究[D]. 郑州：郑州大学，2013.
冯彦明. 生物质能发电厂原料收集存在的问题及其对策[J]. 中国高新技术企业，2009(3)：157-158.
国家发展改革委. 可再生能源发展“十三五”规划[EB/OL]. (2018-09-22). http://www.ndrc.gov.cn/zcfb/zcfbtz/201612/t20161216_830264.html. 2016.
国家发展改革委，农业部. 关于编制秸秆综合利用规划的指导意见[EB/OL]. (2018-09-22). http://www.ndrc.gov.cn/zcfb/zcfbghwb/200902/t20090219_579696.html. 2009.
国家发展改革委，农业部. 全国农村沼气发展“十三五”规划[EB/OL]. (2018-09-22). http://www.gov.cn/xinwen/2017-02/10/content_5167076.htm. 2017.
国家能源局. 生物质能发展“十三五”规划[EB/OL]. (2018-07-22). http://ghs.ndrc.gov.cn/ghwb/gjjgh/201708/t20170809_857319.html. 2016.
国家统计局能源统计司. 中国能源统计年鉴[M]. 北京：中国统计出版社，2014.
郭利磊，王晓玉，陶光灿，等. 中国各省大田作物加工副产物资源量[J]. 中国农业大学学报，2012，17

（16）：45-55.

郭晓静.镉污染土壤上六种种植模式蔬菜产量和镉积累的差异[D].武汉：华中农业大学，2012.

韩雪，常瑞雪，杜鹏祥，等.不同蔬菜种类的产废比例及性状分析[J].农业资源与环境学报，2015（4）：377-382.

郝德海，董玉平，刘岗.理想状态下农作物秸秆的收集成本数学模型探析[C]//中国太阳能学会会议论文集.济南：2005年中国生物质能技术与可持续发展研讨会，2005：376-383.

郝旺林，梁银丽，朱艳丽，等.农田粮菜轮作体系的生产效益与土壤养分特征[J].水土保持通报，2011，31(2)：46-51.

何可.农业废弃物资源化的价值评估及其生态补偿机制研究[D].武汉：华中农业大学，2016：85-111.

霍丽丽，田宜水，孟海波，等.生物质固体成型燃料全生命周期评价[J].太阳能学报，2011，32(12)：1875-1880.

井大炜.控释BB肥对西瓜生长发育及其对土壤环境影响的研究[D].泰安：山东农业大学，2009.

金筱杰，瞿伟，陈静文，等.江苏农作物秸秆资源高效利用收储运系统的运营模式存在问题及发展对策[J].安徽农业科学，2014，441(8)：2487-2489.

李超，李建华，袁进.四种主要生物能源温室气体净减排量比较研究[J].环境科学与管理，2014，39（12)：16-19.

李善学.关于加大秸秆能综合利用政策支持力度的建议[J].楚天主人，2013(7)：34.

李文革，李倩，贺小香.秸秆还田研究进展[J].湖南农业科学，2006(1)：46-48.

李彦普.河南农作物秸秆热电联产利用方式研究[J].山西农业科学，2016，44(6)：857-860.

刘华财，阴秀丽，吴创之.秸秆供应成本分析研究[J].农业机械学报，2011，42(1)：106-112.

刘华财，阴秀丽，吴创之.生物质气化发电能耗和温室气体排放分析[J].太阳能学报，2015，36(10)：2553-2558.

刘厚诚，关佩聪，陈玉娣.蔓生和矮生长虹豆器官生长相关与生产力研究[J].华南农业大学学报，1999，20(3)：72-76.

刘菊，周定财.江苏省秸秆收储运体系研究[J].中国资源综合利用，2013，31(2)：44-47.

刘俊伟，田秉晖，张培栋，等.秸秆直燃发电系统的生命周期评价[J].可再生能源，2009，27(5)：102-106.

刘正兴.不同氮肥处理对新疆白皮大蒜生长发育、品质及产量的影响[D].乌鲁木齐：新疆农业大学，2009.

鲁梨，周劲松.生物质热解提质燃油全生命周期评估分析[J].能源工程，2015(4)：26-29.

吕风朝.秸秆在不同收储运模式下的经济分析[D].郑州：河南农业大学，2017.

吕子婷.基于(火用)理论的生物质制取车用/航空燃料系统的生命周期评价研究[D].南京：东南大学，2017.

林琳，赵黛青，李莉.基于生命周期评价的生物质发电系统环境影响分析[J].太阳能学报，2008，29（5)：618-623.

陆雪锦.施钾对露地甜瓜养分吸收及产量品质的影响[D].乌鲁木齐：新疆农业大学，2012.

覃诚，毕于运，高春雨，等. 美国农业焚烧管理对中国秸秆禁烧管理的启示[J]. 资源科学，2018，40（12）：2382-2391.
平英华. 江苏农作物秸秆收储运体系研究[J]. 中国农机化学报，2014，35(5)：326-330.
绳思彤，王铮. 精准扶贫视域下秸秆补贴政策的实施现状及对策研究——以吉林省长春市为例[J]. 农村经济与科技，2018，29(10)：157-158.
孙丽英，田宜水，孟海波，等. 中国生物质固体成型燃料 CDM 项目开发[J]. 农业工程学报，2011，27（8）：304-307.
孙宁. 秸秆沼气工程原料适宜性评价[D]. 北京：中国农业科学院，2017.
陶炜，肖军，杨凯. 生物质气化费托合成制航煤生命周期评价[J]. 中国环境科学，2018，38(1)：383-391.
田望，廖翠萍，李莉，等. 玉米秸秆基纤维素乙醇生命周期能耗与温室气体排放分析[J]. 生物工程学报，2011，27(3)：516-525.
田宜水. 秸秆能源化技术与工程[M]. 北京：人民邮电出版社，2010.
王长波，陈永生，张力小，等. 秸秆压块与燃煤供热系统生命周期环境排放对比研究[J]. 环境科学学报，2017，37(11)：4418-4426.
王锋德. 我国棉花秸秆收获装备及收储运技术路线分析[J]. 农机化研究，2009，31(12)：217-220.
王红彦，张轩铭，王道龙，等. 中国玉米芯资源量估算及其开发利用[J]. 中国农业资源与区划，2016，37(1)：1-8.
王磊，高春雨，毕于运，等. 大型秸秆沼气集中供气工程温室气体减排估算[J]. 农业工程学报，2017，33(14)：223-228.
王培刚. 秸秆直燃发电供应链气体及颗粒污染物排放的生命周期评价[J]. 农业工程学报，2017，33（14）：229-237.
王书肖，张楚莹. 中国秸秆露天焚烧大气污染物排放时空分布[J]. 中国科技论文在线，2008，3(5)：329-333.
王晓玉，薛帅，谢光辉. 大田作物秸秆量评估中秸秆系数取值研究[J]. 中国农业大学学报，2012，17（1）：1-8.
王亚静，毕于运，高春雨. 中国秸秆资源可收集利用量及其适宜性评价[J]. 中国农业科学，2010，9（43）：1852-1859.
王艳分. 美国农业焚烧政策探析[J]. 鄂州大学学报，2014，21(11)：39-40 + 43.
夏俊芳，袁巧霞，周勇. 我国秸秆还田机械化发展现状与对策[J]. 黄冈职业技术学院学报，2002，2（4）:48-49.
谢光辉，韩东倩，王晓玉，等. 中国禾谷类大田作物收获指数和秸秆系数[J]. 中国农业大学学报，2011a，16(1)：1-8.
谢光辉，王晓玉，韩东倩，等. 中国非禾谷类大田作物收获指数和秸秆系数[J]. 中国农业大学学报，2011b，16(1)：9-17.
谢光辉，王晓玉，任兰天. 中国作物秸秆资源评估现状研究[J]. 生物工程学报，2010，7(26)：855-863.

谢海燕. 农作物秸秆资源化利用的政策支持体系研究[D]. 南京:南京林业大学, 2013.
邢爱华. 生物质资源收集过程成本、能耗及环境影响分析[J]. 过程工程学报, 2008, 8(2): 305-313.
许清楷, 黄美玲. 结球白菜施用"福佳"有机肥试验初报[J]. 现代农业, 2015(7): 26-27.
徐亚云, 侯书林, 赵立欣, 等. 国内外秸秆收储运现状分析[J]. 农机化研究, 2014a(9): 60-64.
徐亚云, 田宜水, 赵立欣, 等. 不同农作物秸秆收储运模式成本和能耗比较[J]. 农业工程学报. 2014b, 30(20), 259-267.
杨文钰, 王兰英. 作物秸秆还田的现状与展望[J]. 四川农业大学学报, 1996, 17(2): 211-216.
于晓东, 樊峰鸣. 秸秆发电燃料收加储运过程模拟分析[J]. 农业工程学报, 2009, 25(10): 215-219.
于兴军, 王黎明. 我国东北地区玉米秸秆收储运技术模式研究[J]. 农机化研究, 2013, 35(5): 24-28.
曾木祥, 张玉洁. 秸秆还田对农田生态环境的影响[J]. 农业环境与发展,1997(1): 1-8.
张世龙, 郑美灵. 生物质直燃发电项目经济效益分析及政策选择[J]. 杭州电子科技大学学报, 2013, 9(1): 36-41.
张婷婷, 冯永忠, 李昌珍, 等. 2011 年我国秸秆沼气化的碳足迹分析[J]. 西北农林科技大学学报(自然科学版), 2014, 42(3): 124-130.
张晓阳, 周汶, 康新凯, 等. 开发利用秸秆和种植能源促进能源、经济、环境协调发展[J]. 中国能源, 2016, 38(10): 5-11.
张晓英, 梁新书, 张振贤, 等. 异根嫁接对黄瓜适度水分亏缺下营养生长和养分吸收的影响[J]. 中国农业大学学报, 2014, 19(3): 137-144.
张艳丽. 我国秸秆收储运系统的运营模式、存在问题及发展对策[J]. 可再生能源, 2009, 27(1): 1-5.
张展. 区域秸秆资源最优化收集路径与运输成本分析[J]. 可再生能源, 2009, 27(3): 102-106.
赵红颖. 生物质发电的生命周期评价[D]. 成都: 西南交通大学, 2010.
赵希强, 马春元. 生物质秸秆预处理工艺及经济性分析[J]. 电站系统工程, 2008, 24(2): 20-33.
周炜鹏. 黑龙江省主要大田作物秸秆可移出量的评估[D]. 北京: 中国农业大学, 2016.
周应恒, 张晓恒, 严斌剑. 韩国秸秆焚烧与牛肉短缺问题解困探究[J]. 世界农业, 2015(4): 152-154.
朱金陵, 王志伟, 师新广, 等. 玉米秸秆成型燃料生命周期评价[J]. 农业工程学报, 2010, 26(6): 262-266.
朱榕. 秸秆分布式能源发展价格支持研究[J]. 铜陵学院学报, 2014(5): 23-25.
左旭. 我国农业废弃物新型能源化开发利用研究[D]. 北京: 中国农业科学院, 2015.
左旭, 王红彦, 王亚静, 等. 中国玉米秸秆资源量估算及其自然适宜性评价[J]. 中国农业资源与区划, 2015, 6(36): 5-10+29.
Arjona E, Bueno G, Salazar L. An activity simulation model for the analysis of the harvesting and transportation systems of a sugarcane plantation[J]. Computers and Electronics in Agriculture, 2001, 32(3): 247-264.
Butar F B, Lahiri P. On measures of uncertainty of empirical Bayes small-area estimators [J]. Journal of Statistical Planning and Inference, 2003, 112: 63-76.
IEA. World Energy Outlook 2014[M]. Paris: International Energy Agency, 2014.
Li X, Wang S, Duan L, *et al*. Particulate and trace gas emissions from open burning of wheat straw and

corn stover in China[J]. Environmental Science & Technology, 2007, 41(17): 6052-6058.

Liu H, Ou X, Yuan J, *et al*. Experience of producing natural gas from corn straw in China[J]. Resources Conservation & Recycling, 2018, 135: 216-224.

Nilsson D. SHAM—a simulation model for designing straw fuel delivery systems. Part 1: model description[J]. Biomass and Bioenergy, 1999, 16(1): 25-38.

Nobuo F, Hisaho N. Monte Carlo algorithm for the double exchange model optimized for parallel computations[J]. Computer Physics Communications, 2001, 142: 410-413.

Rentizelas A A, Tatsiopoulos I P, Tolis A. An optimization model for multi-biomass tri-generation energy supply[J]. Biomass and bioenergy, 2009, 33(2): 223-233.

Saral K. Open field burning of grass residue: an injury without a remedy[J]. Ecology Law Quarterly, 2005, 32(3): 603-645.

Shastri Y, Hansen A, Rodríguez L, *et al*. Development and application of BioFeed model for optimization of herbaceous biomass feedstock production[J]. Biomass and Bioenergy, 2011, 35 (7): 2961-2974.

Sokhansanj S, Kumar A, Turhollow A F. Development and implementation of integrated biomass supply analysis and logistics model(IBSAL)[J]. Biomass and Bioenergy, 2006, 30(10): 838-847.

Song S, Liu P, Xu J, *et al*. Life cycle assessment and economic evaluation of pellet fuel from corn straw in China: a case study in Jilin Province[J]. Energy, 2017, 130: 373-381.

Wang X, Yang L, Steinberger Y, *et al*. Field crop residue estimate and availability for biofuel production in China[J]. Renewable and Sustainable Energy Reviews, 2013, 27: 864-875.

Yang Y, Ni J Q, Bao W, *et al*. Potential mitigation of greenhouse gas and PM2.5 emissions using corn stover for ethanol production in China[J]. Journal of Cleaner Production, 2019a(to be published).

Yang Y, Ni J Q, Zhu W, *et al*. Life cycle assessment of large-scale compressed bio-natural gas production in China: a case study on manure co-digestion with corn stover[J]. Energis. 2019b, 12(3): 1-16.

第三部分
林业剩余物

第十三章

林业剩余物概念及其资源量研究方法

内容提要

本章首先分析了关于林业生产、加工和利用产生的潜在剩余物的各种术语，完善了林业剩余物的定义和分类。在确定广义和狭义的林业剩余物概念的基础上，确定了第一级分类包括木材剩余物、竹材剩余物和草本果树剩余物。然后，根据各不同林种的剩余物产出环节进行第二级分类，即木材剩余物分为林木苗圃剩余物、林木修枝剩余物、木材采伐剩余物、薪材、木材造材剩余物、木材加工剩余物和废旧木材共7类，竹材剩余物分为竹材加工剩余物和废旧竹材共2类，草本果树剩余物包括香蕉和菠萝残体共1类。最后，根据近十年来相关文献报道，重点分析了前人所建立的林业剩余物评估方法的合理性，结合中国林业生产实际，完善了林业剩余物资源潜力的计算方法及其参数和系数的取值，为计算中国林业剩余物资源量提供了较为准确可行的方法。

一、林业剩余物的定义和分类

广义的林业剩余物为林业育苗、修枝、采伐、造材、加工和利用的整个过程中产生的废弃物的总和(谢光辉等,2018)。但是,根据林业生产行业的观点,将用于生产人造板的废弃林业原料仍归于林业剩余物,也就是说,人造板是林业剩余物利用的产物。狭义的林业剩余物不包括上述林业剩余物范围的各种林业凋落物(即枯枝、落叶和弃果等)及经济林收获物初加工、食用后的废弃物(即果皮、果壳和残渣等)。除特殊说明外,下文应用狭义的概念。

林业剩余物的一级分类包括木材剩余物、竹材剩余物和草本果树剩余物。根据不同林种剩余物产生的环节可确定其二级分类(表 13-1),包括木材剩余物包括林木苗圃剩余物、林木修枝剩余物、木材采伐剩余物、薪材、木材造材剩余物、木材加工剩余物和废旧木材,竹材剩余物包括竹材加工剩余物和废旧竹材,草本果树剩余物包括香蕉和菠萝残体。

表 13-1　林种分类及林业生产、加工等各环节和林业剩余物分类的对应关系

<table>
<tr><th colspan="3">林种分类</th><th rowspan="2">一级分类</th><th colspan="6">产出林业剩余物环节及其对应的二级分类</th></tr>
<tr><th>林种</th><th>亚林种</th><th>亚种下分类</th><th>育苗环节</th><th>修枝环节</th><th>采伐环节</th><th>造材环节</th><th>加工环节</th><th>使用环节</th></tr>
<tr><td rowspan="2">能源林</td><td colspan="2">木质能源林</td><td rowspan="5">木材剩余物</td><td rowspan="5">苗圃剩余物</td><td colspan="5">(不产生剩余物,所有产品属于林业生物质)</td></tr>
<tr><td colspan="2">油料能源林</td><td colspan="5">(规模很小且难获得统计数据,产生的剩余物忽略不计)</td></tr>
<tr><td colspan="3">经济林、防护林、特用林</td><td rowspan="3">修枝剩余物</td><td rowspan="3">采伐剩余物、薪材</td><td rowspan="3">造材剩余物</td><td rowspan="3">加工剩余物</td><td rowspan="3">废旧木材</td></tr>
<tr><td rowspan="4">用材林</td><td colspan="2">短轮伐期工业原料林、速生丰产林</td></tr>
<tr><td rowspan="3">其他林</td><td>其他木材</td></tr>
<tr><td>竹材 大径竹</td><td rowspan="2">竹材剩余物</td><td rowspan="2" colspan="2">(不产生剩余物)</td><td colspan="3">竹材加工剩余物</td><td rowspan="2">废旧竹材</td></tr>
<tr><td>竹材 小杂竹</td><td colspan="3">(产生的剩余物忽略不计)</td></tr>
<tr><td>经济林</td><td>果树林</td><td>多年生草本类</td><td>草本果树剩余物</td><td colspan="2">(不产生剩余物)</td><td>香蕉和菠萝残体</td><td colspan="3">(不产生剩余物)</td></tr>
</table>

数据来源:谢光辉等(2018)。

林木苗圃剩余物为林木苗圃中死亡的苗木及苗木培育产生的树梢和截头等剩余物。林木修枝剩余物指用材林、防护林、特种用途林和经济林在其中抚育和管理过程中,人为地除去枯枝和部分活枝而产生的枝杈。木材采伐剩余物是森林采伐和打枝截梢后的剩余物,即林木在其主伐、抚育间伐和低产(效)林改造采伐和更新采伐等作业过程中产生的剩余物,主要包括木材的枝杈、梢头、树桩、树根以及可能的打伤木、枯倒木和伐区清理作业中砍伐获得的藤条和灌木。木材造材剩余物为原条锯截成一定规格原木的造材过程产生的剩余物,包括树皮、截头和根部齐头。木材加工剩余物指木材加工过程中产生的剩余边角料,包括板条、板皮、锯末、碎单板、木芯、刨花和废弃木块。薪材是不符合次加工原木标准要求的圆材(王恺等,1993),在林业调查中直立主干长度<2 m(包括树干扭曲或有树瘤、节子等情况,但不包括直立主干长度<2 m 的幼树),或径阶<8 cm 的林木称为薪材。

废旧木材指在建造或改造建筑物过程中生产的木质废弃物，以及城乡生活、工业生产、办公场所及各种建筑废弃的木质家具，也称为木质废料。

竹材加工剩余物指竹材被采伐后在加工阶段生产的剩余物，主要包括竹梢、竹枝和竹屑等。

废旧竹材指在建造或改造建筑物过程中生产的竹材废弃物，以及城乡生活、工业生产、办公场所及各种建筑废弃的竹材家具。

草本果树剩余物指草本果树的果实成熟采摘后，为准备种植下茬植物而砍伐清理获得的地上部分的植株残体。这类剩余物中，能获得数据可计算的只有香蕉和菠萝残体。

二、林业剩余物产量的评估方法

依据相关林业生产或加工指标作为参数和剩余物产出比率计算林业剩余物产量，傅童成等(2018a)完善了基于林业剩余物二级分类的产量计算公式(表 13-2)。

表 13-2　各类林业剩余物产量的计算公式

林业剩余物分类	计算公式	编号
林木苗圃剩余物 L_n(t)	$L_n = p_n \cdot N_a$	13-1
林木修枝剩余物 $L_p(t)$	木本水果 L_{pf}　$L_{pf} = \sum_{i=1}^{7} \frac{f_o}{100} \cdot p_o \cdot A_o$	13-2
	其他林木 L_{po}　$L_{po} = \frac{f_t}{100} \cdot p_t \cdot A_t + \frac{f_p}{100} \cdot p_p \cdot A_p + \frac{f_s}{100} \cdot p_s \cdot A_s + \frac{f_k}{100} \cdot p_k \cdot (A_e - A_o)$	13-3
木材采伐剩余物 $L_c(t)$	$L_c = a_w \cdot \frac{c_c}{o_t} \cdot P_l + \frac{f_c}{100} \cdot d \cdot p_e \cdot A_e$	13-4
木材造材剩余物 $L_b(t)$	$L_b = a_w \cdot \frac{100 - o_t}{o_t} \cdot (P_l + \frac{f_c}{100} \cdot p_{el} \cdot d \cdot A_e)$	13-5
木材加工剩余物 $L_h(t)$	$L_h = a_w \cdot \frac{c_h}{100}(l_f + \frac{c_m}{100} \cdot L_m + p_{el} \cdot \frac{c_e}{100} \cdot \frac{f_c}{100} \cdot d \cdot A_e)$	13-6
薪材产量 $F_w(t)$	$F_w = a_w \cdot F_v$	13-7
竹材加工剩余物 $B_h(t)$	$B_h = w_b \cdot \frac{c_p}{100} \cdot B_l$	13-8
废旧木材 $L_o(t)$	$L_o = a_w \cdot (\frac{r_d}{100} \cdot D_l + \frac{r_w}{100} \cdot W_x)$	13-9
废旧竹材 $B_o(t)$	$B_o = a_b \cdot \frac{r_b}{100} \cdot (BP_b + BF_b)$	13-10
香蕉和菠萝残体 $B_{pr} \cdot (t)$	$B_r = p_b \cdot A_b + p_r \cdot A_r$	13-11
剩余物产总量 $F_r(t)$	$F_r = L_n + L_{pf} + L_{po} + L_c + L_b + L_h + F_w + B_h + L_o + B_o + B_{pr}$	13-12

续表 13-2

参数：		系数：			
A_b	香蕉种植面积(hm^2)；	a_b	竹材密度(t/m^3)；	l_l	直接用原木使用寿命(年)；
A_e	经济林面积(hm^2)；	a_w	木材密度(t/m^3)；	l_w	木制品使用寿命(年)；
A_o	木本水果种植面积(hm^2)；	c_c	木材采伐剩余物系数(%)；	o_t	原木出材率(%)；
A_p	防护林的面积(hm^2)；	c_e	经济林木材加工系数(%)；	p_b	香蕉残体每年产率(t/hm^2)；
A_r	菠萝种植面积(hm^2)；	c_h	木材加工剩余物系数(%)；	p_e	经济林木材采伐剩余物产率(t/棵)；
A_s	特种用途林的面积(hm^2)	c_m	进口木材加工系数(%)；	p_k	其他经济林每次修枝剩余物产率(t/hm^2)；
A_t	用材林面积(hm^2)；	c_p	竹材剩余物产出系数(%)；	p_{el}	经济林原木材积产率(m^3/棵)；
BF_b	l_b年前的竹地板产量(m^3)；	d	经济林栽植密度(棵/hm^2)；	p_n	林木苗圃剩余物产率(t/千棵)；
B_l	大径竹产量(根)；	f_c	经济林采伐频度系数(%)；	p_o	木本水果每次修枝剩余物产率(t/hm^2)；
BP_b	l_b年前的竹胶合板产量(m^3)；	f_k	其他经济林修枝频度系数(%)；	p_p	防护林每次修枝剩余物产率(t/hm^2)；
D_l	l_l年前的直接用原木产量(m^3)；	f_o	木本水果修枝频度系数(%)；	p_r	菠萝残体每年产率(t/hm^2)；
F_v	薪材体积产量(m^3)；	f_p	防护林林修枝频度系数(%)；	p_s	特种用途林每次修枝剩余物产率(t/hm^2)；
L_f	加工用材量(m^3)；	f_s	特种用途林修枝频度系数(%)；	p_t	用材林每次修枝剩余物产率(t/hm^2)；
L_m	进口原木量(m^3)	f_t	用材林修枝频度系数(%)；	r_b	废旧竹制品回收率(%)；
N_a	造林苗木数(千棵)；	i	第i种水果($i=1, 2, \cdots 7$，分别为苹果、梨、柑橘、荔枝、桃、猕猴桃和葡萄)；	r_d	废旧直接用原木回收率(%)；
P_l	原木产量(m^3)；			r_w	废旧木制品回收率(%)；
W_x	l_w年前的木制品产量(m^3)。	l_m	竹制品使用寿命(年)；	w_b	大径竹平均生物质量(t/千棵)。

数据来源：傅童成等(2018a)。

评估林业剩余物产量公式中所用参数及数据来源见表 13-3，其中，一些参数的数据有多个来源，如进口原木量还可以由《中国海关统计年鉴》获得。

表 13-3 计算林业剩余物产量所用参数及其数据来源

林业剩余物分类		所用参数	符号	数据来源
林木苗圃剩余物		造林苗木	N_a	中国林业统计年鉴
林木修枝剩余物	木本水果	木本水果种植面积	A_o	中国农业年鉴
	其他	用材林面积	A_t	贾治邦等(2010)
		防护林面积	A_p	贾治邦等(2010)
		特种用途林面积	A_s	贾治邦等(2010)
		经济林面积	A_e	贾治邦等(2010)
木材采伐剩余物		原木产量	P_l	中国林业统计年鉴
		经济林面积	A_e	贾治邦等(2010)
薪材		薪材体积产量	F_v	中国林业统计年鉴
木材造材剩余物		原木产量	P_l	中国林业统计年鉴
		经济林面积	A_e	贾治邦等(2010)
木材加工剩余物		加工用材量	L_f	中国林业统计年鉴
		经济林面积	A_e	贾治邦等(2010)
		进口原木量	L_m	中国林业统计年鉴 中国海关统计年鉴
竹材加工剩余物		大径竹产量	B_l	中国林业统计年鉴

续表 13-3

林业剩余物分类	所用参数	符号	数据来源
废旧木材	直接用原木产量	D_l	中国林业统计年鉴
	木制品产量	W_x	中国林业统计年鉴
废旧竹材	竹地板产量	B_{fb}	中国林业统计年鉴
	竹胶合板产量	B_{pb}	中国林业统计年鉴
香蕉和菠萝残体	香蕉种植面积	A_b	中国农业年鉴
	菠萝种植面积	A_r	中国农业年鉴

数据来源：傅童成等(2018a)。

三、评估林业剩余物所用系数的定义及其取值

傅童成等(2018b)确定了计算林业剩余物的所有系数的相对合理取值(表 13-4)，而且为每个系数作了准确的定义。

木材密度(a_w)是单位体积木材的质量，也叫折重系数。木材剩余物估算宜用木材气干密度，含水率一般为 12%(刘一星等，2012)。

竹材密度(a_b)是单位体积竹材的质量，宜用气干密度，其含水率一般为 15%(刘一星等，2012)。

林木苗圃剩余物产率(p_n)指在苗圃中每年每棵苗木因死亡以及修枝、定杆、截杆产生的截头和树梢等剩余物的气干重量。

林木修枝频度系数(f_k，f_o，f_p，f_s，f_t)是修枝周期年数的倒数百分比。

修枝剩余物产率(p_k，p_o，p_p，p_s，p_t)是指单位面积上每次修枝剪下来的枝杈的质量。

经济林栽植密度(d)是经济林生产中单位面积上种植的林木棵数。

经济林采伐频度系数(f_c)是指经济林的经济寿命倒数。

经济林木材采伐剩余物产率(p_e)是平均每棵经济林采伐过程中产出剩余物质量。

经济林原木材积产率(p_{el})是平均每棵经济林木经采伐和造材后形成的原木材积量。

经济林木材加工系数(c_e)是经济林被采伐后经过打枝、截梢和造材工艺所形成的原木中，被用于加工的量占原木总量的百分比。

木材采伐剩余物系数(c_c)指用材林、防护林和特种用途林在其采伐过程产生的剩余物占所采伐林木蓄积量的体积分数。

原木出材率(o_t)也叫经济材出材率，指树干或木段用材长度和小头直径、材质等指标符合用材标准的各种原木、板方材等材种的材积量，占其生产所用林木的立木蓄积量的百分比。

木材加工剩余物系数(c_h)指原木在加工过程中产生剩余物占所消耗原木的体积分数。

表 13-4　评估林业剩余物所用系数的取值

符号	系数	单位	取值	符号	系数	单位	取值
a_w	竹材密度	t/m³	0.81	l_l	直接用原木使用寿命	年	12
a_w	木材密度	t/m³	0.618	l_m	竹制品使用寿命	年	14
c_c	木材采伐剩余物	%	40	l_w	木制品使用寿命	年	12
c_e	经济林木材加工系数	%	11.72	o_t	原木出材率	%	77.12
c_h	木材加工剩余物系数	%	34.4	p_b	香蕉残体每年产率	t/hm²	6.96
c_m	进口木材加工系数	%	57.11	p_e	经济林采伐剩余物产率	kg/棵	18.5
c_p	竹材剩余物产出系数	%	60	p_{el}	经济林原木材积产率	m³/棵	0.204
d	经济林栽植密度	棵/hm²	1 036	p_k	其他经济林修枝剩余物产率	kg/棵	2.06
f_c	经济林采伐频度系数	%	3.67	p_n	林木苗圃剩余物产率	kg/棵	0. 233
f_k	其他经济林修枝频度系数	%	129	p_o	木本水果修枝		
f_o	木本水果修枝频度系数				苹果	t/hm²	2.84
	苹果	%	194		梨	t/hm²	3.78
	梨	%	100		柑橘	t/hm²	2.69
	柑橘	%	163		桃子	t/hm²	2.54
	桃子	%	144		荔枝	t/hm²	2.24
	荔枝	%	100		猕猴桃	t/hm²	1.68
	猕猴桃	%	100		葡萄	t/hm²	5.25
	葡萄	%	100	p_p	防护林修枝剩余物产率	t/hm²	0.375
f_p	防护林修枝频度系数			p_r	菠萝残体每年产率	t/hm²	16.43
	南部地区	%	20	p_s	特用林修枝剩余物产率	t/hm²	0.375
	中部平原	%	50	p_t	用材林修枝剩余物产率		
	北部地区	%	20		南部地区	t/hm²	0.75
f_s	特用林修枝频度系数				中部平原	t/hm²	0.75
	南部地区	%	20		北部地区	t/hm²	0.6
	中部平原	%	50	r_b	废旧竹制品回收率	%	65
	北部地区	%	20	r_d	废旧直接用原木回收率	%	65
f_t	用材林修枝频度系数			r_w	废旧木制品回收率	%	65
	南部地区	%	50	w_b	大径竹平均生物质量	kg/棵	15
	中部平原	%	70				
	北部地区	%	20				

注：1. 数据来源傅童成等(2018a)。
2. 南部地区，浙江、福建、江西、湖南、湖北、广东、海南、云南、贵州、四川、重庆、广西、西藏。
3. 中部平原，北京、天津、河北、山东、河南、江苏、安徽、上海。
4. 北部地区，辽宁、吉林、黑龙江、内蒙古、宁夏、新疆、山西、陕西、甘肃、青海。

进口木材加工系数(c_m)是进口木材中加工用材占总进口原木的体积分数。

竹材剩余物产出系数(c_p)是在竹材加工过程中产生的竹叶、竹梢、竹枝、竹屑占所采伐竹材的总生物量的质量分数，本研究特指大径竹。

大径竹平均生物量(w_b)指单根大径竹的所有地上部气干质量。

直接用原木使用寿命(l_l)、木制品使用寿命(l_w)和竹制品使用寿命(l_m)是其从开始使用到废弃的时间。

废旧直接用原木回收率(r_d)、废旧木制品回收率(r_w)和废旧竹制品回收率(r_b)分别指原木、木制品、竹制品达到使用寿命后作为废弃被回收的量占实际废弃木材总量的体积分数。

香蕉残体每年产率(p_b)指单位面积香蕉经收获后遗留的叶、茎和假茎的气干质量。

菠萝残体每年产率(p_r)指单位面积菠萝经收获后，遗留的地上植株部分(茎、叶)的气干质量。

四、林业剩余物可收集系数的取值

潘小苏(2014)根据各大林区获得的样地实验数据，结合前人文献得出各类林业剩余物的可收集系数；Gao 等(2016) 梳理了前人文献也得出各类林业剩余物的可收集系数。本研究认为，Gao 等(2016)所整理的系数更准确，主要采用 Gao 等(2016)的系数，对其中没有的则采用潘小苏(2014)的系数(表 13-5)。对于目前尚未有文献报道的林业剩余物类型，按照相似原则进行取值，废旧竹材的可收集系数参考废旧木材取为 0.5，香蕉和菠萝残体则参考经济林的系数取值，为 0.2。不同类型林业剩余物可收集系数的加权平均值为 0.335。

表 13-5　不同类型林业剩余物的可收集系数

剩余物类型	潘小苏(2014)	Gao 等(2016)	本研究	剩余物类型	潘小苏(2014)	Gao 等(2016)	本研究
林木苗圃剩余物	0.67	—	0.67	木材采伐剩余物	0.261 4	—	0.261 4
林木修枝剩余物				木材造材剩余物	0.261 4	—	0.261 4
用材林	0.2	0.5	0.2	木材加工剩余物	0.261 4	0.34	0.34
防护林	0.2	0.2	0.2	竹材加工剩余物	0.2	0.1	0.2
特用林	0.2	0.1	0.2	废旧木材	0.5	0.34	0.5
经济林	0.2	0.1	—	废旧竹材	—	—	0.5
果树林	—	—	0.50	香蕉和菠萝残体	—	—	0.2
其他经济林	—	—	0.38	平均			0.335

注：平均，以 2013—2015 年年均资源量取加权平均得到。

第十四章

林业剩余物产量

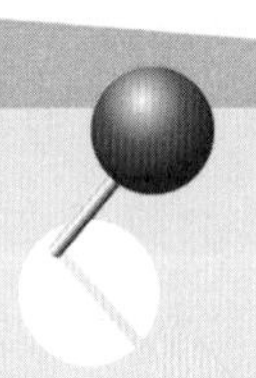

内容提要

本章估算了中国林业剩余物产量及其在 31 个省份的分布。结果显示，从 2006 年至 2015 年，中国林业剩余物年产量从 2.15 亿 t 增加到 2.51 亿 t。2013 年至 2015 年年均林业剩余物产量为 2.51 亿 t，其中，木材剩余物、竹材剩余物和草本果树剩余物的产量分别为 2.27 亿 t、1 974 万 t 和 379 万 t。木材剩余物中，林木修枝剩余物产量最高，为 0.98 亿 t，其次是木材采伐剩余物和木材造材剩余物，分别为 0.43 亿 t 和 0.18 亿 t。竹材加工剩余物产量为 1 937 万 t。在 31 个省份中，广西、云南、广东、湖南和福建的林业剩余物产量最高，为 1 336 万～3 137 万 t。中国南部各省份表现出更高的木材剩余物产量和分布密度。各省份中以海南的分布密度最高，为 178.2 t/km^2。时间分布上，12 月至次年 2 月中国林业剩余物潜在量为 1.69 亿 t，是全年林业剩余物产量最高的时期，而 3—5 月林业剩余物潜在量为 1 930 万 t，是全年最低时期。

一、2006—2015 年林业剩余物产量的变化

2006—2015 年的 10 年期间，全国林业剩余物产量由 2.15 亿 t 增加到 2.51 亿 t，平均每年增加 1.86%(图 14-1)。其中，木材剩余物从 2.02 亿 t 增加到 2.25 亿 t(图 14-1)，平均每年增长率为 1.27%；竹材剩余物产量从 1 183 万 t 增加到 2 168 万 t，平均年增长 9.25%；草本果树剩余物香蕉和菠萝残体从 192 万 t 增长到 385 万 t，平均年增长 11.17%。可见，木材剩余物产量占林业剩余物产量的比例最高，虽然同一时期从 93.62% 下降到 89.83%。但是，与木材剩余物相比，竹材剩余物、草本果树剩余物占比仍然较低，变化范围分别为 5.49%～8.64%和 0.89%～1.53%(图 14-2)。

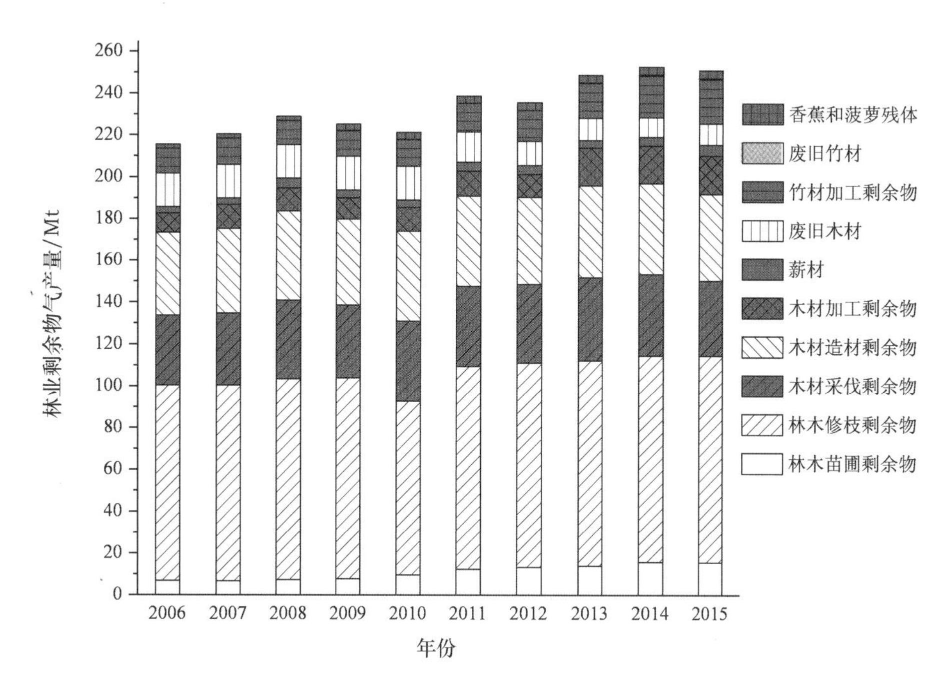

图 14-1　2006—2015 年中国林业剩余物产量(风干重)的变化

在木材剩余物中林木修枝剩余物产量最高，2006—2015 年从 9 348 万 t 增加到 9 884 万 t，分别占林业剩余物总量的 43.38% 和 39.38%(图 14-1，图 14-2)。其次为"林业三剩物"，木材采伐剩余物产量从 3 327 万 t 增长到 3 570 万 t，占林业剩余物的比例从15.44% 减少到 14.23%。木材造材剩余物从 3 984 万 t 增长到 4 176 万 t，占比从 18.49%减少为 16.64%。木材加工剩余物从 911 万 t 增长为 1 822 万 t，占比从 4.23%增长为 7.26%。总的来说，这期间，木材采伐剩余物、木材造材剩余物和木材加工剩余物的变化幅度很小，这是由于政府对森林砍伐量有严格规定，自 2006 年以来，森林采伐最高限额为 2.711 亿 m^3(国家林业局，2006；赵晨等，2012)。再次为林木苗圃剩余物，从 689 万 t 大幅度增加到 1 562 万 t，占林业剩余物的比例从 3.20%增加到 6.22%，这是因为同一时期中国造林面积从

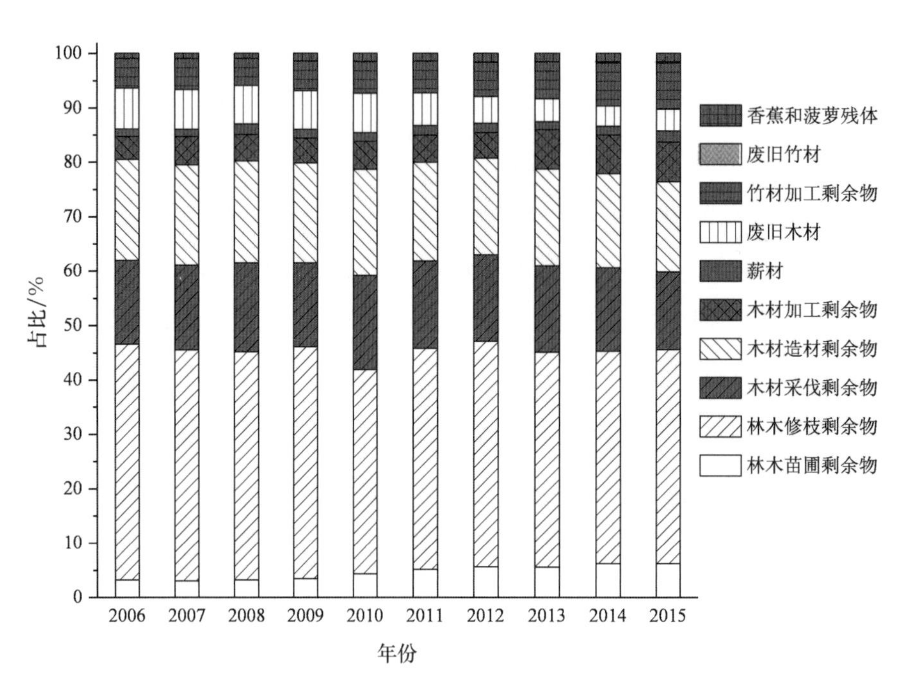

图 14-2 2006—2015 年中国各类林业剩余物年均产量(风干重)比例的变化

272 万 hm^2 增加到 768 万 hm^2,需要的苗木量大为增加的缘故。最后,薪材产量从 310 万 t 增长到 520 万 t,占林业剩余物比例从 1.44%增加到 2.08%。

竹材加工剩余物的产量一直是增加的,2015 年的产量是 2006 年的 2 倍(图 14-1,图 14-2)。这主要是由于政府在 2005 年出台了促进中南地区、东部地区和西南地区竹业产业发展的政策(国家林业局,2006;国家林业局,2011),竹子产量从 2006 年的 1.31 亿根增加到 2015 年的 2.35 亿根。不同省份之间竹材加工剩余物占林业剩余物总量的比例在 0.20%(河南)和 34.85%(福建)之间变化。竹材加工剩余物产量最高的两个省份是福建和广西,分别为 587 万 t 和 397 万 t,总和占中国竹材加工剩余物总量的 50.82%。浙江、安徽、江西、广东和云南的竹材加工剩余物产量在 122 万 t 和 181 万 t,而其他省市很少或没有竹材加工剩余物。废旧竹材占比为 0.01%(西藏)~1.06%(浙江),产量远低于竹材加工剩余物的产量,福建和浙江共产出废旧竹材 23 万 t,占全国总量的 63.62%。广西竹材加工剩余物产量较高,但没有废旧竹材产量,是由于广西在 1999—2011 年没有生产竹材胶合板或竹制地板的统计数据。

草本果树剩余物香蕉和菠萝残体的产量从 2006 年 192 万 t 增加到 2015 年 385 万 t,占林业剩余物的比例从 0.89%增加到 1.53%(图 14-1,图 14-2)。这与种植面积增加有直接关系,香蕉的种植面积从 2005 年的 27.6 万 hm^2 增加到 2016 年的 40.9 万 hm^2,菠萝种植面积从 2009 年开始有统计,为 5.3 万 hm^2,到 2016 年增加到 6.1 万 hm^2。

二、2013—2015 年林业剩余物年均产量及分布

(一)林业剩余物总产量

2013—2015 年中国年均林业剩余物总产量为 2.51 亿 t,其中,木材剩余物为 2.27 亿 t、竹材剩余物为 1 974 万 t、草本果树剩余物为 379 万 t(表 14-1),分别占林业剩余物总量的 90.63%、7.87%、1.51%。

王红彦等(2017)估算 2013 年的全国林业剩余物产量为 3.03 亿 t,这一结果和本研究结果较为接近。还有些研究中林业剩余物范畴不包括林木苗圃剩余物、废旧木材、废旧竹材、木材造材剩余物以及经济林管理过程中产出的剩余物,导致林业剩余物产量偏低,如石元春等(2011)计算 2008 年林业剩余物产量为 1.25 亿 t;刘刚和沈镭(2007)计算 2004 年林业剩余物产量为 1.66 亿 t。

表 14-1　2013—2015 年中国各省份林业剩余物年均产量(风干重)和比例

省份	木材剩余物		竹材剩余物		草本果树剩余物		合计	
	产量/Mt	比例/%	产量/Mt	比例/%	产量/Mt	比例/%	产量/Mt	比例/%
北京	1.07	0.47	0.00	0.00	0.00	0.00	1.07	0.43
天津	0.34	0.15	0.00	0.00	0.00	0.00	0.34	0.14
河北	7.73	3.40	0.00	0.00	0.00	0.00	7.73	3.08
山西	4.42	1.94	0.00	0.00	0.00	0.00	4.42	1.76
内蒙古	5.39	2.37	0.00	0.00	0.00	0.00	5.39	2.15
辽宁	9.68	4.26	0.00	0.00	0.00	0.00	9.68	3.86
吉林	4.93	2.17	0.00	0.00	0.00	0.00	4.93	1.97
黑龙江	5.76	2.53	0.00	0.00	0.00	0.00	5.76	2.30
上海	0.17	0.08	0.00	0.00	0.00	0.00	0.17	0.07
江苏	4.11	1.81	0.04	0.19	0.00	0.00	4.15	1.66
浙江	8.89	3.91	1.92	9.73	0.00	0.00	10.81	4.31
安徽	7.69	3.38	1.31	6.62	0.00	0.00	9.00	3.59
福建	10.63	4.67	5.99	30.36	0.24	6.36	16.86	6.72
江西	10.65	4.68	1.64	8.30	0.00	0.00	12.28	4.90
山东	11.16	4.91	0.05	0.26	0.00	0.00	11.21	4.47
河南	6.88	3.03	0.02	0.08	0.00	0.00	6.89	2.75
湖北	6.93	3.05	0.30	1.53	0.00	0.00	7.23	2.88
湖南	12.75	5.61	0.61	3.08	0.00	0.00	13.36	5.33
广东	14.48	6.37	1.22	6.19	1.46	38.54	17.15	6.84

续表 14-1

省份	木材剩余物		竹材剩余物		草本果树剩余物		合计	
	产量/Mt	比例/%	产量/Mt	比例/%	产量/Mt	比例/%	产量/Mt	比例/%
广西	27.02	11.89	3.97	20.11	0.73	19.36	31.71	12.65
海南	5.41	2.38	0.11	0.54	0.57	15.03	6.09	2.43
重庆	2.52	1.11	0.37	1.88	0.00	0.01	2.89	1.15
四川	9.25	4.07	0.79	4.03	0.01	0.23	10.05	4.01
贵州	4.52	1.99	0.09	0.46	0.03	0.70	4.64	1.85
云南	16.98	7.47	1.24	6.27	0.75	19.76	18.96	7.56
西藏	1.08	0.48	0.00	0.00	0.00	0.00	1.08	0.43
陕西	9.98	4.39	0.07	0.35	0.00	0.00	10.05	4.01
甘肃	4.78	2.10	0.00	0.01	0.00	0.00	4.78	1.91
青海	0.41	0.18	0.00	0.00	0.00	0.00	0.41	0.16
宁夏	1.56	0.69	0.00	0.00	0.00	0.00	1.56	0.62
新疆	4.41	1.94	0.00	0.00	0.00	0.00	4.41	1.76
总计	227.28	100.00	19.74	100.00	3.79	100.00	250.79	100.00

注：1.比例，是各省份林业剩余物产量占全国合计的百分比。
2.合计，包含木材剩余物中进口原木产生的剩余物，因未获得省份进口原木量而各省份未包含该部分剩余物。

另外，也有研究计算结果与本研究差异较大，如潘小苏(2014)计算2012年林业剩余物产量为3.97亿t；蔡飞等(2012)计算2005年林业剩余物为5.98亿t，张卫东等(2015)计算2013年林业剩余物产量为8.84亿t；张希良和吕文(2008)计算2003年林业剩余物产量为9.00亿t。这些研究结果是本报告结果的1.6～3.6倍，是由于剩余物系数不准确，如错误地将修枝频率系数设为100%来计算林木修枝剩余物。

(二)林业剩余物在各省份的分布

根据本研究结果，全国林业剩余物年产量最高的5个省份为广西(3 171万t，12.65%)>云南(1 896万t，7.56%)>广东(1 715万t，6.84%)>福建(1 686万t，6.72%)>湖南(1 336万t，5.33%)(表14-1)。广西林业剩余物年产量最高，周边的云南和广东的林业剩余物年产量也超过了其他省份，林业剩余物丰富，生物质能源产业发展潜力巨大。其次，江西、山东、浙江、四川和陕西林业剩余物年产量为1 005万～1 228万t，占全国总产量的4.01%～4.90%。再次，河北、湖北和河南等15个省份林业剩余物年产量为289万～968万t，占比为1.25%～3.86%。最后，北京、天津、上海、西藏、青海和宁夏年产量为17万～156万t，占全国总产量比例为0.07%～0.62%。

2013—2015年中国31个省份的林业剩余物年均产量分布密度在0.6(青海)～178.2 t/km^2(海南)(图14-3)。根据分布密度由大到小将各省份划分为4类。第一类，年均分布密度在 96.5～178.2 t/km²，包括海南、福建、广西、浙江和广东。海南林业剩余物产量虽仅有 609 万 t，但其分布密度为全国最高（178.2 t/km²）。福建和广西分布密度依次为 143.8 t/km² 和 133.77 t/km²，虽然广西的林业剩余物产量（3 171 万 t）为全国第一，但由于广西的行政面积（23.7 万 km²）较大，其林业剩余物分布密度为全国第三。第二类，由江西、山东、辽宁、北京、安徽和湖南六个省份组成，分布密度在 63.1～73.6 t/km²。第三类，为云南、陕西、河南、河北、江苏、湖北、重庆、宁夏、天津、山西、贵州、吉林、上海和四川，林业剩余物年均产量分布密度在 20.7～49.3 t/km²。第四类，包括黑龙江、甘肃、内蒙古、新疆、西藏和青海，年均产量分布密度在 0.6～2.7 t/km²。

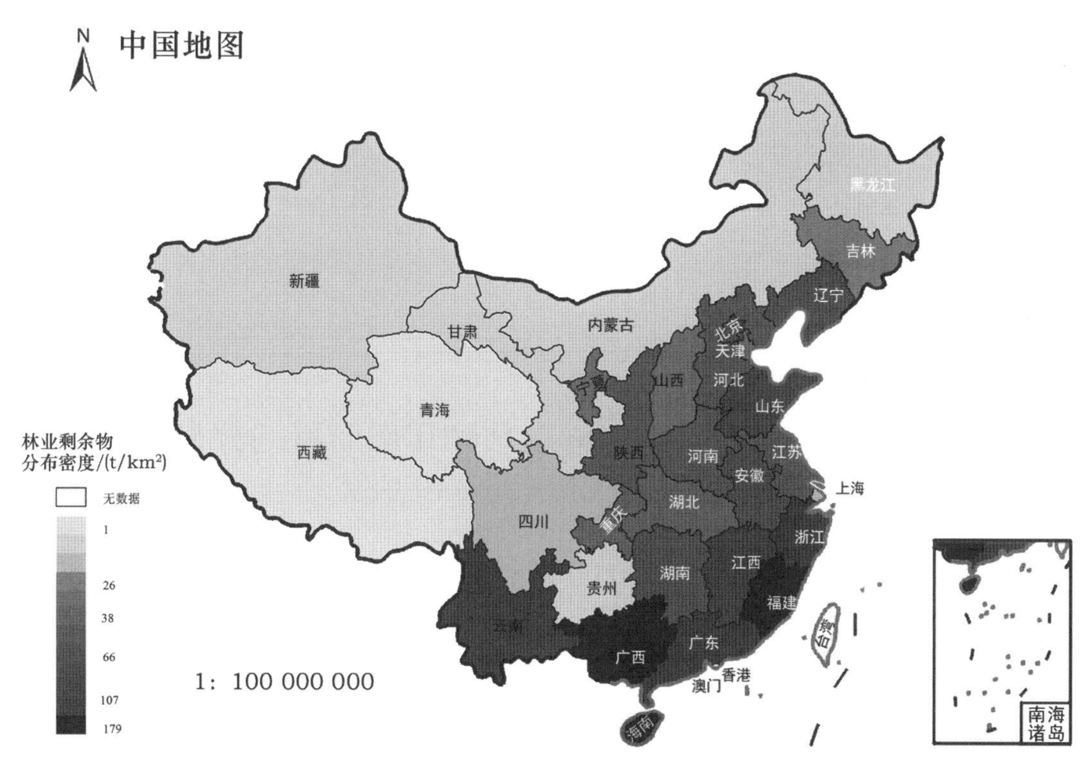

图 14-3　2013—2015 年中国年均林业剩余物产量的分布密度
（因各省份未获得进口原木量而未包含进口原木产生的剩余物）

（三）林业剩余物的季节分布

在时间分布上，3—5 月全国林业剩余物产量为 1 930 万 t，6—8 月为 5 065 万 t，9—11 月为 1 164 万 t，12 月至次年 2 月产量最高为 1.69 亿 t。广西在 4 个时期的林业剩余物产量均最高（表 14-2），为 117 万 t 到 2 482 万 t。大多数省份 12 月至次年 2 月期间的林业剩余物产量高于其他时期，这是由于木材砍伐通常在 12 月至次年 2 月进行，低温有助于减少木材感染病害（刘荆北等，2004），并可以充分利用冰雪道集材以减少对土壤压实的影响（腾贵波，2016）。因此，林业剩余物时间分布受林业管理和木材加工期影响，相关有机废弃物收集企业应在这一高峰期，增加对林业剩余物收集和劳力投入。

表 14-2　2013—2015 年中国各省份林业剩余物年均产量(风干重)的不同时间分布　万 t

省份	3—5 月	6—8 月	9—11 月	11 月至次年 2 月	省份	3—5 月	6—8 月	9—11 月	11 月至次年 2 月
北京	2.28	24.73	2.28	78.11	湖北	129.38	121.31	23.38	449.09
天津	0.85	5.34	0.85	26.86	湖南	213.63	242.38	35.74	844.15
河北	31.37	168.21	31.37	541.65	广东	106.24	330.89	75.60	1 203.12
山西	30.08	118.28	30.08	263.38	广西	140.58	431.24	117.43	2 482.26
内蒙古	50.20	151.57	50.20	286.91	海南	20.87	161.06	18.40	408.50
辽宁	40.33	226.11	40.33	661.54	重庆	84.78	30.37	7.48	166.43
吉林	49.55	98.10	49.55	295.80	四川	16.65	193.98	16.06	778.70
黑龙江	53.26	155.23	53.26	314.23	贵州	39.39	87.85	14.79	322.01
上海	3.35	1.48	0.75	11.47	云南	69.11	478.04	50.11	1 298.95
江苏	26.16	84.01	24.86	280.18	西藏	1.75	50.31	1.72	54.70
浙江	91.78	214.29	46.50	728.90	陕西	46.45	295.85	29.82	632.46
安徽	35.84	153.59	33.09	677.42	甘肃	37.08	137.61	37.02	266.50
福建	131.91	215.96	48.42	1 289.45	青海	4.87	11.26	4.87	19.74
江西	187.36	227.21	40.34	773.58	宁夏	16.45	36.90	16.45	86.50
山东	67.72	237.82	67.72	747.94	新疆	16.28	76.84	16.28	332.00
河南	42.18	155.21	37.02	454.82	合计	1 787.75	4 923.02	1 021.78	16 777.32

三、2013—2015 年木材剩余物年均产量的分布

(一)木材剩余物产量在各省份的分布

2013—2015 年期间全国年均木材剩余物总产量为 2.27 亿 t,各省份中年产量分布最高的依次是广西(2 702 万 t,11.89%)、云南(1 698 万 t,7.47%)、广东(1 448 万 t,6.37%)、湖南(1 275 万 t,5.61%)、山东(1 116 万 t,4.91%)、江西(1 065 万 t,4.68%)和福建(1 063 万 t,4.67%)(表 14-1)。

木材剩余物包括林木修枝剩余物 9 861 万 t(43.39%)、木材造材剩余物 4 309 万 t(18.96%)、木材采伐剩余物 3 806 万 t(16.75%)、木材加工剩余物 1 808 万 t(7.96%)、林木苗圃剩余物 1 512 万 t(6.65%)、废旧木材 995 万 t(4.38%)和薪材 436 万 t(1.91%)(表 14-3)。林木修枝剩余物在云南产量最高,为 913 万 t,在上海产量最低(10 万 t)。木材造材剩余物产量在 2 万(西藏)～640 万 t(广西)。木材采伐剩余物、薪材和木材造剩余物在广西产量最高,分别为 802 万 t、75 万 t 和 640 万 t;而在上海产量最低,分别为 1.48 万 t、0.043 万 t 和 2.99 万 t。林木苗圃剩余物产量在 0.36 万(西藏)～163 万 t(山东),废旧木材产量在 0(天津、上海和甘肃)～154 万 t(黑龙江)。

表 14-3　2013—2015 年中国各省份木材剩余物年均产量(风干重)

省份	林木苗圃剩余物		林木修枝剩余物		木材采伐剩余物		薪材		木材造材剩余物		木材加工剩余物		废旧木材	
	产量/Mt	比例/%	产量/Mt	比例/%	产量/Mt	比例/%	产量/Mt	比例/%	产量/Mt	比例/%	产量/Mt	比例/%	产量/Mt	比例/%
北京	0.04	0.25	0.57	0.57	0.15	0.40	0.01	0.32	0.25	0.58	0.03	0.17	0.02	0.21
天津	0.03	0.18	0.15	0.15	0.08	0.20	0.00	0.00	0.08	0.19	0.01	0.04	0.00	0.00
河北	0.91	6.03	4.24	4.31	0.82	2.15	0.09	1.98	1.32	3.07	0.23	1.28	0.11	1.12
山西	1.09	7.20	2.06	2.09	0.39	1.02	0.03	0.67	0.74	1.71	0.10	0.55	0.01	0.14
内蒙古	1.08	7.16	2.10	2.13	0.66	1.74	0.04	0.91	0.58	1.35	0.15	0.80	0.78	7.84
辽宁	0.71	4.72	4.42	4.49	1.42	3.74	0.11	2.42	2.12	4.91	0.38	2.13	0.51	5.17
吉林	0.42	2.81	1.09	1.10	1.09	2.86	0.05	1.12	0.72	1.67	0.41	2.27	1.15	11.53
黑龙江	0.44	2.94	2.08	2.11	0.69	1.81	0.34	7.86	0.52	1.21	0.15	0.80	1.54	15.48
上海	0.03	0.17	0.10	0.10	0.01	0.04	0.00	0.01	0.03	0.07	0.00	0.02	0.00	0.00
江苏	0.69	4.59	1.70	1.72	0.66	1.72	0.05	1.18	0.72	1.66	0.22	1.22	0.08	0.79
浙江	1.04	6.85	4.16	4.22	1.20	3.15	0.01	0.24	1.79	4.14	0.36	2.01	0.35	3.47
安徽	0.18	1.18	2.78	2.82	1.68	4.43	0.38	8.77	1.52	3.53	0.63	3.47	0.52	5.21
福建	0.10	0.67	4.32	4.39	2.21	5.82	0.31	7.06	2.16	5.02	0.67	3.71	0.84	8.48
江西	0.54	3.60	5.36	5.44	1.54	4.05	0.11	2.47	2.02	4.70	0.48	2.63	0.59	5.93
山东	1.63	10.79	4.19	4.25	1.93	5.06	0.34	7.70	2.05	4.76	0.83	4.60	0.19	1.95
河南	0.64	4.23	3.07	3.11	1.06	2.79	0.14	3.25	1.13	2.62	0.46	2.54	0.38	3.82
湖北	0.41	2.68	3.45	3.50	1.07	2.82	0.23	5.19	1.25	2.89	0.39	2.16	0.13	1.32
湖南	0.17	1.13	6.28	6.37	2.23	5.87	0.12	2.70	2.72	6.31	0.62	3.44	0.61	6.10
广东	0.15	0.99	5.66	5.74	3.20	8.41	0.54	12.40	3.10	7.19	1.11	6.12	0.72	7.19
广西	0.31	2.07	7.84	7.95	8.02	21.07	0.75	17.24	6.40	14.85	2.95	16.33	0.74	7.42
海南	0.05	0.30	2.51	2.55	0.99	2.59	0.09	2.14	1.47	3.42	0.22	1.22	0.08	0.82
重庆	0.19	1.22	1.46	1.48	0.30	0.78	0.04	1.01	0.45	1.05	0.08	0.47	0.00	0.00
四川	0.21	1.37	5.39	5.47	1.30	3.40	0.15	3.47	1.78	4.13	0.40	2.21	0.03	0.26
贵州	0.24	1.60	2.13	2.16	0.86	2.25	0.04	1.00	0.92	2.13	0.26	1.46	0.07	0.66
云南	0.21	1.41	9.13	9.26	2.58	6.79	0.31	7.04	3.64	8.45	0.72	3.96	0.39	3.88
西藏	0.00	0.02	0.98	0.99	0.02	0.06	0.00	0.00	0.02	0.04	0.01	0.06	0.05	0.54
陕西	0.93	6.13	6.04	6.12	0.92	2.41	0.01	0.14	1.82	4.23	0.25	1.39	0.01	0.12
甘肃	1.39	9.21	2.33	2.37	0.33	0.85	0.00	0.02	0.64	1.49	0.09	0.48	0.00	0.00
青海	0.18	1.18	0.13	0.13	0.03	0.07	0.00	0.02	0.05	0.12	0.01	0.05	0.01	0.08
宁夏	0.63	4.16	0.60	0.61	0.10	0.27	0.00	0.01	0.20	0.47	0.03	0.16	0.00	0.01
新疆	0.48	3.17	2.29	2.32	0.52	1.37	0.07	1.66	0.88	2.04	0.13	0.71	0.04	0.44
合计	15.12	100.00	98.61	100.00	38.06	100.00	4.36	100.00	43.09	100.00	18.08	100.00	9.95	100.00

注：1. 比例，各省份林业剩余物产量占全国合计的百分比。
　　2. 合计，包含木材剩余物中进口原木产生的剩余物，因无法获得相关数据各省份未包含该部分剩余物。

木本水果修枝剩余物由苹果、梨、柑橘、桃、荔枝、猕猴桃和葡萄的修枝剩余物组成，各省市产量范围为 1 万～457 万 t(表 14-4)。陕西的木本水果修枝剩余物年产量最高，为 457 万 t，在该省林业剩余物总量中占比为 12.62%，是由于其果树栽培面积最大(909 khm^2)，占全国果树栽培总面积的11.12%。除陕西外，大部分省份的木本水果修枝剩余物产量范围为102万(重庆)～283万t(河北)，少数省份产量较低，在1万(青海)～94万t(云南)。

表14-4　2013—2015年中国各省份年均木本水果面积及其修枝剩余物产量(风干重)

省份	果树种植		修枝剩余物		省份	果树种植		修枝剩余物	
	面积/khm^2	比例/%	产量/Mt	比例/%		面积/khm^2	比例/%	产量/Mt	比例/%
北京	37	0.45	0.15	0.43	湖北	365	4.47	1.52	4.19
天津	18	0.22	0.08	0.23	湖南	508	6.21	2.17	5.99
河北	610	7.46	2.83	7.82	广东	588	7.20	1.98	5.48
山西	231	2.82	1.16	3.19	广西	583	7.14	2.10	5.81
内蒙古	36	0.44	0.19	0.51	海南	28	0.34	0.07	0.20
辽宁	332	4.06	1.58	4.36	重庆	242	2.96	1.02	2.81
吉林	39	0.48	0.19	0.52	四川	507	6.20	2.09	5.78
黑龙江	20	0.25	0.10	0.29	贵州	191	2.34	0.77	2.13
上海	19	0.23	0.08	0.22	云南	211	2.58	0.94	2.59
江苏	157	1.91	0.69	1.92	西藏	3	0.03	0.01	0.04
浙江	191	2.34	0.81	2.24	陕西	909	11.12	4.57	12.62
安徽	117	1.43	0.47	1.31	甘肃	368	4.50	1.94	5.35
福建	255	3.12	1.07	2.96	青海	2	0.02	0.01	0.03
江西	388	4.75	1.65	4.57	宁夏	78	0.95	0.41	1.14
山东	499	6.10	2.46	6.78	新疆	287	3.51	1.40	3.88
河南	356	4.36	1.67	4.62	合计	8 175	100.00	36.18	100.00

注：1.木本果树，包括苹果、梨、柑橘、桃、荔枝、猕猴桃和葡萄。
2.比例，各省份剩余物产量或种植面积占合计的百分比。

各省份不同种类林业剩余物年均产量的占比如图14-4所示。其中，木材剩余物的比例为63.03%(福建)～100%(北京、天津、河北、山西、内蒙古、辽宁、吉林、黑龙江、上海、西藏、青海、宁夏和新疆)。在31个省份中，青海的林木苗圃剩余物占比最高，占该省林业剩余物总量的43.77%。西藏林木修枝剩余物占其总量的89.95%。广西木材采伐剩余物(25.28%)和木材加工剩余物(9.31%)的占比最高，黑龙江的薪材(5.97%)和废旧木材(26.75%)占比最高。海南木材造材剩余物的比例最大，为24.20%。

(二)木材剩余物的分布密度

不同种类的木材剩余物在各省份的产量分布密度不同(图14-5)。林木修枝剩余物年产量分布密度在0.19(青海)～72.63 t/km^2(海南)。广西的木材采伐剩余物(33.91 t/km^2)、薪材(3.19 t/km^2)和木材加工剩余物(12.49 t/km^2)的分布密度均最高，而西藏的最低，分别为0.02 t/km^2、0 t/km^2和0.01 t/km^2。林木苗圃剩余物在0.003(西藏)～12.11 t/km^2(宁夏)，而木材造材剩余物在0.02(西藏)～43.49 t/km^2(海南)。天津、上海、重庆和甘肃的废旧木材产量几乎为零，而福建的废旧木材分布密度最高(6.79 t/km^2)。

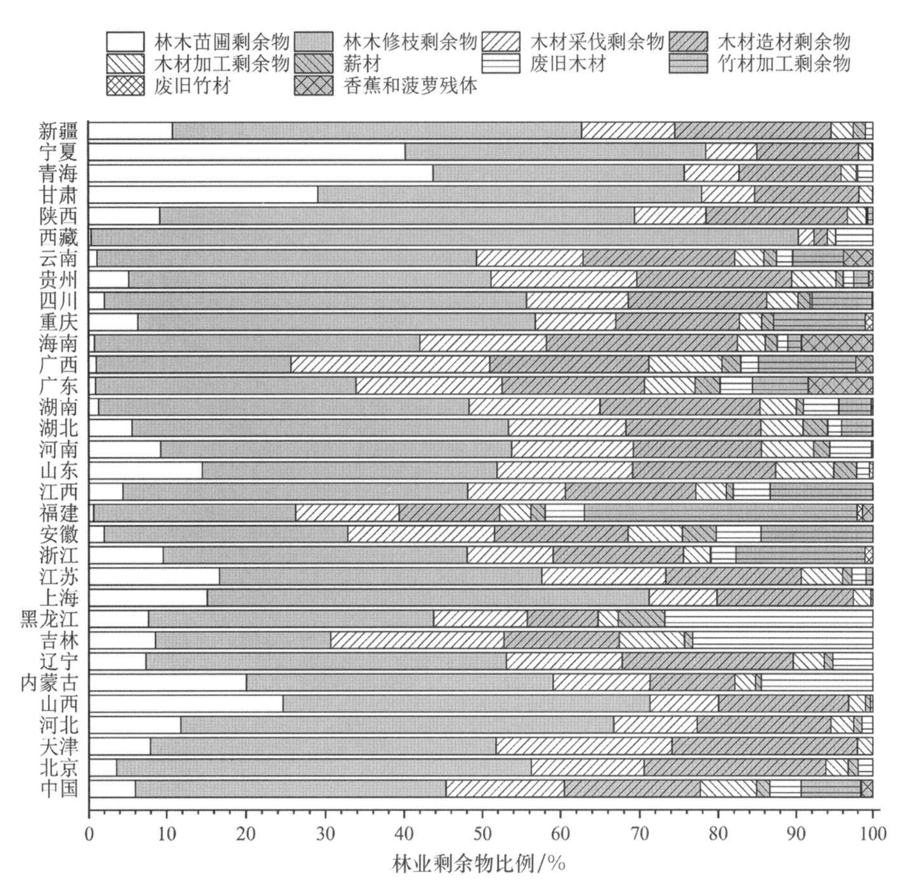

图 14-4　2013—2015 年中国各省份不同种类年均林业剩余物产量(风干重)比例

(因各省份未获得进口原木量而未包含进口原木产生的剩余物)

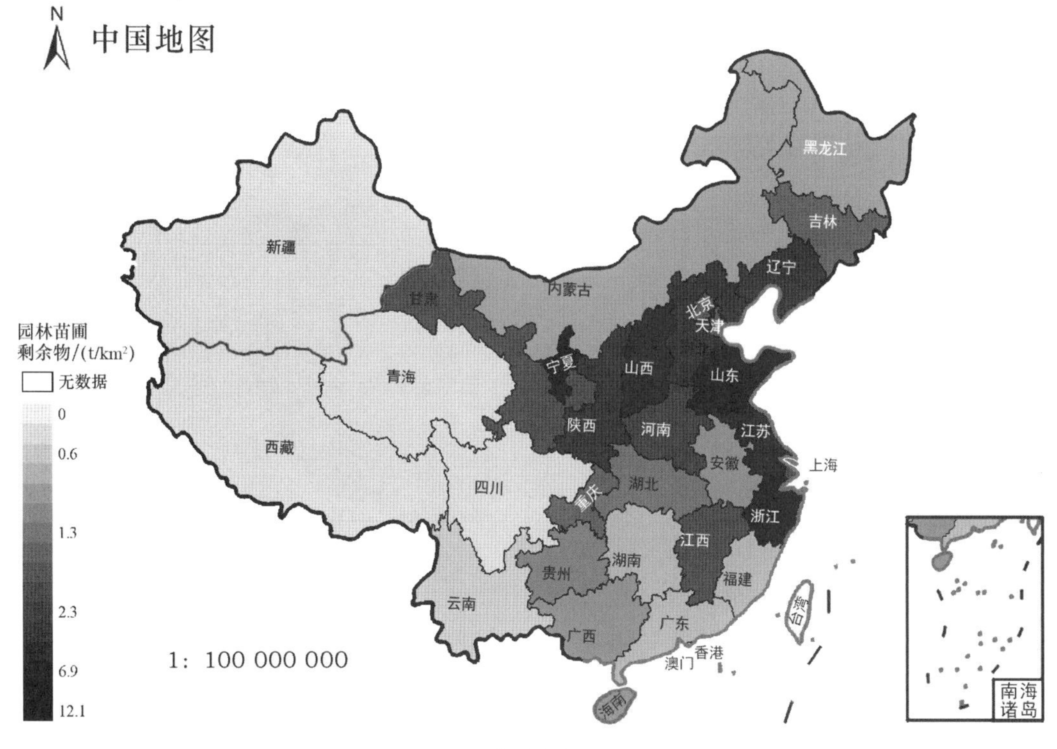

图 14-5

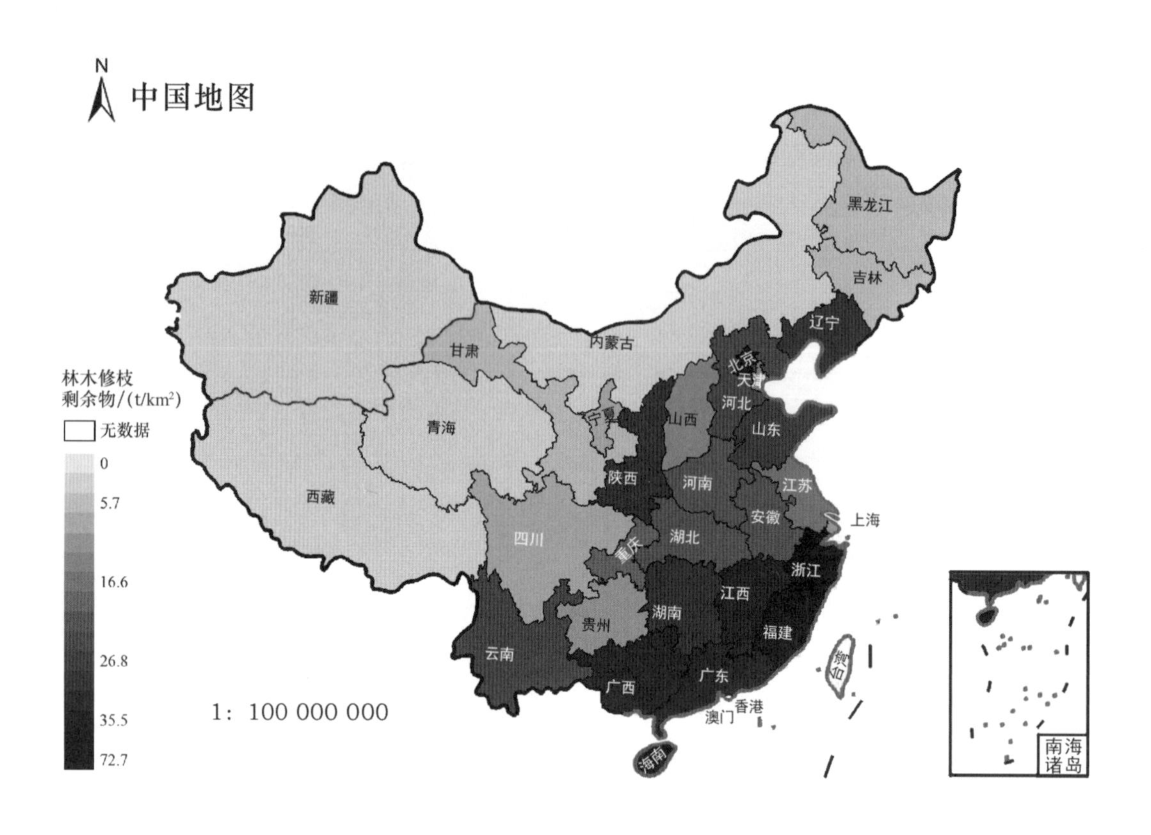
中国地图
N
林木修枝
剩余物/(t/km²)
无数据
0
5.7
16.6
26.8
35.5
72.7
1：100 000 000
新疆
西藏
青海
甘肃
内蒙古
黑龙江
吉林
辽宁
北京
天津
河北
山西
山东
宁夏
陕西
河南
江苏
安徽
上海
四川
重庆
湖北
浙江
江西
湖南
贵州
福建
云南
广西
广东
台湾
香港
澳门
海南
南海
诸岛

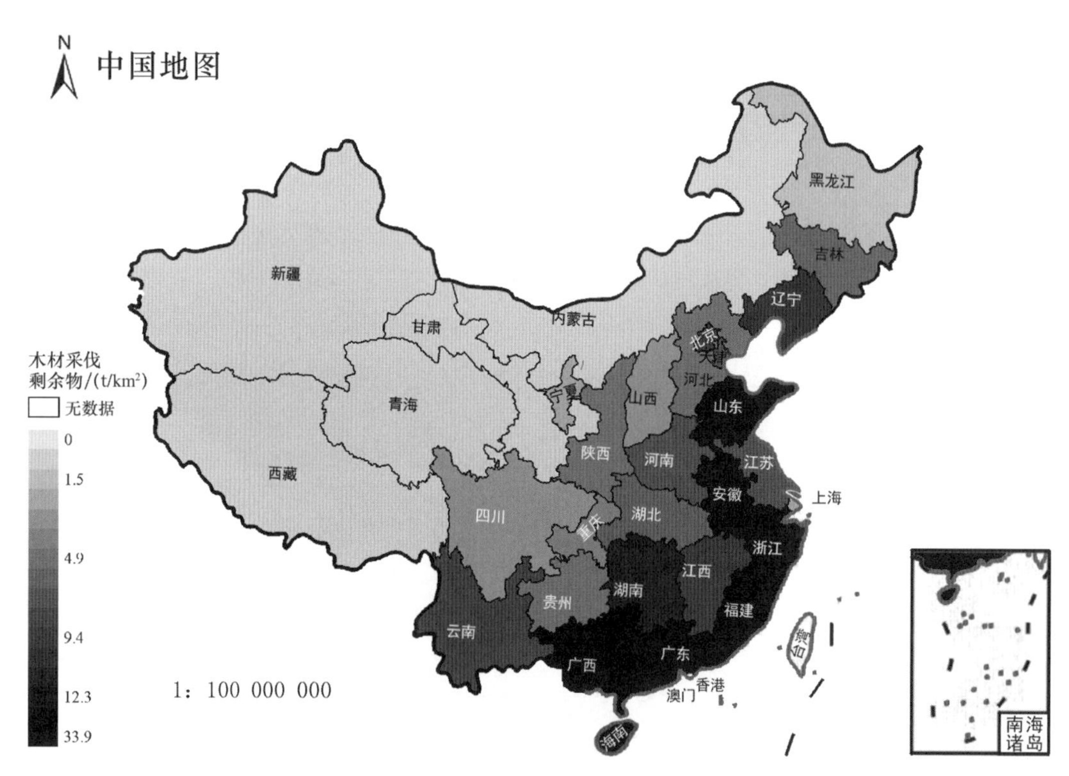
中国地图
N
木材采伐
剩余物/(t/km²)
无数据
0
1.5
4.9
9.4
12.3
33.9
1：100 000 000
新疆
西藏
青海
甘肃
内蒙古
黑龙江
吉林
辽宁
北京
天津
河北
山西
山东
宁夏
陕西
河南
江苏
安徽
上海
四川
重庆
湖北
浙江
江西
湖南
贵州
福建
云南
广西
广东
台湾
香港
澳门
海南
南海
诸岛

续图 14-5

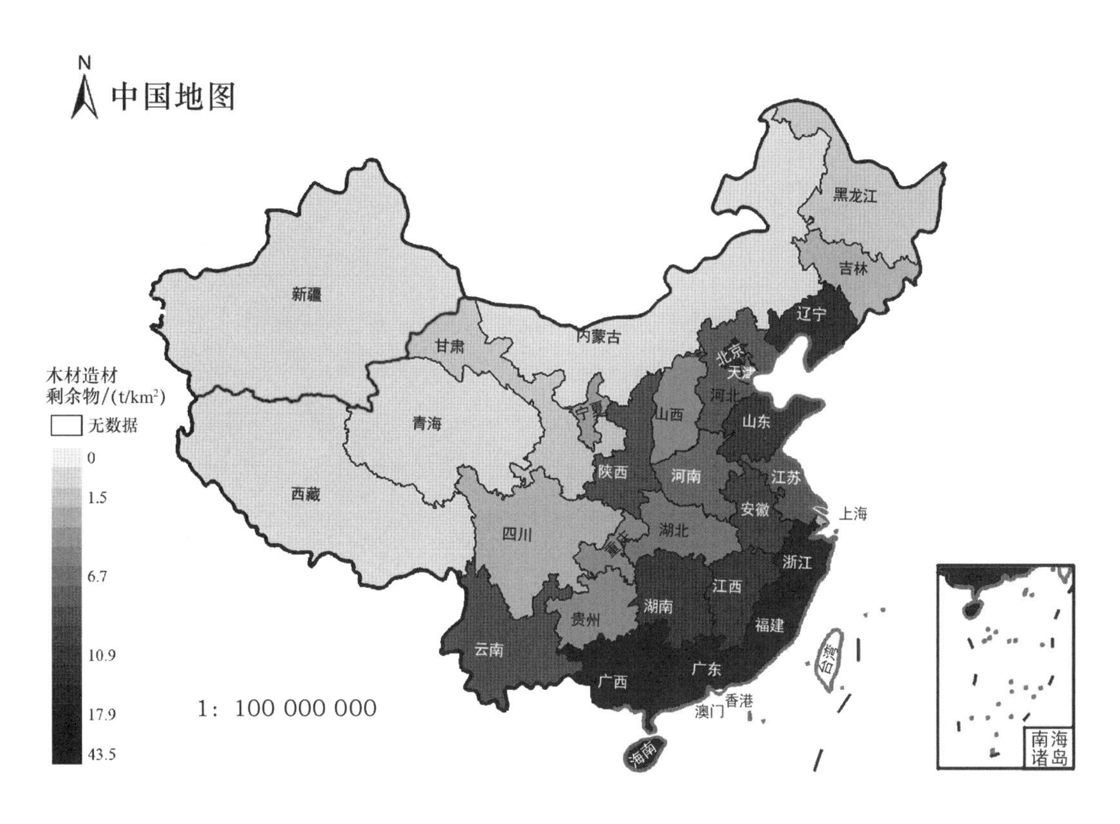

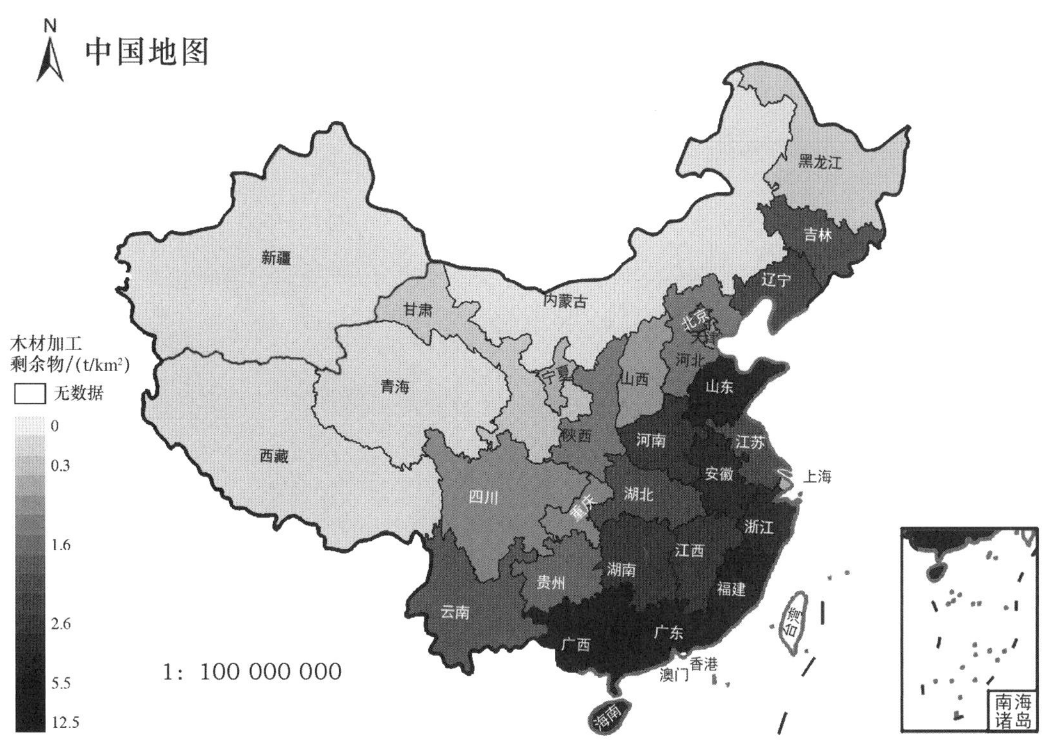

（注：不包含进口原木加工产生的剩余物）

续图 14-5

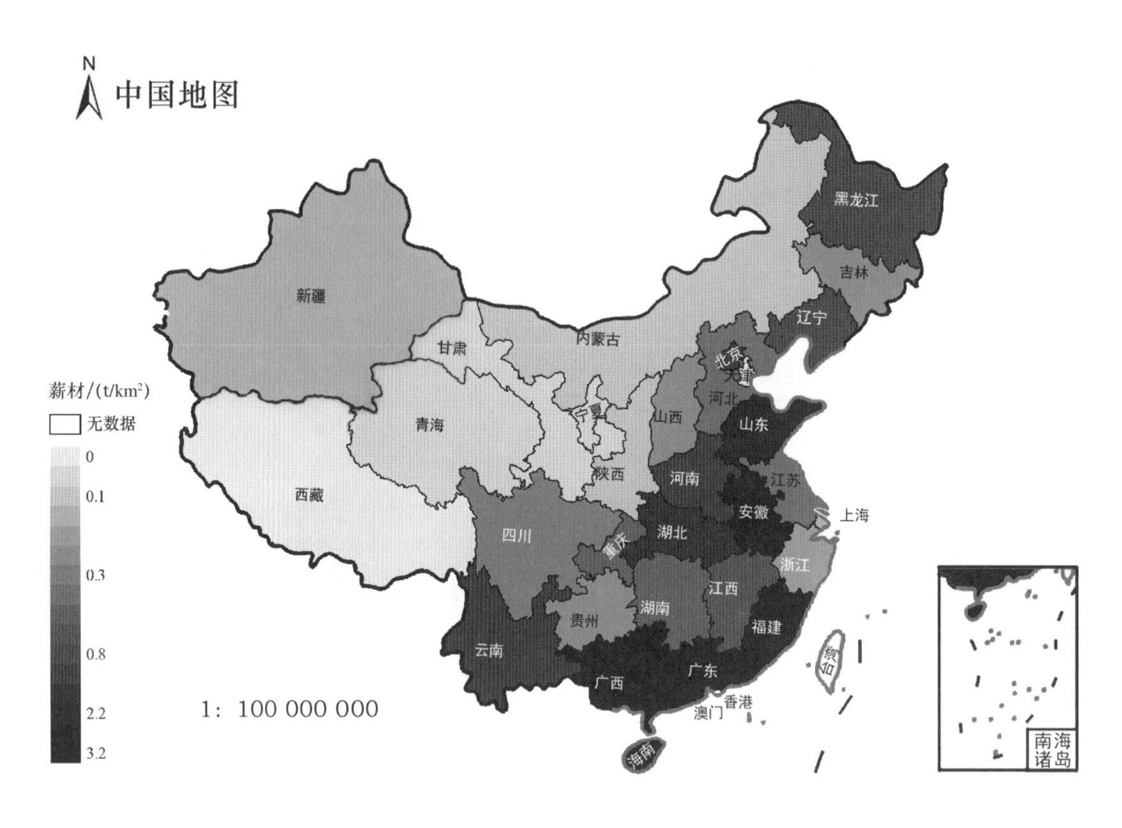
N
中国地图
薪材/(t/km^2)
无数据
0
0.1
0.3
0.8
2.2
3.2
1：100 000 000
黑龙江
吉林
辽宁
新疆
内蒙古
甘肃
北京
天津
河北
宁夏
山西
山东
青海
西藏
陕西
河南
江苏
安徽
上海
四川
湖北
重庆
浙江
江西
贵州
湖南
福建
云南
广西
广东
香港
澳门
海南
南海诸岛

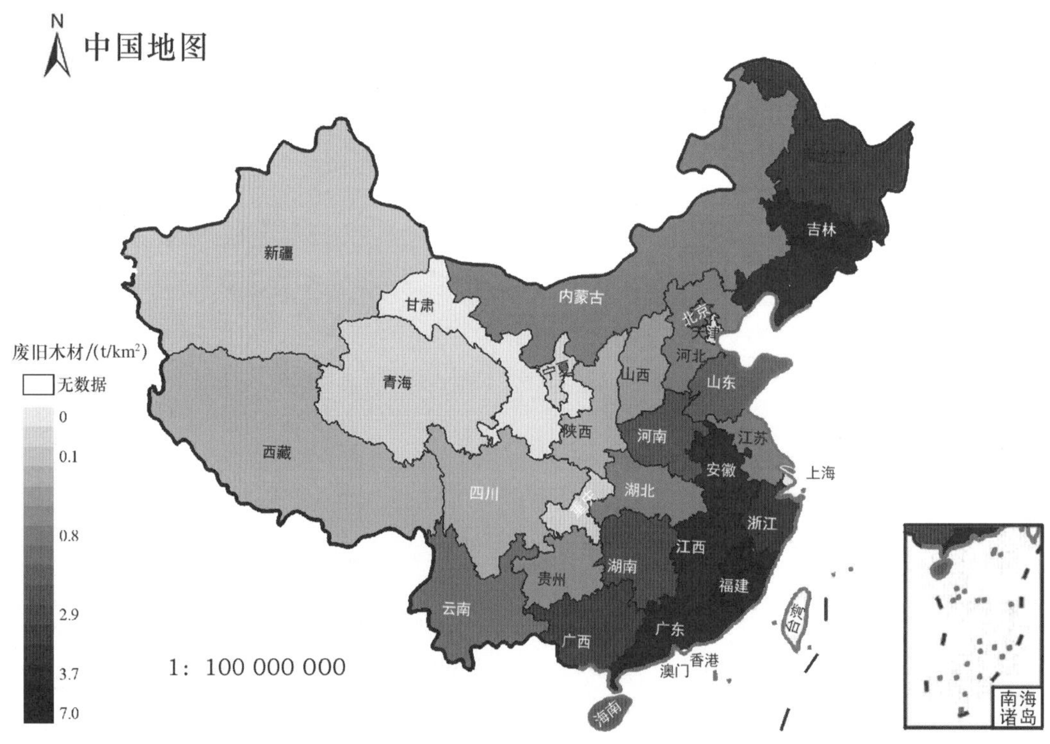
N
中国地图
废旧木材/(t/km^2)
无数据
0
0.1
0.8
2.9
3.7
7.0
1：100 000 000
吉林
新疆
内蒙古
甘肃
北京
天津
河北
宁夏
山西
山东
青海
西藏
陕西
河南
江苏
安徽
上海
四川
湖北
浙江
江西
贵州
湖南
福建
云南
广西
广东
香港
澳门
海南
南海诸岛

续图 14-5

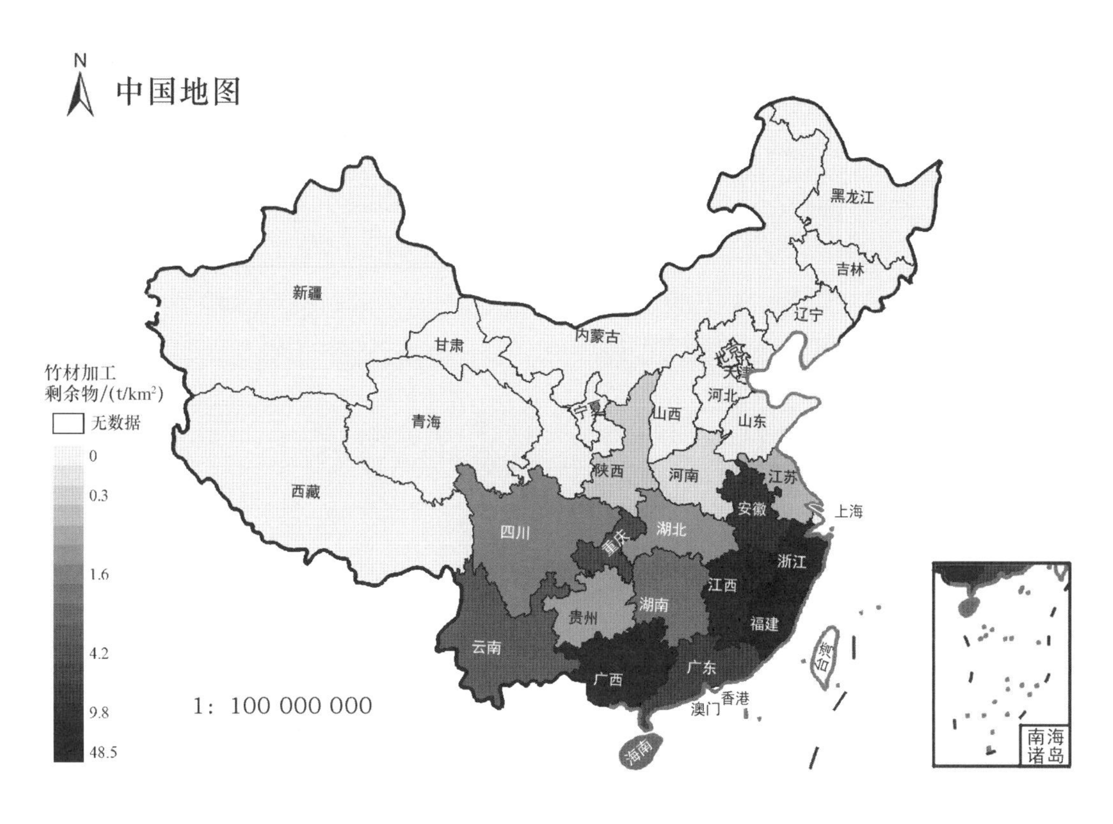

中国地图
竹材加工
剩余物/(t/km²)
无数据
0
0.3
1.6
4.2
9.8
48.5
1：100 000 000
新疆
西藏
青海
甘肃
内蒙古
黑龙江
吉林
辽宁
北京
天津
河北
山西
山东
宁夏
陕西
河南
江苏
上海
安徽
湖北
四川
重庆
浙江
江西
湖南
贵州
福建
云南
广西
广东
台湾
香港
澳门
海南
南海诸岛

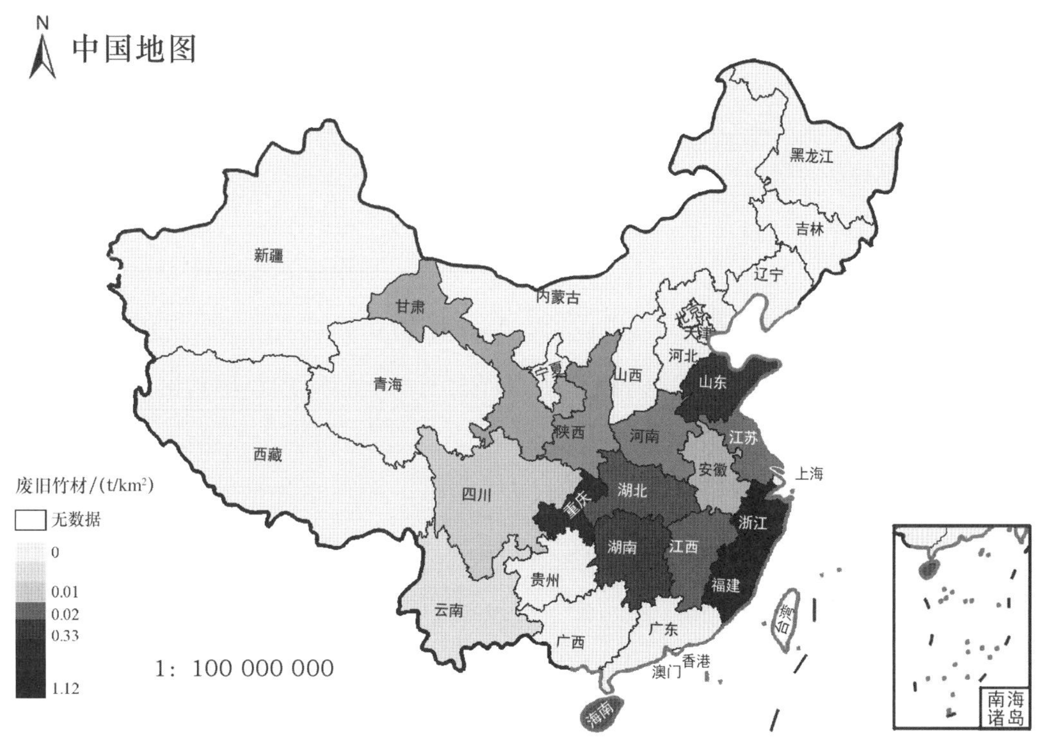

中国地图
废旧竹材/(t/km²)
无数据
0
0.01
0.02
0.33
1.12
1：100 000 000
新疆
西藏
青海
甘肃
内蒙古
黑龙江
吉林
辽宁
北京
天津
河北
山西
山东
宁夏
陕西
河南
江苏
上海
安徽
湖北
四川
重庆
浙江
江西
湖南
贵州
福建
云南
广西
广东
台湾
香港
澳门
海南
南海诸岛

续图 14-5

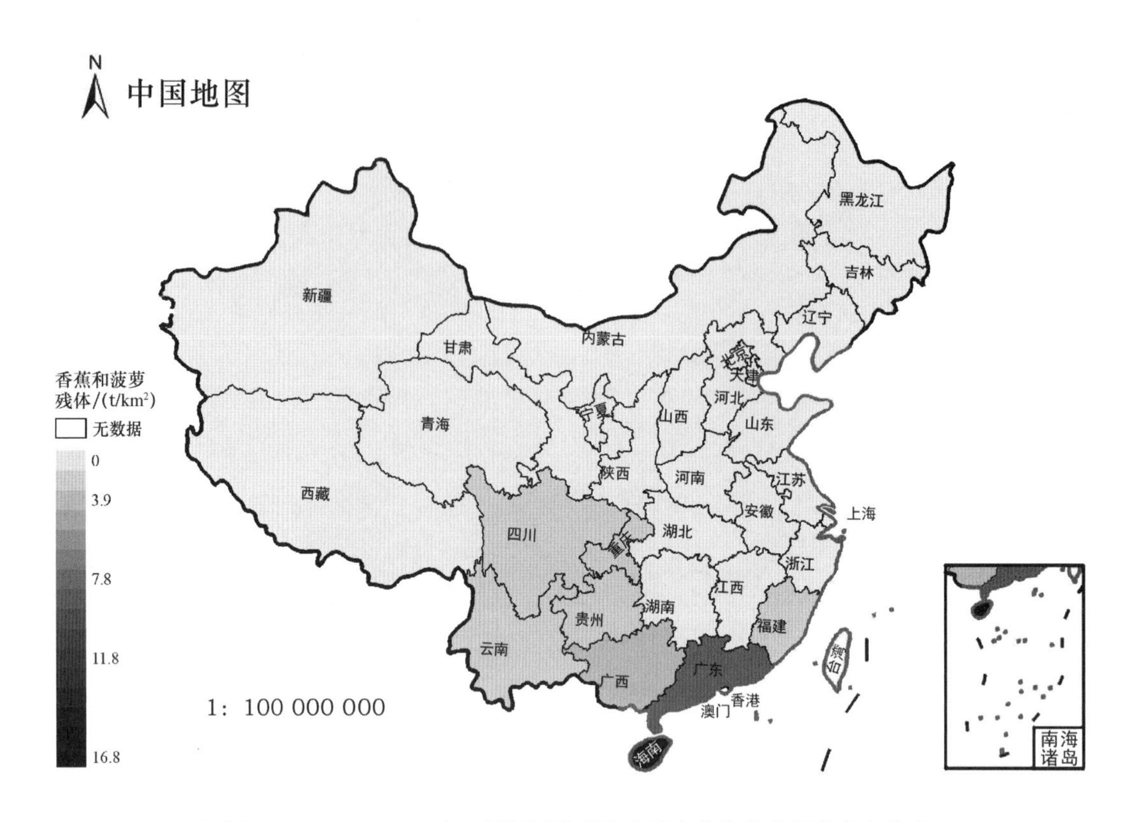

续图 14-5　2013—2015 年中国不同种类林业剩余物年均产量的分布密度

四、2013—2015 年竹材剩余物和草本果树剩余物年均产量及分布

2013—2015 年全国竹材剩余物年均产量为 1 974 万 t(表 14-1)，其中，竹材加工剩余物年均产量为 1 937 万 t，废旧竹材为 37.47 万 t(表 14-5)。竹材剩余物主要产自于南方 17 个省份，年产量范围为 2 万～599 万 t，最高依次是福建(599 万 t，30.36%)、广西(397 万 t，20.11%)、浙江(192 万 t，9.73%)、江西(164 万 t，8.30%)、云南(124 万 t，6.27%)和广东(122 万 t，6.19%)(表 14-1)。

全国草本果树剩余物年产量为 379 万 t(表 14-1)。产自于华南及其周边的 8 个省份，广东、云南和广西是年产量前三的省份，依次为 146 万 t(38.54%)、75 万 t(19.76%)和 73 万 t(19.36%)；其余省份年产量为 1 万～57 万 t，其合计占全国草本果树剩余物总产量的 22.34%(表 14-5)。

一般来说，中国东南沿海地区的竹材加工剩余物、废旧竹材和香蕉和菠萝残体的年产量分布密度往往高于内陆地区(图 14-5)。竹材加工剩余物的分布密度在福建最高(48.52 t/km^2)，在河南最低(0.08 t/km^2)。废旧竹材的分布密度在 1.12(浙江)～0.01 t/km^2(河南)。香蕉和菠萝残体主要在华南和西南地区，分布密度从重庆的 0.01 t/km^2 到海南的 16.76 t/km^2 之间。

表 14-5　2013—2015 年中国各省份年均竹材加工剩余物、废旧竹材以及香蕉和菠萝残体产量和比例

省份	竹材加工剩余物		废旧竹材		香蕉和菠萝残体	
	产量/Mt	比例/%	产量/kt	比例/%	产量/Mt	比例/%
江苏	0.04	0.19	1.67	0.46	0.00	0.00
浙江	1.81	9.32	114.95	31.52	0.00	0.00
安徽	1.31	6.74	0.47	0.13	0.00	0.00
福建	5.87	30.33	117.06	32.10	0.24	6.36
江西	1.63	8.43	4.74	1.30	0.00	0.00
山东	0.00	0.00	52.05	14.27	0.00	0.00
河南	0.01	0.07	1.51	0.41	0.00	0.00
湖北	0.30	1.52	7.34	2.01	0.00	0.00
湖南	0.58	2.98	30.41	8.34	0.00	0.00
广东	1.22	6.31	0.00	0.00	1.46	38.54
广西	3.97	20.49	0.00	0.00	0.73	19.36
海南	0.10	0.54	1.65	0.45	0.57	15.03
重庆	0.34	1.77	28.76	7.89	0.00	0.01
四川	0.79	4.10	1.49	0.41	0.01	0.23
贵州	0.09	0.47	0.00	0.00	0.03	0.70
云南	1.24	6.39	0.04	0.01	0.75	19.76
陕西	0.07	0.36	0.95	0.26	0.00	0.00
甘肃	0.00	0.00	1.61	0.44	0.00	0.00
合计	19.37	100.00	364.70	100.00	3.79	100.00

注：1. 林业剩余物产量为风干重。

2. 比例，各省份竹材剩余物或草本果树剩余物产量占全国合计的百分比。

3. 未列入本表的省份这三类剩余物产量均为 0。

第十五章

林业剩余物可能源化利用量及碳减排潜力

内容提要

本章林业剩余物为原料生产固体成型燃料的研究边界，包括林业剩余物收集运输、加工成型、成型燃料运输和利用阶段，基准线为火力发电的碳排放。根据文献确定每生产 1 kW·h 电力的碳减排率为0.54 kg CO_2-eq，每利用 1 kg 林业剩余物生产固体成型燃料发电的碳减排率为 0.28 kg CO_2-eq。假定 30％的林业剩余物可用于生产成型燃料，2015 年中国林业剩余物的碳减排潜力为 629.18 万 t CO_2-eq，其中中南、华东和西南地区的碳减排潜力均高于华北、东北和西北地区。按基准情景、新政策情景、强化减排情景和竞争性利用情景分析，预测 2030 年中国林业剩余物能源化利用的碳减排潜力在 1 518 万～4 514 万 t CO_2-eq。

一、林业剩余物能源化利用的碳减排率的取值

(一)研究边界和基准线的确定

林业剩余物为原料生产固体成型燃料的研究边界包括林业剩余物收集运输、加工成型、成型燃料运输和利用阶段(图 15-1)。基准线为火力发电的碳排放。

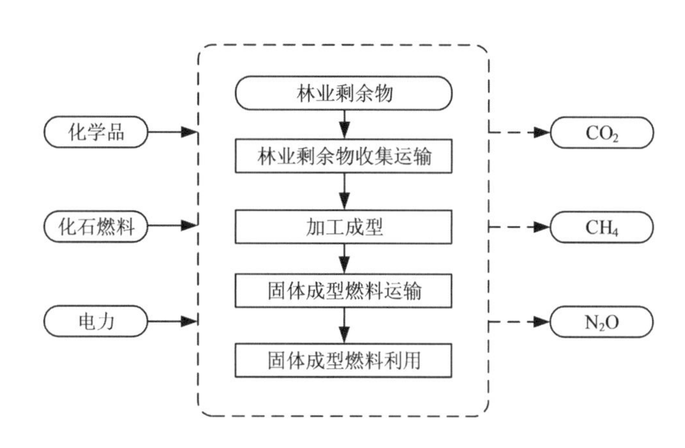

图 15-1　林业剩余物生产固体成型燃料的系统边界

(二)碳减排率的取值

林业剩余物能源化利用碳排放研究较少,仅查得一篇相关文献(周媛,2016),符合文献筛选要求。项目以含水量 38%的林业剩余物为原料生产固体成型燃料,每生产 1 t 固体成型燃料需要 1.94 t 林业剩余物,碳排放量为 99.65 kg CO_2-eq,产生 860 kW·h 电力。则每利用 1 t 林业剩余物(含水量 38%)的碳排放为 51.37 kg CO_2-eq,产生 443.30 kW·h 的电力。该研究基准线为传统电力生产,中国电力生产平均碳排放因子为 0.754 kg CO_2-eq/(kW·h)(方恺等,2012),对于基准线来说,产生相同电力(443.30 kW·h)的碳排放为 334.25 kg CO_2-eq。那么,每生产 1 kW·h 电力的碳减排率为0.54 kg CO_2-eq,每利用 1 kg 林业剩余物生产固体成型燃料发电的碳减排率为 0.28 kg CO_2-eq。

二、2015 年林业剩余物能源化利用量及其碳减排潜力

根据生态学原理,应保留部分林业剩余物以维持土壤的有机组成并防止土壤侵蚀。同时,其分布密度须足够大以便实现有效运输,有较好可获得性才能收集。Fu 等(2020) 通过梳理前人文献综述(潘小苏,2014;Gao 等, 2016)并进行实地调研,评估了各类林业剩余物的可收集系数在 0.20～0.67(表 13-5)。2013—2015 年年均可被收集用于生产生物质能源的林业剩余物产量为 8 396 万 t(加权平均可收集系数为 33.45%),换算为低位热值是 1 566.2 PJ(表 15-1),约为 2016 年中国年度总能耗的 1.23%。

表 15-1　2013—2015 年中国可收集的林业剩余物年均产量及其热值

剩余物类型	可收集量/Mt	低位热值/PJ
林木苗圃剩余物	10.13	188.42
林木修枝剩余物	36.68	682.25
木材采伐剩余物	9.95	185.07
木材造材剩余物	11.26	209.44
木材加工剩余物	6.15	119.93
竹材加工剩余物	3.87	68.39
废旧木材	4.98	97.11
废旧竹材	0.18	3.51
香蕉和菠萝残体	0.76	11.08
总计	83.96	1 566.20

林业剩余物主要可用于肥料、饲料和能源及其他工业产品(段新芳等,2017),但目前无法获得林业剩余物利用现状的具体比例数据。假定在 2013—2015 年年均可收集的林业剩余物(8 396 万 t)中,可能源化利用比例为 30%(占总资源量的 10.04%),即 25.19 万 t 适宜于生产成型燃料。

根据前文确定的林业剩余物生产固体成型燃料的碳减排率,2015 年林业剩余物能源化利用的碳减排潜力为 629.18 万 t CO_2-eq。各省份林业剩余物能源化利用的碳减排潜力范围在 0.43 万～82.66 万 t CO_2-eq(表 15-2)。广西碳减排潜力最高,为 82.66 万 t CO_2-eq,占全国的 13.14%。其次,云南、福建和广东的林业剩余物可能源化利用的碳减排潜力 43.32 万～48.90 万 t CO_2-eq,占全国总量比例为 6.88%～7.77%。而上海、天津、青海、北京和西藏的潜力较低,范围为 0.43 万～2.79 万 t CO_2-eq,其合计仅占全国总量的 1.31%。

表 15-2　2015 年中国各地区和省份林业剩余物能源化利用减排潜力

地区和省份	碳减排潜力		地区和省份	碳减排潜力		地区和省份	碳减排潜力	
	/万 t CO_2-eq	/%		/万 t CO_2-eq	/%		/万 t CO_2-eq	/%
华北	48.55	7.72	浙江	27.56	4.38	西南	97.90	15.56
北京	2.67	0.42	安徽	23.39	3.72	重庆	8.68	1.38
天津	0.95	0.15	福建	44.50	7.07	四川	25.17	4.00
河北	20.30	3.23	江西	30.71	4.88	贵州	12.36	1.96
山西	11.22	1.78	山东	27.90	4.44	云南	48.90	7.77
内蒙古	13.41	2.13	中南	210.08	33.39	西藏	2.79	0.44
东北	51.70	8.22	河南	17.35	2.76	西北	55.83	8.87
辽宁	23.96	3.81	湖北	18.98	3.02	陕西	26.04	4.14
吉林	12.37	1.97	湖南	32.18	5.11	甘肃	12.75	2.03
黑龙江	15.36	2.44	广东	43.32	6.88	青海	1.44	0.23
华东	165.13	26.25	广西	82.66	13.14	宁夏	3.64	0.58
上海	0.43	0.07	海南	15.60	2.48	新疆	11.97	1.90
江苏	10.64	1.69				全国	629.18	100.00

注:比例,每省份或地区的量占全国(总计)的百分比。

全国6个地区林业剩余物能源化利用的碳减排潜力范围为48.55万～210.08万t CO_2-eq(表15-2)，中南、华东和西南地区的碳减排潜力均高于华北、东北和西北地区。在华北地区，河北林业剩余物能源化利用的碳减排潜力最大，为20.30万t CO_2-eq，占该地区总量的41.81%。在东北地区，辽宁、吉林和黑龙江碳减排潜力差异不大，范围为12.37万～23.96万t CO_2-eq。在华东地区，福建碳减排潜力最大，为44.50万t CO_2-eq，占该地区总量的26.95%。在中南地区，广西和广东林业剩余物能源化利用的碳减排潜力分别为82.66万t和43.32万t CO_2-eq，其合计占该地区总量的59.97%。西南地区中，云南林业剩余物能源化利用碳减排潜力最高，为48.90万t CO_2-eq，占该地区总量的49.95%。在西北地区，陕西林业剩余物能源化利用的碳减排潜力最大，为26.04万t CO_2-eq，占该地区总量的46.64%。

三、2030年林业剩余物能源化利用量及其碳减排潜力预测

根据对生物质资源量及其利用比例的预测，中国2030年林业剩余物的资源量将达到3.16亿t。在基准情景中，2030年林业剩余物能源化利用的比例将较2015年增长14.22%，达到10.45%(表15-3)；而在新政策情景中，这一增长率将达到15.58%，并且假设由于新政策的鼓励，未收集的林业剩余物中有10%可用于能源化生产；在强化减排情景中，能源化利用增长率为50.82%，并且假设有20%未收集的林业剩余物用于能源化利用；在竞争性利用情景中，能源化利用率将较当前增长8.56%，同时假设有5%的未收集林业剩余物用于生产成型燃料。

根据以上所提出的4种情景，2030年林业剩余物能源化利用的碳减排潜力在1 518万～4 514万t(表15-3)。在基准情景下，通过生产成型燃料，2030年林业剩余物能源化利用的减排潜力为1 518万t CO_2-eq。新政策情景和竞争性利用情景碳减排潜力相似，分别可达到2 834万t CO_2-eq和2 098万t CO_2-eq。在强化减排情景下，碳减排潜力较前面两种情景有大幅度的增加，碳减排潜力为4 514万t CO_2-eq。

表15-3 2030年中国林业剩余物能源化利用比例及碳减排潜力预测

情景	可能源化利用潜力比例/%	碳减排潜力/万t CO_2-eq
基准情景	10.45	1 518
新政策情景	19.52	2 834
强化减排情景	31.09	4 514
竞争性利用情景	14.45	2 098

第十六章

林业剩余物管理及其能源化利用政策现状与建议

内容提要

本章系统梳理了近年来国内外林业生物质能源发展情况和有关政策现状。研究表明,各国均普遍重视生物质能源产业发展,相应制定了系统的支持政策。中国林业剩余物资源丰富,生物质能资源潜力巨大,从2006年开始发布了一系列有关林业生物质能源发展的支持政策、规划和实施方案,特别是林业资源丰富的黑龙江、吉林和江苏等省份也制定了适合本地区的激励政策和发展规划,进一步促进林业剩余物资源化的科学利用。在此基础上,本书建议健全法律制度和政策支持,完善国家补贴制度和产业融资机制,促进研发回收利用创新体系,促进产业发展,为林业剩余物管理及其能源化利用提供参考。

一、国外政策概况

欧洲各国一直重视生物质能产业发展，制定了系统的支持政策。挪威石油与能源部、农业与粮食部和环境部共同负责制定生物质能源政策，颁布了《气候变化和环境》和《生物质能计划》等文件。2003年制定的《生物质能计划》主要支持生物质试点项目和能源设施建设，鼓励林场主和农民更多地利用生物燃料或热力形式的生物质能源，或者参与生物质能源生产和运输活动，减少农村地区使用化石燃料，降低CO_2等温室气体的排放，促进农村地区能源供给多元化以及农村地区经济的可持续发展(Ministry of Agriculture and Food, 2007；吴肖梦，2014)。根据挪威政府2004年颁布的《林业补助规定》有关条款，收集生物质原料可以得到补贴，包括清除森林残留物、预间伐、采伐阔叶树、抚育幼龄林、营造人文景观林以及伐道清理(Rørstad, 2009)。该规定补贴资金则来至自国家预算拨款，2010年生产的固体燃料已经可以满足4万个家庭的燃烧供暖需求。波兰国家能源署建议开发利用腐烂树木及木材加工剩余物生产生物质能源的技术(霍丽丽等，2013)。在德国，虽然2014年修订的《可再生能源法案》削减了对可再生能源生产的补贴，但是对于使用林业剩余物能源的工厂仍继续给予标准补贴(EEG, 2014)。希腊政府对于使用农林剩余物发电的工厂给予最低200欧元/(MW·h)的补贴，鼓励包括薪材、木材修枝剩余物和木材加工剩余物的能源化利用(Psomopoulos *et al.*, 2008)。奥地利于2012年颁布的《绿色电力法案》也鼓励利用农林剩余物为原料进行发电(BMWFJ, 2012)。在签署《巴黎协议》后，欧洲各国又发布了一系列清洁能源发展的政策，完善了可再生能源指令(RES Directive)和能源效率指令。

在亚洲，20世纪80年代泰国、印度、韩国和菲律宾等国已建设了不少生物质固化和碳化专业生产厂，并研制出相关的燃烧设备(张百良等，2005)。在20世纪50年代日本研制出棒状燃料成型机及相关的燃烧设备(赵迎芳等，2008)，2012年日本农林业与渔业部列出的13类生物质原料类型包括木材废弃物。生物质发电原料大部分是来源于木材加工剩余物，农林业与渔业部高级顾问Takashi Shinohmra于2011年8月13日在讲话中指出“废弃木片”被用于发电是可行的，可以使森林采伐量大幅度下降(Yamaguchi *et al.*, 2014)。

二、中国国家和各省份管理政策

(一)国家管理政策

中国林业剩余物资源丰富，且呈增长趋势。根据2014年公布的第八次森林资源清查结果，2009—2013年间，全国森林面积为2.08亿hm^2。而且，根据国家森林规划，到2050年森林面积将达到2.62亿hm^2(蒲刚清,2016)。目前,林业剩余物能源化产业处于发展初期,政策因素影响很大,无论是强制性还是激励性的政策都起着重要的推动和引导作用。国家从2006年开始发布了一系列林业生物质能源专门的鼓励政策、规划和实施方案(表16-1)。

表16-1 2005—2017年国务院和部委发布的林业剩余物管理政策

发布机关	文号/年份	文件名称
国务院	国发〔2005〕41号	国务院批转国家林业局关于各地区"十一五"期间年森林采伐限额审核意见的通知
国家林业局	林计发〔2006〕56号	林业发展"十一五"和中长期规划
国家林业局、国家发改委、财政部、商务部、国家税务总局	林计发〔2009〕253号	林业产业振兴规划(2010—2012年)
国家林业局	2011年	森林采伐更新管理办法
科学技术部	2012年	关于公开征求生物种业科技发展等14个"十二五"专项规划(征求意见稿)意见的通知
国家林业局	林规发〔2013〕86号	全国林业生物质能源发展规划(2011—2020年)
国家林业局	2016年	林业发展"十三五"规划
中共中央、国务院	2017年	国家生态文明试验区(江西)实施方案,国家生态文明试验区(贵州)实施方案

2006年国家林业局颁布的《林业发展"十一五"和中长期规划》指出,在"十一五"期间需要调整和完善的政策重点之一是争取林业税费扶持政策,协调对使用木材"三剩物"和次小薪材为原料生产的产品实行增值税即征即退优惠政策。2007年8月和2008年3月国家发改委分别发布了《可再生能源中长期发展规划的通知》和《可再生能源发展"十一五"规划》文件,文件指出中国生物质能资源潜力巨大,林业生物质发电是生物质能规划布局和重点之一,在重点林区鼓励充分利用林业剩余物进行发电。国务院在关于印发《"十二五"国家战略性新兴产业发展规划的通知》明确提出,要重点发展资源循环利用产业和生物质能产业,其中农林废弃物高效利用技术开发是发展资源循环利用产业的重大行动之一,要求完善能源化利用农林废弃物的激励政策及市场流通机制。

"十二五"期间国家继续重视林业生物质能源发展。2012年科学技术部发布的《关于公开征求生物种业科技发展等14个"十二五"专项规划(征求意见稿)意见的通知》中,指出了生物质能源科技发展主要任务是成型燃料标准化成套化生产与应用装备开发,支持开发以林业剩余物为原料的新型高效低能耗生物质固体成型设备,研发适宜生物质固体成型燃料特性的高效抗结渣燃烧装置,建设适应北方和南方区域特点的生产和应用示范工程。2013年国务院发布的《可再生能源发展"十二五"规划》指出,生物质能建设重点是优化布局,在重点林区,结合林业生态建设,利用采伐剩余物、造材剩余物、加工剩余物和抚育间伐剩余物及速生林资源,有序发展林业生物质直燃发电。同年,国家林业局发布了《全国林业生物质能源发展规划(2011—2020年)》,加强开发利用林业剩余物发电、生产生物柴油、燃料乙醇及生产成型燃料。2011—2014年财政部制定了给予生产成型燃料企业补贴140元/t,促进了成型燃料行业快速发展。

到“十三五”期间林业生物质能源进入稳步发展阶段。2016 年由中共中央和国务院发布的《国家生态文明试验区(贵州)实施方案》中，明确提出在贵州建立林业剩余物综合利用示范机制，推动林业剩余物生产气、热、电联产技术应用。2017 年国家能源局印发了《关于可再生能源发展“十三五”规划实施指导意见》和《生物质发电“十三五”规划布局方案》，将林业生物质能列入重点能源结构规划中。

(二)各省份管理政策

为了促进林业剩余物资源的科学利用，林业资源丰富的省份制定了适合本地区的激励政策和发展规划。2010 年黑龙江《黑龙江省新能源和可再生能源产业发展规划(2010—2020 年)》中指出，黑龙江是林业大省，林业生物质潜在利用量为 960 万 t，发展潜力巨大。湖南的《湖南省循环经济发展战略及近期行动计划的通知》指出，应推进林业剩余物的资源化利用，推进与养殖业、种植业的生态链接，到 2015 年，林业剩余物综合利用率达 85%以上。吉林颁布《关于吉林省发展生物质经济实施方案的通知》指出，应利用吉林省丰富的林业剩余物资源生产固体成型燃料来替代燃煤。2014 年江苏颁布了《江苏省财政厅关于做好 2014 年中央财政林业科技推广示范项目申报工作的通知》，明确将生物质能源类项目作为省财政支持的重点项目，包含林业生物质能源树种培育及林业剩余物加工利用技术，重点推广林业剩余物等生物质气化、液化、固化成型及气热电联产的产业化发展。

三、存在问题与管理政策建议

(一)健全法律制度和政策支持

在国家出台的相关法律和条例的基础上，加强立法创新，健全林业剩余物生产生物质能源方面的法律法规制度，规范对林业剩余物的收集和利用机制。制定完善有关生物质能源开发利用的政策和法规，促进生物质能源的开发利用和产业发展。加强政府监督，防止土地使用、原料使用等方面的恶性竞争。

(二)完善国家补贴制度和产业融资机制

国家补贴对产业初期发展非常重要，应重点考虑几个方面。对林业剩余物的收集运输和购买生物质成型燃料生产设备的个体经营者给予一次性补贴；对林业生物质能源的使用者给予一定的补贴以鼓励消费。减免生物质能源产品的税收，提高产品的市场竞争力，促进林业循环经济的稳定发展。鼓励金融部门加大支持力度，建议国家成立专项基金，对开发利用林业生物质能源实行贷款财政贴息，鼓励国有企业和民营资本进入林业生物质能源领域，在投资、价格和税收等方面支持骨干企业发展。同时，还应建立科学合理的运行机制，按照“谁投资、谁受益”的市场化原则，采取林区投资和招商引资的办法解决资金问题（赵海燕，2014）。

（三）促进研发回收利用创新体系

国家按林地给予的清林补助100元/亩，通过清林抚育提高森林生产力；可是清林抚育也产生了大量林业枝杈丢弃于林间，既浪费资源又成为森林火灾和林业病虫害的隐患。尽管如此，由于利益驱动力不高，所以各地对清林抚育工作的积极性不高。因此，建立林业剩余物收集、运输和加工的激励机制，既能促进清林抚育工作，消除隐患，还有利于发展生物质能源产业。

部分林业剩余物来自抚育地块、林地周围、农户或者园林绿化场地，原料高度分散，能量密度极低，收取工作季节性强；而另一部分如木材加工剩余物主要产自木材加工厂，其可收集性相对地高。因此，要结合原料的产出特中解决原料收集、储藏和运输的问题，可以依托地方政府、局、林场（所）的统筹安排，研究构建林业剩余物的收集、储存、运输管理政策和机制，保证原料数量和质量，各地方政府可以通过推广“林场＋经纪人＋企业、林场＋企业”等各具特色的分散化经营模式来促进林业剩余物原料的高效收集（姜洋，2010）。

孙国吉等（2007）认为废旧木材与废旧竹材相较其他类型林业剩余物更容易回收利用，建议应纳入国家资源节约政策法规之中，制定国家废旧木材和废旧竹材回收利用标准规范，规范废旧木材回收、分拣、运输、储存、加工利用等市场行为。在部分地区开展废旧木材回收利用试点，实施废旧木材和废旧竹材回收利用示范工程。重点做好建筑木料、废旧木家具、一次性木制品和木制包装物的回收使用和再生利用。

目前亟须制修订林业剩余物能源化资源收集的管理标准，包括收集、运送、粉碎和制作过程规范和园林废弃物加工产品标准。规范林业剩余物回收、分拣、运输、储存、加工利用等市场行为（段新芳等，2017）。

林业生物质能循环利用技术研究应以开发分布式电力系统和液体燃料为主要发展方向，重点开展直燃发电、气化发电和热电联产技术、林木生物质固体成型技术、木质纤维素制取燃料乙醇技术、木本油料生产生物柴油技术、气化合成及直接液化技术、气化燃料电池技术等研究和应用推广，构建先进水平的林业生物质洁净转化与高端利用一体化系统，促进林业生物质能源产业化发展。

参考文献

蔡飞，张兰，张彩虹．我国林木生物质能源资源潜力与可利用性探析[J]．北京林业大学学报(社会科学版)，2012(4)：103-107．

段新芳，周泽峰，徐金梅，等．我国林业剩余物资源、利用现状及建议[J]．中国人造板，2017，24(11)：141-148．

方恺，朱晓娟，高凯，等．全球电力碳足迹及其当量因子测算[J]．生态学杂志，2012，31(12)：3160-3166．

傅童成，包维卿，谢光辉．林业剩余物资源量评估方法[J]．生物工程学报，2018a(9)：1500-1599．

傅童成，王红彦，谢光辉．林业剩余物资源量评估所用系数的定义和取值[J]，生物工程学报，2018b(10)：1693-1705．

国家林业局．林业发展"十二五"规划［EB/OL］．(2018-12-27) http：//www.forestry.gov.cn/main/4818/content- 797384.html．2011．

国家林业局．林业发展"十一五"和中长期规划［EB/OL］．(2018-12-27) http：//www.forestry.gov.cn/main/4818/content-797101.html．2006．

霍丽丽，姚宗路，田宜水，等．波兰生物质成型燃料的发展及借鉴[J]．可再生能源，2013(12)：130-141．

贾治邦，等．全国森林资源统计—第七次全国森林资源清查[M]．北京：中国林业出版社，2010．

姜洋．黑龙江省国有林区生物质能源发展战略研究[D]．哈尔滨：东北林业大学，2010．

刘刚，沈镭．中国生物质能源的定量评价及其地理分布[J]．自然资源学报，2007(1)：9-19．

刘荆北．林业发展管理实务：上册．[M]．北京：新华出版社，2004．

刘一星，赵广杰．木材学[M]．北京：中国林业出版社，2012．

潘小苏．林木生物质能源资源潜力评估研究[D]．北京：北京林业大学，2014．

蒲刚清．森林生物质生态潜力与能源潜力研究与评价[D]．重庆：重庆理工大学，2016．

石元春．决胜生物质[M]．北京：中国农业出版社，2011．

孙国吉，张序国，杨长聚．关于我国废旧木竹材综合利用的对策与建议[J]．林业经济，2007(10)：14-17．

腾贵波．辽东山区不同季节林木采伐对林道影响的调研报告[J]．农业开发与设备，2016(12)：50-58．

王红彦，左旭，王道龙，等 中国林业木剩余物数量估算[J]. 中南林业科技大学学报，2017(2)：29-43.
王恺，王长富，奠若行，等. 中国农业百科全书森林工业卷[M]. 北京：中国农业出版社，1993.
吴肖梦，谢屹，卫望玺，等. 挪威林业生物质能源产业发展现状与启示[J]. 北京林业研究，2014，27(3)：77-81.
谢光辉，傅童成，马履一，等. 林业剩余物的定义和分类述评[J]. 中国农业大学学报，2018(7)：141-149.
张百良，樊峰鸣，李保谦，等. 生物质成型燃料技术及产业化前景分析[J]. 河南农业大学学报，2005，39(1)：111-115.
张卫东，张兰，张彩虹，等. 我国林木生物质能源资源分类及总量估算[J]. 北京林业大学学报(社会科学版)，2015(2)：52-55.
张希良，吕文. 中国森林能源[M]. 北京：中国农业出版社，2008.
赵晨，刘振英，欧阳君祥，等."十二五"期间年森林采伐限额编制[J]. 林业资源管理，2012(1)：22-25.
赵海燕. 山西省国有林区生物质能源及其产业发展探索[D]. 晋中：山西农业大学，2014.
赵迎芳，梁晓辉，徐桂转，等. 生物质成型燃料热水锅炉的设计与试验研究[J]. 河南农业大学学报，2008(1)：108-111.
周媛. 基于采伐剩余物的生物质固体燃料利用评价[D]. 福州：福建农林大学，2016.
Erneuerbare-Energien-Gesetz(EEG). The renewable energy sources act 2014 [EB/OL].(2019-2-27) https://www.bmwi.de/Redaktion/EN/Downloads/renewable-energy-sources-act-eeg-2014.pdf?__blob=publicationFile&v=1. 2014.
Federal Ministry for Economy, Family and Youth(BMWFJ). Green Electricity Act [EB/OL].(2019-2-27) https://www.iea.org/policiesandmeasures/pams/austria/name-30074-en.php. 2012.
Fu T, Ke J H, Zhou S L, Xie G H. Estimation of the quantity and availability of forestry residue for bioenergy production in China[J]. Resources, Conservation and Recycling, 2020, 162:1-9.
Gao J, Zhang A, Lam S K, *et al*. An integrated assessment of the potential of agricultural and forestry residues for energy production in China[J]. GCB Bioenergy, 2016, 8(5):880-893.
Ministry of Agriculture and Food. Norwegian forests policy and resources [R/OL].(2018-06-20) https://www.regjeringen.no/en/dokumenter/norwegian-forests-policy-and-resources/id491263/. 2007.
Psomopoulos C S, Batakis A, Daskalakis J. Residue derived fuels production in greece: an alternative fuel for the power generation sector based in EU and international experience [EB/OL].(2019-2-27). https://www.researchgate.net/publication/249993919_Residue_Derived_Fuels_Production_in_Greece_An_Alternative_Fuel_for_the_Power_Generation_Sector_based_in_EU_and_International_Experience 2008.
Rørstad P K. National incentives and other legal framework promoting the use of bioenergy in Norway [R/OL].(2018-03-22) http://siteresources.worldbank.org/INTLAWJUSTINST/Resources/LegalEmpowerentofthePoor.pdf. 2009.
Yamaguchi R, Aruga K, Nagasaki M. Estimating the annual supply potential and availability of timber and logging residue using forest management records of the Tochigi prefecture, Japan[J]. Journal of Forest Research, 2014, 19(1):12.

第四部分
畜禽粪便

第十七章

畜禽粪便的概念及其资源量研究方法

内容提要

本章首先明确了畜禽粪便的定义及其计算相关系数的定义，确定了不同动物种类年出栏量、年末存栏量和常年存栏量的具体选择，总结并改进了畜禽粪便资源量的计算方法，强调了含水率，加入了规模化系数。确定了各类畜禽的排泄系数、年饲养周期、粪便含水率、养殖规模化系数的合理取值。对猪、牛(包括役用牛、肉牛和奶牛)、禽类(包括肉鸡、蛋鸡、鸭和鹅)的排泄系数，按照六大行政区分别进行了取值；对羊、马、驴、骡、骆驼和兔的排泄系数给出了全国平均取值。其中，猪的排泄系数在3.14～3.65 kg/d，肉牛的排泄系数在20.42～22.67 kg/d，羊的排泄系数为2.25 kg/d，肉鸡和蛋鸡的排泄系数则分别在0.06～0.18 kg/d和0.09～0.16 kg/d。确定了猪的年饲养周期为179 d，兔的年饲养周期为147 d，肉鸡、鸭和鹅的年饲养周期分别为59、108和80 d，而役用牛、肉牛、奶牛、羊、马、驴、骡、骆驼以及蛋鸡的年饲养周期为365 d。各类畜禽粪便的含水率在51.0%～84.2%，其中鸭粪便含水率最低(51.0%)，猪粪便含水率最高(84.2%)。2015—2016年肉牛、奶牛、蛋鸡和肉鸡的平均养殖规模化系数在28.1%～74.1%。

一、畜禽粪便定义和分类

在国家标准《畜禽养殖废弃物管理术语》(GB/T 25171—2010)中，畜禽粪便指畜禽的粪、尿排泄物。根据谢光辉等(2018)定义，畜禽粪便的狭义概念为畜禽的粪和尿的总称，广义定义为畜禽排出的粪和尿为主，以及混合在其中的圈舍垫料、散落的饲料和羽毛等废弃物的总称，因此，其准确的术语为“畜禽粪便和圈舍废弃物”，根据约定俗成的用法简称“畜禽粪便”。对于定义有以下几点需要特殊说明。

(1)为了准确表达，本研究把不含尿的粪便称为“粪”，把不含粪的粪便称为“尿”。

(2)即使是广义的畜禽粪便，也不包括养殖场水冲清理圈舍废弃物增加的水。

(3)由于养殖中散落的饲料、羽毛和垫料都很少，可以忽略不计。也就是说，仍按狭义的定义来评估计算畜禽粪便产量。

本研究根据国家相关年鉴包含的所有畜禽种类，将其粪便分为牛粪便(包括役用牛、肉牛和奶牛粪便)、羊粪便、猪粪便、家禽粪便(包括肉鸡、蛋鸡、鸭和鹅粪便)和其他畜类粪便(马、驴、骡、骆驼和兔粪便)。

二、畜禽粪便产量的评估方法

(一)产量评估公式

畜禽粪便资源量按役用牛、肉牛、奶牛、羊、猪、肉鸡、蛋鸡、鸭、鹅、马、驴、骡、骆驼和兔共14种，由年出栏量或年末存栏量等饲养量统计数据，以及年饲养周期、排泄系数、含水量和养殖规模等相关系数相乘获得畜禽粪便的产量，谢光辉等(2018)总结并完善了常见的畜禽粪便产量计算公式如下。

$$Y_{\mathrm{f}} = \sum_{i}^{n} Q_i \times R_i \times T_i \times 10^{-3} \tag{17-1}$$

$$Y_{\mathrm{d}} = \sum_{i}^{n} Q_i \times R_i \times T_i \times (100 - M_i) \times 10^{-5} \tag{17-2}$$

$$Y_{\mathrm{cf}} = \sum_{i}^{n} Q_i \times R_i \times T_i \times C_i \times 10^{-5} \tag{17-3}$$

$$Y_{\mathrm{cd}} = \sum_{i}^{n} Q_i \times R_i \times T_i \times C_i \times (100 - M_i) \times 10^{-7} \tag{17-4}$$

$$Y_{\mathrm{f}} = \sum_{i}^{n} Q_i \times R_i \times 365 \times 10^{-3} \tag{17-5}$$

$$Y_{\mathrm{cd}} = \sum_{i}^{n} Q_i \times R_i \times 365 \times C_i \times (100 - M_i) \times 10^{-7} \tag{17-6}$$

式中：C_i为第 i 种畜禽养殖规模系数(%)；

i 为第 i 种畜禽；

M_i为第 i 种畜禽粪便的含水率(%)；

n 为畜禽种类的数量；

Q_i为第 i 种畜禽的饲养量(头或羽)。

对于公式(17-1)至公式(17-4)，年饲养周期小于 365 d 的畜禽采用年出栏量，等于365 d 的畜禽采用年末存栏量。

对于公式(17-5)和公式(17-6)适用常年存栏量。

参见表 17-1；

R_i为第 i 种畜禽排泄系数(kg/d)；

T_i为第 i 种畜禽年饲养周期(也有研究称养殖周期，饲养期或饲养周期，d)；

Y_{cd}为规模化养殖的畜禽粪便干重产量(t/年)；

Y_{cf}为规模化养殖的畜禽粪便鲜重产量(t/年)；

Y_d为畜禽粪便干重产量(t/年)；

Y_f为畜禽粪便鲜重产量(t/年)。

(二)饲养量数据获得和指标选择

1. 饲养量数据的获得

通过查阅统计数据获得饲养量。在《中国畜牧兽医年鉴》(中国畜牧兽医年鉴编辑部，2015)《中国农业年鉴》(中国农业年鉴编辑委员会，2015)与《中国农村统计年鉴》(国家统计局农村社会经济调查司，2015)中能查阅到全国和各省份年畜禽年出栏数和年末存栏数，对肉鸡、蛋鸡、鸭、鹅的生产数据需要从行业协会或地方年鉴获得相关生产统计数据，或向行政主管部门申请信息公开。

2. 饲养量指标选择

在应用饲养量数据时，对于饲养周期大于 365 d 的畜禽应用其年末存栏量，对于饲养周期少于 365 d 的畜禽应用其年出栏量。根据谢光辉等(2018)报道，不同的畜禽种类选择不同的饲养量指标见表 17-1。

表 17-1　用于畜禽粪便研究的养殖生产指标选择

生产指标	牛			羊	猪	家禽				其他畜类				
	役用牛	肉牛	奶牛	羊	猪	肉鸡	蛋鸡	鸭	鹅	马	驴	骡	骆驼	兔
年出栏量						√		√	√					√
年末存栏量	√		√				√			√	√	√	√	
常年存栏量		√		√	√									

注：1. √，本研究确定选择的生产指标。
　2. 资料来源谢光辉等(2018)。

(三)相关系数的定义

1. 排泄系数

畜禽粪便排泄系数的定义为在正常生产条件下,畜禽在一年或一年内一个年饲养周期内,平均每头(或羽)畜禽每天排泄的粪和尿的量。产污系数的概念和排泄系数的内涵是一致的,分别属于基于环境污染和畜禽生产管理两个角度的相同概念。

2. 年饲养周期

年饲养周期指某一畜禽在1年内的1个饲养周期的平均天数,包括1批出栏后必要的圈舍清洁和消毒所需要的天数。饲养周期大于或等于1年的畜禽的年饲养周期计为365 d。

3. 含水率

畜禽粪便的含水率定义为在正常生产管理条件下,每头(羽)畜禽在其年饲养周期内所排泄出的粪和尿混合物中水分的平均质量分数,属于相对含水率。

4. 养殖规模系数

养殖规模系数指在一定的区域内规模化养殖量占总养殖量的百分比。目前各种畜禽生产数据统计范围都是全社会的养殖量,包括各种合作经济组织和国有农场、农民个人、机关、团体、学校、工矿企业、部队等单位以及城镇居民饲养畜禽的数量。但是,由于散养管理的随意性较大,导致畜禽粪便排泄系数差异很大,并且畜禽粪便资源分散而不利于收集与利用,只有规模化养殖场产生的畜禽粪便适宜于收集与利用。

(四)相关系数的取值

1. 对排泄系数取值

包维卿等(2018a)总结了前人关于畜禽粪便排泄系数的研究结果,在此基础之上,综合考虑了不同地区间的差异以及种群结构对排泄系数的影响,确定了猪、役用牛、肉牛、奶牛、肉鸡、蛋鸡、鸭和鹅在六大行政区的取值(表17-2),对其余畜禽种类按全国给出了平均取值(表17-3)。

表17-2 中国不同地区的猪、役用牛、肉牛、奶牛、肉鸡、蛋鸡、鸭和鹅的粪便排泄系数取值 kg/d

畜禽种类	华北	东北	华东	中南	西南	西北
猪	3.48	3.51	3.65	3.24	3.29	3.14
役用牛	23.02	22.90	21.90	27.63	21.90	17.00
肉牛	22.10	22.67	20.75	22.40	20.42	20.42
奶牛	37.99	39.44	40.09	39.46	38.11	26.35
肉鸡	0.12	0.18	0.18	0.06	0.07	0.18
蛋鸡	0.16	0.09	0.14	0.12	0.14	0.09
鸭	0.12	0.18	0.19	0.06	0.07	0.18
鹅	0.12	0.18	0.19	0.06	0.07	0.18

资料来源:包维卿等(2018a)。

表 17-3　中国羊、马、驴、骡、骆驼和兔粪便的排泄系数取值　kg/d

畜禽种类	羊	马	驴	骡	骆驼	兔
取值	2.25	16.16	13.90	13.90	17.00	0.37

资料来源：包维卿等(2018a)。

2. 对年饲养周期、粪便含水率和养殖规模化系数的取值

包维卿等(2018b)总结了前人研究结果，系统地分析不同饲养时期与用途的畜禽种类，结合生产实际，确定了各类畜禽准确的年饲养周期、畜禽粪便的含水率和主要畜禽的规模化养殖系数(表 17-4)。

表 17-4　饲养周期、粪便含水率和养殖规模化系数的取值

畜禽种类		年饲养周期/d	粪便含水率/%	规模化系数/%
牛	役用牛	365	81.2	
	肉牛	365	81.0	28.1
	奶牛	365	81.3	48.3
禽类	肉鸡	59	52.3	74.1
	蛋鸡	365	52.3	69.2
	鸭	108	51.0	
	鹅	80	61.7	
猪		179	84.2	42.6
羊		365	61.1	35.5
其他畜类	马	365	75.1	
	驴	365	71.4	
	骡	365	72.1	
	骆驼	365		
	兔	147	76.7	

资料来源：包维卿等(2018b)。

第十八章

畜禽粪便产量及能源化利用潜力

本章研究了2007—2015年间畜禽粪便产量分布及其可用于沼气生产的资源量动态，预测了2030年的畜禽粪便产沼气潜力。结果表明，畜禽粪便产量由2007年的3.67亿t(或鲜重15.63亿t)增长到2015年的4.18亿t(或鲜重17.55亿t)。2013—2015年，中国畜禽粪便干重年平均产量为4.15亿t，其中，牛粪便占据三分之一(35.8%)，猪、羊、禽占比相近，在19.00%～19.34%。各省份的畜禽粪便产量变化范围在75万～4 240万t，山东、河南两省不仅资源总量最多，分布密度也最高。2015年，中国规模化养殖场中产生的畜禽粪便总量为1.42亿t，其沼气生产潜力可达606亿m^3，各省份中，山东规模化畜禽粪便产量水平最高，为1 679万t，沼气潜力为70.8亿m^3，分别占全国总量的11.87%和11.69%。根据2007—2015年畜禽粪便增长趋势以及政府规划，本章对2030年畜禽粪便总产量以及规模化养殖系数进行情景分析，预测2030年规模化养殖场畜禽粪便干重将会达到2.01亿～2.59亿t，相应地，其产沼气潜力会达到900亿～1 110亿m^3。

一、2007—2015 年畜禽粪便产量变化

2007—2015 年期间，全国畜禽粪便产量整体上呈现增长趋势(图 18-1，图 18-2)，鲜重年产量从 15.63 亿 t 增加到 17.55 亿 t(图 18-1)，年均增长率为 1.5%。同期干重年产量从 3.67 亿 t 增加到 4.18 亿 t(图 18-2)，年均增长率为 1.6%。

这一期间不同种类畜禽粪便的比例变化范围较小(图 18-1，图 18-2)。以鲜重计，这 5 类畜禽粪便所占比重排序如下：牛粪便(44.2%～47.0%)＞猪粪便(25.0%～28.8%)＞羊粪便(11.4%～12.1%)＞禽类粪便(8.6%～9.9%)＞其他畜类粪便(5.9%～7.5%)(图 18-1)。若以干重计，牛粪便所占比例依然最大，为 35.4%～37.8%，其他畜类粪便所占比例最小，为 6.4%～8.3%。羊粪便(18.7%～20.0%)、禽类粪便(17.5%～20.0%)和猪粪便(16.9%～19.5%)所占比重居中(图 18-2)。

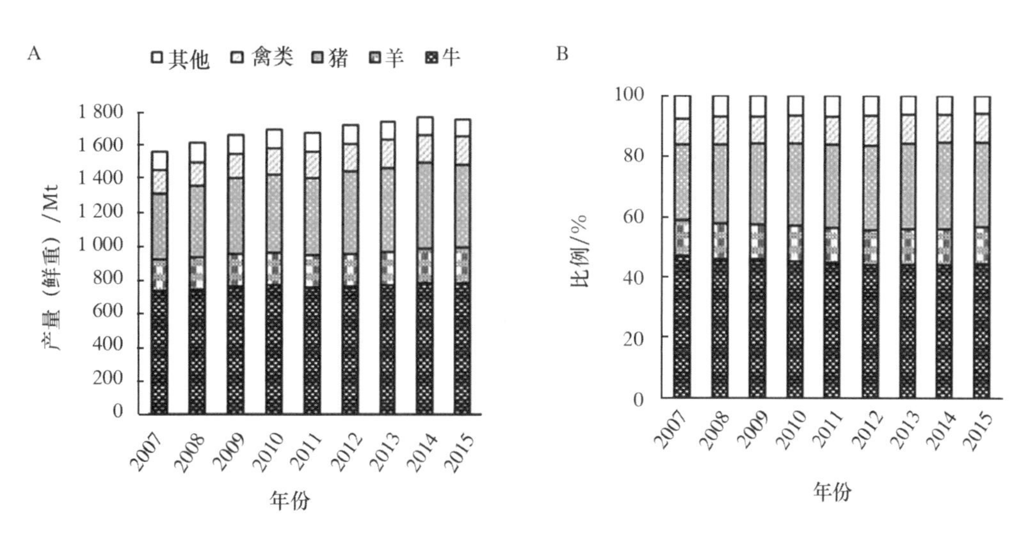

图 18-1　2007—2015 年中国各类畜禽粪便产量(鲜重)及其比例的变化

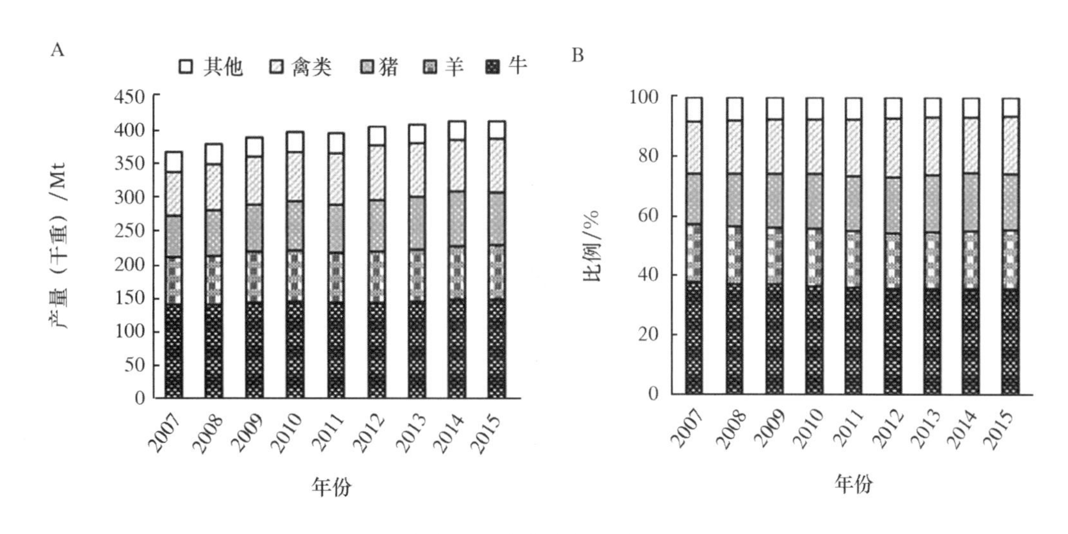

图 18-2　2007—2015 年中国各类畜禽粪便产量(干重)及其比例的变化

2013—2015 年，中国畜禽粪便干重年平均产量为 4.15 亿 t（表 18-1），其中牛粪便占 35.8%，羊粪便、禽类粪便和猪粪便分别占 19.3%、19.3%和 19.0%，其他畜类占 6.6%（表 18-2）。

二、2013—2015 年畜禽粪便年均产量及各省份分布

从全国范围来看，2013—2015 年期间畜禽粪便年平均总产量为 4.15 亿 t（表 18-1，表 18-2）。其中，牛粪便产量为 1.49 亿 t，占总产量的 35.80%；猪粪、羊粪、禽粪年产量非常相近，为 7 883 万～8 026 万 t，占比为 19.00%～19.34%；其他畜类粪便年均产量为 52 万～880 万 t，占比为 0.12%～2.12%。

畜禽粪便年均产量在 31 个省份变化范围为 75 万～4 240 万 t，可分为 4 组。第一组包括上海、北京、天津、海南、宁夏、浙江、青海和陕西，其畜禽粪便产量低于 500 万 t；第二组包括山西、重庆、西藏、福建、贵州、甘肃、江西、广东和吉林，产量在 500 万～1 300 万 t；第三组则由湖北、江苏、云南、湖南、安徽、黑龙江、广西、辽宁和新疆组成，畜禽粪便产量在 1 320 万～2 110 万 t；第四组的畜禽粪便产量最高达到 2 710 万～4 240 万 t，由河北、四川、内蒙古、河南和山东组成。

畜禽粪便年产量分布密度表示每个省份每单位行政面积上畜禽粪便分布的质量（图 18-3），总的来看，东部地区畜禽粪便分布密度较西部地区更高。分布密度最高的山东（275.7 t/km^2）是西藏（5.3 t/km^2）的 51.7 倍。山东、河南、河北、北京、天津、江苏和安徽等地处黄淮海平原的省份以及地处东北的辽宁省，畜禽粪便分布密度较高，这主要是由于这些省份人口稠密、经济发达，畜牧养殖业也较为繁荣。而西藏、青海、新疆、甘肃、陕西和内蒙古等地广人疏的西部省份，畜禽粪便分布密度则较东部地区低数倍。

同样，31 个省份的畜禽粪便分布密度也可以分为 4 组。第一组为西藏、青海、新疆、甘肃、陕西、内蒙古、山西、黑龙江和云南，密度分布在 5.3～38.7 t/km^2；第二组为浙江、宁夏、贵州、广东、福建、四川、江西和吉林，分布密度为 41.0～58.1 t/km^2；第三组是湖北、湖南、广西、海南、重庆、北京、安徽和上海，分布密度在 71.0～119.1 t/km^2；最后一组包括辽宁、江苏、河北、天津、河南和山东，分布密度在 131.7～275.7 t/km^2。

三、2013—2015 年畜禽粪便各地区分布

2013—2015 年期间中国 6 个地区畜禽粪便产量干重在 4 366 万～9 573 万 t（表 18-1），由低到高排序为西北<东北<西南<华北<中南<华东。

华北地区畜禽粪便干重年均产量为 6 775 万 t（表 18-1，表 18-2），羊、奶牛和肉牛粪便

(1 174 万～2 341 万 t)所占比例最高，占华北地区畜禽粪便总量的 70.7%。由于产量和各省份面积的差异，畜禽粪便分布密度则呈现不同的格局(图 18-3)，河北和天津(144.2～169.0 t/km²)的分布密度比其他省份高很多。

东北地区畜禽粪便干重年均产量为 4 800 万 t(表 18-1，表 18-2)。在各类畜禽中，肉牛和禽类所产生的粪便最多，分别为 1 410 万 t 和 1 104 万 t，其合计占该地区畜禽粪便总量的 52.4%。东北地区各省中，辽宁的畜禽粪便分布密度最高，达到了 131.7 t/km²(图 18-3)。

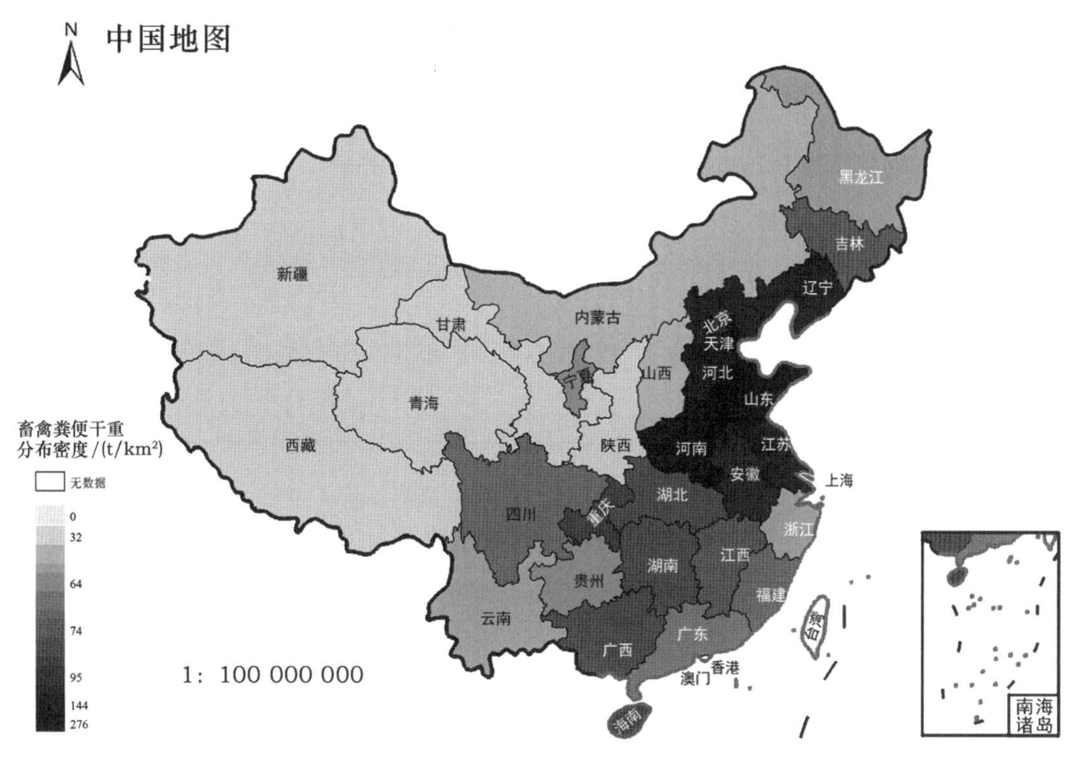

图 18-3　2013—2015 年中国畜禽粪便干重年均产量的分布密度

表 18-1　2013—2015 年中国各省份畜禽粪便产量(干重)及比例

省份	2013		2014		2015		平均	
	产量/Mt	比例/%	产量/Mt	比例/%	产量/Mt	比例/%	产量/Mt	比例/%
华北	66.78	16.23	68.47	16.45	67.99	16.29	67.75	16.33
北京	1.72	0.42	1.59	0.38	1.46	0.35	1.59	0.38
天津	1.89	0.46	1.93	0.46	1.90	0.46	1.91	0.46
河北	26.73	6.50	27.26	6.55	27.20	6.52	27.06	6.52
山西	4.95	1.20	5.12	1.23	5.12	1.23	5.06	1.22
内蒙古	31.49	7.65	32.56	7.83	32.31	7.74	32.12	7.74
东北	47.74	11.60	48.16	11.57	48.12	11.53	48.00	11.57
辽宁	19.17	4.66	19.32	4.64	19.18	4.60	19.22	4.63
吉林	12.76	3.10	12.71	3.06	12.80	3.07	12.76	3.07
黑龙江	15.81	3.84	16.12	3.87	16.14	3.87	16.02	3.86

续表 18-1

省份	2013		2014		2015		平均	
	产量/Mt	比例/%	产量/Mt	比例/%	产量/Mt	比例/%	产量/Mt	比例/%
华东	95.71	23.27	95.37	22.92	96.12	23.03	95.73	23.07
上海	0.80	0.20	0.76	0.18	0.69	0.17	0.75	0.18
江苏	14.20	3.45	13.87	3.33	13.56	3.25	13.87	3.34
浙江	4.77	1.16	4.22	1.01	3.56	0.85	4.18	1.01
安徽	15.35	3.73	15.53	3.73	15.74	3.77	15.54	3.75
福建	7.17	1.74	7.56	1.82	8.51	2.04	7.75	1.87
江西	11.00	2.67	11.35	2.73	11.37	2.72	11.24	2.71
山东	42.41	10.31	42.08	10.11	42.70	10.23	42.40	10.22
中南	92.14	22.40	92.42	22.21	92.02	22.05	92.19	22.22
河南	32.22	7.83	32.53	7.82	32.39	7.76	32.38	7.80
湖北	12.99	3.16	13.31	3.20	13.29	3.19	13.20	3.18
湖南	14.86	3.61	15.28	3.67	15.33	3.67	15.16	3.65
广东	11.80	2.87	11.39	2.74	11.24	2.69	11.48	2.77
广西	17.61	4.28	17.37	4.17	17.27	4.14	17.42	4.20
海南	2.66	0.65	2.54	0.61	2.50	0.60	2.57	0.62
西南	66.89	16.26	67.85	16.31	68.04	16.30	67.59	16.29
重庆	6.19	1.51	6.39	1.54	6.52	1.56	6.37	1.53
四川	30.51	7.42	30.97	7.44	30.88	7.40	30.79	7.42
贵州	9.02	2.19	9.11	2.19	9.05	2.17	9.06	2.18
云南	14.34	3.49	15.02	3.61	15.16	3.63	14.84	3.58
西藏	6.83	1.66	6.36	1.53	6.43	1.54	6.54	1.58
西北	42.11	10.24	43.86	10.54	45.02	10.79	43.66	10.52
陕西	4.80	1.17	4.91	1.18	4.94	1.18	4.88	1.18
甘肃	9.29	2.26	9.69	2.33	10.07	2.41	9.69	2.33
青海	4.51	1.10	4.57	1.10	4.67	1.12	4.58	1.10
宁夏	3.31	0.80	3.42	0.82	3.51	0.84	3.41	0.82
新疆	20.19	4.91	21.27	5.11	21.83	5.23	21.10	5.08
总计	411.37	100	416.11	100	417.32	100	414.93	100

华东地区畜禽粪便干重年均产量为 9 573 万 t，为全国最高（表 18-1，表 18-2）。各类畜禽中，本地区以猪粪便产量最高，达到 2 116 万 t(22.1%)。其次，肉鸡、蛋鸡和鸭粪便产量在 1 073 万～1 154 万 t，合计占该地区总量的 39.14%。羊和肉牛粪便分别为 1 481 万 t 和 1 154 万 t，分别占总量的 15.47% 和 12.06%。在各省份中，山东省畜禽粪便分布密度为该地区以及全国最高(275.7 t/km^2)，其余各省份的畜禽粪便分布密度在 41.0～135.2 t/km^2（图 18-3）。

表 18-2　2013—2015 年中国各地区不同种类畜禽粪便年均产量(干重)及比例

畜禽种类	华北		东北		华东		中南		西南		西北		全国	
	产量/Mt	比例/%	产量/Mt	比例/%	产量/Mt	比例/%	产量/Mt	比例/%	产量/Mt	比例/%	产量/Mt	比例/%	产量/Mt	比例/%
牛	25.81	38.09	21.11	43.98	18.75	19.59	38.67	41.94	27.74	41.04	16.47	37.71	148.55	35.80
役用牛	1.35	1.99	0.26	0.54	2.07	2.16	16.96	18.40	12.39	18.32	0.80	1.83	33.83	8.15
肉牛	11.74	17.33	14.10	29.38	11.54	12.06	18.05	19.58	13.28	19.64	9.59	21.96	78.31	18.87
奶牛	12.71	18.77	6.75	14.05	5.14	5.37	3.66	3.97	2.08	3.07	6.08	13.93	36.41	8.78
羊	23.41	34.55	5.21	10.86	14.81	15.47	10.19	11.05	9.58	14.17	17.06	39.06	80.25	19.34
猪	6.69	9.87	7.16	14.92	21.16	22.10	25.53	27.70	15.64	23.14	2.64	6.05	78.83	19.00
禽类	6.61	9.76	11.04	23.00	39.03	40.77	16.04	17.40	5.86	8.66	1.39	3.18	79.97	19.27
肉鸡	2.25	3.32	5.00	10.42	15.65	16.35	4.55	4.93	1.66	2.46	0.63	1.44	29.74	7.17
蛋鸡	2.64	3.90	2.21	4.60	10.73	11.21	8.02	8.70	2.93	4.33	0.28	0.64	26.80	6.46
鸭	1.51	2.23	3.36	6.99	11.08	11.58	3.05	3.31	1.11	1.65	0.42	0.97	20.53	4.95
鹅	0.21	0.31	0.47	0.99	1.56	1.63	0.43	0.47	0.16	0.23	0.06	0.14	2.90	0.70
其他畜类	5.24	7.73	3.48	7.24	1.98	2.07	1.76	1.91	8.78	12.98	6.11	13.98	27.33	6.59
马	1.48	2.18	1.08	2.25	0.04	0.05	0.68	0.74	3.69	5.46	1.82	4.18	8.80	2.12
驴	2.24	3.31	1.88	3.91	0.20	0.21	0.21	0.23	0.74	1.10	3.08	7.06	8.36	2.01
骡	0.74	1.10	0.36	0.74	0.03	0.03	0.11	0.12	1.10	1.62	0.80	1.83	3.14	0.76
骆驼	0.22	0.32	0.00	0.00	0.00	0.00	0.00	0.00	0.00	0.00	0.30	0.69	0.52	0.12
兔	0.56	0.82	0.16	0.33	1.70	1.78	0.75	0.82	3.24	4.80	0.10	0.23	6.51	1.57
小计	67.75	100	48.00	100	95.73	100	92.19	100	67.59	100	43.66	100	414.93	100

中南地区畜禽粪便干重年均产量为 9 219 万 t(表 18-1,表 18-2)。其中以猪粪便产量最高,为 2 553 万 t(27.7%)。其次,肉牛和役用牛产生的粪便分别为 1 805 万 t 和 1 696 万 t,合计占到该地区总量的 37.98%。河南是全国畜禽粪便分布密度第二高的省份,达到了 193.9 t/km^2,其余各省份畜禽粪便分布密度在 63.8~75.6 t/km^2(图 18-3)。

西南地区畜禽粪便干重年产量为 6 759 万 t(表 18-1,表 18-2)。和中南地区主要种类畜禽粪便结构相似,以猪粪便产量最高,为 1 564 万 t(23.1%),其次为肉牛、役用牛和羊粪便范围为 958 万~1 328 万 t(14.2%~19.6%)(表 18-2)。各省份畜禽粪便分布密度在 5.3~77.4 t/km^2(图 18-3)。

西北地区在六大地区中畜禽粪便干重年产量最低,仅为 4 366 万 t(表 18-1,表 18-2)。畜禽粪便产量最高的畜禽种类是羊和肉牛,分别为 1 706 万 t 和 959 万 t,这两类合计占总量的 61.02%。西北地区各省份畜禽粪便分布密度在 6.3~51.4 t/km^2(图 18-3)。

四、2015 年规模化养殖的畜禽粪便产量及其沼气潜力

2015 年中国规模化养殖场中畜禽粪便的总产量为 14 154 万 t,其沼气生产潜力为 606 亿 m^3(表 18-3)。各省份规模化养殖场中畜禽粪便产量范围在 30 万~1 679 万 t,沼气生产潜力在 1.3 亿~70.8 亿 m^3。山东规模化畜禽粪便产量水平最高,为 1 679 万 t,占全国的 11.87%;其沼气潜力为 70.8 亿 m^3,占全国的 11.69%。其次,河南、内蒙古、河北和四川的规模化畜禽粪便产量水平最高,范围为 811 万~1 079 万 t,占全国规模化养殖畜禽粪便总产量比例为 5.73%~7.63%;其沼气潜力为 33.9 亿~47.1 亿 m^3,占全国总生产沼气潜力的 5.59%~7.77%。而上海、北京、海南和天津的规模化养殖畜禽粪便产量最低,产量为 30 万~82 万 t,生产沼气潜力为 1.3 亿~3.5 亿 m^3,其合计仅占全国总量的 1.79%。

全国 6 个地区规模化养殖畜禽粪便总产量范围为 1 372 万~3 869 万 t,沼气生产潜力为 60.7 亿~160.5 亿 m^3(表 18-3),华东、中南和华北地区的产量及生产沼气潜力均高于西北、东北和西南地区。在华北地区,内蒙古和河北为该地区规模化畜禽粪便产量的主要来源,占该地区总产量的 86.4%,其沼气潜力可达 90.6 亿 m^3,占该地区总沼气潜力的 86.6%。在华东地区,山东省规模化养殖场中畜禽粪便产量高达 1 679 万 t,沼气潜力高达 70.8 亿 m^3,分别占该地区总量的 43.4%和 44.1%。而东北地区,辽宁、吉林和黑龙江这 3 个省的规模化畜禽粪便产量及沼气生产潜力差异不大,畜禽粪便产量范围为 436 万~689 万 t,沼气生产潜力为 19.2 亿~29.2 亿 m^3。

表 18-3　2015 年各省份规模化养殖的畜禽粪便产量及其生产沼气潜力

省份	畜禽粪便		沼气潜力	
	产量/Mt	比例/%	体积/亿 m^3	比例/%
华北	23.80	16.81	104.6	17.27
北京	0.64	0.45	2.8	0.46
天津	0.82	0.58	3.5	0.58
河北	9.93	7.01	43.6	7.20
山西	1.77	1.25	7.7	1.27
内蒙古	10.64	7.51	47.0	7.75
东北	17.39	12.29	76.7	12.66
辽宁	6.89	4.87	29.2	4.82
吉林	4.36	3.08	19.2	3.17
黑龙江	6.14	4.34	28.3	4.67
华东	38.69	27.34	160.5	26.48
上海	0.30	0.21	1.3	0.21
江苏	5.70	4.03	23.1	3.82
浙江	1.51	1.07	6.1	1.01
安徽	6.48	4.57	26.5	4.38
福建	3.49	2.47	14.2	2.34
江西	4.42	3.12	18.4	3.03
山东	16.79	11.87	70.8	11.69
中南	29.90	21.12	126.5	20.88
河南	10.79	7.63	47.1	7.77
湖北	4.46	3.15	18.6	3.08
湖南	5.27	3.72	22.1	3.64
广东	4.26	3.01	17.4	2.87
广西	4.33	3.06	18.1	2.98
海南	0.78	0.55	3.3	0.54
西南	18.04	12.75	77.0	12.70
重庆	2.17	1.53	9.0	1.48
四川	8.11	5.73	33.9	5.59
贵州	1.93	1.36	08.3	1.38
云南	4.36	3.08	18.9	3.12
西藏	1.47	1.04	6.9	1.14
西北	13.72	9.69	60.7	10.01
陕西	1.79	1.26	7.8	1.28
甘肃	2.62	1.85	11.5	1.90
青海	1.41	1.00	6.3	1.05
宁夏	1.21	0.86	5.4	0.89
新疆	6.69	4.73	29.7	4.89
总计	141.54	100.00	606.0	100.00

注：比例，每省份或地区的量占全国（总计）的百分比。

五、2016 年畜禽粪便的利用状况

中国畜禽粪便产量巨大，若要将其有效利用，必须明确其利用现状。但长久以来，由于部分养殖场对畜禽粪便处置不符合国家法律规范，对粪便利用现状调研的困难程度较大，因此一直缺乏相关研究。本研究的调研结果表明，2016 年堆肥仍然是畜禽粪便利用的主要方式，比例达到了 86.67%，厌氧发酵生产沼气则相对较少，仅为 13.33%（表 18-4）。

由于规模化养殖场畜禽粪便可获得性好，有利于商业化利用。政府正积极努力推动畜禽的规模化养殖（国家发展和改革委员会等，2017），促进沼气生产的能源投入，实现环境友好型发展（Yang 等，2019）。

根据 Wang 等（2010）对全国 60 个规模化养殖场的调研，2006—2007 年间猪、牛和禽类粪便的回收利用率分别为 32%、20% 和 66%。在回收利用的畜禽粪便中，85% 的被用于直接堆肥或是出售给第三方进行堆肥以生产有机肥，仅有 15% 被用于厌氧发酵生产沼气。基于此，2015 年，中国规模化养殖场中有 520 万 t 畜禽粪便用于生产沼气，3 220 万 t 用于堆

肥，而有 5 390 万 t 被废弃，占规模化养殖场畜禽粪便总量的 60%。

表 18-4　2016 年中国规模化养殖场畜禽粪便不同途径利用的比例

地区	样本量	堆肥/%	厌氧发酵/%
黑龙江佳木斯	1	100	0
河南漯河	1	100	0
山东潍坊	1	50	50
重庆	3	90	10
平均值	6	86.67	13.33

六、2030 年畜禽粪便产量及其生产沼气潜力预测

根据 2007—2015 年的畜禽粪便增长趋势和政府规划，对 2030 年的畜禽粪便资源量和规模化养殖系数进行预测，提出 4 种预测情景（表 18-5）。在情景 A 和 B 中，假设畜禽粪便资源量在 2015—2030 年将以 2007—2015 年相同的线性增长方式增加；在情景 C 和 D 中，考虑到畜禽粪便在 2015—2030 年以较慢的速度增长的可能性，假设情景 C 和 D 中畜禽粪便的年增长率会放慢至 1.0%。根据农业农村部的数据，2014—2015 年，规模化养殖系数增长率为 1.4%，因此，对于情景 A 和 C，假设其规模化养殖系数的增长率在 2015—2030 年间保持在 1.4%；对于情景 B 和 D，由于国家对规模化养殖的重视，假设其在 2015—2030 年的增长率为 2.8%。

表 18-5　2030 年中国畜禽粪便产量以及规模化养殖系数预测情景

情景	模型	预测内容
A	$y_1 = 23.576x - 45723$ $y_2 = 33.92 \times (1+0.014)^{(x-2015)}$	畜禽粪便产量（y_1）随年份（x）继续保持 2006—2015 年间的增速以线性模型增长，规模化养殖系数（y_2）随年份（x）按照年均 1.4% 的增长率增长
B	$y_1 = 23.576x - 45723$ $y_2 = 33.92 \times (1+0.028)^{(x-2015)}$	畜禽粪便产量（y_1）随年份（x）继续保持 2006—2015 年间的增速以线性模型增长，规模化养殖系数（y_2）随年份（x）按照年均 2.8% 的增长率增长
C	$y_1 = 1754.97 \times (1+0.01)^{(x-2015)}$ $y_2 = 33.92 \times (1+0.014)^{(x-2015)}$	畜禽粪便产量（y_1）随年份（x）按照年均 1.0%的增长率增长，规模化养殖系数（y_2）随年份（x）按照年均 1.4%的增长率增长
D	$y_1 = 1754.97 \times (1+0.01)^{(x-2015)}$ $y_2 = 33.92 \times (1+0.028)^{(x-2015)}$	畜禽粪便产量（y_1）随年份（x）按照年均 1.0%的增长率增长，规模化养殖系数（y_2）随年份（x）按照年均 1.4%的增长率增长

在这4类情景中，假设在2016—2030年间，畜禽粪便会保持2007—2015年间线性增长的方式(表18-5，情景A和B)，那么在2030年，畜禽粪便干重产量将会达到5.04亿t(表18-6)，而如果假设畜禽粪便以一个较低的指数增长模式(1%的年增长率)(情景C和D)，那么2030年畜禽粪便干重产量将会达到4.81亿t。此外，如果假设规模化养殖系数以1.4%或2.8%的年增长率增长时，四类情景中的规模化养殖场的畜禽粪便干重产量将会达到2.01亿～2.59亿t，其产沼气潜力会达到860亿～1 110亿 m^3(表18-6)。

表18-6　2030年中国不同情景下畜禽粪便和其中规模化养殖畜禽粪便产量(干重)及其沼气潜力预测

情景	中国畜禽粪便		规模化养殖场畜禽粪便		
	年增长率/%	畜禽粪便产量/Mt	规模化养殖系数年增长率/%	规模化畜禽粪便产量/Mt	沼气潜力/亿 m^3
A	1.5	504	1.4	211	900
B	1.5	504	2.8	259	1 110
C	1.0	481	1.4	201	860
D	1.0	481	2.8	247	1 060

第十九章

畜禽粪便能源化利用的碳减排潜力

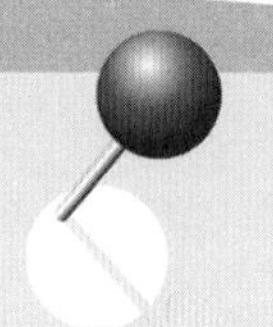

内容提要

本章畜禽粪便生产沼气项目碳排放的边界包括原料的收集运输、预处理、发酵产气以及沼气净化提纯、副产品生产和工程泄漏，不包括畜禽养殖过程。基准线为畜禽粪便未经处理直接废弃和化石燃料(天然气)生产的碳排放。根据文献确定不同畜禽粪便生产沼气的碳减排率范围为 0.126～0.859 kg CO_2-eq/kg (基于单一原料)。通过确定猪、牛和禽粪便能源化利用比例，结合其碳减排系数分析可知，2015 年畜禽粪便能源化利用的碳减排潜力总计为 2 457 万 t CO_2-eq，其中华东、中南和西南地区的碳减排潜力高于西北、华北和东北地区。按基准情景、新政策情景、强化减排情景和竞争性利用情景分析，预测 2030 年全国畜禽粪便能源化利用的碳减排潜力将达到 6 281 万～23 435 万 t CO_2-eq。

一、畜禽粪便能源化利用碳减排率的取值

(一)研究边界和基准线的确定

畜禽粪便生产沼气项目碳排放的边界包括原料的收集运输、预处理、发酵产气以及沼气净化提纯、副产品生产和工程泄漏(图 19-1),畜禽养殖过程不包括在研究边界内。基准线为畜禽粪便未经处理直接废弃和化石燃料(天然气)生产的碳排放。副产品采用替代法与主产品分摊温室气体排放。

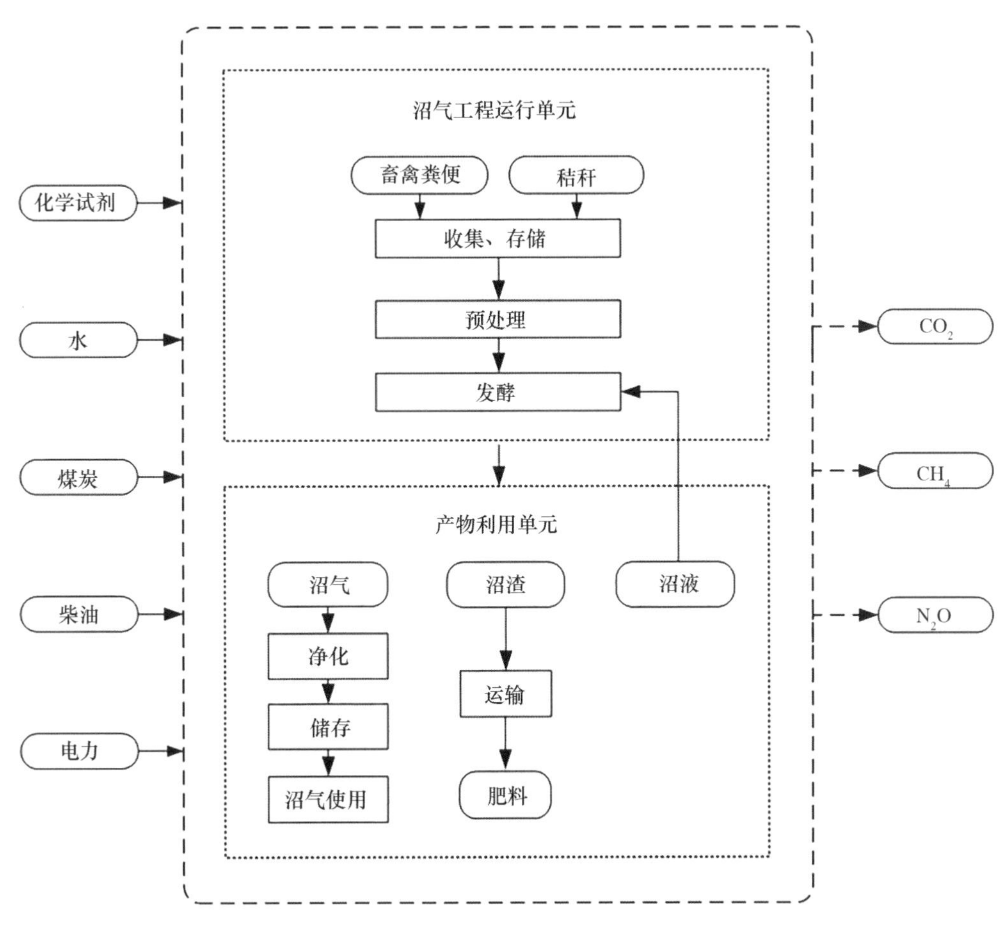

图 19-1　畜禽粪便生产沼气的系统边界

(二)文献筛选及碳减排率的取值

本研究能查到的规模化畜禽粪便沼气工程碳排放相关文献大约 8 篇,其中单一原料的 7 篇,混合原料的 1 篇(表 19-1)。对于单一原料,根据基准线和系统边界进行筛选(表 19-2),段茂盛等(2003)和陈婷婷等(2007)的研究中未考虑产品生产的能源消耗以及工程泄漏

环节，马宗虎等(2011)未考虑到工程泄漏环节，均与本研究边界不符。李玉娥等(2009a；2009b)、马宗虎等(2010)和郭菲等(2010)文献基准线和边界与本研究相符，因此选取这4篇文献数值进行畜禽粪便单一原料生产沼气碳减排率分析。对于混合原料，Yang等(2019)文献基准线和边界与本研究相符，因此选取作为畜禽粪便混合原料生产沼气的碳减排率分析(表19-3)。

对所选4篇单一原料的文献碳减排率进行了计算汇总，其中马宗虎等(2010)、郭菲等(2010)和李玉娥等(2009b)报道中没有粪便鲜重产量，或者有粪浆产量但无法求得鲜重，可以通过包维卿等(2018a)的排泄系数进行计算。李玉娥等(2009a)文献中发酵原料为粪便和污水，而由于畜禽粪便产沼气的量取决于粪便中的挥发性固体含量，本研究不考虑污水对沼气产量的影响，因此原料重可按粪便鲜重计算(表19-1)并求得碳减排率。

表19-1　前人报道的畜禽粪便生产沼气碳排放研究的原料信息

文献	畜禽粪便种类	畜禽/千头	排泄系数/(kg/d)	粪便鲜重/(t/d)	污水/(t/d)	粪浆/(m^3/d)	粪浆/(t/d)	混合秸秆/(t/d)
段茂盛等(2003)	猪	6		10				
马宗虎等(2011)	猪	56	3.24	181.44				
李玉娥等(2009a)	猪	70.63		304	127			
陈婷婷等(2007)	牛	16		800				
郭菲等(2010)	肉牛	8	20.42	163.36			187.20	
李玉娥等(2009b)	鸡	5 000	0.18	270			1 500	
马宗虎等(2010)	鸭	200	0.19	38		1 800		
Yang等(2019)	奶牛/肉牛	>25		1 133				15

注：1. 粪便鲜重，前人研究中没有粪便鲜重产量，或者有粪浆产量无法求得鲜重的，依照包维卿等(2018a)的排泄系数计算。
2. 文献Yang等(2019)，畜禽粪便和玉米秸秆混合比为75.5∶1。

表19-2　前人报道的畜禽粪单一原料产沼气的碳排放研究的基准线及项目活动排放清单

情景	环节	排放源	段茂盛等(2003)	陈婷婷等(2007)	马宗虎等(2011)	李玉娥等(2009a)	马宗虎等(2010)	郭菲等(2010)	李玉娥等(2009b)
基准线	粪便管理	氧化塘	√	√	√	√	√	√	√
	能源利用	能源利用	√	√	√	√	√	√	√
项目活动	收集运输	畜禽粪便收集		√					√
	产品生产	发酵产气			√	√	√	√	√
	产品利用	沼气发电	√	√	√	√	√	√	√
	工程泄漏	沼气物理泄漏				√	√	√	√

注：1. 能源利用，指化石燃料和电力。
2. 沼气物理泄漏，指生产、储存、运输和利用整合过程中的沼气物理泄漏。

表 19-3　前人报道的畜禽粪混合秸秆生产沼气碳排放研究的基准线及项目活动边界

混合原料情景	环节	排放源	Yang 等(2019)
基准线	粪便管理	氧化塘	√
	秸秆处理	秸秆田间燃烧	√
	能源生产	化石天然气生产	√
项目活动	收集运输	畜禽粪便运输	√
		秸秆运输	√
	产品生产	发酵产气	√
		副产品(有机肥)生产	√
	产品利用	沼气生产生物天然气	√
	工程泄漏	生产、储存、运输和利用过程中的物理泄漏	√

根据符合本研究系统边界和基准线的 4 篇文献，可得到畜禽粪便单一原料生产沼气时，不同种类的畜禽粪便产沼气具有不同的碳减排率(表 19-4)。每利用 1 kg 猪粪为原料生产沼气的碳减排率为 0.443 kg CO_2-eq，每生产 1 m^3 沼气的碳减排率为 12.49 kg CO_2-eq；每利用 1 kg 鸭粪为原料生产沼气的碳减排率为 0.627 kg CO_2-eq，每生产 1 m^3 沼气的碳减排率为 5.67 kg CO_2-eq；每利用 1 kg 牛粪为原料生产沼气的碳减排率为 0.126 kg CO_2-eq，每生产 1 m^3 沼气的碳减排率为 8.61 kg CO_2-eq。对于混合原料来说，每利用 1 kg 牛粪和秸秆混合原料生产生物天然气的碳减排率为 0.064 kg CO_2-eq，每生产 1 m^3 压缩天然气产品的碳减排率为 3.19 kg CO_2-eq。

表 19-4　关于畜禽粪便生产沼气产量及碳减排率汇总

文献	畜禽种类	含水率 /%	沼气产量 /(m^3/d)	沼气产率 /(m^3/t)	碳减排率	
					基于产品 /(kg CO_2-eq/m^3)	基于原料 /(kg CO_2-eq/kg)
李玉娥等(2009a)	猪	84.2	10 795	35.51	12.49	0.443
李玉娥等(2009b)	鸡		30 000	111.11	7.73	0.859
郭菲等(2010)	肉牛	81.0	2 400	14.69	8.61	0.126
马宗虎等(2010)	鸭	51.0	4 200	110.53	5.67	0.627
Yang 等(2019)	奶牛、肉牛	90.3	36 626	31.9	3.19	0.064

注：Yang 等(2019)，沼气主要用于生产压缩天然气，碳减排率是基于生产 1 m^3 压缩天然气计算。

二、2015 年畜禽粪便能源化利用及碳减排潜力

只有规模化养殖场畜禽粪便有产业化利用前景。根据 Wang 等(2010)在 2006—2007 年间对全国 60 多个规模化养殖场的调研结果，猪、牛和禽粪便收集率分别为 32%、20%和 66%，本研究假设羊粪便收集率和牛粪便一样。畜禽粪便主要利用途径有厌氧发酵生产沼气和堆肥(Qian 等，2018)，各类主要畜禽粪便的利用现状如表 19-5 所示。目前除鸡粪外，60%～80%的畜禽粪便被丢弃，用于生产沼气的仅为 3.0%～9.9%，同时假设在丢弃的畜

禽粪便中有10%可用于能源化利用，那么在目前规模化养殖场中，各类畜禽粪便能源化利用的沼气产量在2 778万～86 103万 m^3，合计每年可产沼气约12亿 m^3。同时，畜禽粪便能源化利用的碳减排潜力总计为2 457万 t CO_2-eq(表19-5)。

表19-5　2015年中国规模化养殖场主要畜禽粪便利用现状及能源化利用的碳减排潜力

粪便类型	资源量鲜重/万 t	产沼气率/(m^3/t)	碳减排率/(t CO_2-eq/t)	利用现状比例			能源化利用	
				生产沼气/%	堆肥/%	丢弃/%	沼气潜力/万 m^3	碳减排潜力/万 t CO_2-eq
猪	20 903	35.51	0.443	4.8	27.2	68	86 103	1 076
肉牛	11 733	8.61	0.126	3.0	17.0	80	11 112	163
奶牛	9 807	8.61	0.126	3.0	17.0	80	9 289	136
羊	7 547	8.61	0.126	3.0	17.0	80	7 148	105
肉鸡	4 848	5.67	0.859	9.9	56.1	34	3 656	555
蛋鸡	3 684	5.67	0.859	9.9	56.1	34	2 778	422
总计	—	—	—	—	—	—	120 085	2 457

注：利用现状比例，数据为2006—2007年状况，来源于Wang等(2010)。

根据2013—2015年各地区规模化养殖场畜禽粪便资源量以及预测沼气生产比例，结合其碳减排系数计算，2015年规模化养殖场中畜禽粪便的碳减排潜力可达2 456.60万 t CO_2-eq(表19-6)，其中猪粪便的潜力最大，为1 092.23万 t CO_2-eq，占总量的44.46%。山东规模化养殖场畜禽粪便的碳减排潜力最高，为302.69万 t CO_2-eq，占全国的12.32%。其次，河南、四川和河北规模化养殖场畜禽粪便的碳减排潜力较高，范围为144.59万～177.03万 t CO_2-eq，占全国规模化养殖畜禽粪便的碳减排潜力比例为5.89%～7.21%。而上海、宁夏、西藏和青海规模化养殖畜禽粪便的碳减排潜力最小，范围为6.83万～9.72万 t CO_2-eq，其合计仅占全国碳减排总量的1.41%。

全国6个地区规模化养殖畜禽粪便碳减排潜力范围为115.40万～809.63万 t CO_2-eq(表19-6)，华东、中南和西南地区的碳减排潜力高于西北、华北和东北地区。在华北地区，河北规模化畜禽粪便碳减排潜力最大，占该地区总产量的52.48%。在东北地区，猪粪便和肉鸡粪便是碳减排潜力的主要来源，分别为99.25万和88.81万 t CO_2-eq，其合计占该地区碳减排总量的66.15%。在华东地区，猪粪便、肉鸡及蛋鸡粪便碳减排潜力分别为293.19万、277.76万和177.89万 t CO_2-eq，其合计占该地区碳减排总量的92.49%。山东、江苏、安徽和江苏的便碳减排潜力范围为106.42万～302.69万 t CO_2-eq，合计占该地区碳减排总量的83.82%。在中南地区，除海南外，各省份规模化畜禽粪便碳减排潜力均在100万 t CO_2-eq以上，其范围为100.57万～177.03万 t CO_2-eq。在西南地区，四川碳减排潜力最高，为166.83万 t CO_2-eq，占该地区碳减排总量的48.86%。而西北地区规模化畜禽粪便的碳减排潜力仅为115.40万 t CO_2-eq，仅为全国总量的4.70%。

表 19-6　2015 年中国各省份规模化养殖场畜禽粪便碳减排潜力

省份	合计		猪粪便/万 t CO_2-eq	肉牛粪便/万 t CO_2-eq	奶牛粪便/万 t CO_2-eq	羊粪便/万 t CO_2-eq	肉鸡粪便/万 t CO_2-eq	蛋鸡粪便/万 t CO_2-eq
	万 t CO_2-eq	%						
华北	275.54	11.22	92.69	24.07	45.51	29.60	39.88	43.78
北京	13.31	0.54	4.69	0.32	1.26	0.25	3.24	3.55
天津	15.46	0.63	5.95	0.65	1.41	0.24	3.44	3.77
河北	144.59	5.89	55.23	10.84	18.12	7.75	25.10	27.56
山西	25.64	1.04	12.49	1.30	3.14	1.66	3.37	3.70
内蒙古	76.54	3.12	14.33	10.97	21.59	19.71	4.74	5.20
东北	284.29	11.57	99.25	28.91	24.15	6.60	88.81	36.57
辽宁	130.66	5.32	43.45	9.58	3.07	2.70	50.90	20.96
吉林	75.57	3.08	26.46	10.30	2.37	1.28	24.90	10.25
黑龙江	78.06	3.18	29.34	9.04	18.71	2.61	13.01	5.36
华东	809.63	32.96	293.19	23.66	18.39	18.73	277.76	177.89
上海	6.83	0.28	3.75	0.00	0.57	0.14	1.44	0.92
江苏	134.84	5.49	49.54	0.55	1.99	2.55	48.90	31.32
浙江	46.69	1.90	26.86	0.26	0.46	0.38	11.42	7.31
安徽	134.69	5.48	49.21	3.77	1.17	3.85	46.75	29.94
福建	77.46	3.15	31.52	0.86	0.49	0.57	26.84	17.19
江西	106.42	4.33	52.90	4.28	0.71	0.26	29.43	18.85
山东	302.69	12.32	79.41	13.95	13.00	10.98	112.99	72.36
中南	630.31	25.66	353.77	36.99	13.10	12.89	80.68	132.87
河南	177.03	7.21	89.28	18.43	10.02	7.39	19.61	32.30
湖北	100.57	4.09	63.75	5.11	0.63	1.90	11.02	18.15
湖南	120.36	4.90	87.94	5.49	1.44	2.41	8.72	14.37
广东	112.59	4.58	54.11	1.98	0.53	0.18	21.08	34.71
广西	101.86	4.15	50.21	5.06	0.47	0.73	17.15	28.24
海南	17.90	0.73	8.48	0.92	0.01	0.28	3.10	5.11
西南	341.44	13.90	216.71	27.22	7.43	12.12	29.45	48.51
重庆	49.89	2.03	31.28	1.97	0.18	0.89	5.88	9.69
四川	166.83	6.79	107.92	8.65	1.75	5.81	16.13	26.57
贵州	38.15	1.55	26.85	3.77	0.49	0.79	2.36	3.89
云南	76.99	3.13	50.39	8.82	1.54	2.90	5.04	8.30
西藏	9.57	0.39	0.27	4.00	3.48	1.72	0.04	0.07
西北	115.40	4.70	36.62	19.66	21.77	21.57	11.18	4.60
陕西	27.83	1.13	16.97	1.65	2.91	1.68	3.28	1.35
甘肃	24.41	0.99	9.90	5.32	1.92	3.98	2.32	0.96
青海	9.72	0.40	1.95	3.42	1.72	2.27	0.27	0.11
宁夏	8.52	0.35	1.35	1.88	2.29	1.96	0.73	0.30
新疆	44.92	1.83	6.45	7.39	12.93	11.69	4.58	1.88
总计	2 456.60	100.00	1 092.23	160.51	130.36	101.51	527.77	444.22

注：%，碳减排潜力占全国的百分比。

三、2030 年畜禽粪便能源化利用及碳减排潜力预测

当前，中国正在经历一个快速城镇化的发展阶段，传统的种养一体化模式正面临着冲击，大量未经处理的畜禽粪便会给土壤和水体带来严重污染威胁（Jongbloed *et al.*，1998；Chambers *et al.*，2000；Le *et al.*，2010）。本研究基于畜禽粪便利用现状，结合政府和有关机构对未来生物质能源发展预测，按 4 种情景预测（详见第四章）2030 年畜禽粪便能源化利用比例。

在基准情景中，2030 年全国各类畜禽粪便能源化利用比例将较 2015 年增长 14.04%。在新政策情景中，这一增长率将达到 15.38%，并且假设由于新政策的激励作用，废弃的畜禽粪便中有 10%可用于能源化生产。在强化减排情景中，能源化利用增长率为 50.82%，并且假设有 30%废弃的畜禽粪便用于能源化生产。在竞争性利用情景里，能源化利用率将在 2015 年的基础上增长 8.56%，并假设有 5%废弃的畜禽粪便可以用于生产沼气。

依据 4 类情景对畜禽粪便资源量预测，结合能源化利用比例及其碳减排率，2030 年全国畜禽粪便能源化利用的碳减排潜力将达到 6 281 万～23 435 万 t CO_2-eq（表 19-7）。其中，在基准情景下，通过厌氧发酵生产沼气，畜禽粪便能源化利用的碳减排潜力为 6 281 万 t CO_2-eq，在竞争性利用情景下的碳减排潜力预计可达到 8 500 万 t CO_2-eq。但是，新政策情景下则可达到 11 398 万 t CO_2-eq，强化减排情景的碳减排潜力将较前两种情景大幅增加，达到 23 435 万 t CO_2-eq。

表 19-7　2030 年中国不同情景下主要畜禽粪便能源化利用比例和碳减排潜力预测

粪便类型	基准情景		新政策情景		强化减排情景		竞争性利用情景	
	利用比例/%	碳减排量/万 t CO_2-eq	利用比例/%	碳减排量/万 t CO_2-eq	利用比例/%	碳减排量/万 t CO_2-eq	利用比例/%	碳减排量/万 t CO_2-eq
猪粪便	5.47	2 181	12.34	4 916	27.64	11 012	8.61	3 431
肉牛粪便	3.42	218	11.46	729	28.52	1 814	7.26	462
奶牛粪便	3.42	182	11.46	609	28.52	1 517	7.26	386
羊粪便	3.42	140	11.46	469	28.52	1 167	7.26	297
肉鸡粪便	11.29	2 023	14.82	2 656	25.13	4 503	12.45	2 230
蛋鸡粪便	11.29	1 537	14.82	2 018	25.13	3 422	12.45	1 695
总计	—	6 281	—	11 398	—	23 435	—	8 500

第二十章

畜禽粪便的管理政策现状及建议

内容提要

本章总结了国内外在畜牧场建设与监管、畜禽粪便管理和污染治理所发布的法律法规，以及畜禽粪便管理相关财税政策，重点研究了国内的相关政策。1980—1997年中国关于畜禽粪便研究论文数量为1～23篇/年，呈缓慢上升趋势；1998—2017年发表数量从28篇/年上升至688篇/年，说明畜禽粪便资源、利用和污染等受关注程度骤然提升。然后重点分析了2000—2018年中央政府部门发布的关于畜禽粪便管理政策、规划及标准文件，以及各省份政府发布的相关管理法规和标准，包括不同地区对畜禽粪便综合利用的补贴政策。分析表明，目前在畜禽粪便政策管理中存在法律法规体系不完善、监管力度不足、缺乏有效奖励机制、区域规划不合理、利用途径少、成本高和畜禽粪便处理技术水平较低等问题。根据目前畜禽粪便生产与管理的实际情况，提出完善法律法规和标准体系、构建市场交易机制及加强技术产业支持等建议。

一、国外政策概况

(一)畜牧场建设与监管

对畜牧场建设位置审批是畜禽粪便管理的首要环节,很多国家都结合实际情况评估畜牧场可能带来的影响从而对建场提出了明确规范。这些规范对畜禽场规模和地点有明确要求,如美国《联邦水污染法》中对畜禽场建场规模上规定 1 000 个畜牧单位(折合为 1 000 头肉牛、700 头奶牛、2 500 头肉猪)及以上者,必须得到许可才能建场(孟祥海,2014;余海波等,2015)。欧盟在《环境法》规定了载畜量标准和畜禽养殖废弃物用于农田的限量标准,鼓励进行粗放式畜牧养殖,限制扩大养殖规模(吴锦瑞,2011)。丹麦在《规划法》中要求养殖不同动物执行不同的标准,包括畜牧场与邻居的距离、动物粪便和农场污物的收集处理方案、耕地最小面积,以及施用动物粪便的作物种类等。英国在《污染控制法规》要求畜牧场远离大城市并与农业生产紧密结合,畜禽粪便贮存设施距离水源至少 100 m,且有 4 个月储存能力和防渗结构,要求畜牧场远离大城市并与农业生产紧密结合(吕文魁等,2011)。

加拿大规定,拟建或扩建养殖场必须向市政主管部门提出申请,主管部门根据其规模和周边环境状况确定最小间距,并审核是否符合要求,还要求经营者制定对畜禽粪便处理的营养管理计划(刘炜,2008;郑铃芳等,2015)。

荷兰在新建畜牧场报批制度中申明,为避免扰民,除了申请环保执照外,畜牧场主还需得到当地政府的许可证书,该证书规定了允许农场养殖动物的最大数量,而这个数量由养殖场与邻居的距离决定。英国的《城乡规划(环境影响评价)法规》中规定猪场规模在母猪 400 头、肥猪 5 000 头以上,或鸡场蛋鸡 5 万羽以上,或其他养殖禽类 10 万羽以上的畜禽场必须进行环境影响评价,将环境影响评价报告书和建设申请书同时申报审批(余海波等,2015)。

(二)畜禽粪便管理和污染治理

美国在畜牧业环境污染防治领域的法规则由联邦政府制定和州、地方制定各级法规构成,联邦政府立法对畜牧业环境污染防治进行概括性陈述,州一级立法对其制度化,地方市县一级对其具体明细化,形成了三位一体式的畜牧业环境污染管理体系,如《净水法案》和《联邦水污染法》(孟祥海,2014)。用鸡粪混合垫草直接饲喂奶牛的方式在美国已被普遍使用,在饲料中混入粪草饲喂奶牛其效果与豆饼相同(张学峰等,2010)。在畜禽养殖与生产中,水污染、气体排放污染等问题也是一件需要防治的事情。在水污染治理中,美国《联邦水污染法》及各州法规等对各种畜禽养殖企业在生产过程中所采用的废弃物处理设施和操作程序等提出了十分具体的要求(金书秦等,2013)。美国的《清洁水法案》还将工厂化养殖业与工业和城市设施一样视为点源污染,要求废弃物必须达到国家污染减排系统的许可标准才可排放(周俊玲,

2006)。美国《净水法案》还规定,不经美国国家环保局(EPA)批准,任何企业不得向任一水域排放任何污染物,并将畜禽养殖场列入污染物排放源(佘海波等, 2015)。

美国政府和养殖协会组织养殖业主进行技术培训和环保教育,使每一个养殖业主都掌握先进的养殖污染防治知识(罗小梅, 2017)。同时,在美国治理体系中,环保部门只负责管制末端,而协会、农业工程咨询公司在废弃物治理中起到了越来越重要的作用(廖新俤, 2017)。而加拿大政府相关部门会每年检查养殖场深井水水样的粪便污染情况,有违规或是造成环境污染的,地方环境保护部门将依据《联邦渔业法》及本省的有关法规条款对其进行处罚(刘炜, 2008)。

在畜禽粪便管理上,欧盟各成员国既遵循欧盟制定的系列标准,如《农村发展战略指南》《欧共体硝酸盐控制标准》和《农业环境条例》等,也结合本国自身情况制定合理法规,如德国的《粪便法》、挪威的《水污染法》、法国的《农业污染控制计划》以及荷兰的《污染者付费计划》等(吕文魁等, 2011)。荷兰实施超额粪便税,如果农场主将粪便出售或出口给用户,使平均粪便排放量越低,交纳的超额粪便税就越少(杨晓萌, 2013)。欧盟《欧共体硝酸盐控制标准》要求每年 10 月至次年 2 月禁止在田间放牧或将粪便排入农田(吕文魁等, 2011)。丹麦在畜禽粪肥施放的条例中具体规定了粪肥施放的时间、方式以及所有养殖场必须满足的"和谐原则",第一准则为养殖场在每公顷土地中施放粪肥的量有最大限制(Harbo Nana *et al.*, 2015)。丹麦《环保法》要求每个农场必须能够容纳 9 个月产生的粪便量;如果某农场粪便量超出最大限制量,应将多余的粪便堆放在邻近其他农场,且堆放粪便必须在 12 h 内埋入土中(刘燕, 2013; 吕文魁等, 2011)。德国《粪便法》和《肥料法》也要求不得将畜禽粪便直接堆放在农田上,并规定了粪便用于农田的标准(刘燕, 2013; 刘资炫, 2015)。荷兰要求粪污存储设施必须密封以阻止氨气泄漏(张晓岚等, 2014)。在粪肥利用方面,荷兰在《畜禽粪便处置协议》中提到,为促使那些拥有很少或无土地的养殖场将粪便卖给需要粪便的农民,要求生产过剩粪便的农民必须与种植或粪肥加工厂签订处置协议,否则将面临减缩饲养规模或变卖农场的选择(佘海波等, 2015)。

日本在经历过"畜产公害"后,当地政府便格外重视农业的环境保护,制定了一系列农业生态环境保护的条例法则。其中,《废弃物处理与清扫法》要求在城镇等人口密集地区,畜禽粪便必须经过处理(刘冬梅等, 2008),《家畜排泄物法》要求一定规模以上的养殖户,禁止畜禽粪便在野外堆积或者直接向沟渠排放,粪便储存设施的地面要用非渗透性材料(吕文魁等, 2011)。日本还颁布了《防止水污染法》,规定畜禽场的污水排放标准,即畜禽场养殖规模达到一定程度的养殖场排出的污水必须经过处理,并符合规定要求。在废气污染治理中,日本制定了《恶臭防治法》并规定畜禽粪便产生的腐臭气中 8 种污染物的浓度不得超过工业废气浓度(冷罗生, 2009)。

(三)畜禽粪便管理相关财税政策

法国根据《农业污染控制计划》限制养殖规模和特定区域,禁止在土地上直接喷洒猪粪,对于采取环保措施降低氮化物、硝酸盐等污染物排放的,给予一定的公共资助。农业经营单位的生产经营活动达到合同规定的环境标准,政府给予相应补贴(吕文魁等,2011)。此外,法国还通过完善的税收系统对存栏量超过 56 头的生猪养殖场户征收污染治理税(张玉梅,2015)。荷兰一直对饲料生产厂实行高征税,税款用于弥补畜牧环境保护资金的不足(余海波等,2015)。此外荷兰还通过对粪肥加工厂采取税收优惠和补贴来鼓励畜禽粪便加工处理为粪肥,对区域内多余的粪肥运往肥料短缺区域政府将给予运输补贴,同时也启动出口计划来刺激粪便处理和销售(张玉梅,2015)。日本实施了一系列的绿色养殖补贴政策,国家补贴养殖场污染处理设施建设费用的 50%,都道府县补贴 25%,农户仅支付剩余的 25%(嘉慧,2008)。

二、中国国家和各省份管理政策

(一)畜禽粪便资源及利用的受关注程度变化

根据何思洋等(2020)报道,在科学研究领域,1980—1997 年,中国畜禽粪便研究论文数量呈缓慢上升趋势,论文数量为 1～23 篇/年。但是,从 1998 年开始,畜禽粪便论文数量快速上升,发表数量从 28 篇/年上升到 688 篇/年。说明这段时间畜禽粪便资源、利用和污染等受关注程度骤然上升(图 20-1)。

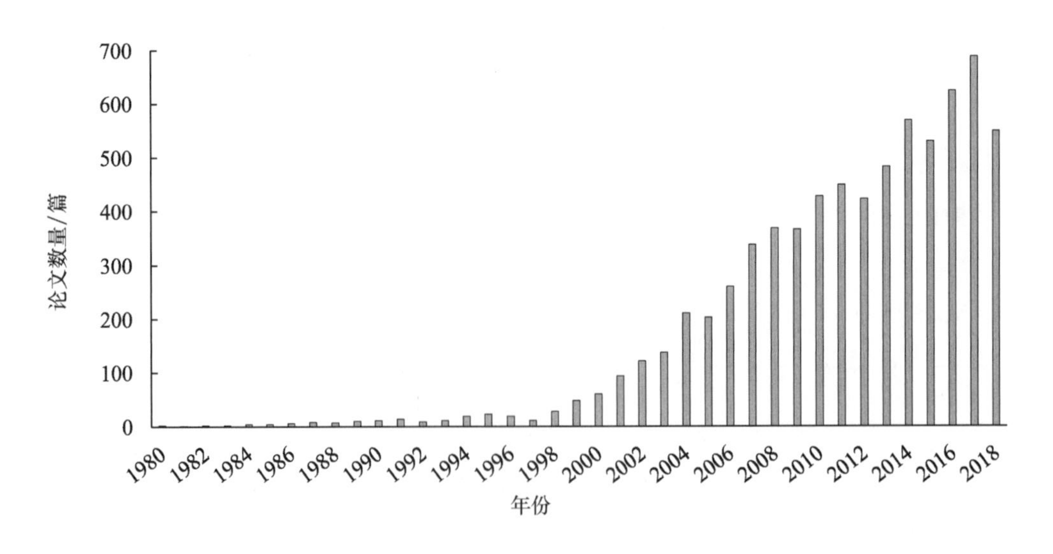

图 20-1　1980—2018 年中国发表畜禽粪便论文数量

(数据来源:中国知网;检索主题词:畜禽粪便)

在政策管理方面,2000—2018 年,全国人大常委会等部门陆续发布关于畜禽粪便管理政策、规划、规范及标准共计 27 份,除 2000、2004、2008、2013、2015 和 2018 年没有发布政策外,其余每年发布的政策涵盖畜禽粪便监管和防治、无害化处理和安全使用等多个方面,为实际畜禽养殖提供政策引导和技术指导(图 20-2)。

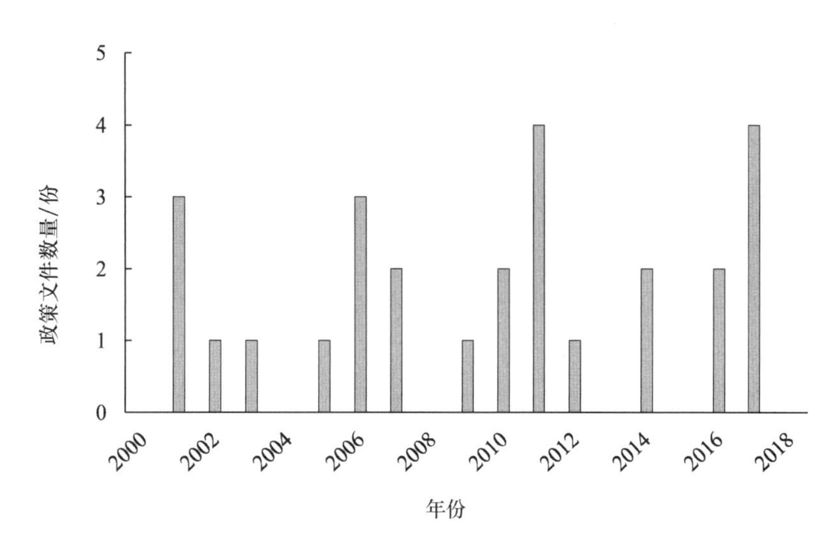

图 20-2　**2000—2018 年中国颁布的畜禽粪便管理文件数量统计**

2000—2018 年各省份发布的畜禽粪便治理和资源化利用相关政策文件共 78 份(表 20-1),其中贵州省最多为 8 份,文件数为 5～6 份的包括江苏省、江西省和山东省,文件数只有 1 份的地区有河北、黑龙江、安徽、湖北、广西、四川、甘肃、宁夏和新疆,其余 18 个省份发布的相关政策文件数均为 2～4 份。

表 20-1　**2000—2018 年中国各省份的畜禽养殖废弃物治理和利用文件数量**　　份

省份	污染治理	资源化利用	综合利用	合计	省份	污染治理	资源化利用	综合利用	合计
北京	0	0	3	3	湖北	0	1	0	1
天津	2	0	0	2	湖南	0	0	2	2
河北	1	0	0	1	广东	0	1	1	2
山西	2	0	0	2	广西	0	0	1	1
内蒙古	2	0	0	2	海南	1	1	0	2
辽宁	1	0	2	3	重庆	2	0	0	2
吉林	1	2	0	3	四川	0	0	1	1
黑龙江	0	0	1	1	贵州	6	1	1	8
上海	1	0	1	2	云南	1	3	0	4
江苏	3	0	2	5	西藏	1	2	0	3
浙江	2	0	1	3	陕西	0	2	0	2
安徽	0	0	1	1	甘肃	1	0	0	1
福建	0	2	0	2	青海	0	4	0	4
江西	1	3	1	5	宁夏	1	0	0	1
山东	2	0	4	6	新疆	1	0	0	1
河南	0	1	1	2	总计	32	23	23	78

(二)国家管理政策

1980—2000 年,中央政府颁布的畜禽粪便管理政策都是在《中华人民共和国农业法》与《中华人民共和国固体废物污染环境防治法》等综合性法律中以单独条款的形式呈现,例如,1993 年颁布的《中华人民共和国农业法》(全国人民代表大会, 2013)第六十五条,要求畜禽规模养殖应当对粪便、废水及其他废弃物进行无害化处理或者综合利用。但法规中并没有对具体的畜禽粪便管理办法和技术规范做出规定。

2000—2018 年,中央政府发布的相关管理政策逐渐增多,并针对畜禽养殖污染防治的各个环节制定了更加细化的管理办法与技术规范(表 20-2)。2001 年,国家环境保护总局颁布《畜禽养殖污染防治管理办法》(国家环境保护总局, 2001),专门对畜禽养殖污染做出明确的规定,例如:新建、改建和扩建畜禽养殖场必须按建设项目环境保护法律法规的规定进行环境影响评价,办理有关审批手续;畜禽养殖场的环境影响评价报告书(表)中,应规定畜禽废渣综合利用方案和措施;畜禽养殖场必须设置畜禽废渣的储存设施和场所,对储存场所地面进行水泥硬化等措施,防止畜禽废渣渗漏、散落、溢流、雨水淋失和恶臭气味等对周围环境造成污染和危害。2005 年全国人大常委会颁布《中华人民共和国畜牧法》(全国人民代表大会, 2005),要求畜禽养殖场和养殖小区应当建立污染物无害化处理设施,保证畜禽粪便等废弃物无害化处理,有效排除环境污染危害。2008 年全国人大常委会颁布的《中华人民共和国循环经济促进法》(全国人民代表大会, 2008)第三十四条规定:国家应鼓励和支持农业生产者和相关企业采用先进或者适用技术,对畜禽粪便等进行综合利用,开发利用沼气等生物质能源。随后,2010 年环保部发布《畜禽养殖业污染防治技术政策》(环境保护部, 2010),对清洁养殖与养殖废弃物收集、无害化处理与综合利用、养殖废水处理、空气污染防治等方面提出适用技术和要求。2013 年,国务院颁布中国农村和农业环保领域第一部国家级行政法规《畜禽规模养殖污染防治条例》,成为农业农村环保制度建设的里程碑。该条例的出台,也标志着畜禽养殖污染控制的政策目标从单纯的污染控制目标向促进畜禽养殖业健康发展、实现种植与养殖业可持续发展等综合目标方向转变,具有十分深远的意义。

表 20-2 2000—2018 年中国国家层面畜禽养殖废弃物治理和利用文件发布情况

发布机关	发布年度	文号	名称
国家环境保护总局	2001	国家环保总局令第 9 号	畜禽养殖污染防治管理办法
国务院	2002	国令第 369 号	排污费征收使用管理条例
财政部	2003	财建〔2003〕618 号	集约化畜禽养殖污染防治专项资金使用管理办法
环境保护部	2010	环发〔2010〕151 号	畜禽养殖业污染防治技术政策
全国人大常委会	2012	主席令第 74 号	中华人民共和国农业法(修正)
环境保护部、农业部	2012	环发正〔2012〕135 号	全国畜禽养殖污染防治“十二五”规划
国务院	2013	国令第 643 号	畜禽规模养殖污染防治条例

续表 20-2

发布机关	发布年度	文号	名称
国务院	2014	国办发〔2014〕47 号	关于建立病死畜禽无害化处理机制的意见
全国人大常委会	2014	主席令第 9 号	中华人民共和国环境保护法(修订)
全国人大常委会	2015	主席令第 26 号	中华人民共和国畜牧法(修改)
全国人大常委会	2015	主席令第 24 号	中华人民共和国动物防疫法(修改)
农业部等 8 部委	2015	农计发〔2015〕145 号	全国农业可持续发展规划(2015—2030 年)
中国保监会	2015	保监发〔2015〕31 号	农业保险承保理赔管理暂行办法
农业部	2015	农科教发〔2015〕1 号	农业部关于打好农业面源污染防治攻坚战的实施意见
农业部	2015	农农发〔2015〕2 号	到 2020 年化肥使用量零增长行动方案
农业部	2015	农牧发〔2015〕11 号	关于促进南方水网地区生猪养殖布局调整优化的指导意见
全国人大常委会	2016	主席令第 57 号	中华人民共和国固体废物污染环境防治法(修订)
农业部	2016	农办牧〔2016〕4 号	2016 年畜牧业工作要点
环境保护部、农业部	2016	环水体〔2016〕144 号	关于进一步加强畜禽养殖污染防治工作的通知
国务院	2016	国发〔2016〕58 号	全国农业现代化规划(2016—2020 年)
农业部等 6 部委	2016	农计发〔2016〕90 号	关于推进农业废弃物资源化利用试点的方案
全国人大常委会	2017	主席令第 70 号	中华人民共和国水污染防治法(修正)
国务院	2017	国办发〔2017〕48 号	关于加快推进畜禽养殖废弃物资源化利用的意见
农业部	2017	农牧发〔2017〕11 号	畜禽粪污资源化利用行动方案(2017—2020 年)
国家发改委、农业部	2017	发改农经〔2017〕178 号	全国农村沼气发展"十三五"规划
国家发改委、农业部	2017	发改办农经〔2017〕1352 号	关于整县推进畜禽粪污资源化利用工作的通知
全国人大常委会	2018	主席令第 31 号	中华人民共和国大气污染防治法(修正)
全国人大常委会	2018	主席令第 61 号	中华人民共和国循环经济促进法(修改)
全国人大常委会	2018	主席令第 16 号	中华人民共和国环境保护税法(修订)
农业农村部	2018	农办科〔2018〕14 号	全国农业污染源普查方案

2014 年起，国务院及相关部委密集出台关于环境保护的规划与文件，包括大量畜禽养殖污染治理相关规定，旨在从畜禽养殖污染的源头减量、过程控制、末端资源化利用等方面，形成较为系统的畜禽养殖污染防治政策体系(表 20-2)。例如，2014 年全国人大常委会颁布的《中华人民共和国环境保护法(修订)》(全国人民代表大会，2014)第四十九条，要求畜禽养殖场、养殖小区等的选址、建设和管理应当符合有关法律法规规定，畜禽养殖者应当采取措施对畜禽粪便等废弃物进行科学处置，防止污染环境；2015 年保监会出台的《农业保险承保理赔管理暂行办法》(中国保险监督管理委员会，2015)第十五条，要求保险机构应配合相关主管部门督促养殖场对病死标的进行无害化处理，并将无害化处理作为理赔的前提条件；同年农业部颁布的《关于打好农业面源污染防治攻坚战的实施意见》(农业部，2015a)，要求规模畜禽养殖场(小区)配套建设废弃物处理设施比例达到 75%以上；发布的《到 2020 年化

肥使用量零增长行动方案》(农业部，2015b)要求推进畜禽粪便资源化利用，通过有机肥替代来实现化肥的减量投入；2016年农业部等6个部委制定的《关于推进农业废弃物资源化利用试点的方案》(农业部等，2016)，表示力争到2020年试点县规模养殖场配套建设粪污处理设施比例达80%左右，畜禽粪污基本资源化利用。2016年颁布的《中华人民共和国环境保护税法》(全国人民代表大会，2016)第八条，明确畜禽养殖业不同畜禽品种的污染当量值，对存栏规模＞50头牛、500头猪、500羽禽类等的禽畜养殖场征收环境保护税。2017年颁布的《中华人民共和国水污染防治法(修正)》(全国人民代表大会，2018)第五十六条，表示国家支持建设畜禽粪便和废水的综合利用或者无害化处理设施，畜禽养殖应当保证畜禽粪便和废水的综合利用或者无害化处理设施正常运转，保证污水达标排放。同年国家发改委和农业部联合印发《关于整县推进畜禽粪污资源化利用工作的通知》(农业部，2017a)，计划到2020年完成200个以上整县推进任务，形成整县推进畜禽粪污资源化利用的良好格局。2018年颁布的《中华人民共和国大气污染防治法(修正)》(全国人民代表大会，2019)第七十五条，要求畜禽养殖场、养殖小区应当及时对畜禽粪便等进行收集、储存、清运和无害化处理，防止排放恶臭气体。

2000—2018年，中央政府还发布一系列畜禽粪便管理和再利用的技术标准(表20-3)，如《畜禽养殖业污染防治技术规范》(HJ/T 81—2001)、《畜禽养殖业污染物排放标准》(GB 18596—2001)和《沼气工程技术规范》(NY/T 1220—2019)等，主要以控制污染排放，实现污染安全处置和资源化利用为目标。

为应对可能出现的种种问题，中央政府发布多项规划和行动方案。2015年农业部等8个部委制定的《全国农业可持续发展规划(2015—2030年)》(农业部等，2015)要求推广畜禽粪便无害化利用，增加养殖废弃物综合利用率；2016年国务院出台的《全国农业现代化规划(2016—2020年)》(国务院，2016)要求推广污水减量、厌氧发酵和粪便堆肥等生态化治理模式；2017年农业部发布的《畜禽粪污资源化利用行动方案(2017—2020年)》(农业部，2017b)中重申国务院对畜禽粪污资源化利用的指导意见，并且提出明确的目标，即到2020年，建立科学规范、权责清晰和约束有力的畜禽养殖废弃物资源化利用制度，加快构建种养结合和农牧循环的可持续发展新格局，全国畜禽粪污综合利用率达到75%以上，规模养殖场粪污处理设施装备配套率达到95%以上，大规模养殖场粪污处理设施装备配套率提前1年达到100%。同年，国家发改委和农业部联合印发《全国农村沼气发展"十三五"规划》(国家发改委等，2017)提出"十三五"期间，要投资500亿元发展沼气工程以促进畜禽粪便的无害化与资源化利用。2018年，农业农村部印发《全国农业污染源普查方案》(农业农村部，2018)，将畜禽养殖业的养殖情况、粪污产生和处理情况定为重要的普查内容，为全国今后畜禽粪污综合利用政策与法规的制定奠定坚实基础。

表 20-3　2000—2018 年中国国家层面发布主要畜禽粪便管理技术标准

发布机关	标准号	标准名称
环境保护总局	HJ/T 81—2001	畜禽养殖业污染防治技术规范
国家质量监督检验检疫总局、环境保护总局	GB 18596—2001	畜禽养殖业污染物排放标准
农业部	NY/T 1167—2006	畜禽场环境质量及卫生控制规范
农业部	NY/T 1169—2006	畜禽场环境污染控制技术规范
农业部	NY/T 1334—2007	畜禽粪便安全使用准则
环境保护部	HJ 497—2009	畜禽养殖业污染治理工程技术规范
环境保护部	HJ 568—2010	畜禽养殖产地环境评价规范
国家质量监督检验检疫总局	GB/T 25246—2010	畜禽粪便还田技术规范
国家质量监督检验检疫总局	GB/T 25169—2010	畜禽粪便监测技术规范
国家质量监督检验检疫总局	GB/T 25171—2010	畜禽养殖废弃物管理术语
环境保护部	HJ-BAT-10	规模畜禽养殖场污染防治最佳可行技术指南
国家市场监督管理总局	GB/T 36195—2018	畜禽粪便无害化处理技术规范
农业农村部	NY/T 1220—2019	沼气工程技术规范

(三)各省份管理政策

为落实中央畜禽粪便管理政策，各地方政府根据其畜牧业发展情况，发布份数不等的地方政策，加强畜禽粪便的处理，鼓励沼气生产等废弃生物质再利用。广东省利用畜禽粪污生产沼气，推广以沼气为纽带的生态农业模式，并于 2009 年颁布《广东省“十二五”农村沼气工程建设规划纲要》(广东省人民政府，2019)，规划新建 10 万户农村户用沼气，近千个乡村沼气服务网点，年生产沼气达 9 570 万 m^3。江苏省和贵州省的治理重点区域在省内重点河流流域，并划定禁养(牧)区，江苏省于 2009 年颁布《江苏省太湖流域水环境综合治理实施方案》，2018 年颁布《江苏省太湖水污染防治条例》。江西省和山东省的政策重点在养殖场粪污排放的管理监督，江西省于 2017 年颁布《江西省农业生态环境保护条例》(江西省农业厅，2017)第二十五条规定，自行建设畜禽养殖废弃物综合利用和无害化处理设施的畜禽养殖场(小区)或者代为处理畜禽养殖废弃物的单位，畜禽养殖排放的畜禽粪便和污水等废弃物，应当符合中央和省级规定的污染物排放标准和总量控制指标。2017 年山东省颁布的《山东省生态环境保护“十三五”规划》(山东省人民政府，2017a)中规定，到 2020 年全省规模化养殖场畜禽粪便和污水处理利用率分别达到 90%和 60%以上。

部分地方政策规定畜禽粪便利用的政府补贴，主要鼓励和支持利用畜禽粪便生产有机肥，其次是沼气发酵，也有部分政策文件鼓励燃烧发电(表 20-4)。例如，山东省 2017 年发布的《山东省加快推进畜禽养殖废弃物资源化利用实施方案》(山东省人民政府，2017b)中，规定“到 2025 年，全省畜禽粪污基本全量处理利用，农牧循环格局基本形成”，利用方式以有机肥还田和沼气生产为主。北京市、上海市、浙江省、福建省、湖南省和天津市等地也陆续制定有机肥补贴政策，补贴标准一般在 200～500 元/t，领取补贴的要求一般为对单位面积使用有机肥数量的要求。例如，浙江省金华市要求施用商品有机肥 3.0～4.5 t/hm^2 以上（金华经济技术开发区管委会党政综合办公室，2016）。江苏省对不同规模的养殖场采取了不同的补贴政策：小规模的养殖场（生猪存栏 100 头以下）由政府出资建设蓄粪池；而在存栏达到 100 头的中小规模养殖场则采用异位发酵床微生物降解模式，政府提供相应补贴；针对畜禽养殖户密集区采用第三方集中处理模式，由区级和镇级政府承担部分费用；对于大规模养殖场则采用种养专业一体化处理模式，对畜禽粪便进行多元化处理，实现环境效益和经济效益最佳化（郑微微等，2017）。吉林省吉林市 2018 年颁布的《吉林市加快推进畜禽养殖废弃物资源化利用工作方案》（吉林市人民政府办公厅，2018）中鼓励大力发展绿色农牧业循环经济，提出统筹区域资源环境承载能力、土地粪污消纳能力和生态环保要求，加快推进种养业循环发展。

表 20-4　中国不同地区对畜禽粪便综合利用的补贴政策

地区	补贴内容	补贴对象	补贴标准	参考文献
浙江金华	年计划补贴推广商品有机肥 4 000～5 000 t，享受补贴的商品有机肥采取“总量控制、分解任务、质量监控、据实直补”原则予以补贴	合作社、种植大户、农业企业	300 元/t	金华经济技术开发区管委会党政综合办公室（2016）
上海	商品有机肥按计划完成数给予 200 元/t 补贴	市属农业企业	200 元/t	上海市农业委员会等（2017）
天津武清	化肥使用量零增长示范项目，通过示范带动，扩大实施规模，开展耕地质量提升技术商品有机肥补助	种植大户、专业合作社、家庭农场	350 元/t	天津市农村工作委员会（2018）
北京门头沟	地块集中连片且种植面积达到 2 hm^2 以上，补贴有机肥上限 15 t/hm^2，价格最高 598 元/t，其中区农业局承担相应有机肥价格的 80%，申购主体负担对应有机肥价格的 20%	果园、粮田、菜田所有者	478 元/t	门头沟区农业局（2018）
福建三明	推广商品有机肥施用量达 3.75 t/hm^2 的，对施用面积给予补贴，可施用于耕地和园地，其中耕地上示范推广使用商品有机肥面积不少于目标任务的 50%	示范农户、种植大户、家庭农场、农民合作社和农业企业	400 元/t	三明市农业局（2018）
湖南常德	支持企业利用畜禽粪便开展生物有机肥等生产	有机肥生产企业	50 元/t	赵润等（2011）
山东	政府通过公开招标方式采购有机肥并给予补贴	招标采购方	300 元/t	刘忆兰（2018）
天津宝坻	对建造 600 m^3 沼气工程的养殖场给予补贴	养殖场	75 万/个	赵润等（2011）
湖南常德	大力推广农村沼气和气化炉等清洁能源的建设使用	沼气池建设方	1 000 元/池	赵润等（2011）
云南大理	鼓励畜牧散养户和建造户用堆粪池	建池农户	150 元/m^3	赵润等（2011）

在政策实施过程中，各省份因地制宜制定具体措施，保证政策实施。截至 2016 年 5 月 31 日，江西省禁养区内已关停规模化生猪养殖场 2 467 家，创建畜禽养殖标准化示范场 189 家（江西省人民政府，2016）；2017 年，黑龙江省在全省禁养区内共关闭养殖场（养殖小区）

176 个，并完成全部搬迁或关闭工作(黑龙江省生态环境厅，2018)；山东省肥城市 2017 年共关闭搬迁禁养区畜禽养殖场(户)449 家(肥城市人民政府，2018)；山西省 2017—2018 年关闭或搬迁规模养殖场 194 个，68.4%的规模化畜禽养殖场配套建成粪污储存、处理和利用等设施，定点整改晋城市和吕梁市等地粪便随意堆放和污水直排等问题(山西省环保厅，2018)。

三、存在问题

(一)畜禽粪便产量巨大，政策执行存在差异

随着畜禽生产的集约化程度越来越高，饲养量及饲养密度急剧增加，畜禽养殖区域集中的生产格局已基本形成，畜禽粪污的产量和密集程度也日益增多(程文定等，2006)。然而，养殖户缺乏环境保护意识仍严重威胁着区域生态环境安全(姜珊等，2014)。同时，不同地方不同部门在执行政策的过程中对政策目标认识和管理手段均存在差异，使得执行政策的过程存在偏差。

(二)畜禽粪便污染防控的法律法规体系不完善、监管力度不足

2000—2018 年中央及地方政府在畜禽养殖与环境保护方面出台一系列法律法规，然而，这些立法都偏向行业性，对污染治理缺少系统性和可操作性的章程(肖芳禹，2017)。与此同时，政府参与监管与治理的手段不足，缺乏完备的法律法规和可行的技术操作规范(孟祥海，2014)。因此，现有的法律法规体系没能将畜禽养殖与可持续农业发展有效地结合起来，基层监管部门在很多重要的环节上缺乏相关法律法规的支持及保护(姜珊等，2014)。虽然中央和地方政府相关部门均发布过畜禽粪便管理相关政策与法规，但是由于管理权责部门不明确，导致政策落地情况与制定初衷存在差异。

(三)畜禽粪便污染防控缺乏有效的政策激励机制

目前国家发布的畜禽养殖相关政策多具有原则性和约束性，而缺少经济激励性以及对政策的长效评估办法(赵润等，2017)。如中央政府对于有机肥的补助大多补贴给了有机肥生产商，对于畜禽粪便产生单位却没有，这不利于调动养殖单位处理畜禽粪便的积极性。再如目前政府对畜禽粪便等养殖废弃物污染治理补贴方式较为单一，各级政府经费投入偏向于对规模养殖户的污染防治，对数量众多的小型畜禽养殖户缺少有效的补贴和激励政策(白晓龙，2016；李俊营等，2017)。

(四)畜禽养殖区域规划不合理

目前存在养殖场地区分布不均的情况：一部分地区的大型养殖场过度密集，远远超越该区域环境承载能力，导致局部区域畜禽粪便产量巨大，容易无法及时处理，增加环境污染的防控难度；一部分地区畜禽养殖场位置偏远且分布稀松，导致畜禽粪便的无害化与资源化利用的效率低下，间接增加了环境保护与治理的成本(樊丽霞等，2019)。

(五)畜禽粪便资源化利用途径少、市场小、成本高

首先，畜禽粪便肥料化过程中容易出现畜禽原食用饲料的添加剂残留、有害物质超标等情况(黎运红，2015)。其次，如今种植业和养殖业都在朝着集约化的方向发展，应用粪便生产有机肥及其施用成本较高，改革开放以来逐渐被施用化肥取代。再次，沼气化利用是目前畜禽粪便能源化利用的主要方向。但是由于目前还没有相关部门制定生物天然气并入输气管道的政策，沼气使用效率大大降低。同时畜禽粪便在收储运体系中，其成本高达 50 元/t，其中 60%的费用为政府补贴(郑微微等，2017)。

(六)畜禽粪便无害化处理与资源化利用技术水平有待提高

虽然国内相关科研机构和部分畜禽养殖企业已经开始对畜禽粪便减量化生产、无害化处理和资源化利用进行研究，但研究技术还不够成熟，投资力度较为欠缺。首先，养殖过程中无害处理设备不完备。第二，传统自然或微生物堆腐方式生产的有机肥肥效低、体积大，运输成本高，不利于营销(郭珺等，2011)。第三，现代机械化施肥设备主要针对化肥，缺少有机肥的施用机械化(李文哲等，2013)。第四，畜禽粪便极易携带病原菌、重金属以及抗生素残留等物质，当前的饲料化利用技术容易产生二次污染，有碍生产。第五，目前大规模养殖企业缺少效率高、污染防治效果好的大型能源化利用工程，不利于畜禽粪便集约化利用(董雪霁等，2018)。

四、管理政策建议

(一)完善现有法律法规

首先，在《中华人民共和国宪法》中，考虑增加对公民环境权等相关权益的保护的内容(陈靖，2005)。第二，在《中华人民共和国环境保护法》中，考虑增加农村污染防治的相关内容，明确农村环境污染防治的基本原则与制度，以及各级政府、组织与个人在其中所承担的职责与责任(郭海娟，2016)。第三，在《畜禽养殖污染防治条例》等规范条例中，考虑根据畜

禽养殖业发展的现状与畜禽养殖污染防治的特点细化内容、统一防治评判标准(姜珊等，2014)。最后，考虑完善资源化利用相关法律法规，统一畜禽粪便制肥、排污废水制肥制沼气的规模和技术等方面的规定，对资源化利用产物有一个较为明确的评价，积极推动畜禽排泄物资源化利用(肖芳禹，2017)。

(二)加强监管整治力度

首先，在政策制定中要完善监督管理制度，明确政府各部门监管职责，对养殖场粪污处理效果等进行严格的监督和管理。第二，建立严格的处罚章程，制定污染程度分级和对应处罚标准，对于不符合养殖标准的养殖场严格按章程对其处罚。第三，除部门监管外，健全公益诉讼制度，维护农村环境保护的权益，积极保障公益诉讼途径畅通(刘燕，2013)。在制度建立中，要确定农村环境侵权公益诉讼主体和客体，积极客观处理诉讼事宜。

(三)完善激励补贴措施和监督机制

在补贴相关政策制定中，应当明确以下 4 个方面：首先，应当明确补贴目标。在畜禽粪便资源利用和治理中，资源化利用应当给予鼓励和适当补贴，但污染治理不应享受补贴。第二，应当明确补贴对象。姚文捷(2016)研究认为直接排放等方式存在潜在的环境污染问题，不应予以补贴。沼气发酵等方式可以在取得一定经济效益的同时缓解环境污染，应当予以补贴。第三，应当明确补贴额度与方式。适当的补贴额度可以有效提高养殖户建设畜禽粪便资源化利用设施的积极性，同时将补贴合理分为前期建设补贴和后期运营补贴可以保证项目的按期开展与稳定运营。第四，应当明确补贴监督和沟通机制，在补贴实施过程中提高政策执行透明度，接受广泛监督。

(四)构建畜禽粪便管理和利用的标准体系

首先，在技术上推广以干清粪工艺为代表的技术，从源头减少粪污的产生量。其次，明确区域畜禽粪污土地承载力以及畜禽规模养殖场粪污消纳配套土地面积，提供规模化养殖场构建标准。第三，建立以养殖规模为标准的分类管理制度，对不同规模的养殖户进行合理布局，并执行不同标准和政策(肖芳禹，2017)。第四，建立畜禽养殖排污评价标准体系，对畜禽粪便等进行更明确的定义，对畜禽粪便量、碳减排量和水土影响力建立更科学统一的标准计算方法。

(五)构建畜禽粪便市场交易机制和收储运体系

首先，增加畜禽粪便收储运的补贴，提高畜禽粪便收储的积极性，强化收储运企业与畜禽粪便资源化利用企业的合作关系，保证畜禽粪便资源可持续性供给。其次，建立完善的农产品可追溯体系和绿色认证门槛，通过提高消费者对农产品质量的信任度，间接调动种植户施用畜禽粪便资源化利用产品的积极性，增加有机肥等生态农产品的经济价值。第三，出台相关政策指导，推行构建生态补偿机制，创建宽松专业化治理市场，辅助成立碳汇交易市场。

（六）加强科研技术对畜禽粪便资源化利用产业的支持

张海涛等（2015）研究认为，《畜禽养殖污染防治管理办法》和《畜禽规模养殖污染防治条例》等重要文件出台后，地方政府响应不够积极，出台实施细则并具备可操作性的技术相关文件很少。且由于不同畜禽养殖废弃物含有的成分不同，其最佳处理方式和处理成效也有所不同（舒畅，2017）。因此地方政府在已有文件之外，可以出台相关指导性政策，通过建立现代化的土壤环境评价等机制确保畜禽粪便污染治理和资源化利用的方法经济上可行、生态上环保和技术上衔接紧密。同时中央帮助引导地方政府出台符合当地实际的可操作的相关实施细则，提高政策的执行性。

（七）加强养殖户管理和宣传教育

在养殖户管理政策的制定中，首先要构建体系标准，规范畜禽养殖户生产行为。对于养殖规模小的散养户应建立“一县一策”的管理办法，通过共用治污设施等途径对散养户进行扶持和监管（肖芳禹，2017）。其次要加强土地管理，监督和管理畜禽养殖户的生产行为，保证资源环境不受畜禽养殖污染影响（张海涛等，2015）。第三要落实补贴申请和资金管理。在政府部门拟定的具体实施方案中，应当注重畜禽养殖相关合同的合法性、畜禽养殖户申报的真实性、补贴实施的透明性，以及下级部门补贴拨付的及时性与足额性。同时，环境普法教育和警示教育可以从源头帮助减少畜禽粪便的产生和有效处理（孟祥海，2014），相关组织和部门首先可以通过新闻媒体和公益讲座等多种方式宣传农业绿色发展理念，让农民群众充分认识到畜禽粪便污染治理和再利用的重要作用。其次，可以通过举办普法活动，增强农民环境维权意识。最后，及时公布当地畜禽粪便污染与治理情况，增加农民对畜禽粪便管理的参与感。

参考文献

白晓龙. 农村非规模化畜禽污染防治现状调研与分析[J]. 黑龙江畜牧兽医，2016(22)：86-88.

包维卿，刘继军，安捷，等. 中国畜禽粪便资源量评估的排泄系数取值[J]. 中国农业大学学报，2018a，23(5)：1-14.

包维卿，刘继军，安捷，等. 中国畜禽粪便资源量评估相关参数取值商榷[J]. 农业工程学报，2018b，34(24)：314-322.

陈靖. 对完善我国环境污染防治法律的思考[J]. 新疆大学学报(哲学社会科学版)，2005，33(4)：42-45.

程文定，郜敏，吴天德，等. 畜禽粪便等有机废弃物饲料资源化开发应用研究[J]. 中国畜牧兽医，2006(7)：24-26.

董雪霁，吴志毅，幺瑞林，等. 畜禽养殖污染防治及环境管理[J]. 污染与防治，2018，30(3)：67-70.

樊丽霞，杨智明，尹芳，等. 畜禽粪便利用现状及发展建议[J]. 现代农业科技，2019(1)：175-176+181.

肥城市人民政府. 2018年山东省肥城市政府工作报告[DB/OL]. (2018-03-02) http://cn.chinagate.cn/reports/2018-03/02/content_50635262_0.htm.

广东省人民政府. 广东省"十二五"农村沼气工程建设规划纲要[DB/OL]. (2019-08-01) https://wenku.baidu.com/view/90b5cc1859eef8c75fbfb3de.html.

郭海娟. 浅析《新环境保护法》中对农村环境的保护[J]. 黑龙江粮食，2016(3)：51-54.

国家发展改革委，农业部. 国家发展改革委、农业部关于印发《全国农村沼气发展"十三五"规划》的通知[DB/OL]. (2017-02-10) http://www.gov.cn/xinwen/2017-02/10/content_5167076.htm.

国家环境保护总局. 畜禽养殖污染防治管理办法[DB/OL]. (2001-05-08) http://www.law-lib.com/law/law_view.asp? id=15596.

郭珺，庞金梅. 畜禽养殖废弃物污染防治与资源化循环利用[J]. 山西农业科学，2011，39(2)：149-151.

国务院. 国务院关于印发《全国农业现代化规划(2016—2020年)》的通知[DB/OL]. (2016-10-21) http://jiuban.moa.gov.cn/zwllm/zcfg/flfg/201610/t20161021_5313749.htm.

Harbo Nana，杨宇，钱金花. 丹麦粪肥管理法律与策略——对中国养殖业的启示[J]. 今日养猪业，2015(4)：68-69.

何思洋，李蒙，傅童成，等. 中国畜禽粪便管理政策现状和前景述评[J]. 中国农业大学学报，2020，25(5)：22-37.

黑龙江省生态环境厅. 关于黑龙江省畜禽禁养区划定情况的报告[DB/OL].(2018-04-23)http：//gkml.dbw.cn/web/CatalogDetail/5DA951BEF5D9A948.

环境保护部. 环境保护部关于发布《畜禽养殖业污染防治技术政策》的通知[DB/OL].(2010-12-30)http：//www.gov.cn/gongbao/content/2011/content_1858099.htm.

嘉慧. 发达国家养殖污染的防治对策[J]. 中国畜牧兽医文摘，2008(1)：85-86.

吉林市人民政府办公厅. 吉林市人民政府办公厅关于印发吉林市加快推进畜禽养殖废弃物资源化利用工作方案的通知[DB/OL].(2018-07-11)http：//gfxwj.jlcity.gov.cn/gfxwj_z/bgtwj/jxyxwj/201807/t20180711_459985.html.

姜珊，许振成，吴根义. 我国农业畜禽养殖废弃物系统控制政策措施分析[J]. 湖南农业科学，2014(11)：46-49.

江西省农业农村厅. 江西省农业生态环境保护条例[DB/OL].(2017-03-30)http：//nync.jiangxi.gov.cn/art/2017/3/30/art_28485_1100382.html.

江西省人民政府. 江西省人民政府关于水库水环境整治工作情况的报告[DB/OL].(2016-09-27)http：//jxrd.jxnews.com.cn/system/2016/09/27/015234226.shtml.

金华经济技术开发区管委会党政综合办公室. 金华经济技术开发区商品有机肥补贴推广实施方案(2015-2016)[DB/OL].(2016-03-24) http：//kfq.jinhua.gov.cn/01/fgwj/zcwj/201603/t20160324_3555802_1.html.

金书秦，韩冬梅，王莉，等. 美国畜禽污染防治的经验及借鉴[J]. 农村工作通讯，2013(2)：62-64.

廖新俤. 欧美养殖废弃物管理对策比较及对我国养殖废弃物治理的启示[J]. 中国家禽，2017(4)：1-3.

冷罗生. 日本应对面源污染的法律措施[J]. 长江流域资源与环境，2009，18(9)：871-875.

黎运红. 畜禽粪便资源化利用潜力研究[D]. 武汉：华中农业大学，2015.

李俊营，詹凯，刘伟，等. 畜禽养殖废弃物管理法律法规及标准现状与思考[J]. 家畜生态学报，2017，38(12)：78-82.

李文哲，徐名汉，李晶宇. 畜禽养殖废弃物资源化利用技术发展分析[J]. 农业机械学报，2013，44(5)：135-142.

刘冬梅，管宏杰. 美、日农业面源污染防治立法及对中国的启示与借鉴[J]. 世界农业，2008(4)：35-37.

刘炜. 加拿大畜牧业清洁养殖特点及启示[J]. 中国牧业通讯，2008(8)：18-19.

刘燕. 我国农村畜禽养殖污染防治法律问题研究[D]. 武汉：华中农业大学，2013.

刘忆兰. 补贴政策对养殖户畜禽粪便处理方式选择的影响研究[D]. 杨凌：西北农林科技大学，2018.

刘资炫. 醴陵市畜禽污染综合治理研究[D]. 长沙：中南林业科技大学，2015.

罗小梅. 广西农村畜禽养殖污染治理创新研究[D]. 南宁：广西大学，2017.

吕文魁，王夏晖，李志涛，等. 发达国家畜禽养殖业环境政策与我国治理成本分析[J]. 农业环境与发展，2011(6)：22-26.

门头沟区农业局. 门头沟区实施减少面源污染有机肥补贴政策[DB/OL].(2018-08-14)http://www.bjmtg.gov.cn/bjmtg/zwxx/bmdt/201808/1002656.shtml.

孟祥海. 中国畜牧业环境污染防治问题研究[D]. 武汉：华中农业大学，2014.

农业部. 农业部关于打好农业面源污染防治攻坚战的实施意见[DB/OL].(2015a-04-10)http://www.law-lib.com/law/law_view.asp? id=495077＃＃1.

农业部. 到2020年化肥使用量零增长行动方案[DB/OL].(2015b-03-18)http://jiuban.moa.gov.cn/zwllm/tzgg/tz/201503/t20150318_4444765.htm.

农业部，国家发展改革委，科技部，等. 全国农业可持续发展规划(2015—2030年)[DB/OL].(2015-05-28)http://www.gov.cn/xinwen/2015-05/28/content_2869902.htm.

农业部，国家发展改革委，财政部，等. 关于印发《关于推进农业废弃物资源化利用试点的方案》的通知[DB/OL].(2016-08-11)http://jiuban.moa.gov.cn/zwllm/zcfg/nybgz/201609/t20160919_5277846.htm.

农业部. 农业部就整县推进畜禽粪污资源化利用有关情况举行发布会[DB/OL].(2017a-08-30)http://www.gov.cn/xinwen/2017-08/30/content_5221475.htm＃1.

农业部. 农业部关于印发《畜禽粪污资源化利用行动方案(2017—2020年)》的通知[DB/OL].(2017b-08-20)http://www.moa.gov.cn/nybgb/2017/dbq/201801/t20180103_6134011.htm.

农业农村部. 农业农村部办公厅关于印发《全国农业污染源普查方案》的通知[DB/OL].(2018-06-20)http://www.moa.gov.cn/nybgb/2018/201806/201809/t20180904_6156745.htm.

全国人民代表大会. 中华人民共和国畜牧法[DB/OL].(2005-12-30)http://jiuban.moa.gov.cn/zwllm/zcfg/flfg/200601/t20060119_539110.htm.

全国人民代表大会. 中华人民共和国循环经济促进法[DB/OL].(2008-08-29)http://www.gov.cn/flfg/2008-08/29/content_1084355.htm.

全国人民代表大会. 中华人民共和国农业法(修正)[DB/OL].(2013-01-04)http://jiuban.moa.gov.cn/zwllm/zcfg/flfg/201301/t20130104_3134804.htm.

全国人民代表大会. 中华人民共和国环境保护法[DB/OL].(2014-04-25)http://www.gov.cn/xinwen/2014-04/25/content_2666328.htm.

全国人民代表大会. 中华人民共和国环境保护税法[DB/OL].(2016-12-26)http://www.gov.cn/xinwen/2016-12/26/content_5152775.htm.

全国人民代表大会. 中华人民共和国水污染防治法(修正)[DB/OL].(2018-05-02)http://zhzfj.jiaxing.gov.cn/art/2018/5/2/art_1601523_27601223.html.

全国人民代表大会. 中华人民共和国大气污染防治法(修正)[DB/OL].(2019-07-21)http://www.ruian.gov.cn/art/2019/7/21/art_1423793_35945315.html.

三明市农业局. 2018年三明市耕地保护与质量提升项目实施方案[DB/OL].(2018-05-21)http://xxgk.sm.gov.cn/szfgzjg/nyj/zfxxgkml/nygzjhfzghfzdt/201805/t20180521_1125463.htm.

山东省人民政府. 山东省人民政府关于印发山东省生态环境保护"十三五"规划的通知[DB/OL].(2017a-04-21)http://www.shandong.gov.cn/art/2017/4/21/art_2171_55506.html.

山东省人民政府. 山东省人民政府办公厅关于印发山东省加快推进畜禽养殖废弃物资源化利用实施方案的通知[DB/OL]. (2017b-09-30) http://www.shandong.gov.cn/art/2017/9/30/art_2259_27452.html.
山西省环保厅. 山西省贯彻落实中央环境保护督察反馈意见整改工作情况的报告[DB/OL]. (2018-09-28) http://www.shanxi.gov.cn/zw/tzgg/201809/t20180928_479328.shtml.
上海市农业委员会，上海市财政局. 上海市农业委员会、上海市财政局关于完善本市耕地质量保护与提升补贴相关政策的通知[DB/OL]. (2017-06-19) http://www.shanghai.gov.cn/nw2/nw2314/nw2319/nw12344/u26aw52749.html? date=2017-06-19.
舒畅. 基于经济与生态耦合的畜禽养殖废弃物治理行为及机制研究[D]. 北京：中国农业大学，2017.
天津市农村工作委员会. 关于支持新一轮结对帮扶困难村农业发展的实施方案[DB/OL]. (2018-07-20) http://gk.tj.gov.cn/gkml/000124185/201807/t20180724_79029.shtml.
吴锦瑞. 重抓养殖业污染整治，促进龙岩市畜牧业持续发展[J]. 福建畜牧兽医，2011，33(1)：66-69.
肖芳禹. 我国畜禽养殖污染防治法律问题研究[D]. 重庆：西南政法大学，2017.
谢光辉，包维卿，刘继军，等. 中国畜禽粪便资源研究现状述评[J]. 中国农业大学学报，2018，23(4)：75-87.
杨晓萌. 生态补偿机制的财政视角研究[M]. 大连：东北财经大学出版社，2013：72-75.
姚文捷. 畜禽养殖污染治理的绿色补贴政策研究[D]. 杭州：浙江工商大学，2016.
余海波，方向东，刘开武. 发达国家治理畜禽养殖污染的法规及经验[J]. 四川畜牧兽医，2015，42(12)：13-14.
张海涛，任景明. 我国畜禽养殖业污染防治问题及国外经验启示[J]. 环境影响评价，2015，37(6)：30-33.
张晓岚，吕文魁，杨倩，等. 荷兰畜禽养殖污染防治监管经验及启发[J]. 环境保护，2014，42(15)：71-73.
张学峰，田占辉，丁瑜，等. 畜禽粪便对环境的污染及解决途径[J]. 吉林畜牧兽医，2010，31(10)：12-16.
张玉梅. 基于循环经济的生猪养殖模式研究[D]. 北京：中国农业大学，2015.
赵润，张克强，杨鹏，等. 我国畜禽废弃物管理的生态补偿研究[J]. 江苏农业科学，2011，39(4)：423-428.
赵润，渠清博，冯洁，等. 我国畜牧业发展态势与环境污染防治对策[J]. 天津农业科学，2017，23(3)：9-16.
郑铃芳，章杰. 国外畜禽养殖污染防治经验介绍[J]. 中国猪业，2015(11)：16-18.
郑微微，沈贵银，李冉. 畜禽粪便资源化利用现状、问题及对策——基于江苏省的调研[J]. 现代经济探讨，2017(2)：57-61.
中国保险监督管理委员会. 中国保监会关于印发《农业保险承保理赔管理暂行办法》的通知[DB/OL]. (2015-03-25) http://xizang.circ.gov.cn/web/site0/tab5225/info3954696.htm.
中国农业年鉴编辑委员会. 中国农业年鉴[M]. 北京：中国农业出版社，2015.
中国畜牧兽医年鉴编辑部. 中国畜牧兽医年鉴[M]. 北京：中国农业出版社，2015.

周俊玲. 发达国家养殖业污染的防治对策与启示[J]. 世界农业，2006(8)：12-14.

Chambers B J, Smith K A, Pain B F. Strategies to encourage better use of nitrogen in animal manures [J]. Soil Use Management, 2000, 16: 157-161.

Jongbloed A W, Lenis N P. Environmental concerns about animal manure[J]. Journal of Animal Science, 1998, 76: 2641-2648.

Le C, Zha Y, Li Y, Sun D, Lu H, Yin B. Eutrophication of lake waters in China: cost, causes, and control[J]. Environmental Management, 2010, 45: 662-668.

Qian Y, Song K, Hu T, Ying T. Environmental status of livestock sectors in China under current transformation stage[J]. Science of the Total Environment, 2018:622-623, 702-709.

Wang F, Dou Z, Ma L, Ma W, Sims J, Zhang F. Nitrogen mass flow in China's animal production system and environmental implications [J]. Journal of Environmental Quality, 2010, 39 (5): 1537-1544.

Yang Y, Ni J, Zhu W, Xie GH. Life cycle assessment of large-scale compressed bio-natural gas production in China: a case study on manure co-digestion with corn stover[J]. Energies, 2019, 12: 1-19.

第五部分

餐饮垃圾、废弃油脂和污水污泥

第二十一章

餐饮垃圾、废弃油脂和污水污泥的概念及其资源量研究方法

内容提要

本章完善了餐饮垃圾、废弃油脂和污水污泥的定义和分类，完善了资源量的评估计算方法。对于餐饮垃圾，根据其来源分为商业餐馆和内部食堂餐饮垃圾，通过对12个省份32个地级市样点的调研获得的782份有效问卷，得到全国各省份餐馆日均和食堂人均餐饮垃圾产率。对于废弃油脂，按来源可分为7类，分别为家庭餐厨废弃油脂、餐饮业废弃油脂、废弃畜禽尸体油脂、屠宰动物下脚料废弃油脂、污水管地沟油、废弃植物籽粒油和食品油脂厂废油，本章确定了餐饮业间接泔水油、屠宰动物下脚料废弃油脂和废弃畜禽尸体油脂的资源量计算方法。对于污水污泥，按照来源可分为市政污泥和工业污泥两类，从行业统计年鉴中可直接获得污水污泥产量。

一、餐饮垃圾、废弃油脂和污水污泥的定义和分类

（一）餐饮垃圾的定义和分类

2013 年住建设部发布的《餐厨垃圾处理技术规范》(CJJ 184—2012)中指出，餐厨垃圾是餐饮垃圾和厨余垃圾的总称。其中，餐饮垃圾指餐馆、饭店、单位食堂等的饮食剩余物以及后厨的果蔬、肉食、油脂、面点等的加工过程废弃物；厨余垃圾指家庭日常生活中丢弃的果蔬及食物下脚料、剩饭剩菜、瓜果皮等易腐有机垃圾。与厨余垃圾相比，餐饮垃圾因其产量集中、污染性强却易于收集等特点而得到更多的关注。

（二）废弃油脂的定义和分类

根据能源行业《废弃油脂分类标准》(NB/T 34058—2017)，废弃油脂是指在餐饮业、畜牧养殖和加工业、作物种植业、食品加工业等生产经营活动中，以及在家庭饮食活动中，直接获得的以变质油脂为主的不可食用油脂，以及从含油废弃物中提炼分离获得的油脂。按来源将废弃油脂分为家庭餐厨废弃油脂、餐饮业废弃油脂、废弃畜禽尸体油脂、屠宰动物下脚料废弃油脂、污水管地沟油、废弃植物籽粒油和食品油脂厂废油。

家庭餐厨废弃油脂指居民家庭厨余垃圾中产生的废弃油脂，主要包括从抽油烟机获得的凝析油和剩菜、剩饭中的废弃油脂。

餐饮业废弃油脂指餐饮业各类饭馆及食堂产生的废弃油脂，包括餐饮业厨房废油和餐饮业泔水油。餐饮业厨房废油是餐饮业各类饭馆及食堂的厨房产生的废弃油脂，又包括餐饮业煎炸废油和餐饮业凝析油。餐饮业泔水油是从餐饮业剩菜、剩饭和刷锅水中获得的油脂，分为餐饮业直接泔水油和餐饮业间接泔水油。

废弃畜禽尸体油脂指从动物养殖场和屠宰场的各类废弃的动物尸体中提炼获得的油脂。屠宰动物下脚料废弃油脂是从屠宰动物过程中产生的下脚料提炼的废弃油脂。

污水管地沟油是指在餐馆和食堂下水道入口以外的市政污水管或检查井中，清掏获得的废弃油脂，也属于地沟油。

废弃植物籽粒油是从废弃含油植物籽粒中提炼的油脂，食品油脂厂废油指在食品和油脂加工、储藏过程中产生的废油。

废弃油脂还包括地沟油。2010 年 7 月国务院《关于加强地沟油整治和餐厨废弃物管理的意见》(国办发〔2010〕36 号)对“地沟油”的概念和种类做出了明确规定，“地沟油”是指用餐厨废弃物提炼的所谓食用油，也就是大众俗称的潲水油和反复使用后的废弃油脂两大类。

2017年国务院又发布了《国务院办公厅关于进一步加强“地沟油”治理工作的意见》(国办发〔2017〕30号),将肉类加工废弃物和检验检疫不合格畜禽产品等非食品原料生产和加工的油脂也定义为“地沟油”。

(三)污水污泥的定义和分类

根据国家标准《城镇污水处理厂污泥处置分类》(GB/T 23484—2009),污水污泥是指在污水净化处理过程中产生的含水率不同的半固态或固态物质,不包括栅渣、浮渣和沉砂池砂砾。中国污水处理工程网定义的污泥是污水经过物理法、化学法、物理化学法和生物法等方法处理后的副产物,是一种由有机残片、细菌菌体、无机颗粒和胶体等组成的极其复杂的非均质体,悬浮物浓度一般为1%～10%,并呈介于液体和固体两种形态之间的胶体状态。

按照污水来源分类,污泥可以大体上分为市政污泥和工业污泥。市政污泥主要来自城市污水厂、给水厂和给排水管网等市政设施。工业污泥在中国主要集中在电镀、冶金钢铁、纺织印染、化工和造纸等行业中。

二、餐饮垃圾、废弃油脂和污水污泥产量的研究方法

(一)餐饮垃圾产量的研究方法

1. 餐饮垃圾产量的计算公式

依据餐饮垃圾的来源计算产量,包括面向公众开放的商业餐馆和供内部人员就餐的单位食堂。本研究调研获得餐饮垃圾的产量均为鲜重,由公式(21-1)计算得出,具体如下。

$$Q_R = \sum_{i=1}^{4} RFW_i + \sum_{k=1}^{4} RFW_k \tag{21-1}$$

式中:Q_R为餐饮垃圾产生量(kg)。

RFW_i为i类商业餐馆餐饮垃圾产量,i指商业餐馆种类,包括$i=1$,超大型餐馆;$i=2$,大型餐馆;$i=3$,中型餐馆;以及$i=4$,小型餐馆;具体计算见公式(21-2)。

RFW_k为k类内部食堂餐饮垃圾产量,包括$k=1$,大学食堂;$k=2$,中小学食堂;$k=3$,企业与公共机构食堂;以及$k=4$,建筑工地食堂;具体计算见公式(21-3)。

商业餐馆和内部食堂的餐饮垃圾产量分别由下列公式(21-2)和公式(21-3)计算。

$$RFW_i = RFWR_i \times RN_i \times D_i \tag{21-2}$$

式中:D_i指所有i类商业餐馆每年的营业天数(d),i指商业餐馆种类,包括$i=1$,超大型餐馆;$i=2$,大型餐馆;$i=3$,中型餐馆;以及$i=4$,小型餐馆。

RFW_i为 i 类商业餐馆餐饮垃圾产量，即商业餐馆每年产生的餐饮垃圾的鲜重(kg)。

$RFWR_i$为 i 类商业餐馆餐饮垃圾产率，即每个餐馆每天平均产生的餐饮垃圾鲜重[kg/(个·d)]。

RN_i为 i 类商业餐馆的数量(个)。

根据政府规定(广东省食品药品监督管理局，2010)，商业餐馆按照营业面积和客座数量不同可分为超大型餐馆(营业面积 >3 000 m² 或客座数量 >1 000)、大型餐馆(500 m² <营业面积≤3 000 m² 或 250<客座数量≤1 000)、中型餐馆(150 m² <营业面积≤500 m² 或 75<客座数量≤250)以及小型餐馆(营业面积≤1 500 m² 或客座数量≤75)。内部食堂分为大学食堂、中小学食堂、企业与公共机构食堂以及建筑工地食堂。

$$RFW_k = RFWR\ per\ capita \times PN_k \times D_k \tag{21-3}$$

式中：D_k指 k 类内部食堂每年的营业天数(d)。

k 包括 $k=1$，大学食堂；$k=2$，中小学食堂；$k=3$，企业与公共机构食堂；以及 $k=4$，建筑工地食堂。

PN_k为 k 类内部食堂平均每天就餐人员的数量(人)。

RFW_k为 k 类内部食堂餐饮垃圾产量，即内部食堂每年产生餐厨垃圾的鲜重(kg)。

RFWR per capita 为 k 类内部食堂人均餐饮垃圾产率，即每人每天平均产生的餐饮垃圾鲜重[kg/(人·d)]。

据前人报道，餐饮垃圾按含水量为 86%(杨菊平等，2011；宇鹏，2016；吴爽，2016)，可以折算得到各类餐饮垃圾的干重。

2. 主要参数的收集

(1)商业餐馆餐饮垃圾产率

餐饮垃圾产率是通过合理选点进行面对面调研获得的。首先，根据国家统计局(2016)的数据，将 31 个省份分为 6 个区域。考虑到地理位置及饮食、消费习惯的差异，从每个区域中选取 1～3 个省份、每个省份选取 3 个地级市作为代表性调研地点，共选择了 12 个省份的 32 个地级市(图 21-1)。

从 2015 年 9 月到 2017 年 4 月，本研究在所选地级市的市区对商业餐馆进行实地调研，完成了有效问卷 782 份，其中特大型餐馆 28 份、大型餐馆 135 份、中型餐馆 259 份、小型餐馆 360 份。调研获得的各省份餐饮垃圾产率(RFWR)见表 21-1，以此结果按同一地区取相同值的原则，也确定了非调研省份不同类型商业餐馆餐饮垃圾产率见表 21-2。

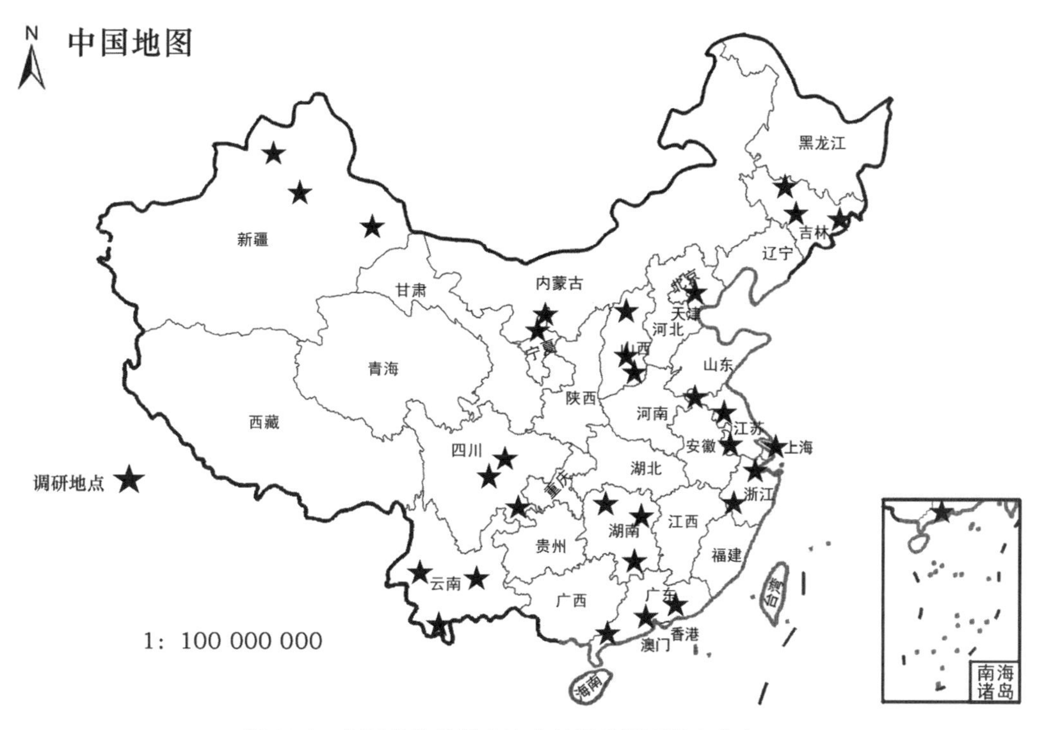

图 21-1　中国餐饮垃圾产率实地问卷调研地点分布

表 21-1　2015—2016 年调研省份获得的不同类型商业餐馆餐饮垃圾产率(鲜重)

地区	省份	地级市	特大型餐馆		大型餐馆		中型餐馆		小型餐馆	
			垃圾产率/(kg/d)	样本量/n	垃圾产率/(kg/d)	样本量/n	垃圾产率/(kg/d)	样本量/n	垃圾产率/(kg/d)	样本量/n
华北	北京				254	8	76	27	43	14
	山西	太原，长治，朔州	361	3	77	7	85	14	40	35
东北	吉林	长春，松原，延边	360	3	191	8	56	35	23	34
华东	上海				214	10	80	44	38	54
	江苏	南京，徐州，淮安	390	1	94	11	53	20	26	15
	浙江	杭州，衢州，台州	541	3	136	11	62	21	28	26
中南	湖南	长沙，张家界，郴州	770	6	158	17	73	15	22	39
	广东	广州，湛江，惠州	547	4	137	11	57	13	31	31
西南	四川	成都，雅安，泸州	403	3	145	13	109	20	18	22
	云南	昆明，西双版纳，保山	352	3	87	18	39	17	37	28
西北	宁夏	银川，石嘴山，固原			166	7	50	21	13	30
	新疆	乌鲁木齐，伊犁，哈密	216	2	104	14	46	12	13	32
总和				28		135		259		360

注：特大型餐馆，对于特大型餐饮厅餐饮垃圾产率采用全国 28 份样本量的平均值 503 kg/d。

内部食堂人均餐厨垃圾产率是指食堂平均每人每天产生的餐厨垃圾鲜重量，根据 Yang 等(2019) 在 9 个省份 22 所大学食堂问卷调研结果，取值为 0.27 kg/d。

(2)商业餐饮数量和内部食堂人数

2014—2016 年商业餐馆数量来自各省份食品药品监督管理局。其中，18 个省份将商业餐馆分为超大型、大型、中型和小型餐馆 4 类，而其他 13 个省份仅统计了商业餐馆总数，用每省商业餐馆总数乘以有分类统计的 18 个省份 4 类餐馆的平均占比得出相应分类数量。

2015 年大学、中小学和建筑工地员工食堂就餐人数来自国家统计年鉴(国家统计局,2016),在企业和公共事务机构(如政府机关食堂)就餐人数则来自中国人口和就业统计年鉴(国家统计局,2016)。

(3)商业餐馆与内部食堂的营业天数

根据实地调研,商业餐馆每年营业天数为 360 d。由于暑假和寒假就餐人很少,大学食堂每年营业天数为 270 d。由于法定节假日、周末和寒暑假不营业,中小学食堂每年营业天数为 190 d。扣除法定节假日和周末,企业和公共事务机构食堂每年营业天数为 251 d。对于建筑工地员工食堂,取法定节假日和周末之和的一半,再加上正常工作日,得出每年营业天数为 309 d。

表 21-2　2015—2016 年非调研省份计算获得的不同类型商业餐馆餐饮垃圾产率(鲜重)　kg/d

省份	参考省份	大型餐馆	中型餐馆	小型餐馆
天津	北京	254	76	43
河北	北京、山西	166	80	42
内蒙古	山西、吉林、宁夏、新疆	134	59	22
辽宁	吉林	191	56	23
黑龙江	吉林	191	56	23
安徽	江苏、浙江	115	57	27
福建	浙江、广东	137	59	30
江西	湖南、浙江、广东	144	64	27
山东	山西、江苏	86	69	33
河南	山西	77	85	40
湖北	湖南	158	73	22
广西	湖南、广东、云南	127	56	30
海南	广东	137	57	31
重庆	四川、湖南	151	91	20
贵州	湖南、四川、云南	130	73	26
西藏	四川、云南、新疆	112	65	23
陕西	山西、四川、宁夏	129	81	24
甘肃	四川、宁夏、新疆	138	68	15
青海	四川、新疆	124	78	15

注:参考省份,如果参考省份为两个或两个以上,垃圾产率取算术平均值。

(二)废弃油脂产量的研究方法

1. 餐饮业间接泔水油

餐饮垃圾中含油量由公式(21-4)计算得出。

$$Q_O = Q_R \times R_O \tag{21-4}$$

式中：Q_O为餐饮垃圾产生废弃油脂产量(kg)；

Q_R为餐饮垃圾产生量(kg)；

R_O为餐饮垃圾的含油量3.09%(王巧玲，2012)。

需要说明的废弃油脂种类多(NB/T 34058—2017)，而且餐饮业间接泔水油只占餐饮业废弃油脂的一部分。由于调研难度大，目前无法较为准确地评估餐饮业间接泔水油产量。

2. 屠宰动物下脚料废弃油脂

屠宰场废弃油脂可由公式(21-5)和公式(21-6)计算得出。但是，本研究由于无法获得各省份屠宰动物数量，没有计算该项废弃油脂，在此列出屠宰猪产生废弃油脂的计算公式供今后研究。

$$Q_{WOPS}=SC\times SO\times OD \tag{21-5}$$

式中：OD为油脂密度(曹维金等，2011)；

Q_{WOPS}为屠宰猪过程中产生的废弃油脂产量(kg)；

SC为猪屠宰数量(头)；

SO为屠宰每头猪产生的废弃油脂量，取0.391 L/头(根据上海市松林集团调研结果)。

3. 废弃畜禽尸体油脂

废弃畜禽尸体油脂由公式(21-6)计算得出(以猪为例)。

$$Q_F=\sum_{i=1}^{n}CA_i\times CW_i\times CF_i \tag{21-6}$$

式中：CA_i为i时期死亡猪的数量(头)；

CF_i为i时期死亡猪的脂肪含量(%)；

CW_i为i时期死亡猪的体重(kg)；

i为猪的各个养殖时期，$n=3$，包含$i=1$(指哺育期)，$i=2$(指保育期)，$i=3$(指育肥期)；

Q_F为废弃畜禽尸体油脂产量(kg)。

猪在养殖过程中死亡数量由公式(21-7)、公式(21-8)和公式(21-9)计算获得。

$$CA_1=\frac{MA\times DR_1}{(1-DR_1)\times(1-DR_2)\times(1-DR_3)} \tag{21-7}$$

$$CA_2=\frac{MA\times DR_2}{(1-DR_2)\times(1-DR_3)} \tag{21-8}$$

$$CA_3=\frac{MA\times DR_3}{(1-DR_3)} \tag{21-9}$$

式中：CA为死亡猪数量(头)；

DR为死亡率(%)；

1. 指哺育期；2. 指保育期；3. 指育肥期；

MA 为年出栏数(头),来自统计年鉴。

猪在不同时期的死亡率 DR_i、死亡时体重 CW_i 和死亡时脂肪含量 CF_i 的主要参数如表 21-3 所示。

表 21-3 猪养殖过程死亡数量的相关参数

养殖时期	死亡率(DR)/%	死亡时体重(CW)/kg	死亡时脂肪含量(CF)/%
哺育期($i=1$)	8	7	2
保育期($i=2$)	5	20	15
育肥期($i=3$)	2	90	12

注:1. 哺育期,从仔猪初生到断奶,一般为 28～35 日龄。
2. 保育期,从断奶到 70 日龄左右。
3. 育肥期,从 70～170 日龄。
4. 死亡率和死亡时体重数据来源,中华人民共和国国家质量监督检验检疫总局(2008)。

(三)污水污泥产量的研究方法

《中国环境统计年鉴》每年公布污水污泥产量,为鲜重,本研究按含水量 80%(Niu *et al.*, 2013;Zhang *et al.*, 2016)折为干重。

第二十二章

餐饮垃圾、废弃油脂和污水污泥产量及可能源化利用量

内容提要

本章研究结果表明 2009—2016 年中国餐厨垃圾产生量由 7 788 万 t 上升到 9 731 万 t，年均增产 278 万 t，平均年增长率为 3.6%。其中，餐饮垃圾 2014—2016 年年均产量鲜重为 4 406 万 t。从区域分布来看，华东和中南地区餐饮垃圾年均产量水平要高于西南和西北地区，华东地区年均产量最高，占全国的 30.3%。从省级层面来看，广东年产餐饮垃圾量最大，鲜重为 382 万 t，而上海餐饮垃圾分布密度最高，为 123 t/km^2。通过实地调研，餐饮垃圾利用方式主要为非法用作饲料(68.6%)、丢弃于垃圾收集点(25%)、非法排入下水道(0.6%)和合法收集利用(5.8%)。假设未被合法利用和丢弃的餐饮垃圾全部用于生产沼气，年均餐饮垃圾生产沼气潜力为 42.09 亿 m^3。全国废弃油脂年均产量为 164 万 t。从区域分布来看，华东、中南和西南地区的废弃油脂总量水平要高于华北、西北和东北地区，华东地区年均产量最高，占全国的 29.3%。基于省份，广东年产废弃油脂量最大，为 13.25 万 t。目前，餐饮垃圾和废弃油脂有私人收集餐饮垃圾非法利用模式、加工者收集煎炸废油生产生物柴油模式和第三方收集直接废弃油脂生产生物柴油模式。本章还提出了可持续的综合利用模式。全国污水污泥的干重从 2006 年的 221 万 t 增加到 2015 年的 603 万 t，平均年增长速度为 19.2%。2015 年，浙江年产污水污泥量最大，为 68.8 万 t；而甘肃污泥产率最高，为 1.96 t /万 t 污水。污泥的利用方式主要包括填埋(44.9%)、焚烧(22.4%)、土地利用(18.6%)和建筑材料(14.1%)。2015 年，中国利用污泥厌氧消化方式生产沼气的潜力可达 1.27 亿 m^3。

一、餐饮垃圾、废弃油脂和污水污泥产量

(一)餐饮垃圾产量

1. 2009—2019 年餐厨垃圾总产量变化

根据前瞻产业研究院(2018)报道,2009—2016 年中国餐厨垃圾产生量由 7 788 万 t 上升到 9 731 万 t,年均增加 278 万 t(图 22-1),平均年增长率为 3.6%。餐厨垃圾包括餐饮垃圾和厨余垃圾,该报道没有区分这两种餐厨垃圾的产量。

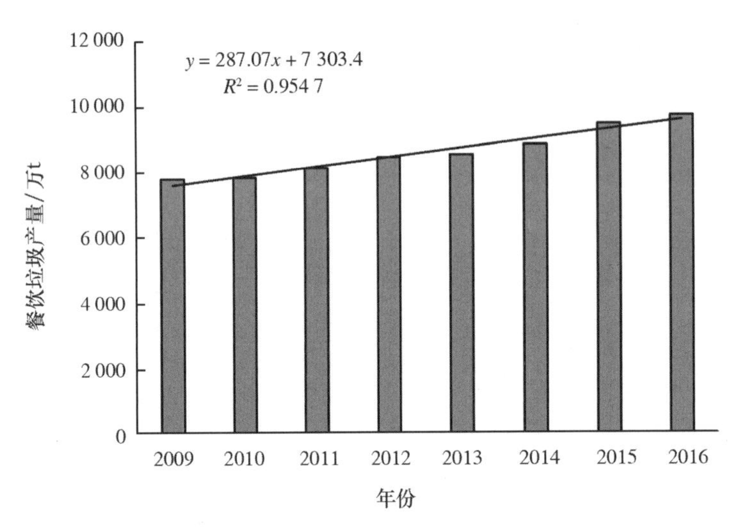

图 22-1 2009—2016 年中国餐厨垃圾产量的变化

[数据来源:前瞻产业研究院(2018);本研究推测为鲜重,原文献不明确。]

2. 餐饮垃圾总产量及分布密度

Yang 等(2019)报道了 2014—2016 年中国餐饮垃圾年均产量鲜重为 4 406 万 t 或干重 617 万 t(表 22-1)。总体来看,华东和中南地区餐饮垃圾年均产量水平要高于西南和西北地区,华东地区年均产量最高,鲜重为 1 334 万 t,占全国的 30.3%。西北地区年均产量最少,鲜重为 305 万 t,占全国的 6.9%。

从地理分布来看,广东、山东、河南、江苏和浙江是全国年产餐饮垃圾最大的省份,鲜重产量范围为 204 万～382 万 t。青海、西藏、海南、宁夏、天津、甘肃和上海餐饮垃圾产量最少,鲜重范围为 22 万～78 万 t。

基于省份面积的餐饮垃圾鲜重年均分布密度见图 22-2。上海和北京两市餐饮垃圾分布密度最高,分别达到 123 t/km^2 和 56 t/km^2。福建、浙江、山东、广东和江苏等沿海省份的餐饮垃圾分布密度也比较高,为 13～23 t/km^2,而西藏、青海、新疆和内蒙古等西部省份最低,为 0.20～0.77 t/km^2。

3. 商业餐馆的餐饮垃圾产量

2014—2016 年各类餐馆的餐饮垃圾年均产量鲜重为 2 738 万 t，其中，按不同类别餐馆排序为特大型餐馆（132.9 万 t）＜大型餐馆（427.6 万 t）＜中型餐馆（835.4 万 t）＜小型餐馆（1 342.4 万 t）（表 22-2）。按每天每个座位产生的餐饮垃圾量，也呈现同样的顺序，即超大型餐馆（0.36 kg）＜大型餐馆（0.38 kg）＜中型餐馆（0.58 kg）＜小型餐馆（0.71 kg），这可能是由于餐馆的规模越小而翻桌率越高，导致餐饮垃圾越多的缘故。

表 22-1 2014—2016 年中国不同地区及省份餐饮垃圾年均产量

地区和省份	基于鲜重/kt	基于干重/kt	占比/%	地区和省份	基于鲜重/kt	基于干重/kt	占比/%
华北	5 396.7	755.5	12.2	河南	2 809.6	393.3	6.4
北京	938.4	131.4	2.1	湖北	1 563.0	218.8	3.5
天津	451.6	63.2	1.0	湖南	1 725.3	241.5	3.9
河北	1 880.1	263.2	4.3	广东	3 820.8	534.9	8.7
山西	1 177.7	164.9	2.7	广西	1 627.6	227.9	3.7
内蒙古	948.9	132.8	2.2	海南	292.6	41.0	0.7
东北	3 745.2	524.3	8.5	西南	6 695.3	937.3	15.2
辽宁	1 584.2	221.8	3.6	重庆	1 498.2	209.7	3.4
吉林	949.0	132.9	2.2	四川	1 891.8	264.9	4.3
黑龙江	1 212.0	169.7	2.8	贵州	1 432.3	200.5	3.3
华东	13 336.6	1 867.1	30.3	云南	1 627.4	227.8	3.7
上海	780.6	109.3	1.8	西藏	245.5	34.4	0.6
江苏	2 389.6	334.6	5.4	西北	3 045.9	426.4	6.9
浙江	2 043.2	286.1	4.6	陕西	1 054.7	147.7	2.4
安徽	1 502.4	210.3	3.4	甘肃	641.2	89.8	1.5
福建	1 747.1	244.6	4.0	青海	220.1	30.8	0.5
江西	1 527.3	213.8	3.5	宁夏	382.5	53.5	0.9
山东	3 346.3	468.5	7.6	新疆	747.4	104.6	1.7
中南	11 838.8	1 657.4	26.9	全国	44 058.5	6 168.2	100.0

注：1. 数据来源 Yang 等（2019）。
2. 占比，各个地区及省份餐饮垃圾量占其总量的百分比。
3. 干重，按餐饮垃圾鲜基含水量 86%求得。

全国餐饮垃圾鲜重年均产量中来自餐馆为 2 738 万 t（62%）（表 22-2），来自内部食堂 1 668 万 t（38%）（表 22-3）。各省份餐馆产生的垃圾量均高于内部食堂，可能的理由是，相比职工或学生在内部食堂就餐是为了满足日常饮食之需，而在餐馆就餐主要招待客人或家庭节假日聚餐则消费食物多、浪费也多。

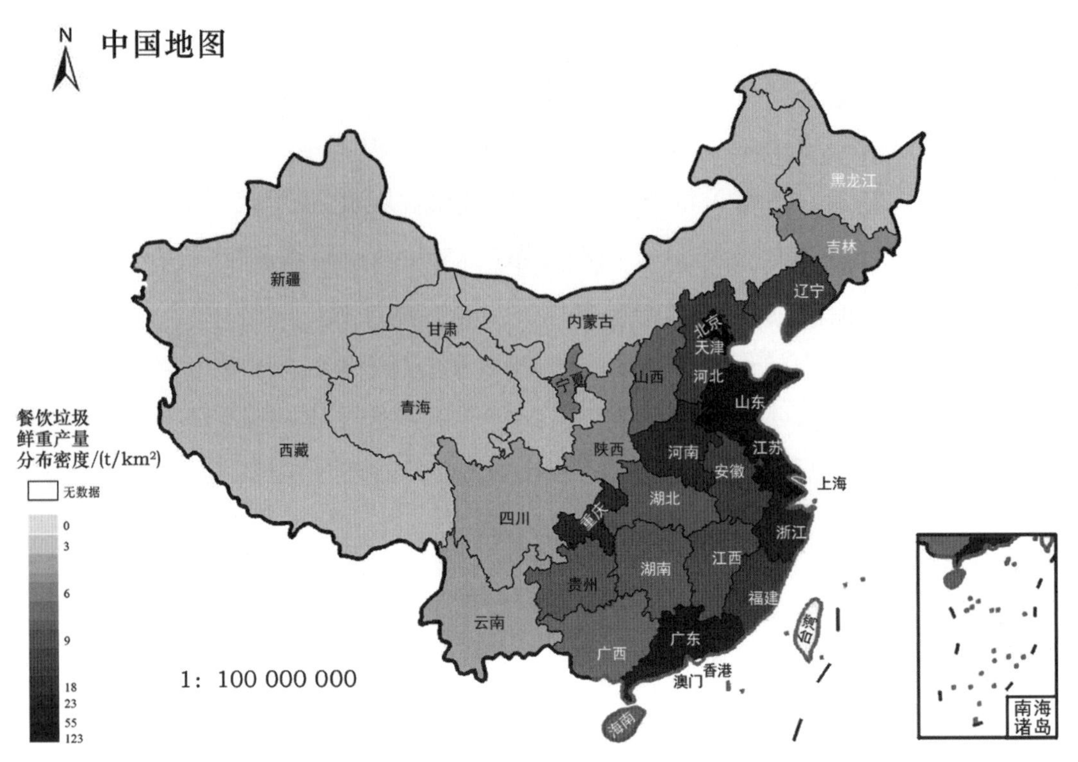

图 22-2　2014—2016 年中国餐饮垃圾年均产量(鲜重)的分布密度

[数据来源:Yang 等(2019)]

表 22-2　2014—2016 年中国不同地区及省份商业餐馆餐饮垃圾年均产量

地区及省份	特大型餐馆		大型餐馆		中型餐馆		小型餐馆		合计	
	鲜重/kt	占比/%	鲜重/kt	占比/%	鲜重/kt	占比/%	鲜重/kt	占比/%	鲜重/kt	占比/%
华北	147.0	11.1	543.0	12.7	934.4	11.2	1 835.7	13.7	3 460.0	12.6
北京	20.8	1.6	137.7	3.2	164.7	2.0	370.9	2.8	694.0	2.5
天津	15.2	1.1	102.4	2.4	96.0	1.1	82.3	0.6	295.9	1.1
河北	62.5	4.7	137.5	3.2	274.1	3.3	558.7	4.2	1 032.8	3.8
山西	14.3	1.1	45.2	1.1	187.8	2.2	508.0	3.8	755.3	2.8
内蒙古	34.3	2.6	120.1	2.8	211.7	2.5	316.0	2.4	682.0	2.5
东北	126.1	9.5	603.4	14.1	730.3	8.7	1 207.0	9.0	2 666.8	9.7
辽宁	52.3	3.9	260.2	6.1	306.4	3.7	494.3	3.7	1 113.2	4.1
吉林	32.1	2.4	149.6	3.5	184.8	2.2	310.7	2.3	677.1	2.5
黑龙江	41.6	3.1	193.6	4.5	239.1	2.9	402.1	3.0	876.4	3.2
华东	544.7	41.0	1 411.8	33.0	2 697.4	32.3	3 616.9	26.9	8 270.8	30.2
上海	20.3	1.5	201.4	4.7	238.1	2.9	127.2	0.9	586.9	2.1
江苏	116.5	8.8	228.7	5.3	499.5	6.0	468.7	3.5	1 313.4	4.8
浙江	92.3	6.9	242.1	5.7	365.0	4.4	537.3	4.0	1 236.7	4.5
安徽	47.1	3.5	131.2	3.1	297.4	3.6	340.0	2.5	815.7	3.0
福建	31.1	2.3	73.5	1.7	196.4	2.4	908.7	6.8	1 209.7	4.4
江西	39.7	3.0	139.0	3.3	259.8	3.1	454.9	3.4	893.4	3.3
山东	197.7	14.9	396.0	9.3	841.1	10.1	780.1	5.8	2 214.9	8.1

续表 22-2

地区及省份	特大型餐馆		大型餐馆		中型餐馆		小型餐馆		合计	
	鲜重/kt	占比/%	鲜重/kt	占比/%	鲜重/kt	占比/%	鲜重/kt	占比/%	鲜重/kt	占比/%
中南	259.9	19.6	933.7	21.8	2 088.1	25.0	3 767.2	28.1	7 048.9	25.7
河南	25.7	1.9	70.5	1.6	480.0	5.7	900.1	6.7	1 476.2	5.4
湖北	39.3	3.0	139.3	3.3	296.1	3.5	420.7	3.1	895.5	3.3
湖南	35.6	2.7	158.1	3.7	346.4	4.1	418.3	3.1	958.4	3.5
广东	109.8	8.3	392.3	9.2	654.1	7.8	1 394.4	10.4	2 550.6	9.3
广西	43.8	3.3	145.2	3.4	257.0	3.1	544.8	4.1	990.9	3.6
海南	5.6	0.4	28.4	0.7	54.5	0.7	88.8	0.7	177.4	0.6
西南	152.6	11.5	515.0	12.0	1 338.6	16.0	2 183.5	16.3	4 189.7	15.3
重庆	47.8	3.6	188.1	4.4	452.9	5.4	396.7	3.0	1 085.4	4.0
四川	40.2	3.0	151.5	3.5	457.4	5.5	296.0	2.2	945.1	3.5
贵州	8.3	0.6	48.1	1.1	176.5	2.1	668.1	5.0	901.1	3.3
云南	46.3	3.5	98.3	2.3	184.7	2.2	729.4	5.4	1 058.7	3.9
西藏	9.9	0.7	29.0	0.7	67.1	0.8	93.3	0.7	199.4	0.7
西北	99.1	7.5	269.0	6.3	564.9	6.8	813.7	6.1	1 746.6	6.4
陕西	31.9	2.4	81.6	1.9	187.2	2.2	272.9	2.0	573.5	2.1
甘肃	6.0	0.4	46.0	1.1	96.1	1.2	159.7	1.2	307.7	1.1
青海	7.8	0.6	25.5	0.6	63.5	0.8	50.2	0.4	147.0	0.5
宁夏	15.6	1.2	52.9	1.2	81.7	1.0	142.9	1.1	293.1	1.1
新疆	37.8	2.8	63.1	1.5	136.4	1.6	188.0	1.4	425.3	1.6
全国	1 329.3	100.0	4 275.9	100.0	8 353.6	100.0	13 424.0	100.0	27 382.8	100.0

注：1. 数据来源 Yang 等(2019)。

2. 占比，各地区或省份的餐饮垃圾量占该类全国餐饮垃圾总量。

表 22-3　2014—2016 年中国不同地区及省份内部食堂餐饮垃圾年均产量

地区及省份	大学食堂		中小学食堂		企业与公共机构食堂		建筑工地食堂		合计	
	鲜重/kt	占比/%	鲜重/kt	占比/%	鲜重/kt	占比/%	鲜重/kt	占比/%	鲜重/kt	占比/%
华北	256.4	13.2	1 034.1	11.2	464.3	14.9	181.8	7.7	1 936.7	11.6
北京	44.8	2.3	73.1	0.8	88.1	2.8	38.5	1.6	244.4	1.5
天津	38.0	2.0	58.8	0.6	33.8	1.1	25.1	1.1	155.8	0.9
河北	87.5	4.5	527.0	5.7	161.2	5.2	71.6	3.0	847.3	5.1
山西	54.9	2.8	237.9	2.6	101.3	3.3	28.3	1.2	422.4	2.5
内蒙古	31.2	1.6	137.3	1.5	80.0	2.6	18.3	0.8	266.9	1.6
东北	176.1	9.0	498.5	5.4	281.5	9.1	122.3	5.2	1 078.4	6.5
辽宁	74.6	3.8	207.4	2.2	117.9	3.8	71.0	3.0	470.9	2.8
吉林	46.9	2.4	126.1	1.4	74.0	2.4	24.8	1.0	271.9	1.6
黑龙江	54.5	2.8	165.0	1.8	89.6	2.9	26.4	1.1	335.6	2.0
华东	592.9	30.4	2 570.9	27.8	809.2	26.0	1 092.7	46.0	5 065.8	30.4
上海	38.0	1.9	77.7	0.8	48.1	1.5	29.8	1.3	193.7	1.2
江苏	127.3	6.5	444.9	4.8	149.7	4.8	354.3	14.9	1 076.2	6.5

续表 22-3

地区及省份	大学食堂		中小学食堂		企业与公共机构食堂		建筑工地食堂		合计	
	鲜重/kt	占比/%	鲜重/kt	占比/%	鲜重/kt	占比/%	鲜重/kt	占比/%	鲜重/kt	占比/%
浙江	73.5	3.8	331.3	3.6	127.1	4.1	276.4	11.6	806.5	4.8
安徽	83.9	4.3	422.8	4.6	101.4	3.3	78.7	3.3	686.7	4.1
福建	56.3	2.9	263.1	2.8	79.7	2.6	138.3	5.8	537.4	3.2
江西	73.0	3.8	383.6	4.1	99.2	3.2	78.0	3.3	633.9	3.8
山东	141.0	7.2	647.5	7.0	203.9	6.6	139.0	5.9	1 131.4	6.8
中南	530.3	27.2	2 924.9	31.6	793.7	25.5	541.0	22.8	4 789.9	28.7
河南	131.1	6.7	856.3	9.3	194.2	6.3	151.8	6.4	1 333.4	8.0
湖北	104.6	5.4	311.4	3.4	134.0	4.3	117.6	5.0	667.6	4.0
湖南	87.6	4.5	461.2	5.0	127.8	4.1	90.2	3.8	766.9	4.6
广东	137.3	7.1	807.5	8.7	204.8	6.6	120.2	5.1	1 270.2	7.6
广西	55.7	2.9	415.9	4.5	109.8	3.5	55.3	2.3	636.7	3.8
海南	13.6	0.7	72.6	0.8	23.1	0.7	5.9	0.2	115.2	0.7
西南	241.4	12.4	1 502.0	16.2	449.6	14.5	312.6	13.2	2 505.7	15.0
重庆	53.2	2.7	208.0	2.2	65.4	2.1	86.2	3.6	412.7	2.5
四川	103.0	5.3	539.8	5.8	173.4	5.6	130.6	5.5	946.7	5.7
贵州	37.2	1.9	366.7	4.0	91.1	2.9	36.4	1.5	531.3	3.2
云南	45.6	2.3	362.3	3.9	103.2	3.3	57.7	2.4	568.8	3.4
西藏	2.5	0.1	25.2	0.3	16.7	0.5	1.7	0.1	46.2	0.3
西北	150.4	7.7	717.0	7.8	308.5	9.9	123.3	5.2	1 299.3	7.8
陕西	81.6	4.2	236.4	2.6	108.5	3.5	54.7	2.3	481.2	2.9
甘肃	33.4	1.7	186.4	2.0	76.4	2.5	37.2	1.6	333.4	2.0
青海	4.3	0.2	44.9	0.5	18.0	0.6	6.0	0.3	73.1	0.4
宁夏	8.5	0.4	57.4	0.6	19.0	0.6	4.5	0.2	89.4	0.5
新疆	22.6	1.2	191.9	2.1	86.5	2.8	21.0	0.9	322.0	1.9
全国	1 947.6	100.0	9 247.4	100.0	3 106.8	100.0	2 373.8	100.0	16 675.7	100.0

注:1. 数据来源 Yang 等(2019)。
2. 占比,各地区或省份的餐饮垃圾量占该类全国餐饮垃圾总量。

各地区餐馆餐饮垃圾年产量鲜重分布在 174.66 万 t(6.4%)到 827.08 万 t(30.2%)(表 22-2),按升序排列为西北<东北<华北<西南<中南<华东。华东地区特大型、大型和中型餐馆餐饮垃圾产量在全国最高,依次为 54.47 万 t(41.0%)、141.18 万 t(33.0%)和 269.74 万 t(32.3%),但该地区小型餐馆餐饮垃圾的产量为 361.69 万 t(26.9%)低于中南地区 376.72 万 t(28.1%)。除东北和华北地区,其他地区餐饮垃圾产量的排序与其餐馆数量的排序完全一致。尽管东北地区的餐馆总数要大于华北地区,但华北地区的餐饮垃圾产量要远高于东北地区,这是因为华北地区特大型和大型餐馆较多。

各省份餐馆餐饮垃圾年均产量鲜重分布在 14.7 万 t(0.5%)到 255.06 万 t(9.3%)(表 22-2),所有省份可分为 5 组。第一组包括山东和广东,餐饮垃圾产量最高,分别为 221.49 万 t 和 255.06 万 t;第二组包括河北、云南、重庆、辽宁、福建、浙江、江苏和河南,餐馆餐饮垃圾产生量变化范围为103.28万～147.62万t;第三组包括黑龙江、江西、湖北、贵州、四川、湖南和广西,餐馆餐饮垃圾产生量变化范围为75.53万～99.09万t;第四组包括北京、内蒙古、吉林、上海和陕西,餐馆餐饮垃圾产生量变化范围为57.35万～69.40万t;最后一组包括天津、海南、西藏、甘肃、青海、宁夏和新疆,其餐饮垃圾产量变化范围为14.7万～42.53万t。

4. 内部食堂的餐饮垃圾产量

2014—2016年各类内部食堂产生的餐饮垃圾年均鲜重产量为1 667.6万t,包括大学食堂194.8万t、中小学食堂924.7万t、企业与公共机构食堂310.7万t以及建筑工地食堂237.4万t(表22-3)。其中,全国六个地区的年均量排序为东北(107.84万t,6.5%)＜西北(129.93万t,7.8%)＜华北(193.67万t,11.6%)＜西南(250.57万t,15.0%)＜中南(478.99万t,28.7%)＜华东(506.58万t,30.4%),内部食堂餐饮垃圾的分布排序与内部食堂就餐人数排序是一致的。研究还发现,东北与西北地区在商业餐馆和内部食堂的餐饮垃圾量顺序相反,这是由于西北地区商业餐馆的数量小于东北地区,但其内部食堂的消费者数量高于东北地区。

各省份内部食堂餐饮垃圾年均产量鲜重分布在4.62万t(0.3%)到133.34万t(8.0%)之间(表22-3),所有省份可以被分为5组。第一组包括河南和广东,食堂年产餐饮垃圾产量最高,分别为133.34万t和127.02万t;第二组包括山东、江苏、四川、河北和浙江,内部食堂餐饮垃圾产量变化范围为80.65万～113.14万t;第三组包括湖南、安徽、湖北、广西、江西、云南、福建、贵州、陕西、辽宁、山西和重庆,内部食堂餐饮垃圾产生量变化范围为41.27万～76.69万t;第四组包括北京、黑龙江、甘肃、新疆、吉林和内蒙古,内部食堂餐饮垃圾产量变化范围为24.44万～33.56万t;最后一组包括上海、天津、海南、宁夏、青海和西藏,内部食堂餐饮垃圾产量变化范围为4.62万～19.37万t。

(二)废弃油脂产量

需要说明的是,废弃油脂种类多(NB/T 34058—2017),但是基础数据调研难度很大,目前无法较为准确地评估废弃油脂产量。因此,本研究废弃油脂资源量仅包含餐饮业间接泔水油和废弃畜禽尸体废弃油脂,为今后全面研究废弃油脂产量做一点贡献。

在2014—2016年期间,国内废弃油脂资源总量为164.14万t。其中,136.14万t(83%,表22-4)来自餐饮业间接泔水油,28万t(17%)来自死亡畜禽废弃油脂。在31个省份中,华东、中南和西南地区的废弃油脂总量水平要高于华北、西北和东北地区。全国6个地区的废弃油脂年均量排序为西北(10.44万t,6.4%)＜东北(14.04万t,8.6%)＜华北(19.01万t,11.6%)＜西南(26.44万t,16.1%)＜中南(46.14万t,28.1%)＜华东(48.08万t,29.3%)。

表 22-4　2014—2016 年中国不同地区及省份废弃油脂年均量

地区及省份	餐饮业间接泔水油		废弃畜禽尸体油脂		合计		地区及省份	餐饮业间接泔水油		废弃畜禽尸体油脂		合计	
	产量/kt	占比/%	产量/kt	占比/%	产量/kt	占比/%		产量/kt	占比/%	产量/kt	占比/%	产量/kt	占比/%
华北	166.8	12.2	23.3	8.3	190.1	11.6	河南	86.8	6.4	24.3	8.7	111.1	6.8
北京	29.0	2.1	1.1	0.4	30.1	1.8	湖北	48.3	3.5	17.2	6.1	65.5	4.0
天津	14.0	1.0	1.5	0.5	15.5	0.9	湖南	53.3	3.9	24.0	8.6	77.3	4.7
河北	58.1	4.3	14.0	5.0	72.1	4.4	广东	118.1	8.7	14.5	5.2	132.5	8.1
山西	36.4	2.7	3.1	1.1	39.5	2.4	广西	50.3	3.7	13.4	4.8	63.7	3.9
内蒙古	29.3	2.2	3.6	1.3	32.9	2.0	海南	9.0	0.7	2.2	0.8	11.2	0.7
东北	115.7	8.5	24.7	8.8	140.4	8.6	西南	206.9	15.2	57.5	20.5	264.4	16.1
辽宁	49.0	3.6	10.7	3.8	59.6	3.6	重庆	46.3	3.4	8.3	3.0	54.6	3.3
吉林	29.3	2.2	6.6	2.4	35.9	2.2	四川	58.5	4.3	28.4	10.2	86.9	5.3
黑龙江	37.5	2.8	7.4	2.6	44.9	2.7	贵州	44.3	3.3	7.1	2.5	51.4	3.1
华东	412.1	30.3	68.7	24.5	480.8	29.3	云南	50.3	3.7	13.6	4.9	63.9	3.9
上海	24.1	1.8	0.8	0.3	24.9	1.5	西藏	7.6	0.6	0.1	0.0	7.7	0.5
江苏	73.8	5.4	11.7	4.2	85.5	5.2	西北	94.1	6.9	10.2	3.7	104.4	6.4
浙江	63.1	4.6	5.5	2.0	68.7	4.2	陕西	32.6	2.4	4.7	1.7	37.3	2.3
安徽	46.4	3.4	11.8	4.2	58.2	3.5	甘肃	19.8	1.5	2.7	1.0	22.6	1.4
福建	54.0	4.0	7.1	2.5	61.1	3.7	青海	6.8	0.5	0.5	0.2	7.3	0.4
江西	47.2	3.5	12.7	4.5	59.9	3.7	宁夏	11.8	0.9	0.4	0.1	12.2	0.7
山东	103.4	7.6	19.0	6.8	122.4	7.5	新疆	23.1	1.7	1.9	0.7	24.9	1.5
中南	365.8	26.9	95.5	34.1	461.4	28.1	全国	1 361.4	100.0	280.0	100.0	1 641.4	100.0

注：占比，各地区或省份的餐饮垃圾量占该类全国餐饮垃圾总量。

各省份废弃油脂年均产量分布在 0.73 万 t(0.4%)～13.25 万 t(8.1%)(表 22-4)，各省份可以被分为 5 组。第一组包括广东、山东和河南，废弃油脂产量最高，分别为 13.25 万 t、12.24 万 t 和 11.11 万 t。第二组包括四川、江苏、湖南、河北、浙江、湖北、云南、广西和福建，废弃油脂年均产量变化范围为 6.11 万～8.69 万 t；第三组包括江西、辽宁、安徽、重庆、贵州和黑龙江，废弃油脂年均产量变化范围为 4.49 万～5.99 万 t；第四组包括山西、陕西、吉林、内蒙古、北京、新疆、上海和甘肃，废弃油脂年均产量变化范围为 2.26 万～3.95 万 t；最后一组包括天津、宁夏、海南、西藏和青海，其废弃油脂年均产量变化范围为 0.73 万～1.55 万 t。

(三)污水污泥产量

1. 2006—2015 年污泥产量变化

全国城市污水处理工厂的数量从 2006 年的 939 个增加到 2015 年的 6 910 个，增长了 6.36 倍(图 22-3)。这期间污水日处理量也不断提高，平均年增长速度为 13%。污水污泥的干重从 2006 年的 221 万 t 增加到 2015 年的 603 万 t，平均年增长速度为 19.2%(图 22-3)。在这 10 年间，2007 年的污泥产率最高，为 1.6 t/万 t；2011 年的污泥产率是最低的，仅为 1.1 t/万 t。

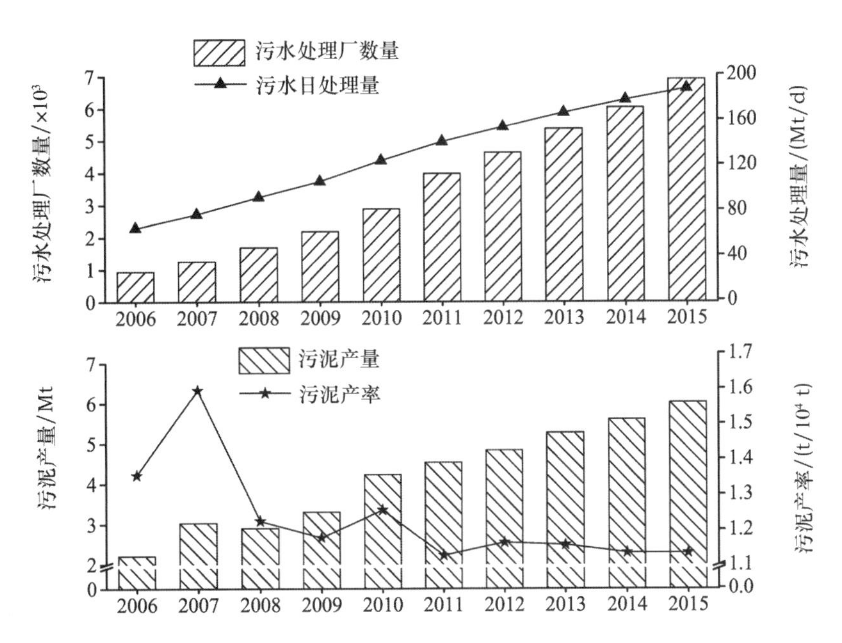

图 22-3　**2006—2015 年中国污水处理厂数量及污泥产率和产量(干重)的变化**
[数据来源:环境保护部(2007—2016);住房和城乡建设部(2007—2016)]

2. 污泥产量现状及其分布

2015 年,31 个省份污泥干重变化在 1.3～688.4 kt(表 22-5)。浙江、江苏、广东、山东、河北和河南的污泥产量相对其他省份较高,均大于 300 kt,产量范围在 368.2(6.10%)～688.4 kt(11.41%)。上海、北京、辽宁、陕西、安徽、四川、湖南、湖北、附件、陕西和重庆的污泥产量均大于 100 kt 而小于 300 kt,介于 105.0(1.74%)～272.6 kt(4.52%)。西藏、海南、青海和宁夏的污泥产量最低,资源量在 1.3(0.02%)～28.3 kt(0.47%)。剩余其他 10 个省份(包括黑龙江、云南、内蒙古、天津、新疆、江西、吉林、甘肃、广西和贵州)的污泥产量范围在 62.1(1.03%)～97.2 kt(1.61%)。

在 31 省份中污泥产率的变化范围在 0.50～1.96 t/万 t。其中,甘肃、浙江的污泥产率最高,污水产生的污泥产率分别为 1.96t/万 t 和 1.92 t/万 t。青海、陕西、北京和河北的污泥产率均大于 1.5 t/万 t。江苏、河南、新疆、宁夏、山西、山东、上海、内蒙古、黑龙江的污泥产率介于 1.02～1.38 t/万 t。其余省份的污泥产率均低于 1 t/万 t,其中海南最低,为 0.5 t/万 t。

污泥分布密度呈现出 3 个阶梯,第一阶梯即分布密度较高的省份包括东部的大部分省份,如辽宁、河北、北京、天津、山东、江苏、上海以及中部的河南和安徽(图 22-4),其分布密度均大于 1.0 t/km²。第二阶梯主要是中南部的省份,主要包括湖北、江西、福建、湖南、广西、海南、重庆和四川,剩余其他省份的污泥分布密度则均低于 0.5 t/km²。

表 22-5　2015 年中国各省份污泥产率和污泥产量(干重)

省份	污泥产率/(t/10⁴ t)	污泥产量		省份	污泥产率/(t/10⁴ t)	污泥产量	
		质量/kt	占比/%			质量/kt	占比/%
北京	1.57	227.5	3.77	湖北	0.70	151.9	2.52
天津	0.98	83.5	1.38	湖南	0.80	152.1	2.52
河北	1.50	388.5	6.44	广东	0.89	628.1	10.41
山西	1.22	112.8	1.87	广西	0.54	66.2	1.10
内蒙古	1.18	92.6	1.54	海南	0.50	15.9	0.26
辽宁	0.97	209.8	3.48	重庆	0.98	105.0	1.74
吉林	0.91	78.0	1.29	四川	0.82	175.2	2.90
黑龙江	1.02	97.2	1.61	贵州	0.87	62.1	1.03
上海	1.18	272.6	4.52	云南	0.91	93.3	1.55
江苏	1.38	640.9	10.62	西藏	0.59	1.3	0.02
浙江	1.92	688.4	11.41	陕西	1.58	181.8	3.01
安徽	0.94	181.3	3.01	甘肃	1.96	75.5	1.25
福建	0.96	144.9	2.40	青海	1.66	18.7	0.31
江西	0.66	78.5	1.30	宁夏	1.28	28.3	0.47
山东	1.18	530.0	8.79	新疆	1.31	82.2	1.36
河南	1.31	368.2	6.10	合计	1.11	6 032.3	100

注：占比，各省份的产量占全国合计的百分比。

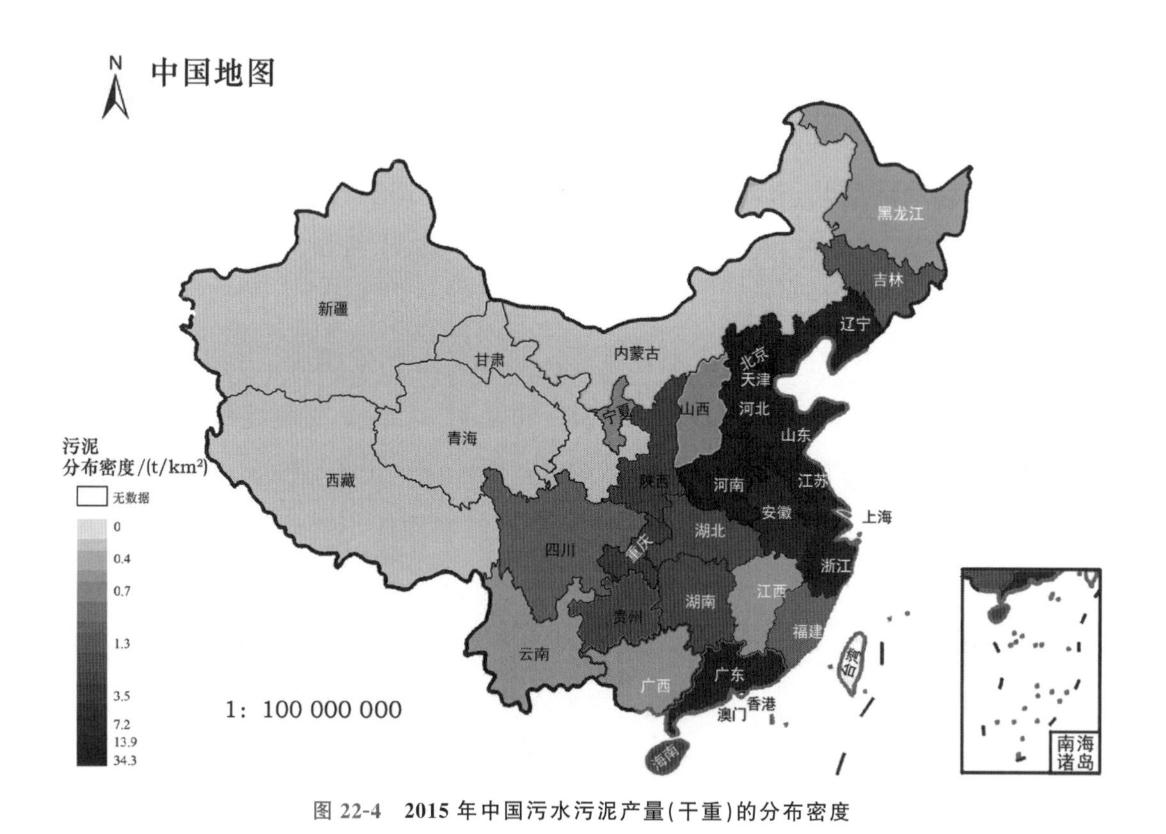

图 22-4　2015 年中国污水污泥产量(干重)的分布密度

二、餐饮垃圾、废弃油脂和污水污泥利用状况及能源化潜力

（一）2014—2016年餐饮垃圾利用状况及能源化潜力

1. 餐饮垃圾利用方式及比例

根据对6个地区12个省份餐馆餐饮垃圾利用用途的样点调研分析表明，2014—2016年全国餐饮垃圾非法用作饲料占68.6%（1 877.58万t），丢弃于垃圾收集点占25%（684.99万t），非法排入下水道最少平均只占0.6%（17.1万t），合法收集利用仅占5.8%（158.8万t）（表22-6）。在所有调研的省份中，将餐饮垃圾非法用作饲料的比例差异显著，从上海的15.3%（8.95万t）到浙江的91.7%（113.37万t）。湖南、云南和浙江将餐饮垃圾非法用作饲料的比例最高，均在90%以上。但在上海，大部分餐饮垃圾被丢弃于垃圾收集点（61.9%，36.31万t）。

表22-6　2014—2016年中国不同地区调研的12个省份商业餐馆餐饮垃圾不同途径年均利用量（鲜重）

地区和省份	合法收集利用		非法用作饲料		非法倒进下水道		丢弃于垃圾收集点	
	质量/kt	占比/%	质量/kt	占比/%	质量/kt	占比/%	质量/kt	占比/%
华北	130.1	3.8	2 019.5	58.4	74.8	2.2	1 237.4	35.8
北京	36.5	5.3	360.4	51.9	13.3	1.9	284.6	41.0
山西	18.0	2.4	485.5	64.3	18.0	2.4	233.8	31.0
东北	188.2	7.1	1 223.6	45.9	0.0	0.0	1 255.0	47.1
吉林	47.8	7.1	310.7	45.9	0.0	0.0	318.7	47.1
华东	704.3	8.5	5 640.8	68.2	26.2	0.3	1 899.5	23.0
上海	124.4	21.2	89.5	15.3	9.9	1.7	363.1	61.9
江苏	122.2	9.3	916.4	69.8	0.0	0.0	274.9	20.9
浙江	20.6	1.7	1 133.7	91.7	0.0	0.0	82.4	6.7
中南	197.9	2.8	5 300.7	75.2	37.0	0.5	1 513.3	21.5
湖南	55.3	5.8	866.3	90.4	18.4	1.9	18.4	1.9
广东	43.2	1.7	1 772.4	69.5	0.0	0.0	734.9	28.8
西南	233.9	5.6	3 688.9	88.0	32.9	0.8	233.9	5.6
四川	63.0	6.7	803.4	85.0	15.8	1.7	63.0	6.7
云南	48.9	4.6	960.9	90.8	0.0	0.0	48.9	4.6
西北	133.5	7.6	902.3	51.7	0.0	0.0	710.8	40.7
宁夏	27.9	9.5	202.3	69.0	0.0	0.0	62.8	21.4
新疆	27.0	6.3	168.8	39.7	0.0	0.0	229.5	54.0
全国	1 588.0	5.8	18 775.8	68.6	171.0	0.6	6 849.9	25.0

注：1. 数据来源 Yang 等（2019）。
2. 占比，各地区餐饮垃圾不同利用比例取该地区调研省份不同利用方式产量之和除以调研省份餐馆餐饮垃圾总产量之和。
3. 全国占比，全国各地区不同利用方式产量之和除以所有利用方式产量之和。

餐饮垃圾利用方式占比也呈现出地区性差异（表22-6）。非法用作饲料的占比从东北的

45.9%(122.36 万 t)到西南的 88.0%(368.89 万 t),而丢弃于垃圾收集点的占比则从西南的 5.6%(23.39 万 t)到东北的 47.1%(125.5 万 t)。除华北地区(2.2%)外,其他地区的商业餐馆向下水道非法排放餐饮垃圾的比例均不到 1%。对于内部食堂,仅获得了 25 份大学食堂的数据,其中 22 份餐饮垃圾均被非法用作饲料,即占 88%,其余 3 份被合法收集利用仅为 12%。

2. 餐饮垃圾生产沼气的潜力

未被合法利用的餐饮垃圾均可用于能源化生产,在餐饮单位中,2014—2016 年仅有 5.8% 被合理收集利用(表 22-6),而内部食堂餐饮垃圾合理收集利用率为 12%,据此计算出 2014—2016 年全国年均可能源化利用的餐饮垃圾量为 4 047.1 万 t(表 22-7),占餐饮垃圾总量的 91.86%。假设全部用于生产沼气,根据目前国内的厌氧消化技术,餐饮垃圾的沼气产率平均为 0.104 m^3/kg(Yang *et al.*, 2019),每年餐饮垃圾的沼气生产潜力为 42.09 亿 m^3。在各省份中,广东的沼气年生产潜力最高(3.77 亿 m^3,9%),山东紧随其后(3.14 亿 m^3,7.5%),再次为河南(2.71 亿 m^3,6.4%)。宁夏、海南、西藏和青海等西部和南部省份则最低,其餐饮垃圾沼气年生产潜力均少于 0.4 亿 m^3。

表 22-7 2014—2016 年中国不同地区及省份餐饮垃圾可能源化利用量(鲜重)及沼气生产潜力

地区和省份	可利用量		沼气生产潜力		地区和省份	可利用量		沼气生产潜力	
	鲜重/kt	占比/%	体积/Mm^3	占比/%		鲜重/kt	占比/%	体积/Mm^3	占比/%
华北	5 036.0	12.4	523.7	12.4	河南	2 608.2	6.4	271.2	6.4
北京	873.3	2.2	90.8	2.2	湖北	1 457.8	3.6	151.6	3.6
天津	422.0	1.0	43.9	1.0	湖南	1 578.0	3.9	164.1	3.9
河北	1 740.1	4.3	181.0	4.3	广东	3 625.1	9.0	377.0	9.0
山西	1 109.0	2.7	115.3	2.7	广西	1 523.3	3.8	158.4	3.8
内蒙古	891.6	2.2	92.7	2.2	海南	273.8	0.7	28.5	0.7
东北	3 427.5	8.5	356.5	8.5	西南	6 160.7	15.2	640.7	15.2
辽宁	1 449.1	3.6	150.7	3.6	重庆	1 388.0	3.4	144.4	3.4
吉林	868.6	2.1	90.3	2.1	四川	1 715.2	4.2	178.4	4.2
黑龙江	1 109.9	2.7	115.4	2.7	贵州	1 318.3	3.3	137.1	3.3
华东	12 024.4	29.7	1 250.5	29.7	云南	1510.3	3.7	157.1	3.7
上海	633.0	1.6	65.8	1.6	西藏	228.9	0.6	23.8	0.6
江苏	2 138.3	5.3	222.4	5.3	西北	2 756.4	6.8	286.7	6.8
浙江	1 925.8	4.8	200.3	4.8	陕西	953.1	2.4	99.1	2.4
安徽	1 350.5	3.3	140.5	3.3	甘肃	577.7	1.4	60.1	1.4
福建	1 579.6	3.9	164.3	3.9	青海	200.1	0.5	20.8	0.5
江西	1 375.1	3.4	143.0	3.4	宁夏	343.8	0.8	35.8	0.8
山东	3 021.9	7.5	314.3	7.5	新疆	681.7	1.7	70.9	1.7
中南	11 066.1	27.3	1 150.9	27.3	全国	40 471.2	100.0	4 209.0	100.0

注:1. 数据来源 Yang 等(2019)。

2. 占比,各个地区及省份餐饮垃圾可利用量或沼气生产潜力分别占其全国总量的百分比。

3. 餐饮垃圾能源化利用可获得性分析

餐饮垃圾含有废弃肉类，如果不进行热处理会传播诸如口蹄疫之类的疾病(Comptroller and Auditor General，2002)。因此，中国禁止餐饮垃圾回收用作动物饲料。然而，在利润驱动下，餐饮企业逃避自身的社会责任，将餐饮垃圾卖给无商业许可的垃圾回收者，再转手用于喂养牲畜(Wen *et al.*，2015)。目前，根据 Yang *et al.* (2019)研究，2014—2016 年期间非法用于动物饲料的餐饮垃圾占 68.6%，扔进垃圾处理中心的餐饮垃圾还有 25%。

统计数据显示(国家统计局，2016)，垃圾处理中心里的垃圾被用于堆肥与厌氧消化制沼气等仅占其总量的 2%，可见餐饮垃圾用于沼气生产资源潜力很丰富。循环利用生产沼气既提供可再生能源，又无害化处理固体废物，有助于环境可持续发展，被认为是对环境最为友好的餐饮垃圾处理途径之一(Braguglia *et al.*，2017)。2010 年，各国政府开始重视餐饮垃圾的资源化利用，中国积极参与并共同签署了相关声明(环境保护部办公厅，2010)。因此，国家禁止餐饮垃圾焚烧或填埋，设置了堆肥或生产沼气利用试点，共有 100 个城市被选为餐饮垃圾资源管理的试点城市(国家发展和改革委员会，2015)，为餐饮垃圾能源化利用提供了政策保障。

餐饮垃圾循环利用也面临一些困难。自 2013 年来，各级政府在餐饮服务业倡导光盘行动，餐饮垃圾总量将来可能有所下降。但是，中国餐饮垃圾总可用量很大，目前不会因为光盘行动导致的餐饮垃圾量减少受影响，但从长远来说企业应当考虑原料来源的多样化。另一方面，由于垃圾处理设施处理能力有限、垃圾分类难度大，主要是缺少餐饮垃圾集装箱与运输机械的技术与工业标准，国内合格的餐饮垃圾收集运输企业寥寥无几(宋立杰等，2014)，收集运输系统的效率非常低(Wen *et al.*，2015)。而且，餐饮垃圾处理技术也存在一些缺陷，如餐饮垃圾水分、盐分和油脂含量高，需要在转化前进行预处理，但现有技术一般没有预处理而直接发酵导致转化效率偏低(刑汝明等，2006)，餐饮垃圾经厌氧消化处理后产生的残渣和废液也很难管理回收(宋立杰等，2014)。

(二)餐饮垃圾和废弃油脂收集和利用模式

根据查阅文献和在上海、江苏和浙江等省份实地调查，总结获得了餐饮垃圾和废弃油脂收集和利用主要的 3 种流行模式(图 22-5 至图 22-7)，提出了综合利用模式作为可持续的餐饮垃圾收集和利用的解决方案(图 22-8)。

1. 私人收集餐饮垃圾非法利用模式

该模式指未获得政府许可的个人私自从餐馆收集餐饮垃圾，通常用于喂猪，或者在小作坊非法提取油脂以较低的价格投入到食用油市场(图 22-5)。

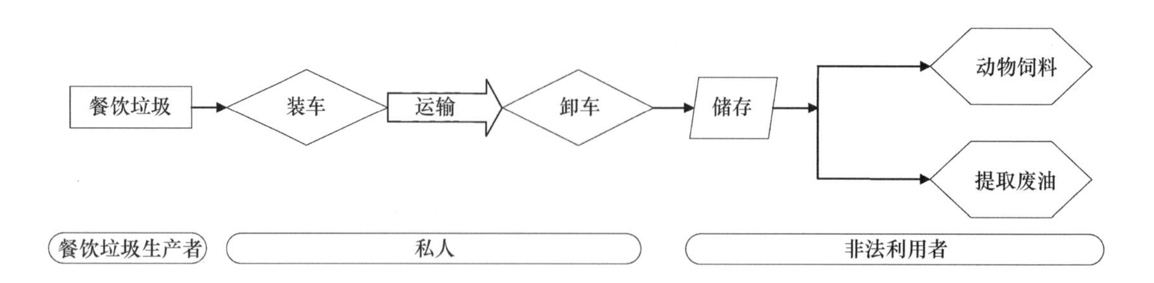

图 22-5　上海、江苏和浙江私人收集餐饮垃圾非法利用模式

该模式中，餐饮垃圾的处理有 3 种不同的交易方式。第一种是垃圾生产者需要向垃圾收集者支付 60 元/t 的垃圾回收处理费用，回收者在 10 km 运输半径的餐饮垃圾收储运费用为 264.98 元/t（表 22-8）。运输距离增加至 80 km 时，其收储运总成本增加了 67.49 元/t，该过程中的储存成本不变，增加的部分仅为餐饮垃圾的运输成本。第二种收集方式是餐饮垃圾收集者从垃圾生产者处免费收集垃圾，不产生收集费用，在运输半径为 10 km 时的收储运总成本为 324.98 元/t，运输距离增加 70 km 后的收储运成本为 392.47 元/t。第三种餐饮垃圾的收集方式是垃圾收集者向生产者支付 10 元/t 的垃圾回收费用，在运输距离为 10 km 和 80 km 情形下的收储运成本分别为 334.98 元/t 和 402.47 元/t。

2. 加工者收集煎炸废油生产生物柴油模式

在政府同意并监管下，加工者收集煎炸废弃油用于生产生物柴油(图 22-6)。

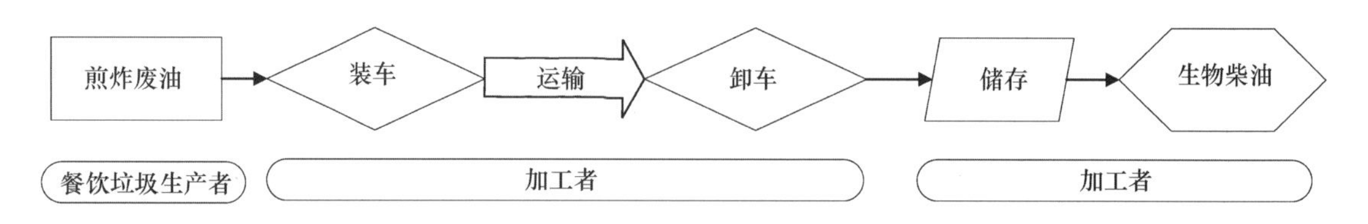

图 22-6　上海、江苏和浙江加工者收集煎炸废油生产生物柴油模式

该模式包括两种交易方式。第一种是煎炸废油的收集不需要购买费用，运输半径为 10 km 和 80 km 的收储运成本分别是 324.98 元/t 和 392.47 元/t(表 22-8)。第二种是收集者需要生产者支付 800 元/t 或 1 200 元/t 的购买废油费用，相应的收储运总成本也会在 10 km 及 80 km 的运输半径上比第一种模式成本高，达到 1 124.98～1 192.47 元/t 或 1 524.98～1 592.47 元/ t。

3. 第三方收集直接废弃油脂生产生物柴油模式

在政府同意并监管下，由第三方收集煎炸废弃油脂和餐饮业其他直接废弃油脂，用于生产生物柴油(图 22-7)。

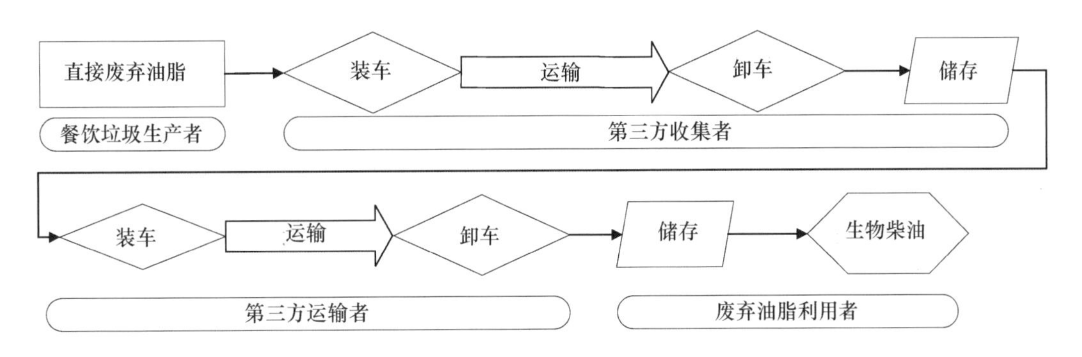

图 22-7　上海、江苏和浙江第三方收集直接废弃油脂生产生物柴油模式

该收集模式包括垃圾收集没有费用及餐饮垃圾收集者向生产者支付 800 元/t 或 1 200 元/t 收集费用两种情形(表 22-8)。由于有第三方收集者的参与，直接增加了收储运环节的储存成本，在垃圾支付费用分别为 0 元/t、800 元/t 和 1 200 元/t 且运输半径为 10 km 的收储运总成本分别为 412.34 元/t、1 276.34 元/t 和 1 708.34 元/t；这三种收集情形在运输半径为 80 km 时的收储运费用则分别是 521.68 元/t、1 385.68 元/t 和 1 817.68 元/t。

表 22-8　2015 年上海、江苏和浙江主要的餐饮垃圾和废弃油脂收储运模式的成本分析

模式	收集对象	价格情景	收集价格/(元/t)	运输半径/km	运输成本/(元/t)	储存成本/(元/t)	第三方利润/(元/t)	成本合计/(元/t)
私人收集餐饮垃圾非法利用模式	餐饮垃圾	餐饮垃圾生产者向收集者支付处理费用	−60	10	272.98	52.00		264.98
				80	340.47	52.00		332.47
		收集者不给餐馆付费	0	10	272.98	52.00		324.98
				80	340.47	52.00		392.47
		收集者给餐馆付费	10	10	272.98	52.00		334.98
				80	340.47	52.00		402.47
加工者收集煎炸废油生产生物柴油模式	煎炸废油	收集者不给餐馆付费	0	10	272.98	52.00		324.98
				80	340.47	52.00		392.47
		收集者给餐馆付费	800	10	272.98	52.00		1 124.98
				80	340.47	52.00		1 192.47
			1 200	10	272.98	52.00		1 524.98
				80	340.47	52.00		1 592.47
加工者收集煎炸废油生产生物柴油模式	煎炸废油	收集者不给餐馆付费	0	10	277.80	104.00	30.54	412.34
				80	379.04	104.00	38.64	521.68
		收集者给餐馆付费	800	10	277.80	104.00	94.54	1 276.34
				80	379.04	104.00	102.64	1 385.68
			1 200	10	277.80	104.00	126.54	1 708.34
				80	379.04	104.00	134.64	1 817.68

4. 利用者收集餐饮垃圾综合利用模式

以上 3 种主要模式中，餐饮垃圾远不如废弃煎炸油等直接废弃油脂价值高、收集容易，全国私人非法收集和处理餐饮垃圾占总量的 94.2%(表 22-6)。因此，本研究提出利用者收集餐饮垃圾综合利用模式，由政府许可及监管下，餐饮垃圾经提取后，可获得约为 3% 的油脂，剩余的大量残渣可转化为沼气和肥料。通过该模式可实现餐饮垃圾可持续性和最优化

利用(图 22-8)。

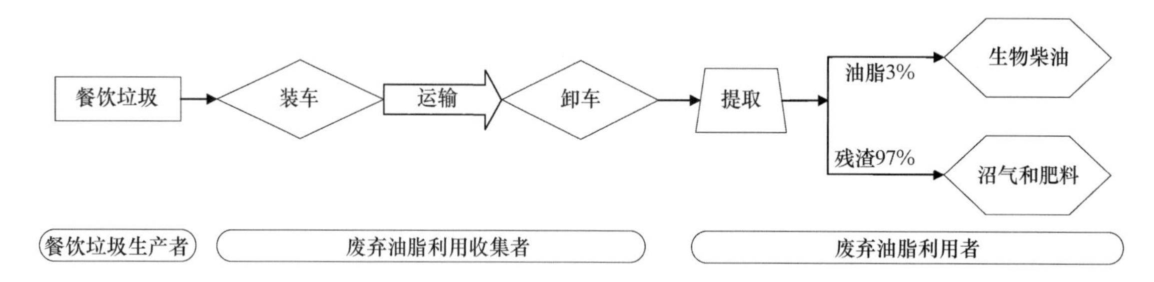

图 22-8 上海、江苏和浙江利用者收集餐饮垃圾综合利用模式

(三)2015 年污泥利用状况及能源化潜力

1. 污泥利用状况

污泥的利用方式主要包括填埋、焚烧、土地利用和建筑材料。各种利用方式在不同省份利用比例结构不同,同一省份污泥不同利用方式差异也较大(表 22-9)。

表 22-9 2015 年中国各省份污泥的不同途径利用量

省份	填埋		焚烧		土地利用		建筑材料	
	干重/kt	占比/%	干重/kt	占比/%	干重/kt	占比/%	干重/kt	占比/%
北京	53.0	1.96	15.5	1.15	147.9	13.15	11.1	1.31
天津	42.9	1.58	5.8	0.43	12.1	1.08	22.7	2.67
河北	267.7	9.88	12.3	0.91	101.5	9.02	7.0	0.82
山西	59.4	2.19	8.2	0.61	42.6	3.79	2.6	0.31
内蒙古	82.2	3.03	4.8	0.36	1.4	0.12	4.2	0.49
辽宁	156.2	5.77	4.6	0.34	40.4	3.59	8.6	1.01
吉林	57.7	2.13	13.2	0.98	7.1	0.63	0.0	0.00
黑龙江	85.3	3.15	3.4	0.25	7.4	0.66	1.1	0.13
上海	199.9	7.38	45.8	3.39	7.1	0.63	19.8	2.33
江苏	106.5	3.93	417.2	30.92	27.8	2.47	89.4	10.53
浙江	52.3	1.93	453.0	33.58	69.4	6.17	113.7	13.40
安徽	72.3	2.67	53.3	3.95	41.0	3.64	14.7	1.72
福建	46.9	1.73	32.2	2.39	20.7	1.84	45.1	5.31
江西	64.2	2.37	3.0	0.22	2.8	0.25	8.5	1.00
山东	146.8	5.42	139.5	10.34	166.4	14.79	77.3	9.11
河南	239.7	8.84	10.9	0.81	94.2	8.37	23.4	2.76
湖北	68.1	2.51	17.0	1.26	28.1	2.50	38.7	4.56
湖南	124.5	4.59	8.1	0.60	0.6	0.05	18.9	2.23
广东	292.6	10.80	54.9	4.07	99.9	8.88	180.7	21.29
广西	18.4	0.68	1.4	0.10	35.8	3.18	10.6	1.25
海南	0.7	0.02	1.3	0.10	13.9	1.24	0.0	0.00
重庆	47.0	1.73	4.4	0.33	7.4	0.66	46.2	5.44

续表 22-9

省份	填埋		焚烧		土地利用		建筑材料	
	干重/kt	占比/%	干重/kt	占比/%	干重/kt	占比/%	干重/kt	占比/%
四川	60.6	2.23	27.5	2.05	44.1	3.92	43.0	5.07
贵州	56.3	2.08	4.6	0.34	0.6	0.05	0.6	0.07
云南	81.0	2.99	0.5	0.04	11.8	1.05	0.0	0.00
西藏	1.0	0.04	0.0	0.00	0.3	0.03	0.0	0.00
陕西	83.5	3.08	4.6	0.34	34.1	3.03	59.5	7.01
甘肃	66.9	2.47	0.1	0.01	7.4	0.66	1.2	0.14
青海	18.7	0.69	0.0	0.00	0.0	0.00	0.0	0.00
宁夏	15.9	0.59	2.0	0.16	10.4	0.91	0.0	0.00
新疆	41.4	1.53	0.0	0.00	40.8	3.63	0.0	0.00
全国	2 709.6	100.00	1 349.1	100.00	1 125.0	100.00	848.6	100.00

注：占比，各个省份污泥利用量占其全国利用总量的百分比。

(1)填埋

当前，污泥的4种利用方式中填埋利用量最高，2015年全国污泥填埋量为2 709.6 kt，占总量的44.9%(表22-9)，主要的原因是填埋成本低、易操作。污泥填埋量在不同省份的范围为0.7～292.6 kt，其中广东、河北、河南和上海是污泥填埋量最高，填埋量介于199.9～292.6 kt，这4个省份污泥填埋量总和占全国填埋量的36.9%。污泥填埋量较少的包括海南、西藏、宁夏、广西和青海，填埋量只有0.7～18.7 kt，占全国填埋量的0.02%～0.69%。

污泥填埋量在各省份内的占比介于海南的4.65%到青海的100%(图22-9)。浙江和海南的污泥填埋量很低，均不到全省污泥利用总量的10%。全国共18个省份的污泥填埋量占到各自省份污泥总量的50%以上，其中13个省份位于中国的西北部。剩余的11个省份的污泥填埋比例在16.62%(江苏)到46.58%(广东)，这些省份主要是位于中国的东南沿海地区。

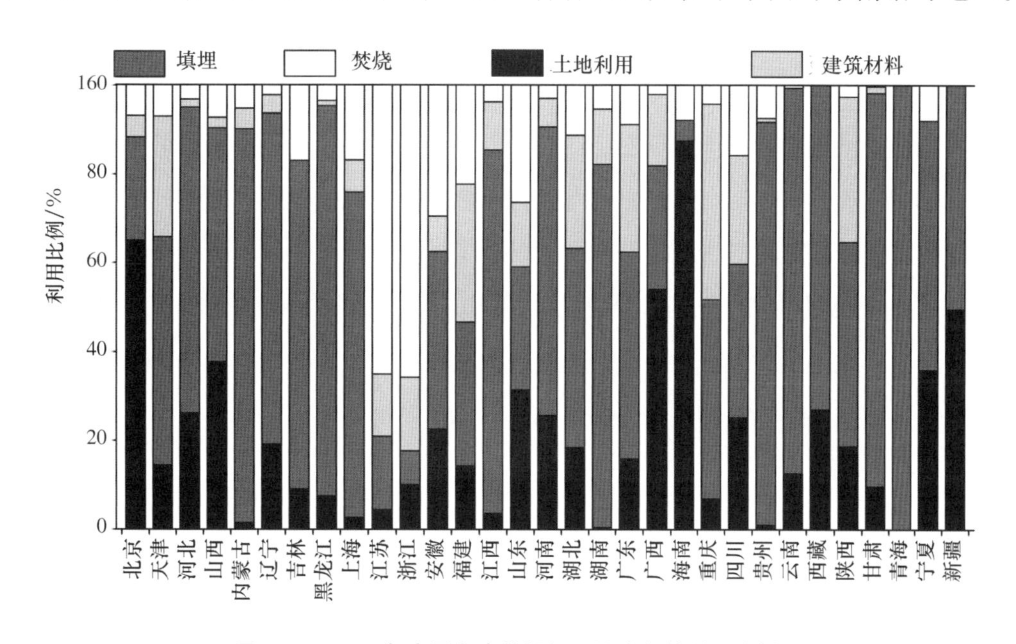

图 22-9 **2015年中国各省份污泥不同途径的利用比例**

(2)焚烧

2015 年,全国污泥的焚烧量为 1 349.1 kt,占污泥总量的 22.4%(表 22-9)。其中西北地区西藏、青海和新疆的污泥没有焚烧的利用方式。而东部地区浙江污泥焚烧量在全国最多,为 453 kt,占全国污泥焚烧总量的 33.58%;江苏污泥焚烧量为 417.2 kt,占比为 30.92%,居于全国焚烧量的第 2 位。山东污泥焚烧量 139.5 kt,占全国污泥焚烧总量的 10.34%,列于第 3 位。其余其他省份的污泥焚烧量的占全国污泥焚烧总量的比重均低于 5%。

污泥焚烧量在各省份的占比为 0.13%～65.80%(图 22-9)。全国只有浙江和江苏的污泥以焚烧为主,且分别占各自省份污泥总量的 65.80 % 和 65.10%。其他省份的污泥焚烧量占比不超过 30%,其中 17 个省份的污泥焚烧量不到 10%。

(3)土地利用

2015 年,污泥土地利用量为 1 125 kt,占全国污泥总量的 18.6%(表 22-9)。青海没有污泥用于土地,山东的污泥土地利用量居于全国最高,为 166.4 kt,占全国土地利用总量的 14.79%。北京和河北污泥的土地利用量相对较高,分别占全国土地利用总量的 13.15%和 9.02%。湖南、贵州和西藏的土地利用量比较低,分别占土地利用总量的 0.05%、0.05%和 0.03%。

各省份污泥土地利用量占比以海南最高,为 87.55%,其次是北京、广西和新疆,分别占各省份利用总量的 65.00%、54.13%和 49.62%(图 22-9)。青海没有污泥用于土地,湖南省污泥的土地利用比例占处置总量的 0.43%。剩余其他省份的污泥土地利用量占各自省份污泥总量的比重为 1.00%～37.78%。

(4)建筑材料

2015 年,污泥作为建筑材料的总量为 848.6 kt,占全国总量的 14.1%(表 22-9)。污泥作为建筑材料的利用量是 4 种利用方式中最少的,各省份污泥用作建筑材料的量为 0～180.7 kt。广东污泥用于生产建筑材料的量最多,但仅占全国污泥生产建筑材料总量的 21.29%。其次是浙江,有 113.7 kt 的污泥用作建筑材料,占全国总量的 13.4%。

各省份中,污泥作为建筑材料利用的比例区间是 0～44.01%,污泥用作建筑材料在所有省份中都不是主要的利用方式。重庆污泥用作建筑材料的比重是所有省份中最高的,另外有 7 个省份没有污泥用作建筑材料,这 7 个省份多数位于中国的西部地区(图 22-9)。其他省份污泥作为建筑材料的比例范围为 0.84%～8.09%。

2. 污泥产沼气潜力

2015 年,中国利用污泥进行厌氧消化生产甲烷的潜力可达 1.27 亿 m^3(图 22-10)。在 31 个省份,西藏甲烷产量潜力最小为 27 万 m^3,浙江最高,为 1.45 亿 m^3。经济发达地区的江苏、浙江和广东的甲烷产量潜力占全国的 1/3。宁夏、青海、海南、西藏等经济不发达的地区，生产甲烷的潜力总量为 1 349 万 m^3，仅占全国潜力总量的 1.06%，而西藏仅为 0.02%。

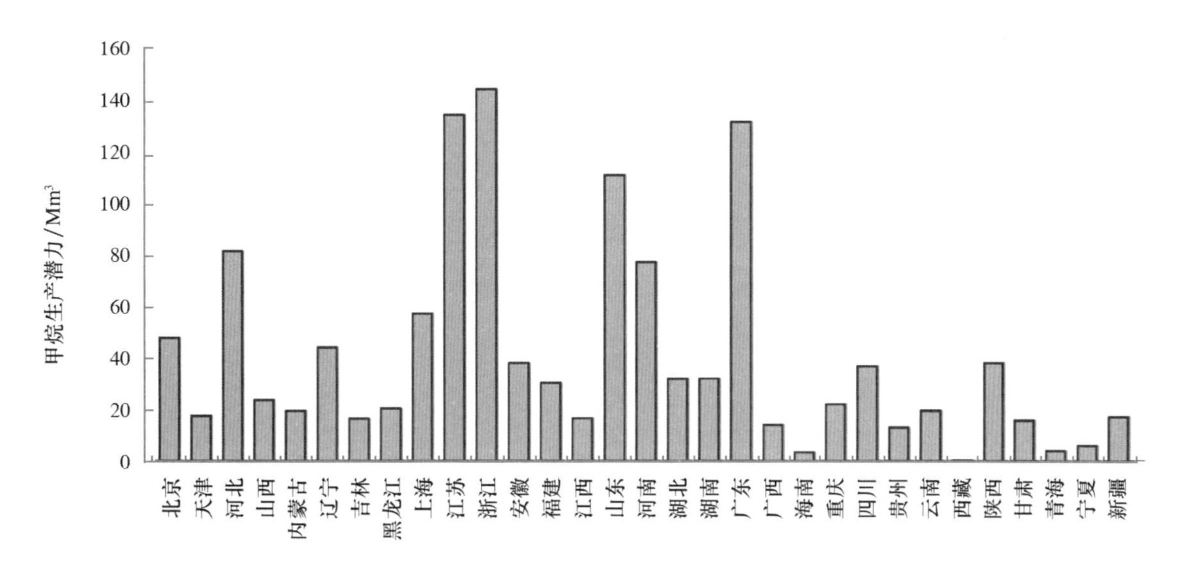

图 22-10 **2015 年中国各省份污泥产甲烷生产潜力**

第二十三章

餐饮垃圾、废弃油脂和污水污泥能源化利用的碳减排潜力

内容提要

本章餐饮垃圾厌氧发酵生产沼气项目的基准线为直接填埋处理生产沼气的温室气体排放，基于原料的碳减排率为131.47 kg CO_2-eq/t。假设餐饮垃圾可能源化利用量全部用于生产沼气，2014—2016年年均碳减排潜力可达到532.1万t CO_2-eq。其中潜力最大的是华东地区，达到158.1万t CO_2-eq，占29.7%；潜力最大的省份是广东，为47.7万t CO_2-eq。预测到2030年，理想情境下餐饮垃圾能源化利用碳减排潜力将达到579.2万t CO_2-eq。废弃油脂生产生物柴油项目的基准线为化石柴油的生产及利用，基于原料的碳减排率为2.24 kg CO_2-eq/kg。假设废弃油脂可能源化利用量全部用于生产生物柴油，2014—2016年年均碳减排潜力达到343万t CO_2-eq。其中，华东地区减排潜力最大，达到98.6万t CO_2-eq，占28.8%；潜力最大的省份是广东，为28.3万t CO_2-eq。污泥厌氧发酵生产沼气项目的基准线为传统污水污泥处理方法，如直接填埋、直接焚烧、土地直接利用和直接焚烧做建筑材料，基于原料的碳减排率分别为1.424、1.85、0.158和4.998 kg CO_2-eq/kg。基于全国污泥产量，污泥厌氧发酵生产沼气处理的碳减排潜力为1 077万t CO_2-eq，其中浙江减排潜力最大，为149万t CO_2-eq。预测到2030年，污泥不同处置方式的碳减排潜力将达到12.31～29.94 Mt CO_2-eq。

一、餐饮垃圾生产沼气的碳减排潜力

(一)餐饮垃圾生产沼气碳减排率的取值

1. 基准线排放量

本报告基准线为餐饮垃圾直接填埋处理生产沼气的温室气体排放量,基准线的研究边界如图 23-1。餐饮垃圾填埋处理所需能耗、物料消耗及沼气产量等数据参考 Xu 等(2015)。基准线主要能耗为电力和柴油,物料消耗为工业用水、杀虫剂及消石灰。由于消石灰行业是高污染行业,因此在温室气体评价中考虑其生产的排放。

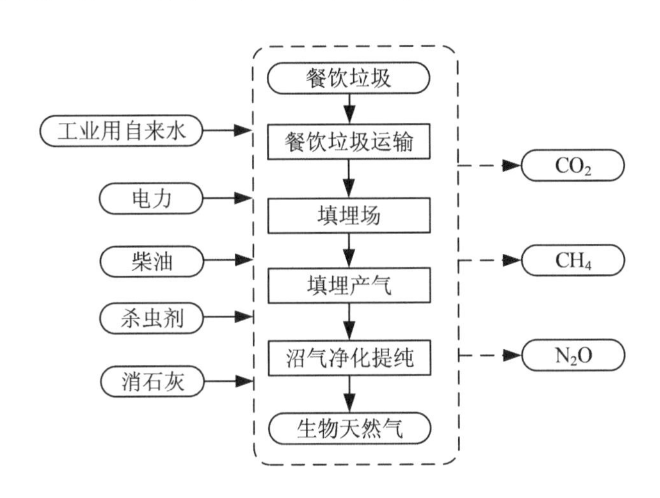

图 23-1　餐饮垃圾直接填埋生产沼气的系统边界

2. 项目排放量

(1)研究对象和方法

以西南某代表性企业为例实地调研获得环境排放、能源和物料消耗的数据。该企业采用高温单相厌氧发酵工艺,处理规模为每天 150 t 餐饮垃圾生产沼气 10 600 m^3,提纯净化后生物天然气 1 775 m^3。本研究使用的全生命周期模型为 eBalance v4.7 和中国本土化的数据库,该模型是基于中国本土数据和全球高质量数据库研发的,数据库包括 600 多个重要材料、能源、运输过程和废物处理的数据清单,所用工艺均代表中国当前技术水平。

(2)研究范围和边界

本研究的系统边界包括预处理、厌氧发酵、沼气净化提纯、沼渣沼液处理和副产品生产(图 23-2)。功能单位为处理 1 t 餐饮垃圾,基准线和项目的投入产出见表 23-1。由于餐饮垃圾属于废弃物,所以研究边界不包括餐饮垃圾的生产过程,同时工程建设、机械生产以及其他基础设施建设均未考虑。

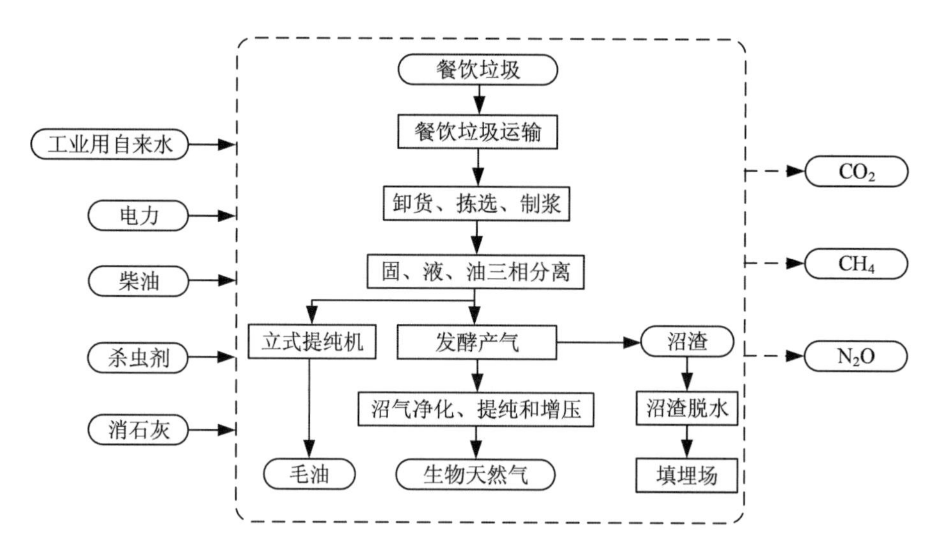

图 23-2　餐饮垃圾厌氧发酵生产沼气的系统边界

(3)清单分析

①预处理过程:餐饮垃圾由环卫收运车辆在餐饮单位收集后直接送入厂区,运输距离平均为 50 km,采用数据库中载重 8 t 的柴油货车运输。餐饮垃圾运进厂后倒入接料斗中,接料完毕后盖上盖子,然后进入预处理系统。预处理系统使用的是全密闭式一体化连续处理设备,包括进料、分选、制浆除杂、除砂、浆料加热、三相分离和毛油提取工序。分离出的废弃油脂经加热后进入立式提纯机提取毛油。

②厌氧发酵过程:预处理后的浆料在缓冲罐内搅匀之后泵入车间外的均质池,均质池起均质、缓存、调浆的作用,调配成含固率约 7.5%的浆料在均质池内停留 1 d 后,泵入 2 个 2 232 m^3 的厌氧发酵罐中,罐内温度需维持在 55～60℃厌氧消化约 23 d。为实现消化物质均一化,提高物质与细菌的接触,在消化罐内进行机械搅拌。所需热量由锅炉房蒸汽经汽水交换后提供,所需燃料来自本项目中脱硫后的沼气。

③沼气净化提纯过程:通过厌氧发酵产生的沼气首先进入生物脱硫和干式脱硫结合的脱硫系统,将沼气中 H_2S 的含量降低至 15 mg/m^3。脱硫后的沼气 46%进入蒸汽锅炉燃烧用热,剩余的 54%沼气进入脱碳和脱水系统脱去所含 CO_2 和水分,然后净化气进入天然气压缩机增压,制成压缩生物天然气。此过程中物料消耗为碱、脱硫剂和吸附剂,因碱可以循环利用,添加量很少,所以不再考虑其生产过程温室气体的排放。因缺少脱硫剂、吸附剂生产和使用的数据,本项目也不再考虑。

④沼渣沼液处理过程:厌氧发酵后产生的沼渣含水率约 97.8%,采用离心脱水机进行脱水,脱水后的残渣由车辆运到生活垃圾填埋场。脱离后的废水排入厂内的污水处理区。假设沼渣填埋工艺与餐厨垃圾直接填埋工艺一致(参考基准线排放量),填埋产生沼气净化提纯后用于生产生物天然气。此过程中物料为絮凝剂,因缺少絮凝剂生产和使用过程的数据,不再考虑。此过程需要的水是工业自来水,工业自来水生产过程中的排放已考虑。

表 23-1　餐饮垃圾直接填埋和厌氧发酵生产生物天然气的投入与产出

参数	直接填埋生产生物天然气	厌氧发酵生产生物天然气	参数	直接填埋生产生物天然气	厌氧发酵生产生物天然气
投入			环境现场排放		
餐饮垃圾	1.00 t	1.00 t	COD	—	0.54 g
原料运输至工厂	50.00 t·km	50.00 t·km	CO_2	56.55 kg	31.13 kg
沼渣运输至填埋场	—	3.53 t·km	CH_4	—	0.17 kg
电力	57.55 kW·h	100.22 kW·h	H_2S	—	0.08 g
工业用柴油	0.25 kg	0.02 kg	NH_3	—	1.08 g
工业用自来水	86.93 t	6.14 kg	NO_X	—	97.60 g
杀虫剂	0.03 kg	0.002 kg	SO_2	—	16.00 g
氧化钙	143.28 kg	10.13 kg	氨氮	—	0.05 g
产出					
生物天然气	24.66 m^3	13.58 m^3			
毛油	—	30.00 kg			

3. 餐饮垃圾生产沼气的碳减排率

餐饮垃圾生产沼气基准线温室气体排放量为 264.89 kg CO_2-eq/t，项目情景排放量为 149.66 kg CO_2-eq/t（表 23-2）。基准线情景下，温室气体主要排放来自消石灰生产，达到 145.8 kg CO_2-eq/t，占比 55.04%。项目情景下，温室气体排放源主要来自电力生产，为 93.5 kg CO_2-eq/t（62.48%）。环境信用是指利用餐饮垃圾厌氧发酵生产生物天然气给环境带来的好处，一方面来自压缩天然气对传统化石天然气的替代，另一方面来自生产的副产品毛油对化石柴油的替代。考虑环境信用条件下基准线和项目情景下的环境净排放分别为 258.81 kg CO_2-eq/t 和 127.34 kg CO_2-eq/t，则每利用 1 t 餐饮垃圾生产天然气碳减排率为 131.47 kg CO_2-eq，或者每生产 1 m^{3}生物天然气的碳减排率为 9.68 kg CO_2-eq。

表 23-2　餐饮垃圾生产沼气全生命周期温室气体排放量

环境排放来源	餐饮垃圾直接填埋生产生物天然气		餐饮垃圾厌氧发酵生产生物天然气	
	碳排放量 /(kg CO_2-eq/t)	占比 /%	碳排放量 /(kg CO_2-eq/t)	占比 /%
总排放	264.89	100.0	149.66	100
电力生产	53.71	20.28	93.5	62.48
原料运输	8.31	3.14	8.9	5.95
柴油生产与利用	0.19	0.07	0.01	0.009
工业用自来水	0.017	0.006	0.001	0.001
消石灰生产	145.8	55.04	10.3	6.88
杀虫剂生产	0.31	0.12	0.02	0.015
现场排放	56.55	21.35	36.93	24.67
环境信用	6.09	—	22.33	—
净排放	258.81	—	127.34	—

注：基于每吨餐饮垃圾。

(二)2014—2016 年餐饮垃圾生产沼气的年均碳减排潜力

2014—2016 年期间,全国餐饮垃圾可能源化利用量年均达到 4047.1 万 t(Yang 等,2019)。假设全部用于生产沼气,则每年减排潜力达到 532.1 万 t CO_2-eq(表 23-3)。其中华东地区可贡献减排潜力最大,达到 158.1 万 t CO_2-eq(29.70%),其次是中南地区为 145.5 万 t CO_2-eq(27.30%),西北地区的减排潜力最少,为 36.2 万 t CO_2-eq(6.80%)。减排潜力最大的省份是广东(47.7 万 t CO_2-eq,9.00%)和山东(39.7 万 t CO_2-eq,7.50%)。青海和西藏减排潜力最小,分别为 2.6 万 t CO_2-eq 和 3.0 万 t CO_2-eq,占比为 0.5%和 0.6%。

表 23-3　2014—2016 年中国不同地区和省份年均餐饮垃圾生产沼气的碳减排潜力

地区和省份	碳减排潜力		地区和省份	碳减排潜力	
	质量/kt CO_2-eq	占比/%		质量/kt CO_2-eq	占比/%
华北	662	12.4	河南	343	6.4
北京	115	2.2	湖北	192	3.6
天津	55	1.0	湖南	207	3.9
河北	229	4.3	广东	477	9.0
山西	146	2.7	广西	200	3.8
内蒙古	117	2.2	海南	36	0.7
东北	451	8.5	西南	810	15.2
辽宁	191	3.6	重庆	182	3.4
吉林	114	2.1	四川	225	4.2
黑龙江	146	2.7	贵州	173	3.3
华东	1 581	29.7	云南	199	3.7
上海	83	1.6	西藏	30	0.6
江苏	281	5.3	西北	362	6.8
浙江	253	4.8	陕西	125	2.4
安徽	178	3.3	甘肃	76	1.4
福建	208	3.9	青海	26	0.5
江西	181	3.4	宁夏	45	0.8
山东	397	7.5	新疆	90	1.7
中南	1455	27.3	全国	5 321	100.0

注:占比,各地区或省份的碳减排量占全国总碳减排量的百分比。

(三)2030 年餐饮垃圾生产沼气的碳减排潜力预测

通过对相关政策的研究(见第二十四章),本研究认为未来相当一段时间内餐饮垃圾资源量将不再增加。由于当前全国年均可能源化利用的餐饮垃圾占总量的 91.86%,在这个比例不变的情景下,2030 年年碳减排潜力维持不变仍为 532.1 万 t CO_2-eq(表 23-3)。在理想情景下,餐饮垃圾合理化利用政策得到全面执行,2030 年餐饮垃圾可能源化利用率将达到 100%,其能源化利用的碳减排潜力将达到 579.2 万 t CO_2-eq。

二、废弃油脂生产生物柴油的碳减排潜力

（一）废弃油脂生产生物柴油的碳减排率取值

1. 研究边界和基准线的确定

根据《废弃油脂分类标准》（NB/T 34058—2017），本研究废弃油脂包括餐饮垃圾中提取出来的废弃油脂和煎炸废油。以废弃油脂为原料生产生物柴油的生命周期边界包括废弃油脂收集运输、预处理（包括去除杂质，粗炼制等）、生物柴油制取、运输和利用（图 23-3）。基准线为化石柴油的生产及利用。

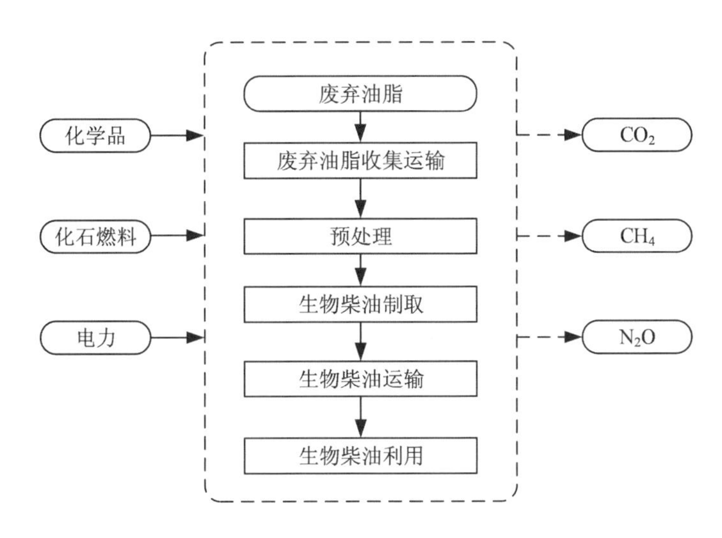

图 23-3　废弃油脂生产生物柴油的系统边界

2. 文献筛选及碳减排率的取值

收集获得废弃油脂生产生物柴油碳排放的文献共 9 篇（表 23-4）。首先，基于原料筛选，刘凯瑞等（2017）文中原料使用地沟油，且在文中没有标明功能单位，严军华等（2017）使用大豆油和地沟油，邢爱华等（2010a）和邢爱华等（2010b）使用地沟油，均与本研究定义原料范围不符而不予使用。然后基于基准线和研究边界进行筛选，许英武等（2010）和侯坚等（2010）在选择生命周期边界时，将作物种植和油料制作的过程纳入边界系统内，杜泽学等（2012）未考虑原料运输和产品利用环节，均不符合本研究边界也不予使用。侯坚（2010）和 Yang 等（2017）均以餐饮废弃油脂为原料，也符合本系统边界，因此，选取这两篇文章的结论取其平均值得出废弃油脂生产生物柴油的碳减排率（表 23-5）。

基于侯坚（2010）和 Yang 等（2017）的数据计算得到，与基准线相比，每利用 1 kg 的废弃油脂生产生物柴油带来的碳减排量为 2.24 kg CO_2-eq，以 85％的平均产率计算（Yang 等，2017），每生产并利用 1 kg 的生物柴油带来的碳减排量为 2.64 kg CO_2-eq。

表 23-4　前人报道的废弃油脂生产生物柴油的基准线及系统边界

情景	项目活动	排放源	侯坚(2010)	侯坚等(2010)	邢爱华等(2010a)	邢爱华等(2010b)	许英武等(2010)	杜泽学等(2012)	刘凯瑞等(2017)	严军华等(2017)	Yang 等(2017)
基准线	能源利用	柴油生产及利用	√	√	√		√				
项目活动	作物种植	种植过程		√	√		√				
	油料制作	油料制作		√			√				
	收集运输	原料运输	√	√	√	√	√		√	√	√
		产品运输	√	√	√	√	√	√	√	√	√
	产品生产	预处理	√	√	√		√	√	√	√	√
		生物质制取	√	√	√	√	√	√	√	√	√
	产品利用	生物柴油利用	√	√	√	√	√		√	√	√

表 23-5　废弃油脂生产生物柴油的背景信息和碳减排率

文献	原功能单位	原减排率	碳减排率	
			基于产品/(kg CO_2-eq/kg)	基于原料/(kg CO_2-eq/kg)
侯坚(2010)	1 MJ	49.25 g	1.92	1.61
Yang 等(2017)	1 t	2.87 t	3.37	2.87
本研究			2.64	2.24

注:1. 侯坚(2010),以生物柴油 39MJ/kg 热值折算(申加旭等,2017)。
2. Yang 等(2017),以 28.5 L 每百公里油耗计算,密度按 0.85 kg/L。

(二)2014—2016 年废弃油脂生产生物柴油的年均碳减排潜力

假设餐饮废弃油脂可能源化利用比例与餐饮垃圾可能源化利用比例一致,因目前死亡畜禽尸体主要处理方式是填埋,假设其产生的废弃油脂可全部能源化利用,因此,每年可能源化利用的废弃油脂总量为 153 万 t(包括餐饮业间接泔水油和废弃畜禽尸体油脂)。基于本文研究每利用 1 kg 废弃油脂生产生物柴油,与传统化石柴油相比碳减排量为 2.24 kg CO_2-eq,则 2014—2016 年,全国可利用废弃油脂生产生物柴油年均减排潜力为 342.8 万 t CO_2-eq(表 23-6)。其中华东地区贡献最大,达到 98.6 万 t CO_2-eq(28.80%);其次是中南地区为 98.0 万 t CO_2-eq(28.60%);西北地区的减排潜力最小,为 21.4 万 t CO_2-eq(6.20%)。减排潜力最大的是广东(28.3 万 t CO_2-eq,8.30%)和山东(25.2 万 t CO_2-eq,7.30%),青海和西藏减排潜力最小,分别为 1.5 万 t CO_2-eq 和 1.6 万 t CO_2-eq。

由于废弃油脂种类多(NB/T 34058—2017),基础数据调研难度很大,无法较为准确地评估产量。本研究的废弃油脂可能源化利用及其碳减排潜力也必然很不全面,列在这里只为今后全面研究做一点贡献,也不宜预测 2030 年废弃油脂可能源化利用量及碳减排潜力。

表 23-6　2014—2016 年中国不同地区和省份年均废弃油脂生产生物柴油的碳减排潜力

地区和省份	碳减排潜力		地区和省份	碳减排潜力	
	质量/kt CO_2-eq	占比/%		质量/kt CO_2-eq	占比/%
华北	401	11.70	河南	235	6.90
北京	63	1.80	湖北	139	4.10
天津	33	0.90	湖南	163	4.80
河北	152	4.40	广东	283	8.30
山西	84	2.40	广西	136	4.00
内蒙古	70	2.00	海南	24	0.70
东北	293	8.50	西南	555	16.20
辽宁	124	3.60	重庆	115	3.30
吉林	75	2.20	四川	182	5.30
黑龙江	93	2.70	贵州	107	3.10
华东	986	28.80	云南	135	3.90
上海	46	1.30	西藏	16	0.50
江苏	174	5.10	西北	214	6.20
浙江	146	4.20	陕西	77	2.20
安徽	120	3.50	甘肃	46	1.30
福建	125	3.70	青海	15	0.40
江西	124	3.60	宁夏	25	0.70
山东	252	7.30	新疆	51	1.50
中南	980	28.60	全国	3 428	100.00

注:1. 占比,各地区或省份的碳减排量占全国总碳减排量(列内)。
　　2. 废弃油脂,仅包括餐饮业间接泔水油废弃畜禽尸体油脂。

三、污水污泥生产沼气的碳减排潜力

(一)污泥处理的基线和系统边界

通过分析前人的研究成果(Lam *et al*., 2016; Liu *et al*., 2013; Niu *et al*., 2013; Xu *et al*., 2014),总结了本研究的污泥生产沼气的碳减排的基线、项目系统边界(图 23-4)。污泥填埋是经过脱水压滤技术后含水量低于 60%,将其直接运输至填埋地点进行卫生填埋(图 23-4A),在这条工艺路径脱水之前的基础上增加厌氧发酵技术成为污泥处理处置的新方案。简单的污泥焚烧是净脱水后直接焚烧,这是污泥处置最常见的焚烧方法,在污泥重力加稠之后再通过厌氧发酵技术然后焚烧是另一路线(图 23-4B),污泥焚烧后的剩余物是少量的灰分进行填埋处置。土地利用的方式是污泥脱水后堆肥进行利用(图 23-4C),在污泥加稠后进行厌氧发酵处理,发酵剩余物进行土地利用。利用污泥制造建筑材料,一般的技术路线是将污泥脱水后焚烧制作建筑材料(图 23-4D),在脱水之前加厌氧发酵处理后,再进行建筑材料的生产也是污泥处理处置的路径之一。

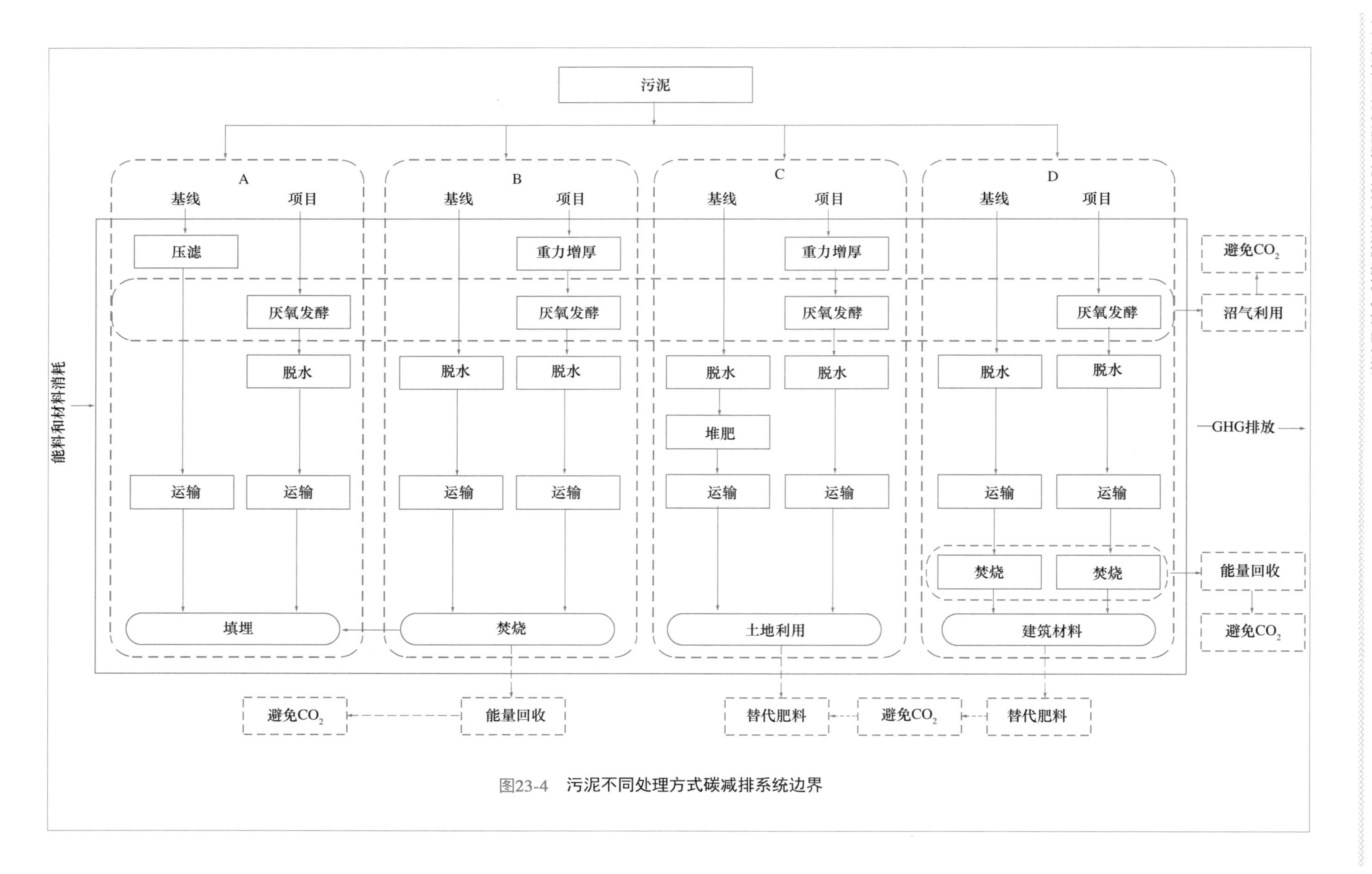

图23-4　污泥不同处理方式碳减排系统边界

(二)污泥处理的碳减排潜力计算

污泥不同处理方式的碳减排潜力是污泥基线排放量与污泥项目排放量的差，即污泥的碳减排率与污泥不同处置方式资源量的乘积，公式如下。

$$CRP_i = CRR_i \times DSQ_i \tag{23-1}$$

式中，CRP_i 是污泥碳减排潜力；

CRR_i 是污泥减排率；

DSQ_i 污泥第 i 种处置方式的资源量；$i=1$ 是污泥填埋，$i=2$ 是污泥焚烧，$i=3$ 是污泥土地利用，$i=4$ 是污泥作为建筑材料。

基线和项目碳排放以及碳减排量如表 23-7 所示。

表 23-7　污泥不同处理的碳排放量及碳减排率

污泥处置	基线排放量 /(kg CO_2-eq/t DS)	项目排放量 /(kg CO_2-eq/t DS)	碳减排率 /(kg CO_2-eq/t DS)
填埋	1 992(Liu *et al.*，2013)	568(Lam *et al.*，2016)	1 424
焚烧	5 850(Lam *et al.*，2016)	4 000(Xu *et al.*，2014)	1 850
土地利用	509(Liu *et al.*，2013)	351(Niu *et al.*，2013)	158
建筑材料	5 840(Lam *et al.*，2016)	842(Lam *et al.*，2016)	4 998

注：1. 减排率，基线排放量与项目排放量的差。
2. DS，基于污泥干重。

(三)2015 年污泥能源化利用的碳减排潜力

2015 年污泥基线处理的碳排放总量为 1 882 万 t CO_2-eq，包括填埋产生的 540 万 t CO_2-eq、焚烧产生的 789 万 t CO_2-eq、土地利用的 57 万 t CO_2-eq 以及作为建筑材料产生的 496 万 t CO_2-eq(表 23-8)。污泥项目处理的碳排放总量是 805 万 t CO_2-eq，包括填埋产生的 154 万 t CO_2-eq、焚烧产生的 540 万 t CO_2-eq、土地利用产生的 40 万 t CO_2-eq 以及作为建筑材料产生的 71 万 t CO_2-eq。基于此，全国污泥处理的碳减排潜力总量是 1 077 万 t CO_2-eq，包括填埋产生的 386 万 t CO_2-eq、焚烧产生的 250 万 t CO_2-eq、土地利用产生的 18 万 t CO_2-eq 和建筑材料产生的 424 万 t CO_2-eq。

表 23-8　2015 年中国各省份污泥处理的碳排放量及碳减排潜力　　kt CO_2-eq

省份	填埋			焚烧			土地利用			建筑材料		
	基线	项目	减排	基线	项目	减排	基线	项目	减排	基线	项目	减排
北京	105.6	30.1	75.5	90.7	62.0	28.7	75.3	51.9	23.4	64.8	9.4	55.5
天津	85.5	24.4	61.1	33.9	23.2	10.7	6.2	4.3	1.9	132.6	19.1	113.5
河北	533.1	152.0	381.1	72.0	49.2	22.8	51.7	35.6	16.0	40.9	5.9	35.0
山西	118.3	33.7	84.6	48.0	32.8	15.2	21.7	15.0	6.7	15.2	2.2	13.0
内蒙古	163.7	46.7	117.1	28.1	19.2	8.9	0.7	0.5	0.2	24.5	3.5	21.0

续表 23-8

省份	填埋			焚烧			土地利用			建筑材料		
	基线	项目	减排	基线	项目	减排	基线	项目	减排	基线	项目	减排
辽宁	311.4	88.8	222.6	26.9	18.4	8.5	20.6	14.2	6.4	50.2	7.2	43.0
吉林	114.9	32.8	82.2	77.2	52.8	24.4	3.6	2.5	1.1	0.0	0.0	0.0
黑龙江	169.9	48.5	121.5	19.9	13.6	6.3	3.8	2.6	1.2	6.4	0.9	5.5
上海	398.4	113.6	284.8	267.9	183.2	84.7	3.6	2.5	1.1	115.6	16.7	99.0
江苏	212.2	60.5	151.7	2 440.6	1 668.8	771.8	14.2	9.8	4.4	522.1	75.3	446.8
浙江	104.2	29.7	74.5	2 650.1	1 812.0	838.1	35.3	24.4	11.0	664.0	95.7	568.3
安徽	144.0	41.1	103.0	311.8	213.2	98.6	20.9	14.4	6.5	85.3	12.3	73.0
福建	93.4	26.6	66.8	188.4	128.8	59.6	10.5	7.3	3.3	263.4	38.0	225.4
江西	127.9	36.5	91.4	17.6	12.0	5.6	1.4	1.0	0.4	49.6	7.2	42.5
山东	292.4	83.4	209.0	816.1	558.0	258.1	84.7	58.4	26.3	451.4	65.1	386.4
河南	477.5	136.2	341.3	63.8	43.6	20.2	48.0	33.1	14.9	136.7	19.7	117.0
湖北	135.7	38.7	97.0	99.5	68.0	31.5	14.3	9.9	4.4	226.0	32.6	193.4
湖南	248.0	70.7	177.3	47.4	32.4	15.0	0.3	0.2	0.1	110.4	15.9	94.5
广东	582.9	166.2	416.7	321.2	219.6	101.6	50.9	35.1	15.8	1 055.3	152.2	903.1
广西	36.7	10.5	26.2	8.2	5.6	2.6	18.2	12.6	5.7	61.9	8.9	53.0
海南	1.4	0.4	1.0	7.6	5.2	2.4	7.1	4.9	2.2	0.0	0.0	0.0
重庆	93.6	26.7	66.9	25.7	17.6	8.1	3.8	2.6	1.2	269.8	38.9	230.9
四川	120.7	34.4	86.3	161.5	110.4	51.1	22.5	15.5	7.0	251.1	36.2	214.9
贵州	112.2	32.0	80.2	26.9	18.4	8.5	0.3	0.2	0.1	3.5	0.5	3.0
云南	161.4	46.0	115.3	2.9	2.0	0.9	6.0	4.1	1.9	0.0	0.0	0.0
西藏	2.0	0.6	1.4	0.0	0.0	0.0	0.2	0.1	0.1	0.0	0.0	0.0
陕西	166.3	47.4	118.9	26.9	18.4	8.5	17.4	12.0	5.4	347.5	50.1	297.4
甘肃	133.3	38.0	95.3	0.6	0.4	0.2	3.8	2.6	1.2	7.0	1.0	6.0
青海	37.3	10.6	26.6	0.0	0.0	0.0	0.0	0.0	0.0	0.0	0.0	0.0
宁夏	31.7	9.0	22.6	12.9	8.8	4.1	5.2	3.6	1.6	0.0	0.0	0.0
新疆	82.5	23.5	59.0	0.0	0.0	0.0	20.8	14.3	6.5	0.0	0.0	0.0
全国	5 397.7	1 539.1	3 858.6	7 894.0	5 397.6	2 496.4	572.5	394.8	177.7	4 955.2	714.4	4240.8

2015 年中国各省份污泥碳减排潜力分布在 0.1 万～149 万 t CO_2-eq（表 23-8），减排潜力最高的是浙江（149 万 t CO_2-eq），广东（144 万 t CO_2-eq）和江苏（137 万 t CO_2-eq）次之。西藏和海南碳减排潜力都比较低，只有 0.1 万和 0.6 万 t CO_2-eq。青海、宁夏、新疆、广西和贵州的污泥碳减排潜力均低于 10 万 t CO_2-eq，剩余 21 省份的污泥碳减排潜力介于 10 万～88 万 t CO_2-eq。

污泥填埋的碳减排潜力是 3 858.6 kt CO_2-eq，在各省份中介于 1.0 kt（海南）～416.7 kt CO_2-eq（广东），分别占全国污泥填埋碳减排潜力的 0.03% 和 10.80%；除广东以外，河北、河南、上海、辽宁和山东的污泥填埋碳减排潜力均大于 200 kt CO_2-eq，这 6 个省份污泥填埋碳减排总量占全国总量的 48.09%。全国污泥焚烧的碳减排潜力是 2 496.4 kt CO_2-eq，最高的是浙江，江苏次之（771.8 kt CO_2-eq），山东有 258.1 kt CO_2-eq 居于第 3 位，这 3 个省污泥焚烧碳减排潜力之和占全国总量的74.83%；新疆、青海和西藏的污泥焚烧碳减排潜力均为0，其他省份的碳减排潜力介于0.2～838.1 kt CO_2-eq。污泥土地利用的碳减排总量为177.7 kt CO_2-eq，在各省份中介于0(青海)～26.3 kt CO_2-eq(山东)；山东、北京、河北、广东和河南的污泥土地利用碳减排潜力总和占全国总量的54.22%；江西、内蒙古、贵州、西藏和青海的污泥土地利用碳减排潜力均低于0.5 kt CO_2-eq。污泥作为建筑材料的碳减排总量是4 240.8 kt CO_2-eq，是污泥4种处理方式中碳减排潜力最高的一个；全国有7省份污泥用作建筑材料的碳减排潜力为0，其他省份的碳减排潜力介于3.00 kt(贵州)～903.14 kt CO_2-eq(广东)；广东、浙江、江苏、山东和陕西用作建筑材料碳减排潜力总和占全国总量的61.36%。

(四)2030年污泥生产沼气的碳减排潜力预测

基于污水污泥不同的处置方式均包含能源化技术，其能源化利用潜力为100%。那么，根据污泥的不同处置方式及相关政策导向，对2030年的污泥处置方式设置3种情景(表23-9)。第一种为基准情景，即2030年污泥的利用方式与2015年相同，污泥的主要处置方式为填埋；第二种情景污泥以土地利用为主要处置方式；第三种情景污泥以建筑材料和焚烧为主要利用方式。

表23-9 2030年中国不同情景下污水污泥处置比例及其碳减排潜力预测

情景	处置比例/%				碳减排潜力/Mt CO_2-eq				
	填埋	焚烧	土地利用	建筑材料	填埋	焚烧	土地利用	建筑材料	合计
基准情景	44.9	22.4	18.6	14.1	7.86	5.10	0.36	8.67	21.99
土地利用为主情景	15.0	10.0	65.0	10.0	2.63	2.28	1.26	6.15	12.31
焚烧和建筑材料为主情景	25.0	30.0	15.0	30.0	4.38	6.83	0.29	18.44	29.94

这3种情景下，2030年污水污泥不同处置方式的碳减排潜力总量预计为12.31～29.94 Mt CO_2-eq(表23-9)。在基准情景下碳减排潜力为21.99 Mt CO_2-eq，其中，土地利用最低，为0.36 Mt CO_2-eq；用作建筑材料的碳减排最高，为8.67 Mt CO_2-eq。土地利用为主情景的碳减排潜力最低，为12.31 Mt CO_2-eq。减排潜力最多的污泥处置方式是建筑材料，为6.15 Mt CO_2-eq。焚烧和建筑材料为主情景的污泥碳减排总量最高，为29.94 Mt CO_2-eq。其中，污泥用作建筑材料的碳减排潜力最多，为18.44 Mt CO_2-eq；土地利用的碳减排最少，仅0.29 Mt CO_2-eq；填埋和焚烧的碳减排分别为4.38 Mt和6.83 Mt CO_2-eq。

第二十四章

餐饮垃圾、废弃油脂和污水污泥的管理政策现状及建议

内容提要

本章概要地分析了美国、欧盟和日本等的餐饮垃圾、废弃油脂和污水污泥的管理政策现状，重点梳理了中国2000年以来废弃油脂、2007年以来污水污泥、2010年以来废弃油脂的管理政策现状。我国政府机构先后出台了一系列国家政策(30项)，初步形成了餐厨垃圾管理的政策体系。建议今后加强有关餐厨垃圾的宣传与教育，进一步健全法律制度，加强政府监督，制定税收及补贴标准，规范其回收体系和科学化处理。针对地沟油，国家层面专门发布了管理政策文件5项，以建立健全废弃油脂的收运网络和无害化处理、资源化综合利用体系。各省份也针对国务院发布的文件发布了相应的实施意见。但是，餐饮业回收“地沟油”加工后作为食用油流入市场的现象仍是屡禁不止。今后应进一步加强源头治理，加大对涉“地沟油”违法犯罪的处罚力度，改善监管机制，建立高效可行的治理政策，建立健全“地沟油”收运体系，加大对“地沟油”收运处理企业的扶持力度，进而促进废弃油脂能源化利用。在污水处理厂建设投运和污水污泥处置方式上，国家已出台了一系列国家政策和标准，各省(自治区、直辖市)人民政府根据当地具体情况也相继发布了若干污水污泥处理政策，已形成全国一体的污水污泥管理和处理的政策机制，全国污水处理程度不断提高。与此同时，仍需制定和完善污水污泥资源化利用的政策，技术上重视污泥的资源化和能源化利用，多渠道筹措建设资金促进污水处理设施建设，合理核定水价和污水处理收费标准并完善标准和监管体系。

一、餐厨垃圾管理政策现状及建议

(一)国外政策概况

发达国家都非常重视通过建设健全的法律和法规管理餐厨垃圾,除了对餐厨垃圾处理方式和管理流程有明确规定外,甚至详细到对消费者的个人消费行为都给出了一定的约束和倡导,如美国颁布的《固体废弃物污染防治法》(苗珍珍,2015)。美国的中西部地区处理方式主要采用厌氧堆肥、蚯蚓堆肥,加利福尼亚则利用餐饮垃圾发电。还有部分城市鼓励居民采取安装厨余垃圾粉碎机的方式,将餐饮垃圾粉碎后排入下水管道,进入污水处理场处理。而餐饮垃圾日生产量较大企业则要求采用油脂分离装置,将垃圾中的油脂分离后,再进行加工和利用(李敏波,2008)。

德国是发达国家中第一个制定了比较系统的垃圾处理办法的国家,从颁布《循环经济与废物的末端治理法》到现在,共制定了800多项法律法规,足见其立法之精致(毛玉芳,2016)。德国为了治理餐饮垃圾,采用固定颜色的收集容器对其单独收集,以集中堆肥的方式进行处理。瑞典制定了《清洁卫生法》《健康环境保护法》和《环境保护条例》等法规,明确规定餐饮业等单位应该清洁生产,禁止随意倾倒废弃油脂污染环境。该国还制定了《废弃物收集与处置法》,它要求对餐厨废弃物收集运输要使用政府指定的运输工具,并由政府指定的企业进行收集,禁止随意买卖(苗珍珍,2015)。荷兰在20世纪90年代,就利用好氧发酵对餐厨垃圾进行处理,目前荷兰共建立了数个发酵厂和数十个堆肥厂。在爱尔兰则是将餐饮垃圾和其他的有机废物统一收集,实施堆肥处理(邹戈,2013)。鉴于动物源性饲料同源性污染的机理,欧美多国均强令禁止餐厨垃圾饲料化技术的应用(徐长勇,2011)。

日本颁布的《餐厨废物再生法》、《食品废物循环法》和《食品回收处理法》对餐厨垃圾管理的具体环节做出了详细规定(苗珍珍,2015),控制源头垃圾量的方法是收取阶梯餐厨垃圾处理费,迫使居民自觉地将垃圾彻底分类,最大限度降低餐厨垃圾的产生量(李黎,2016)。韩国自1995年正式实施城市生活垃圾处理收费制度,通过垃圾产生单位购买政府指定餐厨垃圾专用袋的形式来收取餐厨垃圾清运和处理费用(沈洪澜,2014)。

(二)中国国家和各省份管理政策

1. 餐厨垃圾相关论文及政策发布数量

在中国知网上检索,共获得1999—2019年发表的餐厨垃圾文献数量为4 269篇,其中综述类和政策研究类文献分别为315篇和262篇(图24-1)。1999—2003年文献数量缓慢增加,2004—2014年,文献中与“餐厨垃圾”相关的论文数量逐年大幅增加,尤其是“地沟油”事件的发生，引发了人们关注度上升。2015 年后文献数量平稳中有较大波动，2019 年达到最高，论文数量为 477 篇，这反映出科研学者对餐厨垃圾关注度持续不减。

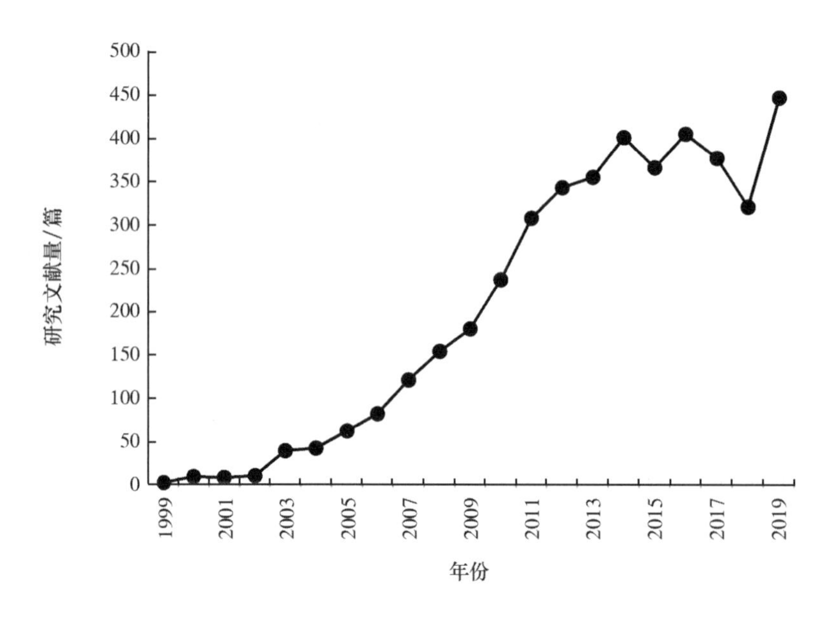

图 24-1　**中国 1999—2019 年有关餐厨垃圾相关论文发表数量**

2. 国家管理政策

为建立适合国情的餐厨垃圾无害化处理和资源化利用的法律法规和标准体系，自 2000 年开始，政府机构频繁出台了一系列国家政策，并初步形成了餐厨垃圾管理的政策体系（表 24-1）（周方圆等，2020）。国家发布餐厨垃圾相关政策可分为两个阶段。

第一阶段是 2000—2009 年，建设部和国家环境保护总局等共发布了政策性文件 5 项，主要关于城市生活垃圾管理办法、建立收费制度和餐饮企业规范。餐厨垃圾属于生活垃圾的一部分，在《城市生活垃圾管理办法》中要求宾馆、饭店、餐馆以及机关、院校等单位应当按照规定单独收集、存放本单位产生的餐厨垃圾，并交符合要求的城市生活垃圾收集、运输企业运至规定的城市生活垃圾处理场所。2007 年发布的《餐饮企业经营规范》中也要求餐饮企业严格控制餐厨垃圾的流向，做好分类处理和回收利用工作。

第二阶段是 2010 年至今，政府部门共发布了 25 项文件，主要涵盖地沟油整治和餐厨废弃物管理。关于地沟油整治，国家在 2010—2017 年期间出台 4 项政策，分别为《关于严防"地沟油"流入餐饮服务环节的紧急通知》《关于加强地沟油整治和餐厨废弃物管理的意见》《关于依法严惩"地沟油"犯罪活动的通知》和《关于进一步加强"地沟油"治理工作的意见》，对"地沟油"的治理起到至关重要的作用。关于餐厨废弃物管理，国家发改委联合住建部、环保和农业部等于 2010 年发布了《关于组织开展城市餐厨废弃物资源化利用和无害化处理试点工作的通知》（以下简称为试点城市项目）。试点城市项目前后共分为五批共 100 个城市。2012 年国家发布了《"十二五"全国城镇生活垃圾无害化处理设施建设规划》，明确加大投资处理生活垃圾，预算 109 亿元支持餐厨垃圾专项工程共 242 项。2016 年在《"十三五"全国城镇生活垃圾无害化处理设施建设规划》对餐厨垃圾处理投资加大到183.5亿元;此外,2012年发布了《餐厨垃圾处理技术规范》,对餐厨垃圾的收集运输和处理工艺,处理厂的选址、设计和处理量做了严格规定。

表24-1 2000—2019年国家颁布的餐厨垃圾政策文件

发布机关	文号/标准号	文件名称
住建部	建成〔2000〕120号	城市生活垃圾处理及污染防治技术政策
国家发展计划委员会、财政部、住建部、环境保护总局	计价格〔2002〕872号	关于实行城市生活垃圾处理收费制度促进垃圾处理产业化的通知
环境保护总局	环涵〔2006〕395号	关于餐饮行业产生的废弃食用油脂是否属于生活垃圾的复函
商务部	SB/T 10426—2007	餐饮企业经营规范
国家发改委、住建部、财政部、农业部、环保部	发改办环资〔2010〕3312号	餐厨废弃物资源化利用和无害化处理试点城市区初选名单及编报实施方案
国务院	国办发〔2010〕7号	关于进一步加强节约粮食反对浪费工作的通知
药监局	食药监办食〔2010〕25号	关于严防"地沟油"流入餐饮服务环节的紧急通知
国家发改委	发改办环资〔2010〕1020号	关于组织开展城市餐厨废弃物资源化利用和无害化处理试点工作的通知
国务院	国办发〔2010〕36号	关于加强地沟油整治和餐厨废弃物管理的意见
铁道部	铁劳卫〔2010〕150号	关于加强铁路餐饮业地沟油整治和餐厨废弃物管理的通知
财政部、国家税务总局	财税〔2011〕46号	关于明确废弃动植物油生产纯生物柴油免征消费税适用范围的通知
国务院	国发〔2011〕9号	关于进一步加强城市生活垃圾处理工作意见的通知
国家发改委	发改办环资〔2011〕1111号	循环经济发展专项资金支持餐厨废弃物资源化利用和无害化处理试点城市建设实施方案
国务院	国办发〔2012〕23号	"十二五"全国城镇生活垃圾无害化处理设施建设规划的通知
最高人民法院、最高人民检察院、公安部	公通字〔2012〕1号	关于依法严惩"地沟油"犯罪活动的通知
国家发改委、财政部	发改办环资〔2012〕2094号	关于公布第二批餐厨废弃物资源化利用和无害化处理试点城市名单的通知
国家发改委	发改办环资〔2012〕3149号	关于组织推荐第三批餐厨废弃物资源化利用和无害化处理试点备选城市的通知
住建部	CJJ184—2012	餐厨垃圾处理技术规范
国家发改委、财政部、住建部	发改办环资〔2014〕892号	关于组织推荐第四批餐厨废弃物资源化利用和无害化处理试点备选城市的通知
住建部	建设部令第24号(2015)	城市生活垃圾管理办法(修正)
国家发改委、财政部、住建部	发改办环资〔2015〕915号	关于请组织推荐第五批餐厨废弃物资源化利用和无害化处理试点备选城市的通知
国家发改委、财政部、住建部	发改环资〔2015〕2408号	餐厨废弃物资源化利用和无害化处理试点中期评估及终期验收管理办法
住建部	CJ/T478—2015	餐厨废弃物油水自动分离设备
国家发改委、住建部	发改环资〔2016〕2851号	"十三五"全国城镇生活垃圾无害化处理设施建设规划

续表 24-1

发布机关	文号/标准号	文件名称
国家发改委、财政部、住建部	发改办环资〔2017〕431 号	关于开展 2017 年餐厨废弃物资源化利用和无害化处理试点城市终期验收和资金清算的通知
国务院	国办发〔2017〕26 号	关于转发国家发展和改革委住房城乡建设部生活垃圾分类制度实施方案的通知
国务院	国办发〔2017〕30 号	关于进一步加强"地沟油"治理工作的意见
住建部	建城〔2017〕253 号	关于加快推进部分重点城市生活垃圾分类工作的通知
国家市场监督管理总局	公告 2018 年第 12 号	餐饮服务食品安全操作规范
国务院	国办发〔2018〕128 号	关于印发"无废城市"建设试点工作方案的通知

3. 省份管理政策

(1)政策发文数与餐饮垃圾资源量和密度关系

根据 Yang 等(2019) 实地调研分析报道,2014—2016 年中国 31 个省份餐饮垃圾总量为 4 405.9 万 t,餐饮垃圾分布密度平均为 4.5 t/km^2(表 24-2)。总体来看,华东、华南和华中地区餐饮垃圾总量水平要高于西部和西北地区,仅华东地区年均产量鲜重达到 1 333.7 万 t,占全国总量的 30.3%。而西北地区最少年均产量鲜重为 304.6 万 t,占全国的 6.9%。从省份分布来看,广东、山东、河南、江苏、浙江是全国年产餐饮垃圾最大的省份,鲜重范围为 382.1 万～204.3 万 t。青海、西藏、海南、宁夏、天津餐饮垃圾产量最少,鲜重为 22.0 万～45.2 万 t。基于省份面积的餐饮垃圾鲜重年均分布密度,上海和北京餐饮垃圾分布密度分别达到 123 t/km^2 和 56 t/km^2。福建、浙江、山东、广东和江苏等沿海省份的餐饮垃圾分布密度也比较高,为 13～23 t/km^2,而西藏、青海、新疆和内蒙古的西部省份最低为 0.20～0.77 t/km^2。周方圆等(2020)系统地梳理了各省份的餐饮垃圾管理政策。就餐厨垃圾政策的发布量而言,华东、中南和华北地区餐厨垃圾的政策发布数量大于东北和西部地区,其中华东地区政策发布数量最多为 154,占总文件数的 37.7%。各省份发布文件数也参差不齐,文件数多于 20 份的包括山东、江苏、上海、浙江、安徽和河北 6 个省份,除河北外都属华东地区,都是餐饮垃圾产量较大、分布密度大的地区;10～20 份文件数的省份包括福建、广西、辽宁、河南、广东、北京、四川、山西、陕西、湖北、湖南、重庆、江西、贵州、甘肃,共 15 个;发文量少于 10 份的有内蒙古、宁夏、黑龙江、青海、新疆、天津、海南、云南、吉林、西藏共 10 个省份。餐饮垃圾资源量与餐厨垃圾管理政策文件发布数量进行对比显示,不同地区餐饮垃圾管理政策发文数与餐饮垃圾产量和分布密度都呈正相关关系,基于 6 大地区的相关系数分别为 0.85 和 0.87,基于省份的相关系数分别为 0.62 和 0.40。

表 24-2　中国不同地区及省份餐饮垃圾资源量与发布政策文件数

地区和省份	餐饮垃圾资源量(基于鲜重)			政策文件数		地区和省份	餐饮垃圾资源量(基于鲜重)			政策文件数	
	质量/万 t	占比/%	分布密度/(t/km²)	文件数	占比/%		质量/万 t	占比/%	分布密度/(t/km²)	文件数	占比/%
华北	539.7	12.2	3.3	64	15.7	河南	281.0	6.4	17.0	16	3.9
北京	93.8	2.1	56.0	14	3.4	湖北	156.3	3.6	8.0	12	2.9
天津	45.2	1.0	38.0	5	1.2	湖南	172.5	3.9	8.0	12	2.9
河北	188.0	4.3	10.0	23	5.6	广东	382.1	9.0	21.0	15	3.7
山西	117.8	2.7	7.0	13	3.2	广西	162.8	3.8	7.0	17	4.2
内蒙古	94.9	2.2	0.8	9	2.2	海南	29.3	0.7	8.0	5	1.2
东北	374.5	8.5	5.1	26	6.4	西南	669.5	15.2	2.8	41	10.0
辽宁	158.4	3.6	11.0	16	3.9	重庆	149.8	3.4	18.0	10	2.5
吉林	94.9	2.1	5.0	3	0.7	四川	189.2	4.2	4.0	14	3.4
黑龙江	121.2	2.7	3.0	7	1.7	贵州	143.2	3.3	8.0	10	2.5
华东	1 333.7	30.3	16.3	154	37.7	云南	162.7	3.7	4.0	4	1.0
上海	78.1	1.6	123.0	24	5.9	西藏	24.6	0.6	0.2	3	0.7
江苏	239.0	5.3	23.0	25	6.1	西北	304.6	6.9	1.0	46	11.3
浙江	204.3	4.8	19.0	24	5.9	陕西	105.5	2.4	5.0	13	3.2
安徽	150.2	3.3	11.0	24	5.9	甘肃	64.1	1.4	1.0	10	2.5
福建	174.7	3.9	13.0	19	4.7	青海	22.0	0.5	0.3	7	1.7
江西	152.7	3.4	9.0	10	2.5	宁夏	38.3	0.8	6.0	9	2.2
山东	334.6	7.5	21.0	28	6.9	新疆	74.7	1.7	0.5	7	1.7
中南	1 183.9	26.9	11.5	77	18.9	全国	4 405.9	100.0	4.5	408	100.0

注:表中餐饮垃圾资源数据来源于 Yang 等(2019)。

(2)省级层面餐厨垃圾政策分析

上海于 1999 年发布了《上海市废弃食用油脂污染防治管理办法》,是中国最早的省级餐厨垃圾管理政策。1999—2019 年各地区发布的餐厨垃圾管理政策文件(包括省级和地级市政策)总数为 408 份,其中,1999—2009 年期间有 51 份,2010—2019 年 357 份,后者是前者的 7 倍。这与国家层面两阶段相关政策发布数量趋势高度一致,说明最近 10 年无论是国家层面还是各省份和地级市对餐厨垃圾管理愈发重视,密集发布政策,制定“十二五”和“十三五”全国城镇生活垃圾处理设施建设规划(包含餐厨垃圾处理),在全国内地所有 31 个省份实施了试点城市项目。

除内蒙古外,30 个省份颁布了有关“地沟油”和餐厨废弃物治理类政策共 69 份,这些政策主要是实施国家分别于 2010 年和 2017 年发布的《关于加强地沟油整治和餐厨废弃物管理的意见》和《关于进一步加强“地沟油”治理工作的意见》。江苏、浙江和重庆还出台了关于餐厨垃圾处理规划类政策。北京、重庆和上海等地颁布了一系列餐厨垃圾和废弃油脂收运管理工作方案或实施意见。此外,北京市还出台了一系列餐厨垃圾和废弃油脂排放登记管理政策,上海市出台了餐厨垃圾收费管理政策。在国家层面尚没有制定《餐厨垃圾管理办法》的情况下，目前已有 6 个省、4 个直辖市制定了《餐厨垃圾管理办法》类的法律文件（表 24-3）。

（3）地市级层面餐厨垃圾政策分析

全国地级市发布的餐厨垃圾管理政策共 291 份，主要分为“地沟油”整治、餐厨垃圾管理办法或条例、餐厨垃圾管理工作方案（细则）等三类。截至 2019 年 9 月，全国共有 113 个地级市颁布了餐厨垃圾管理办法或条例，其中 72 个来自试点城市项目。乌鲁木齐、嘉峪关、景德镇、宁波、石家庄、银川、西宁和苏州早在 2010 年之前就已经颁布了“餐厨垃圾管理办法”。乌鲁木齐、宁波、西宁和苏州在餐厨垃圾收集、运输和处理方面处于全国前列，并逐渐形成各自的餐厨垃圾管理模式，比较著名的有宁波模式和苏州模式等。

表 24-3　中国部分省份有关餐厨垃圾管理政策

省份	发布机关	文号或发布年份	文件名称
北京	市政管理委员会	京政管字〔2002〕209 号	关于加强对厨余垃圾生化处理设备和菌种使用管理的通知
	市政管理委员会	通告 2005 年第 5 号	北京市餐厨垃圾收集运输处理管理办法
	市政管理委员会	通告〔2009〕2 号	关于修改北京市餐厨垃圾收集运输处理管理办法的通告
	市政管理委员会	京政容函〔2009〕834 号	北京市餐厨垃圾排放登记试点管理办法（试行）
	市政管理委员会	京政容发〔2010〕78 号	北京市餐厨垃圾排放登记试点工作实施方案
	市政府	京政办发〔2011〕47 号	关于加快推进本市餐厨垃圾和废弃油脂资源化处理工作方案的通知
	市政管理委员会	通告〔2011〕5 号	规范餐厨废弃油脂收集运输相关技术要求
	市政管理委员会、市环保局、市卫生局、市工商局	2011 年通告第 8 号	北京市餐厨垃圾和废弃油脂排放登记管理暂行办法
	市政府	京政发〔2011〕78 号	北京市加快推进再生资源回收体系建设促进产业化发展意见
	市政管理委员会	京政容发〔2012〕28 号	关于推行北京市餐厨垃圾收集运输服务合同和北京市餐厨废弃油脂收集运输服务合同示范文本试行的通知
天津	市容环境管理委员会	津容废〔2008〕371 号	天津市餐饮废弃物管理实施细则（试行）
	市城市管理委员会	津城管废〔2019〕245 号	天津市餐厨垃圾管理暂行办法
河北	省政府	省府令〔2012〕第 14 号	河北省餐厨废弃物管理办法
	省住建厅	冀建法〔2013〕20 号	河北省餐厨废弃物处置从业许可管理规定
	省住建厅	冀建城〔2014〕74 号	关于启用河北省餐厨废弃物收集、运输和处置从业许可审批系统的通知
辽宁	省药监局	辽食药监办餐〔2017〕111 号	关于进一步加强餐饮服务单位食用油食品安全监督管理的通知
上海	市政府	政府令第 80 号（1999）	上海市废弃食用油脂污染防治管理办法
	市物价局	沪价费〔2001〕087 号	关于暂定上海市餐厨垃圾收运处置收费标准的通知
	市环卫局	沪容环发〔2005〕44 号	上海市餐厨垃圾处理管理实施方案
	市环卫局	沪容环〔2006〕107 号	上海市餐厨垃圾自行收运管理办法（2006 年修改）
	市环卫局	沪容环〔2006〕162 号	关于餐厨垃圾处理管理专项检查情况的通报

续表 24-3

省份	发布机关	文号或发布年份	文件名称
	市环卫局	沪容环〔2006〕171 号	上海市废弃食用油脂管理实施细则(试行)
	市政府	沪府令第 97 号(2012)	上海市餐厨废弃油脂处理管理办法
	市政府	政府令第 98 号(2012)	上海市餐厨垃圾处理管理办法(2012 年修正)
	市政府	沪府办规〔2018〕13 号	上海市支持餐厨废弃油脂制生物柴油推广应用暂行管理办法
江苏	省发改委、住建厅、环保厅、农委会	苏发改资环发〔2010〕674 号	关于组织申报国家餐厨废弃物资源化利用和无害化处理试点城市的通知
	省政府	省政府令第 70 号(2011)	江苏省餐厨废弃物管理办法
	省住建厅	苏建城〔2012〕731 号	江苏省餐厨废弃物处理规划(2012—2020 年)
	省住建厅	苏建城〔2013〕140 号	江苏省城市餐厨废弃物处理规划编制纲要(试行)
	省住建厅	苏建函城管〔2015〕232 号	关于进一步加快餐厨废弃物、建筑垃圾、户外广告设施专项规划编制工作的通知
浙江	省政府	浙政发〔2010〕59 号	浙江省新能源产业发展规划(2010—2015 年)
	省政府	浙政发〔2011〕106 号	浙江省循环经济“991”行动计划(2011—2015 年)
	省政府	浙政办发〔2015〕98 号	浙江省餐厨垃圾资源化综合利用行动计划
	省政府	省政府令〔2017〕351 号	浙江省餐厨垃圾管理办法
福建	省政府	闽政办〔2007〕86 号	关于进一步规范废弃食用油脂管理工作的通知
	省政府	闽政办〔2013〕45 号	福建省餐厨垃圾管理暂行办法
山东	省政府	政府令第 274 号(2014)	山东省餐厨废弃物管理办法
河南	省药监局	豫食药监餐饮〔2016〕130 号	关于开展餐饮服务单位油烟和餐厨废弃物污染防治工作的通知
重庆	市政府	渝办〔2008〕75 号	关于餐厨垃圾处置工作目标任务分解的通知
	市政府	政府令第 226 号(2009)	重庆市餐厨垃圾管理办法
	市政府	渝府办发〔2014〕94 号	五大功能区餐厨垃圾收运处理系统统筹规划建设实施方案
甘肃	省住建部	甘建城〔2015〕439 号	甘肃省城市餐厨废弃物处理管理办法
宁夏	区药监局	宁食药监〔2017〕109 号	宁夏餐饮业餐厨废弃物处置管理十条规定

(三)存在问题

2007 年国家发布了《全国城市生活垃圾无害化处理设施建设“十一五”规划》,提出要选择不同地区、不同规模的城市建设一批餐厨垃圾处理设施示范项目,为逐步建立规范的餐厨垃圾收运处理系统取得经验。“十二五”规划投资餐厨垃圾专项工程 109 亿元,建设餐厨垃圾处理设施 242 座,积极推动城市餐厨垃圾的分类收运和处理,力争处理能力达到 3.02 万 t/d(国务院办公厅,2012)。但是,截至 2015 年末,全国已投运、在建、已立项筹建的餐厨垃圾处理项目(50t/d 以上)约有 118 座,总计处理能力约 2.15 万 t/d。筹建中的 40 座处理设施,处理能力为 0.66 万 t/d,大部分仅处于完成立项阶段,剔除这部分后,全国餐厨垃圾实际处理能力不超过 1.4 万 t/d，日处理率仅为 5.5%，与“十二五”规划的 3.02 万 t/d 相差较大(毕珠洁等，2016；陈梦冬，2018)。总体来说，中国餐厨垃圾处理产业发展整体上仍处于初期探索阶段，起步晚、运营模式和盈利模式不成熟，以厌氧发酵占多数的处理技术工艺也不成熟(李占林，2016；李琰琰，2017)。“十三五”餐厨垃圾规划对餐厨垃圾专项工程投资 183.5 亿元，力争处理能力达到 3.44 万 t/d(国家发改委和住建部，2016)。

试点城市项目是直接推动餐厨垃圾处理实践举措，目标为建立适合中国城市特点的餐厨废弃物资源化利用和无害化处理的法规、政策、标准和监管体系；探索适合国情的餐厨废弃物资源化利用和无害化处理技术工艺路线；形成合理的餐厨废弃物资源化利用和无害化处理的产业链，提高餐厨废弃物资源化和无害化水平。在“十二五”期间，国家发改委等部委分五批共确定了 100 个餐厨废弃物资源化利用和无害化处理试点城市(区)，全国 31 个省级行政区。2017 年、2018 年和 2019 年国家发改委等部委对各试点城市进行验收(表 24-4)，共有 41 个城市(区)通过验收，15 个城市被撤销试点，尚有一些城市试点未验收。

(四)管理政策建议

1. 加强宣传与教育从源头减量

充分发挥新闻媒体的舆论引导和监督作用，组织开展形式多样的宣传教育，倡导“适量点餐、厉行节俭、减少废弃”的绿色消费方式(董卫江等，2012a)。宣传好的经验和做法的同时，曝光反面典型，使全社会进一步认识、强化餐厨垃圾管理的重要性和必要性，增强餐饮企业的诚信守法经营意识和社会责任感，积极引导餐饮企业配合管理工作，营造良好的社会舆论氛围(夏明等，2015)。除此之外，也要将环保知识教育纳入基础知识教育阶段，从小学生入学开始，普及垃圾分类、资源循环利用等环保知识，开展环保设施的参观、学习活动，从学生抓起，进而用学生影响家长，以家庭带动社会，从源头减少餐厨垃圾的产生(李黎，2016)。

表 24-4　餐厨垃圾资源化利用和无害化处理试点城市(区)

省份	试点市(区)	批次	验收时间	是否通过	省份	试点市(区)	批次	验收时间	是否通过	省份	试点市(区)	批次	验收时间	是否通过
北京	朝阳	1	2017	√	浙江	金华	2	2018	√	广东	佛山	5	2019	√
天津	津南	1	2018	√		杭州	3			广西	南宁	1	2017	×
	和平	5				衢州	4				梧州	2	2019	√
河北	石家庄	1	2018	√		绍兴	5			海南	三亚	1	2018	√
	唐山	2	2017	√	安徽	合肥	1	2018	√	重庆	主城	1		
	邯郸	3				芜湖	2	2018	√		綦江	4		
	承德	4	2018	×		淮北	4				涪陵	5		
山西	太原	1	2018	√		铜陵	5			四川	成都	1	2018	√
	大同	2	2017	√	福建	三明	1	2017	×		绵阳	4		
	晋中	4				厦门	5				南充	5		

续表 24-4

省份	试点市（区）	批次	验收时间	是否通过	省份	试点市（区）	批次	验收时间	是否通过	省份	试点市（区）	批次	验收时间	是否通过
内蒙古	鄂尔多斯	1	2017	×	江西	南昌	1			贵州	贵阳	1	2018	√
	呼和浩特	2	2017	√		赣州	3				遵义	2	2018	√
	赤峰	3			山东	青岛	1				铜仁	3	2019	×
	呼伦贝尔	4				潍坊	1				毕节	5		
	乌海					泰安	2	2017	√	云南	昆明	1	2018	×
辽宁	大连	1	2017	√		济南	3	2018	√		丽江	2	2019	√
	沈阳	1	2018	√		聊城	4	2017	√		大理	3		
吉林	白山	1	2018	×		临沂	5	2019	√	西藏	拉萨	5		
	延吉	2	2019	×	河南	郑州	1	2018	×	陕西	宝鸡	1	2018	×
	长春	3	2019	×		洛阳	3				咸阳	2	2018	√
	吉林	4				焦作	5				渭南	3		
黑龙江	哈尔滨	1	2017	√	湖北	武汉	1	2018	√		西安	4		
	牡丹江	2				宜昌	2	2019	√		延安	5		
	大庆	3				襄阳	3	2018	√	甘肃	兰州	1		
	齐齐哈尔	4				黄石	4				白银	5		
上海	闵行	1	2018	√		十堰	5			青海	西宁	1	2017	√
	浦东新区	4			湖南	衡阳	1	2017	√	宁夏	银川	1		
江苏	苏州	1	2017	√		长沙	2	2017	√		石嘴山	3	2018	√
	常州	2	2017	√		湘潭	3	2018	×		吴忠	4		
	徐州	3				娄底	4			新疆	乌鲁木齐	1	2018	√
	镇江	4	2018	√		株洲	5				克拉玛依	2	2018	√
	扬州	5	2018	√	广东	深圳	1	2017	×		库尔勒	3	2019	×
浙江	嘉兴	1	2017	√		广州	3	2019	×					
	宁波	1	2017	×		东莞	4							

注：√为验收通过；×为验收未通过。

2. 进一步健全法律制度

目前中国餐厨垃圾产量大，且增长迅速，特别是一些大中城市，如上海、北京、重庆、广州等餐饮业发达城市问题尤为严重，餐厨垃圾日产生量达到 200 t 以上（曾彩明等，2010）。大量的餐厨垃圾不仅影响城市市容环境，还威胁到人民群众的健康，同时也会造成极大的资源浪费。然而，当前中国尚未对餐厨垃圾管理政策进行系统研究，立法工作与发达国家相比仍有一定距离。首先，规范市场主体的资质，依法制定统一的处理企业市场准入及退出标准，明确收运处置单位的权利义务关系，实行严格的市场准入和特许经营制度（西安市市容园林局餐厨垃圾处理项目筹建办公室，2014）。其次，制定统一的餐厨垃圾相关标准，使得餐饮企业和处理企业的收集范围有法可依，以此减少不合规收集而造成的处理环节成本过高的困境（水婷等，2016）。再次，通过相关法律的实施细则，加大对餐饮垃圾的执法力度和范围。制定详细具体的奖惩细则，面向全社会公开推行，对于违规收运的企业，采用高额罚款、暂停营业等方法进行严厉处罚(董卫江等,2012a)。最后,现行立法更多关注城市的餐厨垃圾收运、处置和资源化工作,建议加强农村地区的餐厨垃圾管理(杜可宁,2016)。

3. 加强政府监管

首先,建设以信息化数据采集为依托的监督管理体系,运用大数据和物联网技术定制开发一套完整的信息交流网络系统,对餐厨企业废弃物产生情况、处置企业收运情况进行实时数据采集和监管(谢瑞林,2012)。通过在线系统以及手持终端实时进行信息报送,每周定期进行监管工作汇总,每周、每月向上级部门汇报餐厨厂运行、监管情况;在收运环节监管方面,与收运体系中单桶计量系统进行融合,并对所有的餐厨废弃物收运车辆安装定位系统(董卫江等,2012a)。其次,建全以考核为手段的监督机制。制定出台餐厨垃圾收集、运输和处置监管考核办法,建立台账,对餐厨垃圾产生单位和收运单位同时实施有效监管(董卫江等,2012a;谢瑞林,2012;李银兰,2010)。再次,要强化对监管队伍的建设和监管,建立以环保部门为主,工商、城管、交通、食品、公安、安监等相关部门配合的联合执法管理队伍,明确职责、分工协作(刘晓等,2014)。第四,建立餐饮企业与处理企业收运合同备案制,对合同的有效履行实施严格管理。五是建立信息反馈系统,根据实际情况的变化来对政策进行相关的调整,使其不断地完善,从而有助于高效可行地执行下一步政策(李黎,2016)。最后,加强对监管机构及其行为的监管是做好餐厨废弃物资源化项目监管的重要环节,也是决定监管成败的关键。必须建立有效的监管和制衡机制,不能使监管者成为新的垄断者和绝对权力的拥有者(谢瑞林,2012)。

4. 餐厨垃圾管理税收及补贴

政策、技术和资金是决定餐厨垃圾处理企业发展的三个最重要因素。建议除享受国家层面有关政策措施外,细化实施相关的地方优惠政策,并确保实时到位(卢炳根,2017);并制定处置标准,统一餐厨垃圾的定价机制和处置费用,确保餐厨垃圾管理回收工作有效有序运行。首先,建立餐厨垃圾的单独收费模式并将具体的收费标准在地方专门立法中进行明示;其次,应当统一要求按照餐厨垃圾的产量对餐厨垃圾进行收费,严格按照"谁产废,谁付费"的原则执行(伍华琛等,2015;贺钱华等,2015)。针对餐厨垃圾的管理进行补贴,首先建议从收取的垃圾处理费中给予资金补助;其次是对餐厨垃圾处置企业的用地和税收给予优惠政策(郭伟等,2017);三是对餐厨垃圾处置企业的种植和养殖业给予项目扶持等(倪文和,2018;高鹏霄等,2013)。最后,可以尝试通过餐厨垃圾细致分类,部分转变付费模式,即尝试对废弃食用油脂进行有偿回收(杜可宁,2016)。

5. 规范餐厨垃圾回收体系

目前,餐厨垃圾收储运环节在国家餐厨垃圾管理中所受关注不足,国家层面尚无针对餐厨垃圾收储运管理的政策法规出台。很大一部分的中小型城市在发展过程中缺乏专门的餐厨垃圾收运能力，导致餐厨垃圾得不到及时的收集。为此，首先要积极推进餐厨垃圾源头就地资源化处理设施的建设，推动具备条件的大型餐饮企业、党政机关、院校、部队和国有企业等建设餐厨垃圾就地处理设施(董卫江等，2012a)。其次，促进形成专业回收供应链系统，有助于降低企业内外部成本，并且有助于找出餐厨垃圾分类综合处理中的瓶颈环节，提高垃圾的处理效率，还有助于收运车辆的安全监管和收运线路的网络规划，有效减少二次污染，解决不合理的收集点及不恰当的中转站设置问题(王雪，2016)。应进一步鼓励私营企业、民营资本与政府进行合作，采用公私合作模式来建设餐厨垃圾处理设施及其收运体系(夏明等，2015)。进一步完善市场化运作机制，建立应急收运机制，逐步淘汰箱式收运车，提高收运整洁度，增加产品的附加值和安全性，提高餐厨垃圾资源化利用水平(高鹏霄等，2013)。

6. 餐厨垃圾处理技术科学化

目前，适合大规模集中处理餐饮垃圾的技术主要包括厌氧消化生产沼气、好氧发酵生产堆肥、提炼废油生产生物柴油(陈群等，2015)。而餐厨垃圾成分的复杂性决定了使用单一的现有处理技术难以完成高效高产值处理，需要对餐厨垃圾进行组分分离、综合运用已有的处理技术(胡新军等，2012)。此外，建议加强对餐厨垃圾除盐技术研究，加大新建餐厨垃圾处理项目中厌氧发酵工艺所占比例(龚晨等，2016)。

二、废弃油脂管理政策现状与建议

(一)国外政策概况

20 世纪 60 年代，美国严格监管废弃油脂的利用，开发了全世界最先进的处理废弃油脂技术，从根本上杜绝了废弃油脂回流餐桌的问题。在立法方面，美国的各个州都制定了详细的实施细则来监管废弃油脂的处理，如加州出台的《健康和安全法案》和《废油回收加强法案》，就针对废油回收的监管和回收机构的监管权力做出了相应的规定。在实际的监管上，不但实施分级管理制度，如每家餐厅门前都有 A、B 或 C 卫生级别标志(孙研子等，2014)，而且还定期派专员对餐馆进行检查，一旦发现餐馆废弃油脂的处理不合规定，就会勒令其停业整顿；对一般家庭产生的废弃油脂，美国采用为其提供专门存放废弃油脂垃圾桶的形式，促使民众养成废弃油脂回收分类的习惯(苗榕宸等，2015)。

关于废弃油脂的利用方式，美国主要有以下几个方面：①将废弃油脂转化为生物柴油等燃料，从 1994 年开始，美国政府投入大量资金支持其技术研发，迅速提高可再利用燃料油的发展；②将废弃油脂制成特殊涂料，涂在屋顶可以使房子达到冬暖夏凉的效果；③将废弃油脂制成醇酸树脂，美国威思帕索思公司 2006 年提出了一种由废弃烹饪油制备醇酸树脂的方法，醇酸树脂可用于各种涂布应用；④将废弃油脂直接转化为电能和热能，此系统由美国马萨诸塞州猫头鹰电力公司研发制成，已经在美国多个餐馆推广使用，据悉此系统既能节省废弃油脂集中储存、回收的费用，还能节省餐馆电力和燃料的开支，深受民众欢迎（苗榕宸等，2015）。

德国在行政和市场上严格规定，餐馆营业者必须同政府签订废弃油脂回收合同，明确废弃油脂的回收和处理企业，并要求将其回收、处理及运输的过程登记在案，以便在出现问题时，可以在最短时间内追责到人。餐馆营业者必须购买合格的油水分离器，放置在专门位置，并由专人负责管理。在市场运行上，德国批准一些大的上市公司回收处理废弃油脂，积极研发新技术使废弃油脂不仅局限于生产生物柴油，还用于生产化学品和有机肥料的特殊成分。为了促使生物柴油可以更快地被市场接受，政府规定公共汽车、计程车、校车等主要公共交通工具必须使用生物柴油。对加工处理废弃油脂的企业实施完全免税的激励措施，促使更多的企业投身于废弃油脂处理的行业中（苗榕宸等，2015）。英国政府政策和监管对废油的去向非常明确，即用于绿色燃料及绿色发电行业，所以不存在"地沟油"进入餐桌的现象。如果餐厅不能提供废油的去向证明，将面临严厉的处罚（孙研子等，2014）。在意大利乡村所有废油先在家庭里用小容器装置，然后倒进较大的住宅区或公共场所的容器里（梁光源，2017）。

日本政府为解决"地沟油"问题，主要利用经济杠杆扶持回收和处理企业。1970 年，日本专门制定了《关于废弃物处理和清扫的法律》凡是餐饮业和食品加工行业等生产的废弃油脂均被规定为产业废弃物，其排放、搬运及加工处理等必须在政府的严格监管下运行。一旦发现食品企业使用"地沟油"，将会受到法律的严惩而立即陷入濒临倒闭的危机。政府给回收来的废弃油脂中加入蓖麻油，蓖麻油有致泻的功能，杜绝了废弃油脂回流到百姓餐桌的可能（苗榕宸等，2015）。在法律框架指导下，日本政府将清理"地沟油"的费用主要用于回收"地沟油"和提炼，其收购价格高于非法厂商可以接受的价格，使其因为无利可图而自然选择放弃。具体来看，日本由专业公司以每升 1.5 日元的价格从餐饮企业回收废油。回收后的油经提炼变成生物柴油再以每升 88 日元的价格卖给政府。生物柴油技术处理成本为 28 日元/升左右，回收公司每升"地沟油"可赚取近 60 日元的利润。从利益格局的角度来看，该方法很好地构成了一个新的利益链，使得回收者不会再将废油销售给其他机构或个人，解决了各个主体间的利益关系，虽然此方法对于城市政府的财力要求过高，城市承担如此高昂的政府支出需要依据地方实际进行考量，但其扶持回收和处理环节企业的思路很值得借鉴（赵峥，2014）。

新西兰餐馆的厨房里都安装有食物垃圾处理机以及油脂分离装置。食物废料和残羹剩饭统一倒在机器里，残渣会被粉碎和无害化后排入下水道，而带有油脂的废水将自动流入油脂分离装置后再被分离出来，废油和脂肪单独储存在另外一个容器，并由政府回收。新西兰废油回收公司提供上门服务，利用移动的专业过滤设备，上门为餐馆或家庭进行食用油过滤并清洗油桶。

(二)中国国家和各省份管理政策

1. 国家管理政策

2010 年 7 月国务院颁布了《关于加强地沟油整治和餐厨废弃物管理的意见》,提出如下要求:开展“地沟油”专项整治,加强餐厨废弃物管理,推进餐厨废弃油脂资源化利用和无害化处理,明确分工、落实责任,加强监督检查和宣传教育(表 24-4)。国家食品药品监督管理总局也于 2010 年颁发了《关于严防“地沟油”流入餐饮服务环节的紧急通知》(食药监办食〔2010〕25 号)条例,要求各地方食品药品监督管理局对餐饮服务单位采购和使用食用油脂情况进行监督检查,严查餐饮服务单位进货查验记录及索证索票制度落实情况。同时,要高度重视群众投诉举报,及时对举报线索进行核实,如发现餐饮服务单位采购的食用油脂来源不明,或者采购和使用“地沟油”的,应监督餐饮服务单位立即停止使用并销毁,同时依法严肃查处,情节严重的,吊销许可证。2012 年,最高人民法院、最高人民检察院和公安部联合发布了《最高人民法院、最高人民检察院、公安部关于依法严惩“地沟油”犯罪活动的通知》(公通字〔2012〕1 号),对于利用“地沟油”生产“食用油”的,明知是利用“地沟油”生产的“食用油”而予以销售的,均依照刑法第 144 条销售有毒、有害食品罪的规定追究刑事责任。对于虽无法查明“食用油”是否系利用“地沟油”生产、加工,但犯罪嫌疑人、被告人明知该“食用油”来源可疑而予以销售的,按不同情形分别追究刑事责任。而明知他人实施“地沟油”犯罪行为,仍为其掏捞、加工、贩运“地沟油”,或者提供贷款、资金、账号、发票、证明、许可证件,或者提供技术、生产、经营场所、运输、仓储、保管等便利条件的,也当作共犯同罪论处。对违反有关规定,掏捞、加工、贩运“地沟油”,没有证据证明用于生产“食用油”的,交由行政部门处理;对于国家工作人员在食用油安全监管和查处“地沟油”违法犯罪活动中滥用职权、玩忽职守、徇私枉法,构成犯罪的,依照刑法有关规定追究刑事责任。

2017 年国务院又发布了《国务院办公厅关于进一步加强“地沟油”治理工作的意见》,提出高度重视“地沟油”治理工作;强化企业主体责任;培育无害化处理和资源化利用企业;进一步完善配套政策措施;落实监督管理责任;严厉打击“地沟油”违法犯罪和落实地方属地管理责任等意见。

2. 各省份管理政策

各省份也针对国务院发布的文件发布了相应的实施意见。上海是全国最早实施全方位餐厨垃圾管理的城市,餐厨垃圾处理处置体系也是目前国内最为完善的。早在 1999 年上海市就发布了《上海市废弃食用油脂污染防治管理办法》,2005 年下发《上海市餐厨垃圾处理管理办法》对餐厨垃圾的收集、运输、处置及其相关的管理活动做出了详细的规定。2017 年颁布了《上海市人民政府办公厅贯彻国务院办公厅关于进一步加强“地沟油”治理工作意见的实施意见》,文件指出要明确目标任务,研究制定和细化工作方案,落实有效措施,进一步加强源头治理，杜绝“地沟油”流向餐桌；加强行业管理，规范餐厨废弃油脂收运处置工作；要按照上海市食药安办《本市餐厨废弃油脂制生物柴油(B5)应用推广试点工作方案》，推进餐厨废弃油脂制生物柴油混合燃料油在车、船等领域应用试点；完成高比例(B20)生物柴油车用技术应用与研究课题开发，扩展餐厨废弃油脂制生物柴油在公交、环卫车辆及交通运输行业的应用，拓宽资源化利用渠道，推进“地沟油”无害化处理和资源化利用；继续推进全程信息化监控，实现对餐厨废弃油脂的源头产生、中间收运和末端处置环节全程信息化监管(表24-5)。

表 24-5 国家和地方“地沟油”管理政策

级别	发布机关	文号	文件名称
国家	国务院办公厅	国办发〔2010〕36 号	关于加强地沟油整治和餐厨废弃物管理的意见
	国家食品药品监督管理总局	食药监办食 25 号(2010)	关于严防“地沟油”流入餐饮服务环节的紧急通知
	财务部	财税〔2011〕46 号	关于明确废弃动植物油生产纯生物柴油免征消费税适用范围的通知
	最高人民法院、最高人民检察院、公安部	公通字〔2012〕1 号	关于依法严惩“地沟油”犯罪活动的通知
	国务院办公厅	国办发〔2017〕30 号	关于进一步加强“地沟油”治理工作的意见
地方	河北省人民政府	冀政办字〔2017〕99 号	关于进一步加强“地沟油”治理工作的实施意见
	石家庄人民政府	石政办函〔2017〕165 号	关于进一步加强“地沟油”治理工作的实施意见
	天津市人民政府	津政办函〔2017〕95 号	天津市“地沟油”治理工作方案
	大连市人民政府	大政办发〔2017〕108 号	关于进一步加强“地沟油”治理工作的实施意见
	山西省人民政府	晋政办发〔2017〕102 号	关于进一步加强“地沟油”治理工作的实施意见
	黑龙江省人民政府	黑政办规〔2017〕34 号	黑龙江省进一步加强“地沟油”治理工作实施方案
	上海市人民政府	沪府办发〔2017〕75 号	贯彻国务院办公厅关于进一步加强“地沟油”治理工作意见的实施意见
	浙江省人民政府	浙政办发〔2017〕110 号	关于进一步加强“地沟油”治理工作的实施意见
	金华市人民政府	金政办发〔2018〕8 号	关于进一步加强“地沟油”治理工作的实施意见
	安徽省人民政府	皖政办秘〔2017〕195 号	关于进一步加强“地沟油”治理工作的实施意见
	广东省人民政府	粤府办〔2017〕39 号	转发国务院办公厅关于进一步加强“地沟油”治理工作意见的通知
	广西壮族自治区人民政府	桂政办发〔2017〕107 号	广西进一步加强“地沟油”治理工作实施方案
	河南省人民政府	豫政办〔2017〕138 号	关于进一步加强“地沟油”专项治理工作的实施意见
	湖北省政府	鄂政办发〔2017〕65 号	关于进一步加强“地沟油”治理工作的实施意见
	武汉市人民政府	武政规〔2018〕3 号	武汉市加强地沟油治理工作方案
	四川省人民政府	川办发〔2017〕76 号	关于进一步加强“地沟油”治理工作的实施意见
	成都市人民政府	成办发〔2017〕38 号	关于进一步加强“地沟油”治理工作的实施意见
	云南省人民政府	云政办发〔2017〕136 号	关于进一步加强“地沟油”治理工作的实施意见
	西藏自治区人民政府	藏政办发〔2017〕120 号	关于进一步加强“地沟油”治理工作的实施意见

续表 24-5

级别	发布机关	文号	文件名称
	陕西省人民政府	陕政办发〔2017〕83 号	关于进一步加强“地沟油”治理工作的实施意见
	西安市人民政府	市政办发〔2017〕113 号	关于进一步加强“地沟油”治理工作的实施意见
	海南省人民政府	琼府办〔2017〕197 号	海南省进一步加强“地沟油”治理工作任务分工方案
	新疆维吾尔自治区人民政府	新政办法〔2017〕159 号	关于进一步加强“地沟油”治理工作的实施意见
	贵州省人民政府	黔府办函〔2018〕143 号	贵州省进一步加强“地沟油”治理工作实施方案
	甘肃省人民政府	甘政办发〔2018〕2 号	关于进一步加强“地沟油”治理工作的实施意见

2017 年海南省发布了《海南省进一步加强“地沟油”治理工作任务分工方案》(琼府办〔2017〕197 号),决定严惩制售“地沟油”违法犯罪行为,杜绝“地沟油”回流餐桌。坚持政府主导,市场化运作,加大政策扶持力度,推广应用先进技术,推动无害化处理和资源化利用产业发展。把“地沟油”治理作为海南省“十三五”期间食品安全工作重点任务,积极推进落实。2017 年湖北省在《关于进一步加强“地沟油”治理工作的实施意见》(鄂政办发〔2017〕65 号)中提出,要把“地沟油”治理作为“十三五”期间食品安全工作重点,综合施策、标本兼治,建立健全综合治理长效机制。

四川是食用油生产和消费大省,《四川省人民政府办公厅关于进一步加强“地沟油”治理工作的实施意见》中,提出推动开展社会共治,在政府机构监管之余,鼓励内部知情人士举报,动员社会力量共同监督。甘肃省人民政府发布的《甘肃省人民政府办公厅关于进一步加强“地沟油”治理工作的实施意见》中明确了“地沟油”治理的主要目标:按照区域分布,2018 年在全省选取 3 个市(州)先行实施“地沟油”治理项目,争取年底全部建成运行;到 2025 年,形成覆盖全省各县(市、区)的餐厨废弃物和“地沟油”收运网络和无害化处理、资源化综合利用体系。此外,安徽、云南、浙江、河南、陕西、河北、山西、广东、黑龙江、新疆和西藏等也纷纷出台关于进一步加强“地沟油”治理工作的实施意见。

(三)存在问题

从 2010 年至今,国务院和两高一部不断加大打击力度、强化源头治理,各级政府按照“源头治理、疏堵结合、标本兼治、着力治本”原则,一方面以原料来源控制和油脂加工监管为重点,加强源头治理,严格监管执法,杜绝“地沟油”流向餐桌;另一方面加大政策扶持力度,建立“地沟油”综合治理长效机制,合力推动餐厨废弃物、肉类加工废弃物和检验检疫不合格的畜禽产品无害化处理和资源化利用。这些政策的实施切实为保障人民群众身体健康和生命安全起到了很好的作用,以餐厨废弃物为原料制售“地沟油”的违法犯罪活动得到遏制。但是,餐饮业回收“地沟油”进行加工后作为食用油使用的现象仍是屡禁不止,综合整治长效机制尚未完全建立,制售“地沟油”的违法犯罪问题仍时有发生。例如,四川省资阳市安岳县的一家火锅店，在2012—2018年的6年间，将顾客吃剩的锅底内的油脂回收至厨房，由厨师对废弃油脂进行过滤、冲洗、沉淀、熬制，制作成“地沟油”，并将该“地沟油”与食用油按1∶1比例勾兑后供顾客食用(环球网，2018)。济南发达油脂工业有限公司的杨传峰、杨传波、杨传清三兄弟多年来生产7 000余t“地沟油”的“济南地沟油案”令人震惊，其中500 t“地沟油”被当作食用油销往多个省份(网易新闻，2018)。

“地沟油”是以餐饮业废弃油脂作为原料加工而成的劣质油脂产品，属于非食用油脂。“地沟油”对人体危害严重，长期食用可能会引发癌症等多种疾病(高健，2018)。一些不法商贩通过过滤、加热、沉淀和分离等技术将泔水油、“地沟油”这些废弃油脂重新回流到人们的餐桌，严重危害着人们的身体健康和生活质量(苗榕宸等，2015)。“地沟油”给我们的生活带来各种威胁隐患。提炼“地沟油”会产生对人体有严重毒性的物质，导致多种癌症。而且，成色低的“地沟油”与正品食用油混合以后，难以鉴别，且价格低廉，不法商贩为牟取暴利私售、购买“地沟油”，扰乱粮油市场。2010年全国粮油标准化委员会油料和油脂工作组组长何东平就提出，全国每年返回餐桌的“地沟油”有200万～300万t，而全国每年消费的食用油总量约2 250万t(张璐等，2013)，也就是说，大约10年前返回餐桌的“地沟油”约占当时总食用油消费量的1/10。当前，人民的生活水平不断提高，随之而来的是餐厨垃圾的迅猛增长，由餐厨废弃物产生的“地沟油”更是让人谈之色变。广大市民如今在购买食用油、在餐馆吃饭时，总是会担心自己吃到“地沟油”，对食品的安全信任感很低，“地沟油”严重影响着人民的生活质量(梅静娴等，2013)。

(四)管理政策建议

1. 加强源头治理

要求餐饮业和食品生产单位必须安装水油分离器或隔油池等设施；推行使用专用的安全容器来收集餐厨垃圾，如在专用容器特殊区域设置电子标签，给每个容器定制“身份证”或编号；在其投入口增设易进不易出安全装置，方便废弃物投入；在其排出口设置开启安全锁防止废弃物随意外泄。废弃油脂的集中储存，严禁乱倒乱堆餐厨废弃物，禁止将餐厨废弃物直接排入公共水域或倒入公共厕所和生活垃圾收集设施。建立完善的餐厨废弃物记录制度，餐饮企业将分离后的油脂统一销售给具有“地沟油”生产加工资质的企业，并做好原始记录，包括垃圾产出量、分离后的废弃油脂数量、回收单位信息、回收人信息，均要做到每天登记记录，确认签字。同时，生产企业也必须对回收人、回收地点、回收量、生产数量和销售地点和数量等进行详细登记记录(陈守清等，2018；郑玮等，2012)。

2. 加大涉“地沟油”违法犯罪的处罚力度

“地沟油”现象屡禁不止的原因主要是违法成本低，倒卖“地沟油”可以获得巨大的利润，需要面临的处罚金额和巨大利益相比微不足道。对于违法收集、运输和处理餐厨垃圾的个人或单位，罚款最低的只有 200 元，最高也不高于 5 万元(董卫江等，2012b)。为有效打击这些不法商贩，政府可以提高处罚金额，对于有“地沟油”违法犯罪记录的个人或集体，禁止其再次从事餐饮业的相关工作。

3. 改善监管机制，建立高效可行的治理政策

目前相关的法律法规和配套规范性文件，缺乏实际的操作性，不能达到针对性的有效整治效果。如在餐厨废弃油脂的排放方面，国务院《关于加强地沟油整治和餐厨废弃物管理的意见》(以下简称《意见》)规定：“禁止将餐厨废弃物直接排入公共水域或倒入公共厕所和生活垃圾收集设施”。若直接或间接排入水体，根据《水污染防治法》第七十六条规定，向水体排放油类、倾倒工业废渣、城镇垃圾和其他废弃物，由县级以上地方人民政府环境保护主管部门责令停止违法行为，限期采取治理措施，消除污染，处 2 万元以上 20 万元以下的罚款。但法律法规暂无对餐厨废弃物直接倒入公共厕所和生活垃圾收集设施的处罚条款。在餐厨废弃物的处置方面，《意见》规定：“禁止将餐厨废弃物交给未经相关部门许可或备案的餐厨废弃物收运、处置单位或个人处理”。但相关法律法规并没有对餐厨废弃物收运、处置单位(个人)的许可或备案做出具体规定。在台账制度建设方面，《意见》中要求详细记录餐厨废弃物的数量、去向和用途等情况，但现有的法律法规对违反该规定者如何处罚、处罚程度如何等，均未做出具体规定(郑玮等，2012)。

现阶段餐厨废弃物属多部门分段监管，各部门之间的权责分配既有重叠，也有空隙。当食品安全问题发生后，相关监管部门往往以不归属其管理范围、有责无权等托词为自己辩解，推托监管责任。这样就很容易使各种政策成为“一纸空文”，要解决监管中“多龙不治水”的问题，应该按照收敛机制原理，强化一个部门的职责、权限和资源配置，形成一个强中心和多个部门专业化监管并存的格局(郑玮等，2012)。

4. 建立健全的“地沟油”收运体系

“地沟油”回收困难和缺少合适的处理技术和应用机制，因此要加快废弃油脂回收基础设施建设，包括油水分离器、收集器具、运输车辆、人员配备、收集站及处理厂等；扩大回收渠道，废弃油脂的回收对象除餐饮企业外，还应加强家庭油脂的回收渠道建设，主要可通过加大宣传力度提高居民的环保意识，从而将生活中的废弃油脂收集起来，或有专人上门回收，或定时定期集中送到某个地点集体回收，实现废油的再利用(辛亚婷等，2015)。南昌市“地沟油”从收集、清运、处理等整个回收链建立全封闭状态，装配 GPS 和电子称重计量设备全程、全天候监控其来源和去向，问题可追根溯源、责任明确清晰。同时，根据南昌市餐厨垃圾处理项目规模“地沟油”6 t/d 的现状，并考虑到小型餐饮店多位于小街巷，购置 6 辆 5 t 餐厨废弃物转运车和 30 辆 3 t 餐厨垃圾专用收集车、50 辆 1 t 电动餐厨垃圾专用收集车、5 辆 5 t 油脂运输车，不同规格的油脂收集容器约 7 000 个、油水分离装置 2 000 套。其他省市可以借鉴参考南昌市的做法，建立适合本地情况的“地沟油”收运体系。

5. 加大对“地沟油”收运处理企业的扶持力度

首先，由政府出面明确正规回收企业的回收渠道，鼓励由龙头企业收编现有的农民游击队，统一收购、统一车辆、统一服装，而由此产生的成本，则可以由政府通过财政补贴方式加以弥补。其次，建立餐厨垃圾处理激励机制，通过返还处置费等方式鼓励产生单位减量化，采取生活垃圾处理费转移支付等方式，调动收运单位的积极性，加强规范收运，扩大处置规模。第三，餐厨垃圾处理作为一项投入资金多而产出效益慢的产业，属于微利的资源化利用项目，政府应给予餐厨垃圾的回收再生利用企业适当补助和税收优惠等扶持政策，并进一步出台政策措施鼓励扶持企业进行资源化利用技术研发，尽快形成一整套让“地沟油”真正“变废为宝”的通道(张晓林，2012)。

6. 促进废弃油脂能源化利用

据统计中国每年有400万～800万t的废弃油脂，分布在全国各地，收集系统不健全，收集和运输成本较高，使得生物柴油生产企业只能就地取材，导致很多生物柴油企业面临原料短缺的问题(陈晶晶等，2013)。2012年云南省政府出台了《关于做好地沟油制生物柴油工作的指导意见》(云政办发〔2012〕46号)，提出将昆明市确定为“地沟油”制生物柴油应用示范城市，并将该项工作列入岗位目标责任制，纳入政绩考核体系，同时做出一系列具体的促进生物柴油的制度安排。该意见是目前国内最早、最全面的“地沟油”制生物柴油产业发展指导意见，但因无法协调央企成品油销售企业，虽已出台多年，至今仍未落实。各地“地沟油”原料量基本稳定，只要流向监管到位，原料价格也能降下来，这样可大大提升生物柴油产业经济性。(仝晓波，2016)，还有利于发展航空生物航油转化(张璐晶，2014)。其次，要形成收购、运输、储存和处理“地沟油”一条龙产业链。国家能源局发布的《生物柴油产业发展政策》第十五条提出：一是体现原料优势，靠近大中城市；二是统筹兼顾当地现有原料利用规模及收购半径；三是体现集约化、规模化经营要求；四是贴近消费市场，就近销售。如政策鼓励项目在依法合规设立的产业园区内建设，优先布局京津冀、长三角和珠三角经济圈生物柴油项目。最后，简化对废弃油脂收储企业的管理。以前对一个废弃油脂收储企业的管理需要针对不同出口分别设卡，如增塑剂、表面活性剂、生物柴油等，现在将出口全部归入生物柴油，降低了社会管理成本，简化了管理程序(郑丹，2015)。如何推动国内“地沟油”走上资源化利用之路？关键在于两点：一是政府要支持回收企业规范经营，二是要让餐饮单位也有利可图。政府应当出台政策，扶持和奖励将“地沟油”提炼成生物柴油等方面的科研项目，加大对这些产业技术创新的政策和资金扶持，大力支持生物柴油进入成品油、航空、石油钻井领域的规模化应用。对于将“地沟油”提炼成能源材料的企业给予政策扶持，如可以给予减免税收的优惠政策，或是对企业采购“地沟油”原料给予一定的补贴(廖海金，2017)。

三、污水污泥政策管理现状和建议

（一）国外政策概况

美国20世纪80年代建立污水治理的滚动基金计划，是最成功的一项环保项目资助计划（杨晓萌，2009）。当时，由于环保法规的实施和公众环保意识的提高，对保护水资源和水环境也有了更高的要求。而且，很多早期建成的污水处理厂和基础设施已经不能满足当时的需要，大部分在20世纪50—60年代建成的污水管线已经破损，在很多人口快速增加的地方需要新建全部设施。而新的污水处理厂需要采用更高级的处理技术，建设资金需求也更高。因此，美国各地要实施这类急需的环保项目，就必须依靠大量资金和有效的资金运作机制。从1987年开始实施的《清洁水法案》（Clean Water Act）授权联邦政府为各州设立一个滚动基金，资助实施污水处理以及相关的环保项目。滚动基金的资金来自联邦政府和州政府，作为低息或者无息贷款提供给那些重要的污水处理以及相关的环保项目。贷款的偿还期一般不超过20年。所偿还的贷款以及利息再次进入滚动基金用于支持新的项目。根据有关统计数字，联邦政府向滚动基金每投入1美元，就可以从各州的投入和基金的收入里产生0.73美元的收益。1993年的偿还贷款加利息仅为5亿美元，而到2000年偿还贷款加利息已经接近22亿美元。该项滚动基金的运作良好、收益显著，促使美国全国水环境状况得到了根本的改善（杨晓萌，2009）。

1995年前，荷兰的污水污泥主要生产为肥料用于农业，实现污泥稳定性。在大规模的污水处理厂，厌氧消化经常用于实现污泥稳定性，然后通过浓缩与干化减小其体积后，再用作农业肥料。但是，自1995年起，由于制定了新的严格限制重金属的立法，荷兰禁止将污水污泥用于农业（Kalogo *et al.*，2008；郭韵等，2010）。2011年英国环境食品和农村事务部（DEFRA）和能源气候变化部（DECC）联合制定了“厌氧消化战略及行动计划”，该计划提出了厌氧消化发展目标和行动方案，指出厌氧消化技术是污泥处置的“最佳环境选择”（肖永清，2018）。至少10年前，欧洲已普遍应用厌氧消化产生生物沼气（曹潇元等，2016），再将沼渣焚烧，产生的灰烬用于生产建筑材料（郭韵等，2010）。欧盟24国的多半污泥都是经过厌氧消化处理的（Kelessidis *et al.*，2012）。

2014年美国环保局（EPA）、能源部（DOE）和农业部（USDA）发布了《沼气发展路线图》（Biogas Opportunities Roadmap），鼓励采用厌氧消化技术应用污水污泥资源发展沼气生产能源。据估算，美国每年污水和污泥产生沼气的潜力在32亿 m^3，年发电量可达56亿 kW·h（肖永清，2018）。

(二)中国国家和各省份管理政策

目前,在污水处理厂建设投运和污水污泥处置方式上,国家出台了一系列国家政策(表24-6)和标准(表24-7),各省份人民政府根据当地具体情况也相继发布了若干污水污泥处理政策(表24-8),已形成全国一体的污水污泥管理和处理的政策机制,全国污水处理程度不断提高。

但是,随着城镇化进程加快,污泥产量也大幅度增加(查湘义,2016;肖永清,2018;Fang *et al.*,2019)。污泥中含有大量的有机物、丰富的氮磷等富营养物质、重金属以及致病菌、病原菌和寄生虫卵等有害物质。如果不能合理安全的处理处置这些污泥,将对我们的生存环境造成严重污染。总的来说,由于中国污水处理起步较晚,全国污泥稳定化、无害化程度低,还存不少问题。大多数中小型污水处理厂往往没有考虑到污水处理厂内污泥稳定化、无害化处理的问题,缺乏污泥稳定化要求的约束性指标,最终处置目标和方向不明确(戴晓虎,2012;刘钊,2016)。尽管《城镇污水处理厂污泥处理处置及污染防治技术政策(试行)》涉及污泥处理处置的规划和建设、技术路线、安全运行和监管以及相关保障,但是缺乏细节和法律的强制性,可操作性较差,污泥处理处置与资源化利用产业链发展严重滞后。

表24-6 2007—2018年中国国家颁布的污水污泥处理处置政策和规划等文件

发布机关	文号	文件名称
国家发改委	发改投资〔2007〕2006号	全国城镇污水处理及再生利用设施建设"十一五"规划
住房城乡建设部(住建部)	建办城电〔2009〕22号	关于进一步加强城镇排水与污水处理设施安全管理工作的紧急通知
住建部、环境保护部、科学技术部	建城〔2009〕23号	城镇污水处理厂污泥处理处置及污染防治技术政策(试行)
住建部	建城函〔2010〕166号	城镇污水处理工作考核暂行办法
环境保护部	公告2010年第26号	城镇污水处理厂污泥处理处置污染防治最佳可行技术指南(试行)
环境保护部	环办〔2010〕157号	关于加强城镇污水处理厂污泥污染防治工作的通知
住建部	建科研函〔2011〕4号	关于开展城镇污水处理厂污泥处理处置技术与工艺应用情况调研的通知
国家发改委、住建部	发改办环资〔2011〕461号	关于进一步加强污泥处理处置工作组织实施示范项目的通知
国务院	国办发〔2012〕24号	"十二五"全国城镇污水处理及再生利用设施建设规划
国务院	国令第641号(2013年)	城镇排水与污水处理条例
财政部、国家发改委、住建部	财税〔2014〕151号	污水处理费征收使用管理办法
国务院	国发〔2015〕17号	水污染防治行动计划
住建部	建城函〔2015〕126号	关于全面开展城镇排水与污水处理检查的通知
住建部	建城函〔2015〕205号	关于2015年第二季度全国城镇污水处理设施建设和运行情况的通报

续表 24-6

发布机关	文号	文件名称
住建部、环境保护部	建城函〔2015〕28 号	关于开展城镇污水处理厂污泥处理处置情况专项检查的紧急通知
国家发改委、财政部、住建部	发改价格〔2015〕119 号	关于制定和调整污水处理收费标准等有关问题的通知
住建部、国家发改委等 5 部门	建城〔2016〕208 号	关于进一步鼓励和引导民间资本进入城市供水、燃气、供热、污水和垃圾处理行业的意见
国家发改委、住建部	发改环资〔2016〕2849 号	“十三五”全国城镇污水处理及再生利用设施建设规划
住建部	建城〔2017〕143 号	城镇污水处理工作考核暂行办法
国家发改委、住建部	发改办环资〔2018〕724 号	关于开展“十三五”城镇污水垃圾处理设施建设规划中期评估的通知

1. 污水处理厂建设和投运

环境保护部于 2009 年发布了《城镇污水处理厂污泥处理处置及污染防治技术政策(试行)》,2010 年颁布了《关于加强城镇污水处理厂污泥污染防治工作的通知》(表 24-6),均强调了城镇污水处理厂新建、改建和扩建时,污水污泥处理设施应同时规划、同时建设、同时投入运行。自 2014 开始实施的《城镇排水与污水处理条例》和住房城乡建设部关于 2015 年第二季度全国城镇污水处理设施建设和运行情况的通报,要求实施管网雨污分流改造,是有利于市政污水和污泥处理的重要举措。2016 年国家发改委和住建部发布的《“十三五”全国城镇污水处理及再生利用设施建设规划》(表 24-6)指出,污水管网收集能力应与污水处理设施处理能力相匹配,然而,近年来许多地方污水管网建设速度远远跟不上污水处理厂的建设速度。

表 24-7　中国现行污泥处理与处置相关标准

发布单位	标准号	名称
国家质量监督检验检疫总局 中国国家标准化管理委员会	GB/T 23484—2009	城镇污水处理厂污泥处置分类
住房城乡建设部(住建部)	CJJ 131—2009	城镇污水处理厂污泥处理技术规程
住建部	CJ/T 309—2009	城镇污水处理厂污泥处置 农用泥质
国家质量监督检验检疫总局 中国国家标准化管理委员会	GB 24188—2009	城镇污水处理厂污泥泥质
国家质量监督检验检疫总局 中国国家标准化管理委员会	GB/T 23486—2009	城镇污水处理厂污泥处置 园林绿化用泥质
国家质量监督检验检疫总局 中国国家标准化管理委员会	GB/T 24600—2009	城镇污水处理厂污泥处置土地改良用泥质
国家质量监督检验检疫总局 中国国家标准化管理委员会	GB/T 23485—2009	城镇污水处理厂污泥处置　混合填埋用泥质
住建部	CJJ 60—2011	城镇污水处理厂运行、维护及安全技术规程
住建部	CJJ/T 163—2011	村庄污水处理设施技术规程
住建部、国家质量监督检验检疫总局	GB 50672—2011	钢铁企业综合污水处理厂工艺设计规范

续表 24-7

发布单位	标准号	名称
住建部、国家质量监督检验检疫总局	GB 50684—2011	化学工业污水处理与回用设计规范
住建部、国家质量监督检验检疫总局	GB 50747—2012	石油化工污水处理设计规范
住建部	CJJ/T 228—2014	城镇污水处理厂运营质量评价标准
住建部	CJJ/T 182—2014	城镇供水与污水处理化验室技术规范
住建部、国家质量监督检验检疫总局	GB 50335—2016	城镇污水再生利用工程设计规范
住建部	CJJ/T 243—2016	城镇污水处理厂臭气处理技术规程
住建部、国家质量监督检验检疫总局	GB/T 51230—2017	氯碱生产污水处理设计规范
住建部	CJJ/T 54—2017	污水自然处理工程技术规程
住建部、国家质量监督检验检疫总局	GB 50334—2017	城镇污水处理厂工程质量验收规范
住建部	CJ/T 51—2018	城镇污水水质标准检验方法
城乡建设环境保护部	GB 4284—1984	农用污泥中污染物控制标准

2. 污水污泥处置方式

污水污泥处置方式主要有填埋、焚烧、土地利用(堆肥)、建材和填海等。2009 年住建部、环境保护部和科学技术部共同发布了《城镇污水处理厂污泥处理处置及污染防治技术政策(试行)》(表 24-6),2010 年环境保护部颁布了《城镇污水处理厂污泥处理处置污染防治最佳可行技术指南(试行)》,这两份文件都指出,污泥用于园林绿化时,泥质应满足《城镇污水处理厂污泥处置园林绿化用泥质》的规定和有关标准要求。根据不同地域的土质和植物习性等,确定合理的施用范围、施用量、施用方法和施用时间。用于盐碱地、沙化地和废弃矿场等土地改良时,应符合《城镇污水处理厂污泥处置土地改良用泥质》的规定。住建部和国家发改委在 2011 年发布的关于印发《城镇污水处理厂污泥处理处置技术指南(试行)》的通知中指出,当污泥不具备土地利用条件时,可利用当地的垃圾焚烧、水泥及热电等行业的窑炉资源对污泥进行协同焚烧,焚烧后的灰渣考虑建材综合利用或直接填埋;当污泥泥质不适合土地利用,且当地不具备焚烧和建材利用条件,可进行稳定化处理后,采用填埋处置;处理后的泥质应符合《城镇污水处理厂污泥处置混合填埋用泥质》的要求。

但是,全国污水污泥填埋比例增长很大,是目前污泥处理的主要方式。2004—2017 年间,全国污水污泥填埋比例由 31.00%上升到 63.00%,而土地利用的比例由 44.80%下降到 13.50%(杭世珺等,2004;谷蕾等,2017)。填埋操作简便、处理成本低,但在降解过程中会产生大量的废气和渗滤液,容易造成二次污染,给环境造成安全隐患。而且还有一部分尚未处置的污水污泥,对环境造成更大的安全隐患。

针对国务院颁布的文件,各省份相继发布了若干污水污泥处理的实施政策(表 24-8)。2008 年,江苏和云南分别发布了《关于加强全省污水处理厂污泥处置工作意见的通知》和《关于加快城镇污水生活垃圾处理设施建设和加强运营管理工作的意见》。随后 10 年里,各省份陆续出台了有关污水污泥处理处置政策文件。如 2018 年辽宁省住建厅发布的《关于进一步加强全省城镇污水处理厂污泥处理处置工作的通知》要求，污水处理设施产生的污泥应进行稳定化、无害化和资源化处理处置，到2020年全省污泥无害化处置率达85%以上。

表24-8 2007—2018年中国各省份颁布的污水污泥处理处置政策和实施方案

省份	发布机关	文号	文件名称
北京	市人民政府	京政办发〔2012〕29号	关于印发进一步加强污水处理和再生水利用工作意见的通知
	市人民政府	京政发〔2013〕14号	加快污水处理和再生水利用设施建设三年行动方案（2013—2015年）
	市财务局、市水务局、市发改委	京财农〔2014〕1408号	北京市污水处理费征收使用管理办法
	市人民政府	京政发〔2015〕66号	北京市水污染防治工作方案
	昌平区政府办	昌政办发〔2008〕9号	关于禁止使用和接纳浓缩污泥的通知
天津	市水务局、市环保局	津政办发〔2015〕57号	关于我市城镇污水处理厂污泥处理处置工作指导意见的通知
河北	省环保厅	冀环办发〔2013〕115号	关于进一步加强全省城镇污水处理厂污泥监督管理工作的通知
	省人民政府	省人民政府令〔2016〕第7号	河北省城镇排水与污水处理管理办法
山西	省人民政府	晋政发〔2009〕35号	关于加快城镇污水处理设施建设和保障正常运行的通知
	省人民政府	晋政办发〔2013〕40号	山西省"十二五"城镇污水处理及再生利用设施建设实施方案
	省财政厅、省物价局、省住建厅	晋财综〔2015〕20号	全省污水处理费征收使用管理实施办法
	省人民政府	晋政办发〔2017〕96号	全省城乡污水垃圾治理行动方案
内蒙古	自治区人民政府	区人民政府令第174号	内蒙古自治区城镇污水处理厂运行监督管理办法
辽宁	省住建厅	辽住建〔2018〕88号	关于进一步加强全省城镇污水处理厂污泥处理处置工作的通知
上海	市财政局、市发改委、市水务局	沪财预〔2016〕25号	上海市污水处理费征收使用管理实施办法
	市人民政府	沪府〔2018〕85号	上海市污水处理系统及污泥处理处置规划(2017—2035年)
江苏	省人民政府	省政府令第71号（2011）	江苏省污水集中处理设施环境保护监督管理办法
	省人民政府	苏政办发〔2008〕64号	关于加强全省污水处理厂污泥处置工作意见
	省人民政府	苏政发〔2017〕69号	江苏省"十三五"节能减排综合实施方案
浙江	省人民政府	浙政办发〔2015〕42号	关于切实加强城镇污水处理工作的通知
	省人民政府	浙政办发〔2015〕86号	关于加强农村生活污水治理设施运行维护管理的意见
福建	省住建厅 省环境保护厅	闽政办〔2011〕166号	福建省城镇生活污水处理厂污泥处理处置工作实施方案
	省住建厅	闽建村〔2017〕60号	关于构建农村污水垃圾治理长效机制的通知
河南	省人民政府	豫政办〔2011〕143号	河南省城镇污水处理厂运行监督管理办法
湖北	省人民政府	鄂政发〔2007〕62号	关于加强城市污水处理工作的意见
	省人民政府	鄂政发〔2014〕46号	关于进一步加强城镇生活污水处理工作的意见

续表 24-8

省份	发布机关	文号	文件名称
湖南	省财政厅、省住建厅	湘财建〔2014〕110 号	湖南省"两供两治"设施建设财政贴息奖补资金管理办法
山东	省人民政府	鲁政办字〔2014〕55 号	关于加强村镇污水垃圾处理设施建设的意见
重庆	市人民政府	渝府办发〔2016〕208 号	重庆市城镇生活污水处理厂污泥处理处置实施方案
广东	省住建厅	粤建规范〔2017〕1 号	污水处理费征收使用管理的实施细则
广西	区人民政府	桂政办发〔2014〕67 号	2014 年城镇污水生活垃圾处理设施建设工作计划
海南	省人民政府	琼府办〔2014〕12 号	关于进一步加强城镇污水处理工作的通知
	省人民政府	琼府办〔2015〕161 号	关于进一步推进我省城镇污水处理厂污泥处理处置工作的意见
四川	省人民政府	川办发〔2018〕14 号	四川省农村生活污水治理五年实施方案
	省人民政府	川办函〔2018〕103 号	关于修订四川省城镇污水处理设施建设三年推进方案和城乡垃圾处理设施建设三年推进方案的通知
贵州	省人民政府	黔府办发〔2018〕27 号	贵州省城镇污水处理设施建设三年行动方案(2018—2020 年)和贵州省城镇生活垃圾无害化处理设施建设三年行动方案(2018—2020 年)
云南	省人民政府	云政发〔2008〕186 号	关于加快城镇污水生活垃圾处理设施建设和加强运营管理工作的意见
陕西	省人民政府	陕政办发〔2012〕110 号	"十二五"全省城镇污水处理及再生利用设施建设规划
青海	省人民政府	青政办〔2010〕29 号	关于青海省城镇污水处理厂 产业化运营监管的若干意见(试行)的通知

(三)存在问题及管理政策建议

1. 制定和完善污水污泥资源化利用的政策

污泥的处理处置,涉及部门广,牵扯环节多,需要农业农村部、林业部、环保部以及住建设部等部门之间的相关协调和配合。而中国目前对污泥处理处置的责任主体缺位,缺少政策扶持和监管体系。政府应建立财政、税费优惠措施,鼓励和扶持污水污泥处理产业发展。把污水污泥处理处置项目列入环保补助资金的重点支持项目清单,采取经济手段鼓励污水再生利用和污泥衍生品的利用。制定污泥资源化利用政策,对污泥衍生品应给予政策倾斜和扶持,鼓励污泥衍生产品作为资源用于沙荒地治理、园林绿化、土壤改良、生态修复、能源利用等项目;政府投资的沙荒地治理、园林绿化、土壤改良等项目,将优先采购符合国家相关标准的污泥衍生产品(吴敬东等,2010)。

2. 技术上重视污泥的资源化和能源化利用

不断探索污水、污泥处理新工艺,淘汰高消耗、高能耗的污水处理技术,是当前中国污泥处理产业的重要任务(曹潇元等,2016)。污泥的最终处置面临着安全处置和资源化利用的双重选择,到底把污泥看作废弃物还是资源问题的答案已经很清楚了。欧美国家已普遍应用厌氧消化技术对污泥进行资源化和能源化利用(Kelessidis *et al.*, 2012;曹潇元等,2016;

肖永清，2018)，中国城市的试点实践也证明，该技术可以实现“污泥全消纳、能量全平衡、资源全回收、过程全绿色”的多效目标(Yang，*et al.*，2015；肖永清，2018)。但是，在政策制定及其指导的技术行动方向上却不一致，导致目前污泥处理处置技术更新还没有明确的要求，根据 2016 年报道(查湘义，2016)，全国污泥应用应用厌氧消化技术的比例不足 5%，其中南京为 5.1%而上海为 9%。对污泥进行资源化和能源化利用，既能减少污染，又能产能而实现减少碳排放，是未来发展趋势。

3. 多渠道筹措建设资金促进污水处理设施建设

在污水处理建设资金的筹措上，争取利用国际贷款，挖掘地方财力，充分调动社会力量，采取多种形式筹措资金。在中小城市，有关单位还可自筹资金。应尽可能地利用市场机制，建立一个符合行业特点的并且有限有效的竞争氛围，使投资主体更加多元化，使运营管理工作更加市场化，使运营的主体更加企业化(钟淋涓等，2004)。

4. 合理核定水价和污水处理收费标准

积极推动现行水价政策的改革，建立合理的用水价格体系和污水处理回用价格体系。建议适当提高自来水价格，降低再生水价格，以提高价差促进再生水的消费。另一方面，现行的污水处理收费偏低，据有关测算，要实现污水处理厂“保本微利”的经营目标，污水处理费价格至少应为 0.6～0.8 元/m^3，再加上管网费用，至少应达到 0.8～1.2 元/m^3(任洪强等，2003)。应按照“污染付费、公平负担、补偿成本、合理盈利”的原则，建议适当提高城镇污水处理收费标准，以补偿污水处理和污泥无害化处置的成本。在征收的污水处理费无法满足处理设施正常运行时，地方政府要积极采取措施适当补偿，确保设施正常运行(钟淋涓等，2004)。

5. 完善标准和监管体系

加快建立污泥处理处置的技术标准体系，规范污泥处理处置及循环利用。凡进行污泥产品的资源化利用，必须满足相关标准要求。建立有毒有害污染物源头控制、环境影响、设施建设和运营、资源循环利用全过程跟踪监管体系，确保处置和循环利用安全。建立污泥处理处置及循环利用信息公开制度，鼓励公众参与，实行社会监督(吴敬东等，2010)。

参考文献

毕珠洁，邰俊，许碧君．中国餐厨垃圾管理现状研究[J]．环境工程，2016，34(S1)：765-768．

曹潇元，王金生，李剑．意大利城镇污水处理的管理现状与经验探析．北京师范大学学报(自然科学版)，2016，52(4)：493-496．

曹维金，招辉，陈娜．油脂密度检测方法的探讨[J]．现代食品科技，2011，27(5)：584-586．

陈晶晶，穆瑞田．我国生物柴油产业发展现状及对策[J]．北方经贸，2013(12)：31-33．

陈梦冬．城市餐厨垃圾管理问题研究——以公共治理为视角[D]．天津：天津商业大学，2018．

陈群，张培进，杨丽丽，等．广东省某市餐饮垃圾现状调研及管理对策研究[J]．环境卫生工程，2015(1)：17-20．

陈守清，徐磊．刍议"地沟油"的治理与监管[J]．中国食品药品监管，2018(4)：50-53．

CJJ 184—2012 餐厨垃圾处理技术规范[S]．北京：中国建筑工业出版社，2013．

戴晓虎．我国城镇污泥处理处置现状及思考[J]．给水排水，2012，38(2)：1-5．

董卫江，李彦富．北京市餐厨垃圾管理工作进展及对策探讨[J]．中国资源综合利用，2012a(8)：30-32．

董卫江，张金磊．北京市餐厨垃圾和废弃油脂监管体系的研究[J]．网络与信息，2012b(9)：42-44．

杜可宁．论我国餐厨垃圾的法律规制[D]．石家庄：河北地质大学，2016．

杜泽学，王海京，江雨生，等．采用废弃油脂生产生物柴油的 SRCA 技术工业应用及其生命周期分析[J]．石油学报：石油加工，2012，28(3)：353-361．

高健．地沟油的危害及检测管控[J]．现代食品，2018(7)：57-59．

高鹏霄，陈静，白美，等．关于济南餐厨垃圾的集约化管理与资源化利用的建议[J]．中共济南市委党校学报，2013(1)：107-111．

GB/T 23484—2009．城镇污水处理厂污泥处置分类[S]．北京：中国标准出版社，2009．

龚晨，吴克，赵俊超，等．城市餐厨垃圾管理模式研究[J]．环境卫生工程，2016(4)：84-86．

谷蕾，段立杰．德宏州城镇污水处理厂污泥处置现状及对策研究[J]．绿色科技，2017(10)：41-42．

广东省食品药品监督管理局．餐饮服务许可管理办法 [EB/OL]．(2018-10-12)．http：//www.gd.gov.cn/govpub/bmguifan/ 201012/t20101203_133652.html．2010．

国家发改委，建设部，国家环保总局.全国城市生活垃圾无害化处理设施建设“十一五”规划[DB/OL].(2007-09-06) http://www.cn-hw.net/html/sort056/200709/4024.html.

国家发改委,住建部.“十三五”全国城镇生活垃圾无害化处理设施建设规划[DB/OL].(2016-12-31) http://www.ndrc.gov.cn/zcfb/zcfbtz/201701/t20170122_836016.html.

国务院办公厅.“十二五”全国城镇生活垃圾无害化处理设施建设规划[DB/OL].(2012-05-04) http://www.gov.cn/zwgk/2012.05/04/content_2129302.htm.

国家发展和改革委员会. 第五批餐厨废弃物处理试点备选城市名单公布[EB/OL].(2018-03-28)http://huanbao.bjx.com.cn/news/20150527/623563.shtml. 2015.

国家统计局. 中国国家统计年鉴 2015[M]. 北京：中国统计出版社，2015.

国家统计局. 中国国家统计年鉴 2016[M]. 北京：中国统计出版社，2016.

国家统计局. 中国人口和就业统计年鉴 2016[M]. 北京：中国统计出版社，2016.

郭伟，张盼盼. 餐厨垃圾回收利用管理——日本经验及借鉴[J]. 天津城建大学学报，2017(3)：214-219.

郭韵,王南威. 从荷兰、德国的实践看污泥的能源回收利用——浅议污水厂的污泥处理[J]. 四川环境，2010，29(3)：66-70

杭世珺，刘旭东，梁鹏. 污泥处理处置的认识误区与控制对策[J]. 中国给水排水，2004，20(12)：89-92.

贺钱华，刘艳萍. 宁波餐厨垃圾处理及其管理办法[J]. 广东化工，2015(10)：82-83.

侯坚. 化学法生产生物柴油的能耗与温室气体排放评价[D]. 兰州：兰州大学，2010.

侯坚，张培栋，王有乐，等. 餐饮废弃油脂的生物柴油生命周期能耗与 CO_2 排放分析[J]. 环境科学研究，2010，23(4)：521-526.

环境保护部办公厅. 关于组织开展城市餐厨废弃物资源化利用和无害化处理试点工作的通知[EB/OL].(2018-03-28). http://www.cn-hw.net/html/15/201005/15356.html. 2010.

环境保护部. 中国环境年鉴[M]. 北京：中国环境年鉴社，2007—2016.

环球网. 火锅店用“地沟油”被起诉 律师：老油是火锅技术传承[EB/OL].(2019-01-20). https://baijiahao.baidu.com/s? id=1614800046489226392&wfr=spider&for=pc.2018.

胡新军，张敏，余俊锋，等. 中国餐厨垃圾处理的现状、问题和对策[J]. 生态学报，2012,32(14)：4575-4584.

李黎. 北京市餐厨垃圾回收利用政策执行问题及对策研究[D]. 武汉：华中师范大学，2016.

李敏波. 循环经济模式下东莞市餐饮垃圾处理及效益分析[D]. 武汉：华中农业大学，2008.

李琰琰. 我国餐厨垃圾资源化处理行业分析[J]. 中国工程咨询，2017(4)：52-53.

李银兰. 餐饮垃圾回收管理的探讨——以武汉市为例[J]. 武汉工业学院学报，2010(4)：100-102.

李占林. 我国餐厨垃圾管理问题及政策导向和漳州的对策[J]. 福建建设科技，2016(4)：91-92.

梁光源. 走在路上的“斗地沟油”经验[J]. 环境，2017(7)：18-21.

廖海金. 让地沟油变废为宝需政策引导[J]. 发明与创新:大科技，2017(12)：31.

刘凯瑞，张彩虹. 生物柴油全生命周期的能耗和环境排放评价[J]. 北京林业大学学报:社会科学版，2017，16(2)：71-75.

刘晓，刘晶昊，高海京. 我国餐厨垃圾管理体系解析及管理对策探讨[J]. 环境卫生工程，2014(3)：46-48.

刘钊. 中国污泥处理处置现状及分析[J]. 天津科技，2016，43(4)：1-2.

卢炳根. 发展餐厨垃圾发电的政策建议[J]. 中国电力企业管理，2017(16)：78-79.

毛玉芳. 城市餐厨垃圾处理市场化的法律因应[D]. 郑州：郑州大学，2016.

梅静娴，朱晋伟，徐菁. 地沟油现状及对策研究——以无锡市为例[J]. 科技视界，2013(4)：103-171.

苗榕宸，田玉霞，韩少威. 废弃油脂的危害防范及现状[J]. 中国油脂，2015(7)：73-75.

苗珍珍. 餐厨垃圾管理的法律对策研究[D]. 济南：山东师范大学，2015.

NB/T 34058—2017. 废弃油脂分类标准[S]. 北京：中国农业出版社，2017.

倪文和. 关于我市餐厨垃圾处理问题的思考[N]. 新余日报，2018-6-11(3).

前瞻产业研究院. 2017—2022年中国餐厨垃圾处理行业发展前景预测与投资战略规划分析报告[EB/OL]. (2019-01-12). https://wenku.baidu.com/view/e14453c29f3143323968011ca300a6c30c22f138.html.2018.

任洪强，王晓蓉. 城市污水处理及资源化技术[J]. 化工技术经济，2003，21(11)：40-43.

沈洪澜. 基于消费者行为的餐馆餐厨垃圾减量研究[D]. 南京：南京农业大学，2014.

水婷，徐小童，雒名佳，等. 西安市餐厨垃圾处理机制的研究及完善[J]. 才智，2016(5)：272-273.

宋立杰，毕珠洁，郜俊，等. 我国餐厨垃圾处理现状及对策[J]. 环境卫生工程，2011，22(2)：29-32.

申加旭，李法社，王华各，等. 生物柴油调和燃料理论热值对比分析[J]. 中国油脂，2017，11(42)：45-48，69.

孙研子，陈玉宏. 基于博弈理论的地沟油监管分析[J]. 中国管理信息化，2014(6)：96-97.

仝晓波. 变废为宝的生物柴油缘何陷绝境[J]. 化工管理，2016(28)：46-48.

王巧玲. 餐厨垃圾厌氧发酵过程的影响因素研究[D]. 南京：南京大学，2012.

王雪. 新疆餐厨垃圾处理的现状及对策[J]. 湖南工业职业技术学院学报，2016(2)：22-24.

网易新闻. 兄弟生产7 000吨地沟油　500吨销往外省多地上餐桌[EB/OL]. (2019-1-20). https://news.163.com/18/1223/00/E3LV3VK20001875P.html. 2018.

伍华琛，王晓红. 上海市餐厨垃圾管理体系分析及建议[J]. 环境卫生工程，2015(3)：74-76.

吴敬东，熊建新，黄炳彬，等. 北京市污水处理厂污泥处理处置现状及对策[J]. 北京水务，2010(5)：4-6.

吴爽. 上海某地区餐厨垃圾特性分析[J]. 环境卫生工程，2016，24(5)：70-83.

西安市市容园林局餐厨垃圾处理项目筹建办公室. 西安市餐厨垃圾管理现状调查及对策研究[N]. 西安日报，2014-1-22(9).

夏明，史东晓. 江苏省餐厨垃圾管理现状及其对策研究[J]. 环境卫生工程，2015(6)：67-70.

肖永清. 循环经济帮助污泥变废为宝[J]. 世界环境，2018 (2)：45-49.

谢瑞林. 餐厨废弃物资源化利用与政府监管的研究[D]. 苏州：苏州大学，2012.

辛亚婷，陈嘉成. 江苏省废弃食用油回收模式现状分析[J]. 价值工程，2015(20)：24-26.

邢爱华，马捷，张英皓，等. 生物柴油环境影响的全生命周期评价[J]. 清华大学学报：自然科学版，2010a(6)：917-922.

邢爱华，马捷，张英皓，等. 生物柴油全生命周期资源和能源消耗分析[J]. 过程工程学报，2010b，10

(2)：314-320.

邢汝明，吴文伟，王建民，等. 北京市餐厨垃圾管理对策探讨[J]. 环境卫生工程，2006，14(6)：58-61.

徐长勇，宋薇，赵树青，等. 餐厨垃圾饲料化技术的同源性污染研究[J]. 环境卫生工程，2011，19(1)：9-10，15.

许英武，谢晓敏，黄震，等. 废煎炸油制生物柴油全生命周期分析[J]. 农业机械学报，2010，41(2)：99-103.

严军华，王舒笑，袁浩然，等. 大豆油与地沟油制备生物柴油全生命周期评价[J]. 新能源进展，2017，5(4)：279-285.

杨菊平，余杰，曾祖刚，等. 重庆市餐厨垃圾理化性质及处理处置方法的研究[J]. 环境卫生工程，2011，9(6)：60-62.

杨晓萌. 生态补偿机制的财政视角研究[D]. 大连：东北财经大学，2009.

宇鹏. 餐厨垃圾特性分析及处理方式探讨——以广西师范学院食堂餐厨垃圾为例[J]. 环境卫生工程，2016，24(6)：8-10.

曾彩明，李娴，陈沛全，等. 餐厨垃圾管理和处理方法探析[J]. 环境科学与管理，2010，35(11)：31-35.

查湘义. 浅谈我国污水处理厂污泥利用现状[J]. 农业科技与信息，2016(22)：47-48.

张璐，朱晋伟，张晓. 无锡市地沟油管理问题及对策研究——基于 TOC 理论框架[J]. 企业科技与发展，2013(8)：107-109.

张璐晶. 地沟油变航油商业化或需 10 年降低成本是关键[J]. 中国经济周刊，2014(33)：74-75.

张晓林. 餐厨废弃物流管理问题与对策——基于地沟油事件案例的分析[J]. 兰州交通大学学报，2012(2)：84-87.

赵峥. 当前北京"地沟油"问题的成因与对策分析[J]. 经济界，2014(6)：63-67.

郑丹. 地沟油也有春天访全国生物柴油行业协作组秘书长孙善林[J]. 中国石油石化，2015(S1)：52-53.

郑玮，陈建辉. 地沟油返流餐厨使用的成因及对策[J]. 中国卫生监督杂志，2012(6)：522-527.

钟淋涓，方国华，贺军，等. 我国污水处理回用存在问题分析及对策建议[J]. 水利经济，2004(4)：25-26.

周方圆，唐朝臣，许依，周圣坤，谢光辉. 中国餐厨垃圾管理政策发展述评[J]. 低碳经济，2020，9(2)：121-130.

住房和城乡建设部. 中国城乡建设统计年鉴[M]. 北京：中国计划出版社，2007—2016.

邹戈. 宜春市餐饮垃圾综合处理项目可行性相关问题研究[D]. 南昌：南昌大学，2013.

Braguglia C M，Gallipoli A，Gianico A，*et al*. Anaerobic bioconversion of food waste into energy：a critical review[J]. Bioresource Technology，2017，248 (Pt A)：37-56.

Comptroller and Auditor General. The 2001 outbreak of foot and mouth disease[R]. London，UK：UK House of Commons report，2002.

Fang Y R，Li S B，Zhang Y X，*et al*. Spatio-temporal distribution of sewage sludge，its methane production potential, and a greenhouse gas emissions analysis[J]. Journal of Cleaner Production, 2019, 238: 1-11.

Kalogo Y, Monteith H. State of science report: energy and resource recovery from sludge[M]. Global Water Research Coalition. 2008:13-25 (2-45023).

Kelessidis A, Stasinakis A S. Comparative study of the methods used for treatment and final disposal of sewage sludge in European countries[J]. Waste Management, 2012,32:1186-1195.

Lam C M, Lee P H, Hsu S C. Eco-efficiency analysis of sludge treatment scenarios in urban cities: the case of Hong Kong[J]. Journal of Cleaner Production, 2016, 112: 3028-3039.

Liu B, Wei Q, Zhang B, *et al*. Life cycle GHG emissions of sewage sludge treatment and disposal options in Tai Lake Watershed China[J]. Science of the Total Environment, 2013, 447: 361-369.

Niu D J, Huang H, Dai X H, *et al*. Greenhouse gases emissions accounting for typical sewage sludge digestion with energy utilization and residue land application in China[J]. Waste Management, 2013, 33(1): 123-128.

Wen Z, Wang Y, De Clercq D. Performance evaluation model of a pilot food waste collection system in Suzhou City, China[J]. Journal of Environmental Management, 2015, 154: 201-207.

Xu C, Chen W, Hong J. Life-cycle environmental and economic assessment of sewage sludge treatment in China[J]. Journal of Cleaner Production, 2014, 67(6): 79-87.

Xu C, Shi W, Hong J, *et al*. Life cycle assessment of food waste-based biogas generation[J]. Renewable and Sustainable Energy Reviews, 2015, 49: 169-177.

Yang Y, Fu T, Bao W. Life Cycle analysis of greenhouse gas and PM2.5 emissions from restaurant waste oil used for biodiesel production in China[J]. Bioenergy Research, 2017, 10: 199-207.

Yang Y, Bao W, Xie G H. Estimate of restaurant food waste and its biogas production potential in China[J]. Journal of Cleaner Production, 2019, 211: 309-320.

Yang G, Zhang G, Wang H. Current state of sludge production, management, treatment and disposal in China. Water Research, 2015, 78, 60-73.

Zhang Q H, Yang W N, Ngo H H, *et al*. Current status of urban wastewater treatment plants in China [J]. Environment International, 2016, 92-93: 11-22.

附录一

作者团队在项目实施期间发表的论文在本书中录用说明

论文信息	录用章节
谢光辉，方艳茹，李嵩博，等. 废弃生物质的定义、分类及资源量研究述评[J]. 中国农业大学学报，2019，24(8)：1-9.	第一章：一(一)
张祎旋，傅童成，周方圆，等. 中国废弃生物质能源化利用经济效益评价[J]. 电力与能源进展，2020，8(2)：38-47.	第五章
陈超玲，杨阳，谢光辉. 我国秸秆资源管理政策发展研究[J]. 中国农业大学学报，2016，21(8)：1-11.	第十二章：二
陈超玲，杨阳，胡林，等. 中国各省份秸秆资源管理政策发展述评[J]. 中国农业大学学报，2017，22(11)：1-16.	第十二章：三
谢光辉，傅童成，马履一，等. 林业剩余物的定义和分类述评[J]. 中国农业大学学报，2018，23(7)：141-149.	第十三章：一
傅童成，包维卿，谢光辉. 林业剩余物资源量评估方法[J]. 生物工程学报，2018，34(9)：1500-1509.	第十三章：二
傅童成，王红彦，谢光辉. 林业剩余物资源量评估所用系数的定义和取值[J]. 生物工程学报，2018，34(10)：1693-1705.	第十三章：三、四
谢光辉，包维卿，刘继军，等. 中国畜禽粪便资源研究现状述评[J]. 中国农业大学学报，2018，23(4)：75-87.	第十七章：一、二
包维卿，刘继军，安捷，等. 中国畜禽粪便资源量评估的排泄系数取值[J]. 中国农业大学学报，2018，23(5)：1-14.	第十七章：二
包维卿，刘继军，安捷，等. 中国畜禽粪便资源量评估相关参数取值商榷[J]. 农业工程学报，2018，34(24)：314-322.	第十七章：二
Bao W，Yang Y，Fu T，*et al*. Estimation of livestock excrement and its biogas production potential in China[J]. Journal of Cleaner Production，2019，229：1158-1166.	第十八章
何思洋，李蒙，傅童成，等. 中国畜禽粪便管理政策现状和前景述评[J]. 中国农业大学学报，2019，25(5)：13-28.	第二十章：二、三、四

续附表

论文信息	录用章节
Yang Y，Bao W，Xie GH. Estimate of restaurant food waste and its biogas production potentialin China[J]. Journal of Cleaner Production，2019，211：309-320. DOI：10. 1016/j. jclepro. 2018. 11. 160.	第二十一章 第二十二章
Yang Y，Fu T，Bao W，*et al*. Life-cycle analysis of greenhouse gas and PM2. 5 emissions from restaurant waste oil used for biodiesel production in China[J]. BioEnergy Research，2017，10：199-207.	第二十一章 第二十三章
Fang Y R，Li S B，Zhang Y X，*et al*. Spatio-temporal distribution of sewage sludge，its methane production potential，and a greenhouse gas emissions analysis[J]. Journal of Cleaner Production，2019，238：1-11.	第二十二章 第二十三章
周方圆，唐朝臣，许依，等. 中国餐厨垃圾管理政策发展述评[J]. 低碳经济，2019，9(2)：121-130.	第二十四章：一、二

附录二

作者团队近年发表的废弃生物质研究论文清单

综合类

(1) 谢光辉. 2012. 非粮生物质原料体系研发进展及方向. 中国农业大学学报，17(6)：1-19

(2) 谢光辉. 2013. 论中国非粮生物质原料的非粮属性. 中国农业大学学报，18(6)：1-5. DOI：10.11841/j.issn.1007-4333.2013.06.01

(3)谢光辉，方艳茹，包维卿，等. 2019. 废弃生物质的定义、分类及资源量研究述评. 中国农业大学学报，24(8)：1-9. DOI：10.11841/j.issn.1007-4333.0801

(4) 张祎旋，傅童成，周方圆，等. 2020. 中国废弃生物质能源化利用经济效益评价. 电力与能源进展，8(2)，38-47. DOI：10.12677/aepe.2020.82005

秸秆资源类

(5)谢光辉，王晓玉，任兰天. 2010. 中国作物秸秆资源评估研究现状. 生物工程学报，26(7)：855-863（2014 年度 F5000 论文，证书号 F003201007002）

(6)谢光辉，韩东倩，王晓玉，等. 2011. 中国禾谷类大田作物收获指数和秸秆系数. 中国农业大学学报，16(1)：1-8

(7)谢光辉，王晓玉，韩东倩，等. 2011. 中国非禾谷类大田作物收获指数和秸秆系数. 中国农业大学学报，16(1)：9-17

(8)崔胜先，谢光辉，董仁杰. 2011. 灰色系统理论在黑龙江省农作物秸秆可收集量预测中的应用. 东北农业大学学报，42(8)：123-130

(9)陶光灿，谢光辉，Håkan Örberg，熊韶峻. 2011. 广西木薯茎秆资源的能源利用. 中国工程科学，13(2)：107-112

(10)王晓玉，薛帅，谢光辉. 2012. 大田作物秸秆量评估中秸秆系数取值研究. 中国农业大学学报，17(1)：1-8

(11)韦茂贵，王晓玉，谢光辉. 2012. 我国不同地区主要大田作物田间秸秆成熟期. 中国农业大学学报，17(6)：20-31

(12)韦茂贵，王晓玉，谢光辉. 2012. 中国各省大田作物秸秆资源量及其时间分布. 中国农业大学学报，17(6)：32-44(2017 年被评为“第一届中国科协优秀科技论文遴选计划农林集群三等奖”)

(13)郭利磊，王晓玉，陶光灿，谢光辉. 2012. 中国各省大田作物加工副产物资源量评估. 中国农业大学学报，17(16)：45-55

(14)Wang X，Yang L，Steinberger Y，Liu Z，Liao S，Xie G. 2013. Field crop residue estimate and availability for biofuel production in China. Renewable and Sustainable Energy Reviews，27：864-875. DOI：10.1016/j.rser.2013.07.005

(15)Zhu W，Lestander T，Örberg H，Wei M，Hedman B，Ren J，Xie G，Xiong S. 2013. Cassava stems：a new resource to increase food and fuel production. GCB Bioenergy，7(1)：72-83. DOI：10.1111/gcbb.12112

(16) Wei M，Zhu W，Xie G，Lestander T A，Wang J，Xiong S. 2014. Ash composition in cassava stems originating from different locations，varieties，and harvest times. Energy & Fuels，28，5086-5094. DOI：10.1021/ef5009693

(17) Wang J S，Steinberger Y，Wang X Y，Hu L，Chen X，Xie G H. 2014. Variations of chemical composition in corn stover used for biorefining. Journal of Biobased Materials and Bioenergy，8(6)：633-640. DOI：10.1166/jbmb.2014，1474

(18)Yang L，Wang X Y，Han L P，Spiertz J H J，Liao S H，Wei M G and Xie G H. 2015. A quantitative assessment of crop residue feedstocks for biofuel in North and Northeast China. GCB Bioenergy，7(1)，100-111. DOI：10.1111/gcbb.12109

(19) Han LP，Wang X Y，Spiertz J H J，Yang L，Zhou Y，Liu J T，Xie G H. 2015. Spatio-temporal availability of field crop residues for biofuel production in northwest and southwest China. BioEnergy Research，8：402-414. DOI 10.1007/s12155-014-9522-9

(20) Wei M，Zhu W，Xie G，Lestander T A，and Xiong S. 2015. Cassava stem wastes as potential feedstock for fuel ethanol production：a basic parameter study. Renewable Energy，83：970-978. DOI：10.1016/j.renene.2015.05.054

(21) Wei M，Torbjörn P，Lestander T A，Xie G，Xiong S. 2015. Multivariate modelling on biomass properties of cassava stems based on an experimental design. Analytical and Bioanalytical Chemistry，407(18)：5443-5452. DOI：10.1007/s00216-015-8706-2

(22) Fang Y R, Wu Y, Xie G H. 2019. Crop residue utilizations and potential for bioethanol production in China. Renewable & Sustainable Energy Reviews. DOI: 10.1016/j.rser.2019.109288

秸秆性质类

(23)刘吉利，程序，谢光辉，熊韶峻，朱万斌. 2009. 收获时间对玉米秸秆产量与燃料品质的影响. 中国农业科学，42(6)：2229-2236

(24)Li M, Wang J, Yang Y, Xie GH. 2016. Alkali-based pretreatments distinctively extract lignin and pectin for enhancing biomass saccharification by altering cellulose features in sugar-rich Jerusalem artichoke stem. Bioresource Technology, 208: 31-41. DOI: 10.1016/j. Biortech 2016.02.053

(25)Li M, Wang J, Du F, Diallo B, Xie G H. 2018. High-throughput analysis of chemical components and theoretical ethanol yield of dedicated bioenergy sorghum using dual-optimized partial least squares calibration models. Biotechnology for Biofuels, 10(1): 206. DOI: 10.1186/ s13068-017-0892-z

(26)Wei M, Andersson R, Xie G, Salehi S, Boström D, Xiong S. 2018. Properties of cassava stem starch being a new starch resource. Starch, 70 (5-6). DOI: 10.1002/star.201700125

(27)Li M, He S, Wang J, Liu Z, Xie G H. 2018. A NIRS-based assay of chemical composition and biomass digestibility for rapid selection of ideal biomass feedstock from Jerusalem artichoke collection clones. Biotechnology for Biofuels, 11:334. DOI: 10.1186/s13068-018-1335-1

(28)Diallo B, Li M, Tang C, Ameen A, Zhang W, Xie G H. 2019. Biomass yield, chemical composition and theoretical ethanol yield for different genotypes of energy sorghum cultivated on marginal land in China. Industrial Crops and Products, 137 (2019) : 221-230. DOI: 10.1016 /j.indcrop.2019.05.030

秸秆收储运类

(29)王学品，王林风，王晓玉，谢光辉. 2013. 河南省大田作物秸秆乙醇原料保障供给模式. 山东化工，42：163-166. DOI:10.19319/j.cnki.issn.1008-021x.2013.08.059

(30)方艳茹，廖树华，王林风，任兰天，谢光辉. 2014. 小麦秸秆收储运模型的建立及成本分析研究. 中国农业大学学报，19(2)：28-35. DOI: 10.11841/j.issn.1007-4333.2014.02.05

(31)Ren L，Cafferty K，Roni M，Jacobson J，Xie G，Ovard L，Wright C. 2015. Analyzing and comparing biomass feedstock supply systems in China：corn stover and sweet sorghum case studies. Energies，8：5577-5597. DOI：10.3390/en8065577

畜禽粪便资源类

(32)谢光辉，包维卿，刘继军，安捷. 2018. 中国畜禽粪便资源研究现状述评. 中国农业大学学报，23(4)：75-87. DOI：10.11841/j.issn.1007-4333.2018.04.10

(33)包维卿，刘继军，安捷，谢光辉. 2018. 中国畜禽粪便资源量评估的排泄系数取值. 中国农业大学学报，23(5)：1-14. DOI：10.11841/j.issn.1007-4333.2018.05.01

(34)包维卿，刘继军，安捷，谢光辉. 2018. 中国畜禽粪便资源量评估相关参数取值商榷. 农业工程学报，34(24)：314-322. DOI：10.11975/j.issn.1002-6819.2018.24.038（EI 收录）

(35)Bao W，Yang Y，Fu T，Xie G H. 2019. Estimation of livestock excrement and its biogas production potential in China. Journal of Cleaner Production，229：1158-1166. DOI：10.1016/j. jclepro.2019.05.059

林业剩余物资源类

(36)谢光辉，傅童成，马履一，李辉，包维卿，李莎. 2018. 林业剩余物的定义和分类述评. 中国农业大学学报，23(7)：141-149. DOI：10.11841/j.issn.1007-4333.2018.07.16

(37)傅童成，包维卿，谢光辉. 2018. 林业剩余物资源量评估方法. 生物工程学报，34(9)：1500-1509. DOI：10.13345/j.cjb.170464

(38)傅童成，王红彦，谢光辉. 2018. 林业剩余物资源量评估所用系数的定义和取值. 生物工程学报，34(10)：1693-1705. DOI：10.13345/j.cjb.170510（EI 收录）

(39)Fu T C，Xie G H. 2020. Estimation of forestry residue and its availability for bioenergy production in China. Resources，Conservation & Recycling. DOI：10.1016/j.resconrec. 2020.104993

废弃油脂和污水污泥资源类

(40)Yang Y，Bao W，Xie G H. 2019. Estimate of restaurant food waste and its biogas production potentialin China. Journal of Cleaner Production，211：309-320. DOI：10.1016/j.jclepro.2018.11.160

(41) Fang Y R，Li S B，Zhang Y X，Xie G H. 2019. Spatio-temporal distribution of sewage sludge，its methane production potential，and a greenhouse gas emissions analysis. Jour-

nal of Cleaner Production，238：1-11. DOI：10.1016/j. jclepro.2019.117895

能源化利用环境效益类

(42)王艺鹏，杨晓琳，谢光辉，程娅丽.2017. 1995—2014年中国农作物秸秆沼气化碳足迹分析.中国农业大学学报，22(5)：1-14. DOI：10.11841/j.issn.1007-4333.2017.05.01

(43)Yang Y，Fu T，Bao W，Xie G H. 2017. Life-cycle analysis of greenhouse gas and PM2.5 emissions from restaurant waste oil used for biodiesel production in China. BioEnergy Research，10 (1)：199-207. DOI：10.1007/s12155-016-9792-5

(44)Ding N，Yang Y，Cai H，Liu J，Ren L，Yang J，Xie GH. 2017. Life cycle assessment of fuel ethanol produced fromsoluble sugar in sweet sorghum stalks in North China. Journal of Cleaner Production，161：335-344. DOI：10.1016/j.jclepro.2017.05.078

(45)Yang Y，Ni J Q，Zhu W，Xie G. 2019. Life cycle assessment of large-scale compressed bio-natural gas production in China：A case study on manure co-digestion with corn stover. Energies，12(3)：429-443. DOI：10.3390/en12030429

(46)Yang Y，Ni J Q，Bao W，Zhao L，Xie G H. 2019. Potential reductions in greenhouse gas and fine particulate matter emissions using corn stover for ethanol production in China. Energies，12(19)：3700-3713. DOI：10.3390/en12193700

(47)Yang Y，Ni J Q，Zhou S，Xie G H. 2020. Comparison of energy performance and environmental impacts of three corn stover-based bioenergy pathways. Journal of Cleaner Production，10.1016/j.jclepro.2020.122631

管理政策类

(48)陈超玲，杨阳，谢光辉. 2016. 我国秸秆资源管理政策发展研究. 中国农业大学学报，21(8)：1-11. DOI：10.11841/j.issn.1007-4333.2016.08.01

(49)陈超玲，杨阳，胡林，谢光辉. 2017. 中国各省市区秸秆资源管理政策发展述评. 中国农业大学学报，22 (11)：1-16. DOI：10.11841/j.issn.1007-4333.2017.11.01

(50)何思洋，李蒙，傅童成，包维卿，刘梦莹，谢光辉. 2020. 中国畜禽粪便管理政策现状和前景述评. 中国农业大学学报，25(5)：22-37. DOI：10.11841/j.issn.1007-4333.2020.05.03

(51)周方圆，唐朝臣，许依，周圣坤，谢光辉. 2020. 中国餐厨垃圾管理政策发展述评. 低碳经济，9(2)：121-130. DOI：10.12677/JLCE.2020.92013

附录三

作者团队近年发表的能源作物研究论文清单

综合类

（1）谢光辉，郭兴强，王鑫，丁荣娥，胡林，程序．2007．能源作物资源现状与发展前景．资源科学，29(5)：74-80（2012 年度 F5000 论文，证书号 Z022200705012）

（2）谢光辉．2011．能源植物分类及转化利用．中国农业大学学报，16(2)：1-7

能源高粱生理类

（3）郭兴强，于永静，谢光辉，王鑫，艾买尔江，杨少周．2009．调环酸钙-青鲜素复配剂对甜高粱株高和倒伏的影响．中国农业大学学报，14(1)：73-76

（4）郭兴强，于永静，吕润海，段留生，谢光辉，丁俊兴．2009．调环酸钙-青鲜素复配剂对甜高粱节间生长的调控效应．中国农业大学学报，14(5)：29-34

（5）王秀玲，程序，谢光辉，李桂英，赵伟华．2011．NaCl 胁迫对甜高粱萌发及过氧化物同工酶的影响．中国农业大学学报，16(1)：18-23

（6）樊帆，韩立朴，刘祖昕，王继师，谢光辉．2013．氮素对干旱地区甜高粱碳水化合物和理论乙醇产量的影响研究．中国农业大学学报，18(4)：28-36．DOI：10.11841/j.issn.1007- 4333.2013.04.05

（7）王旺田，谢光辉，刘文瑜，王宝强，郑凯翔，魏晋梅．2019.外源 NO 对盐胁迫下甜高粱种子萌发和幼苗生长的影响．核农学报，2019：33(2)：363-371

（8）Zhao Y L，Dolat A，Steinberger Y，Wang X，Osman A，Xie G H．2009．Biomass yield and changes in chemical composition of sweet sorghum cultivars grown for biofuel．Field Crops Research，111(1-2)：55-64

（9）Han L P，Steinberger Y，Zhao Y L，Xie G H．2011．Accumulation and partitioning of nitrogen, phosphorus, and potassium in different varieties of sweet sorghum. Field Crops Reseach, 120: 230-240. DOI: 10.1016/j.fcr.2010.10.007

(10) Han L P, Guo X Q, Yu Y, Duan L, Rao M S, Xie G H. 2011. Effects of prohexadione-calcium, maleic hydrazide and glyphosine on lodging rate and sugar content of sweet sorghum. Research on Crops, 12(1): 230-238

(11) Xue S, Han D Q, Yu Y J, Steinberger Y, Han L P, Xie G H. 2012. Dynamics in elongation and dry weight of internodes in sweet sorghum plants. Field Crops Research, 126(1): 37-44

(12) Zhao Y L, Steinberger Y, Shi M, Han L P, Xie G H. 2012. Changes in stem composition and harvested produce of sweet sorghum during the period from maturity to a sequence of delayed harvest dates. Biomass and Bioenergy, 39: 261-273

(13) Han L P, Wang X L, Guo X Q, Rao M S., Steinberger Y, Cheng X, Xie G H. 2011. Effects of plant growth regulators on growth, yield and lodging of sweet sorghum. Research on Crops. 12(2): 372-382

(14) Fan F, Spiertz J H J, Han L P, Liu Z X, Xie G H. 2013. Sweet sorghum performance under irrigated conditions in Northwest China: Biomass and its partitioning in inbred and hybrid cultivars at two nitrogen levels. Research on Crops, 14(2): 459-470

能源高粱育种类

(15) 韩东倩，韩立朴，薛帅，尤明山，谢光辉. 2012. 基于能源利用的高粱配合力和杂种优势分析. 中国农业大学学报，17(1)：26-32

(16) 王继师，刘祖昕，樊帆，韩立朴，谢光辉. 2012. 24 个甜高粱品种主要农艺性状与品质性状遗传多样性分析. 中国农业大学学报，17(6)：83-91

(17) 王继师，樊帆，韩立朴，胡亮，谢光辉. 2013. 不同类型高粱主要农艺性状与品质性状差异分析. 中国农业大学学报，18(3)：45-54

(18) 金宝森，张伟，谢光辉. 2015. 能源高粱在盐碱地上的品种筛选. 中国农业大学学报，20(2)：27-34. DOI：10.11841/j.issn.1007-4333.2015.02.04

(19) 许依，何思洋，周方圆，唐朝臣，孙磊，谢光辉. 2020. 62 份美国高粱不育系种质能源相关产量和品质性状评价. 中国农业大学学报，25(5)：1-11. DOI：10.11841/j.issn.1007-4333.06.01

(20) Wang J S, Wang M L, Spiertz J H J, Liu Z, Han L, Xie G H. 2013. Genetic variation in yield and chemical composition of a wide range of sorghum accessions grown in Northwest China. Research on Crops, 14(1): 95-105

（21）He S Y，Tang C，Wang M L，Li S，Diallo B，Xu Y，Zhou F，Sun L，Shi W J，Xie G H. 2020. Combining ability of cytoplasmic male sterile on yield and agronomic traits of sorghum for grain and biomass dual-purpose use. Industrial Crops and Products. 157：112894. DOI：10.1016/j.indcrop.2020.112894

能源高粱栽培类

（22）于永静，郭兴强，谢光辉，杨树军，牛灵安，吕润海. 2009. 不同行株距种植对甜高粱生物量和茎秆汁液锤度的影响. 中国农业大学学报，14(5)：35-39

（23）韩立朴，马凤桥，谢光辉，刘金铜. 2012. 甜高粱生产要素特征、成本及能源效率分析. 中国农业大学学报，17(16)：56-69

（24）Ren L T，Liu Z X，Wei T Y，Xie GH. 2012. Evaluation of energy input and output of sweet sorghum grown as a bioenergy crop on coastal saline-alkali land. Energy，47：166-173. DOI：10.1016/j.energy.2012.09.024

（25）Liu H H，Ren L T，Spiertz H，Zhu Y B，Xie G H. 2015. An economic analysis of sweet sorhum cultivation for ethanol production in North China. GCB bioenergy，7(5)：1176-1184. DOI：10.1111/gcbb.12222

（26）Ameen A，Yang X，Chen F，Tang C，Du F，Fahad S，Xie G H. 2017. Biomass yield and nutrient uptake of energy sorghum in response to nitrogen fertilizer rate on marginal land in a semi-arid region. BioEnergy Research，10：363-376. DOI：10.1007/s12155-016-9804-5

（27）Chen F，Ameen A，Tang C，Du F，Yang X，Xie G H. 2017. Effects of nitrogen fertilization on soil nitrogen for energy sorghum on marginal land in China. Agronomy Journal，109(2)：636-645. DOI：10.2134/agronj2016.06.0340

（28）Tang C，Yang X，Chen X，Ameen A，Xie G. 2018. Sorghum biomass and quality and soil nitrogen balance response to nitrogen rate on semiarid marginal land. Field Crops Research，215：12-22. DOI：10.1016/j.fcr.2017.09.031

（29）Tang C，Sun C，Du F，Chen F，Ameen A，Fu T，Xie G H. 2018. Effect of plant density on sweet and biomass sorghum production on semiarid marginal land. Sugar Tech，20(3)，312-322. DOI：10.1007/s12355-017-0553-3

（30）Yang X，Li M，Liu H，Ren L，Xie G. 2018. Technical feasibility and comprehensive sustainability assessment of sweet sorghum for bioethanol production in China. Sustainability，10(3)：731. DOI：10.3390/su10030731

（31）Tang C，Li S，Li M，Xie G H. 2018. Bioethanol potential of energy sorghum grown on marginal and arable lands. Frontiers in Plant Science, 9: 440. DOI: 10.3389/fpls.2018.00440

(32) Tang C, Yang X, Xie G H. 2018. Establishing sustainable sweet sorghum-based cropping systems for forage and bioenergy feedstock in North China Plain. Field Crops Research, 227: 144-154. DOI: 10.1016/j.fcr.2018.08.011

柳枝稷等多年生根茎类

(33) 谢光辉，卓岳，赵亚丽，郭兴强，熊韶峻. 2008. 欧美根茎能源植物研究现状及其在我国北方的资源潜力. 中国农业大学学报，13(6)：11-18

(34) 刘吉利，朱万斌，谢光辉，林长松，程序. 2009. 能源作物柳枝稷研究进展. 草业学报，18(3)：232-240

(35) 黄楠，谢光辉. 2009. 能源作物柳枝稷栽培技术. 现代农业科技(17)：43,51

(36) 王秀玲，程序，谢光辉，李桂英. 2010. NaCl 胁迫对甜高粱发芽期生理生化特性的影响. 生态环境学报，19(10)：2285-2290

(37) 张蕴薇，李洪超，杨富裕，谢光辉. 2012. 我国能源草耐盐性研究进展. 中国农业大学学报，17(6)：159-164

(38) Zhuo Y, Zhang Y, Xie G, Xiong S. 2015. Effects of salt stress on biomass and ash composition of switchgrass(*Panicum virgatum*). Acta Agriculturae Scandinavica, Section B Soil & Plant Science, 65(4): 300-309. DOI: 10.1080/09064710.2015.1006670

(39) Molatudi R L, Steinberger Y, Meng F Y, Xie G H. 2016. Effects of switchgrass plantation on soil acidity, organic carbon and total nitrogen in a semiarid region. Journal of Soil and Water Conservation, 71(4):335-342. DOI: 10.2489/jswc.71.4.335

(40) Ameen A, Tang C, Han L, Xie G H. 2018. Short-term response of switchgrass to nitrogen, phosphorus, and potassium on semiarid sandy wasteland managed for biofuel feedstock. BioEnergy Research, 11(1): 228-238. DOI: 10.1007_s12155-018-9894-3

(41) Ameen A, Han L, Xie G H. 2019. Dynamics of soil moisture, pH, organic carbon, and nitrogen under switchgrass cropping in a semiarid sandy wasteland. Communications in Soil Science and Plant Analysis, 50(7): 922-933. DOI: 10.1080/00103624.2019.1594883

(42) Ameen A, Tang C, Liu J, Han L, Xie G H. 2019. Switchgrass as forage and biofuel feedstock: effect of nitrogen fertilization rate on the quality of biomass harvested in late summer and early fall. Field Crops Research, 235: 154-162. DOI: 10.1016/j.fcr.2019.03.009

(43) Ameen A, Liu J, Han L, Xie G H. 2019. Effects of nitrogen rate and harvest time on biomass yield and nutrient cycling of switchgrass and soil nitrogen balance in a semiarid sandy wasteland. Industrial Crops and Products, 136(2019): 1-10. DOI: 10.1016/j.indcrop.2019.04.066

(44) Tang C C, Lipu Han, Xie G H. 2020. Response of switchgrass grown for forage and bioethanol to nitrogen, phosphorus, and potassium on semiarid marginal land. Agronomy 10(8): 1147; doi:10.3390/agronomy10081147

菊芋类

(45) 刘祖昕，谢光辉. 2012. 菊芋作为能源植物的研究进展. 中国农业大学学报，17(6)：122-132

(46) Liu Z X, Han L P, Steinbergerc Y, Xie G H. 2011. Genetic variation and yield performance of Jerusalem Artichoke germplasm collected in China. Agricultural Sciences in China. 10(5): 668-678

(47) Liu Z X, Spiertz J H J, Sha J, Xue S, Xie G H. 2012. Growth and yield performance of Jerusalem Artichoke clones in a semi-arid region of China. Agronomy Journal, 104(6): 1538-1546

(48) Liu Z X, Steinberger Y, Wan J S, Xie G H. 2015. Chemical composition and potential ethanol yield of Jerusalem Artichoke in a semi-arid region of China. Italian Journal of Agronomy, 10(1): 34-43

(49) Fu T, Liu Z, Yang Y, Xie G H. 2018. Accumulation and concentration of nitrogen, phosphorus and potassium in Jerusalem Artichoke in a semi-arid region. Italian Journal of Agronomy, 13(3): 185-193. DOI: 10.4081/ija.2018.906

(50) Fang Y R, Liu J A, Steinberger Y, Xie G H. 2018. Energy use efficiency and economic feasibility of Jerusalem artichoke production on arid and coastal saline lands. Industrial Crops and Products, 117: 131-139. DOI: 10.1016/j.indcrop.2018.02.085

非粮柴油植物类

(51) 薛帅，王继师，赵伟华，梁振兴，刘全儒，徐兴友，谢光辉. 2012. 陕西省非粮柴油植物资源的调查与筛选. 中国农业大学学报，17(6)：215-224

(52) 薛帅，秦烁，王继师，梁振兴，谢光辉. 2012. 灰色系统理论在非粮柴油植物评价与筛选中的应用. 中国农业大学学报，17(6)：225-230

(53) 谢光辉，秦烁，薛帅，梁振兴. 2012. 亚麻荠作为生物柴油原料的研究现状与前景分

析. 中国农业大学学报，17(6)：239-246

(54) 秦烁，薛帅，梁振兴，李桂英，谢光辉. 2013. 基于灰色系统的陕西与甘肃非粮柴油植物资源评价与筛选. 中国农业大学学报，18(6)：6-17. DOI：10.11841/j.issn.1007-4333.2013.06.02

(55) Xue S，Steinberger Y，Wang J S，Li G Y，Xu X Y，Xie G H. 2013. Biodiesel potential of nonfood plant resources from Tsinling and Zhongtiao Mountains of China. BioEnergy Research，6(3)：1104-1117. DOI：10.1007/s12155-013-9346-z

(56) Qin S，Xue S，Steinberger Y，Li G Y，Xie G H. 2015. Evaluation and screening of potential non-food biodiesel plants from native wild species of northwestern China. Journal of Biobased Materials and Bioenergy，9(5)：528-536. DOI：10.1166/jbmb.2015.1548

能源作物用地类

(57) 谢光辉，段增强，张宝贵，佟东生，王林风. 2014. 中国适宜用于非粮能源植物生产的土地概念、分类和发展战略. 中国农业大学学报，19(2)：1-8. DOI：10.11841/j.issn.1007-4333. 2014.02.01

(58) 张宝贵，谢光辉. 2014. 干旱半干旱地区边际地种植能源植物的资源环境问题探讨. 中国农业大学学报，19(2)：9-13. DOI：10.11841/j.issn.1007-4333.2014.02.02

(59) 谢光辉，刘奇颀，段增强，张宝贵. 2015. 中国宜能非粮地资源评价研究进展. 中国农业大学学报，20(2)：1-10. DOI：10.11841/j.issn.1007-4333. 2015.02.01

(60) 刘奇颀，孙川东，张宝贵，谢光辉. 2015. 中国宜能非粮地资源研究方法与适宜性评价指标. 中国农业大学学报，20(2)：11-20. DOI：10.11841/j.issn.1007-4333.2015.02.02

附录四

作者团队近年主持或参与起草的生物质能源和废弃生物质行业标准清单

（1）能源行业标准:宜能非粮地术语(NB/T 34028—2015). 2016. 北京:中国农业出版社

（2）能源行业标准:非粮生物质原料名词术语（NB/T 34029—2015). 2016. 北京:中国农业出版社

（3）能源行业标准:农作物秸秆物理特性技术通则(NB/T 34039—2015). 2016. 北京:中国农业出版

（4）能源行业标准:废弃油脂分类标准(NB/T 34058—2017). 2017. 北京:中国农业出版社

（5）能源行业标准:木质纤维素类生物质原料化学成分的测定 第 1 部分:标准样品的制备(NB/T 34057.1—2017). 2017. 北京:中国农业出版社

（6）能源行业标准:木质纤维素类生物质原料化学成分的测定 第 2 部分:标准样品的纯化(NB/T 34057.2—2017). 2017. 北京:中国农业出版社

（7）能源行业标准:木质纤维素类生物质原料化学成分的测定 第 3 部分:水分的测定（NB/T 34057.3—2017). 2017. 北京:中国农业出版社

（8）能源行业标准:木质纤维素类生物质原料化学成分的测定第 5 部分:纤维素、半纤维素、果胶和木质素的测定（NB/T 34057.5—2017). 2018. 北京:中国农业出版社

（9）能源行业标准:木质纤维素类生物质原料化学成分的测定第 6 部分:灰分的测定（NB/T 34057.6—2017). 2017. 北京:中国农业出版社

（10）能源行业标准:非粮能源作物边际土地调查与评价技术规范（NB/T 34054—2017). 2017. 北京:中国农业出版社

（11）能源行业标准:滨海盐碱区宜能非粮地划分检验标准（NB/T 34053—2017). 2017. 北京:中国农业出版社

附录五

本研究项目应用的调研问卷

一、非粮生物质原料基本情况调研问卷 A(调研对象:加工企业人员)
二、非粮生物质原料基本情况调研问卷 B(调研对象:中间商)
三、非粮生物质原料基本情况调研问卷 C(调研对象:绿化和生态部门人员)
四、秸秆利用情况调研问卷(调研对象:农户)
五、秸秆收储运及利用调查问卷(调研对象:农户)
六、秸秆收储运基本信息调查问卷(调研对象:秸秆收储运人员)
七、秸秆收获调查问卷(调研对象:秸秆收储运人员)
八、秸秆储藏调查问卷(调研对象:秸秆收储运人员)
九、林场剩余物调研问卷(调研对象:林场管理人员)
十、经济林和苗圃剩余物产出情况调研问卷(调研对象:经济林生产人员)
十一、畜禽粪便资源量及利用方式问卷(调研对象:畜禽养殖人员)
十二、餐饮垃圾和废弃油脂利用基本情况调研问卷 A(调研对象:居民)
十三、餐饮垃圾和废弃油脂利用基本情况调研问卷 B(调研对象:餐饮单位人员)
十四、餐饮垃圾和废弃油脂利用基本情况调研问卷 C(调研对象:收储运人员)
十五、餐饮垃圾和废弃油脂利用基本情况调研问卷 D(调研对象:养殖场人员)
十六、餐饮垃圾和废弃油脂利用基本情况调研问卷 E(调研对象:屠宰加厂人员)

一、非粮生物质原料基本情况调研问卷 A

（调研对象：加工企业人员）

调查员姓名：＿＿＿＿＿　　　　调研日期：20＿＿年＿＿月＿＿日

调研地点：＿＿＿＿省（市、区）＿＿＿＿＿＿市（州）＿＿＿＿＿县（区、旗）＿＿＿＿＿乡（镇）

受访人工作单位：＿＿＿＿＿＿＿＿＿＿＿＿＿＿＿＿＿＿＿＿＿＿＿＿＿＿

受访者姓名：＿＿＿＿＿　部门：＿＿＿＿　职务：＿＿＿＿　电话：＿＿＿＿＿＿

1　企业概况

1.1　企业名称：＿＿＿＿＿＿＿＿＿＿＿＿＿＿＿＿＿＿＿＿＿

企业性质（多选）：□国有　□集体所有制　□私营　□合资　□独资　□外资　□股份制　□有限责任　□其他（请注明）＿＿＿＿＿＿＿＿＿＿

1.2　企业成立于＿＿＿＿年，现有正式员工＿＿＿人，每年雇用临时工人（人月）＿＿＿至＿＿＿＿之间；企业年产值为＿＿＿＿万元（人民币）。

1.3　企业目前效益如何：□非常好　□好　□一般　□不盈利

影响企业效益的主要因素有：

□企业管理　□资金状况　□原料市场　□产品市场　□政策环境　□其他＿＿＿＿

1.4　企业的发展前景如何：□非常好　□好　□一般　□差

影响企业发展前景的主要因素有：

□企业管理　□资金状况　□原料市场　□产品市场　□政策环境　□其他＿＿＿＿

1.5　当地政府是否有支持企业发展的政策与措施?：□是　□否

如果是，得到何种鼓励和支持措施：□财政补贴　□贷款优惠　□税收优惠　□其他＿＿＿

各种措施的补贴或者优惠额度为：＿＿＿＿＿＿＿＿＿＿＿＿＿＿＿＿＿＿＿＿＿＿＿

这些措施实施的依据是：（文件名）＿＿＿＿＿＿＿＿＿＿＿＿＿＿＿＿＿＿＿＿＿＿＿

＿＿

1.6　企业获得土地是否得到政府支持：□是　□否；

如果是，有何依据（文件名）＿＿＿＿＿＿＿＿＿＿＿＿＿＿＿＿＿＿＿＿＿＿＿＿＿＿＿

如果不是，获得土地的途径是＿＿＿＿＿＿＿＿＿＿＿＿＿＿＿＿＿＿＿＿＿＿＿＿＿＿

当地土地管理部门对企业土地利用是否存在限制：□是　□否；

如果是，具体为（文件名）＿＿＿＿＿＿＿＿＿＿＿＿＿＿＿＿＿＿＿＿＿＿＿＿＿＿＿＿

2　原料

企业原料主要是：□秸秆：＿＿＿　□能源植物：＿＿＿　□林业废弃物：＿＿＿　□其他：＿＿＿

多种原料同时使用时，原料种类和比例为：________________

2.1　秸秆

2.1.1　本企业原料所需秸秆的种类是：________

A. 水稻秸秆　B. 小麦秸秆　C. 玉米秸秆　D. 花生秸秆

E. 棉花秸秆　F. 大豆秸秆　G. 油菜秸秆　H. 甘薯藤蔓

I. 土豆秸秆　J. 甘蔗梢、叶　K. 香蕉秆、叶　L. 其他____

所用秸秆名称					
用量/(万 t/年)					

2.1.1.1　所需秸秆的收集途径、成本及所占比例为：

收集途径	向中间商购买	向农户购买	企业多级收购	其他（请注明）
收购量/(t/年)				
收购价格/(元/t)				
占总原料消耗的比例/%				

2.1.1.2　企业所在地秸秆资源量是否满足企业生产需求：

□是

□否；如果不能满足，则秸秆利用的主要竞争行业是：□造纸　□饲养　□食用菌生产

□其他________

企业生产过程中如何解决原料供应的季节性（粮食生产的季节性）问题：________

____

____

2.1.1.3　企业在收集秸秆时是否得到政府的鼓励和支持：□是　□否

如果是，得到何种鼓励和支持措施：□财政补贴　□贷款优惠　□税收优惠　□其他____

各种措施的补贴或者优惠额度为：________________

这些措施实施的依据是：（文件名）________________

____

如果不是，企业希望得到：□财政补贴　□贷款优惠　□税收优惠　□其他______

2.1.1.4 现有政策是否能够满足企业发展需求：

□是

□否；如果不能，企业期望增加何种鼓励和支持措施：________________，

或提高现有补贴和优惠额度________________

____

____

2.1.2　本企业检测秸秆质量时的指标有：

□含水量　□纤维素含量　□杂质含量　□其他__________

各指标的参考值为：______________________________

是否有相应的标准：□是，标准编号和名称______________________________

□否

2.1.3　本企业以秸秆为原料的产品(主、副产品)、产量、用途及价格为：

产品类型	成型燃料	发电	燃料乙醇	沼气	其他
产量	______t/年	______kW·h/年	______t/年	______m^3/年	
用途	□出售 □发电 □供热 □制沼气 □其他	□上电网 □企业供电 □其他	□出售 □其他	□出售 □发电 □供热	
若出售，价格	______元/t	______元/(kW·h)	______元/t	______元/m^3	

2.1.4　企业检测产品质量时参考的标准有：______________________________

企业参考的我国现行的依据产品进行补贴的政策有：______________________________

____

____

2.1.5　企业的生产经营成本(生产单位产品成本或其他，请注明____________________)：

项目	收购成本	储存成本	运输成本	加工制造成本	产品销售成本	管理费用	职工工资	广告费用	其他成本
金额/元									

按照现有我国及全球产业发展形式，企业是否会在未来扩大规模：

□一定会　　□还需观望　　□一定不会　　□缩小规模

2.2　能源植物

2.2.1　本企业原料所需能源植物的种类是：

类别	糖料类	淀粉类	油料类	木质纤维素类	其他
作物名称					
使用部分					
年需求量/万t					

使用部分：A. 种子　B. 果实　C. 茎秆　D. 树干　E. 根茎　F. 枝叶　G. 其他(注明)

需求量年间变化趋势为：□上升　　□稳定　　□下降

获得途径	向中间商购买	向农户购买	企业多级收购	企业自己种植	其他
成本/(元/t)					
所占比例/%					

2.2.1.1　所需能源植物原料部分的获得途径、成本及占总需求量的比例为：

2.2.1.2　企业现在掌握的原料资源是否满足企业生产需求：□是　　□否；

如果不能满足，原因是＿＿＿＿＿＿＿＿＿＿＿＿＿＿＿＿＿＿＿＿

企业生产过程中如何解决原料供应的季节性问题：＿＿＿＿＿＿＿＿＿＿＿＿

2.2.1.3　若企业自己种植所需能源植物，种植面积为＿＿＿＿＿(万亩/hm^2)，

种植技术是否成熟：□非常成熟　□一般　□不成熟

2.2.1.4　企业种植能源植物使用的土地类型中：耕地有＿＿＿＿＿亩，耕地中的非基本农田＿＿＿＿＿亩，开发前为未利用土地的面积为＿＿＿＿＿亩，类型为＿＿＿＿＿(盐碱地、沼泽地、沙地、裸地、滩涂地)，

产业模式＿＿＿＿＿＿＿＿＿＿＿＿＿＿＿＿＿＿＿＿＿＿＿＿

土地利用的困难为＿＿＿＿＿＿＿＿＿＿＿＿＿＿＿＿＿＿＿＿＿

2.2.1.5　企业使用的耕地/非耕地的产权形式及比例：

□企业私有＿＿＿%　□向村集体承包＿＿＿%　□向其他农户承包＿＿＿%

□其他＿＿＿，＿＿＿%，承包年限为＿＿＿＿，承包费用为＿＿＿＿元/年

2.2.2　企业是否利用大面积自然生长的植物作为原料：

植物种类			
生长土地类型	□盐碱地 □沼泽地 □滩涂地 □未利用草地 □弃耕地 □其他	□盐碱地 □沼泽地 □滩涂地 □未利用草地 □弃耕地 □其他	□盐碱地 □沼泽地 □滩涂地 □未利用草地 □弃耕地 □其他
需求量/(万 t/年)			

2.2.3　本企业检测能源植物原料时的指标有：

□含水量　□纤维素含量　□含油量　□杂质含量　□其他＿＿＿＿＿

各指标的参考值为：＿＿＿＿＿＿＿＿＿＿＿＿＿＿＿＿＿＿＿＿＿＿

是否有相应的标准：□是，标准编号和名称＿＿＿＿＿＿＿＿＿＿＿＿　□否

2.2.4　本企业以能源植物为原料的产品、转化技术成熟度、产量、用途及价格为：

产品类型	成型燃料	发电	燃料乙醇	生物柴油	生物航煤	其他
转化技术成熟度	□很成熟 □一般 □不成熟	□很成熟 □一般 □不成熟	□很成熟 □一般 □不成熟	□很成熟 □一般 □不成熟	□很成熟 □一般 □不成熟	□很成熟 □一般 □不成熟
产量	t/年	kW·h/年	t/年	m^3/年	t/年	
用途	□出售 □发电 □供热 □制沼气 □其他	□上电网 □企业供电 □其他	□出售 □其他	□出售 □发电 □供热	□出售 □其他	
出售价格	元/t	元/(kW·h)	元/t	元/ m^3	元/t	

企业检测产品质量时参考的标准有：________________

企业参考的我国现行的依据产品进行补贴的政策有：________________

____

2.2.5　企业的生产经营成本(生产单位产品成本或其他，请注明________________)：

项目	收购成本	储存成本	运输成本	加工制造成本	产品销售成本	管理费用	职工工资	广告费用	其他成本
金额/万元									

按照现有我国及全球能源产业发展形式，企业是否会在未来扩大规模：

□一定会　　□还需观望　　□一定不会　　□缩小规模

2.3　其他废弃物

2.3.1　本企业原料所需其他废弃物的种类是：

废弃物种类	林业三剩物	次小薪材	废旧木材	园地废弃物	其他
年利用量/万 t、m^3					

2.3.1.1　所需废弃物的获得途径、成本及所占比例为：

获得途径	向中间商购买	向农户购买	企业多级收购	其他
成本/(元/t)、(元/m^3)				
所占比例/%				

2.3.1.2　企业所在地其他废弃物资源量是否满足企业生产需求：□是　　□否

企业生产过程中如何解决原料供应的季节性问题：________________

2.3.1.3　企业在收集这些废弃物时是否得到政府的鼓励和支持：□是　　□否

如果是,得到何种鼓励和支持措施:□财政补贴 □贷款优惠 □税收优惠 □其他______

各种措施的补贴或者优惠额度为:______

这些措施实施的依据是:(文件名)______

2.3.1.4 现有政策是否满足企业发展需求:□是 □否;

如果不能,企业期望何种鼓励和支持措施:□财政补贴 □贷款优惠 □税收优惠

□其他______,或提高现有补贴和优惠额度______

2.3.2 本企业检测废弃物质量时的指标有:______

各指标的参考值为:______

是否有相应的标准:□是,标准编号和名称______ □否

2.3.3 本企业以其他废弃物为原料的产品、产量、用途及价格为:

产品类型	成型燃料	发电	燃料乙醇	沼气	其他
产量	t/年	kW·h/年	t/年	m^3/年	
用途	□出售 □发电 □供热 □制沼气 □其他	□上电网 □企业供电 □其他	□出售 □其他	□出售 □发电 □供热	
若出售,价格	元/t	元/(kW·h)	元/t	元/m^3	

企业检测产品质量时参考的标准有:______

企业参考的我国现行的依据产品进行补贴的政策有:______

______

2.3.4 企业的生产经营成本(生产单位产品成本或其他,请注明______):

项目	收购成本	储存成本	运输成本	加工制造成本	产品销售成本	管理费用	职工工资	广告费用	其他成本
金额/万元									

按照现有我国及全球能源产业发展形式,企业是否会在未来扩大规模:

□一定会 □还需观望 □一定不会 □缩小规模

3 资金需求

3.1 贵企业在发展过程中是否有融资需求:□是 □否

若有则主要依靠哪些借贷途径(可多选):□国有商业银行 □农商行(农合行、农信社)

□邮政储蓄银行 □资金互助社 □村镇银行 □贷款公司 □其他______

3.2 以上途径是否能满足融资需求:□是 □否

4　意见和建议

4.1　企业在融资方面存在哪些困难？希望得到什么政策支持？

____

____

4.2　根据国内市场，您认为什么样的原料具有发展优势？请举一、二例。

____

____

4.3　在企业发展过程中，遇到的最大困难是什么？最希望得到政策上哪方面的帮助？

____

____

4.4　企业发展过程中是否会参考国外相关的企业？有哪些企业？

____

____

二、非粮生物质原料基本情况调研问卷 B

（调研对象：中间商）

调查人姓名：__________　　调研日期：20____年____月____日

调研地点：____省（市、自治区）____市（区、县、旗）____乡（镇）____村

受访人工作单位：______________________________

受访人姓名：________职务：________电话：________

1　概况

1.1　您已经从事原料中间商行业____年，现有人员____人，利润____万元/年（人民币）

1.2　目前原料中间商行业发展如何：□非常好　□好　□一般　□差

影响此行业发展的主要因素有：

□资金状况　□原料市场供求　□产品市场供求　□自身积极性　□政策环境

□其他____

1.3　如何看待此行业的前景：□非常好　□好　□一般　□差

影响发展前景的主要因素有：

□资金状况　□原料市场供求　□产品市场供求　□自身积极性　□政策环境

□其他____

2 原料收购

原料种类	来源	收购价/(元/t)	出处	出售价/(元/t)	是否检测质量	年收购量/万 t	享受优惠
玉米秸秆	□农户 □低级收购商		□利用企业 □高级收购商		□是 □否		□财政补贴 □贷款优惠 □税收优惠 □其他
水稻秸秆	□农户 □低级收购商		□利用企业 □高级收购商		□是 □否		□财政补贴 □贷款优惠 □税收优惠 □其他
麦秸	□农户 □低级收购商		□利用企业 □高级收购商		□是 □否		□财政补贴 □贷款优惠 □税收优惠 □其他
其他	□农户 □低级收购商		□利用企业 □高级收购商		□是 □否		□财政补贴 □贷款优惠 □税收优惠 □其他
林业三剩物	□农户 □低级收购商		□利用企业 □高级收购商		□是 □否		□财政补贴 □贷款优惠 □税收优惠 □其他
废旧木材	□农户 □低级收购商		□利用企业 □高级收购商		□是 □否		□财政补贴 □贷款优惠 □税收优惠 □其他
其他	□农户 □低级收购商		□利用企业 □高级收购商		□是 □否		□财政补贴 □贷款优惠 □税收优惠 □其他

3 问题

3.1 您在市场上见过或者听说过的对原料质量进行检测的方法有哪些?

____

____

3.2 您遇到的最大困难是什么?最希望得到哪方面的帮助?

____

____

三、非粮生物质原料基本情况调研问卷 C

（调研对象：绿化和生态部门人员）

调查人姓名：________　　调研日期：20____年____月____日

调研地点：______省（市、自治区）______市（区、县、旗）______乡（镇）______村

受访人工作单位：____________________

受访人姓名：________职务：________电话：________

1　园林绿化废弃物

1.1　本单位是否统计过园林绿化废弃物的收集和利用状况：□是，总量______万吨/年
□否

1.2　本地园林绿化废弃物主要来源有：

□行道树（绿化带）修剪　□草坪修剪　□绿化基地淘汰植株　□枯枝落叶　□其他

1.3　当地主要的处理方式有哪些：

□堆肥处理______%　□食用菌培养基______%　□能源化利用______%

□做垃圾处理______%　□其他（注明）____________%

1.4　本地区是否有园林绿化废弃物能源化利用的企业：

□是，名称________，________，________

□否；如果没有，是否希望引进相关企业：□是，　□否

1.5　这些企业能源化利用园林绿化废弃物的方式主要有：

□直燃发电______%　□加工成型燃料______%　□制作沼气______%

□其他（注明）______%

1.6 对于这些企业是否有相关鼓励政策（土地、资金、税收、补贴等）：

□是，名称________，________，________（索要相关文件）　□否

2　公路绿化带（以高速、国道、省道为优先顺序）

2.1　本地区是否有高速公路绿化带的管理措施：□是　□否；如果有，相关的文件名是________________，或具体措施是________________

____

2.2　根据现有政策规定，本地区高速路两旁绿化地带是否可以种植能源作物：□是　□否

3　绿色能源示范县

3.1　本地区或辖区内是否具有（是）绿色能源示范县：□是，名称是________　□否

该县已经建设或将要建设的绿色能源工程主要包括：

□生物质成型燃料工程　□生物质气化工程　□沼气集中供气工程　□太阳能工程
□风能工程　□其他________________

3.2　该县所使用的生物质原料主要有：
□农作物秸秆_______%　□木材剩余物_______%　□禽畜粪便_______%
□生活垃圾_______%　□能源植物_______%　□其他(注明)____________%

3.3　本地区现有的农村能源服务网络是否满足当地农村的能源需求：□是　□否

4　生态林

4.1　该地区是否有生态林：□是　□否；主要树种及面积分别是：

主要树种			
面积/hm^2			

4.2　区域生态林是否有相关的管理措施：□是　□否；如果是，相关的文件名是_______
______________________________，或具体措施是______________________
____

5　入侵植物

5.1　本地区是否有入侵植物：□是　□否；如果是，植物的名字是________________
这种植物对生长环境的要求是：____
____

5.2　对入侵植物采取的主要措施是：____
效果如何：□好　□不好　□不清楚

四、秸秆利用情况调研问卷

（调研对象：农户）

调查员姓名：__________　调研日期：2016年____月____日
调研地点：_______省(市区)_________县(区、县、旗)________乡(镇)_______村(屯)
受访者姓名：_________职务：_________　电话：__________
1.您家种植的作物类型：______________
2.您家这种作物机械化收获百分比_________%
3.您家这种作物生产现状：播种面积_________斤
4.您家这种作物秸秆收获茬高_______cm，切碎翻耕还田占玉米总面积_______%，费用：收获/打碎/旋耕______元/亩；覆盖还田占______%，费用：收获/打碎______元/亩；其他

(______)还田方式占______%，费用______元/亩。

5. 您了解最近三年真实的秸秆禁烧处罚

处罚名称	处罚标准	实施现状(公务员降级，罚款数量)	处罚效果
			□好，□中等，□无效果
			□好，□中等，□无效果

6. 最近3年内您家获得的秸秆补贴

名称	补贴标准	实施现状(下发补贴覆盖%)	补贴效果
			□好，□中等，□效果差
			□好，□中等，□效果差

名称：A. 禁烧　B. 还田　C. 秸秆腐熟剂　D. 秸秆还田集成技术　E. 秸秆还田农机　F. 其他______

7. 您家这种作物秸秆利用现状

还田/%	焚烧/%	丢弃/%	饲料/%	做饭/%	造纸/%	发电/%	生产沼气/%	生产乙醇/%	其他____/%

8. 您家卖出秸秆价格(数据符合的年份是2015年6月至2016年6月)

去向1：__________		去向2：__________		去向3：__________	
价格/(元/____)	条件	价格/(元/____)	条件	价格/(元/____)	条件

条件：A 农户送到收储点，平均距离____km；B 由工厂直接到地里收购，是否负责打捆和装载(　　)，平均运输距离______km；C 中介到地里收购，中介负责打捆和装载，平均运输距离______km。

9. 您最了解的秸秆利用企业名称(______________________________)经营现状

所用秸秆	□玉米　□水稻　□大豆
前3年内年秸秆收购量的变化	□上升　□不变　□下降　□不知道
前3年内秸秆收购价格的变化	□上升　□不变　□下降　□不知道
前3年内秸秆收购范围的变化	□上升　□不变　□下降　□不知道
前3年内企业效益的估计	□上升　□不变　□下降　□不知道

10. 如果收集秸秆生产航空燃油，您对这件事的态度是：□支持，□反对，□不相信______

对于秸秆收集您的态度是：□企业到田间收集，□农民收集运送，□其他______________

您期望秸秆收集价格：______元/(□t，□亩)，如果建厂收秸秆您会涨价吗？

□会，□不会

11. 您认为作为农民目前最大的需求是什么？您最需要什么帮助？

____

____

五、秸秆收储运及利用调查问卷

（调研对象：农户）

调查员姓名：__________ 调研日期：2016 年____ 月____ 日

调研地点：________ 省（市区）________县（区、县、旗）________乡（镇）________村（屯）

受访者姓名：__________职务：__________ 电话：______________________

1. 作物种类 ______________

2. 秸秆收储运机械操作

操作环节	机械型号	生产厂家	机械重量/t	马力	价格/万元	使用年限/年	每年使用月数/月	每月使用天数/d	每天使用小时数/h
收割									
打捆									
运到地头									
装车									
运输									
卸车									
堆垛									

秸秆收储运机械操作（续表）

操作环节	耗油量/(L/km)	柴油型号	油价/(元/L)	规格	单位	速度	单位	需要用工人数	需要用工天数	秸秆损失/%
收割					幅宽/m		亩/h			
打捆					kg/次		亩/h			
运到地头					kg/车		km/h			
装车					kg/次		次/h			
运输					长×宽×高、载重		次/h			
卸车					kg/次		次/h			
堆垛					kg/次		次/h			

3. 收获参数

秸秆收获时留茬高度 ________ cm(人工)__________ cm(机械)。秸秆收获后含水量:__________ %

4. 打捆规格

打捆每捆____ 根,____ kg/捆,____ 捆/车次,捆秸秆用______(1. 尼龙绳子,2. 草绳,3. 芦苇,4. 其他),价格为______ 元/kg,____ kg/亩。

5. 秸秆堆放贮藏

秸秆运输到目的地以后,存放在______(1. 庭院,2. 仓库,3. 村头),有无防雨防雪设施,如有为______________规格____________花费________,有无防火措施,如有为__________ 规格______ 花费__________ 。储存过程中人为及客观丢失__________%。秸秆堆垛散落量:________kg(或%)秸秆进厂前含水量:____ %。

6. 秸秆收储运人工操作

操作环节	占总量百分比/%	工具名称	价格/(元/亩)	使用年限/年	每年使用月数/月	每月使用天数/d	每天使用小时数/h
收秸秆							
打捆							
运到地头							
装车							
卸车							
运输							
堆垛							

秸秆收储运人工操作(续表)

操作环节	工人性别	报酬/(元/d)	每天工作几小时	速度/(亩/h)	其他	价格/(元/亩)	秸秆丢失/%
收秸秆							
打捆							
运到地头							
装车							
卸车							
运输							
堆垛							

7.综合问题

(1)当地秸秆收获或打捆机械化公司的情况:公司名称,打捆机型号、数目,拖拉机型号、功率、数目,打捆的作物类型,打捆操作时秸秆含水量和距籽粒收获后的天数,每捆的长、宽、高和重量,每机每天打捆亩数,每亩收费,联系人员及其电话号码。

---

(2)当地秸秆收购和运输中间商的情况:公司名称或主要负责人姓名,包括运输机型号、功率和数目,运输的作物类型,收购运输范围(半径),每机运载捆数、吨数和亩数,每机每天平均运载次数,每机每天以机械和燃油成本、人力成本,收购每亩或每捆向农户支付的价格,收购后卖给什么企业和出卖价格,联系人员及其电话号码。

---

(3)当地秸秆利用企业情况:公司名称、主要产品和年产量,主要利用秸秆的作物类型,每年消耗的秸秆量(注明鲜重或干重),收购秸秆的价格,是直接收购还是通过中间商,秸秆的贮藏方式,联系人员及其电话号码。

---

(4)您对当地农作物秸秆资源量、收获、运输和利用现状的看法:收秸秆是否愿意自送,自送出售秸秆价格多少?如果路途比较远(10 km 以上)出价多少?有人来收价格多少?(注意:这里边要跟农户说清只是秸秆,不含粮食,防止农户在说意愿的时候主观把种植成本摊入收储运中)

---

(5)您对当地农作物秸秆资源量、收获、运输和利用未来前景的看法。您认为目前存在的问题和亟需解决的问题?

---

(6)您认为秸秆焚烧和空气污染(雾霾)有什么关系吗?

(7)该地的道路曲折数大致为__________(实际行走距离除以直线距离)

六、秸秆收储运基本信息调查问卷

(调研对象:秸秆收储运人员)

调查人姓名:________________ 调研日期:20____年____月____日

调研地点:______省(市、自治区)______市(区、县、旗)______乡(镇)____村

受访人工作单位:____

受访人姓名:__________职务:________ 电话:____________

生物质原料收储运具体路线:(例:田间玉米秸秆人工收获→机械打捆→人工运到地头→人工装车→小型机械运输→收储站→机械卸车→机械转运→棚舍存储→机械装车→大型机械运输→存储站→机械卸车→机械转运→露天存储→机械装车→大型机械运输→加工厂)

A:

B:

名称	数值	单位	备注
生物质工厂产出类型			生物发电、生物柴油、生物汽油等
生物质工厂原料需求总量			一年需要多少吨原料
规模			一年产出多少吨
收储站规模(运转量)			一年可供应多少吨
贷款利率			
税率			
生物质原料类型			如秸秆、能源作物等
生物质原料产量			每亩地可产多少生物质原料
目标区域耕地占土地比例			土地里面多少是耕地

续表

名称	数值	单位	备注
目标区域种植生物质原料土地所占耕地比例			生物发电、生物柴油、生物汽油等
目标区域生物质原料可获得比例			一年需要多少吨原料
居民电价			一年产出多少吨
商业电价			一年可供应多少吨
商用天燃气价格			
商用汽油价格			
商用柴油价格			如秸秆、能源作物等
汽车养路费			每亩地可产多少生物质原料
道路曲折系数			土地里面多少是耕地

七、秸秆收获调查问卷

（调研对象：秸秆收储运人员）

调查人姓名：__________　　调研日期：20____年____月____日

调研地点：______省（市、自治区）______市（区、县、旗）______乡（镇）____村

受访人工作单位：______________________________

受访人姓名：__________职务：__________电话：__________

收割方式	调查指标		数值	单位	备注
人工收割	秸秆含水量			%	
	人工收割速率			t/h	
	人工收割价格	不同年度劳动工人价格		元/h	
		不同月份劳动工人价格		元/h	忙时和闲时
	收割工具	工具名称			
		收割工具可使用小时数		h	可使用小时数
		收割工具价格		元	
		收割工具停止使用后残值		%	
	可收集效率			%	

续表

收割方式	调查指标		数值	单位	备注
机械收割	秸秆含水量			%	
	收割速率			t/h	
	机械规格	收割机械名称			
		收割机生产厂家			
		收割机器价格		元	
		收割机贷款利率		%	
		收割机使用小时数		h	
		收割机行驶速度			
		收割机车头使用比例			是否和其他机械共同使用
		收割机重量			
		收割机马力			
		收割机耗油量			

八、秸秆储藏调查问卷

（调研对象：秸秆收储运人员）

调查人姓名：__________ 调研日期：20______年____月____日

调研地点：______省（市、自治区）______市（区、县、旗）______乡（镇）______村

受访人工作单位：______________________________

受访人姓名：__________ 职务：________ 电话：__________

操作环节	调查指标		数值	单位	备注
门口进站	进站等待时间			h	
	称重速率			t/h	
	地磅	地磅生产厂家			
		价格			
		型号			
		规格			
		自重			
		耗能类型			
		能量消耗量			根据能耗类型确定
		使用小时数		h	使用寿命

续表

操作环节	调查指标		数值	单位	备注
人工卸车	人工卸车速率			t/h	
	人工价格	不同年度劳动工人价格		元/h	
		不同月份劳动工人价格		元/h	忙时和闲时
	卸车工具	工具名称			
		卸车工具可使用小时数		h	可使用小时数
		卸车工具总价格		元	
		卸车工具停止使用后残值		%	
		卸车使用材料名称			绳索等
		卸车使用材料质量		kg/车	
		卸车使用材料价格			
	卸车过程中的损失			%	
门口进站	进站等待时间			h	
	称重时间			t/h	
	地磅	地磅生产厂家			
		价格			
		型号			
		规格			
		自重			
		耗能类型			
		能量消耗量			根据能量类型确定
		使用小时数		h	使用寿命
人工卸车	人工卸车速率			t/h	
	人工价格	不同年度劳动工人价格		元/h	
		不同月份劳动工人价格		元/h	忙时和闲时
	卸车工具	工具名称			
		卸车工具可使用小时数		h	可使用小时数
		卸车工具总价格		元	
		卸车工具停止使用后残值		%	
		卸车使用材料名称			绳索等
		卸车使用材料质量		kg/车	
		卸车使用材料价格			
	卸车过程中的损失			%	

九、林场剩余物调研问卷

（调研对象：林场管理人员）

调查人姓名：________ 调研日期：20____年____月____日

调研地点：____省（市、自治区）____市（区、县、旗）____乡（镇、街道）____村

受访人工作单位：________________

受访人姓名：________ 职务：________ 电话：________

1 单位概况

单位名称：________________

单位现有正式人员____人，共占地____亩（或其他面积单位________）

单位性质（多选）：□国有 □私营 □其他（请详细注明）________

林区现有林木利用类型

林种类型		占地面积/亩	平均密度/（株/亩）	树种1占地/亩	树种2占地/亩	树种3占地/亩
商品林	用材林					
	经济林					
生态公益林	防护林					
	特种用途林					
其他类						

2 林业管理剩余物

经营过程中是否进行抚育采伐：□是，每年采伐____株，平均每株____kg。

这些剩余物用于________，处理成本____元/kg。 □否

3 森林采伐剩余物

3.1 主伐/更新采伐

采伐树种	采伐量/（m^3/年）	采伐林木总重量/（t/年）	采伐剩余物占总生物量比/%

3.2　剩余物处理途径及成本

剩余物处理途径	所占总剩余物比例/%	处理成本/(元/t)

4　林场意见与建议

4.1　若与生物质能企业合作,您期望林业剩余物的交易价格为多少?

____

____

4.2　处理剩余物的过程中遇到的最大困难是什么?您希望政府做什么?

____

____

4.3　当地政府是否有支持单位发展的政策与措施?:□是　□否

如果是,得到何种支持措施:□财政补贴　□贷款优惠　□税收优惠　□其他________

这些措施实施的依据是:(文件名)______________________________

____

4.4　您了解的本地区是否有木材剩余物利用的企业:

□是,名称______________________________,

____

这些企业利用木材剩余物的方式主要有:

□加工成型燃料　□燃烧发电　□板材加工　□其他________

十、经济林和苗圃剩余物产出情况调研问卷

(调研对象:经济林生产人员)

调查人姓名:________　调研日期:20____年____月____日

调研地点:______省(市、自治区)______市(区、县、旗)______乡(镇、街道)______村

受访人工作单位:______________________________

受访人姓名:________职务:________电话:________

1 经济林剪枝

树种	栽植密度/(棵/亩)	修剪频次/(次/年)	获得枝桠量		备注
			鲜重/(kg/棵)	干重/(kg/棵)	

2 经济林采伐

树种	栽植密度/(棵/亩)	经济寿命/年	树干蓄积量/m^3	枝桠材量干重/(kg/棵)	可挖树根干重/(kg/棵)	备注

3 林木苗圃剩余物

树种	苗木在修枝、定杆和截杆产生的枝桠、树梢量干重/(kg/1 000 棵)	备注

4 剩余物的利用比例

处理途径	经济林剪枝剩余物/%	经济林采伐			苗圃剩余物/%	备注
		树干/%	枝桠材/%	可挖树根/%		
燃烧发电						
加工为人造板						
农户取暖、做饭用						
直接丢弃						
农户自用（如篱笆等__________）						
其他（__________）						

十一、畜禽粪便资源量及利用方式问卷

（调研对象：畜禽养殖人员）

调查人姓名：______ 调研日期：20____年____月____日

调研地点：____省（市、自治区）______市（区、县、旗）______乡（镇、街道）

受访人工作单位：______

受访人姓名：______ 职务：______ 电话：______

1 单位概况

单位名称：______

2 养殖厂废弃物（动物类型______）（牛、猪、羊、鸡、鸭或其他）

2.1 动物性别比例______生长期（出栏周期）______d 年存栏量______头（只）年出栏量______头（只）出栏时体重______（kg）

2.2 日饲料量______kg/头（只）日平均浪费饲料量______kg/头（只）或____%

2.3 养殖场清理粪便量______t/（______）（时间）。

2.4 养殖场使用圈舍垫圈物是______，垫圈物为：□风干，□含水量______。共____头（只）动物____天使用垫圈物的量______kg。

2.5 在清理粪便时，共____头（只）动物____天用水量达到______m^3。

2.6 动物生长各阶段的死亡率及油脂含量

	死亡率/%	死亡时体重/kg	死亡时脂肪含量/%
哺育期			
保育期			
育肥期			

2.7 日平均动物死亡率为____%，或年平均死亡率为____%，产生畜禽废弃尸体______kg/头，政府对于死亡畜禽的补贴____元/头。

2.8 废弃畜禽尸体处理方法：______，一年内处理死亡动物量______头，含油率为____%，成本为______元。

2.9 畜禽粪便处理利用方法：______，成本为______元。

3 养殖厂废弃物动物（______）

3.1 动物性别比例______生长期（出栏周期）______d

年存栏量______头（只）年出栏量______头（只）出栏时体重______（kg）

3.2 日饲料量______kg/头（只）日平均浪费饲料量______kg/头（只）或____%

3.3 养殖场清理粪便量________t/(________)(时间)。

3.4 养殖场使用圈舍垫圈物是______________,

垫圈物为:□风干,□含水量________。共________头(只)动物______天使用垫圈物的量________kg。

3.5 在清理粪便时,共______头(只)动物______天用水量达到________m^3。

十二、餐饮垃圾和废弃油脂利用基本情况调研问卷A

(调研对象:居民)

调查员姓名:__________　　调研日期:20____年____月____日

调研地点:________省(市、区)________市(州)________县(区、旗)________乡(镇、街道)

受访人姓名:__________部门:__________职务:__________电话:__________

1 基础情况

1.1 过去的一年您在外平均就餐频率:________次/月,主要就餐地点:

□食堂 □小吃店 □快餐馆 □小型餐馆 □中型餐馆 □大型餐馆 □特大型餐馆。

1.2 您猜测您熟悉的餐饮单位使用地沟油的可能性有多大?

餐饮单位	使用地沟油的可能性/%
食堂	
小吃店	
快餐馆	
小型餐馆	
中型餐馆	
大型餐馆	
特大型餐馆	

1.3 您知道本地区是否有非法地沟油炼制地点?

□有,具体位置______________。　　□没有。

您知道本地区是否有合法餐饮垃圾处理单位?

□有,其主要用途是__________________,具体位置________________。

□没有。

1.4 您知道本地区有哪些企业合法回收利用餐饮垃圾?

名称_________________________,用途________________________。

1.5 您知道本地区是否有“泔水猪”养殖点?

□有，具体位置＿＿＿＿＿＿。　□没有。

据您猜测市场上“泔水猪”占总数的＿＿＿＿＿＿%。

2　居民对餐饮垃圾了解度

2.1　您是否关心过餐饮垃圾(泔水）的去向？

□否

□是，据您了解餐饮剩余物的主要去向是＿＿＿＿＿＿＿＿＿＿＿＿＿＿＿＿＿＿＿＿。

2.2　您是否听说过利用餐饮垃圾炼制生物柴油？

□听过　□没有。

您是否支持利用餐饮垃圾炼制生物柴油？

□支持　□反对　□无所谓

如果市场上有生物柴油您会选择去使用么？

□会　□不会　□无所谓

2.3　您认为本地区餐饮垃圾的利用途径的比例

处理方式	比例/%
非法饲喂禽畜	
合法制作饲料	
非法炼制地沟油	
堆肥	
填埋	
焚烧	
炼制生物柴油	
其他合法利用，用途＿＿＿＿＿＿	
其他非法利用，用途＿＿＿＿＿＿	

2.4　您认为当地合法处理餐饮垃圾的主要问题是什么？应该如何解决？

＿＿＿＿＿＿＿＿＿＿＿＿＿＿＿＿＿＿＿＿＿＿＿＿＿＿＿＿＿＿＿＿＿＿＿＿＿＿

＿＿＿＿＿＿＿＿＿＿＿＿＿＿＿＿＿＿＿＿＿＿＿＿＿＿＿＿＿＿＿＿＿＿＿＿＿＿

2.5　您认为像你我一样的个人对禁止地沟油上餐桌可以做些什么？或者您建议该如何禁止？

＿＿＿＿＿＿＿＿＿＿＿＿＿＿＿＿＿＿＿＿＿＿＿＿＿＿＿＿＿＿＿＿＿＿＿＿＿＿

＿＿＿＿＿＿＿＿＿＿＿＿＿＿＿＿＿＿＿＿＿＿＿＿＿＿＿＿＿＿＿＿＿＿＿＿＿＿

十三、餐饮垃圾和废弃油脂利用基本情况调研问卷 B

（调研对象：餐饮单位人员）

调查人姓名：________________　　调研日期：20____年____月____日

调研地点：______省（市、自治区）______市（区、县、旗）__________街道______号

受访人工作单位：____

受访人姓名：__________职务：__________电话：______________

1. 餐馆性质（多选）：□国有　□集体　□私营　□个体　□联营　□股份制

□外商投资　□港澳台投资　□其他

2. 餐馆分类：□特大型餐馆　□大型餐馆　□中型餐馆　□小型餐馆　□快餐馆　□小吃店　□食堂

3. 经营面积为________ m^2，现有座位数______个，日产生餐饮垃圾__________桶，______ m^3/桶，或________kg/桶

营业时间：□早饭　□午饭　□晚饭

4. 餐饮垃圾的周期、季节性变化

时间	比例	备注
1—2 月		元旦（3 d）、春节（7 d）
3—4 月		清明（3 d）
5—6 月		劳动节（3 d）、端午节（3 d）
7—8 月		端午节（3 d）
9—10 月		中秋节（4 d）、国庆节（7 d）
11—12 月		
工作日		
周末		

5. 平均月消耗油脂量为________kg。其中用于煎炸制品油有________kg，每月产生煎炸废油________kg

6. 收集餐饮垃圾分为以下几类：________________（食材源固体、液体、非食材源固体）食材源固体量________kg/d，液体量________kg/d，食材源固液混合物量________kg/d

□无分类　　废弃物量________kg/d。

7. 垃圾处理设备

名称______________________，数量________台，日处理量________t/d

□没有垃圾处理设备

8. 餐饮垃圾清运频率：□1 d 两次　□1 d 一次　□2 d 一次　□3 d 及 3 d 以上一次

9. 食材源固体处理方法

处理方法	比例/%	价格/(元/kg)	处理成本/(元/kg)
卖给个体收购商，用途＿＿＿＿＿			
与专业垃圾处理企业合作，用途＿＿＿＿＿（企业名称：＿＿＿＿＿＿＿）			
直接丢弃，由本地垃圾处理中心处理			

10. 液体废弃物处理方法

处理方法	比例/%	价格/(元/kg)	处理成本/(元/kg)
卖给个体收购商，用途＿＿＿＿＿			
与专业垃圾处理企业合作，用途＿＿＿＿＿（企业名称：＿＿＿＿＿＿）			
直接排放至下水道			
经处理后排放至下水道			

11. 非食材源固体处理方法

处理方法	比例/%	价格/(元/kg)	处理成本/(元/kg)
卖给个体收购商，用途＿＿＿＿＿			
与专业垃圾处理企业合作，用途＿＿＿＿＿（企业名称：＿＿＿＿＿＿＿）			
直接丢弃，由本地垃圾处理中心处理			

12. 食材源固液混合物处理方法

处理方法	比例/%	价格/(元/kg)	处理成本/(元/kg)
经处理后排放至下水道			
卖给个体收购商，用途＿＿＿＿＿			
与专业垃圾处理企业合作，用途＿＿＿＿＿（企业名称：＿＿＿＿＿＿＿）			
直接丢弃，由本地垃圾处理中心处理			

13. 三者混合处理方式

处理方法	比例/%	价格/(元/kg)	处理成本/(元/kg)
卖给收购商，用途＿＿＿＿＿			
与专业垃圾处理企业合作，用途＿＿＿＿＿（企业名称：＿＿＿＿＿＿＿）			
直接丢弃，由本地垃圾处理中心处理			

14.餐饮单位意见与建议

14.1　若与生物柴油企业合作，您期望餐厨垃圾的交易价格为多少？

____

____

14.2　在您餐馆经营过程中，您认为将餐饮垃圾分类的困难是什么？怎样处理最好？

____

____

14.3　您在处理垃圾的过程中遇到最大的困难是什么？您希望政府在这方面怎么做？

____

____

14.4　日营业额________元。

十四、餐饮垃圾和废弃油脂利用基本情况调研问卷 C

（调研对象：收储运人员）

调查人姓名：________________　　调研日期：20______年____月____日

调研地点：______省（市、自治区）______市（区、县、旗）__________乡（镇、街道）

受访人工作单位：____

受访人姓名：__________职务：__________电话：________________

1　收集

1.1　餐厨垃圾收集量

餐厨垃圾收集频次：________次/d

平均每天餐厨垃圾量：__________t

是否分淡季最旺季（□是　□否）

其中淡季（　月 至　月）每天______t，最旺季（　月 至　月）每天________t

餐厨垃圾收集半径：________km

1.2　餐厨垃圾收集来源

□通过政府相关机构收集　□ 直接向餐饮单位收集　□ 向私营个体中间回收商收集

1.3　当地对餐厨垃圾收集是否需要相关经营许可条件（是、否）

1.4　餐厨垃圾收购价格：

支出费用：餐厨垃圾收购价格：__________元/t

餐厨垃圾经营许可管理费用:__________元/年

1.5 补贴费用

补贴1:名称:__________ 补贴来源:________ 价格:________元/t

补贴2:名称:__________ 补贴来源:________ 价格:________元/t

补贴3:名称:__________ 补贴来源:________ 价格:________元/t

2 运输

2.1 运输距离

是否按处理站点进行收储运(□ 是 □ 否)

每个站点的收集半径:______ km(最远:______km 最近:______km)

每天收集运输频次:______次

2.2 运输设备

设备数量:________ 台

设备购买费用:________ 万元

设备维护费用:________ 万元/年

设备使用年限:______________ 年

平均每吨餐厨垃圾运输费用:__________ 元/t

人工工资:__________元/年(短期工资____________ 长期工资____________)

3 处理及储存

3.1 处理站/处理厂基本情况:

处理站/处理厂建设费用(仅基础建设):________ 万元

处理站/处理厂维护费用(仅基础建设维护):________ 万元/年

处理站/处理厂处理能力:________ t/d

餐厨垃圾处理费用:__________ 元/t

3.2 垃圾储存

垃圾存储方法:__________________。

(填写露天存储,遮盖存储,封闭存储等方式)

储存天数:______________ d,

储存成本________ 元/(d·kg)

3.3 人工成本

处理站/处理厂人工需求数:__________人

人工成本:________ 元/年

4　餐饮垃圾处理意见与建议

4.1　在经营过程中，您认为将餐饮垃圾分类有哪些好处？困难在哪里？

____

____

4.2　根据您的了解，您认为怎样处理各类垃圾最有利于个人和社会的可持续发展？

____

____

4.3　在垃圾收储运过程中最困难的点是什么？您认为如何才能有效地收集储存运输餐饮垃圾？您希望政府在这方面怎么做？

____

____

十五、餐饮垃圾和废弃油脂利用基本情况调研问卷 D

（调研对象：养殖场人员）

调查人姓名：________　　调研日期：20____年____月____日

调研地点：____省（市、自治区）____市（区、县、旗）____乡（镇、街道）____村

受访人工作单位：________________

受访人姓名：________职务：________电话：________

1　单位概况

1.1　单位名称：________________

动物种类：□牛　□马　□驴　□骡　□猪　□羊　□家禽____　□兔　□其他____

1.2 品种________　动物性别比例________　生长期________天　饲喂方法________

饲料种类________　日饲料量________　年出栏量________头（只）年末存栏量________头（只）　日排泄量________kg/（头·d）

1.3　单位现有正式员工________人。

单位性质（多选）：□国有　□集体所有制　□私营　□合资　□独资　□外资　□股份制　□有限责任　□其他（请注明）________

2　养殖厂废弃物

2.1　养殖量季节变化

季度	______头/d	______头/d	______头/d
第一季度(1—3 月)			
第二季度(4—6 月)			
第三季度(7—9 月)			
第四季度(10—12 月)			
年平均			

2.2　单位年收入________万元，产品市场均价________元/kg。

2.3　单位每天产生的垃圾主要有：

□畜禽粪便　□病亡畜禽尸体　□养殖污水　□其他______

2.4　平均每天产生养殖污水________m^3。

2.5 单位日平均畜禽死亡率为________%，产生畜禽废弃尸体________kg。

您通常会采取什么措施减少畜禽死亡率：

□定期检疫　□清洗圈舍　□改善养殖条件　□其他________

2.6　废弃物处理方法：

处理方法	比例/%	处理价格/成本/(元/kg)
经回收处理后排放至下水道/河流		
卖给收购商，用途________		
与专业垃圾处理企业合作		
政府派人回收，交由本地垃圾处理中心处理		
本厂自产自销，循环利用		
当作垃圾直接丢弃		

2.7　养殖厂废弃畜禽尸体综合回收利用率达____%，其中废弃油脂回收率达____%，回收后的油脂去向：□卖给收购商　□自己利用　□其他________

3　养殖厂意见与建议

3.1　若与生物柴油企业合作，您期望废弃畜禽尸体的交易价格为多少？

____

____

3.2　您在处理废弃物的过程中遇到最大的困难是什么？您希望政府在这方面做什么？

____

____

3.4　当地政府是否有支持单位发展的政策与措施？：□是　□否

如果是，得到何种鼓励和支持措施：□财政补贴　□贷款优惠　□税收优惠　□其他____

这些措施实施的依据是：(文件名)____。

十六、餐饮垃圾和废弃油脂利用基本情况调研问卷 E

(调研对象:屠宰加厂人员)

调查人姓名:________ 调研日期:20____年____月____日

调研地点:____省(市、自治区)____市(区、县、旗)______乡(镇、街道)

受访人工作单位:________________________

受访人姓名:________职务:________ 电话:________

1 单位概况

1.1 单位名称:____________

用于加工的动物种类:□牛 □马 □驴 □骡 □猪 □羊 □家禽____ □兔 □其他____

1.2 单位现有正式员工____人,年产值为____万元

单位性质(多选):□国有 □集体所有制 □私营 □合资 □独资 □外资 □股份制 □有限责任 □其他(请注明)________

2 屠宰场废弃物

2.1 单位日屠宰量

季度	____头/d	____头/d	____头/d
第一季度(1—3月)			
第二季度(4—6月)			
第三季度(7—9月)			
第四季度(10—12月)			
年平均			

1.6 产生废水量为____ m^3/头或(____ m^3/d),其中含油量约为____%。

产生固体废弃物____kg/(____),其中含油量约为____%。

2.3 固体废弃物处理方法

处理方法	比例/%	处理价格/成本/(元/kg)
卖给收购商,用途______		
与专业垃圾处理企业合作		
政府派人回收,交由本地垃圾处理中心处理		
本厂自产自销,循环利用		
当做垃圾直接丢弃		

2.4　液体废弃物处理方法

处理方法	比例/%	处理价格/成本/(元/kg)
直接排放至下水道/河流		
经回收处理后排放至下水道/河流		
卖给收购商，用途＿＿＿＿＿＿		
与专业垃圾处理企业合作		
政府派人回收，交由本地垃圾处理中心处理		
本厂自产自销，循环利用		

2.5　屠宰场废弃物综合回收利用率达＿＿＿＿＿%，其中废弃油脂回收率达＿＿＿＿＿%，回收后的油脂去向：□卖给收购商　□自己利用　□其他＿＿＿＿＿＿

3　肉类加工厂废弃物

3.1　单位日加工量

季度	＿＿＿＿＿t/d	＿＿＿＿＿t/d	＿＿＿＿＿t/d
第一季度(1—3 月)			
第二季度(4—6 月)			
第三季度(7—9 月)			
第四季度(10—12 月)			
年平均			

3.2　产生废水量为＿＿＿＿＿ m^3/t 或(＿＿＿＿＿ m^3/d)，其中含油量约为＿＿＿＿＿%。
产生固体废弃物＿＿＿＿＿kg/(＿＿＿＿＿)，其中含油量约为＿＿＿＿＿%。

3.3　固体废弃物处理方法

处理方法	比例/%	处理价格/成本/(元/kg)
卖给收购商，用途＿＿＿＿＿＿		
与专业垃圾处理企业合作		
政府派人回收，交由本地垃圾处理中心处理		
本厂自产自销，循环利用		
当做垃圾直接丢弃		

3.4　液体废弃物处理方法

处理方法	比例/%	处理价格/成本/(元/kg)
直接排放至下水道/河流		
经回收处理后排放至下水道/河流		
卖给收购商，用途＿＿＿＿		
与专业垃圾处理企业合作		
政府派人回收，交由本地垃圾处理中心处理		
本厂自产自销，循环利用		

3.5　加工厂废弃物综合回收利用率达＿＿＿%，其中废弃油脂回收率达＿＿＿%，回收后的油脂去向:□卖给收购商　□自己利用　□其他＿＿＿＿

4　意见和建议

4.1　若与生物柴油企业合作，您期望废弃物/污水的交易价格为?

□<500 元/t　□500～800 元/t　□800～1 000 元/t　□>1 000 元/t

4.2　根据您的经验，在单位的生产经营过程中产生的各类垃圾应该怎样处理对个人和社会最好?

＿＿

＿＿

4.3　您在处理垃圾的过程中遇到的最大困难是什么?您希望政府在这方面做什么?

＿＿

＿＿

附录六

书中所用计量单位符号

符号	单位	符号	单位
d	天	Mt	10^6 吨
h	小时	℃	摄氏度
min	分钟	K	开氏度
m	米	kPa	10^3 帕
cm	厘米	MPa	10^6 帕
km	千米	J	焦耳
km^2	平方千米	kJ	10^3 焦耳
hm^2	公顷	MJ	10^6 焦耳
khm^2	千公顷	GJ	10^9 焦耳
L	升	TJ	10^{12} 焦耳
m^3	立方米	PJ	10^{15} 焦耳
kg	千克	kW	千瓦
g	克	MW	兆瓦
mg	毫克	kW·h	千瓦时
t	吨	MW·h	兆瓦时
kt	10^3 吨	CO_2-eq	CO_2 当量